DETER MINED

모든 것은 결정되어 있다

Robert M. Sapolsky

DETER MINED

모든 것은 결정되어 있다

— 스스로 선택하고 행동한다는 착각 —

문학동네

모든 것을
가치 있어 보이게 만들고
가치 있게 만드는
L과 B&R에게

나의 뇌: 어서 집게를 잡아.

나: 내가 왜?

나의 뇌: 행동대원은 당신이잖아.

1장

겹겹이 포개진 거북이

대학에 다닐 때 나와 친구들이 자주 써먹던 일화가 있었다. 이런 식의 이야기다(우리가 이 이야기를 의례처럼 되풀이한 건, 45년이 지났음에도 거의 그대로라 그런 듯하다).

윌리엄 제임스가 '생명과 우주의 본질'에 대해 강연하고 있었던 것 같다. 그후 한 할머니가 다가와서 말했다. "제임스 교수님, 완전히 잘못 알고 계세요."

그러자 제임스가 물었다. "어떻게요, 부인?"

"당신이 말한 것과는 전혀 달라요." 할머니가 대답했다. "세상은 거대한 거북이 등에 올라타 있다고요."

"흠." 제임스가 당황하며 말했다. "그럴지도 모르지만 그 거북이는 어디에 있나요?"

"다른 거북이의 등 위에 있어요." 그녀가 대답했다.

"하지만 부인, 그 거북이는 또 어디에 있죠?" 제임스가 너스레를 떨며 말했다.

그러자 노파는 의기양양하게 대답했다. "더이상 말할 필요 없어요, 제임스 교수님. 거북이가 맨 아래까지 겹겹이 포개져 있다는 거잖아요!"*

항상 똑같은 억양으로 말하면서 우리가 얼마나 즐거워했는지 모른다. 우리는 이 일화가 우리를 재치 있고 센스 넘치며 매력적인 사람으로 보이게 한다고 생각했다.

우리는 이 일화를 일종의 조롱, 즉 비논리에 집착하는 사람을 경멸적으로 비판하는 수단으로 사용했다. 학생식당에서 누군가가 말도 안 되는 소리를 하면, 이에 대한 대응이 상황을 더욱 악화시키곤 했다. 그럴 때 우리 중 한 명이 "더이상 말할 필요 없어요, 제임스 교수님!"이라고 잘난 체하면, 우리의 바보 같은 일화를 반복해 들은 상대방은 "엿이나 먹어, 인마. 그냥 들어둬. 이건 사실 말이 되잖아"라고 대답할 수밖에 없었다.

이 책의 요점이 바로 여기에 있다. 거북이가 무한히 많다는 식으로 무언가를 설명하는 것이 우스꽝스럽고 말도 안 되는 일처럼 보일 수 있지만, 사실 저 아래 어딘가에 '공중에 떠 있는 거북이'가 존재한다고 믿는 것이 훨씬 더 웃기고 얼토당토않은 일이다. 인간 행동의 과학에 따르면 거북이는 공중에 뜰 수 없다. 실제로 맨 아래까지 겹겹이 포개져 이어진다.

어떤 사람이 특정한 방식으로 행동한다. 그 행동이 멋지고 감동적일 수

---

* "맨 아래까지 겹겹이 포개진 거북이" 이야기에는 윌리엄 제임스 대신 다른 유명한 사상가를 희생양으로 내세운 버전도 있다. 우리는 제임스의 수염이 마음에 들었고, 캠퍼스에 그의 이름을 딴 건물이 있었기에 이 버전을 애용했다. "맨 위에서부터 맨 아래까지 모두 거북이다"라는 문구는 존 그린이 쓴 같은 제목의 책(한국어판: 『거북이는 언제나 거기에 있어』, 북폴리오, 2018)을 비롯하여 수많은 문화적 맥락에서 언급되었다. 모든 버전의 이야기에는 '터무니없는 노파에게 도전받는 남성 철학자 왕'이 등장하는데, 지금은 다소 성차별적이고 연령 차별적으로 보인다. 하지만 그 당시 청년기 남자아이였던 우리에게는 별로 그렇게 보이지 않았다.

도, 끔찍할 수도, 보는 사람에 따라 다를 수도, 사소할 수도 있다. 그리고 우리는 종종 똑같은 기본적인 질문을 한다. "왜 그런 행동이 일어났을까?"

거북이가 공중에 떠 있는 게 가능하다고 믿는다면, 그 질문에 대한 대답은 그냥 그렇게 믿기로 한 것이고 '단순히 그 사람이 그런 행동을 하기로 결정한 것 외에는 다른 원인이 없다'는 뜻이다. 과학은 최근에 훨씬 더 정확한 해답을 제시했는데, 여기서 '최근'이란 지난 몇 세기를 의미한다. 과학의 대답은 '어떤 행동은 그 행동 이전의 어떤 상황이 그 행동을 유발했기 때문에 일어났다'는 것이다. 그렇다면 그 이전 상황은 왜 발생했을까? 그건, 그 이전의 어떤 상황이 그것을 일으켰기 때문이다. 공중에 떠 있는 거북이나 원인 없는 원인은 없으며, 모든 행동은 꼬리에 꼬리를 무는 무한한 선행 원인의 결과물이라는 것이다. 또는 〈사운드 오브 뮤직〉에서 마리아가 노래하듯이 "아무것도 없이는 아무것도 일어나지 않는다, 아무것도".**

다시 말해서 당신이 특정한 방식으로 행동할 때, 즉 당신의 뇌가 특정한 행동을 생성했을 때, 그것은 바로 직전의 결정론과 그 직전의 결정론, 그리고 그 이전까지 죽 이어져 내려가는 결정론에 의해 발생했다는 것이다. 이 책의 접근 방법은 그러한 결정론이 어떻게 작동하는지, 즉 '내가 통제할 수 없는 생물학'이 '내가 통제할 수 없는 환경'과 상호작용하면서 어떻게 나를 나로 만들었는지를 탐구하는 것이다. 그리고 이 책의 논지는, '자유의지'라

** 내 아내는 뮤지컬 공연 연출가이고, 나는 그녀의 예전만 못한 리허설 피아니스트이자 조수다. 그래서 이 책에는 뮤지컬에 대한 암시가 가득하다. 윌리엄 제임스를 언급하며 겉으로는 자신만만한 체하던 '대학 시절의 나'는, '미래의 내'가 가족과 함께 역대 최고의 엘파바(뮤지컬 〈위키드〉에 나오는 초록 마녀―옮긴이)가 누구인지* 논쟁할 거라는 이야기를 들었다면 어땠을까? 크게 당황했을 것이다. "뮤지컬? 그것도 브로드웨이 **뮤지컬**?! 무조주의atonalism 음악은 어때?" 지금의 상황은 내가 원한 것이 아니며, 인생은 때때로 뒷문으로 슬쩍 들어오는 법이다.

(*이디나 멘젤이다. 당연히 말이다.)

불리는 '원인 없는 원인에 기반한 행동이 존재한다'고 주장하는 것은 (1)표면 아래에 숨은 결정론에 대해 인식하지 못하거나 배우지 못했거나, (2)'불확정적으로 작용하는 우주의 희박한 측면이 당신의 성격·도덕·행동을 설명할 수 있다'고 잘못된 결론을 내렸기 때문이라는 것이다. (또는 둘 다 때문이라는 것이다.)

행동의 모든 측면에는 결정론적 선행 원인이 존재한다는 개념에 입각하면, 어떤 행동을 관찰했을 때 그 행동이 왜 일어났는지를 대답할 수 있다. 왜냐하면 바로 방금 언급한 바와 같이 1초 전에 뇌의 이 부분 또는 저 부분의 뉴런이 작용했을 것이기 때문이다.* 그리고 몇 초에서 몇 분 전에 그 뉴런은 생각·기억·감정 또는 감각 자극에 의해 활성화되었을 것이다. 그리고 그 행동이 일어나기 몇 시간에서 며칠 전에는, 순환하는 호르몬이 이러한 생각·기억·감정을 형성하고 특정 환경의 정신적 자극에 대한 뇌의 민감도를 변화시켰을 것이다. 그리고 그 이전 몇 달에서 몇 년 동안 경험과 환경이 뉴런의 작동 방식을 변화시켜, 일부 뉴런은 새로운 연결이 생기는 바람에 더 흥분하게 되었고 다른 뉴런은 그 반대의 결과를 초래했을 것이다.

또 거기서부터 수십 년 전으로 거슬러올라가 수십 년 묵은 선행 원인도 파악해야 한다. 그러한 행동이 왜 발생했는지 설명하려면, 핵심 뇌 영역이 청소년기 동안 사회화와 문화접변에 의해 어떻게 형성되었는지 인식해야 한다. 더 거슬러올라가면 어린 시절의 경험이 뇌의 구조를 그렇게 형성했을 것이고 태아기의 환경도 동일한 영향을 미쳤을 것이다. 더욱더 거슬러올라가 부모에게서 물려받은 유전자와 그 유전자가 행동에 미치는 영향도 고려

---

* 이 분야에 대한 배경지식이 없는 독자들을 위해 특별 부록으로 신경과학 입문을 마련했다. 또한 내가 쓴 고통스러울 정도로 긴 책(『행동』, 문학동네, 2023)을 읽은 사람이라면, 다음 몇 단락에 요약된 내용을 단박에 알아볼 수 있을 것이다. "왜 그런 행동이 일어났을까? 1초 전, 1분 전… 1세기 전… 1억 년 전의 사건들 때문이다."

해야 한다.

하지만 아직 끝나지 않았다. 출생 후 몇 분 내에 어머니에게 어떻게 양육되었는지를 시작으로 어린 시절의 모든 것이 문화의 영향을 받았을 것이며, 이 문화는 (조상들이 어떤 종류의 문화를 발명했는지에 영향을 미친) 수세기에 걸친 생태적 요인과 (당신이 속한 종을 형성한) 진화압의 영향을 받았을 것이다. 왜 그런 행동이 발생했을까? 겹겹이 포개진 생물학적·환경적 상호작용 때문이다.**

이 책의 핵심은 이 모든 것들이 '우리가 거의 또는 전혀 통제할 수 없는 변수'라는 것이다. 주변 환경의 감각 자극, 오늘 아침의 호르몬 수치, 과거에 충격적인 일이 있었는지 아닌지, 부모의 사회경제적 지위, 태아기 환경, 유전자, 조상이 농부였는지 아니면 목자牧者였는지 중에서 우리가 결정할 수 있는 것은 아무것도 없다. 아마도 이쯤이면 대부분의 독자에게는 너무 광범위한 이야기로 들리겠지만, 최대한 넓게 이야기해보겠다. 우리는 스스르 통제할 수 없는 생물학적·환경적 운運이 누적되어 어느 순간에 이르렀을 뿐 그 이상도 이하도 아니다. 책이 끝날 즈음엔 당신은 어수선한 잠자리에서도 이 문장을 똑똑히 기억하게 될 것이다.

우리의 행동 중에는 자신의 행동임이 분명한데도 불구하고 이 책에서 의도하는 방향과는 관련이 없는 여러 가지 측면이 있다. 예컨대 일부 범죄 행동은 정신과적 또는 신경학적 문제로 야기된 것일 수 있다. 어떤 어린이들은 뇌가 작동하는 방식 때문에 '학습 차이'를 경험한다. 어떤 사람들은 적절

** '상호작용'은 이러한 생물학적 영향이 사회적 환경의 맥락을 떠나서는 무의미하다는 것을 의미한다(그 반대의 경우도 마찬가지다). 생물학적 영향과 사회적 환경은 불가툰의 관계이다. 나에겐 생물학적 성향이 있기 때문에, 이런 시각에서 불가분성을 분명하게 분석할 수 있다. 하지만 사회과학적 관점이 아닌 생물학적 관점에서 불가분성의 프레임을 짜는 것은 때때로 일을 투박하게 만들 수 있어서 생물학자의 능력이 허용하는 범위 내에서 이를 피하려고 최대한 노력했다.

한 역할 모델 없이 자랐거나 아직 '말랑말랑한 뇌'를 가진 10대여서 자제력을 발휘하는 데 어려움을 겪는다. 단순히 피곤하고 스트레스를 받았기 때문에, 또는 복용중인 약물 때문에 본의 아니게 남에게 상처 주는 말을 하는 경우도 있다.

이 모든 사례는 생물학이 때때로 우리의 행동에 영향을 미칠 수 있음이 인정되는 상황이다. 이는 본질적으로 주체성과 개인의 책임에 대한 일반적인 견해를 지지하면서도, 극단적인 경우는 예외로 해야 한다는 것을 상기시키는 훌륭한 인간적 접근 방식이다. 즉 판사는 판결을 내릴 때 범죄자의 양육 환경을 고려해야 하고, 청소년 살인범에게 사형을 선고해서는 안 된다. 읽기 실력이 급성장한 아이에게 특별상을 주는 교사는 난독증을 앓는 아이를 위해서도 특별한 조치를 취해야 한다. 대학입학 사정관은 특별한 어려움을 극복한 지원자라면 SAT 점수가 낮아도 입학 허가를 고려해주어야 한다.

'어떤 사람들은 자기통제력과 자기 행동을 자유롭게 선택하는 능력이 평균보다 훨씬 부족하고, 때로는 우리 모두의 상상보다 훨씬 부족하다'는 점을 인정한다면, 이러한 의제는 마땅히 도입되어야 할 훌륭하고 합리적인 아이디어라고 할 수 있다.

위의 사항에 동의하지 않을 사람은 아무도 없을 것이다. 하지만 나는 대부분의 독자가 동의하지 않을 것으로 생각되는 매우 다른 영역을 지향하는데, 그건 바로 '인간에게 자유의지가 전혀 없다'고 결론짓는 것이다. 만약 그렇게 된다면 논리적 함의는 뭘까? '행동에 대한 책임이라는 것은 존재할 수 없으며, 징벌로서의 처벌은 정당화될 수 없다'는 것이다. 물론 위험한 사람이 다른 사람에게 피해를 입히지 못하도록 막아야 하지만, 브레이크가 고장난 차를 도로에 다니지 못하게 하는 것만큼 명료하고 비판단적인 경우에만 그래야 할 것이다. 누군가를 칭찬하거나 그에게 감사를 표하는 것은 도구적 개입, 향후 해당 행동을 반복할 가능성을 높이기 위한 목적, 다른 사람에게 영감을 주기 위한 목적에서 괜찮을 수 있지만 그게 그가 그런 대우를 받을 만한 자격이 있어서는 절대 아니다. 이는 당신이 똑똑하거나 자제력이 있거나 친절을 베풀었을 때에도 적용된다. 말 나온 김에 하는 말인데, 사랑의 경험도 누*나 소행성을 구성하는 경우와 동일한 구성요소로 이루어진다는 사실을 인식하는 것도 중요하다. 그 누구도 다른 사람보다 더 나은 대우를 받거나 더 나쁜 대우를 받을 자격이 없다는 것을 말이다. 그리고 당신이 누군가를 미워하는 것은 토네이도가 집을 무너뜨리기로 작심했다고 해서 미워하거나, 라일락이 멋진 향기를 풍기려고 결정했다고 해서 사랑하는 것만큼이나 말이 안 된다는 것을 말이다.

'자유의지는 없다'는 결론을 내린다는 것은 바로 이런 의미다. 이것은 내가 아주 오랫동안 곰곰이 생각해서 내린 결론이다. 내 생각에도, 이 말을 진지하게 받아들인다는 것은 완전히 미친 소리처럼 들린다.

게다가 사람들 대부분이 그 말이 그렇게 들린다는 데 동의한다. 사람들의 신념과 가치관, 행동, 설문조사 질문에 대한 답변, 초창기 '실험철학' 분야 연구 대상으로서의 행동을 살펴보면 철학자(약 90%), 변호사, 판사, 배심원, 교육자, 부모, 촛대 제작자 등의 사람들이 중요한 순간에 자유의지를 믿는다는 것을 알 수 있다. 과학자, 심지어 생물학자와 많은 신경생물학자들도 결정적 순간에 자유의지를 믿는다. 캘리포니아대학교 버클리 캠퍼스의 심리학자 앨리슨 고프닉과 코넬대 타마 쿠시너의 연구에서, 미취학 아등은 이미 인식 가능한 형태의 자유의지에 대한 확고한 믿음을 가지고 있는 것으로 나타났다. 이러한 믿음은 다양한 문화권에 널리 퍼져 있다(그렇다고 보편적이지는 않다). 대부분의 사람들이 보기에 인간은 기계가 아니다. 분명한 증거로 운전자와 자율주행 자동차가 똑같은 실수를 저질렀을 때 전자가 더 많은 비난을 받는다.[1] 그리고 자유의지에 대한 믿음은 인간의 전유물이 아니다. 나중에 살펴볼 연구에 따르면, 심지어 다른 영장류도 자유의지가 있

다고 믿는다.[2]

　이 책은 두 가지 목표를 가지고 있다. 첫번째는 자유의지가 존재하지 않거나,* 중요한 순간에 우리가 행사할 수 있는 자유의지란 일반적으로 가정하는 것보다 훨씬 적게 존재한다는 사실을 납득시키는 것이다. 이를 위해 나는 철학, 법학, 심리학, 신경과학의 관점에서 현명하고 섬세한 사상가들이 자유의지를 주장하는 방식을 살펴볼 것이다. 나는 최선을 다해 그들의 견해를 제시하고, 왜 내가 '그들이 모두 틀렸다'고 생각하는지를 설명하려고 노력할 것이다. 그들의 실수 중 일부는 행동생물학의 한 부분에만 초점을 맞추는 근시안적 사고(판단적 의미가 아닌 기술적記述的 의미로 사용했다)에서 비롯된다. 이것은 때때로 잘못된 논리 때문일 수 있는데, 예컨대 '만약 무엇이 X를 초래했는지 알 수 없다면, X의 원인이 없는 것일 수도 있다'는 결론을 내리는 식이다. 때때로 실수는 행동의 근간이 되는 과학에 대한 인식 부족이나 오해에서 비롯되기도 한다. '자유의지가 없다는 것이 매우 불안하다'는 점이 반영된 감정적인 이유로 이런 실수가 발생한다는 점이 가장 흥미로운데, 이에 대해서는 이 책의 마지막 부분에서 살펴볼 것이다. 다시 말하지만 나의 두 가지 목표 중 하나는 왜 이런 사람들이 모두 틀렸는지, 그리고 사람들이 그런 생각을 바꾸면 삶이 어떻게 개선될 수 있는지에 대한 내 생각을 설명하는 것이다.[3]

　이쯤에서 누군가는 나에게 도대체 종착점이 어디냐고 물을 수 있다. 앞

---

*　가장 극단적으로 '자유의지는 없다'고 주장하는 동조자로는 그레그 카루소Gregg Caruso, 더크 페어붐Derk Pereboom, 닐 레비Neil Levy, 갤런 스트로슨Galen Strawson 등의 철학자가 있다. 나는 앞으로 이들의 사상을 자주 언급할 예정이다. 중요한 점은 이들 모두 (처벌과 보상을 정당화할 때 우리가 염두에 두는) 일상적인 의미의 자유의지를 거부하지만, 이들의 거부가 특별히 생물학적 근거에 따른 것은 아니라는 점이다. 자유의지를 거의 전적으로 생물학적 근거에 기반하여 거부한다는 점에서 나의 견해는 철학자이자 신경과학자인 샘 해리스Sam Harris에 가장 가깝다고 할 수 있다.

으로 살펴보겠지만 자유의지에 대한 논쟁은 종종 "특정 호르몬이 실제로 행동을 유발하는가, 아니면 단지 그 가능성을 높이는가?" 또는 "무언가를 '하고 싶다wanting to do'는 것과 무언가를 '원하고 싶다wanting to want'는 것 사이에 차이가 있는가?" 같은 좁은 이슈를 중심으로 이루어지며, 대개 스페셜리스트 권위자들에 의해 논의된다. 내 지적 구성은 공교롭게도 제너럴리스트이다. 나는 행동을 바꿀 요량으로 쥐의 뇌에 있는 유전자를 조작하는 등의 일을 하는 실험실의 '신경생물학자'다. 그와 동시에, 나는 30년이 넘도록 케냐의 한 국립공원에서 야생 개코원숭이의 사회적 행동과 생리를 연구하면서 매년 일정 기간을 보냈다. 내 연구 중 일부가 '어린 시절의 가난으로 인한 스트레스가 성인의 뇌에 어떻게 영향을 미치는지'를 이해하는 것과 관련된다고 밝혀졌기 때문에 나는 본의 아니게 사회학자 등의 사람들과 시간을 보내게 되었으며, 내 연구의 또다른 측면은 기분장애와 관련되기 때문에 정신과의사들과 어울리게 되었다. 그리고 지난 10년 동안 국선 변호사 사무실에서 살인 사건 재판을 담당하면서 배심원들에게 뇌에 대해 강의하는 일을 취미로 삼았다. 그 결과, 나는 행동과 관련된 여러 분야에서 다양한 경험을 쌓을 수 있었다. 그래서 그런지 자유의지가 존재하지 않는다고 판단하는 경향이 특히 강해진 것 같다.

왜 그럴까? 결정적으로 신경과학, 내분비학, 행동경제학, 유전학, 범죄학, 생태학, 아동발달학, 진화생물학 등 어느 한 분야에 집중하다보면 생물학과 자유의지가 공존할 수 있다는 결론을 내릴 여지가 많다. 캘리포니아대학교 샌디에이고 캠퍼스의 철학자 마누엘 바르가스는 "일부 과학적 결과가 '자유의지'의 허구성을 보여준다고 주장하는 것은 (…) 나쁜 학문이거나 학문적 상행위다"[4]라고 말했다. 바르가스의 말이 맞다. 너무 노골적이긴 하지만 말이다. 다음 장에서 살펴보겠지만, 자유의지에 관한 대부분의 실험적 신경생물학 연구는 행동이 일어나기 몇 초 전 뇌에서 일어나는 사건을 조사한 한 연구 결과에 근간을 두고 있다. 그리고 이 "과학적 결과"(그리고 그후

40년 동안 파생된 수많은 연구 결과들)가 자유의지의 부재를 증명하지 못한다는 바르가스의 결론은 정확하다고 할 수 있다. 마찬가지로, 유전학의 "과학적 결과"를 갖고서 자유의지를 반증하는 것도 불가능하다. 일반적으로 유전자는 필연성이 아니라 취약성과 잠재력에 관한 것이며, 자유의지를 반증하는 단일 유전자와 유전자 변형 또는 유전자 변이는 확인된 적이 없다.* 심지어 모든 유전자를 한꺼번에 고려할 때에도 자유의지를 반증할 수는 없다. 또한 '학대, 박탈, 방치, 트라우마로 가득찬 어린 시절을 보내면 깊이 상처받고 또 상처를 주는 성인이 될 확률이 천문학적으로 높아진다'는 과학적 결과를 강조함으로써 발달학/사회학적 관점에서 자유의지를 반증할 수도 없다. 왜냐하면 예외가 있기 때문이다. 요컨대 어떤 단일한 결과나 과학의 학문 분야 하나만으로는 자유의지의 부재를 증명할 수는 없다. 그러나 모든 관련 과학 분야의 과학적 결과를 종합하면 자유의지가 개입할 여지가 전혀 없어진다.** 이것이 매우 중요한 점이다.

왜 그럴까? 여기에는 '다양한 학문을 하나하나 검토하다보면 결국에는

---

* 말이 나온 김에, 단일 유전자의 변이로 인해 행동이 달라지는 희소 질환이 몇 가지(예: 테이삭스병, 헌팅턴병, 고셔병) 있기는 하다. 하지만 이러한 질환은 뇌에 막대한 손상을 일으키기 때문에 우리가 일상적으로 느끼는 자유의지 문제와는 전혀 관련이 없다.

** 나는 이 책의 전반부에서 이 주제를 두고 생각하는 많은 학자들에 대해 "그들은 모두 틀렸다"고 반복해서 말하게 될 텐데, 이 점은 미리 양해를 구한다. 어떤 아이디어는 종교적 경외심에 가까운 감정을 불러일으키고, 어떤 아이디어는 끔찍할 정도로 틀린 것 같다. 그러므로 내가 그것들을 비판하는 방식에서 거칠고, 신랄하고, 오만하게 판단하고, 적대적이고, 불공평할 수 있다. 그럼에도 불구하고 나는 대인 갈등을 매우 꺼리는 사람이다. 다시 말해 몇 가지 분명한 예외를 제외하면 내 비판에는 개인적인 의도가 전혀 없다. 그리고 '내 절친 중 일부'라는 진부한 표현처럼, 나는 자유의지에 대한 특정 유형의 신념을 가진 사람들과 함께 있는 것을 좋아한다. 왜냐하면 그들은 일반적으로 '내 편'에 있는 사람들보다 더 좋은 사람들이고, 그들의 평화가 나에게도 전해졌으면 하기 때문이다. 내가 하고 싶은 말은, 내가 혹시라도 간혹 재수없게 보이지 않기를 바란다는 것이다. 왜냐하면 정말로 그렇게 보이고 싶지 않으니까.

자유의지를 독자적으로 반증하는 결정적인 학문을 발견하게 된다'는 생각보다 더 깊은 뜻이 숨어 있다. 또한 그 뜻은 '각 학문에 자유의지를 반증할 수 없는 구멍이 있더라도 다른 학문 중 하나 이상이 이를 보완한다'는 생각보다 더 심오하다.

결정적으로, 이러한 모든 학문은 서로 연결되어 동일한 궁극적인 지식 체계를 구성하기 때문에 자유의지를 총체적으로 부정한다. 신경전달물질이 행동에 미치는 영향에 대해 이야기할 때, 우리는 그 화학적 메신저를 코딩하는 유전자와 그 유전자의 진화에 대해서도 암묵적으로 이야기하는 것이므로 '신경화학' '유전학' '진화생물학' 분야는 서로 분리될 수 없다. 태아기의 사건이 성인의 행동에 어떤 영향을 미치는지 조사한다면, 호르몬 분비 패턴이나 유전자 조절의 평생에 걸친 변화와 같은 사항도 자동으로 고려하게 된다. 어머니의 양육 방식이 자녀의 최종적인 성인기 행동에 미치는 영향에 대해 논의한다면, 정의에 따라 어머니가 자신의 행동을 통해 전달하는 문화의 특성에 대해서도 자동으로 논의하게 된다. 이 모든 과정을 아무리 살펴봐도 자유의지가 끼어들 여지는 전혀 없다.

따라서 이 책 전반부의 핵심은 이러한 생물학적 틀에 의존하여 자유의지를 거부하는 것이다. 이제 이 책의 두번째 목표이자 후반부의 내용을 설명할 차례다. 앞서 언급했듯이 나는 청소년기부터 자유의지를 믿지 않았고, 특별한 대우를 받을 사람이 있다는 판단이나 믿음을 갖지 않고 인간을 바라보았으며, 증오나 특권의식 없이 살아가는 것을 도덕적 의무로 여겨왔다. 그런데 나는 그렇게 할 수 없었다. 물론 가끔 어느 정도는 그럴 수 있었지만, 사건에 대한 나의 즉각적인 반응이 (내가 생각하기에) 인간 행동을 이해하는 유일하게 타당한 방식과 일치하는 경우는 드물었으며, 대개는 처참하게 실패했다.

앞에서 말했듯이 자유의지가 없다는 말의 모든 의미를 진지하게 받아들이는 것은 나조차도 미친 짓이라고 생각한다. 그럼에도 불구하고 이 책의 후반부 목표는 개인적으로나 사회적으로 정확히 그렇게 받아들이게 하는 것이다. 일부 장에서는 자유의지에 대한 믿음을 어떻게 없앨 수 있을지에 대한 과학적 통찰을 살필 것이다. 또다른 장에서는 자유의지를 거부하는 것이 처음 인상과 달리 재앙이 되지 않는 이유를 살펴볼 것이다. 일부 장에서는 우리의 생각과 감정에 급진적인 변화가 필요함을 보여주는 역사적 상황(우리는 전에도 그런 일을 해본 적이 있다)을 검토할 것이다.

의도적으로 모호하게 정한 이 책의 제목은 '자유의지가 없는 이유에 대한 과학'과 '자유의지의 부재를 인정한 후 가장 잘사는 방법에 대한 과학'이라는 두 가지 측면을 모두 반영한다.

자유의지에 대한 견해의 유형: 나는 누구의 견해를 반박할 것인가

나는 자유의지에 대해 글을 쓰는 사람들이 흔히 취하는 몇 가지 태도에 대해 논의하고자 한다. 여기에는 네 가지 기본적인 특징이 있다.[*]

---

[*] 나는 여기서 이 주제를 대략적으로 요약할 뿐이며, 신학에 기반을 둔 유대-기독교의 견해는 고려하지 않을 것이다. 내가 알기로 대부분의 신학적 논의는 전지성全知性을 중심으로 이루어지는데, 만약 신의 전지함에 '미래를 아는 것'이 포함된다면 우리가 어떻게 두 가지 선택지 중 하나를 자유롭고도 기꺼이 선택할 수 있을까(선택에 대한 심판은 말할 것도 없고)? 이에 대한 각양각색의 해석 중 하나는, 신은 시간을 초월하기 때문에 신에게 과거·현재·미래는 무의미한 개념이라는 것이다(무엇보다도 신이 영화 관객처럼 줄거리의 반전에 놀라는 스릴을 즐길 리 만무하다는 사실을 암시한다. 그도 그럴 것이 모든 것이 신의 손바닥 안에 있기 때문이다). 또다른 해석은 토마스 아퀴나스가 탐구한 한계가 있는 하나님limited God에 대한 것으로, '하나님은 죄를 지을 수 없고, 자신이 들 수 없을 정도로 무거운 바위를 만들 수 없으며, 네모난 원을 만들 수 없다'는 것이다(또는 여성 신학자가 아닌 놀랍도록 많은 남성 신학자들이 제시한 또다른 예로, 아무리 하나님이라도 결혼한 총각을 만들 수는 없다는 것이다). 다시 말해 신은 모든 것이 아니라 '가능한 모든 것'만

첫번째 견해는 세상은 결정론적이며 자유의지는 존재하지 않는다는 것이다. 이 견해에 따르면, 전자가 사실이라면 후자도 사실이어야 하며 결정론과 자유의지는 양립할 수 없다. 나는 이러한 '완전한 비양립주의hard incompatibilism'** 견해를 지지한다.

두번째 견해는 세상은 결정론적이지만 자유의지는 존재한다는 것이다. 이 견해를 가진 사람들은 세상이 원자와 같은 것으로 이루어져 있다고 주장하며, 심리학자 로이 바우마이스터(현재 호주 퀸즐랜드대학교 교수)의 우아한 표현을 빌리면 생명은 "자연법칙의 불변성과 가차없음을 기반으로 한다."[5] 마법이나 요정 가루 같은 것은 전혀 개입되지 않으며, 뇌와 정신을 별개의 실체로 보는 입장인 실체이원론도 아니다.*** 그 대신 이 결정론적 세계는 자유의지와 양립할 수 있는 것으로 간주된다. 철학자와 법학자의 약 90%가 이 부류에 속한다. 이 책에서는 이러한 '양립주의자compatibilist'를 가장 자주 다룰 것이다.

세번째 견해는 세상은 결정론적이지도 않고 자유의지도 존재하지 않는다는 것이다. 이것은 세상에서 중요한 모든 것이 무작위성에 따라 작동하며, 그것이 자유의지의 근거라고 여기는 괴상한 관점이다. 이에 대해서는 9장과

할 수 있으며, 누군가가 선과 악 중 어느 쪽을 선택할지는 신조차 예측할 수 없다는 것이다. 이 모든 것과 관련하여 샘 해리스는 "설사 우리 각자에게 영혼이 있더라도 우리 자신이 영혼을 선택할 수는 없었다"고 신랄하게 지적한다.

** 나는 이것을 '완전한 결정론hard determinism'과 동의어로 간주한다. 하지만 여러 철학자들은 이 둘을 세밀하게 구분한다.

*** 양립주의자들은 이를 명확히 한다. 예컨대 이 분야의 한 논문에는 '자유의지와 실체이원론: 자유의지에 대한 진정한 과학적 위협인가?'라는 제목이 붙어 있다. 저자는 자유의지에 대한 위협은 실제로 존재하지 않는다고 말한다. 다만 '양립주의자들을 실체이원론자로 낙인찍어 점수를 따냈다'고 생각하는 성가신 과학자들의 위협이 있을 뿐이라는 것이다. 많은 양립주의 철학자들의 말을 빌리면, '실체이원론은 신화이기 때문에 자유의지가 존재하지 않는다'고 말하는 것은 '큐피드가 신화이기 때문에 사랑이 존재하지 않는다'는 말과 같다.

10장에서 다룰 것이다.

네번째 견해는 세상은 결정론적이지 않으며 자유의지는 존재한다는 것이다. 이 견해를 가진 사람들은 나처럼 '결정론적 세계는 자유의지와 양립할 수 없다'고 믿는다. 하지만 문제될 건 없다. 그들이 보기에 세상은 결정론적이지 않으므로, 자유의지를 믿을 수 있는 여지가 존재한다. 이러한 '자유의지론적 비양립주의자libertarian incompatibilist'는 드물기 때문에, 나는 가끔씩만 그들의 견해를 다룰 것이다.

자유의지와 도덕적 책임 간의 관계에 대해서도 네 가지 견해가 있다. '도덕적 책임'이라는 단어는 분명히 많은 문제를 안고 있으며, 자유의지에 대해 토론하는 사람들이 이 단어를 사용할 때는 일반적으로 '누군가가 특정한 방식으로 대우받을 자격이 있다'는 기본적 응분의 개념을 불러일으킨다. 세상은 '누군가는 특정한 보상을, 다른 사람은 특정한 처벌을 받아 마땅하다'는 점을 도덕적으로 수용할 수 있다고 전제하기 때문이다. 그 관점들은 다음과 같다.

첫번째 견해는 자유의지는 존재하지 않으며, 따라서 사람들에게 자신의 행동에 대한 도덕적 책임을 묻는 것은 잘못이라는 것이다. 나는 이 견해를 지지한다. (14장에서 다루겠지만, 이는 억제 효과를 위해 처벌한다는 미래지향적인 문제와는 완전히 별개의 문제다.)

두번째 견해는 자유의지는 존재하지 않지만, 사람들에게 자신의 행동에 대한 도덕적 책임을 묻는 것은 괜찮다는 것이다. 이것은 또다른 유형의 양립주의로, '자유의지의 부재'와 '도덕적 책임'이 초자연적인 존재를 소환하지 않고도 공존하는 것이다.

세번째 견해는 자유의지가 존재하며, 사람들은 도덕적 책임을 져야 한다는 것이다. 이것이 아마도 가장 일반적인 입장일 것이다.

네번째 견해는 자유의지는 존재하지만, 도덕적 책임은 정당화되지 않는다는 것이다. 이는 소수의 견해인데, 자세히 살펴보면 자유의지는 매우 좁은 의미로만 성립하며, 사람을 처형할 근거로 삼을 만한 것은 결코 아니다.

물론 결정론, 자유의지, 도덕적 책임에 이러한 분류를 적용하는 것은 지나친 단순화라고 할 수 있다. 사람들 대부분이 이러한 상태의 존재 여브에 대해 '예' 또는 '아니요'라는 명확한 답을 가지고 있다고 가정하는 것도 증대한 단순화 사례다. 하지만 명확한 이분법이 없으면 '부분적 자유의지' '상황적 자유의지' '우리 중 일부에게만 해당하는 자유의지' '중요할 때만 필요한 자유의지' '중요하지 않을 때만 필요한 자유의지' 등 허황된 철학적 개념이 양산된다. 그럴 경우 자유의지에 대한 믿음의 체계가 한 가지 명백하고 중대한 예외로 인해 무너질 수 있는지, 그 반대의 경우 자유의지 회의론이 무너질 수 있는지에 대한 의문이 제기된다. 행동생물학에서 흥미로운 일들은 종종 연속선상에서 일어나기 때문에 예와 아니요의 정도 차에 초점을 맞추는 것이 중요하다. 이러한 문제에 대해 상당히 절대주의적인 입장을 취하다 보니 나는 본의 아니게 강경파의 입장에 서게 된다. 재차 강조하건대 내 목표는 '자유의지가 없다'고 당신을 설득하는 것이 아니다. '만약 자유의지가 의외로 적다는 결론에 도달했다면 몇 가지 중요한 사안에 대한 입장을 재고해야 한다'는 데 이르는 걸로도 충분하다.

'결정론/자유의지'와 '자유의지/도덕적 책임'을 분리하는 것으로 시작했지만, 나는 이 둘을 하나로 뭉뚱그리는 일반적인 관습을 따른다. 따라서 내 입장은, '세상은 결정론적이기 때문에 자유의지가 있을 수 없으며, 따라서 사람들에게 자신의 행동에 대한 도덕적 책임을 묻는 것은 옳지 않다'는 것이다(이 입장에 대해 어느 저명한 철학자는 "개탄스럽다"고 표현했다. 나는 그의 생각을 대대적으로 해부할 생각이다). 나의 이러한 비양립주의 견해는 '세상은 결정론적이지만 자유의지는 여전히 존재하며, 따라서 사람들에게 자신의 행동에 대한 도덕적 책임을 묻는 것은 정당하다'라는 양립주의 견해와 가장 자주 비교될 것이다.

이런 식의 양립주의 이론은 '신경과학과 자유의지의 관련성'에 관한 철학자들과 법학자들의 수많은 논문을 낳았다. 많은 논문을 읽은 후, 보통 세 가지 문장으로 요약된다는 결론을 내렸다.

> a. 우와, 신경과학의 놀라운 발전은 우리가 사는 세상이 결정론적 세계라는 결론에 힘을 실어준다.
> b. 이러한 신경과학적 발견 중 일부는 자유의지가 없다는 결론을 내릴 수밖에 없을 정도로 우리의 주체성, 도덕적 책임, 응당함deservedness에 대한 관념에 도전한다.
> c. 아니다, 아무리 그렇더라도 자유의지는 여전히 존재한다.

당연히, 나는 "아니다"라는 부분을 검토하는 데 많은 시간을 할애할 것이다. 이 과정에서 그러한 양립주의자 중 일부만 고려하겠다. 이들을 식별하기 위한 사고실험은 다음과 같다. 먼저, 실제 사례를 한 가지 소개한다. 1848년 버몬트의 한 건설 현장에서 다이너마이트 사고가 발생해 금속 막대가 작업자 피니어스 게이지의 뇌를 빠른 속도로 관통하여 반대편으로 튀어나왔다. 이 사고로 게이지의 전두피질frontal cortex, 즉 실행 기능, 장기 계획, 충동 조절의 중심 영역이 대부분 파괴되었다. 한 친구의 말에 따르면 그 여파로 "게이지는 더이상 게이지가 아니었다". 이전에는 냉철하고 믿음직스러웠으며 작업반을 이끌었던 게이지가 이제는 주치의가 묘사한 대로 "변덕스럽고 불경하며 때때로 가장 심한 욕설(전에는 이런 적이 없었다)을 아무렇지도 않게 내뱉고 (…) 고집스러우면서도 종잡을 수 없고 우유부단한 사람"이 되어버렸다. 피니어스 게이지는 인간이 물질적 두뇌의 최종 산물이라는 사실을 보여주는 교과서적인 사례다. 170년이 지난 지금 우리는 전두피질의 고유한 기능이 유전자, 태아기 환경, 어린 시절 등의 결과임을 이해하게 되었다(4장을 기대하라).

이제 사고실험을 해보자. 태어날 때부터 뇌에 대해 아무것도 배울 수 없

는 밀폐된 방에서 양립주의 철학자를 키우라. 그런 다음 피니어스 게이지에
대해 이야기하고 전두피질에 대한 현재 지식을 요약해주라. 그들이 "뭐, 그
래도 자유의지는 있잖아요"라고 즉각적으로 반응하면 나는 그들의 견해에
관심이 없다. 내가 염두에 두는 양립주의자는 "맙소사! 내가 자유의지에 대
해 완전히 틀렸다면 어쩌지?"라는 의문을 품고 몇 시간 또는 몇십 년 동안
열심히 고민한 끝에 '자유의지는 여전히 존재하고, 그 이유는 이러이러하
며, 사회가 사람들의 행동에 도덕적 책임을 묻는 것은 괜찮다'고 결론을 내
리는 사람이다. 우리가 누구인지에 관한 생물학적 지식에 도전해 씨름하지
않은 양립주의자라면, 자유의지에 대한 그들의 믿음에 반박하려고 노력할
가치가 없다.

논의를 위한
기본 규칙과 정의

자유의지란 무엇일까? 이 질문을 받으면 누구나 끙끙대기부터 할 것이다.
그런 다음 "생각하는 사람에 따라 다른 의미라서 혼란스럽다"라는 식의, 완
전히 예측 가능한 말이 이어질 것이다. 영 내키지 않을 테니 그럴 만도 하
다. 그럼에도 불구하고 우리는 이 문제에서부터 시작해야 하고, 이어서 "결
정론이란 무엇인가"라는 질문으로 나아가야 한다. 부담을 덜어드리기 위해
내 나름대로 최선을 다할 것이다.

'자유의지'란 무엇을 의미할까?

자유의지에 대한 정의는 사람마다 다르다. 많은 경우 주체성, 즉 사람이 자
신의 행동을 통제할 수 있는지, 의도를 가지고 행동할 수 있는지 아닌지에
초점을 맞춘다. 다른 정의는 어떤 행동이 일어났을 때 행위자가 그 행동을

대체할 대안이 있음을 알고 있느냐 아니냐와 관련된 것이다. 또다른 정의들은 '무엇을 하느냐'보다 '자신이 원하지 않는 일을 거부하는 것'에 더 주목한다. 내 생각은 다음과 같다.

한 남자가 총의 방아쇠를 당긴다고 가정해보자. 기계적으로는, 검지의 근육이 활동전위가 있는(즉 특별히 흥분된 상태에 있는) 뉴런의 자극을 받아 수축한다. 그 뉴런은 바로 상류에 있는 뉴런의 자극을 받았기 때문에 활동전위를 가지게 되었다. 그리고 그 뉴런은 바로 상류에 있는 뉴런의 자극을 받았기 때문에 활동전위를 가지게 되었다. 그리고 그 뉴런은… (이런 식으로 한참 동안 계속된다.)

자유의지에 대한 나의 요구 사항은 이렇다. 남자의 뇌에서 이러한 과정을 시작한 뉴런, 즉 어떤 상류 뉴런도 자극하지 않았는데 아무런 이유 없이 활동전위를 가지게 된 뉴런을 찾아보라. 그런 다음, 이 뉴런의 활동이 당시 피곤하거나 배고프거나 스트레스를 받거나 고통을 받았는지 아닌지에 영향을 받지 않았음을 보여달라. 이 뉴런의 기능이 이전 몇 분 동안 남성이 경험한 시각·청각·후각 등에 의해 변경되지 않았으며, 이전 몇 시간에서 며칠 동안 뇌를 적신 호르몬 수치나 최근 몇 달에서 몇 년 동안 삶을 변화시킨 사건을 경험했는지 여부에 변경되지 않았음을 보여달라. 그리고 이 뉴런의 소위 자유의지에 따른 작동이 남자의 유전자나 어린 시절 경험으로 인한 유전자 조절 변화(이러한 변화는 평생 동안 지속된다)의 영향을 받지 않았다는 것을 보여달라. '태아 시절 뇌가 형성될 때 노출된 호르몬 수치'와 '그가 성장한 문화를 형성한 수세기에 걸친 역사와 생태학'에 의해서도 마찬가지다. 뉴런이 원인 없는 원인임을 이러한 총체적 의미에서 보여달라. 이런 엄밀한 요구 사항에 대해 저명한 양립주의 철학자인 플로리다주립대학교의 앨프리드 마일은 "터무니없이 높은 기준"이라고 단호하게 말한다.[6] 그러나 이 기준은 터무니없지도, 너무 높지도 않다. 만약 어떤 행동이 '생물학적 과거의 합숨'과 무관하게 생성되는 뉴런(또는 뇌)을 보여준다면, 이 책의 목적에 따라 자유의지를 입증한 것이다. 이 책 전반부의 요점은 이것이 보여질 수 없음을 확증하는 것이다.

결정론이란 무엇을 의미할까?

이 주제를 시작하려면, 18~19세기 프랑스의 박식가(수학, 물리학, 공학, 천문학, 철학에 기여했으므로 박식가로 불려 마땅하다)이자 전형적인 백인 남성인 피에르 시몽 라플라스부터 다뤄야 한다. 라플라스는 모든 결정론의 원조로, 지금 이 순간 우주의 모든 입자 위치를 아는 초월적 존재가 있다면 미래의 모든 순간을 정확하게 예측할 수 있다는 주장을 펼쳤다. 게다가 이 초월적 존재(훗날 '라플라스의 악마'라고 불렸다)가 과거 어느 시점에서든 모든 입자의 정확한 위치를 재현할 수 있다면, 우리의 현재와 똑같은 현재로 귀결될 것이다. 그렇다면 우주의 과거와 미래는 이미 결정되어 있다는 이야기다.

라플라스 시대 이후의 과학은 그가 전혀 옳지 않았음을 보여주지만(라플라스가 '라플라스의 악마'가 아니었음을 증명했다), 그의 악마 정신은 여전히 살아 있다. 결정론에 대한 현대적 견해는 특정 유형의 예측 가능성은 성립하지 않는다는 사실(5장과 6장의 주제)과 우주의 특정 측면이 실제로 비결정론적이라는 사실(9장과 10장)을 통합해야 한다.

또한 현대의 결정론 모델은 메타 수준의 의식이 수행하는 역할도 수용해야 한다. 이것이 무슨 뜻이냐고? '사람들의 선택의 자유는 그들이 생각했던 것보다 적다'는 고전적인 심리학 실험을 생각해보라.[7] 누군가에게 가장 좋아하는 세제의 이름을 물어볼 때, 바다라는 단어로 무의식적 힌트를 준다면 "타이드Tide"라고 대답할 가능성이 더 높아진다. 메타 수준의 의식이 어디에서 작용하는지에 대한 중요한 척도로서, 연구자의 의도를 깨달은 피험자가 자신이 조작될 수 없다는 것을 보여주고 싶어서 가장 좋아하는 세제임에도 "타이드"라고 답하지 않기로 결정했다고 가정해보자. 피험자의 자유는 그만큼 제약을 받았을 테고, 이는 앞으로 많은 장章에서 다룰 주제다.

마찬가지로 부모를 꼭 닮은 성인이 되거나 부모와 정반대의 성인이 되어도 똑같이 자유롭지 못하다. 후자의 경우 부모의 행동을 따라 하고 싶은 충동, 그런 경향을 의식적으로 인식하는 능력, 공포감 때문에 몸을 움츠리며 그 반대로 행동하려는 마음가짐은 모두 '자신의 통제권 밖에서 자신이 된 방식'을 나타내는 징후다.

마지막으로, 결정론에 대한 현대적 관점은 이 책의 후반부를 지배하는 매우 중요한 요점을 수용해야 한다. 그 내용인즉 세상은 결정론적이지만 상황은 변할 수 있다는 것이다. 두뇌가 변하고 행동이 변하며, 우리가 변화한다. 그렇다고 해서 '자유의지가 없는 결정론적 세계'라는 결론을 부정할 수는 없다. 사실 변화에 대한 과학은 이러한 결론을 더욱 강화해주는데, 이에 대한 내용은 12장에서 다룰 예정이다.

이러한 문제를 염두에 두고, 이제 이 책이 기반으로 하는 결정론의 모습을 살펴볼 차례다.

대학 졸업식을 상상해보라. 미사여구, 진부한 말투에 키치함에도 불구하고 거의 항상 감동적이다. 행복과 자부심, 지금까지의 모든 희생을 가치 있게 여기는 가족들, 가족 중 처음으로 고등교육을 받은 졸업생들… 이민자 부모가 환하게 앉은 가운데 그들이 입은 사리sari,* 다시키dashiki,** 바롱barong***으로 보건대 현재의 자부심에는 과거의 자부심이 여전히 자리한다.

당신은 졸업식장을 휘휘 둘러보다가 누군가를 발견한다. 가족 단위로 모인 졸업생들이 휠체어를 탄 할머니와 함께 포즈를 취하고 포옹을 주고받고 웃음소리가 터져나오는 가운데, 행사장 주변의 쓰레기통에서 쓰레기를 수거하는 환경미화원 한 명이 뒤쪽에 보인다.

30

졸업생 중 하나를 무작위로 선택하라. 그리고 환경미화원이 이 졸업생의 유전자를 가지고 태어나도록 마법을 걸어보라. 물론 환경미화원은 다른 어머니의 자궁 속에서 9개월을 보내고, 그로 인해 평생 동안 지속될 후성유전학적 결과를 얻어야 한다. 그의 어린 시절도 바뀌어야 한다. 배고픈 상태에서 잠자리에 들거나 노숙자가 되거나 서류 미비로 추방당할 수 있다는 위협 대신, 피아노 레슨과 가족 오락의 밤으로 가득차야 한다. 내친김에 끝까지 가보자. 마법을 걸어 환경미화원에게 졸업생의 과거를 모두 가지게 하는 것 외에, 졸업생에게도 마법을 걸어 환경미화원의 과거를 모두 가지게 해보는 거다. 두 사람이 통제할 수 없는 요인을 모두 바꾸면, 졸업 가운을 입은 사람과 쓰레기통을 비우는 사람이 바뀔 것이다. 이게 바로 내가 말하는 결정론의 의미다.

이것이 왜 중요할까?

우리 모두는 졸업생과 쓰레기통을 비우는 사람이 바뀔 거라는 사실을 알기 때문이다. 그럼에도 불구하고 우리는 이런 사실을 거의 숙고하지 않은 채, 졸업생이 성취한 모든 것을 축하하는 반면 환경미화원은 거들떠보지도 않고 비켜서기 때문이다.

2장

영화의 마지막 3분

한밤중에 두 남자가 작은 비행장의 격납고 옆에 서 있다. 한 명은 경찰복을 입었고 다른 한 명은 민간인 복장이다. 긴장된 목소리로 이야기를 나누는 두 사람 뒤로 작은 비행기 한 대가 활주로로 이동하고 있다. 갑자기 차량 한 대가 멈춰 서더니 군복을 입은 남자가 내린다. 경찰과 긴장된 대화를 나누던 군인이 전화를 걸자 민간인이 그를 총으로 쏴 죽인다. 경찰이 가득 탄 차량이 불쑥 멈춰 서고, 경찰이 빠르게 출동한다. 경찰은 시신을 수습하면서 현장에 있던 두 사람에게 말을 건넨다. 그러다 경찰은 시신만 수습하곤 총격범을 남겨둔 채 홀연히 떠난다. 경찰과 민간인은 비행기가 이륙하는 모습을 지켜보다가 함께 걸어간다.

무슨 일이 벌어진 걸까? 범죄 행위가 일어난 게 틀림없다. 민간인이 조심스럽게 조준했다는 점을 감안할 때, 군인을 쏠 의도가 분명했다고 봐야 한다. 이 끔찍한 행위는 그 남자의 뉘우치지 않는 태도 때문에 더욱 악화되었다. 이것은 냉혹한 살인이며 타락한 무심함의 결과물이다. 경찰이 그를 체포하려고 시도하지 않은 것은 의외다. 여러 가지 가능성이 떠오르지만 설득력 있는 설명은 없다. 어쩌면 경찰관이 민간인에게 협박을 받아 살인 사건을 외면했을 수도 있다. 현장에 출동한 모든 경찰이 마약 카르텔의 손아귀에 들어간 부패 경찰일 수도 있다. 아니면 민간인과 함께 있던 경찰이 사기 꾼일 수도 있다. 확신할 수는 없지만 이것은 의도로 가득찬 부패와 무법적인 폭력이 난무하는 현장이었고, 경찰과 민간인이 최악의 인간상을 보여 줬다는 것만은 분명하다.

의도는 도덕적 책임에 관한 문제에서 중요한 의미를 갖는다. 행위자는 그렇게 행동할 의도가 있었을까? 그 의도가 정확히 언제 형성되었을까? 자신이 다른 행동을 할 수도 있었다는 사실을 알았을까? 자신의 의도에 대해 책임감을 느꼈을까? 이러한 질문은 철학자, 법학자, 심리학자, 신경생둘학자에게 중요한 문제다. 자유의지 논쟁에 관한 연구 중 상당 부분이 의도를 중심으로 이루어지며 '행동이 일어나기 몇 초 전에 의도가 수행하는 역할'을 미시적으로 조사하는 경우가 많다. 숱한 학회, 편집된 책, 경력이 이 몇 초에 할애되어왔다. 여러 면에서 이러한 초점은 결과적으로 양립주의를 지지하는 주장의 핵심이다. 왜냐하면 이 주제에 대해 수행된 모든 신중하고 미묘하며 영리한 실험들이 모두 자유의지를 반증하는 데 실패했기 때문이다. 이 장에서는 기존의 연구 결과를 검토한 후 이 모든 것이 궁극적으로 자유의지가 없다고 결정하는 것과 무관하다는 사실을 보여주고자 한다. 그도 그럴 것이, 기존의 접근 방법은 핵심적인 질문을 하지 않음으로써 이야기의 99%를 놓치고 있기 때문이다. 애초에 의도는 어디에서 비롯된 것인가? 이 질문은 매우 중요하다. 앞으로 살펴보겠지만 우리가 때때로 마음먹은 대로 자유롭게 행동하는 듯이 보이더라도, 무엇을 하겠다고 마음먹는 데에서 결코 자유롭지 않기 때문이다. 이러한 질문을 던지지 않고 자유의지에 대한 믿음을 유지하는 것은 잔인하고 부도덕할 수 있으며 '영화를 평가하려면 마지막 3분만 보면 된다'고 믿는 것만큼이나 근시안적인 생각이다. 요컨대, 더 넓은 관점에서 보지 않고 의도의 특징과 결과를 이해하려 해봐야 아무 쓸모없다.

300밀리초

1841년 1월 혹한의 날씨 속에서 외투도 모자도 없이 두 시간이라는 기록적인 취임 연설을 바보같이 고집하다가 폐렴에 걸려 한 달 후 사망하여, 재임 중 사망한 최초의 대통령이자 최단 임기를 기록한 대통령으로만 기억되는 미국의 9대 대통령 윌리엄 헨리 해리슨 얘기부터 시작하자.*[1]

이 점을 염두에 두고 윌리엄 헨리 해리슨에 대해 생각해보라. 단 먼저, 뇌파검사EEG를 위해 당신의 두피 전체에 전극을 붙일 것이다. 당신이 빌**을 생각하는 동안 나는 당신의 대뇌피질에서 생성되는 뉴런의 흥분 파동을 관찰할 것이다.

내가 당신의 뇌파를 계속 기록하는 동안, 해리슨 말고 다른 것을 생각하라. 사람이든 사물이든 상관없다. 좋다, 잘했다. 지금은 해리슨에 대해 생각하지 말고, 잠시 후 원할 때마다 해리슨을 생각하기로 하자. 그를 생각하는 즉시 당신은 버튼을 눌러야 한다. 아참, 그리고 시계의 초침을 잘 들여다보면서, 해리슨을 생각하기로 결정한 시간을 기록해두라. 당신의 손에 연결된 기록용 전극이 버튼을 누르는 시점을 정확하게 감지하는 한편, 뇌파는 근

---

* 수정주의자들에 따르면, 그는 취임식 때문이 아니라 몇 주 후 또다시 외투를 입지 않은 채 소를 사러 나갔다가 폐렴에 걸렸다고 한다. 더 급진적인 수정주의자들은 그가 폐렴으로 사망한 것이 아니라 백악관의 더러운 오염수를 마시고 장티푸스에 감염되어 사망했다고 주장한다. 작가 제인 맥휴Jane McHugh와 의사 필립 매코비액Philip Mackowiak은 해리슨의 주치의가 묘사한 증상과 백악관의 상수도관이 '분뇨'가 버려진 곳 바로 아래를 지나갔다는 사실을 근거로 이 같은 결론을 내렸다. 당시 워싱턴 D.C.는 말라리아의 늪지대로, 수도首都를 집 가까이 유치하려는 버지니아의 유력 인사들이 이 지역을 강력히 밀었으며, 알렉산더 해밀턴과 버지니아 출신인 토머스 제퍼슨과 제임스 매디슨 사이의 밀실 담합을 통해 수도로 선정되었다. 저명한 역사학자 린마누엘 미란다Lin-Manuel Miranda는 협상을 둘러싼 의혹을 언급하며 "게임이 어떻게 진행되는지, 거래가 어떻게 성사되는지, 소시지가 어떻게 만들어지는지 실제로 아는 사람은 아무도 없다"고 썼다.
** 윌리엄의 애칭. ─옮긴이

뇌파 검사지

육에 '버튼을 누르라'는 명령을 내리는 뉴런이 활성화되기 시작하는 시점을 감지할 것이다. 이 실험에서 우리가 발견하게 될 결과는, 당신이 '자유롭게 버튼을 누르기로 결정했다'고 생각하기 전에 해당 뉴런이 이미 활성화되었다는 것이다.

그러나 이 실험 설계는 비특이성nonspecificity 때문에 완벽하지 않다. 즉 특정한 일이 아닌 일반적인 일을 할 때 뇌에서 무슨 일이 일어나는지 알아낸 것일 수 있다. 그러므로 'A를 하는 것'과 'B를 하는 것' 중 하나를 선택하는 실험으로 전환해보자. 윌리엄 헨리 해리슨이 장티푸스균이 가득한 햄버거와 감자튀김을 먹으며 케첩을 달라고 요청했다고 가정해보자. 그가 "케치업ketch-up"이라고 발음했으리라고 판단하면 즉시 왼손으로 한 버튼을 누르고, "캣츠업cats-up"이라고 발음했으리라고 생각하면 오른손으로 다른 버튼을 누르라. 지금 당장은 케첩의 발음에 대해 생각하지 말고, 시계를 보고 어떤 버튼을 누를지 결정한 순간을 알려달라. 버튼 누르는 손을 담당하는 뉴런은 당신이 의식적으로 선택하기 전에 활성화되기 때문에 앞의 실험과 동일한 답을 얻을 수 있다.

뇌파는 한 번에 수억 개 뉴런의 활동을 반영하기 때문에 특정 뇌 영역에서 무슨 일이 일어나는지 알기 어려울 테니, 이제 뇌파를 들여다보는 것보다 더 멋진 일을 해보자. WHH재단의 지원으로 구입한 최신 신경 영상 시스템 덕분에 나는 사용자가 작업을 수행하는 동안 뇌의 기능적 자기공명영상fMRI을 촬영하여 개별 뇌 영역의 활동을 동시에 파악할 수 있게 되었다. 그 결과 사용자가 '의식적으로 자유롭게 선택했다'고 믿기 전에 특정 뇌 영역이 어떤 버튼을 누를지 '결정'했다는 사실이 다시 한번 백일하에 드러났다. 사실, 의식과 뇌 활동의 시간차는 최대 10초다.

단일 픽셀의 신호가 약 50만 개 뉴런의 활동을 반영하는 fMRI와 그로부터 생성되는 이미지는 잊어버려라. 그 대신 당신의 머리에 구멍을 뚫은 다음 뇌에 전극을 삽입하여 개별 뉴런의 활동을 모니터링한다고 생각하라. 이 접근 방법을 사용하면, 당신이 결정을 내렸다고 믿기 전에 뉴런의 활동을 통해 '케치업'과 '캣츠업' 중 하나를 선택한다는 사실을 다시 한번 알 수 있을 것이다.

이쯤 해서, '자유의지란 신화에 불과한가?'라는 엄청난 논쟁을 불러일으킨 기념비적인 연구들의 기본적인 접근 방법과 연구 결과를 살펴보기로 하자. 이는 '신경과학이 자유의지에 대해 무엇을 알려주는가'에 대한 거의 모든 논쟁의 단골 주제다. 결론부터 말하면, 나는 이런 연구들이 자유의지와 무관하다고 생각한다.

이 연구는 캘리포니아대학교 샌프란시스코 캠퍼스의 신경과학자 벤저민 리벳이 1983년 발표한 도발적인 연구로 시작되었는데, 그후 이와 관련된 학회가 숱하게 열렸다. 철학자 중 적어도 한 명이 이 연구를 "악명 높다"고 불렀고, 이런 연구를 하는 과학자들은 "리벳 스타일의 연구"[*2]를 수행하

는 것으로 묘사되었다.

우리는 이 실험의 설정을 익히 알고 있다. 여기 버튼이 있으니, 원할 때마다 수시로 누르라. 미리 생각하지 말고, 1초 단위까지 쉽게 감지할 수 있는 멋진 시계를 보고 '언제 버튼을 누르기로 결정했는지'(즉 자유롭게 의식적으로 결정한 순간)**를 알려달라. 당신이 그러는 동안 나는 당신의 뇌파 데이터를 수집하고, '손가락이 언제 움직이기 시작하는지'를 정확히 모니터링할 것이다.

실험 결과, 기본적인 사항이 발견되었다. 즉 사람들은 손가락이 움직이기 시작하기 약 200밀리초(10분의 2초) 전에 버튼을 누르기로 결정했다고 보고했다. 또한 사람들이 움직일 준비를 할 때 준비전위readiness potential라고 불리는 독특한 뇌파 패턴이 나타났는데, 이는 척추 아래로 투사를 보내 근육의 움직임을 자극하는 보조운동영역supplementary motor area, SMA이라는 뇌 영역에서 나왔다. 놀라운 사실은 '뇌가 버튼을 누를 준비를 했다'는 증거인 준비전위가 사람들이 버튼을 누르기로 결정했다고 믿기 약 300밀리초 전에 발생했다는 점이다. 그렇다면 우리가 자유롭게 선택한다고 느끼는 건 사후적 착각이자 잘못된 주체감에 불과하다는 이야기가 된다.

리벳의 관찰이야말로 모든 논의의 출발점이다. 생물학과 자유의지에 관한 기술 논문을 읽으면, 99.9%의 논문에서 보통 두번째 문단에 리벳이 등장

연구자 팀과 함께 수행한 연구를 의미한다. 똑같이 중요한 점으로(아무리 자주 언급해도 지나치지 않으므로 여러 곳에서 반복할 것이다) "과학자들의 연구에 따르면, 그들이 이런 저런 일을 할 때 사람들은 X를 한다"라는 말은 '사람들이 평균적으로 이런 식으로 반응했다'는 의미다. 항상 예외가 있기 마련인데, 그 예외가 가장 흥미로운 경우가 많다.

** 리벳의 저술에서는 사람들이 결정을 내렸다고 생각하는 시점을 "W"라고 불렀는데, 이는 '처음 의식적으로 무언가를 하고 싶다'고 생각한 시점을 의미한다. 전문용어를 최소화하기 위해 이 책에서는 이 용어를 사용하지 않을 것이다.

할 것이다. 일반 언론 기사도 마찬가지여서 "과학자, 자유의지가 없다는 것을 증명하다. 당신이 생각하기 전에 두뇌가 결정한다" 일색이었다.* 리벳의 논문은 수많은 후속 연구와 이론 정립에 영감을 주었으며, 1983년 논문이 발표되고 거의 40년이 지난 지금도 사람들은 리벳의 연구에서 직접 영감을 받은 연구를 한다. 예컨대 2020년에는 「리벳의 의도 보고에 대한 연구는 무효다」라는 제목의 논문이 나왔다.[3] 수십 년이 지난 지금도 긍정적이든 부정적이든 사람들의 입에 오르내릴 만큼 유의미한 연구를 했다면 과학자로서 불멸의 업적을 남겼다고 봐야 한다.

'자신이 결정한 것처럼 느껴질 때 결정을 내렸다고 생각하는 것은 착각'이라는 리벳의 기본적인 발견은 재현되었다. 유니버시티칼리지런던의 신경과학자 패트릭 해거드는 피험자들에게 두 개의 버튼 중 하나를 선택하게 했다. 피험자는 버튼을 누를지 말지를 선택하는 것이 아니라 A와 B 중 하나를 택해야 했다. 실험 결과 사실상 동일한 결론이 나왔다. 즉, 뇌는 우리가 생각하기 전에 이미 결정을 내린 듯 보였다.[4]

이러한 발견은 독일 훔볼트대학교의 존 딜런 헤인즈와 동료들이 연구한 리벳 2.0의 시발점이 되었다. 25년 후 fMRI를 사용할 수 있게 된 것 외에 다른 조건은 모두 동일했다. 다시 한번, 사람들의 의식적인 선택감sense of conscious choice은 근육이 움직이기 약 200밀리초 전에 나타났다. 가장 중요한 점은 이 연구가 리벳에게서 나온 결론**을 재현했을 뿐만 아니라 이를 더

---

* 한 논문에서는 일반 언론이 리벳의 실험을 보도한 내용을 분석했다. 그 결과 헤드라인의 11%는 자유의지가 반증되었다고 했고, 11%는 그 반대였으며, 많은 기사는 '실험이 어떻게 이루어졌는지'를 매우 부정확하게 설명한 것으로 나타났다(예컨대 버튼을 누른 사람이 연구자라는 등). 다른 한편으로 〈리벳의 지연Libet's Delay〉이라는 음악마저 등장했다. 내가 직접 들어보니 변덕스럽고 너무 반복적이어서 비명을 지르고 싶다는 의식적인 느낌을 받았기 때문에, 깊은 우울증에 빠진 인공지능이 작곡했다는 결론을 내릴 수밖에 없었다.

** 내가 '리벳의 결론'이 아니라 '리벳에게서 나온 결론'이라고 표현한 이유는, 리벳이 자신

욱 구체화했다는 점이다. 헤인즈는 fMRI를 통해 '어느 버튼을 누를 것인지'를 결정하는 곳을 찾아낼 수 있었는데, 그곳은 뇌의 명령 체계에서 훨씬 더 높은 위치인 전전두피질prefrontal cortex, PFC이었다. PFC는 집행에 관한 결정이 이루어지는 곳이니 당연한 결과였다. (전두피질의 나머지 부분과 함께 PFC가 파괴되면 게이지와 마찬가지로 끔찍하고 억제되지 않은 결정을 내리게 된다.) 좀더 간단히 설명하자면, 일단 결정이 내려지면 PFC는 나머지 전두피질로 결정을 전달하고, 전두피질은 그 결정을 전운동피질premotor ccrtex과 보조운동영역을 거쳐 근육으로 전달한다.*** '의사결정이 더 높은 상류에서 이루어진다'는 헤인즈의 견해를 뒷받침하듯, PFC는 피험자가 의식적으로 결정한다고 느끼기 최대 10초 전에 의사결정을 내리고 있었다.****5

그후 리벳 3.0에서, 연구자들은 자유의지가 환상임을 밝히기 위해 개별 뉴런의 활동까지 모니터링했다. 캘리포니아대학교 로스앤젤레스 캠퍼스의 신경과학자 이츠하크 프리드는 항경련제에 반응하지 않는 난치성 뇌전증epilepsy 환자를 대상으로 연구를 진행했다. 뇌전증을 치료하는 신경의과 의사는 최후의 수단으로 발작이 시작되는 뇌 부위를 제거하는데, 프리드가 연구한 환자들의 경우 전두피질이 바로 그 부위였다. 또한 의사는 제거되는 조직의 양을 최소화하기 위해 그 준비작업으로서 수술 전 표적 부위에 전극을 이식하여 해당 부위의 활성 정도를 모니터링한다. 이렇게 하면 해당 뇌 영역의 기능에 대한 세밀한 지도를 작성할 수 있으므로, 만약 여지가 있다면 제거하지 말아야 하는 하위 부분이 어디인지 알 수 있다.

따라서 프리드는 수술 환자에게 '리벳 스타일의 과제'를 수행하게 하면

서 전두피질의 전극을 통해 특정 뉴런이 활성화되는 시점을 감지했다. 그랬더니 아니나다를까! 피험자가 의식적으로 결정했다고 주장하기 몇 초 전에 특정 동작을 준비하기 위해 일부 뉴런이 활성화되는 것으로 나타났다. 흥미로운 관련 연구에서, 그는 특정 일화 기억을 코딩하는 해마의 뉴런이 피험자가 그 기억을 자유롭게 회상한다는 것을 인식하기 1~2초 전에 활성화된다는 사실을 밝혀냈다.[6]

수억 개에 달하는 뉴런의 활동을 단일 뉴런까지 모니터링하는 기술에는 세 가지가 있는데, 세 가지 모두 '우리가 의식적으로 자유롭게 무언가를 선택한다고 믿는 순간 이미 신경생물학적 주사위는 던져졌다'는 것을 보여준다. 그렇다면 의식적 의도감sense of conscious intent이라는 것은 무의미한 사후 생각일 뿐이라는 이야기가 된다.

이러한 결론은 의도감과 주체감이 얼마나 가변적인지를 보여주는 연구를 통해 더욱 확고해진다. 연구자들은 리벳의 기본적인 패러다임으로 돌아가서, 이번에는 버튼을 누르면 종소리가 울리도록 하고, 버튼을 누른 후 종소리가 울릴 때까지 '시간이 몇 분의 1초씩 지연되는지'를 다양하게 설정했다. 벨 울림이 지연되자 피험자들은 '버튼을 누르려는 의도가 평소보다 조금 늦어졌다'고 보고했지만, 준비전위나 실제 움직임에는 변화가 없었다. 또다른 연구에서는 행복하다고 느끼면 불행하다고 느낄 때보다 더 빨리 의식적 선택감을 인지하는 것으로 나타났는데, 이는 우리의 의식적인 선택감이 얼마나 변덕스럽고 주관적일 수 있는지를 보여준다.[7]

한편 난치성 뇌전증으로 신경외과 수술을 받는 사람들을 대상으로 진행한 다른 연구에서는 의도적인 움직임과 실제 움직임에 대한 감각이 분리될 수 있음을 보여주었다. 의사결정과 관련된 뇌 영역*을 추가로 자극하면, 사람들은 근육을 수축시키지 않고도 방금 자발적으로 움직였다고 주장할 것

---

* 두정피질은 몇 개의 각주에서 언급되었다.

이다. 그 대신 전보조운동영역pre-SMA을 자극하면, 사람들은 손가락을 움직이지 않았는데도 움직였다고 주장할 것이다.[8]

한 가지 신경학적 장애가 이러한 결과를 뒷받침한다. 뇌졸중으로 보조운동영역의 일부가 손상되면 '무정부 손 증후군anarchic hand syndrome'[**]이 발생하는데, 이 경우에는 보조운동영역의 일부가 제어하는 손이 본인의 의지에 반하는 행동(예: 다른 사람의 접시에서 음식을 집어듦)을 하며, 환자는 심지어 다른 손으로 무정부 손을 제지해야 하는 지경에 이르기도 한다.[***] 이는 환자가 의도를 형성했다고 믿기 전에 보조운동영역이 의지를 과제에 집중시킨 채 '의도를 행동에' 연결한다는 것을 시사한다.[9]

심리학 연구에서도 주체감이 어떻게 착각에 빠질 수 있는지를 보여준다. 한 연구는 참가자가 버튼을 누르면 곧바로 불이 켜진다고 했지만 늘 그런 건 아니었다. 연구진은 점등이 지연되는 시간을 다양하게 설정한 다음, 피험자들에게 자신이 불빛을 얼마나 잘 통제할 수 있다고 생각하는지 물었다. 사람들은 불이 얼마나 안정적으로 켜지는지를 과대평가한 나머지 자신이 불을 자유자재로 제어할 수 있다고 느꼈다.[****] 다른 연구에서 피험자들은

자신이 버튼을 누를 때 사용할 손을 자발적으로 선택한다고 믿었다. 사실 그들이 모르는 사이에 손 선택은 운동피질motor cortex에 대한 경두개자기 자극transcranial magnetic stimulation, TMS*을 통해 제어되고 있었지만, 피험자들은 본인의 결정을 통제하고 있다고 인식한 것이다. 한편 또다른 연구에서는 마술사나 멘탈리스트들의 조작법을 그대로 사용했는데, 피험자들은 실제로는 예측할 수 없고 통제할 수 없는 사건에 대해 주체성을 주장했다.[10]

X를 수행한 후 Y가 뒤따르는 경우, 우리가 스스로 Y를 일으켰다고 느낄 확률을 증가시키는 요인은 무엇일까? 이 분야의 핵심 기여자인 하버드의 심리학자 대니얼 웨그너는 세 가지 논리적 변수를 확인했다. 그중 하나는 우선순위인데, X와 Y 사이의 시간차가 짧을수록 우리는 의지에 대한 환상적 감각을 더 쉽게 갖게 된다. 또한 일관성과 배타성도 있다. 즉 X를 한 후에 Y가 얼마나 지속적으로 일어나고, X가 없을 때 Y는 얼마나 자주 일어날까? 일관성이 높을수록, 그리고 배타성이 낮을수록 환상은 더욱 강해진다.[11]

종합적으로, 리벳의 실험으로 시작된 리벳 문헌Libetian literature이 우리에게 보내는 메시지는 무엇일까? 이는 세 가지로 요약될 수 있다. 첫째, 우리가 자유롭고 의식적으로 행동을 선택할 수 있다는 감각, 즉 환상적인 주체감은 현실과 단절될 수 있다.** 둘째, 우리가 의식적인 통제감을 처음 느끼는 시점은 얼마든지 조작될 수 있다. 셋째, 무엇보다도 이러한 주체감은 뇌

이 내용은 마지막 장에서 다시 다룰 것이다.

* TMS에서 전자기 코일은 두피에 배치되어 바로 아래의 피질 부분을 활성화 또는 비활성화하는 데 사용된다(나도 이것을 한 번 경험한 적이 있다. 동료가 TMS를 이용하여 나의 검지를 제어했는데, 그것은 오싹할 정도였다). TMS를 이용한 실험 결과가 이 책의 주제에 대해 시사하는 바는 무엇일까? TMS가 행동의 도덕적 적절성에 대한 사람들의 판단을 바꾸는 데 사용될 수 있다는 것이다.

** 이에 대해 다트머스대학교의 철학자 피터 체Peter Tse는 이렇게 항변한다. "착시의 존재가 모든 시각이 환상임을 증명하지 못하는 것처럼, 의식적 주체성의 환상이 존재한다고 해서 '어떤 경우 의식의 작동이 행동의 원인이 될 수 없다'는 것을 증명할 수는 없다."

가 이미 행동을 준비한 뒤에 나온다. 자유의지는 신화라는 것이다.[12]

이러한 충격적 결론에 대해 사람들은 그 이후로 서로 고성을 질러댔다. 비양립주의자들은 끊임없이 리벳과 그의 후계자들을 인용하고, 양립주의자들은 리벳 문헌 전체를 경멸적으로 비방한다. 이러한 갈등과 반목이 시작되는 데는 오랜 시간이 걸리지 않았다. 리벳은 획기적인 논문을 발표하고 2년 후 동료 논평 저널(누군가가 논란이 되는 주제에 대한 이론적 논문을 발표하면, 그 과학자의 친구나 적들이 짧은 논평을 싣는 저널)에 총설 논문을 발표했다. 리벳을 비난하는 평론가들은 "심각한 오류", "기본적 측정 개념" 간과, "개념적 비정교성(한 비평가는 "죄송합니다, 당신의 이원론이 드러나고 있네요"라고 비난했다)"을 물고 늘어지며, 타이밍 측정의 정확성에 대해 비과학적인 믿음을 가지고 있다고 비난했다(한 비평가는 리벳이 "시간의 신학 chronotheology"을 실천한다고 비아냥거렸다).[13]

리벳, 헤인즈, 프리드, 웨그너, 그리고 그들을 추종하는 무리에 대한 비판은 줄어들지 않고 계속되고 있다. 일부는 '뇌파, fMRI, 단일 뉴런 기록의 한계'나 '피험자가 거의 모든 것을 스스로 보고하는 데 내재된 함정' 등 사소한 문제에 초점을 맞춘다. 하지만 대부분의 비판은 개념적인 측면이 강하며, 종합적으로 보면 '리벳주의Libetianism가 자유의지를 죽였다'는 소문은 과장된 것임을 알 수 있다. 이 비판들은 자세히 살펴볼 가치가 있다.

손가락의 자발적 운동을 근거로 자유의지에 사망 선고를 내릴 수 있을까?

리벳 문헌은 자발적으로 무언가를 하기로 결정하는 사람들을 대상으로 작성되었다. 마누엘 바르가스가 보기에, 자유의지는 미래지향적이며 장기적인 목표를 위해 즉각적인 비용을 감수하는 것 중심으로 이루어진다. 이러한 관점에서 그는 이렇게 비판한다. "리벳의 실험은 순전히 즉각적이고 충동적인 행동을 탐구했는데, 이는 자유의지의 목적이 아니다."[14]

더욱이 자발적으로 결정된 행동은 버튼 누르기였는데, 이는 우리가 신념·가치나 가장 중요한 행동에 관해 자유의지를 지녔는지 여부와 별로 유사하지 않다. 채프먼대학교의 심리학자 우리 마오즈Uri Maoz의 말을 빌리면, 버튼 누르기와 자유의지의 차이는 '대충 골라잡기'와 '선택'의 차이와 같다. 다시 말해서 리벳의 실험은 슈퍼마켓 진열대에서 치리오스 상자 하나를 골라잡는 것이지, 중요한 선택을 하는 게 아니라는 것이다. 예를 들어 다트머스대학교의 철학자 아디나 로스키스Adina Roskies는 리벳 세계의 골라잡기를 실제 선택을 희화화한 것으로 간주하며, 심지어 차와 커피 중 하나를 선택하는 것과 비교해도 복잡성 면에서 왜소하기 짝이 없다고 말한다.* [15]

리벳의 발견이 버튼 누르기보다 더 흥미로운 행동에 적용될 수 있을까? 프리드는 운전 시뮬레이터에서 피험자가 좌회전과 우회전 중 하나를 선택하는 실험에서 리벳 효과를 재현했다. 또다른 연구에서는 '화창한 날 실험실 벗어나기'와 신경과학을 결합하여, 번지점프를 하기 직전의 피험자에게서 리벳 현상을 확인했다. 혹시 신경과학자들이 측정 장비를 부둥켜안고 뛰어내렸을까? 그런 건 아니고, 무선 EEG 장치를 뛰어내리는 사람들의 머리에 묶어 마치 술게임을 한 뒤 사교클럽 친구들에게 설득당해 번지점프를 하는 화성인처럼 보이게 만들었다. 그 결과는? 피험자가 뛰어내리기로 결정했다고 믿기 전에 준비전위가 먼저 발생함으로써 리벳의 발견이 재현되었다.[16]

이에 대해 양립주의자들은 이는 완전히 인위적인 실험이라며 반박했다.

---

* 일반적으로 철학자로 분류되는 로스키스는 철학 박사학위 외에도 신경과학 박사학위를 취득하여 다른 고만고만한 학자들을 학문적으로 압도했다.

'언제 심연으로 뛰어내릴지'나 '운전 시뮬레이터에서 좌회전할지 우회전할지'를 선택하는 것은 '나체주의자가 될지 불교 신자가 될지'나 '조류학자가 될지 알레르기 전문의가 될지'를 선택하는 우리의 자유의지에 대해 아무것도 알려주지 않는다. 이러한 비판은 특히 명쾌한 연구를 통해 뒷받침되었다. 첫번째 상황에서는 피험자에게 두 개의 버튼을 제시하고 각각 특정 자선단체를 상징한다고 설명한 후, 버튼 중 하나를 누르면 해당 자선단체에 1천 달러가 기부된다고 설명했다. 두번째 상황에서도 버튼과 자선단체를 각각 두 개씩 제시했는데, 뭘 누르든 양쪽 자선단체에 500달러씩 기부되었다. 뇌는 두 시나리오 모두에서 동일한 움직임을 명령했지만, 첫번째 시나리오에서의 선택은 매우 중요한 반면 두번째 시나리오에서의 선택은 리벳 연구에서와 마찬가지로 임의적이었다. 지루하고 임의적인 상황은 의식적인 결정감이 있기 전에 일반적인 준비전위를 일으켰지만, 중요한 상황은 그렇지 않았다. 다시 말해서 리벳은 우리가 추구할 가치가 있는 자유의지에 대해 아무것도 말해주지 않는다. 한 선도적인 양립주의자의 놀랍도록 냉소적인 말을 빌리면, 이 모든 문헌의 핵심 메시지는 "만약 당신의 머리가 fMRI 장치에 들어가 있다면, [자유의지에 회의적인 연구자 중 한 명과 함께] 돈을 걸고 가위바위보를 하지 말라"[17]는 것이다.

그러나 곧이어 자유의지 회의론자들의 반격이 시작되었다. 헤인즈가 이끄는 연구진은 한 숫자를 다른 숫자에 더할지 뺄지를 선택하는 비운동 과제nonmotoric task에 참여한 피험자들의 뇌 영상에서 '의식적 인식 이전에 이루어진 결정'을 시사하는 고유 신호를 발견했는데, 이 신호는 보조운동영역과는 다른 뇌 영역(후대상피질/설전피질posterior cingulate/precuneus cortex이라고 부른다)에서 나오는 것으로 밝혀졌다. 그렇다면 '자선단체 선택하기'를 연구한 과학자들은 단지 잘못된 뇌 영역을 조사했는지도 모른다. 왜냐하면 '단순한 뇌 영역'은 의식적으로 간단한 선택을 했다고 생각하기 전에 결정을 내리고, '복잡한 뇌 영역'은 복잡한 선택을 했다고 생각하기 전에 결정을

내리기 때문이다.[18]

배심원단의 평결은 아직 나오지 않았다. 왜냐하면 리벳 문헌은 거의 전적으로 매우 간단한 일에 대한 자발적인 결정을 다루었기 때문이다. 이제 광범위한 비평으로 넘어가기로 하자.

겨우 60%? 정말?

의식적인 결정을 인식한다는 것은 무엇을 의미할까? '결정하는 것'과 '의도하는 것'은 실제로 무엇을 의미할까? 이러한 질문에 답하려면, 단순한 의미 분석이 아니라 진지한 의미론적 고찰이 필요하다. 철학자들이 이 부분에서 워낙 미묘한 방식으로 설치고 있다보니, 많은 신경과학자들(예컨대 나)은 경외감에 숨을 헐떡일 정도다. 우리가 시계 초침에 초점을 맞추는 데는 시간이 얼마나 걸릴까? 로스키스는 자신의 글에서 의식적 의도conscious intention와 의도의 의식consciousness of intention의 차이를 강조한다. 앨프리드 마일은 준비전위가 발생한 시점이 실제로 온전히 자유롭게 선택했을 때이며, 그후 자유의지로 선택한 것을 의식적으로 인식하는 데는 약간의 시간이 걸린다고 추측한다. 이에 반론을 제기하는 한 연구에 따르면, 준비전위가 발생할 때 많은 피험자들이 '언제 움직일까'보다는 '저녁에 뭘 먹을까' 같은 것을 생각하고 있었다고 한다.[19]

뭔가를 결정하기로 결정할 수 있을까? '의도하는 것'과 '의도를 갖는 것'은 같은 것일까? 리벳은 피험자들에게 "행동을 '원하거나' 의도한 주관적 경험"을 처음 인식한 시점을 기록하라고 지시했는데, 여기서 '원함'과 '의도함'은 동일한 것일까? 자발적이어야 한다는 말을 들었을 때 자발적일 수 있을까?

말이 나온 김에, 준비전위란 실제로 무엇일까? 놀랍게도 리벳 이후 거의

40년이 지난 지금도 "준비전위란 무엇인가?"라는 제목의 논문을 얼마든지 쓸 수 있다. 준비전위는 하기로 결정함, 즉 '실제 의도'이고, 의식적인 결정감은 지금 하기로 결정함, 즉 '의도의 실행'이라고 해도 될까? 어쩌면 준비전위는 아무 의미가 없을지도 모른다. 일부 이론 모델에서는, 보조운동영역의 무작위 활동이 감지 가능한 문턱값을 통과하는 지점을 의미할 뿐이라고 시사한다. 마일은 준비전위가 결정이 아니라 충동이라고 강력하게 주장했으며, 오클랜드대학교의 물리학자 수전 포켓과 심리학자 수잰 퍼디는 '피험자가 결정을 내린 시점과 충동을 느낀 시점을 구분하려고 할 때 준비전위의 일관성이 떨어지고 지속 기간이 짧아진다'는 것을 보여주었다. 다른 학자들에게, 준비전위는 결정 자체보다는 결정으로 이어지는 과정이다. 한 가지 영리한 실험이 이러한 해석을 뒷받침한다. 이 실험에서, 연구자는 피험자들에게 무작위로 네 개의 글자를 제시하고, 마음속으로 하나를 선택하라고 지시했다. 그들은 때때로 '글자에 해당하는 버튼을 누르라'는 신호를 보내기도 하고 그러지 않기도 했으므로, 두 시나리오에서 동일한 의사결정 프로세스가 발생했지만 실제로는 한 가지 시나리오에서만 움직임이 생성되었다. 결정적으로 두 시나리오 모두에서 비슷한 준비전위가 발생했는데, 이는 양립주의 신경과학자 마이클 가자니가의 말을 빌리면, 보조운동영역이 움직임을 실행하기로 결정하기보다는 "역동적인 사건에 참여하기 위해 워밍업을 하고 있다"[20]는 것을 시사한다.

그렇다면 준비전위와 그 전조는 결정일까, 아니면 충동일까? 결정은 문자 그대로 결정이지만, 충동은 단지 결정의 가능성이 증가한 것일 뿐이다. 그렇다면 준비전위와 같은 전의식 신호가 발생했는데도 불구하고 움직임이 일어나지 않는 경우가 있을까? 전의식 신호가 선행되지 않은 상태에서 움직임이 발생한 적이 있을까? 이 두 가지 질문을 결합해보자. 이러한 전의식 신호가 실제 행동을 얼마나 정확하게 예측할 수 있을까? 100%에 가까운 정확도는 자유의지에 대한 믿음에 큰 타격을 줄 수 있다. 반대로 정확도가 우연(즉 50%)에 가까울수록 우리가 선택감을 느끼기 전에 뇌가 무언가를 '결정'할 가능성은 줄어든다.

결론적으로 말해서, 예측 가능성이 그다지 높은 것은 아니다. 원래 리벳의 연구는 정량화될 수 없는 방식으로 수행되었다. 헤인즈의 연구에서는 fMRI 이미지가 어떤 행동이 일어날지를 거의 우연 수준인 약 60%의 정확도로 예측했을 뿐이다. 마일은 "참가자가 다음에 어떤 버튼을 누를지 예측하는 정확도가 60%라면, 자유의지에 큰 위협이 되지는 않는 것 같다"고 말한다. 로스키스의 말을 빌리면, "고작해야 몇 가지 물리적 요인이 의사결정에 영향을 미친다는 것을 암시할 뿐"이다. 개별 뉴런의 기록을 통해 정확도를 80% 수준으로 끌어올린 프리드의 연구 결과는 우연보다는 확실히 낫지만, 자유의지의 관棺에 못을 박는 것은 아니다.[21]

이제 다음 비판을 살펴보자.

의식이란 무엇일까?

이 섹션에 이런 당돌한 제목을 붙인 것은 내가 이 다음 부분을 써나가는 일에 얼마나 열의가 없는지를 반영한다. 나는 의식이 무엇인지 이해하지 못하며 정의할 수도 없다. 철학자들이 쓴 의식에 대한 글도 이해할 수 없다. '혼수상태에 빠져 의식을 경험하지 못한다'고 말할 때와 같이 고리타분한 신경학적 의미의 '의식'이 아니라면, 신경과학자들의 글도 이해할 수 없기는 마찬가지다.[*][22]

그럼에도 불구하고 의식은 때로는 상당히 가혹한 방식으로 리벳을 둘러

---

[*] 물론 의식과 무의식의 신경학적 구분이 지루하거나 단순하거나 이분법적인 것은 아니라고 밝혀졌지만, 이는 또다른 복잡한 문제다.

싼 논쟁의 중심에 선다. 한 예로 제목부터 거침없는 주장을 펼치는 마일의 책『자유: 과학은 왜 자유의지를 반증하지 못했나』를 살펴보자. 그는 첫 문단에 "오늘날 자유의지의 존재에 반대하는 두 가지 주요 과학적 주장이 있다"고 썼다. 그가 제시한 것 중 하나는 '우리의 행동은 우리가 의식하지 못하는 요인에 의해 조작될 수 있다'는 사회심리학자들의 주장이다. 이러한 조작 사례는 비일비재하다. 다른 하나는 신경과학자들의 주장이다. 그들의 기본 주장은 "우리의 모든 결정은 무의식적으로 이루어지기 때문에 자유롭지 않다"는 것이다(강조는 내가 한 것이다). 다시 말해서 의식이란 부수 현상으로, 우리의 실제 행동과는 무관한 환상적이고 재구성된 통제감일 뿐이라는 것이다. 내 생각에, 이것은 의식에 관한 신경과학적 사고의 여러 양식 중 하나를 대변하는 지나치게 독단적인 주장이다.

"와, 신경과학자들은 자유의지를 두 번 죽일 뿐만 아니라 우리의 모든 결정이 무의식적이라고 믿는구나"라는 철학자들의 푸념은 중요한 의미를 갖는다. 그도 그럴 것이, 우리가 무의식적 행동에 대해 도덕적 책임을 져서는 안 되기 때문이다(그러나 뛰어난 연구로 자유의지 논쟁에 영향을 미친 컬럼비아대학교의 신경과학자 마이클 섀들런은 로스키스와 함께 '무의식적 행동에 대해서도 도덕적 책임을 져야 한다'고 열변을 토한다[23]).

리벳주의자들의 공격을 방어하려는 양립주의자들은 종종 의식을 볼모로 삼아 최후의 저항을 한다. 좋다, 좋다. 리벳, 헤인즈, 프리드 등이 '우리가 의식적으로 자유롭게 행동했다는 느낌을 갖기 전에 뇌가 무언가를 결정한다'는 것을 정말로 증명했다고 가정해보자. 비양립주의자들의 주장이 맞다고 치자. 하지만 전의식적 결정을 실제 행동으로 전환하려면 의식적 주체감이 필요하지 않을까? 만약 그렇다면 의식을 무의미하다고 무시하려다 자유의지를 인정하는 꼴이 될 수 있다.**

** 이는 '의식적 의사결정감이 준비전위 이후에 항상 동일한 시간차를 두고 발생하는가'라

앞에서 살펴본 바와 같이, 뇌의 전의식적 결정이 무엇인지 알면 그 행동이 실제로 일어날지 아닐지를 어느 정도 예측할 수 있다. 하지만 '뇌의 전의식적 결정'과 '의식적 주체감' 사이의 관계는 어떨까? 즉 의식적 주체감이 개입되지 않은 상태에서 준비전위가 행동으로 이어질 수 있을까? 다트머스 대학교의 신경과학자 탈리아 휘틀리Thalia Wheatley와 공동 연구자들*이 수행한 한 가지 흥미로운 연구에서, 최면에 걸린 피험자들에게 (최면에서 깨어난 후) 자발적으로 리벳 같은 동작을 하도록 유도하는 후최면암시가 주입되었다. 그랬더니 암시에 의해 움직임이 촉발됐을 때 의식적 인식 없이 준비전위와 후속 움직임이 발생하는 것이 아닌가! 그렇다면 의식은 무의미한 딸꾹질일 뿐이다.[24]

물론 양립주의자들은 휘틀리의 연구 결과에 대해 의도적 행동이 항상 의식을 우회한다는 것을 의미하지는 않는다고 반박한다. 최면 후 뇌에서 일어나는 일을 근거로 자유의지를 거부하는 것은 다소 어설픈 주장이라는 것이다. 그리고 여기에는 더 높은 수준의 이슈가 있다. 뉴욕주립대학교의 비양립주의 철학자 그레그 카루소가 강조한 것처럼, 축구를 할 때 당신에게 공이 있는데 동료에게 패스하지 않고 직접 수비수를 제치겠다고 의식적으로 결정했다고 가정해보자. 그런 다음 당신은 이를 시도하는 과정에서 의식적으로 선택하지 않은 다양한 절차적 동작을 취하게 될 텐데, 명시적 선택하에서 특정 암묵적 프로세스가 전개될 수 있다는 것은 무엇을 의미할까? 전의식이 매개 요인으로서 의식을 필요로 하는지 아닌지뿐만 아니라, 전의식과

는 문제와 관련되기는 하지만 미묘하게 다르며, 앞에서 살펴본 바와 같이 이러한 주체감의 타이밍은 다른 요인에 의해 조작될 수 있다.

* 이 연구는 철학자와 신경과학자뿐만 아니라 확고한 비양립주의 입장을 견지하는 사람들(예: 휘틀리)과 저명한 양립주의자인 로스키스, 체, 듀크의 철학자 월터 시놋암스트롱 Walter Sinnott-Armstrong의 협력으로 이루어졌다. 이것이야말로 최선의 객관적 지식을 탐구하는 과정이다.

의식이 동시에 행동을 유발할 수 있는지에 대한 논쟁도 계속되고 있다.[25]

이러한 난맥상 속에서 '전의식적 결정의 중재자'로서 의식이 필요하느냐는 매우 중요하다. 왜냐고? 의식적 중재의 순간에 우리는 결정을 거부함으로써 그 결정이 일어나지 않도록 막을 수 있어야 하기 때문이다. 만약 그렇다면 우리는 그것에 대한 도덕적 책임을 물을 수 있다.[26]

자유 반의지: 거부권

설사 자유의지가 없더라도, '무언가를 자유로이 선택하는 것'에 대한 '의식적 감지의 순간'과 '행동 자체' 사이에서 브레이크를 밟을 수 있는 능력, 즉 자유 반의지free won't는 있지 않을까? 놀랍게도 이것은 리벳이 연구를 통해 내린 결론이다. 분명히 우리는 거부권을 가지고 있다. 작게는 엠앤엠즈 초콜릿을 더 집으려다가 한순간 멈추는 것이 그렇다. 크게는 매우 부적절하고 금기시되는 말을 하려고 목을 푸는 순간에 스스로 멈추는 일이 여기어 해당한다.

리벳의 기본적인 발견은 '거부권 행사가 어디에 해당하는가'에 대한 다양한 연구를 낳았다. 첫째는 '할 것인가 말 것인가'에 관한 연구로, 일단 의식적 의도감이 발생하면 피험자는 중단할 수 있는 선택권을 갖게 된다. 둘째는 '지금 또는 잠시 후'에 관한 연구로, 의식적인 의도감이 발생하면 사용자는 즉시 버튼을 누르거나 먼저 10까지 센다. 셋째는 '외부 거부권 행사'에 관한 연구로, 연구자들은 뇌-컴퓨터 인터페이스 연구에서 피험자의 준비전위를 모니터링하는 머신러닝 알고리즘을 사용하여 피험자가 언제 움직일지를 실시간으로 예측하고, 어떤 경우에는 컴퓨터가 피험자에게 제때 움직임을 멈추라는 신호를 보냈다. 물론 사람들은 일반적으로 돌이킬 수 없는 시점 이전에 스스로 멈출 수 있었는데, 이는 대략 근육에 직접 명령을 내리는 뉴런이 발화하기 직전과 일치하는 시점이다. 따라서 준비전위는 '멈출 수 없는 결정'을 의미하지 않으며, 피험자가 버튼을 누를 확률과 거부권을 행사할 확률은 일반적으로 동일해 보인다.[*27]

거부권은 신경생물학적으로 어떻게 작용할까? 브레이크를 밟는 행위는 보조운동영역의 바로 상류upstream에 있는 영역[**]의 뉴런을 활성화하는 것과 관련이 있다. 리벳은 자유 반의지를 조사한 후속 연구에서 이 사실을 발견했을 수도 있다. 피험자는 의식적 의도감을 갖게 된 후 그 행동을 거부해야 했을 텐데, 이 시점에서 준비전위의 꼬리 부분이 활력을 잃고 평탄해졌을 것이다.[***28]

한편 다른 연구에서는 자유 반의지에 대한 흥미로운 속편들을 탐구했다. 연패중인 도박꾼과 어렵사리 도박을 중단한 도박꾼의 신경생물학은 어떻게 다를까?[****] 주변에 술이 있을 때 자유 반의지는 어떻게 될까? 어린이 대 성인이라면? 행동을 억제하는 데 동일한 효과를 얻으려면 어린이가 성인보

---

[*]   이 연구에서 흥미로운 점은 제때 멈추지 못하면 주관적인 고통과 관련된 뇌 영역인 전대상피질anterior cingulate cortex, ACC이 활성화된다는 것이다. 즉 컴퓨터에게 선수를 빼앗겨 패배자가 된 듯한 기분을 느끼는 데는 수십 밀리 초면 충분하다는 것이다.

[**]   연구에 따라 이 영역은 '전보조운동영역', 내측전전두피질anterior frontomedial cortex, 우측하전두회right inferior frontal gyrus로 다르게 나타난다. 논리적으로 볼 때, 두번째와 세번째 영역은 전두피질이 거부권 행사에 관여하고 있음을 보여준다.

[***] 리벳은 원래 출판물에서 평탄화를 언급하지 않았고, 나중에 검토를 통해 '평탄화가 발생했다'는 결론을 내렸다. 그리고 약간 흥을 깨는 이야기지만, 피험자가 네 명에 불과했던 원래 논문을 살펴본 결과, 표시된 준비전위의 모양에서 평탄화 현상이 보이지 않았고, 논문에서 사용할 수 있는 데이터를 고려할 때 각 곡선의 모양을 엄격하게 분석할 실질적인 방법도 없었다. 한마디로 데이터 분석이 덜 정량적이고 더 순진하게 이뤄지던 시기의 연구다.

[****] 도박을 계속하면 인센티브 및 보상과 관련된 뇌 영역이 활성화되고, 반대로 도박을 중단하면 주관적인 고통·불안·갈등과 관련된 영역이 활성화된다. '도박을 그만두지 않았을 때 이겼을 가능성'을 생각하면서 질 가능성을 갖고 도박을 계속하는 것이 그만두는 것보다 신경생물학적으로 덜 혐오스럽다니! 인간은 정말 망가진 종인 것 같다.

다 전두피질을 더 많이 활성화해야 하는 것으로 밝혀졌다.[29]

그렇다면 순식간에 행동을 거부하는 이 모든 방식은 자유의지에 대해 무엇을 말해줄까? 당연한 이야기지만, 행위자가 누구인가에 따라 달라진다. 이러한 발견은 우리가 어떻게 '자신의 운명의 선장'이 될 수 있는지를 설명하는 2단계 모델을 뒷받침하는데, 이 모델은 윌리엄 제임스부터 현대의 많은 양립주의자들에 이르기까지 모두의 지지를 받는다. 1단계인 '자유' 부분에서는 뇌가 개입하여 여러 가지 대안적 가능성 가운데 하나를 자발적으로 선택함으로써 어떤 행동에 대한 성향을 생성한다. 2단계인 '의지' 부분에서는 당신이 주도권을 잡고, 이러한 성향을 의식적으로 고려하여 행동에 찬성표를 던지거나 거부권을 행사한다. 한 지지자는 "자유는 창의적이고 불확정적인 대안적 가능성이 생성될 때 고개를 들며, 몇 가지 가능성들을 의지에 인계하고 평가와 선택을 요구한다"고 썼다. 또는 마일의 말을 빌리면, "버튼을 누르고 싶은 충동이 무의식적인 뇌 활동에 의해 결정된다 할지라도 그 충동에 따라 행동할지 말지는 참가자에게 달려 있을 수 있다".[30] '우리의 뇌'가 제안을 생성하고 '우리'가 그것을 판단한다는 식의 이원론은 우리의 사고를 수세기 전으로 되돌려놓는 꼴이다.

가능한 결론은, 자유의지와 마찬가지로 자유 반의지도 의심스럽다는 것이다. '행동을 억제하는 것'이 '행동을 촉진하는 것'보다 신경생물학적 특성이 더 뛰어나지 않으며, 뇌 회로는 심지어 두 가지 구성 요소를 서로 바꿔서 사용하기도 한다. 예를 들어 뇌는 뉴런 X를 활성화함으로써 어떤 일을 할 때도 있고, '뉴런 X를 억제하는 뉴런'을 억제함으로써 어떤 일을 할 때도 있다. 전자를 '자유의지'라고 부르는 것과 후자를 '자유 반의지'라고 부르는 것은 똑같이 지지할 수 없는 개념이다. 이것은 다른 뉴런이나 이전의 생물학적 사건의 영향을 받지 않고 어떤 행동을 시작한 뉴런을 찾아야 하는 1장의 과제를 떠올리게 한다. 이제 도전 과제는 똑같이 자율적으로 어떤 행동을 막는 뉴런을 찾는 것이다. 자유의지 뉴런도 자유 반의지 뉴런도 존재하지 않는다.

자유의지와 관련된 모든 논쟁을 검토했으니, 이제 어떤 결론을 내릴 수 있을까? 리벳주의자의 입장에서 볼 때 이 연구들은 우리가 자유롭고 의식적으로 행동했다고 생각하기 전에 뇌가 행동을 하기로 결정한다는 것을 보여준다. 하지만 지금껏 제기된 비판을 고려하면 상당히 인위적인 상황에서 뇌 기능의 특정 측정치가 후속 행동을 웬만큼 예측할 수 있다는 결론을 내릴 수 있을 뿐이다. 자유의지는 리벳주의하에서도 살아남을 것이다. 하지만 나는 그것이 무의미하다고 생각한다.

이 모든 것이 학문적일 뿐이라고 생각하는 분들을 위하여

리벳과 그의 후계자들을 둘러싼 논쟁은 '의도' 문제로 요약할 수 있다. 우리가 무언가를 하겠다고 의식적으로 결정할 때 신경계는 이미 그 의도에 따라 행동하기 시작한 걸까? 그렇다면 이것은 무엇을 의미할까?

이와 관련된 질문은 자유의지를 둘러싼 논란이 심각한 결과를 초래하는 영역 중 하나인 법정에서 매우 중요한 의미를 갖는다. 누군가가 범죄 행위를 했을 때, 그 사람은 의도적으로 그런 행동을 했을까?

그렇다고 해서 가발 쓴 판사들이 일부 범죄자의 뇌 속 준비전위에 대해 논쟁을 벌여야 한다는 것은 아니다. 내가 '의도'의 정의에 대해 던지고 싶은 질문은 그게 아니라, '피고인이 자신의 행동 또는 부작위의 결과로 어떤 일이 일어날지'를 상당한 의심 없이 예견할 수 있었는지, 그리고 그 결과에 대해 개의치 않았는지다. 이러한 관점에서 볼 때, 그런 의미에서 고의가 없었다면 용의자가 유죄판결을 받아서는 안 된다는 것이 나의 지론이다.

당연히 여기에는 복잡한 질문이 따른다. 예를 들어, 누군가를 쏠 의도가

있었다가 빗나간 경우는 성공적으로 쏜 경우보다 가벼운 범죄로 간주허야
할까? 자동차 제어를 방해할 정도의 혈중알코올농도 상태로 운전하다가 운
이 좋아서 보행자를 죽이지 않았다면, 보행자를 죽인 경우보다 가벼운 범
죄로 간주해야 할까(옥스퍼드의 철학자 닐 레비가 "도덕적 운"이라는 개념으로
탐구한 문제이다)?[31]

다른 문제로, 법조계에서는 일반 의도와 특정 의도를 구분한다. 전자는 범
죄를 저지르려는 의도에 관한 것이고, 후자는 범행뿐만 아니라 구체적인 결
과까지 의도하는 것에 관한 것이다. 후자의 혐의가 전자보다 확실히 더 심
각하다.

또다른 문제는 누군가가 두려움이나 분노 때문에 의도적으로 행동했는
가를 결정하는 것인데, 두려움(특히 합리적으로 여겨진 경우) 때문인 경우가
더 가벼운 범법 행위로 간주된다. 배심원단이 신경과학자들로 구성되어 있
다면, 어떤 감정이 작용했는지 판단하기 위해 영원히 고심할 것이라고 믿어
의심치 않는다. 어떤 범죄를 저지르려고 의도했다가 의도치 않게 다른 범죄
를 저지른 경우에는 어떻게 될까?

'행동하기 전에 의도가 얼마나 오랫동안 형성되었는가'는 우리 모두가
인지하는 문제다. 이것이 바로 사전 계획의 세계인데, 예컨대 '몇 밀리초 만
에 의도한 치정 범죄'와 '오랫동안 계획된 범죄'의 차이다. 의도된 행위가 계
획된 것으로 간주되려면 얼마나 오래 숙고했어야 하는지는 법적으로 매우
불명확하다. 이러한 불명확성의 한 예로, 나는 '8초(CCTV 카메라에 기록된
시간)가 생명을 위협하는 상황에 처한 사람이 살인을 미리 계획하는 데 충
분한 시간인지'가 핵심 쟁점이던 재판에 전문가 증인으로 출석한 적이 있
다. (당시 상황에서 8초는 뇌가 계획적인 사고를 하기에 충분하지 않을 뿐만 아
니라 어떤 사고를 하기에도 불충분하며, 자유 반의지란 무의미한 개념이라는 것
이 내 핵심 주장이었지만 배심원들은 전혀 동의하지 않았다.)

그렇다면 전범 재판의 핵심이 될 만한 질문이 있다. 어떤 사람의 범죄가

강요된 것으로 간주되려면 어떤 종류의 위협이 필요할까? 만약 거부하면 다른 사람이 즉시 더 잔인하게 실행하리라는 사실을 인지한 상태에서 범죄 의도를 가지고 어떤 일을 하기로 동의하는 것은 어떨까? 한 걸음 더 나아가, 다른 행동을 선택했다면 범죄 행위를 강요당했을 거라는 사실을 모르는 채 의도적으로 범죄를 저지르기로 선택한 사람은 어떻게 처리해야 할까?* [32]

이 시점에서, 우리는 주체성과 책임의 측면에서 매우 다른 두 가지 사고 영역을 다루는 것처럼 보인다. 신경철학 학회에서는 철학자와 신경철학자 간에 보조운동영역에 대한 논쟁이 벌어지고, 법정에서는 검사와 국선 변호인 간에 치열한 공방이 벌어진다. 이들은 자유의지 회의론에 잠재적으로 타격을 줄 수 있는 내용을 공유한다.

　　— 우리의 의식적인 결정감이 실제로는 준비전위 이후에 발생하지 않으며, '보조운동영역, 전전두피질, 두정피질 등의 활동에 기반한 예

---

* '실제로 선택의 여지가 없다는 사실을 모르는 채 불법적인 행위를 기꺼이 선택했다고 생각한 사람은 처벌을 받아야 한다'는 명제는 직관적인 것 같다. 프린스턴의 철학자 고 해리 프랑크푸르트Harry Frankfurt는 이러한 직관의 의미를 특정한 양립주의적 방향으로 해석했다. 1단계: 비양립주의자들은 '세상이 결정론적이라면 도덕적 책임을 지는 일이 있어서는 안 된다'고 말한다. 2단계: 어떤 사람이 '어떤 행동을 하지 않았더라면 강요를 받았을 것'이라는 사실을 모르는 채 그 행동을 선택했다고 생각해보자. 3단계: 그 사람은 실제로 다른 선택을 할 수 없었기 때문에 결정론적 세계가 되지만… 우리의 직관은 그 사람에게 자유의지가 있는 것으로 인식하여 도덕적 책임을 지울 것이다. 만세, 우리는 자유의지와 도덕적 책임이 결정론과 양립할 수 있다는 것을 방금 증명했다. 프랑크푸르트가 사진에서 천사처럼 보이기에 이런 말을 하기가 미안하지만, 이것은 약간의 궤변에 지나지 않는 듯하고 확실히 비양립주의의 종말을 나타내지도 않는다. 더욱이 나는 지인들로부터 다음과 같은 말을 들었다. 프랑크푸르트가 법철학의 한구석에서 막대한 영향력을 갖고 있기는 하지만, 실제 법정에서 이러한 '프랑크푸르트 반례'가 적용되지 않은 지 수천 년이 지났다고 말이다. "피고인이 오스카 시상식 진행자의 뺨을 때리기로 결정했는데, 설사 그렇게 하지 않았더라도 주변의 강요로 어쩔 수 없이 그렇게 했으리라는 사실을 몰랐다"라는 시나리오가 존재할 가능성은 거의 없다.

측'이 변변치 않아 버튼 누르기 같은 행동에만 적용된다는 사실이 밝
혀졌다고 치자. 그런 빈약한 근거에 의존하여 자유의지가 죽었다고
주장할 수는 없지 않은가.

— 마찬가지로, 피고인이 이렇게 말한다고 가정해보자. "제가 그 일을 했
습니다. 제가 할 수 있는 다른 일들이 있다는 것을 알았지만, 저는 그
일을 하려고 했고 미리 계획했습니다. X라는 결과가 나올 수 있다는
것을 알았을 뿐만 아니라 그렇게 되기를 원했습니다." 피고에게 자유
의지가 부족했다고 누군가를 설득하려 한다면 행운을 빈다.

하지만 이 장의 요점은, 위의 둘 중 하나 또는 둘 다에 해당하더라도 자유
의지는 존재하지 않는다는 게 나의 지론이라는 것이다. 그 이유를 이해하기
위해 리벳 스타일의 사고실험을 해보자.

의도의 그늘에 묻힌 자유의지

신경철학 박사학위를 위해 연구중인 친구가 하나 있고, 그녀가 당신에게 실
험 대상이 되어달라고 부탁한다. 물론이다, 여부가 있겠나. 그녀는 연구에
필요한 데이터 포인트를 또하나 얻는 동시에 자신이 원하는 다른 목표를
달성할 방법, 즉 윈윈할 방법을 알아냈기 때문에 낙관하고 있다. 여기에는
번지점프 연구처럼 실험실 밖에서 뇌파를 측정하는 작업이 포함된다. 당신
은 지금 전선을 연결한 채 거기 있고 손의 근전도 검사를 받으며 시계를 보
고 있다.

고전적인 리벳 실험과 마찬가지로, 관련된 동작은 검지손가락을 움직이
는 것이다. 이런 인위적인 시나리오는 이미 수십 년 전 방식 아닌가? 다행히
도 이 연구는 친구의 세심한 실험 설계 덕분에 그보다 더 정교해졌다. 간단

한 동작을 하지만 그 결과는 간단하지 않다. 이 움직임을 만들겠다고 미리 계획하지 말고 즉흥적으로 수행하며, 시계를 보고 처음 의식적으로 의도한 시간이 몇 시인지 기록하라. 준비됐나? 이제 마음이 끌릴 때 방아쇠를 당겨서 한 사람을 죽여라.

그 사람은 조국의 적으로, 찬란하게 점령한 식민지 중 한 곳에서 다리를 폭파하는 테러리스트일 수도 있다. 당신이 털고 있는 주류 판매점의 금전등록기 뒤에 있는 사람일 수도 있다. 말기 질환에 걸린 사랑하는 사람이 말로 표현할 수 없는 고통을 호소하며 제발 죽여달라고 애원할 수도 있다. 아이를 해치려는 사람일 수도 있고, 아기침대에서 옹알이하는 어린 히틀러일 수도 있다.

당신은 쏘지 않기로 자유롭게 선택할 수 있다. 정권의 잔인함에 환멸을 느끼고 거부하거나, 점원을 죽이고 잡히면 너무 큰 대가를 치를 것 같다고 생각하거나, 사랑하는 사람이 애원하지만 그럴 수는 없다고 생각할 수도 있다. 또는 당신이 험프리 보가트이고 총 맞을 사람이 클로드 레인스일 수도 있다. 당신은 현실과 영화 줄거리를 혼동하여 슈트라서 소령을 탈출하게 놔두면 이야기가 끝나지 않을 테니 당신이 〈카사블랑카〉 속편에 출연할 수 있겠다고 생각할 수도 있다.*

방아쇠를 당기지 않으면 탐지할 준비전위가 없어지고 친구의 연구가 지연될 것이다. 그럼에도 불구하고 여전히 옵션이 있다. 당신은 그 사람을 쏠 수도 있고, 총을 쏘되 의도적으로 빗맞힐 수도 있다. 친구의 지시를 따르지 않고 자신을 쏠 수도 있고,** 주요 줄거리의 반전으로 친구를 쏠 수도 있다.

---

*　아하!
**　'폭주하는 트롤리' 문제(기차 선로 위에서 일하고 있는 인부 다섯 명을 향해 브레이크가 고장난 트롤리가 돌진중이고, 인부 다섯 명을 죽이기 직전이다. 다섯 명을 살리기 위해 트롤리 앞에 한 명을 밀어넣는 것은 괜찮을까?)에서 어떻게 하겠느냐는 질문을 받았을 때, 달라이 라마는 트롤리 앞으로 자신의 몸을 던지겠다고 답한 적이 있다.

58

검지손가락으로 방아쇠를 당기면 무슨 일이 일어나는지 알고 싶다면, '당신이 어떤 일을 하기로 선택했다고 느끼는 순간'과 '당신의 뇌가 그 행동에 전념하는 순간', 그리고 '이 두 가지가 같은지'를 이해하기 위해 리벳의 관심사를 탐구하고 특정 뉴런과 특정 밀리초를 연구해야 한다. 여기까지는 직관적으로 이해가 된다. 하지만 리벳 논쟁과 (누군가의 행동이 의도적이냐 아니냐만 따지는) 형사사법제도가 자유의지에 대한 생각과 무관한 이유가 바로 여기에 있다. 이 장의 서두에서 처음 언급했듯이, 두 가지 모두 이 책의 모든 페이지에서 던지는 핵심적 질문인 애초에 의도는 어디에서 비롯된 것인가에 관심을 갖지 않는다.

이 질문을 던지지 않는다면 본질적으로 '몇 초의 영역'에 머물 수밖에 없는데, 많은 사람들이 이를 두둔한다. 이와 관련하여 프랑크푸르트는 "행동과 '행동의 원천에 대한 동일시'가 어떻게 유발되느냐 하는 질문은 행위자가 행동을 자유롭게 수행하느냐 또는 그 행동에 대한 도덕적 책임이 있느냐 하는 질문과는 무관하다"고 썼다. 또는 새들런과 로스키스의 말을 빌리면, 리벳의 신경과학은 "선행 원인보다는 행위자에게 초점을 맞췄기 때문에 책임과 의무에 대한 근거를 제공할 수 있다"(강조는 내가 한 것이다).

의도는 어디에서 오는 걸까? 보조운동영역이 워밍업되기 1초 전에 환경과 상호작용하는 생물학에서 온다. 하지만 의도는 1분 전, 한 시간 전, 심지어 천 년 전에서도 오는데, 이 책의 핵심이 바로 이것이다. 준비전위나 '누군가가 범죄를 저지를 때 무슨 생각을 하고 있었는지'만 갖고서 자유의지 논쟁을 시작하고 끝낼 수는 없다.*** 내가 "하지만 그건 자유의지에 대한 생각

***　행동에 대한 근위 설명과 원위 설명(즉 행동의 근인近因과 원인遠因) 사이의 이러한 대조는 스웨덴 우메오대학교의 신경외과 의사 리카르드 셰베리Rickard Sjöberg에 의해 완벽하게 포착되었다. 그는 병원 복도를 걸어가다가 몸이 갑자기 휘청거리는 장면을 상상한다. 그 순간 누군가가 왜 왼발을 오른발 앞에 디딘 거냐고 묻는다. 이에 대한 한 가지 우형의 대답(이를테면 "발이 갑자기 꼬여서 그래요")은 우리를 준비전위와 밀리초의 세계로 빠

과 무관하다"라는 말로 모든 것을 가볍게 일축하기에 앞서, 리벳이 의미하는 바에 대한 세부사항을 검토하는 데 몇 페이지나 쓴 이유가 뭘까? 리벳의 실험은 인간에게 자유의지가 있는가에 대한 신경생물학을 탐구한 가장 중요한 연구로 간주되기 때문이다. 자유의지에 관한 거의 모든 과학 논문이 초장부터 리벳을 인용하기 때문이다. 어쩌면 당신은 리벳이 첫번째 연구를 발표하던 바로 그 순간에 태어났고, 세월이 흐른 지금 당신의 애창곡이 '클래식' 록이라고 불리고 의자에서 일어날 때 중년 특유의 끙끙거리는 소리를 낼 만큼 나이가 들었는데도… 리벳에 대한 논쟁은 여전하다. 하지만 앞에서 언급했듯이, 이는 마지막 장면 3분만 보고 영화를 이해하려는 것만큼이나 근시안적이다.[33]

'근시안적'이라는 비판은 경멸적인 의미로 한 것이 아니다. 근시안적 사고는 과학자들이 새로운 것을 알아내는 방법의 핵심으로, 그 요체는 더욱더 작은 것에 대해 더욱더 많이 배우는 것이다. 나는 한 가지 실험에 9년을 쏟아부은 적이 있는데, 이것은 아주 작은 우주의 중심이 될 수 있다. 그리고 나의 목적은 '의도가 있었는지'에만 근시안적으로 초점을 맞추는 형사사법제도를 비난하는 것이 아니다. 어쨌든 선고를 할 때는 '의도가 어디서 비롯되었는가', 행위자의 이력, 잠재적 감형 요인 등이 고려될 테니 말이다.

내가 확실히 경멸적으로나 더 나쁘게 들리게 하려고 노력할 때는, 사람들의 행동을 판단하는 이러한 비역사적 관점이 도덕의 가면을 쓸 때다. 우리가 누군가의 행동을 분석할 때 선행 요인을 무시하는 이유가 뭘까? 다른

져들게 한다. 하지만 "오늘 아침에 일어났을 때 병가를 내지 않기로 결심했기 때문이에요" 또는 "긴급대기 시간이 길다는 것을 알면서도 신경외과 레지던트 과정을 밟기로 결정했더니 기어코 사달이 났네요"라는 대답도 똑같이 유효할 수 있다. 셰베리는 '보조운동영역의 외과적 제거가 자유의지 문제에 미치는 영향'에 대해 중요한 연구를 수행했으며, 매우 신중한 검토를 통해 자유의지 논쟁에 대한 해결책이 무엇이든 간에 '몇 밀리초 동안의 보조운동영역 활동'에서 발견되지는 않을 것이라고 결론지었다.

사람이 왜 나와 다른지를 신경쓰지 않기 때문이다.

이 책에서 의도적으로 개인적인 이야기를 하는 몇 안 되는 경우 중 하나인데, 터프츠대학교의 대니얼 데닛이 떠오른다. 데닛은 가장 잘 알려져 있고 가장 영향력 있는 철학자 중 한 명으로, 전공 분야의 기술적 작업만이 아니라 재치 있고 매력적인 대중서로도 자신의 주장을 펼친 대표적인 양립주의 학자다.

그는 암묵적으로 이러한 비역사적 입장을 취하고 있으며, 글과 토론에서 자주 등장하는 메타포를 통해 이를 정당화한다. 예를 들어 『엘보 룸: 우리가 추구할 가치가 있는 자유의지의 다양성』에서 그는 한 사람이 출발선에서 나머지 사람보다 훨씬 뒤처져 출발하는 달리기 경주를 상상해보라고 한다. 이것이 불공평할까? "그렇다, 만약 그 경주가 100미터 달리기라면." 그러나 이것이 마라톤이라면 공평하다. 왜냐하면 "마라톤에서는 다른 우연한 브레이크가 더 큰 효과를 가져올 것을 확실하게 기대할 수 있어서 상대적으로 대수롭지 않은 초기 이점은 아무 의미가 없기 때문이다." 이러한 견해를 간결하게 요약하면서 그는 "결국 운은 장기적으로 평균에 수렴한다"[34]고 썼다.

아니, 그렇지 않다.* 당신이 크랙 베이비crack baby**로 태어났다고 가정해보자. 이 불운을 상쇄하기 위해 사회는 당신이 상대적으로 풍요로운 환경에서 자랄 수 있도록 배려하고 신경발달 문제를 극복할 수 있는 다양한 치료법을 제공하기 위해 서두를까? 아니다, 당신은 빈곤 속에서 태어나 거기에 머물 가능성이 압도적으로 높다. 사회는 기껏해야 이렇게 말할 것이다. "그러면 자, 당신의 어머니가 적어도 사랑이 넘치고, 안정적이며, 자유시간이 넉넉해 책을 읽히고 박물관에 데려가며 당신을 키울 수 있도록 노력합

---

* 철학자 그레그 카루소가 데닛과의 격렬한 논쟁에서 우아하게 주장한 내용의 요점이다.
** 코카인 중독자 어머니에게서 태어나는 신생아. —옮긴이

시다." 그렇다, 이게 현실이다. 다들 알다시피 당신의 어머니는 자신의 비참한 운으로 인해 병적인 결과에 빠졌을 가능성이 높으며, 당신을 방치하고 학대하고 위탁가정을 떠돌게 할 가능성이 높다. 그렇다면 사회는 적어도 추가적인 불운을 상쇄하기 위해 당신이 훌륭한 학교가 있는 안전한 동네에 살 수 있도록 보장할까? 아니다, 당신의 이웃에는 갱단이 득실거리고 학교는 예산이 부족할 가능성이 높다.

당신은 이 세상에서 다른 사람들보다 몇 발자국 뒤에서 마라톤을 시작하는 것이다. 데닛의 말과는 달리 500미터를 달리고 나서도 여전히 후미 그룹에서도 눈에 띄게 뒤처지기 때문에 불량 하이에나에게 발목을 물어뜯기는 경우가 있다. 8킬로미터 지점에 이르면 수분 보충 텐트의 물이 거의 바닥나서, 찌꺼기 몇 모금만 마실 수 있다. 15킬로미터쯤 가면 오염된 물로 인해 위경련이 일어난다. 30킬로미터가 지나면 레이스가 끝났다고 생각하고 거리를 청소하는 사람들 때문에 길이 막힌다. 그리고 이 모든 시간 동안 당신은 나머지 주자들의 뒷모습이 멀어져가는 걸 지켜보면서 허탈해한다. 그들은 각자 자신이 우승할 기회를 얻었고 우승할 자격이 있다고 생각한다. 운은 시간이 지나면서 평균에 수렴하지 않으며, 레비의 말처럼 "더 많은 운으로 운의 영향을 되돌릴 수는 없다". 그 대신 우리의 세계는 사실상 불운과 행운이 각각 더 증폭되도록 보장하고 있다.

같은 단락에서 데닛은 "후미에서 출발한 좋은 주자가 우승할 자격이 있을 만큼 실력이 뛰어나다면 초반의 불리함을 극복할 기회가 많을 것"이라고 말한다(강조는 내가 한 것이다). 이것은 신이 죄인들을 벌하기 위해 가난을 발명했다는 믿음보다 한 수 위다.

데닛의 이러한 도덕적 입장을 요약하는 말이 한 가지 더 있다. 그는 스포츠 메타포를 마라톤에서 야구로 바꿔, 홈런 규칙이 불공평하다고 생각할 가능성을 염두에 두고 이렇게 썼다. "홈런 규칙이 마음에 들지 않으면 야구를 하지 말고 다른 게임을 해라." '그래요, 나도 다른 게임을 하고 싶어요'라고 이제 성인이 된, 앞 단락에 나왔던 크랙 베이비가 말한다. '다음 생에는 실리콘밸리의 부유하고 교육 수준 높은 기술 분야 수완가 가정에서 태어나 내가 스케이팅이 재미있을 것 같다고 결정하면 레슨을 받고 빙판 위에서 흔들흔들 첫발을 내디딜 때부터 응원받고 싶어요. 이 지긋지긋한 삶은 집어치우고 그런 삶으로 바꾸고 싶다고요.'

현재의 의도에 대해 아는 것만으로도 충분하다는 생각은 지적인 맹목보다 훨씬 더 나쁘며, '공중에 떠 있는 거북이'가 '맨 밑에 있는 거북이'라고 믿는 것보다 훨씬 더 나쁘다. 지금과 같은 세상에서는 윤리적으로 심각한 결함이 있다.

이제 의도가 도대체 어디에서 비롯되는지, 그리고 장기적으로 운의 생물학이 왜 조금도 평균에 수렴하지 않는지 본격적으로 살펴보기로 하자.[35]

3장

의도는 어디에서 비롯된 것인가?

리벳과 관련된 거라면 뭐든 좋아하기 때문에 나는 당신을 두 개의 버튼 앞에 앉힌다. 당신은 그중 하나를 눌러야 한다. 버튼을 잘못 누르면 수천 명이 죽는다는 말 외에는 각 버튼을 누를 때의 결과에 대해 모호한 정보만 주어진다. 자 이제 선택하라.

어떤 자유의지 회의론자도 '때때로 당신이 의도를 형성하고 A 버튼을 누르려고 몸을 기울이는데, 갑자기 몸을 구성하는 분자가 결정적으로 당신을 다른 쪽으로 떠밀어 B 버튼을 누르도록 만든다'고 주장하지는 않는다.

그 대신 나는 2장에서 리벳의 실험을 둘러싼 논쟁의 내용이 '당신이 정확히 언제 의도를 형성했는지' '그 의도가 형성되었음을 당신이 언제 의식하게 되었는지' '근육에 명령을 내리는 뉴런이 그때 이미 활성화되었는지' '당신이 그 의도를 아직 거부할 수 있던 시점이 언제였는지'에 관한 것임을 보여주었다. 또한 보조운동영역, 전두피질, 편도체amygdala, 기저핵basal ganglia에 관한 질문, 즉 이 기관들이 '무엇'을 '언제' 알았는지에 대한 질문도 있었다. 그러는 동안 법정에서는 변호사들이 당신이 가진 의도의 본질에 대해 논쟁했다.

2장에서는 이 모든 밀리초 단위의 미세한 시간이 '자유의지가 없는 이유'와 무관하다는 결론을 내렸다. 이 점이 당신을 의자에 앉히기 직전 당신의 뇌에 전극을 꽂지 않은 이유다. 그래봤자 유용한 정보가 나오지 않을 게 뻔하기 때문이다.

요컨대 리벳 전쟁에 참가한 사람들은 가장 근본적인 질문을 던지지 않는다. '당신이 왜 그런 의도를 형성했을까?' 하는 것이다.

내가 이 장에서 보여주려고 하는 바는 당신이 '자신이 형성하는 의도'를 궁극적으로 통제할 수 없다는 것이다. 당신은 평소에 무언가를 하고 싶어하고, 그것을 하려고 의도하며, 그렇게 하는 데 성공한다. 하지만 당신이 아무리 열렬하고 심지어 필사적이라고 해도, 다른 의도가 형성되기를 바라는 것은 애당초 불가능하다. 이러한 상황을 메타적인 접근으로는 빠져나갈 수 없다. 자신이 원하는 것을 성공적으로 이루기 위해 필요한 도구(이를테면 강한 자제력)에 기댈 생각일랑 아예 하지 않는 게 좋다.

사정이 이러하니 당신이 의도를 형성하는 몇 밀리초 동안 뉴런이 어떤 일을 하는지 모니터링할 요량으로 머리에 전극을 꽂아봤자 무의미하다. 당신의 의도가 어디에서 비롯됐는지를 이해하려면, 어떤 버튼을 누르려는 의도가 형성되기 몇 초에서 몇 분 전에 당신에게 어떤 일이 일어났는지를 알아야 한다. 또한 몇 시간에서 며칠 전에 어떤 일이 일어났는지도 알아야 한다. 수년에서 수십 년 전의 일들, 그리고 청소년기·아동기·태아기 동안에 일어난 일들도 마찬가지다. 당신이 될 운명을 지닌 정자와 난자가 합쳐져 유전체genome를 형성했을 때 일어난 일은? 수세기 전 (당신이 성장하게 될) 문화를 형성한 당신의 조상들에게 일어난 일과 수백만 년 전 인류에게 일어난 일은? 물론이다. 그 모든 것을 빠짐없이 다 알아야 한다.

이 거북이론(일명 '겹겹이 포개진 거북이')을 이해하면 당신이 형성하는 의도, 즉 당신의 현재 모습이 '이전에 있었던 생물학과 환경 간의 모든 상호작용'의 결과물임을 알 수 있다. 이 모든 것은 당신의 통제권 밖에 있으며,

각각의 이전 영향은 그 이전의 영향과 단절 없이 이어진다. 이 연속된 사건에는 자유의지를 끼워넣을 지점이 없다. 자유의지는 생물학적 세계를 떠돌지언정 생물학적 세계의 일부는 아닐 것이다.

따라서 나는 이 장에서 우리의 현재 모습이 (우리가 통제할 수 없었던) 몇 초 전, 몇 분 전, 수십 년 전, 지질시대의 결과물이라는 점을 보일 것이다. 그리고 결국에는 불운과 행운이 얼마나 지독히도 균형을 이루지 못하는지 보여줄 것이다.

몇 초에서 몇 분 전

'특정 의도가 어디에서 비롯되었는가'라는 질문의 첫번째 버전은 다음과 같다. 몇 초에서 몇 분 전 당신의 뇌에 입력된 어떤 감각 정보(당신이 의식하지 못한 정보도 포함된다)가 그 의도를 형성하는 데 기여했을까?* 이는 명백할 수도 있다. "버튼을 누르라는 거친 요구와 함께 내 얼굴에 총이 겨눠진 것을 보았기 때문에, 나는 그 버튼을 누르겠다는 의도를 형성했다."

하지만 상황은 더 미묘할 수 있다. 당신은 실험실에서 몇 분의 1초라는 아주 짧은 시간 동안 누군가가 어떤 물건을 들고 있는 사진을 보고, 그것이 휴대전화인지 권총인지 판단해야 한다. 이 순간적 결정은 사진 속 인물의 성별, 인종, 나이, 표정에 영향을 받을 수 있다. 이 실험의 실제 버전으로 우리 모두는 경찰이 비무장자에게 실수로 총을 쏜 사례와 그 실수에 기여한 암묵적 편견에 대해 잘 안다.[1]

---

* 내가 쓴 『행동』이라는 책을 읽어봤다면, 이 장의 나머지 부분이 『행동』의 첫 400여 쪽의 요약본임을 금세 알아챌 것이다. 『행동』을 읽지 않았다면, 방대한 내용을 소화하기가 벅찰지도 모른다. 당신의 행운을 빈다⋯

외견상 무관한 자극이 행위자의 의도에 영향을 미치는 몇 가지 사려는 특히 잘 연구되어 있다.** 한 가지 영역은 감각적 혐오가 행동과 태도를 형성하는 방식에 관한 것이다. 많이 인용되는 한 연구에서, 피험자들은 다양한 사회정치적 주제에 대한 자신의 의견을 평가했다(예: "당신은 이 진술에 어느 정도 동의하나요? 1점부터 10점까지의 점수로 말해주세요"). 그리고 피험자들이 (특정 냄새가 나지 않는 방에 비해) 역겨운 냄새가 나는 방에 앉아 있을 경우, 보수주의자와 진보주의자 모두 게이 남성에 대한 평균적인 호감도가 감소한 것으로 나타났다. 당신은 '피험자가 토하기 일보 직전이라면 상대방이 누가 됐든 호감도가 감소할 것'이라고 생각할 것이다. 하지만 이 효과는 게이 남성에게만 국한되었으며 레즈비언, 노인, 아프리카계 미국인에 대한 호감도에는 변화가 없었다. 또다른 연구에서는 역겨운 냄새가 피험자들이 동성 결혼을 덜 받아들이게 만드는 것으로 나타났다(성적 행동의 정치적인 측면에 대해서도). 심지어 혐오스러운 일(예: 구더기 먹기)을 생각하기만 해도 보수주의자들은 게이 남성과의 접촉을 꺼리게 된다.[2]

다음으로 피험자들을 두 그룹으로 나눠 (얼음물에 손을 넣게 함으로써) 불쾌감을 주거나 (얇은 장갑을 낀 손을 모조 토사물에 넣게 함으로써)*** 혐오감

** 나는 완곡하게 말하고 있다. 많은 독자들이 심리학의 '재현 위기'에 대해 알 텐데, 출간되거나 심지어 교과서에 실린 연구 결과 중 놀랍도록 많은 부분이 다른 과학자들에 의해 독립적으로 재현하기 어렵거나 불가능한 것으로 판명되었다(좀더 신중하지 못했다는 게 후회스럽지만, 2017년 출판된 나의 저서에 인용된 연구 결과 중 일부도 여기에 포함된다는 점을 인정한다). 따라서 이 섹션에서는 독립적으로 재현된 광범위한 결론만 고려하기로 한다.

*** 직접 만들어보는 취미를 가진 독자를 위해 자세히 설명하면, 이 논문에는 '모조 토사물 레시피'(버섯수프크림, 닭고기수프크림, 검은콩, 튀긴 글루텐 조각)가 포함되어 있는데, 양은 명시되지 않았으므로 '이것도 조금, 저것도 조금 넣는다'는 느낌으로 조리하면 될 것 같다. 논문의 저자는 이 레시피가 부분적으로 이전 연구의 레시피를 기반으로 했다는 사실도 강조했다. 즉 과감한 혁신이 모조 토사물 과학을 발전시키고 있다.

을 준 재미있는 연구가 있다. 그런 다음 실험자는 피험자에게 청결과 관련
된 규범 위반(예: "존은 공중화장실 바닥에 다른 사람의 칫솔을 문질렀다" 또는
꽤 특이하게도 "존은 바퀴벌레가 득실거리는 쓰레기통에 다른 사람을 밀어넣었
다")이나, 청결과 무관한 위반(예: "존은 열쇠로 다른 사람의 차를 긁었다")을
어떻게 처벌할 것인지 물었다. 그 결과, 모조 토사물에 손을 넣은 사람들은
얼음물에 손을 넣은 사람들에 비해 청결 규범을 위반한 사람을 더욱 가혹
하게 처벌해야 한다고 의견을 피력했다.[3]

역겨운 냄새나 촉감이 감각과 무관한 도덕적 평가를 어떻게 바꿀 수 있
을까? 이 현상은 뇌섬insula(일명 섬피질insular cortex)이라는 뇌 영역과 관련
이 있다. 포유류의 경우 이 부분은 썩은 음식 냄새나 맛에 의해 활성화되어
자동으로 음식물을 뱉어내게 하고 구토를 유발한다. 따라서 뇌섬은 후각 및
미각의 역겨움을 중재하고 식중독으로부터 보호하는 진화적으로 유용한
역할을 수행한다.

그러나 다재다능한 인간의 뇌섬은 우리가 **도덕적으로** 역겹다고 생각하는
자극에도 반응한다. '이 먹이는 상했다'고 말해주는 포유류의 뇌섬 기능은
아마도 수억 년 전부터 존재했을 것이다. 그러다가 수만 년 전에 인간은 도
덕성이나 (도덕적 규범 위반에 대한) 혐오감 등의 구성물을 발명했다. 하지만
이는 도덕적 혐오를 '수행'하기 위한 새로운 뇌 영역이 진화하기에는 너무
짧은 시간이다. 그래서 그 대신 도덕적 혐오감이 뇌섬의 포트폴리오에 추가
되었다. 잘 알려진 바와 같이 진화는 무언가를 새로 발명하기보다는 손안
에 있는 것을 즉흥적으로 (우아하게든 아니든) 땜질하여 사용하는 경향이 있
다. 그 결과 우리의 뇌섬 뉴런은 역겨운 냄새와 역겨운 행동을 구분하지 못
하게 되었는데, 이는 도덕적 혐오감이 입안에 나쁜 맛을 남김으로써 메스꺼
움을 유발하여 토하고 싶게 만드는 이유를 설명한다. 즉 어떤 사람이 잘못된
행동을 하면 당신은 무의식적으로 역겹다는 생각이 들어 왝 하며 구역감을
느낀다. 그리고 일단 이런 식으로 활성화되면 뇌섬은 공포와 공격성의 중심

영역인 편도체를 활성화한다.[4]

물론 감각적 혐오 현상에는 다른 측면도 있다. 즉 단맛(짠맛은 아니다)이 나는 간식을 먹은 피험자는 자신을 더 호감 가고 도움되는 사람으로 평가하고, 사람의 얼굴과 예술작품을 더 매력적으로 평가하는 경향이 있다.[5]

피험자에게 "지난주 설문조사에서는 A라는 행동에 너그러웠는데, 지금은(악취가 나는 방에서는) 영 딴판이네요. 왜 그럴까요?"라고 물어보라. 피험자는 냄새가 어떻게 자신의 뇌섬을 혼란스럽게 하고, 자신을 깐깐한 도덕주의자로 만들었는지 설명하지 못할 것이다. 그 대신 가짜 자유의지와 의식적인 의도를 불태우며 '최근의 어떤 깨달음 때문에 A라는 행동은 궁극적으로 바람직하지 않다는 결론을 내리게 되었다'고 주장할 것이다.

몇 초에서 몇 분 만에 의도를 형성할 수 있는 것은 감각적 혐오감뿐이 아니다. 아름다움도 그럴 수 있다. 수천 년 동안 현자賢者들은 외적인 아름다움이 내면의 선함을 어떻게 반영하는지 이야기해왔다. 더이상 공개적으로 주장하지는 않지만 외모 지상주의는 여전히 무의식적 영향력을 행사한다. 매력적인 사람은 더 정직하고 지적이며 유능한 사람으로 평가받고, 선출되거나 고용될 가능성이 더 높으며, 더 많은 연봉을 받는 경향이 있다. 범죄를 저질러도 유죄판결을 받을 확률이 낮고, 형량이 더 적은 경향이 있다. 세상에나! 뇌가 아름다움과 선함을 구분할 수 없단 말인가? 특별히 잘하는 것 같지는 않다. 세 가지 다른 연구에서 fMRI 장치 속 피험자들은 어떤 부위(예: 얼굴)의 아름다움과 일부 행동의 선함을 번갈아 평가했다. 두 가지 유형의 평가 모두 동일한 영역(안와전두피질orbitofrontal cortex, OFC)을 활성화했는데, 대상이 더 아름답거나 선하다고 평가할수록 안와전두피질이 더 많이 활성화됐다(섬피질은 덜 활성화되었다). 마치 아름다움과 무관한 감정이 정의의 척도에 대한 대뇌의 숙고를 망치는 것 같다. 다른 연구에서 밝혀진 바에 따르면, 감정에 관한 정보를 전두피질로 전달하는 전전두피질PFC의 일부가 일시적으로 억제된 후에는 도덕적 판단이 더이상 미학에 좌우되지 않았다.* "흥미롭군요." 실험자가 피험자에게 말한다. "지난주에 당신은 어떤 흉악범에게 종신형을 선고했잖아요. 그런데 방금 전에는 똑같은 일을 저지른 다른 사람을 국회의원으로 뽑았는데, 왜 그러셨어요?" 그의 대답이 걸작이다. "살인은 분명 나쁜 일이죠. 하지만 어쩌죠? 그의 눈은 깊고 맑은 샘 같았어요." 이러한 결정 이면의 의도는 어디에서 비롯된 것일까? 뇌가 도덕성과 미학을 평가하는 별도의 회로를 진화시킬 시간이 부족했다는 사실이다.[6]

다음으로, 누군가가 손을 씻을 가능성을 더 높이고 싶은가? 자신이 저지른 지저분하고 비윤리적인 행동을 설명하게 하라. 그런 다음 그는 윤리적으로 중립적인 행동을 이야기했을 때보다 손을 씻거나 손 소독제를 찾을 가능성이 더 높다. 거짓말을 하도록 지시받은 피험자는 정직하게 말하도록 지시받은 피험자보다 세정제를 더 이롭다고 평가했다(비세정제품의 경우에는 그렇지 않았다). 다른 연구에서는 놀라운 신체적 특이성이 나타났다. (음성 메일을 통해) 구두로 거짓말하면 구강청결제에 대한 욕구가 증가한 반면, (이메일을 통해) 손으로 거짓말을 하면 손 세정제에 대한 욕구가 더 높아졌다. 한 신경 영상 연구에서는 음성 메일로 거짓말을 할 때(그리하여 구강청결제에 대한 선호도가 높아질 때)와 이메일로 거짓말을 할 때(그리하여 손 세정제에 대한 선호도가 높아질 때) 각각 다른 감각피질sensory cortex 부분이 활성화되는 것으로 나타났다. 요컨대 뉴런은 (거짓말을 한—옮긴이) 입이나 (나쁜 짓을 한—옮긴이) 손이 문자 그대로 더럽다고 믿는 것이다.

따라서 도덕적으로 더럽다고 느끼면 우리는 깨끗이 씻고 싶어하게 된다. 그런 도덕적 오염에 짓눌릴 영혼은 없다는 것이 나의 지론이지만, 당신의 전두피질은 그 중압감을 느끼는 게 분명하다. 비윤리적인 행위를 실토한 후

---

* 경두개자기자극을 통해 관찰한 결과, 해당 영역은 복내측 전전두피질vmPFC이었다. 대조군으로, 더 '지적인' 배외측 전전두피질dlPFC을 억제했을 때는 아무런 효과도 나타나지 않았다. 이러한 뇌 영역에 대해서는 다음 장에서 자세히 알아볼 것이다.

피험자는 전두엽 기능을 활용하는 인지 과제 수행 효율성이 떨어진다. 단, 중간에 손을 씻지 않는 한 그렇다. 이 일반적인 현상을 처음 보고한 과학자들은 맥베스 부인이 자신의 살인 행위로 인해 생긴 '상상의 저주받은 부위', 즉 손을 씻는 모습에서 착안하여 '맥베스 효과'라고 명명했다.** 이를 반영하듯, 한 연구에서 피험자에게 혐오감을 유발하더라도 손을 씻게 하면 순결과 관련된 규범 위반을 덜 가혹하게 판단하는 것으로 나타났다.[7]

우리의 판단, 결정, 의도는 신체에서 오는 감각 정보(즉 내수용감각interoceptive sensation)에 의해서도 형성된다. 도덕적 혐오와 본능적 혐오를 혼동하는 뇌섬에 관한 연구를 생각해보라. 거친 물살을 가르는 배에서 난간 위로 몸을 숙인 적이 있다면, 누군가가 당신 옆으로 다가와 '속을 달래주는 생강을 먹었더니 기분이 좋아졌다'고 자랑을 늘어놓았을 것이다. 연구에서 피험자들은 규범 위반(예: 아무도 보지 않을 때 시체의 눈을 만지는 영안실 직원, 새 변기에서 물을 마시는 행위)의 잘못을 판단하라는 지시를 받았는데, 생강을 미리 섭취하면 반감이 줄어들었다. 그 의미를 해석해볼까? 먼저 사회통념과 어긋나게도, 안구를 만진 이야기를 들으면 인간의 이상한 뇌섬 덕분에 속이 울렁거리기 마련이다. 그런 다음 뇌는 부분적으로 울렁거림 정도에 따라 그 행동에 대한 감정을 결정한다. 하지만 생강 덕분에 덜 울렁거리면 장례식장에서의 금기 행위도 그다지 나빠 보이지 않는다.***[8]

내수용성과 관련하여 특히 흥미로운 발견은 배고픔과 관련된다. 많은 주목을 받은 한 연구에 따르면, 배고픔이 사람을 더 깐깐하게 만든다그 한

** 유대 총독인 본디오 빌라도가 십자가 처형의 껄끄러움 때문에 손을 씻었던 것을 잊지 말라.

*** 심리학 팬이라면 이 연구가 제임스-랑게의 감정 이론(그렇다, 1장에서 나온 윌리엄 제임스다!)을 어떻게 뒷받침하는지 잘 알 것이다. 현대판 감정 이론에서는 우리의 뇌가 부분적으로 내수용감각의 정보를 분석하여 우리가 어떤 것에 대해 얼마나 강렬한 느낌을 갖는지를 '결정'한다고 가정한다. 예를 들어 (자신도 모르게 아드레날린 유사 약물을 투여받은 덕분에) 심장이 뛰고 있다면, 우리는 자신의 감정을 더 강렬하게 인식한다.

다. 구체적으로 말하면 1천 건이 넘는 사법 판결에서 판사가 식사를 한 지 오래됐을수록 죄수에게 가석방을 허가할 가능성이 낮아지는 것으로 나타났다. 다른 연구에서도 배고픔이 친사회적 행동을 변화시킨다는 사실이 밝혀졌다. 이러한 '변화'가 판사들의 경우처럼 깐깐함으로 이어질까, 아니면 관대함으로 이어질까? 그건 상황에 따라 다르다. 배고픔은 피험자가 진술하는 자신의 자선심과 실제 자선심,* 또는 경제 게임에서 피험자가 못되게 행동하거나 착하게 행동할 기회가 단 한 번 또는 여러 번 주어지는 경우에 각각 다른 영향을 미치는 것 같다. 그러나 중요한 점은 사람들이 아끼는 관대했는데 지금은 깐깐한 이유를 설명할 때 혈당 수치를 언급하지 않는다는 것이다.[9]

다시 말해서, 자유롭게 선택한 의도로 어떤 버튼을 누를지 결정할 때 우리는 악취, 아름다운 얼굴, 토사물, 꾸르륵거리는 배, 뛰는 심장 등 감각 환경의 영향을 받는다. 이것이 자유의지를 반증할까? 그렇지는 않다. 이러한 영향은 일반적으로 경미하며, 어디까지나 평균치일 뿐 예외적인 경우도 많다. 이것은 의도가 어디에서 오는지 이해하는 첫번째 단계에 불과하다.[10]

몇 분에서 며칠 전

생사를 가르는 버튼 누르기 과제에서 자유로운 선택이 가능할 것 같지만, 몇 분에서 며칠 전에 일어난 사건이 피험자의 선택에 큰 영향을 미칠 수도 있다. 가장 중요한 경로 중 하나로, 우리 몸의 순환계에 존재하는 수많은 종

---

* 제목에 "헝거 게임"이 들어간 논문은 없을 수가 없다. 말이 나온 김에, 11장에서는 피험자가 진술하는 자신의 자선심과 실제 자선심이 크게 차이나는 매우 중요한 상황에 대해 살펴볼 것이다.

류의 호르몬을 고려하라. 각 호르몬은 우리가 통제하거나 인식하지 못하는 사이에 각각 다른 속도로 분비되어, 개인마다 다양한 방식으로 뇌에 영향을 미친다. 행동을 변화시킬 수 있는 숱한 호르몬 중에서 유력한 용의자 중 하나인 테스토스테론부터 시작하기로 하자.

몇 분에서 며칠 전에 분비된 테스토스테론이 어떤 사람을 죽일지 말지를 결정하는 데 어떤 역할을 할까? 음, 테스토스테론은 공격성을 유발하므로 테스토스테론 수치가 높을수록 더 공격적인 결정을 내릴 가능성이 높아진다.** 언뜻 보면 간단한 것 같다. 그러나 상황을 더 복잡하게 만드는 첫번째 문제는, 테스토스테론이 실제로 공격성을 유발하지 않는다는 것이다.

우선 테스토스테론은 새로운 공격성 패턴을 거의 생성하지 않으며, 대신 기존의 공격성 패턴이 발생할 가능성을 더 높인다. 원숭이의 테스토스테론 수치를 높이면 자신보다 지배력 서열이 원래 낮은 원숭이에게 더 공격적으로 변하는 반면 서열이 높은 원숭이에게는 평소와 같이 굽실거린다. 테스토스테론은 편도체의 반응성을 증가시키지만, 이는 낯선 사람의 얼굴을 코고 편도체의 뉴런이 이미 자극을 받은 경우에만 해당한다. 테스토스테론은 이미 공격적 성향이 있는 사람의 공격성 문턱값을 가장 극적으로 낮춘다.[11]

또한 이 호르몬은 판단력을 왜곡함으로써 중립적인 표정을 위협적인 것으로 해석할 가능성을 높인다. 당신의 테스토스테론 수치가 높아지면 경제 게임에서 지나치게 자신감을 갖게 되어 협동심이 줄어들 가능성이 높아진다. 혼자서도 괜찮다고 확신하는데 다른 사람의 도움이 필요하겠는가?***

** 성별에 관계없이 남녀 모두 테스토스테론을 분비하고(비록 양은 다르지만) 뇌에 테스토스테론 수용체를 가지고 있다. 이 호르몬은 남녀 모두에게 대체로 비슷한 영향을 미치지만, 일반적으로 남성에게 더 강하게 작용한다.

*** 이러한 연구는 거의 모두 '이중 맹검' 연구로, 피험자의 절반에게는 호르몬을 투여하고 나머지에게는 식염수를 투여하므로 피험자와 연구자 모두 누가 어떤 호르몬을 투여받았는지 모른다.

또한 테스토스테론은 행동을 직접적으로 활발하게 하는 편도체의 능력을 강화함으로써(그리고 행동을 억제하는 전두피질의 능력을 약화시킴으로써) 위험을 감수하고 충동적인 성향으로 기울게 한다(다음 장에서 계속 지켜봐주기 바란다).* 마지막으로, 테스토스테론 수치가 상승하면 경제 게임 등에서 타인에게 덜 관대해지고 자기중심적으로 행동할 뿐 아니라 낯선 사람에 대한 공감과 신뢰가 떨어진다.[12]

그리 좋은 상황은 아니다. 다시 어떤 버튼을 누를지 결정하는 문제로 돌아가기로 하자. 테스토스테론이 당신의 뇌에 특히 강한 영향을 미친다면 당신은 실제적이든 아니든 위협을 더 잘 인식하고, 타인의 고통을 덜 신경쓰게 되며, 이미 가지고 있는 공격적 성향에 빠져들 가능성이 더 높아진다.

테스토스테론이 뇌에 강력한 영향을 미치는지 아닌지를 결정하는 요인은 무엇일까? 하루 중 시간이 중요한데, 그 이유는 일주기 중 최고점의 수치가 최저점에 비해 거의 두 배나 높기 때문이다. 아프거나, 다쳤거나, 조금 전에 싸웠거나, 방금 성관계를 가졌는지도 모두 테스토스테론 분비에 영향을 미친다. 또한 평균 테스토스테론 수치가 얼마나 높은가에 따라 달라지는데, 이는 건강한 동성 개인 사이에서 5배까지 차이가 날 수 있으며 청소년의 경우에는 차이가 더욱 심하다. 더욱이 테스토스테론에 대한 뇌의 민감도도 제각각이며, 일부 뇌 영역의 테스토스테론 수용체 수는 개인에 따라 최

---

* 테스토스테론이 편도체에서 뇌의 다른 부분(이 경우 기저핵)으로의 투사를 '강화'한다는 것은 무엇을 의미할까? 편도체는 테스토스테론에 특히 민감하고 많은 수용체를 가지고 있으며, 테스토스테론은 편도체 뉴런이 활동전위를 가질 수 있는 문턱값을 낮추어 신호가 한 뉴런에서 다음 뉴런으로 전파될 가능성을 '강화'하는 역할을 한다. 다른 한편으로, 테스토스테론이 투사를 '약화'시킬 때는 반대 효과가 나타난다. 엄밀히 말하면 테스토스테론 수용체는 안드로겐 수용체androgen receptor라고 불리는데, 이는 다양한 '안드로겐 호르몬(남성 호르몬—옮긴이)'이 존재하며 그중에서 테스토스테론이 가장 강력하다는 것을 반영한다. 정신건강을 위해 이 부분은 무시하기로 한다.

대 10배까지 차이가 난다. '생식샘에서 생성되는 테스토스테론의 양'과 '특정 뇌 영역에 존재하는 테스토스테론 수용체의 수'가 개인마다 다른 이유는 무엇일까? 유전자와 태아기 및 출생 후 환경이 중요하다. 그리고 기존에 가진 공격성에 개인차(즉 편도체, 전두피질 등이 어떻게 다른지)가 있는 이유는 무엇일까? 무엇보다 어린 나이에 모진 시련을 겪으며 세상이 위협적인 곳이라는 사실을 많이 배웠기 때문이다.** 13

버튼을 누르는 의도에 영향을 미칠 수 있는 호르몬은 테스토스테론만이 아니다. 옥시토신도 포유동물에게 친사회적 효과를 발휘하는 것으로 알려져 있다. 옥시토신은 포유류에서 모자 간의 유대감을 강화한다(인간과 반려견 간의 유대감도 향상시킨다). 옥시토신의 친척뻘 되는 호르몬인 바소프레신은 수컷이 새끼 양육을 돕는 희귀종에서 수컷의 부성애를 강화한다. 이런 종은 또한 일부일처 쌍 결합을 형성하는 경향이 있으며, 옥시토신과 바소프레신은 각각 암컷과 수컷의 유대감을 강화한다. 설치류 중에서 몇몇 종의 수컷은 일부일처제이고 다른 종들은 아닌 이유에 대한 생물학적 근거는 무엇일까? 일부일처제를 지향하는 종의 수컷은 유전적으로 뇌의 도파민성 '보상' 영역(측좌핵nucleus accumbens)에 발현된 바소프레신 수용체의 농도가 높은 경향이 있다. 바소프레신은 섹스중에 분비되는데, 바소프레신 수용체가 많은 수컷은 짝짓기에서 엄청나게 큰 쾌감을 느낄 테니 암컷의 곁을 떠나려 하지 않을 것이다. 경이롭게도 일부다처제를 지향하는 설치류 수컷의 뇌에서 바소프레신 수용체 수치를 높이면 일부일처제로 전향하게 된다(앗! 짠, 고마워요… 그런데 이상해요. 방금 무슨 일이 일어났는지 모르겠지만, 나는

** 눈여겨볼 만한 복잡한 문제로, 테스토스테론은 지위 획득으로 이어지는 상황(예: 더 관대한 제안을 함으로써 지위를 획득하는 경제 게임)에서 사람들을 더 친사회적으로 만들 수 있다. 다시 말해서 테스토스테론은 적절한 유형의 공격성이 높은 지위를 가져다주는 상황에서만 공격성을 증가시킨다.

우리 새끼들을 키우는 이 암컷을 도우면서 남은 생을 보낼 거예요).[14]

옥시토신과 바소프레신은 테스토스테론과 정반대되는 효과를 발휘한다. 즉 편도체의 흥분성을 감소시킴으로써 설치류는 덜 공격적으로, 사람은 더 차분하게 만든다. 실험적으로 당신의 옥시토신 수치를 높이면, 경쟁 게임에서 자비를 베풀고 상대방을 신뢰할 가능성이 높아진다. 사회성의 내분비학이 어떤 것인지를 보여주는 예로, 만약 사람이 아니라 컴퓨터와 게임을 한다고 생각하면 당신은 옥시토신에 반응하지 않을 것이다.[15]

옥시토신의 매우 인상적인 점은 당신을 모든 사람에게 따뜻하고 포근하고 상냥한 사람으로 만들어주지는 않는다는 것이다. 옥시토신은 내집단in-group 구성원, 즉 '우리'로 간주되는 사람들에게만 자비심과 신뢰감을 품게 만든다. 네덜란드에서 진행된 한 연구에서 연구자들은 피험자들에게 '다섯 명의 목숨을 구하기 위해 한 명을 희생시켜도 괜찮은지' 결정하라고 요구했다. 잠재적 희생자의 이름이 네덜란드인일 때는 옥시토신이 아무런 작용도 하지 않았지만 독일인이나 중동인(네덜란드인에게 부정적인 의미를 연상시키는 두 그룹)인 경우에는 희생시킬 가능성과 두 그룹에 대한 암묵적 편견을 증가시켰다. 다른 연구에서는 옥시토신이 경쟁 게임에서 같은 팀 구성원들을 더 협력하게 만들었지만, 예상대로 상대 팀 구성원을 더욱 선제적으로 공격하게 만드는 것으로 나타났다. 옥시토신은 심지어 낯선 사람의 불운을 더 고소해하게 만든다.[16]

따라서 옥시토신은 우리가 '우리'로 간주하는 사람들에게 더 친절하고, 더 관대하고, 공감하고, 신뢰와 사랑을 주도록 만든다. 하지만 우리와 다르게 보고, 말하고, 먹고, 기도하고, 사랑하는 '그들'이라면 이야기가 달라진다. 그들과 함께 모닥불을 피워놓고 빙 둘러앉아 쿰바야Kumbaya*를 부르는

76

일일랑 포기해라.**

옥시토신과 관련된 개인차에 대해 알아보자. 뇌의 옥시토신 수용체 수준과 마찬가지로 옥시토신 호르몬의 수치는 개인마다 매우 다르다. 이러한 차이는 유전자와 태아기 환경부터 '오늘 아침에 일어났을 때 안전하고 사랑받는다고 느끼게 해주는 사람 옆에 있었는지'에 이르기까지 모든 요인의 영향을 받아 발생한다. 더욱이 옥시토신 수용체와 바소프레신 수용체는 사람마다 각기 다른 버전으로 존재한다. 잉태될 때 어떤 유형의 수용체를 부여받았느냐에 따라 양육 방식, 연애관계의 안정성, 공격성, 위협에 대한 민감성, 자비심 등이 결정된다.[17]

따라서 연구자가 관대함, 공감, 정직성 등 당신의 성격을 테스트하는 순간에 당신이 자유롭게 내리(는 것처럼 보이)는 결정은 혈류의 호르몬 수치와 뇌의 호르몬 수용체 수준 및 유형에 의해 좌우된다.

마지막으로 한 가지 호르몬이 더 있다. 포유류, 어류, 조류, 파충류, 양서류 등의 유기체가 스트레스를 받으면 부신에서 당질코르티코이드glucocorticoid라는 호르몬이 분비되는데, 이 호르몬은 모든 경우에 거의 동일한 작용을 한다.*** 이 호르몬은 간이나 지방 세포와 같은 체내 저장소에서 에너지를 동원하여 근육 운동에 연료를 공급하므로, 당신이 스트레스를 받을 때, 쉬컨대 사자가 당신을 잡아먹으려고 하므로 도망쳐야 하거나, 당신이 사자라서 무언가를 잡아먹지 않으면 굶어죽을 지경일 때 매우 유용하게 작용한다. 같

** 테스토스테론이 뇌의 서로 다른 두 부분의 뉴런에 정반대로 영향을 미칠 수 있다고 전술한 바에 유의하라. 여기서는 옥시토신이 두 가지 다른 사회적 맥락에서 행동에 상반된 영향을 미친다는 사실을 살펴보고 있다.

*** 사소한 세부사항을 말하자면, 스트레스를 받을 때 부신에서 분비되는 당질코르티코이드는 스트레스를 받을 때 부신에서 분비되는 아드레날린과는 다른 호르몬이다. 이 두 호르몬은 종류가 다르지만 효과는 대체로 비슷하다. 인간 및 다른 영장류의 주요 당질코르티코이드로는 코르티솔, 일명 하이드로코르티손이 있다.

은 논리로 당질코르티코이드는 혈압과 심박수를 증가시킴으로써 생명을 구하는 근육에 산소와 에너지를 훨씬 더 빨리 전달한다. 당질코르티코이드는 또한 배란 같은 생식생리를 억제해 목숨을 걸고 달려야 할 때 에너지를 낭비하지 않도록 해준다.[18]

예상할 수 있듯이, 스트레스를 받는 동안 당질코르티코이드는 뇌를 변화시킨다. 스트레스가 증가하면 편도체 뉴런의 흥분성이 증가하여 기저핵을 더 강력하게 활성화하고 전두피질을 방해한다. 이 모든 것은 무슨 일이 일어나고 있는지 평가하는 데에서 정확도는 낮지만 빠르고 습관적으로 대응하기 위한 것이다. 한편 다음 장에서 살펴보겠지만, 스트레스가 증가하면 전두피질 뉴런의 흥분성이 감소하여 편도체가 현명하게 행동하도록 만드는 능력이 제한된다.[19]

이러한 뇌의 특정 효과를 기반으로, 당질코르티코이드는 스트레스를 받는 동안 당사자의 행동에 예측 가능한 영향을 미친다. 즉 당신의 판단은 더욱 충동적이 된다. 당신이 스트레스에 반응하여 공격적으로 변하는 성향이 있다면 더욱 공격적이게 되고, 평소에 불안하다면 더욱 불안하게 되며, 평소에 우울하다면 더욱 우울하게 된다. 당신은 도덕적 의사결정을 내릴 때 덜 공감하고, 더 자기중심적이고, 더 이기적으로 변하게 된다.[20]

이러한 내분비 시스템의 모든 작용은 최근에 못된 상사, 끔찍한 아침 출근길, 약탈당한 마을에서 살아남는 일 등으로 인해 스트레스를 받았느냐를 반영한다. 유전자 변이는 당질코르티코이드의 생성 및 분해뿐만 아니라 뇌의 여러 부분에 있는 당질코르티코이드 수용체의 수와 기능에 영향을 미친다. 또한 태아 시절에 겪은 염증의 정도, 부모의 사회경제적 지위, 어머니의 양육 방식 등에 따라 이 시스템이 다르게 발달했을 것이다.*

---

* 이것이 얼마나 가치 있는 일인지 또 과학의 초점이 얼마나 협소할 수 있는지를 보여주듯 나는 30년이 넘도록 마지막 네 단락과 관련된 문제에 관한 연구에 매달렸다.

따라서 세 가지 종류의 호르몬이 몇 분에서 며칠에 걸쳐 작용하여 당신의 결정을 바꾼다. 하지만 이는 빙산의 일각일 뿐이다. 구글에서 "인간의 호르몬"을 검색하면 75개 이상을 찾을 수 있으며 대부분이 행동에 영향을 미친다. 이 모든 호르몬이 표면 아래에서 웅웅거리며 의식하지 못하는 사이에 당신의 뇌에 영향을 미친다. 그렇다면 몇 분에서 며칠에 걸친 이러한 니분비 효과가 자유의지를 반증하는 것일까? 그 자체로는 아닌 게 확실하다. 왜냐하면 일반적으로 특정 행동을 유발하기보다는 그 행동의 가능성을 변경하기 때문이다. 다음 거북이로 넘어가기로 하자.[21]

몇 주에서 몇 년 전

앞 섹션에서 살펴본 바와 같이, 호르몬은 몇 분에서 며칠에 걸쳐 뇌를 변화시킬 수 있다. 이 경우 '뇌를 변화시킨다'는 추상적인 표현이 아니다. 호르몬의 작용으로 인해 뉴런이 평소에는 방출하지 않던 신경전달물질 꾸러미를 방출하거나, 특정 이온 채널이 열리거나 닫히거나, 특정 뇌 영역에서 특정 메신저에 대한 수용체의 수가 변경될 수 있다. 뇌는 구조적·기능적으로 가변적이기 때문에, 당신이 두 개의 버튼을 고민하기도 전에 오늘 아침의 호르몬 노출 패턴이 당신의 뇌를 변화시켰을 것이다.

이 섹션의 요점은 이러한 '신경가소성'은 뇌가 장기적인 경험에 반응하여 어떻게 변화할 수 있는지에 비하면 새 발의 피에 불과하다는 것이다. 즉 시냅스의 흥분성이 영구적으로 증가하여 한 뉴런에서 다음 뉴런으로 메시지를 보낼 가능성이 더 높아질 수 있다. 뉴런 쌍이 완전히 새로운 시냅스를 형성하거나 기존 시냅스를 분리할 수도 있다. 수상돌기와 축삭의 가지가 확장되거나 축소될 수도 있다. 기존의 뉴런이 죽고 새로운 뉴런이 태어날 수도 있다.* 특정 뇌 영역은 뇌 스캔에서 변화를 확인할 수 있을 정도로 극적

으로 확장되거나 위축될 수 있다.[22]

　이러한 장기적 신경가소성 중 일부는 굉장히 멋지지만 자유의지 논쟁과 거의 관계가 없다. 시각장애인이 점자 읽는 법을 배우면 뇌가 재배치되어 뇌 영역의 특정 부위에 대한 시냅스의 분포와 흥분성이 바뀐다. 그 결과는? 손가락 끝으로 점자를 읽는 촉각 경험은 마치 인쇄된 텍스트를 읽는 것처럼 시각피질의 뉴런을 자극한다. 피험자의 눈을 일주일 동안 가리면 청각 투사가 시각피질을 점령하기 시작하여 청력이 향상된다. 악기를 배우게 하면 청각피질이 악기 소리에 더 많은 공간을 할당하도록 재배치된다. 열정적인 자원자들을 설득해 하루에 두 시간씩 몇 주 동안 다섯 손가락으로 피아노 치

　이제 지뢰밭에 발을 들여놓을 시간이다. 인간이 처음 불을 피우는 법을 배운 이후 신경과학 개론 수업에서는 '성인의 뇌는 새로운 뉴런을 만들지 않는다'고 가르쳤다. 그러다가 1960년대부터 선구적인 연구자들이 '성체 신경발생'이 실재한다는 단서를 발견했다. 이러한 증거는 논란의 여지가 없어질 때까지 수십 년 동안 무시되었다가, 성체 신경발생은 신경과학에서 가장 섹시하고 혁신적인 주제가 되었다. 동물의 경우 신경발생이 어떻게/언제/왜 일어나는지, 어떤 것들이 신경발생을 촉진하는지(예: 자발적 운동, 에스트로겐, 풍요로운 환경), 무엇이 신경발생을 억제하는지(예: 스트레스, 염증)에 대한 수많은 연구 결과가 발표되었다. 새로운 뉴런은 무엇에 좋을까? 다양한 설치류 연구에 따르면, 새로운 뉴런은 스트레스 회복력, 새로운 보상에 대한 기대, 패턴 분리라는 기능에 기여하는 것으로 나타났다. 패턴 분리란 일단 어떤 것의 일반적인 특징을 배우면 새로운 뉴런이 그에 대한 다양한 사례 간의 차이를 배우도록 돕는 것을 말한다. 예를 들어 뮤지컬 〈넥스트 투 노멀〉의 공연을 인식하는 법을 배운 후에는 해마의 패턴 분리를 통해 '브로드웨이 공연과 고등학교에서의 공연'의 차이를 학습하게 된다(후자의 연출가가 뛰어난 경우 둘의 차이는 미묘하고 작을 수 있다).♥

신경발생에 관한 연구가 발전하면서 성인의 뇌도 새로운 뉴런을 만들 수 있다는 증거가 나왔다. 그러던 중 2018년 『네이처』에 발표된 논문은 지금까지의 연구 가운데 가장 많은 인간의 뇌를 동원하여 '성인의 뇌에는 신경발생이 거의 없거나 전혀 없을 수도 있다'고 주장했다(다른 종에는 신경발생이 많다). 엄청난 논란이 뒤따랐고 여전히 논쟁은 격렬하게 진행중이다. 나는 이 연구가 설득력이 있다고 생각한다(하지만 이 논문의 주 저자인 현재 피츠버그대학교에 있는 숀 소렐스Shawn Sorrells가 나의 스타 대학원생 중 한 명이었기 때문에 내가 객관적인 입장이라고 할 수는 없다).

는 연습을 하게 하면 운동피질이 손가락 움직임을 제어하는 데 더 많은 공간을 할당하도록 재배치되며, 손가락 움직임을 상상하면서 그 시간을 보내 게 해도 똑같은 일이 발생한다.[23]

그러나 자유의지 결핍과 관련된 신경가소성도 있다. 먼저, 외상의 후유증으로 외상후스트레스장애PTSD가 발생하면 편도체가 변형된다. 편도체가 뇌의 나머지 부분에 영향을 미치는 회로의 범위와 함께 시냅스 수가 늘어난다. 편도체의 전체적인 크기가 커지고, 공포·불안·공격성을 유발하는 문턱값이 낮아지면서 흥분성이 높아진다.[24]

다음으로, 학습과 기억의 중심이 되는 뇌 영역인 해마가 있다. 수십 년 동안 주요 우울증major depression에 시달리면 해마가 위축되어 학습과 기억을 방해한다. 그와 반대로 에스트로겐 수치가 2주 동안 상승하면(즉 배란 주기상 난포 단계일 때) 해마가 강화된다. 규칙적으로 운동을 즐기거나 풍요르운 환경에서 자극을 받을 때에도 해마가 발달한다.[25]

게다가 경험으로 인한 변화는 뇌에만 국한되지 않는다. 만성 스트레스는 부신을 확장시켜 스트레스를 받지 않을 때에도 당질코르티코이드를 더 많이 분비하게 만든다. 아버지가 되면 테스토스테론 수치가 하락하며, 더 많은 자녀를 양육할수록 하락폭은 더욱 커진다.[26]

이번에는 장腸으로 눈을 돌려보자. 당신의 장은 대부분 음식 소화를 돕는 세균으로 가득차 있으며, 이 세균은 몇 주에서 몇 달에 걸쳐 행동에 영향을 미칠 수 있는 생물학적 힘을 발휘한다. 사실 '가득차 있다'라는 말은 절제된 표현이다. 장에는 우리 몸의 세포보다 더 많은 세균이 존재하는데,** 그 종류는 수백 가지에 달하며 총무게는 뇌보다 더 무겁다. 최근 급성장하는 새로운 분야인 다양한 장내 미생물gut bacteria의 조성은 식욕, 음식에 대한 갈

** 누군가가 당신을 원심분리한 후 DNA를 추출할 때 조심하지 않으면 대부분 실수로 장내 미생물의 DNA를 연구하게 된다는 뜻이다.

망, 뉴런의 유전자 발현 패턴, 불안에 대한 성향, 일부 신경질환이 뇌로 퍼지는 정도 등에 영향을 미친다. 포유동물의 장내 미생물을 (항생제로) 모두 제거한 다음 다른 개체의 세균을 이식하면 이러한 행동 효과가 전달될 수 있다. 이는 대부분 효과가 미묘하지만 장내 미생물이 '우리가 자유의지라고 착각하는 행동'에 영향을 미친다고 누가 생각이나 했겠는가?

이 모든 발견이 시사하는 바는 분명하다. 당신이 두 개의 버튼을 놓고 고민할 때 뇌는 어떻게 작동할까? 그것은 부분적으로 지난 몇 주에서 몇 년 동안 일어난 사건에 따라 달라진다. 매달 간신히 집세를 내고 있는가? 사랑이나 자녀양육 때문에 감정의 파도를 경험하고 있는가? 극심한 우울증에 시달리고 있나? 활기 넘치는 직장에서 성공적으로 일하고 있나? 트라우마나 성폭행을 겪은 후 마음을 다잡고 있나? 식단에 극적인 변화가 있었나? 이 모든 것이 당신의 두뇌와 행동을 변화시켰을 텐데, 당신은 이 변화를 통제할 수 없었을 것이며 심지어 종종 인지하지도 못했을 것이다. 한 걸음 더 나아가 당신의 유전자와 어린 시절이 '성인기의 특정 경험에 반응하여 뇌가 얼마나 쉽게 변화하는지'를 조절한다는 점을 감안할 때, 당신이 통제할 수 없는 고차원적 차이가 존재할 것이다. 각 개인의 뇌가 얼마나 많은 신경가소성을 관리할 수 있는지, 그리고 어떤 종류의 신경가소성이 있는지에 대해서도 가소성이 존재한다.[27]

그렇다면 신경가소성은 자유의지가 신화라는 것을 보여줄까? 그 자체로는 아니다. 다음 거북이로 넘어가기로 하자.[28]

청소년기로 돌아가기

청소년이거나 청소년이었거나 청소년이 될 독자라면 누구나 잘 알겠지만, 청소년기는 인생에서 복잡한 시기다. 감정 동요, 충동적인 위험 감수 및 감각 추구, 인생에서 가장 극단적인 친사회적 행동과 반사회적 행동, 독창성과 또래 중심의 순응… 행동적으로는 그 자체로 짐승과도 같은 시기다.

신경생물학적으로도 마찬가지다. 대부분의 연구에서는 '청소년이 그들만의 방식으로 행동하는 이유'를 조사하지만, 나는 '청소년기 뇌의 특징이 성인기의 버튼 누르기 의도를 설명하는 데 어떻게 도움이 되는지'를 이해하고자 한다. 편리하게도 신경생물학의 매우 흥미로운 부분이 두 가지 모두와 관련된다. 청소년기 초반의 뇌는 뉴런과 시냅스의 밀도가 성인과 비슷하고 뇌의 수초화myelinating 과정이 이미 완료되어 있기 때문에 성인 버전에 상당히 근접한 상태다. 하지만 놀랍게도, 이후 10년 동안 완전히 성숙하지 않는 뇌 영역이 하나 있다. 어떤 영역일까? 바로 전두피질이다. 이 영역은 다른 피질보다 훨씬 느리게 성숙하는데, 모든 포유류에서 어느 정도 그렇고 영장류에서는 극적으로 그렇다.[29]

이러한 성숙 지연 중 일부는 간단하다. 태아의 두뇌가 형성되어 성인 수준에 이를 때까지 수초화가 꾸준히 진행되는데, 전두피질의 경우에는 그 속도가 엄청나게 늦을 뿐이다. 반면 뉴런과 시냅스의 경우에는 상황이 크게 다르다. 청소년기가 시작될 때 전두피질은 성인보다 더 많은 시냅스를 가지고 있다. 청소년기와 성인기 초반에는 전두피질의 왕성한 가지치기pruning로 시냅스가 무성해지는데, 점점 더 군살을 빼고 평균화되는 과정을 거치면서 이 시냅스들이 불필요하고 굼뜨고 명백히 잘못된 것으로 드러난다. 이를 잘 보여주는 예로 13세 어린이와 20세 청년이 전두엽 기능 테스트에서 동등한 성적을 거두더라도 전자는 이를 달성하기 위해 더 많은 영역을 동원해야 한다.

따라서 청소년의 경우에는 집행 기능, 장기 계획, 만족 지연, 충동 조절, 감정 조절을 담당하는 전두피질이 완전한 기능을 발휘하지 못한다. 음, 이게 무엇을 설명할까? 청소년기의 거의 모든 것, 특히 에스트로겐, 프로게스테론, 테스토스테론의 쓰나미가 뇌를 덮치는 경우를 설명한다. 거대 괴수 같은

욕구와 활성화를 가장 허술한 전두피질 브레이크로 제어하는 꼴이다.[30]

우리의 목적상 전두엽 성숙 지연의 핵심은 '온몸에 문신을 한 불량한 청소년을 양산한다'는 것이 아니라, '청소년기와 성인기 초반에 뇌의 가장 흥미로운 부분에서 대규모 건설 프로젝트가 진행된다'는 사실이다. 그 의미는 분명하다. 만약 당신이 성인이라면 청소년기에 당면한 모든 것, 즉 트라우마, 자극, 사랑, 실패, 퇴짜, 행복, 절망, 여드름 등이 지금 버튼 앞에서 고민하고 있는 전두피질을 구성하는 데 큰 역할을 했으리라는 것이다. 물론 청소년기 때 하는 엄청나게 다양한 경험은 성인이 되어서 엄청나게 다채로운 전두피질을 형성하는 데 도움이 된다.

성숙 지연의 흥미로운 시사점은 유전자 섹션으로 넘어갈 때 중요하므로 잘 기억해둬야 한다. 전두피질이 뇌에서 가장 마지막에 발달하는 부분이라면, 당연히 유전자의 영향을 가장 적게 받고 환경의 영향을 가장 많이 받는 뇌 영역이라고 할 수 있다. 이는 '전두피질이 왜 그렇게 천천히 성숙하는가?'라는 의문을 제기한다. 본질적으로 전두피질의 건축 프로젝트가 나머지 피질보다 더 힘들어서 그럴까? 아니면 특수한 뉴런, 이 영역에만 있는 합성하기 어려운 신경전달물질, 두꺼운 건축 매뉴얼이 필요할 정도로 정교하고 독특한 시냅스 때문일까? 아니다, 그런 독특한 것은 거의 없다.*[31]

전두엽 구조의 복잡성을 고려할 때 성숙 지연은 불가피한 것이 아니며, 전

---

* 폰에코노모 뉴런von Economo neuron, VEN이라는 뉴런 유형이 있는데, 전두피질과 밀접하게 연결된 두 가지 뇌 영역, 즉 섬피질과 전대상피질에서만 발견되는 뉴런이다. 한동안 이 뉴런은 '인간에게만 존재하는 것으로 밝혀진 최초의 뉴런 유형'으로 여겨져 많은 사람들을 흥분시켰다. 하지만 실상은 훨씬 더 흥미로웠다. 폰에코노모 뉴런은 다른 유인원, 고래류, 코끼리 등 지구상에서 가장 사회적으로 복잡한 종의 뇌에도 존재한다고 밝혀졌기 때문이다. 아직까지 그 용도는 정확히 밝혀지지 않았지만, 어느 정도 진전이 있었다. 하지만 폰에코노모 뉴런의 존재에도 불구하고 전두피질과 나머지 피질의 구성 요소 사이에는 차이점보다 유사점이 훨씬 더 많다.

두피질이 더 빨리 발달할 수만 있다면 그럴 것이다. 그럼에도 적극적으로 진화하고 선택된 결과는 시간 단축이 아니라 지연이다. 여기가 바로 올바른 일의 난도가 높을 때 올바른 일을 도맡아 하는 뇌 영역(4장 참조)이라면, 무엇이 옳은 일인지 유전자가 정할 수 없을 것이다. 그렇다면 그것은 경험을 통해 길고 힘든 방법으로 배워나가는 수밖에 없다. 이는 누군가에게 '귀찮게 굴 것이냐 굽실거릴 것이냐' 또는 '동조할 것이냐 아니면 뒤통수를 칠 것이냐' 같은 복잡한 사회적 문제를 헤쳐나가야 하는 모든 영장류에게 해당된다.

일부 개코원숭이가 그러할진대 인간은 어떨지 상상해보라. 우리는 으리 문화의 합리화와 위선을 배워야 한다. 살인을 해서는 안 되지만 나라에서 살인자에게 훈장을 주는 경우에는 예외다. 거짓말을 하지 말아야 하지만 엄청난 보상이 있거나 매우 선한 행동("아니다, 내 다락방에 숨은 난민은 없다. 암, 그렇고말고")인 경우에는 예외다. 엄격히 지켜야 할 법, 무시해야 할 법, 저항해야 할 법이 있다. 매일이 '인생의 마지막날'인 것처럼 행동하는 것과 '남은 인생의 첫날'인 것처럼 행동하는 것을 조화시켜야 한다 등등. 다른 영장류의 전두피질 성숙이 사춘기 무렵에 정점을 찍는 반면 인간은 10여 년이 더 필요하다는 점은 무엇을 의미할까? 이는 놀라운 사실을 시사하는데, 그 내용인즉 '인간 두뇌의 유전 프로그램이 전두피질을 최대한 유전자로부터 해방시키도록 진화했다'는 것이다. 다음 장에서는 전두피질에 대해 더 많은 내용을 다룰 것이다.

다음 거북이로 넘어가자.[32]

아동기로 돌아가기

청소년기는 전두피질이 구성되는 마지막 단계로, 환경과 경험의 영향을 크게 받는다. 아동기로 더 거슬러올라가면 뇌의 모든 영역에서 엄청난 공사가 진행되는데,* 이는 복잡성이나 신경회로가 원활하게 증가하고 수초화가 이루어지는 과정이다. 당연히 행동의 복잡성도 함께 증가한다. 추론능력과 인지 및 도덕적 의사결정과 관련된 정서가 성숙한다(예: 처벌을 피하기 위해 법을 준수하는 것에서 '사람들이 법을 안 지키면 사회가 어떻게 되겠어'라고 생각해 법을 준수하는 것으로 전환한다). 또 공감능력이 성숙한다(누군가의 신체적 상태보다 감정적 상태, 추상적인 고통, 자신이 한 번도 경험하지 못한 고통, 자신과 전혀 다른 사람들의 고통에 대해 공감할 수 있는 능력이 성장한다). 충동을 통제하는 능력도 성숙해진다(마시멜로 두 개를 보상으로 받기 위해 마시멜로 한 개를 먹는 것을 몇 분 동안 참는 데 성공하는 것부터 원하는 요양원에 들어가기 위해 80년 프로젝트에 계속 집중하는 것까지 들 수 있다).

다시 말해서, 비교적 단순한 것에서 더 복잡한 것으로 성숙한다. 아동 발달 연구자들은 일반적으로 이러한 성숙의 궤적을 '단계'로 구분해왔다(예: 하버드 심리학자 로런스 콜버그의 도덕적 발달의 표준 단계). 어느 성숙 단계인지, 단계 전환의 속도나 성인기로 안정적으로 이행하는지는 예상대로 아이들에 따라 큰 차이를 보인다.** 33

우리의 관심사와 관련하여 말하자면, 성숙의 개인차가 어디에서 오는지, 그 과정을 우리가 얼마나 통제할 수 있는지, 그것이 우리의 자아를 우리답게 형성하는 데 도움이 되는지를 따져본 다음 버튼 누르기를 고민해야 한다. 어떤 종류의 영향이 성숙에 영향을 미칠까? 부분적으로 중복되는 감이

---

* 참고로 '뇌의 모든 영역'에는 전두피질이 포함되며, 성숙 지연이라는 드라마 속에서도 전두피질의 상당 부분은 어린 시절에 형성된다.

** 물론 단계적 사고에 지나치게 문자 그대로 의존하는 것은 문제다. 한 단계에서 다음 단계로의 전환은 뚜렷한 경계를 넘는 것이 아니라 매끄럽게 연속적으로 이루어질 수 있는 점, 어린이의 도덕적 추론 단계는 감정 상태에 따라 다를 수 있는 점, 기존의 통찰은 대부분 서구 문화권의 소년을 대상으로 한 연구에서 나왔다는 점 등의 이유 때문이다. 그럼에도 불구하고 기본 아이디어는 매우 유용하다.

있지만, 가장 흔하게 언급되는 요인을 매우 간략하게 요약해보았다.

1. 양육

버클리의 심리학자 다이애나 봄린드는 매우 영향력 있는 연구에서 양육 방식의 차이에 초점을 맞추었다. 권위적인 양육authoritative parenting은 자녀에게 높은 수준의 요구와 기대를 하는 동시에 자녀의 요구에 유연하게 대응하는 스타일로, 보통 신경증적인 중산층 부모가 이런 방식을 추구한다. 그다음으로 독재적 양육authoritarian parenting(높은 요구와 경직된 대응, '내가 시킨 대로 하라'는 식), 허용적 양육permissive parenting(낮은 요구, 유연한 대응), 무관심한 양육negligent parenting(낮은 요구, 낮은 대응) 유형이 있다. 그리고 각각의 양육 방식은 상이한 종류의 성인을 만들어내는 경향이 있다. 다음 장에서 살펴보겠지만, 부모의 사회경제적 지위도 매우 중요하다. 예를 들어 가족의 사회경제적 지위가 낮은 유치원생의 경우 전두피질 성숙이 지연될 것으로 예측된다.[34]

2. 또래 사회화

서로 다른 또래들이 다양한 매력을 지닌 상이한 행동을 하는 걸 모델로 삼는다. 또래의 중요성은 발달심리학자들에 의해 종종 과소평가되어왔지만 영장류학자들에게는 전혀 놀라운 일이 아니다. 인간은 세대를 뛰어넘어 정보를 전달하는 새로운 방법을 발명했는데, 그 내용인즉 성인 전문가—즉 교사—가 어린이들에게 의도적으로 정보를 전달하는 것이다. 이와는 대조적으로, 영장류의 경우에는 새끼들이 나이가 약간 더 많은 동료를 보면서 배우는 경우가 일반적이다.[35]

3. 환경적 영향

일반적인 질문은 다음과 같다. 동네 공원은 안전한가? 서점과 주류 판매점 중 어느 쪽이 더 많은가? 건강한 식품을 쉽게 구입할 수 있는가? 범죄율은 어느 정도인가?

4. 문화적 신념과 가치

이것은 다른 범주에 영향을 미친다. 앞으로 살펴보겠지만 문화는 양육 방식, 또래가 모델로 삼는 행동, 형성되는 물리적·사회적 공동체의 종류에 큰 영향을 미친다. 공개적이고 은밀한 통과의례, 예배 장소의 유형, 아이들이 공로 배지*를 많이 받기를 열망하는지 아니면 아웃사이더를 괴롭히는 데 능숙해지기를 열망하는지 등의 문화적 다양성을 살펴볼 필요가 있다.

꽤 간단한 목록이다. 물론 어린 시절의 호르몬 노출 패턴, 영양 상태, 병원균 부하 등에는 수많은 개인차가 존재한다. 5장에서 살펴볼 것처럼 이 모든 것이 모여서 독특한 뇌를 만들어낸다.

그렇다면 중요한 질문이 제기된다. 각기 다른 어린 시절이 어떻게 각기 다른 성인을 만들어낼까? 때로는 신경과학적 지식을 총동원하지 않고도 가장 가능성 높은 경로가 꽤 명확해 보일 수 있다. 예컨대 중국과 미국 전역에서 100만 명 이상을 대상으로 진행한 연구를 통해 온화한 날씨(변동이 적은 20도 전후의 기후)가 성장할 때 성격 형성에 영향을 미친다는 것이 드러났다. 이러한 날씨에서 성장한 사람들은 평균적으로 더 개인주의적이고 외향적이며 새로운 경험에 개방적이다. 설득력 높은 설명이 있다. 평균 소득이 높고 식량의 안정성이 높으며 외출시 저체온증이나 열사병으로 인한 사망을 걱정하지 않아도 될 테니, 성장기에 더 안전하고 쉽게 탐험할 수 있어서라는 것이다. 그리고 그 효과의 크기는 연령, 성별, 해당 국가의 GDP, 인구밀도, 생산수단 등의 영향과 같거나 그 이상인 것으로 나타나 결코 가벼이 볼 수 없다.[36]

'어린 시절의 온화한 날씨'와 '성인이 되어서의 성격' 사이의 연관성은 생

---

* 보이스카우트에서 각종 공로에 대한 보상으로 수여하는 배지. —옮긴이

물학적으로 설명할 때 가장 유용한 정보를 제공한다. 어린 시절의 환경은 형성중인 뇌의 유형에 영향을 미쳐, 거의 항상 그렇듯이 성인기의 생활을 좌우한다. 예컨대 어린 시절에 당질코르티코이드를 매개로 스트레스 수준이 높아지면 전두피질의 구성이 손상되어 충동 조절과 같은 유용한 기능에 능숙하지 못한 성인이 될 수 있다. 어릴 때 테스토스테론에 많이 노출되면 반응성이 높은 편도체가 형성되어, 도발에 공격적으로 반응할 가능성이 높은 성인이 될 수 있다.

이러한 현상의 핵심 메커니즘은 최근 크게 유행하는 '후성유전학' 분야를 중심으로 규명이 이루어지고 있는데, 이는 생애 초기의 경험이 어떻게 특정 뇌 영역에서 유전자 발현에 장기적인 변화를 일으키는지 드러낸다. 이는 유전자 자체의 변화(즉 DNA 염기서열의 변화)가 아니라 유전자 조절의 변화 — 어떤 유전자가 항상 활성화되거나, 항상 불활성화되거나, 어떤 상황에서는 활성화되지만 다른 상황에서는 활성화되지 않는지 — 이다. 이러한 원리에 대해 지금까지 많은 것이 알려졌다. 유명한 사례로, 만약 당신이 비정상적으로 새끼에게 관심이 없는 어미 쥐 밑에서 자란 아기 쥐라면,** 해마의 한 유전자 조절에 후성유전학적 변화가 생겨 성체가 됐을 때 스트레스 상태에서 회복하기가 더 어려워질 수 있다.[37]

쥐의 양육 방식 차이는 언제부터 시작되었을까? 1초, 1분, 한 시간 전에, 어미 쥐의 생물학적 역사로부터 시작된 것이 분명하다. 이러한 후성유전학 기반 지식은 빠른 속도로 확대되어 뇌의 일부 후성유전학적 변화가 어떻게 여러 세대에 걸쳐 영향을 미칠 수 있는지 등을 보여준다(예: 어린 시절 학대를 받은 쥐나 원숭이나 인간이 '학대하는 부모'가 될 확률이 높아지는 이유를 설

** 와우, 어미 쥐마다 양육 방식이 다르다고? 물론 새끼의 털을 고르거나 핥는 빈도, 새끼의 발성에 반응하는 정도 등 다양한 차이가 있다. 이는 맥길대학교의 신경과학자 마이클 미니Michael Meaney가 개척한 획기적인 연구 결과다.

명하는 데 도움이 된다). 원숭이의 양육 방식 차이가 자손의 전두피질에서 발현되는 1천 개 이상의 유전자에 후성유전학적 변화를 일으킨다는 연구 결과를 감안할 때, 후성유전학적 복잡성의 규모가 어느 정도인지 능히 짐작할 수 있을 것이다.[38]

어린 시절에 영향을 미치는 모든 측면의 다양성을 하나의 축으로 압축한다면 쉽게 이해할 수 있을 것이다. 얼마나 운좋은 어린 시절이 주어졌는가? 이 엄청나게 중요한 사실은 아동기의 부정적 경험Adverse Childhood Experience, ACE이라는 점수로 공식화되었다. 이 평점에서 부정적인 경험으로 간주되는 것은 무엇일까? 논리적인 목록은 다음과 같다.

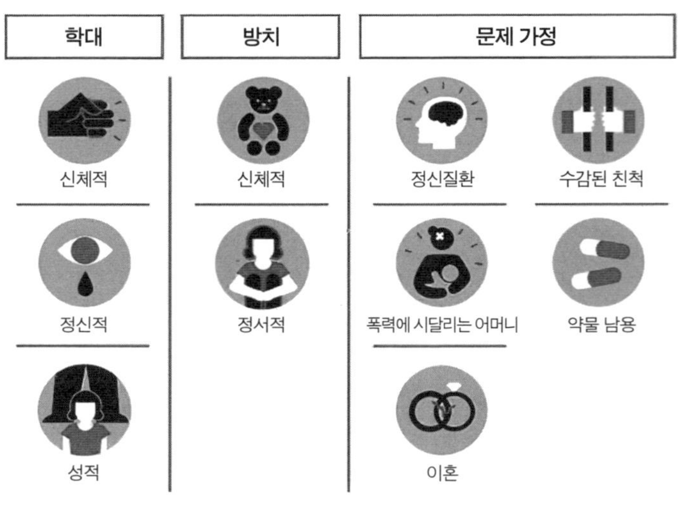

출처: 미국 질병통제예방센터(CDC)

체크리스트에 나열된 각 경험에 대해 점수가 매겨지며, 가장 운이 나쁜 사람은 10점(상상하기도 힘들다)에 가까워지고 가장 운이 좋은 사람은 0점에 가까운 점수를 받는다.

이 분야의 연구는 자유의지를 고수하는 모든 사람을 무너뜨릴 만한 결과를 낳았다. ACE 점수가 한 단위 높아질 때마다 성인기 반사회적 행동(폭력, 전두피질 의존적 인지능력 저하, 충동 조절 문제, 약물 남용, 10대 임신, 안전하지 않은 성관계 및 기타 위험한 행동, 우울증 및 불안장애에 대한 취약성 증가 등)의 가능성이 약 35% 증가하는 것으로 나타났다. 또한 건강이 나빠지고 조기에 사망할 수도 있다.[39]

접근 방법을 180도 바꿔도 동일한 결과가 나올 것이다. 당신은 어렸을 때 가족에게 사랑받고 안전하다고 느꼈는가? 섹슈얼리티에 대한 좋은 모델이 있었는가? 동네에 범죄가 없었고, 당신의 가족은 정신적으로 건강했으며, 당신의 사회경제적 지위는 안정적이고 좋았는가? 그렇다면 당신은 모든 면에서 월등한 결과가 예측되는, 아동기의 억세게 운좋았던 경험 Ridiculously Lucky Childhood Experience, RLCE 점수를 향해 나아가고 있을 것이다.

따라서 본질적으로 당신이 통제할 수 없었던 어린 시절의 모든 측면—좋았든 나빴든, 또는 그 중간 어디쯤이었든—이 당신의 성인기 뇌를 형성했으며, 당신은 그러한 뇌로 어떤 버튼을 눌러야 할지 고민하게 된다. 통제할 수 없는 요인의 효과가 누적되는 사례를 하나 들어볼까? 생년월일의 무작위성 때문에 어떤 아이들은 나이가 또래 그룹 평균보다 6개월 정도 많거나 적을 수 있다. 예를 들어 나이를 더 먹은 유치원생은 일반적으로 인지능력이 더 발달되어 있다. 그 결과 그들은 교사에게서 일대일 관심과 칭찬을 더 많이 받으므로 1학년이 되면 이점이 더욱 커지고 2학년이 되면… 예컨대 유치원 입학 마감 연령이 8월 31일인 영국에서는 이러한 '상대적 연령 효과'가 교육 성취도를 크게 왜곡한다.

운은 시간이 지남에 따라 평균으로 수렴한다고? 웃기는 소리다.*[40]

---

* 스포츠 분야에서도 마찬가지다. 프로스포츠 팀에는 어린 시절 스포츠 코호트에서 평균보다 나이가 많았던 선수들이 수두룩하다.

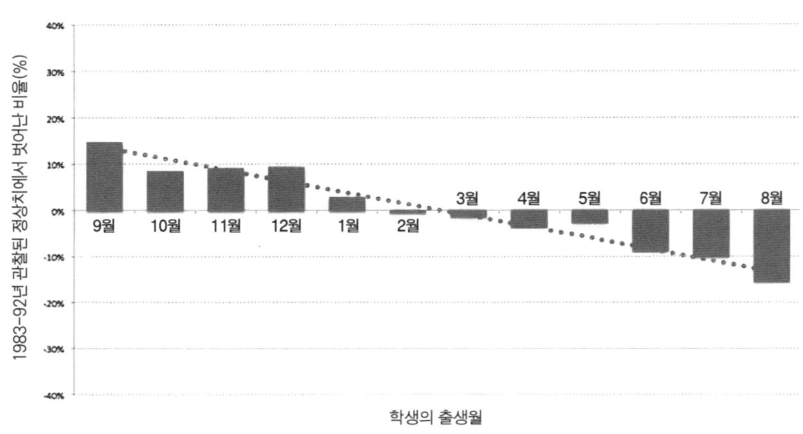

그렇다면 어린 시절의 경험이 자유의지를 무효화할까? 꼭 그런 건 아니다. ACE 점수 같은 것은 '피할 수 없는 운명'이 아니라 성인의 잠재력과 취약성에 관한 것이며, 어린 시절을 감안한 예상치를 완전히 벗어난 성인들도 많기 때문이다. 어린 시절 악조건은 일련의 영향의 또다른 일부일 뿐이다.[41]

자궁으로 돌아가기

당신이 태어날 때 어떤 가족에 속할지를 스스로 결정할 수 없다면, 영향을 받는 9개월 동안 어떤 자궁에서 지낼지도 결정할 수 없을 것이다. 환경의 영향은 태어나기 훨씬 전부터 시작된다. 이러한 영향의 가장 큰 원천은 '모체의 순환계에 무엇이 있는가'이며, 이는 태아의 몸속에 들어 있는 다양한 호르몬, 면역 인자, 염증 분자, 병원체, 영양소, 환경 독소, 불법 물질의 수준을 결정하는 데 기여한다. 이는 성인기 뇌 기능을 조정한다. 놀랄 것도 없이, 태아기의 일반적인 주제는 아동기의 주제와 동일하다. 엄마가 스트레스를 받아 분비된 다량의 당질코르티코이드가 태아의 뇌를 적시면, 성인기에 우울증과 불안에 취약해질 수 있다. 태아의 순환계에 다량의 안드로겐(비록 남성보다 적은 양이지만 엄마에게서도 분비된다)이 존재하면 어느 성별이든 성인이 되어 자발적이고 반응적인 공격성, 감정 조절 불량, 공감능력 저하, 알코올중독, 범죄에다 심지어 형편없는 필체를 보일 가능성도 높아진다. 엄마가 굶주려서 태아에게 영양분이 부족하면 성인이 되었을 때 다양한 대사 및 심혈관 질환과 함께 조현병schizophrenia에 걸릴 위험이 높아진다.[*42]

　그렇다면 태아기 환경 효과의 의미는 뭘까? 당신을 기다리는 세상에서 당신의 운이 얼마나 좋거나 나쁠지를 짐작하게 하는 또다른 단서일 뿐이다.[43]

아주 처음으로 돌아가기: 유전자

다음 거북이로 내려가자. 당신이 자란 자궁을 스스로 선택하지 않았다면, 당신은 부모로부터 물려받은 독특한 유전자 조합도 선택하지 않은 것이 분명하다. 의사결정의 기로에서 유전자는 흔히 생각하는 것보다 더 흥미로운 방식으로 많은 영향을 미친다.

　유전자와 자유의지에 대한 논의에 도달했을 때 이해를 돕기 위해 유전자에 대한 매우 피상적인 초보 강좌부터 시작하기로 하자.

---

* 　태아에 대한 이러한 영향은 끔찍하게 부자연스러운 두 가지 '기아의 자연 실험'을 통해 인간에게서 처음으로 확인되었다. 하나는 1944년에 일어난 네덜란드 겨울 기근, 즉 나치가 점령하면서 네덜란드인들이 굶주린 일이고, 다른 하나는 1950년대 후반 중국에서 일어난 대약진 기근이다.

먼저, 유전자는 무엇이며 어떤 역할을 할까? 우리 몸은 어지러울 정도로 다양한 일을 하는 수천 가지 유형의 단백질로 가득차 있다. 그중 일부는 '세포 골격cytoskeletal' 단백질로, 다양한 세포 유형에 고유한 모양을 부여한다. 일부 단백질은 메신저 역할을 하는데, 수많은 메신저(신경전달물질, 호르몬, 면역 전달자 등)가 단백질로 이루어져 있다. 이러한 메신저를 생성하고 쓸모없어지면 분해하는 게 효소인데, 이 또한 단백질로 이루어져 있다. 그에 더하여 우리 몸 전체의 거의 모든 메신저 수용체는 단백질로 만들어진다.

이 모든 단백질의 다양성은 어디에서 오는 것일까? 각 유형의 단백질은 아미노산이라는 20가지 구성 요소의 고유한 서열로 구성되는데, 아미노산의 서열에 따라 단백질 모양이 결정되고, 단백질 모양에 따라 그 기능이 결정된다. '유전자'란 특정 단백질의 서열/모양/기능을 지정하는 DNA의 한 구간을 말한다. 약 2만 개의 유전자가 각각 고유한 단백질을 암호화(코딩)한다.*

유전자는 자신이 코딩하는 단백질을 '언제 만들기 시작할지'와 '사본을 한 개 만들지, 1만 개 만들지'를 어떻게 '결정'할까? 이 질문에는 유전자를 우리 몸에서 일어나는 일을 조절하는 코드의 전부이자 끝으로 간주하는 대중적인 견해가 내포되어 있다. 하지만 밝혀진 바에 따르면, 유전자는 아무것도 결정하지 않고 망망대해에 떠 있을 뿐이다. '유전자가 관련 단백질을 생성할 시기를 결정한다'는 말은 '레시피가 케이크를 언제 구울지를 결정한다'는 말과 마찬가지다.

그 대신 유전자는 환경에 따라 켜지고 꺼진다. 여기서 **환경**이란 무엇을 의미할까? 먼저, 그것은 단일 세포 내의 환경일 수 있다. 즉 세포는 에너지가 부족할 경우 에너지 생산을 촉진하는 단백질이 필요한데, 그러기 위해서

---

* 이에 대한 배경지식이 있는 사람이라면 내가 이 단락에서 다루지 않은 몇 가지 사항, 즉 유전자의 인트론/엑손 구조, 유전자 스플라이싱, 프리온 단백질의 다중 형태, 트랜스포존, 작은 간섭 RNA(siRNA)를 코딩하는 유전자, RNA 효소(ribozyme) 등에 주목할 만하다.

는 '해당 단백질을 코딩하는 유전자'를 활성화하는 메신저 분자를 생성해야 한다. 둘째, 환경은 몸 전체를 포괄할 수도 있다. 즉 필요에 따라 분비된 호르몬이 순환계를 통해 몸의 다른 쪽 끝에 있는 표적 세포로 운반되면 고유한 수용체에 결합하고, 그 결과 특정 유전자가 켜지거나 꺼진다. 셋째, 환경은 우리가 일상적으로 경험하는 형태, 즉 주변 세계에서 일어나는 사건의 형태를 취할 수도 있다. 이러한 다양한 버전의 환경은 서로 연결되어 있다. 예를 들어 스트레스가 많고 위험한 도시에 살면 부신에서 분비되는 당질코르티코이드 수치가 만성적으로 높아지는데, 이렇게 되면 편도체 뉴런의 특정 유전자가 활성화되므로 해당 뉴런이 더욱 흥분하게 된다.**

환경적으로 활성화된 메신저는 어떻게 다양한 유전자를 켜는 걸까? DNA의 모든 구간이 유전자 코드에 기여하는 것은 아니며, 긴 구간은 아무것도 코딩하지 않는다. 그 대신 이것은 주변의 유전자를 활성화하는 온/오프 스위치 역할을 한다. 놀라운 사실이 있다. DNA의 약 5%만이 유전자를 구성한다. 그러면 나머지 95%는? 어지러울 정도로 복잡한 온/오프 스위치 뭉치다. 이 스위치는 다양한 환경적 영향이 고유한 유전자 네트워크를 조절하는 수단으로, 여러 유형의 스위치가 하나의 유전자를 조절할 수도 있고 동일한 유형의 스위치가 여러 유전자를 조절할 수도 있다. 즉 대부분의 DNA는 유전자 자체보다는 유전자 조절에 전념한다. 또한 DNA의 진화적 변화는 일반적으로 유전자보다는 온/오프 스위치를 변경할 때 더욱 큰 영향을 미친다. 조절의 중요성을 나타내는 또다른 척도로, 유기체가 복잡할수록 유전자 조절에 할당된 DNA의 비율은 더 높아진다.***

** 이 단락에서 누락된 항목은 다음과 같다. 전사인자, 신호 전달 경로, 펩타이드 호르몬과 달리 전사를 직접 조절하는 것은 스테로이드 호르몬뿐이라는 사실 등…

*** 여기에서는 DNA의 프로모터 및 기타 조절 요소, 유전자 전사의 조직 특이성을 부여하는 전사 보조인자, 자가복제하는 레트로바이러스에서 파생된 이기적인 DNA 등 몇 가지가 생략되었다.

지금까지 강의한 내용의 핵심은 세 가지로 요약된다. 첫째, 유전자는 '일꾼' 단백질을 코딩한다. 둘째, 유전자는 언제 활성화될지를 스스로 결정하지 않고 환경 신호에 의해 제어된다. 셋째, DNA의 진화는 유전자 자체보다는 압도적으로 유전자 조절에 관한 것이다.

따라서 환경 신호가 특정 유전자를 활성화하면 그 유전자가 코딩하는 단백질이 생산되고, 새로 만들어진 단백질은 평소와 같은 기능을 수행한다. 네번째 핵심은 같은 단백질이라도 환경에 따라 다르게 작용할 수 있다는 것이다. 이러한 '유전자/환경 상호작용'은 한 가지 유형의 환경에서만 서식하는 종에게는 덜 중요하다. 하지만 여러 유형의 환경에 서식하는 종, 그러니까 인류에게는 상당히 중요하다. 인간은 툰드라, 사막, 열대우림, 수백만 명 규모의 거대도시 또는 소규모 수렵채집 집단, 자본주의사회 또는 사회주의사회, 일부다처제 또는 일부일처제 문화에서 살 수 있다. 그러므로 인간의 경우에는 특정 유전자가 특정 환경에서 어떤 역할을 하는지에 대해서만 묻는 것이 어리석은 일일 수 있다.

유전자/환경 상호작용은 어떤 모습일까? 어떤 사람이 공격성과 관련된 유전자 변이를 가졌다고 가정해보자. 그 사람은 환경에 따라 길거리에서 싸움을 벌이거나 매우 공격적인 방식으로 체스 경기를 진행할 수 있다. 또는 위험 감수와 관련된 유전자 변이를 가졌다면, 환경에 따라 상점을 털거나 스타트업을 창업할 수 있다. 또는 중독과 관련된 유전자 변이를 가졌다면, 환경에 따라 클럽에서 위스키를 너무 많이 마시는 브라만이 되거나 헤로인 구입할 돈을 필사적으로 훔치는 도둑이 될 수 있다.*

---

* 우리가 간과하는 것은 환경을 고려하더라도 단일 유전자와 그 단일 효과에 초점을 맞추는 일은 너무도 단순하다는 것이다. 이는 다면발현성 및 다유전자성 유전 효과 때문이다. 후자의 중요성에 대한 놀라운 증거는 전장유전체 연관 분석GWAS에서 나온 것으로, 키 같은 가장 지루할 정도로 단순한 인간 특성조차 수백 개의 상이한 유전자에 의해 코딩된다.

초보 강좌의 마지막 내용은 대부분의 유전자는 한 가지 이상의 변이체로 존재하며 사람들은 부모에게서 특정 변이를 물려받는다는 것이다. 이러한 유전자 변이는 약간 다른 버전의 단백질을 코딩하는데, 그중 일부는 다른 것보다 더 잘 작동한다.**

지금까지 배운 내용을 한 문장으로 요약하면 다음과 같다. 사람마다 가지고 있는 유전자 종류가 다르고, 그 유전자는 환경에 따라 다르게 조절되어 환경에 따라 다른 효과를 내는 단백질을 생성한다. 이제 유전자가 우리의 자유의지에 대한 집착과 어떻게 관련되는지 살펴보기로 하자.

당신이 버튼을 누르는 순간, 부모에게서 물려받은 특정 유전자 변이가 당신의 뇌에 어떤 영향을 미칠까? 신경전달물질인 세로토닌을 생각해보라. 사람마다 다른 세로토닌 신호 프로필은 기분, 각성 수준, 강박 행동 경향, 반추적反芻的 사고, 반응적 공격성과 관련된 개인차를 설명하는 데 도움이 된다. 그렇다면 유전자 변이의 개인차가 세로토닌 신호의 차이에 어떻게 기여할 수 있을까? 쉽게 말하면 세로토닌을 합성하고, 분해하고, 시냅스에서 제거하는 단백질을 코딩하는 유전자에는 다양한 변이체***가 존재하며, 12가지 이상의 상이한 세로토닌 수용체를 코딩하는 유전자 변이[44]가 존재한다.

신경전달물질인 도파민도 마찬가지다. 개략적으로 보면 도파민 신호의 개인차는 보상, 기대, 동기부여, 중독, 만족 지연, 장기 계획, 위험 감수, 참신함 추구, 자극의 중요성, 집중력 등과 관련 있다. 이를테면 '절제력을 발휘할 수만 있었다면 끔찍한 상황을 극복할 수 있었는지 아닌지'처럼, 우리가 누군가를 판단할 때 고려하는 사항들이다. 사람마다 도파민 분비량이 다른 유전적 원인은 무엇일까? 도파민의 합성, 분해, 시냅스로부터의 제거와 관

** 동형접합성 대 이형접합성, 우성형질 대 열성형질 등 몇 가지 누락된 사항이 있다.

*** 생화학 애호가를 위한 내용: 각각 트립토판 수산화효소와 방향족아미노산 탈탄산효소, 5HTT(세로토닌 수송체), MAO-A(모노아민 산화효소-알파)를 코딩하는 유전자.

련된 유전자 변이*는 물론 다양한 도파민 수용체와 관련된 유전자 변이[45]가 있다.

또다른 신경전달물질인 노르에피네프린도 도파민과 마찬가지다. 다양한 호르몬과 호르몬 수용체를 합성하고 분해하는 효소도 그렇고, 뇌 기능과 관련된 거의 모든 것이 그렇다. 일반적으로 모든 관련 유전자에는 광범위한 개인차가 있지만, 어떤 유전자를 물려받을지에 대해 상담을 받을 수는 없는 노릇이다.

반대로 여러 사람이 모두 동일한 유전자 변이를 가지고 있지만 서로 다른 환경에서 산다면 어떨까? 앞에서 설명한 것처럼 환경에 따라 유전자 변이의 영향이 극적으로 달라질 수 있다. 예를 들어 세로토닌을 분해하는 단백질 유전자의 변이체 중 하나는 반사회적 행동의 위험을 증가시키지만, 이는 어린 시절에 심한 학대를 받은 경우에만 해당된다. 도파민 수용체 유전자의 변이체 중 하나는 성장기에 부모와 애착이 안정적으로 형성되었느냐에 따라 보유자를 관대하게 만들 수도 조급하게 만들 수도 있다. 이 변이체는 가난하게 자랐을 경우 만족 지연이 서투른 것과 관련된다. 도파민 합성을 지시하는 유전자의 변이체 중 하나는 분노와 관련 있지만, 어렸을 때 성적 학대를 당한 경우에만 해당된다. 옥시토신 수용체 유전자의 변이체 중 하나는 덜 세심한 양육과 관련 있지만 어린 시절의 학대와 결합된 경우에만 해당된다 등등 계속 이어진다(다른 영장류 종에서도 이와 동일한 관련성을 많이 볼 수 있다).[46]

어떻게 환경이 유전자를 이처럼 다르게, 심지어 정반대로 작동시킬 수 있을까? 모든 단서들을 종합해보면, 환경이 다를 경우 동일한 유전자 또는 유전자 스위치에서 다른 종류의 후성유전학적 변화가 발생하기 때문이다.

---

*   자세한 내용: 티로신 수산화효소, DAT(도파민 수송체), COMT(카테콜-O-메틸 전이효소)에 대한 유전자.

따라서 사람들은 이 모든 유전자 변이의 다양한 버전을 모두 가지고 있으며, 이 다양한 버전은 어린 시절의 환경에 따라 다르게 작동한다. 몇 가지 수치로 설명하자면, 인간의 유전체에는 약 2만 개의 유전자가 있으며, 이중 약 80%인 1만 6천 개가 뇌에서 활성화된다. 이러한 유전자 중 거의 모두가 한 가지 이상의 변이체로 존재한다(이를 '다형성polymorphism'이라고 한다). 이 말은 다형성이 해당 유전자의 DNA 서열에서 '개인마다 다를 수 있는 한 지점'으로 구성되어 있다는 뜻일까? 아니다, 실제로 각 유전자의 DNA 서열에는 평균 250개의 다를 수 있는 지점이 있으며, 이는 뇌에서 활성화되는 유전자를 코딩하는 DNA 서열의 약 400만 개 지점**에 개인차가 존재한다는 것을 의미한다.***[47]

그렇다면 행동유전학은 자유의지를 반증할까? 그 자체로는 아니다. 친숙한 주제인 유전자는 필연이 아니라 잠재력과 취약성에 관한 것이며, 대부분의 유전자가 행동에 미치는 영향은 비교적 경미하다. 그럼에도 불구하고 행동에 대한 이러한 모든 영향은 '당신이 선택하지 않은 유전자'와 '당신이 선택하지 않은 어린 시절'의 상호작용을 통해 발생한다.[48]

몇 세기를 거슬러올라가기: 문화의 영향

리벳의 버튼이 손짓한다. 당신의 문화는 당신이 행동하려는 의도와 무슨 관

**   16,000 × 250 = 4,000,000 ─옮긴이

***   각 다형성 지점의 가능한 코드가 두 가지뿐이라면 서로 다른 유전자 구성의 수는 2의 400만 제곱($2^{4,000,000}$)이 될 텐데, 2의 40제곱(2^{40})이 약 1조이므로 사실상 무한대로고 봐도 좋다.

련이 있을까? 매우 밀접하게 관련된다. 왜냐하면 당신은 태어나는 순간부터 보편성에 종속되어 있기 때문이다. 즉 문화의 가치관에는 후손들이 그 가치관을 되새겨 '어떤 계통의 사람'이 되도록 만드는 방법이 포함되어 있다. 그 결과 당신의 뇌는 조상이 누구였는지, 어떤 역사적·생태적 환경이 당신을 둘러싼 가치관을 형성하게 했는지를 반영한다. 만약 상당한 터널 시야를 가진 신경생물학자가 세계의 독재자가 된다면 인류학은 '다양한 그룹의 사람들이 자녀의 뇌 구조를 형성하는 방식을 연구하는 학문'으로 정의될 것이다.

문화는 일관된 패턴을 유지하면서 극적으로 다른 행동을 만들어낸다. 가장 많이 수행된 비교연구 중 하나는, '개인주의' 문화와 '집단주의' 문화에 관한 것이다. 개인주의 문화는 자율성, 개인적 성취, 고유성, 개인의 필요와 권리를 강조하며, 나를 중시하고 개인의 행동이 '나만의 것'이라는 가치를 중시한다. 반면 집단주의 문화는 조화, 상호의존, 순응을 중시하고 공동체의 요구가 행동의 기준이 된다. 개인의 행동은 '집단의 것'이기 때문에 공동체의 긍지를 드높이는 것이 최우선이다. 이러한 비교연구 중 대부분은 (개인주의 문화의 종주국인) 미국의 개인과 (집단주의 문화의 교과서인) 동아시아의 개인을 비교한다. 이러한 비교는 의미가 있다. 미국 사람들은 1인칭 단수 대명사를 사용하고, 관계적 용어보다는 개인적인 용어로 자신을 정의하며("나는 부모입니다" 대 "나는 변호사입니다"), 사회적 관계보다는 사건을 중심으로 기억을 정리하는 경향이 더 강하다("우리가 친구가 되었던 여름" 대 "내가 수영을 배운 여름"). 피험자에게 소시오그램, 즉 피험자 자신과 '그들의 삶에서 중요한 사람들'을 나타내는 원을 선으로 연결한 다이어그램을 그리도록 요청하면 미국인은 일반적으로 자신을 가장 큰 원으로 그리며 중앙에 배치한다. 반면 동아시아인은 일반적으로 타인의 원보다 크지 않게, 앞쪽이나 중앙에 위치하지도 않게 그린다. 미국인의 목표는 다른 사람 앞에 나섬으로써 자신을 구별하는 것이지만, 동아시아인의 목표는 튀지 않는 것이다.* 이러한 차이로 인해 무엇이 규범 위반으로 간주되고 이에 어떻게 대처해야 하는지가 크게 차이난다.[49]

이는 당연히 뇌와 신체의 다른 작용을 반영한다. 평균적으로 동아시아인들은 흥분한 표정을 볼 때보다 차분한 표정을 볼 때 도파민 '보상' 시스템이 더 많이 활성화되고, 미국인들은 그와 정반대다. 피험자에게 복잡한 장면이 담긴 사진을 보여주면 동아시아인은 일반적으로 밀리초 이내에 전체 장면을 총체적으로 스캔하여 기억하는 반면 미국인은 사진 중앙에 위치한 인물에게 집중한다. 미국인은 다른 사람에게서 영향을 받았던 경험에 대해 말하도록 강요당하면 당질코르티코이드를 분비하고, 동아시아인은 다른 사람에게 영향을 미쳤던 경험에 대해 말하도록 강요당할 때 스트레스 호르몬을 분비한다.[50]

이러한 차이는 어디에서 비롯된 걸까? 미국인의 개인주의에 대한 표준 설명은 다음과 같다. (a)미국은 이민자의 나라(2017년 기준, 이민자 또는 이민자의 자녀가 약 37%를 차지함)일 뿐만 아니라 이민자는 무작위로 유입되지 않는다. 즉 이민이란 자신의 세계와 문화를 뒤로하고 입국을 방해하는 장벽이 있는 곳까지 고된 여정을 견디며, 입국이 허용된 후에도 가장 열악한 일자리에서 노동할 의사를 가진 사람들을 선별하는 과정이다. (b)미국 역사의 대부분은 비슷하게 강인하고 개인주의적 성향의 개척자들이 정착한 서부 국경의 확장 과정이라고 해도 과언이 아니다. 한편 동아시아인의 집단주의에 대한 표준 설명은 '생태계가 생산방식을 결정한다'는 것으로, 1만 년 동안 지속되어온 벼농사가 그 대표적인 사례다. 벼농사는 엄청난 양의 집단 노동력을 동원하여 산을 계단식 논으로 바꾸고, 각 농부의 작물을

---

[*] 이 장에 기술된 모든 사실에 대해 다시 한번 강조하고 싶다. 이는 통계적으로 유의미한 차이가 있는 '광범위한 인구학적 차이'일 뿐, 모든 개인의 행동에 대한 신뢰할 만한 예측 요인은 아니다. 모든 진술 앞에는 암묵적으로 '평균적으로'라는 수식어가 붙는다.

순차적·집단적으로 경작하고 수확하며, 대규모의 고대 관개 시설을 집단적으로 건설하고 유지·관리할 것을 요구한다.*[51]

이 규칙에 위배되는 흥미로운 예외는 생태계가 벼농사를 가로막는 중국 북부의 일부 지역으로, 이 지역에서는 수천 년 동안 벼농사보다 훨씬 더 개인주의적인 밀 농사를 지어왔다고 한다. 이 지역에서는 농부들은 물론 대학생 손주까지 서양인 못지않게 개인주의적이다. 한 가지 놀라운 실험 결과는 벼농사 지역 출신의 중국인은 장애물을 수용하고 피한 반면(스타벅스에서 통로를 막기 위해 두 개의 의자를 붙여두자 이를 우회해 걸었다), 밀 농사 지역 출신은 장애물을 제거했다는 것이다(즉 두 개의 의자를 떼놓았다).[52]

따라서 수세기에서 수천 년 전에 발생한 문화적 차이는 가장 미묘하고 사소한 부분부터 극적인 부분까지 행동에 영향을 미친다.** 열대우림 거주자와 사막 거주자의 문화를 비교한 또다른 연구에 따르면 전자는 다신교를, 후자는 유일신교를 창안하는 경향이 있는 것으로 나타났다. 사막에서의 삶은 용광로처럼 뜨겁고 건조하며 생존을 위한 외로운 투쟁이므로 유일신을 찾지만, 열대우림은 다양한 종으로 가득차 있어 여러 신을 발명하는 쪽으로 기울기 때문에 이 역시 생태적 영향이 반영된 것일 수 있다. 더욱이 유일신

---

* 한 가지 예를 들면 중국 두장옌시 인근의 관개 시설은 1,500평 남짓한 논에 물을 대는데, 무려 2천 년 동안 공동으로 사용 및 유지되고 있다.

** 뜨거운 감자를 소개한다. 개인주의 문화와 집단주의 문화 사이에 유전적 차이가 있을까? 한두 세대만 지나면 아시아계 미국 이민자의 후손도 유럽계 미국인만큼이나 개인주의적으로 변하기 때문에 그다지 중요하지 않을 수 있다. 그럼에도 불구하고 매우 흥미로운 유전적 차이가 발견되었다. 도파민 수용체를 코딩하는 유전자 DRD4를 생각해보라. 주지하는 바와 같이 도파민은 동기부여, 기대감, 보상과 관련된다. DRD4의 변이체 중 하나는 도파민에 덜 반응하는 수용체를 만들어 사람들의 참신함 추구, 외향성, 충동성의 가능성을 높인다. 유럽인 및 유럽계 미국인의 해당 변이체 보유 비율은 23%인 데 비해 동아시아인은 1%에 불과하다. 이는 우연이기에는 너무 큰 차이로, 수천 년 동안 동아시아에서 이 변이체가 도태되어왔음을 시사한다.

을 섬기는 사막 거주자들은 열대우림의 다신교도보다 더 호전적이고 효율적인 정복자인데, 이는 인류의 약 55%가 중동의 유일신교도인 목축인들이 발명한 종교를 믿는 이유를 설명해준다.[53]

목축은 또다른 문화적 차이를 일으킨다. 전통적으로 인간은 농경인, 수렵채집인, 목축인으로서 생계를 유지했다. 마지막 유형은 사막, 초원, 툰드라 평원에서 염소, 낙타, 양, 소, 라마, 야크, 순록 떼를 몰고 다니는 사람들이다. 이러한 목축인들은 독특하게 취약하다. 누군가가 밤에 몰래 침입하여 그들의 논이나 열대우림을 훔치기는 어렵지만, 교활한 여우처럼 남의 소 떼를 부스럭거리며 그들이 먹고 사는 우유와 고기를 훔칠 수는 있기 때문이다.*** 목축인의 이러한 취약성은 다음과 같은 특징을 가진 '명예 문화'를 만들어냈다. (a)지나가는 낯선 사람을 일시적이지만 극진하게 대접한다. 결국 대부분의 목축인은 어느 시점에서 동물과 함께 떠돌이 생활을 할 테니, 남을 도우면 자신도 언젠가 도움을 받을 수 있다. (b)규범 위반이 일반적으로 누군가를 모욕하는 것으로 해석되므로, 엄격한 행동 규범을 준수한다. (c)모욕의 대가는 응보적 폭력이므로 목축인의 세계에서는 반목과 복수가 대대로 지속될 수밖에 없다. (d)전투에서 용맹을 떨치면 높은 지위와 영광스러운 사후세계가 보장되는 전사 계층과 가치관이 존재한다. 이와 관련하여 미국 남부의 전통적인 명예 문화에서 성행하는 환대歡待, 보수주의(문화적 규범을 엄격하게 지키는 것과 유사하다), 폭력성에 대해 많은 연구가 이루

*** 아프리카의 마사이족 목축인들(나는 그들과 가까이 산 적이 있다) 간의 집단 폭력은 이웃 농경인과의 충돌, 양측이 모두 방문하는 시장 지역에서 일어나는 우발적 충돌을 중심으로 전개된다. 하지만 마사이족의 역사적인 적은 탄자니아의 쿠리아족Kuria인데, 이들은 야밤에 마사이족의 소를 훔쳐가는 목축인들이다. 쿠리아족의 무단 침입은 상호간에 창을 휘둘러 수십 명의 목숨을 앗아가는 보복 공격으로 이어진다. 쿠리아족의 전투력을 가늠할 수 있는 척도를 들자면, 독립 후 탄자니아의 군대는 전체 인구의 1%에 불과한 쿠리아족이 50%를 차지한다.

어졌다. 그들의 폭력 패턴은 많은 것을 말해준다. 미국에서 전통적으로 살인율이 가장 높은 남부의 살인 사건은 도시에서 사소한 시비 끝에 일어나는 것이 아니라, 특히 시골 지역에서 타인의 명예를 심각하게 훼손한 사람(극도로 욕설을 퍼붓거나, 빚을 갚지 않거나, 타인의 연인에게 접근하는 등)이 살해되는 경우가 많다.* 미국 남부의 명예 문화는 어디에서 비롯된 것일까? 역사학자들 사이에서 널리 받아들여지는 이론은 이 단락의 요점을 완벽하게 설명한다. 식민지 시대 뉴잉글랜드에는 필그림**이, 대서양 중부에는 퀘이커교도 같은 상인들이 넘쳐났던 반면, 남부에는 잉글랜드 북부, 스코틀랜드, 아일랜드에서 온 거친 목축인들이 유난히 많이 거주했다.[54]

마지막으로, '엄격한' 문화(행동 규범이 많고 엄격하게 시행되는 문화)와 '느슨한' 문화를 비교해보자. 어떤 사회가 엄격한가는 어떤 지표로 가늠할 수 있을까? 수많은 문화적 위기, 가뭄, 기근, 지진, 높은 전염병 발생률***의 역사다. 요컨대 그것은 '역사'로 집약된다. 33개국을 대상으로 이뤄진 연구에 따르면, 서기 1500년에 인구밀도가 높았던 문화권에서는 엄격한 사회가 형성될 가능성이 더 높았다.****[55]

500여 년 전에 형성된 문화가 지금까지도 사회 구성원의 행동에 영향을

---

* 훌륭한 실험 사례로, 남성 피험자가 누군가에게 모욕을 당하는 상황을 연출하면 남부 출신 피험자의 경우 혈중 코르티솔과 테스토스테론 수치가 크게 상승하고, 가상의 명예 훼손에 대한 폭력적인 대응을 옹호할 가능성이 높아진다(모욕을 당하지 않은 남부 피험자에 비해). 북부 사람들은 어떨까? 그런 변화는 없다.

** 1620년에 메이플라워호를 타고 미국으로 간 영국의 필그림 파더스Pilgrim Fathers의 후손. —옮긴이

*** 전염병과 엄격한 문화의 연관성은 '열대지방에서 유래한 문화가 적도에서 멀리 떨어진 지역의 문화보다 더 극단적인 내집단/외집단 차별 경향을 보인다'는 추가적인 발견을 설명하는 데 도움이 될 수 있다. 온대 생태계는 외부인을 더 온화하게 대하는 문화를 만든다.

**** 이에 대한 신경생물학적 근거로 도시, 교외, 시골 지역 출신을 생각해보라. 인구가 많은 곳에서 자란 사람일수록 편도체가 스트레스에 더 민감하게 반응할 가능성이 높다. 이 때문에 '스트레스와 도시'를 주제로 한 다양한 논문이 쏟아져나온다.

미친다니! 어떻게 그럴 수 있을까? 조상 대대로 내려온 문화는 어머니가 자녀와 얼마나 신체적 접촉을 하는지, 아이들이 난절(신체에 흉터 내기), 성기 절제, 생명을 위협하는 통과의례의 대상이 되는지, 신화와 노래가 복수에 관한 것인지 아니면 관용에 관한 것인지 등에 영향을 미치기 때문이다.

그렇다면 문화의 영향이 자유의지를 반증할까? 당연히, 아니다. 언제나 그렇듯이 이러한 경향은 개인마다 많은 차이가 있다. 비범하게도 평화를 추구했던 간디, 안와르 사다트, 이츠하크 라빈, 마이클 콜린스가 비정상적으로 극단주의와 폭력을 지향한 종파의 신도들에게 암살당한 점을 생각해보라.***** 56

누구나 아는 진화

여러 가지 이유로, 인간은 수백만 년에 걸친 진화를 통해 평균적으로 보노보보다는 공격적이지만 침팬지보다는 덜 공격적이고, 오랑우탄보다는 사회성이 높지만 개코원숭이보다는 덜 사회적이며, 쥐여우원숭이보다는 더 일

***** 이러한 문화적 패턴의 근간을 이루는 '생태적 영향의 힘'을 뒷받침하는 결정적 증거로서 동일한 생태계에 사는 인간과 다른 동물들은 수많은 특성을 공유한다. 예를 들어 특정 생태계의 생물 다양성이 높으면 그곳에 사는 인간들의 언어적 다양성도 높을 것으로 예측할 수 있다(많은 생물종이 멸종 위기에 처한 지역은 언어와 문화의 멸종 위험이 가장 높은 곳이기도 하다). 전 세계 339개 수렵채집 문화를 대상으로 한 연구에서 인간과 다른 동물 사이의 훨씬 더 극적인 수렴 현상이 발견되었다. 즉 일부다처제 비율이 높은(우연보다 높은 수준을 의미함) 인간 문화권은 일부다처제 비율이 높은 동물들에게 둘러싸인 경향을 보이는 것으로 나타났다. 또한 수컷이 새끼를 돌보고, 식량을 저장하고, 주로 어류를 먹으며 살아갈 가능성에도 인간/동물의 통계학적 공분산human/animal covariance이 존재한다. 그러니까 두 확률 분포들이 선형관계를 갖는다는 말이다. 그리고 통계적으로 볼 때 인간과 동물의 유사성은 위도, 고도, 강수량, 극한 기후나 온대 기후와 같은 생태적 특징에 의해 설명된다. 다시 한번 말하지만 인간은 '또하나의 동물'일 뿐이다, 좀 특이하기는 하지만.

부일처제적이지만 마모셋보다는 더 일부다처제적이 되도록 빚어졌다. 이 정도 설명이면 충분하다. [57]

꼬리에 꼬리를 무는 흐름

의도는 어디에서 오는 걸까? 우리를 지금 이 순간의 모습으로 만든 것은 무엇일까? 이전에는 무엇이 있었을까?* 이는 1장에서 처음 제기된 매우 중요한 점, 즉 1분 전과 10년 전의 생물학/환경 상호작용이 별개의 실체가 아니라는 점을 다시 한번 상기시켜준다. 유전자를 물려받은 상황을 가정하고, '누군가가 수정란이었을 때 물려받은 유전자'와 '그 유전자가 그 사람의 행동과 어떻게 관련되는가'를 연구한다고 생각해보자. 우리는 클럽을 더욱 배타적으로 만들어, '행동유전학자'가 되어 『행동유전학』이라는 저널에만 우리의 연구를 발표할 수도 있다. 하지만 사람의 행동과 관련하여 유전된 유전자에 대해 이야기한다면, '사람의 뇌가 어떻게 구성되었는지'에 대해서도 자동적으로 이야기하게 된다. 뇌의 구성은 주로 '신경발생에 관여하는 유전자'에 의해 코딩된 단백질에 의해 수행되기 때문이다. 마찬가지로 어린 시절의 역경이 성인의 행동에 미치는 영향을 연구하는 경우(종종 심리학적 또

---

* 동일하지는 않더라도 비슷한 종류의 거북이들을 따라 내려가다보면, 예컨대 일부 침팬지가 도구를 만드는 데에서 동세대에서 가장 뛰어난 재능을 보이는 이유를 설명할 수 있다는 점도 주목할 만하다. 그들은 (또래들과 잘 어울리며 나이든 스승에게서 기술을 배울 수 있는) 뛰어난 사회성과 관찰력, 시행착오를 인내할 수 있는 충동 조절 능력, 세부사항에 대한 주의력을 지녔으며, 혁신성과 (동갑내기들의 치기어린 행동을 무시할 수 있는) 자신감을 겸비하고 있다. 이 모든 것은 1분 전, 한 시간 전 등등의 일에서 비롯된 것이다. '강인한 침팬지는 역경에 처할수록 더욱 큰 힘을 발휘한다'라는 식의 설명은 들어갈 자리가 없다.

는 사회학적 수준에서 가장 잘 이해된다), '어린 시절의 후성유전학에 대한 분자생물학이 성인의 성격과 기질을 설명하는 데 어떻게 도움이 되는지'도 암묵적으로 고려하게 된다. 만약 우리가 인간 행동에 대해 생각하는 진화생물학자라면 정의상 행동유전학자, 발생신경생물학자, 신경가소성학자이기도 하다(맞춤법 검사 때문에 미쳐버릴 뻔했다). 왜냐하면 진화란 '유기체에서 유전자 변이가 발견되고, 그로 인해 뇌 구조의 형성 방식에 변화가 일어는다'는 것을 의미하기 때문이다. 만약 우리가 호르몬과 행동을 연구한다면, 태아의 삶이 호르몬을 분비하는 분비샘의 발달과 어떤 관련이 있는지도 연구하는 셈이다 등등. 매 순간은 이전에 있었던 모든 것에서 비롯된다. 방의 냄새든, 태아 시기에 일어난 일이든, 서기 1500년의 조상에게 일어난 일이든, 이 모든 것은 당신의 통제권 밖에 있다.** 이 장의 서두에서 말했듯이, 이루 헤아릴 수 없는 영향력들이 꼬리에 꼬리를 물다보니 (뇌 속에 있는 것으로 추정되지만 뇌의 일부는 아닌) 자유의지는 억지로 끼워넣을 여지가 없다. 법학자 피트 앨시스의 말을 빌리면, "본성과 양육 사이에는 도덕적 책임을 들이밀 만한 공간이 없다". 철학자 피터 체는 맨 아래까지 겹겹이 포개진 생물학적 거북이를 가리켜 "책임을 파괴하는 회귀"***58라고 함으로써 정곡을 찔렀다.

** 이 접근 방법은 코넬대학교의 철학자 더크 페어붐의 생각에 함축되어 있다. 당신이 끔찍한 일을 저지르는 이유에 대해 그는 네 가지 시나리오를 제시한다. (1)과학자들에 의해 1초 전에 당신의 뇌가 조작되었다. (2)당신의 어린 시절 경험이 조작되었다. (3)당신이 성장한 문화가 조작되었다. (4)우주의 물리적 특성이 조작되었다. 이 네 가지는 궁극적으로 똑같이 결정론적인 시나리오지만, 대부분의 사람들은 직관적으로 첫번째 것이 다른 세 가지보다 훨씬 더 결정론적이라고 굳게 믿는다. 왜냐하면 이 시나리오가 행동 자체에 근접해 보이기 때문이다.

*** 양립주의자인 체는 이 점에 대해 만족스럽지 않은 반응을 보이며, 이러한 회귀가 '존재할 수 없는 이유'와 '존재해서는 안 되는 이유' 사이의 어딘가에 해당하는 주장을 펼친다. 이 대조적인 주장의 기반은 15장의 일부에서 다뤄진다.

이 꼬리에 꼬리를 무는 흐름은 왜 불운이 행운으로 상쇄되지 않고 오히려 증폭되는지를 보여준다. 당신이 특정한 운 나쁜 유전자 변이를 가지고 있다면, 불행하게도 어린 시절에 밀어닥치는 역경의 영향에 민감해진다. 어린 시절에 역경을 겪으면 평생 동안 다른 사람보다 기회가 적은 환경에서 살 가능성이 높아지며, 역경에 대한 민감성이 높으면 그런 드문 기회를 맞이하더라도 이익을 취할 수 없게 된다. 왜냐하면 기회를 이해하지 못하거나 기회로 인식하지 못할 수 있으며, 적절한 도구가 없어서 기회를 활용하지 못하거나 충동에 휩싸여 기회를 날려버릴 수 있기 때문이다. 기회에서 얻는 이익이 적을수록 스트레스가 많은 성인 생활을 하게 되고, 이로 인해 뇌는 불행하게도 회복력, 감정 조절, 성찰, 인지능력 등이 저하된 뇌로 변하게 된다 등등. 불운은 행운으로 상쇄되기는커녕 계속 증폭되므로, 당신은 궁극적으로 기울어진 운동장에 서게 된다.

철학자 닐 레비는 2011년의 저서『불운: 운이 자유의지와 도덕적 책임을 어떻게 약화하는가Hard Luck: How Luck Undermines Free Will and Moral Responsibility』(옥스퍼드대학교 출판부)에서 이러한 견해를 강력하게 주장한 바 있다. 그는 두 가지 범주의 운에 초점을 맞춘다. 하나는 현재의 운으로, '술에 취한 상태에서 승용차를 운전할 때, 몇 초에서 몇 분 전에 일어난 사건과 결합하여 우연히 길을 건너는 사람을 죽일 수도 있었던 사례'와 '그런 상태에서 운이 나빠 실제로 사람을 죽인 사례'의 차이에서 운의 역할을 살핀다. 앞에서 살펴본 것처럼 이러한 구분이 의미가 있느냐는 법학자들의 영역인 경우가 많다. 레비에게는 행운이든 불운이든 지금 이 순간까지 당신을 만들어낸 운, 즉 구성적 운이라고 불리는 게 더 의미 있다. 달리 말하면 그것은 1초 전, 1분 전… 우리의 세계(비록 그는 이 아이디어를 생물학적으로 간략히 구성했을 뿐이지만)를 의미한다. 그리고 이 모든 것이 총체적으로 '우리가 누구인지'를 설명할 수 있다는 전제하에서 그는 "자유의지를 배제하는 것은 존재론이 아니라 운이다(강조는 원문 그대로다)"*라고 결론을 내린다.

그의 견해에 따르면, 우리에게 행동의 책임을 묻는 것은 어불성설이다. 왜냐하면 우리는 그 행동의 정당성 및 결과 또는 다른 선택지의 존재에 대한 우리의 신념이 형성되는 것을 통제할 수 없기 때문이다. '내가 믿는 것과 다른 것'을 믿기를 온전히 바랄 수는 없는 노릇이다.[**]

나는 1장에서 자유의지를 증명하는 데 필요한 것이 무엇인지에 대해 썼고, 이 장에서는 그 요건에 세부사항을 추가했다. 방금 누군가의 뇌에서 특정 뉴런이 수행한 과제가 어떠한 선행 요인에도 영향을 받지 않았음을 보여달라. 예를 들어 뉴런에서 일어난 일, 오늘 아침 뇌를 적신 호르몬 수치의 무한한 조합, 수많은 유형의 아동기 및 태아기 환경, 뉴런에 포함된 $2^{4,000,000}$개의 상이한 유전자 구성, 광범위한 후성유전학적 조율 등등. 방금 예로 든 요인은 모두 통제가 불가능하다.

'겹겹이 포개진 거북이' 이야기는 윌리엄 제임스에게 제기된 자신감 넘치는 주장이 터무니없을 뿐만 아니라 그의 어떤 반박도 통하지 않기 때문에 웃긴 것이다. 그것은 나의 어린 시절 학교 운동장에서 벌어지던 모욕적인 말싸움의 고상한 버전이라고 할 수 있다. "넌 형편없는 야구선수야." "네가 형편없는 야구선수라는 건 나도 알아. 그런데 내가 그렇다고?" "이제 넌 짜증나게 굴고 있어." "네가 짜증나게 군다는 건 나도 알아. 그런데 내가 그렇다고?" "이제 넌 게으른 궤변에 빠져들고 있어." "네가 궤변을 늘어놓는다는

---

[*] 참고로 레비는 '우리가 우리의 행동을 통제할 수 없다'고 믿는 것이 아니라, '우리에게는 적절한 통제권이 없다'고 생각한다.

[**] 레비는 우리가 나중에 참고할 수 있도록 '행위자가 자신의 판단에 반反하는 행동을 하는 상황'을 지칭하는 용어인 아크라시아akrasia에 초점을 맞춘 흥미로운 분석을 내놓았다. 특정 아크라시아가 충분히 흔해지면 우리는 외견상 해결되지 않을 듯한 불일치를 겪게 되는데… 아크라시아를 일관되게 수용하는 자신에 대한 관점을 생성하기 전까지는 이러한 불일치를 해소할 수 없다는 것이다. "나는 평소에는 자제력이 매우 뛰어난 사람인데… 초콜릿에 관한 한 예외다."

건…" 만약 제임스에게 덤벼든 노파가 어느 순간 '다음 거북이가 공중에 떠 있다'고 말했다면 그 일화는 그다지 재미있지 않았을 것이다. 대답은 여전히 황당하지만 무한 회귀의 리듬이 깨졌기 때문이다.

왜 그 일이 방금 일어났을까? "이전에 일어난 일 때문이죠." 그렇다면 이전에 일어난 일은 왜 일어났을까? 무한히* 반복되는 "그 이전에 일어난 일 때문에"라는 말은 터무니없는 것이 아니라 오히려 우주가 작동하는 방식이다. 이 끊이지 않는 흐름 속에서 터무니없는 것은 '우리에게 자유의지가 있다'고 생각하는 것인데, 그 이유인즉 어느 시점에서 세계(또는 전두피질이나 뉴런이나 세로토닌 분자 등등)의 상태 같은 '그 이전 것'이 허공에서 갑자기 짠 하고 나타났다는 것이다.

자유의지가 있음을 증명하려면, 이 모든 생물학적 전구체를 고려하더라도 어떤 행동이 마치 하늘에서 떨어지듯 갑자기 발생했다는 것을 보여주어야 한다. 약간의 교묘한 철학적 논증으로 이를 회피할 수는 있겠지만, 과학계에 알려진 어떤 것으로도 이를 증명할 수는 없다.

1장에서 언급했듯이, 저명한 양립주의 철학자 앨프리드 마일은 자유의지에 대한 이러한 요구가 "터무니없이 높은 기준"을 설정하는 것이라고 판

---

* '무한히'가 실제로는 그렇지 않을 수도 있다. 왜냐하면 이 회귀는 어느 시점에서 빅뱅과 그 이전의 모든 것에 도달하게 될 텐데, 나는 그것들에 대해 정말 아무것도 모르기 때문이다. 상황이 무한히 과거로 거슬러올라가는가와 관계없이, 중요한 것은 더 거슬러올라갈수록 그 영향은 줄어들 가능성이 높다는 것이다. 방금 당신을 모욕한 낯선 사람에게 당신이 어떻게 반응하는지는, 먼 조상들이 경험한 전염병보다 당시의 혈중 스트레스 호르몬 수치에 더 큰 영향을 받는다. 나의 경우, 인간의 행동을 설명할 때 예컨대 인간이 실리콘 기반이 아닌 탄소 기반 생명체라는 점을 설명할 수 있을 만큼 충분히 과거로 거슬러올라가다보면 '그 이전에 있었던 일'에 대해 타임아웃을 요청하고 싶다는 생각마저 든다. 그러나 우리는 사람들이 지금껏 무시해도 괜찮다고 느꼈던 '그 이전에 있었던 일'의 유의미성에 대한 충분한 증거를 가지고 있다. 사람이 그렇게 행동하기 몇 달 전에 발생한 트라우마, 어린 시절에 경험한 딱 그 수준의 자극, 태아의 뇌를 녹초로 만든 알코올 농도 등등.

단했다. 약간의 애매한 의미론이 끼어든다. 레비가 "구성적" 운이라고 부르는 것은 마일에게는 "원격적" 운, 즉 시간적으로 매우 떨어졌기 때문에(예컨대 '결정을 내리기 백만 년 전'이나 '결정을 내리기 1분 전') 자유의지와 책임을 배제하지 않는 운이다. 이는 원격성이 너무 멀리 떨어져 있어서 전혀 관련성이 없거나, 또는 원격적인 생물학적·환경적 운의 결과가 유심론자인 '당신'이 영향을 고르고 선택하는 과정에서 필터링되거나, 또는 데닛이 말한 것처럼 원격적 불운이 장기적인 행운과 균형을 이루므로 무시할 수 있기 때문일 수 있다. 일부 양립주의 이론가들은 이런 식으로 '누군가의 역사는 무관하다'는 결론에 도달한다. 하지만 '구성적' 운에 대한 레비의 표현은 매우 다른 의미를 갖는다. 즉 역사는 관련있을 뿐만 아니라, 그의 말을 빌리면 "역사의 문제는 운의 문제다". 뉴런의 행동이 이전의 모든 통제 불가능한 요인의 영향권에서 완전히 벗어나야만 자유의지가 존재할 수 있다고 말하는 게 터무니없이 높은 잣대이거나 허황된 주장이 아닌 것은 바로 이 때문이다. 그것이 유일한 요구 사항일 수 있는 건, 이전의 모든 것이 '통제 불가능한 운의 다양한 특징'을 지닌 채 당신을 구성하기 때문이다. 당신은 바로 이런 방식을 통해 '지금의 당신'이 되었다.[59]

4장

강인한 의지력: 그릿의 신화

2장과 3장은 역사를 무시함으로써 자유의지를 믿는 게 가능한지를 추궁하는 데 할애되었다. 불가능하다. 주문과도 같은 진술을 반복하자면, 우리의 몸과 마음은 우리가 통제할 수 없는 생물학의 역사이며, 더 나아가 생물학과 (역시 우리의 통제권 밖에 있는) 환경의 상호작용의 역사다. 그것이 지금 이 순간의 우리를 빚어냈다.

그러나 모든 자유의지 지지자들이 역사의 중요성을 부정하는 것은 아니며, 이 장에서는 그들이 역사를 들먹이는 두 가지 방식을 분석할 예정이다. 첫번째 방식(비교적 빠르게 살펴보고 넘어가겠지만)은 역사를 그림에 포함시키려는 일부 진지한 학자들의 어리석은 노력으로, "자유의지는 당연히 존재한다, 다만 당신이 바라보지 않는 곳에 있을 뿐"이라고 하는 더 큰 전략의 일환이다. '자유의지는 옛날부터 있었고 먼 훗날에도 있을 것이다. 자유의지는 당신이 주목하지 않는 뇌 영역에 있다. 그것은 당신의 몸밖에서 상호작용하는 사람들 사이를 이리저리 떠다닌다'고 말이다.

두번째 방식인 역사의 오용誤用에 대해서는 좀더 자세히 살펴볼 필요가 있다. 나는 2장과 3장에서, 누군가의 행동을 설명할 때 '역사는 중요하지 않다'

는 이유로 처벌과 보상이 도덕적으로 정당하다고 판단함으로써 발생하는 폐해에 대해 이야기했다. 이 장에서는 '역사는 행동의 일부 측면과만 관련이 있다'고 결론을 내리는 것이 얼마나 파괴적인지를 설명할 것이다.

자유의지의 시제時制

어떤 남자가 칼을 휘두르며 다가오는 괴한으로부터 위협을 받는 힘든 상황에 처해 있다고 가정해보자. 남자는 총을 꺼내 한 발을 쏴서 가해자를 땅바닥에 쓰러뜨린다. 남자는 어떻게 할까? "이제 끝났어, 놈은 무력화되었어, 나는 안전해"라고 결론을 내릴까? 아니면 계속 총을 쏠까? 만약 그가 11초 동안 기다렸다가 괴한을 재차 공격한다면 어떻게 될까? 결국 그는 두번째 총을 쏜 후 경찰에 체포되어, 계획적 살인 혐의로 기소된다. 첫번째 총격 후 멈췄다면 정당방위로 간주되었겠지만, 11초 동안 자신의 선택에 대해 생각할 여유가 있었을 테니 두번째 총격은 자유롭게 선택되고 계획적으로 이루어졌다고 인정된 것이다.

이 남자의 역사를 고려해보자. 그는 어머니의 임신중 음주로 인해 태아 알코올증후군을 가지고 태어났다. 그는 다섯 살 때 어머니에게 버림받았고, 그 결과 위탁가정을 전전하며 신체적·성적 학대를 당했다. 열세 살 때부터 술을 마셨고, 열다섯 살 때는 노숙자로 살았으며 길거리 싸움을 하느라 여러 차례의 두부손상을 겪었고, 그후 막노동과 성노동으로 생계를 이어갔고, 수없이 강도를 당했다. 한 달 전에는 낯선 사람에게 칼에 찔리기도 했다. 현장활동을 나간 정신과 전문의 사회복지사는 그를 살펴본 후 외상후스트레스장애의 가능성을 언급했다. 당신이라면 어떨까?

당신이라면 어떨까? 누군가의 살해 위협에 시달리며 사생결단을 내야 했던 11초의 시간! 이런 엄청난 스트레스 상황에 처한 사람이 왜 쉽게 끔찍한 결정을 내릴 수 있는지에 대해 잘 알려진 신경생물학이 있다. 문제의 남자는 태아신경독성, 어린 시절의 반복적인 트라우마, 약물 남용, 반복적인 뇌 손상, 그리고 최근 유사한 상황에서 칼에 찔린 탓에 신경발달장애를 앓고 있었다. 이러한 병력으로 인해 뇌의 이 부분이 비대해지고 저 부분이 위축되었으며, 어느 경로는 단절되었다. 그 결과 그 11초 동안 그가 신중하고 자기통제적인 결정을 내릴 가능성은 전혀 없었다고 봐야 한다. 삶이 당신에게 그의 뇌와 똑같은 뇌를 건네주었다면 당신도 똑같은 일을 했을 것이다. 이런 맥락에서 '사전에 숙고할 11초'란 농담에 불과하다.*

그럼에도 불구하고 양립주의 철학자(그리고 대부분의 검사… 판사… 배심원)들은 이를 농담이라고 생각하지 않는다. 물론 그 남자의 인생은 끔찍한 일들로 점철되었지만, 돌이켜보면 (가해자의 뇌에 또다른 총알을 박아넣을 만큼) 흉측한 사람이 되지 않기로 선택할 시간은 충분했다는 것이다.

이 관점에 대한 훌륭한 요약은 철학자 닐 레비의 글에서 찾을 수 있다(레비는 이 의견에 동의하지 않으며, 단지 이런 견해가 있다고 소개할 뿐이다).

> 모든 행위자는 일련의 특정한 성향과 가치관을 습득하는 즉시 책임을 지는 것이 아니라, (이것을 실생활에 능동적으로 적용하면서) 점차 자신의 성향과 가치관에 대해 책임을 지게 된다. 불우한 환경에서 성장한 행위자는 자신의 행동을 즉각적으로 책임지지 않는다. 왜냐하면 새로운 성향의 효과를 충분히 숙고하고 경험할 시간이 지난 후에야 완전한 책임이 있는 행위자로서의 자격을 갖추게 되기 때문이다. (통상적인 조건에

---

* 나는 전문가 증인의 자격으로 10여 명의 배심원들에게 유사한 내용의 증언을 한 적이 있다. 이 시나리오와 유사한 상황에서 피고인은 몇 초 만에 이 남자와 비슷한 결정을 내리고, 쓰러진 가해자에게 돌아가 그를 추가로 62번이나 찔렀다. 내가 우연이라고 본 한 가지 혐의를 제외하고, 배심원단은 이 사건을 계획된 살인이라고 판단하고 모든 혐의에 대해 유죄 평결을 내렸다.

서는) 시간이 지남에 따라 숙고하고 반성할 기회가 주어지며, 이를 통해 행위자는 자신의 행동을 책임질 수 있게 된다. 이러한 성향과 가치관이 끔찍한 구성적 운의 산물일지라도 행위자는 통상적인 삶의 과정에서 자신의 성향과 가치관에 대해 책임을 지게 된다. 어느 시점에서 구성적 불운은 변명의 여지가 없어지는데, 그 이유는 행위자가 책임을 질 만큼 시간이 경과했기 때문이다.[1]

물론 현재의 상황에 꼭 맞는 자유의지는 없을지 모르지만, 과거에는 적절한 자유의지가 있었다는 것이다.

레비의 인용문에서 알 수 있듯이, 비록 운이 나쁘더라도 자신이 어떤 사람이 될지 자유롭게 선택하는 과정은 대개 점진적이고 일반적으로 성숙해지는 과정으로 묘사된다. 데닛과의 논쟁에서 비양립주의자인 그레그 카루소는 3장의 본질, 즉 '우리는 자신에게 주어진 생물학이나 환경을 통제할 수 없다'는 점을 강조했다. 이에 대해 데닛은 "그래서 어쩌라고? 당신이 놓치고 있는 요점을 지적해볼까? 자율성이란 성장하는 것이며, 처음에는 전적으로 통제할 수 없는 과정이지만 성숙하고 배우면서 점점 더 많은 활동, 선택, 생각, 태도 등을 통제할 수 있게 돼"라고 퉁명스럽게 대꾸했다. 이는 불운과 행운은 시간이 지남에 따라 평균화된다는 데닛의 주장의 논리적 귀결이다. '자 자, 정신 차리세요. 인생은 마라톤이에요. 책임감을 갖고 다른 사람들을 따라잡도록 선택할 시간은 충분하다고요.'[2]

텍사스대학교의 저명한 철학자 로버트 케인도 비슷한 견해를 가지고 있다. "내가 생각하는 자유의지는 단순히 자유롭게 행동한다는 것 이상을 포함한다. 이는 자아 형성과 관련된다. 자유의지에 대한 적절한 질문은 어떻게 지금의 당신이 되었는가이다." 로스키스와 섀들런은 다음과 같이 썼다. "어떤 결정이 행위자의 표현인 정책 설정[즉 과거의 자유의지 행위]에 기인한다면, 행위자는 의식하지 않은 결정에 대해서도 도덕적 책임을 질 수 있다고 생각하는 것이 타당하다."[3]

이 아이디어의 모든 버전이 '과거시제 자유의지의 점진적 습득'을 요구하는 것은 아니다. 케인은 "어떤 사람이 될지에 대한 선택"은 위기의 순간과 중대한 갈림길에서 일어난다고 믿는데, 그는 이러한 순간을 "자아 형성 행동"의 순간이라고 부른다(그리고 이런 일이 일어난다고 추정되는 메커니즘을 제안하는데, 이는 10장에서 간략하게 다룰 예정이다). 이와는 대조적으로, 셰필드대학교의 정신과의사 숀 스펜스는 '과거시제 자유의지는 위기가 아니라 삶이 최적일 때 발생한다'고 믿는다.[4]

과거시제 자유의지가 서서히 성숙해왔든, 아니면 위기나 절호의 순간에 갑자기 찾아왔든, 문제는 분명히 해야 한다. 그때는 한때 지금이었다. 지금 한 뉴런의 기능이 주변의 뉴런, 호르몬의 영향, 뇌 발달, 유전자 등에 잠재되어 있다면, 일주일 동안 아무도 없는 곳에 꼭꼭 숨었다가 불쑥 나타나 '일주일 전에 그런 기능의 원천이 아예 존재하지 않았다'고 잡아뗄 수는 없다.

지금까지 살펴본 아이디어의 변형은 '현재에 대한 자유의지는 없더라도 미래에 어떤 사람이 될지에 대한 자유의지는 있다'는 것이다. 철학자 피터 체는 이를 2차 자유의지라고 부르며, 뇌가 어떻게 "미래의 자기에 대한 새로운 유형의 선택지를 개발하고 창조할 수 있는지"를 설명한다. 하지만 그가 말하는 뇌는 단순한 뇌가 아니다. 일례로 호랑이는 이런 종류의 자유의지(예: 채식주의자가 되기로 선택하는 것)를 가질 수 없다고 그는 지적한다. "반면 인간은 자신이 지금과 같은 모습을 선택한 것에 대해 어느 정도 책임을 져야 한다." 이를 데닛의 회고적 관점과 결합하면, 우리는 '미래의 어느 시점에서 볼 때, 누구나 과거에 자유롭게 선택된 자유의지를 가지고 있었다고 봐야 한다'는 유의 결론에 도달하게 된다.[5]

만약 자유의지를 둘러싼 논란의 핵심이 시점("when you're looking")이 아니라 시선("where you're looking")이라면, 당신은 자유의지가 나올 만한 곳을 잘못 짚었을 가능성이 있다. 즉 자유의지는 우리가 연구중인 뇌 영역이 아니라 다른 영역에서 나오는지도 모른다. 이에 대해 로스키스는 다음과 같이 썼다. "상위 시스템의 다른 곳에서 일어나는 불확정적인 사건이 [X 영역에 있는 뉴런의] 발화에 영향을 미친다면, [뇌의 X 영역에 있는 뉴런의 활동과] 행동 사이의 관계가 결정론적이라 할지라도 시스템 전체를 불확정적으로 만들 수 있다." 신경과학자 마이클 가자니가는 한술 더 떠서 자유의지를 완전히 뇌 바깥으로 이동시킨다. "책임은 우리의 결정론적인 뇌가 아닌 다른 수준의 조직, 즉 사회적 수준에 존재한다." 여기에는 두 가지 큰 문제가 있다. 첫째, 사회적 수준에서 모든 사람이 이구동성으로 말한다고 해서 자유의지와 책임이 존재하는 것은 아니다. 이것이 이 책의 핵심이다. 둘째, 사회성과 사회적 상호작용과 유기체를 분리해서 생각할 수는 없으며, 이 세 가지는 당신의 코 모양과 마찬가지로 생물학과 환경의 상호작용을 통해 생성된 최종 결과물이다.[6]

내가 3장에서 내민 도전장을 받아들여, 현재 또는 과거의 다른 생물학적 영향과 무관하게 어떤 행동을 유발한 뉴런을 바로 지금 이 자리에서 제시해보라. "음, 지금은 모르겠고 저번에 그런 일이 있었다"라고 대답해서는 안 된다. "조만간 그런 일이 일어나겠지만 아직은 아니다"라든지 "지금 그런 일이 일어나고 있지만 여기가 아니라 저기, 아니 그쪽 저기 말고 저쪽 저기…" 라고 얼버무려서도 안 된다. 모든 장소와 시간에 거북이가 버티고 있어서 그때가 지금을 생성하는 과정에는 균열이 없으므로, 자유의지를 들이밀 구석은 없다.

이제 이 책의 전반부에서 가장 중요한 주제, 즉 있지도 않은 자유의지를 헛보는 방법에 대해 알아보기로 하자.

당신에게 주어진 것과
그것으로 하는 일

개코원숭이 카토와 핀(프라이버시 보호를 위해 가명을 사용했다)은 싸울 때 서로를 지원하고 짝짓기 부문에서 서로 바람잡이 역할을 하는 등 좋은 관계를 유지하고 있다. 둘은 각각 상당히 지배적인 성격을 갖고 있으며, 둘이 힘을 합치면 어느 누구도 막을 수 없다.

나는 그들이 들판을 가로질러 경주하는 모습을 지켜보고 있다. 카토가 먼저 출발했고 핀이 따라잡고 있다. 그들은 가젤을 잡으려고 하고, 가젤은 그들에게서 벗어나려고 안간힘을 쓴다. 카토와 핀은 식사 준비에 열중하고 있는 개코원숭이다. 그럴 가능성이 점점 더 높아지는 듯 보이는데, 만약 가젤을 잡는다면 카토가 먼저 먹을 것이다. 왜냐하면 카토는 계급 구조에서 서열 2위이고 핀은 3위이기 때문이다.

핀은 여전히 카토를 따라잡으려 애쓰고 있다. 나는 핀의 달리기에 미묘한 변화가 있음을 느낀다. 설명할 수는 없지만, 오랫동안 핀을 관찰해온 나는 다음에 무슨 일이 일어날지 안다. '바보야, 너 곧 망할 거 같아'라고 나는 생각한다. 핀은 다음과 같이 결정한 것 같다. '남은 먹이를 기다리는 데 진절머리가 나. 가장 좋은 부분을 내가 먼저 먹고 싶어.' 그는 속도를 높인다. '이 개코원숭이들은 참 멍청하단 말이야'라고 나는 생각한다. 핀은 가젤을 손수 잡기 위해 카토의 등에 뛰어올라, 이빨로 물어뜯어 그를 놀라게 한다. 당연히 그 과정에서 핀은 카토를 넘어뜨리고 자신은 엉망으로 넘어진다. 둘은 서로를 노려보며 일어나고, 가젤은 이미 사라진 지 오래다. 이로써 둘의 협력관계는 막을 내린다. 카토가 싸울 때 더이상 핀을 도와주지 않자, 핀은 곧 서열 4위인 보디에 의해 무너지고 뒤이어 5위인 채드에게 당하고 만다.

일부 개코원숭이는 바로 이런 식이다. 큰 몸집, 근육질 몸매, 날카로운 송곳니 덕분에 잠재력이 풍부한 동물이지만, 놓칠 게 뻔한 기회를 놓치지 않으려 발버둥치다가 서열 경쟁에서 밀려나기도 한다. 그들은 핀처럼 충동적으로 행동해 동맹을 깨뜨린다. 암컷을 차지하기 위해 알파 수컷에게 도전하는 만용을 부리다가 흠씬 두들겨 맞는다. 기분이 좋지 않은 수컷은 주변의 암컷을 물어뜯으며 공격성을 표출하는 객기를 부리다가, 분노한 그녀의 고위층 친척들에게 쫓겨난다. 유혹을 제외하고 무엇에든 저항할 수 있는 대표적인 저성취자다.

우리 주변에는 항상 낭비라는 단어가 따라붙는 인간의 사례가 넘쳐난다. 파티를 즐기느라 타고난 재능을 낭비하는 운동선수들, 마약*이나 나태함으로 인해 학문적 잠재력을 낭비하는 똑똑한 아이들, 말도 안 되는 허영 때문에 가족의 재산을 낭비하는 방탕한 제트족들(한 연구에 따르면 가산의 70%를 상속인 2세대가 탕진한다고 한다). 이들 모두는 핀에 버금가는 낭비꾼이다.[7]

반면에 놀라운 끈기와 그릿grit으로 불운을 극복한 사람들도 있다. 감자 자루로 만든 옷을 입고 자란 오프라 윈프리, 떼돈을 벌기 전에 1,009거 레스토랑에 프라이드치킨 레시피를 팔려다 실패한 할런드 샌더스(일명 샌더스 대령), 결승선을 몇 미터 앞두고 쓰러졌지만 끝까지 기어서 결승선을 통과한 마라토너 엘리우드 키벳Eliud Kibet, 같은 케냐인으로 마라톤의 마지막 50미터를 기어간 하이본 은게티치Hyvon Ngetich, 넘어져서 다리가 골절된 후 마지막 200미터를 기어서 결승선을 통과한 일본의 리다 레이飯田怜, 제2차세계대전 당시 노숙자 소년이었던 이탈리아의 노벨상 수상자 마리오 카페키(유전학자), '물water'을 시작으로 글자를 가르친 앤 설리번과 헬렌 켈러, 오키나와 전투에서 적의 포격을 받으며 부상당한 군인 75명을 안전하게 후송한 비무장 양심적 병역거부 의무병 데스먼드 도스Desmond Doss, 키 160센티미터의 NBA 선수 머그시 보그스, 체코슬로바키아 난민으로 10대

시절 덴버백화점에서 브래지어를 팔았던 미래의 국무장관 매들린 올브라이트, 수위와 나이트클럽 경비원으로 뼈빠지게 일했던 아르헨티나 출신의 프란치스코 교황 등등.

핀과 같은 낭비꾼이 됐든 브래지어를 파는 올브라이트가 됐든, 나는 그들을 떠올릴 때마다 확고한 자유의지 신화의 불꽃에 이끌려가는 나방 신세라는 생각이 든다. 우리는 이미 불완전한 자유의지의 한 가지 버전을 살펴봤다. 지금은 말고 과거에, 여기는 아니고 안 보이는 어딘가에 있는 자유의지. 나는 지금부터 불완전한 자유의지의 또다른 버전을 언급하려 한다. 우리는 자신의 속성, 재능, 결점, 결핍을 통제할 수 없지만 그러한 속성을 가지고 무엇을 할 것인지를 선택하는 사람은 (주체적이고 자유로우며 운명의 주인인) 우리 자신이다. 예컨대 다리 근육의 지근섬유와 속근섬유의 이상적인 비율을 조절할 수 없어 타고난 마라토너가 될 수는 없었더라도, 결승선에서 고통을 이겨낸 사람은 당신 자신이다. 당신은 훌륭한 기억력을 부여하는 글루탐산염 수용체 유전자의 버전을 선택하지 않았지만, 게으르고 오만한 것은 당신의 책임이다. 당신은 알코올중독에 걸리기 쉬운 유전자를 물려받았을 수도 있지만, 음주 유혹을 훌륭하게 물리치는 사람도 바로 당신이다.

2012년 끔찍한 연쇄 아동 성추행범으로 60년형을 선고받은 펜실베이니아주립대 풋볼 코치 제리 샌더스키는 이러한 양립주의적 이원론을 놀랍도록 명쾌하게 보여준다. 그로부터 얼마 지나지 않아, '소아성애자는 동정받을 자격이 있는가?'라는 제목의 도발적인 기사가 CNN에 실렸다. 토론토대학교의 심리학자 제임스 캔터는 소아성애의 신경생물학을 검토했다. 유전자의 잘못된 조합, 태아기의 내분비 이상, 어린 시절의 두부손상 등. 이 결론이 '신경생물학적 주사위가 던져져, 일부 사람들이 이런 식으로 성장할 운명을 짊어질 수 있다'는 가능성을 제기할까? 물론이다. 캔터는 "소아성애자가 되지 않기로 선택할 수는 없다"는 결론을 내린다.

그러나 그는 그랜드캐니언 너비의 양립주의 이분법을 단번에 뛰어넘는,

올림픽 챔피언급 도약을 한다. 이러한 생물학적 특성으로 인해 샌더스키가 마땅히 받아야 할 비난과 처벌이 줄어들까? 아니다. "소아성애자가 되지 않기로 선택할 수는 없지만, 아동 성추행범이 되지 않기로 선택할 수는 있다."(강조는 내가 한 것이다.)[8]

다음의 표는 이러한 이분법을 공식화한 것이다. 표의 왼쪽에는 대부분의 사람들이 '우리의 통제 범위 밖에 있는 것'으로 받아들이는 생물학적 요소가 놓인다. 물론 때때로 우리는 그것을 기억하는 데 어려움을 겪는다. 예컨대 우리는 합창단원 중에서 절대음감(생물학적으로 유전되는 특성) 때문에 무한한 신뢰감을 주는 사람을 한 명만 골라 칭찬한다.* 우리는 한 농구선수의 덩크슛을 칭찬하면서 키가 2미터 20센티미터인 것이 덩크슛과 관련이 있다는 사실은 무시한다. 우리는 매력적인 사람에게 더 많이 미소 짓고 선

'생물학적 요소'를 가지고 있음	생물학적 요소를 극복할 그릿이 있는가?
파괴적인 성적 충동이 있음	충동에 따라 행동하려는 유혹에 저항할 것인가?
타고난 마라토너임	고통을 이겨내고 달릴 것인가?
머리가 별로 좋지 않음	공부를 더 열심히 해서 성공할 것인가?
알코올중독 성향이 있음	술 대신 진저에일을 주문할 것인가?
얼굴이 예쁨	'외모 때문에 사람들에게 친절한 대접을 받을 만하다'는 편견을 거부할 것인가?

---

* 사실 절대음감은 유전자가 확실성이 아니라 잠재력에 관한 것임을 보여주는 대표적인 예다. 연구에 따르면, 절대음감을 가지려면 잠재력을 물려받을 필요가 있지만 어린 시절에 상당한 양의 음악에 노출되지 않는 한 그 잠재력은 발현되지 않는다.

거에서 그 사람에게 표를 던질 가능성이 더 높으며, 그가 범죄를 저지르는 경우 유죄 평결을 내릴 가능성이 더 낮다. 마지막 사실을 지적받으면 우리는 소극적으로 동의한다. '예, 예. 그 사람은 분명히 광대뼈 모양을 선택하지 않았죠.' 하지만 일반적으로, 우리는 왼쪽에 있는 생물학적 요소가 우리의 통제 범위를 벗어난다는 사실을 매우 잘 기억한다.[9]

그리고 표의 오른쪽에는 당신이 '주어진 생물학적 속성을 갖고서 무엇을 할지'를 선택할 때 행사한다고 추정되는 자유의지, 일명 호문쿨루스*가 있다. 뇌 속 벙커에 앉아 있지만 뇌에 예속되지는 않은 '나'가 있다. 그 나다움은 나노칩, 오래된 진공관, 주일 아침 설교가 적혀 있는 고대 양피지, 어머니의 훈계하는 목소리가 굳어진 종유석, 천벌의 흔적, 패기로 만든 리벳**으로 구성되었을 수도 있다. 하지만 진짜 당신으로 불리는 그가 무엇으로 구성되어 있든 간에, 장담하건대 질퍽거리는 생물학적 뇌(욱!)는 아닐 것이다.

자유의지의 증거로 간주할 때, 표의 오른쪽은 비난과 칭찬이 공존하는 양립주의자들의 놀이터다. 의지력이 뉴런, 신경전달물질, 수용체 등으로 이루어진다고 생각하는 것은 너무 딱딱하고 직관적이지 않은 듯하다. 훨씬 더 쉬운 답이 있는 것 같다. 그 내용인즉 의지력은 생물학적이지 않은 당신의 본질이 요정 가루로 뒤덮여 반짝일 때 생겨난다는 것이다.

그리고 이 책에서 가장 중요한 점 중 하나는 표의 왼쪽만큼이나 오른쪽도 통제할 수 없다는 것이다. 양쪽 모두 '통제할 수 없는 생물학'과 '통제할 수 없는 환경'이 상호작용한 결과물이기 때문이다.

표 오른쪽의 생물학을 이해하기 위해, 2장과 3장에서 가볍게 다루었던 뇌의 가장 멋진 부분인 전두피질에 집중해보기로 하자.

---

* 　중세의 연금술사들이 만들었다는 작은 인간. ―옮긴이
** 　대가리가 둥글고 두툼한 버섯 모양의 굵은 못. ―옮긴이

올바른 일의 난도가 높을 때
올바른 일 도맡아 하기

전두피질의 자랑은 뇌의 가장 최신 부분이라는 것이다. 영장류는 다른 포유류에 비해 전두피질이 더 많으며, 영장류에만 있는 유전자 변이를 조사해보면 전두피질에서 발현되는 비율이 유난히 높다. 인간의 전두피질은 다른 어떤 영장류보다도 더 크거나 복잡하게(또는 더 크고 복잡하게) 연결되어 있다. 3장에서 언급했듯이, 전두피질은 뇌의 마지막 부분으로서 20대 중반이 되어서야 완전히 형성된다. 뇌의 대부분이 출생 후 몇 년 안에 작동한다는 점을 고려할 때 이는 엄청나게 늦은 시기라고 할 수 있다. 그리고 이러한 지연은 사반세기 동안의 환경적 영향이 전두피질이 구성되는 방식을 결정한다는 의미이다. 전두피질은 에너지 소비 측면에서 뇌에서 가장 열심히 일하는 부분 중 하나다. 여기에는 뇌의 다른 곳에서는 발견되지 않는 유형의 뉴런이 있다. 그리고 전두피질에서 가장 흥미로운 부분인 전전두피질(이하 PFC)은 전두피질의 나머지 부분보다 훨씬 더 크며 더 최근에 진화했다.*** [10]

다시 한번 말하지만, PFC는 집행 기능과 의사결정의 핵심이다. 2장에서 살펴본 바와 같이 리벳의 명령 체계에서 가장 위쪽에 자리잡은 PFC는 피험자가 그 의도를 인식하기 최대 10초 전에 의사결정을 내렸다. PFC의 가장 주된 업무는 유혹에 직면했을 때 만족 지연, 장기 계획, 충동 조절, 감정 조절 등 어려운 결정 내리기다. 즉 PFC는 올바른 일의 난도가 높을 때 올바른 일 도맡아 하기에 필수적이다. 이는 '운명이 당신에게 부여하는 속성'과 '당신이 그것을 갖고서 하는 일' 사이의 잘못된 이분법과 밀접한 관련이 있다.

*** 세상을 떠난 신경해부학자들이 무덤 속에서 벌떡 일어날 일이지만, 여기서는 단순화를 위해 전두피질 전체를 PFC라고 부르기로 한다.

인지적 PFC

워밍업 삼아 인지 영역에서 소위 '올바른 일 하기'에 대해 살펴보기로 하자. 당신이 새로운 방식으로 무언가를 해야 할 때, 습관적인 방식으로 하지 못하도록 방해하는 것이 바로 PFC다. 누군가를 컴퓨터 앞에 앉히고 이렇게 말하라. "규칙은 다음과 같습니다. 화면에 파란색 불이 깜박이면 왼쪽 버튼을 최대한 빨리 누르고, 빨간색 불이 켜지면 오른쪽 버튼을 누르세요." 여러 번 반복하여 피험자가 그것에 익숙해지도록 만들라. "이제 반대로 하세요. 파란색 불이 켜지면 오른쪽 버튼을, 빨간색 불이 켜지면 왼쪽 버튼을 누르세요." 한동안 그렇게 하도록 내버려두라. "이제 다시 반대로 해봐요." 규칙이 바뀔 때마다 PFC는 "기억하라, 파란색은 이제…"를 담당한다.

이제 당신 차례다. 한 해의 달을 빠르게 거꾸로 말해보라. PFC가 활성화되어 당신의 과잉 학습된 반응을 억제할 것이다. "기억하라, 이번에는 9월 September에서 10월October 순이 아니라 9월에서 8월August 순이다." 전두엽이 많이 활성화될수록 더 나은 성과를 예측할 수 있다.

이러한 전두엽 기능을 평가하는 가장 좋은 방법 중 하나는 PFC가 손상된 사람들(예: 특정 유형의 뇌졸중이나 치매 환자)을 검사하는 것이다. 그러면 이와 같은 '뒤집기' 과제에서 큰 문제가 발생한다. 평소와 다른 변화가 존재할 때는 올바른 일의 난도가 매우 높아진다.

따라서 PFC의 임무는 새로운 규칙 또는 규칙의 새로운 변형을 학습하는 것이다. 여기에는 'PFC의 기능이 바뀔 수 있다'는 의미가 내포되어 있다. 일단 새로운 규칙이 지속되어 더이상 새로운 규칙이 아니게 되면 그 규칙을 준수하는 것은 보다 자동적인 다른 뇌 회로의 임무가 된다. 우리 중 누구도 화장실 아닌 곳에서 소변을 보지 않기 위해 PFC를 활성화할 필요는 없지만, 세 살 때는 누구도 예외 없이 그렇게 했다.

'올바른 일 하기'에는 PFC의 두 가지 기술이 필요하다. 먼저 PFC에서 전두피질, 보조운동영역(2장의 SMA), 운동피질로 이어지는 경로를 따라 전달되는 '이렇게 하라'라는 결정적인 신호가 있다. 그러나 그보다 훨씬 더 중요한 것은 '비록 통상적인 일이더라도 그렇게 하지 말라'라는 신호다. 운동피질에 흥분성 신호를 보내는 것을 넘어 PFC는 습관적인 뇌 회로를 억제하는 역할을 하는 것이다. 다시 2장으로 돌아가 생각해보면, PFC는 우리에게 두 가지(자유의지와 자유 반의지에 대한 의식적인 거부권)가 모두 부재한다는 사실을 보여주는 핵심 증거다.[11]

사회적 PFC

수백만 년에 걸친 전두피질 진화의 최고 업적이 몇 달의 이름을 거꾸로 말하는 일 따위가 아님이 분명하다. 그것은 사회성을 담당하며, 감정에 치우치기 쉬운 일을 억제한다. PFC는 사회적 뇌의 중심이다. 영장류 종에서 사회집단의 평균 크기가 클수록 뇌의 더 많은 부분이 PFC에 할당되며, 일부 인간의 문자 메시지를 주고받는 인간관계의 범위가 넓을수록 PFC의 특정 하위 영역과 변연계와의 연결성이 더욱 커진다. 그렇다면 사회성이 PFC를 확대하는 것일까, 아니면 큰 PFC가 사회성을 주도하는 것일까? 적어도 부분적으로는 전자다. 개별적으로 사육된 원숭이들을 크고 복잡한 사회집단으로 묶으면, 1년 후 모든 원숭이의 PFC가 확대될 뿐만 아니라 계층 구조의 최상위에 있는 개체가 가장 큰 증가세를 보인다.*[12]

---

*   이는 영장류의 지배력에 대해 매우 중요한 사실을 알려준다. 예컨대 수컷 개코원숭이는 강인한 근육, 날카로운 송곳니에다가 적절한 싸움에서 이기기만 하면 높은 서열에 오를 수 있다. 그러나 높은 서열을 계속 유지한다는 것은 전혀 다른 이야기다. 그러려면 불필요한 싸움을 피하고 도발을 무시할 수 있는 자기통제력을 갖추고, 심리적으로 위협적인 존재가 되어 상대방이 싸움을 걸지 못하게 하며, 항상 누군가의 지지를 받을 수 있게 자제력

신경 영상 연구에서, PFC는 올바른 일을 한다(또는 생각한다)는 명목으로 감정에 치우치는 뇌 영역을 통제하는 것으로 나타났다. 지원자를 뇌 스캐너에 들여보낸 후 사람 얼굴 사진을 보여주면 어떻게 될까? 잘 재현된 우울한 연구에서 다른 인종의 얼굴을 보여주면 약 75%의 피험자의 경우가 공포·불안·공격성의 중심 영역인 편도체가 활성화되었다.* 겨우 10분의 1초도 안 되는 시간 동안 말이다.** 그러고 나서 PFC는 난도가 높은 일을 한다. 대부분의 피험자의 경우 편도체가 활성화한 후 몇 초가 지나면 PFC가 작동하여 편도체가 꺼진다. 이것은 한 템포 늦은 전두피질의 목소리다. "그렇게 생각하지 마. 나는 그런 사람이 아니야." 그렇다면 PFC가 편도체에 재갈을 물리지 않는 사람들은 도대체 누구일까? 인종차별이 노골적이고 사과할 줄 모르는 사람들이 말한다. "내가 바로 그런 사람이야."13

또다른 실험적 패러다임에서는 뇌 스캐너 속 피험자가 다른 두 사람과 함께 온라인 게임을 한다. 두 사람은 각각 화면에 기호로 표시되며 삼각형을 이룬다. 그들은 가상의 공을 던지는데, 피험자는 두 개의 버튼 중 하나를

있고 안정적인 연합 파트너(핀과 달리)가 되어야 한다. 끊임없이 싸우는 알파 수컷은 권좌에 오래 머물지 못하며, 성공적인 알파십alphaship은 전쟁을 최소화하는 미니멀리즘의 예술이다.

* 여기에는 복잡성의 세계가 있다. 사진 속 인물이 누구냐에 따라 달라지기 때문이다. 젊은 남성이라면 편도체가 활발하게 활동할 것이고, 허약하고 할머니 같은 타입이라면 그렇지 않을 것이다. 다른 인종이라도 사랑받는 유명인이라면 낯선 사람보다 덜한데, 그 사람은 명예로운 미국인으로 간주되기 때문이다. 편도체 반응이 없는 25%의 사람들은 어떨까? 이들은 대개 다인종 커뮤니티에서 자랐거나, 다른 인종과 친밀한 관계를 맺었거나, 실험 전에 각 얼굴을 하나의 인격체로 간주하도록 심리적 훈련을 받은 사람들이다. 그렇다면 편도체에 코딩된 암묵적 인종주의는 전혀 불가피하지 않다는 이야기가 된다.

** 이 연구에서는 또다른 충격적인 결과가 나왔다. 우리가 얼굴을 볼 때, 방추형얼굴영역fusiform face area, FFA이라고 불리는 피질의 '매우 영장류적인 부분'이 활성화된다. 그리고 대부분의 피험자가 다른 인종의 얼굴을 볼 때 평소보다 방추형얼굴영역을 덜 활성화했다. 다른 인종의 얼굴이 딱히 '얼굴'로 간주되지 않는 것이다.

눌러 두 사람 중 누구에게 공을 던져줄지 결정한다. 공을 받은 사람은 다른 사람과 공을 주거니 받거니 하다가 잠시 후 다시 피험자에게 공을 던진다. 이런 일이 잠시 동안 계속되고 모두가 즐거운 시간을 보내다가, 두 사람이 피험자에게 공 던지는 것을 멈춘다. '아, 안 돼!' 피험자는 중학생 시절의 악몽이 되살아난다. '쟤네들은 내가 어리숙하다는 걸 아는구나.' 혐오감 및 고통과 관련된 영역인 섬피질과 함께 편도체가 빠르게 활성화된다. 그리고 잠시 후 PFC가 편도체와 섬피질을 만류한다. '균형감 있게 바라봐야 해. 이건 그냥 심심풀이 게임일 뿐이라고.' 그러나 일부 피험자는 더 많은 주관적 고통을 느끼기 때문에 PFC가 그다지 활성화되지 않고 편도체와 섬피질이 계속 활성화된다. 이러한 장애가 있는 사람들은 누구일까? 10대들이다. 그들의 PFC는 사회적 배척을 무의미하다고 일축하는 임무를 아직 수행하지 못한다. 이게 다.***[14]

PFC가 편도체를 억제하는 사례는 무수히 많다. 피험자에게 가끔씩 가벼운 충격을 줘보라. 그러면 피험자의 편도체는 대부분 매번 활성화될 것이다. 이제 충격을 주기 직전에 냄비, 프라이팬, 빗자루, 모자 등 완전히 중립적인 연관성을 가진 물체의 사진을 보여줌으로써 피험자를 조건화하라. 그러면 원래는 무해했던 물체를 보는 것만으로도 편도체가 활성화될 것이다.**** 다음날에는 조건화된 공포 반응을 활성화하는 물체의 사진을 보여주라. 단, 첫째 날과 달리 충격은 없다. 일단 편도체가 활성화될 텐데, 대번 충격 없이 이 과정을 반복하라. 그러면 공포 반응이 서서히 '소거'되면서 편

*** 이와 같은 연구에는 생성된 사회적 불안의 본질을 보여주는 핵심 사항이 포함되어 있다. 연구자가 '시스템에 문제가 있어서 컴퓨터 속 두 사람이 피험자에게 공 던지는 것을 중단했다'고 귀띔했다. 사회적 배척이 아니므로 상응하는 뇌 반응도 없었다.

**** 우울한 연구 내용을 하나 소개한다. 피험자를 중립적이고 무해한 물체로 조건화하는 대신 외집단 구성원의 사진으로 조건화하면 어떻게 될까? 내집단 구성원의 사진으로 조건화할 때보다 더 빨리 충격과 연관시키는 법을 배우는 것으로 나타났다.

도체가 반응을 멈출 것이다. PFC가 고장나지 않았다면 말이다. 어제는 편도체가 '빗자루는 무섭다'라는 것을 학습했고, 오늘은 PFC가 '오늘은 아니다'라는 것을 학습하고 편도체를 진정시킨 것이다.* [15]

하버드의 신경과학자 조시 그린은 뛰어난 연구를 통해 PFC에 대한 더 많은 통찰을 제공했다. 뇌 스캐너 속 피험자들은 50%의 성공률을 보이는 복불복 추측 게임을 반복적으로 한다. 그런 다음 놀랍도록 영리한 조작이 이루어진다. 연구자는 피험자에게 '컴퓨터 결함이 발생하여 추측한 내용을 입력할 수 없다'고 귀띔한 다음, '그 대신 답을 보여줄 테니 당신이 맞았는지 알려주면 된다'고 말한다. 즉 피험자에게 부정행위 기회를 주는 것이다. 기회를 충분히 제공하면 부정행위를 시작하는 사람이 누군지 금세 알 수 있다. 그도 그럴 것이, 그들의 성공률이 평균 50%를 넘을 테니 말이다. 유혹이 닥치면 부정행위자의 뇌에서는 어떤 일이 일어날까? PFC가 대대적으로 활성화될 텐데, 이는 부정행위자의 신경계에 해당하는 것들이 부정행위 여부를 놓고 고민한다는 것을 의미한다. [16]

심오한 추가적 발견도 있다. 부정행위를 한 번도 해보지 않은 사람들은 어떨까? 그들은 어떻게 그러는 것일까? 어쩌면 그들의 놀랍도록 강한 PFC가 매번 사탄을 매트에 메다꽂는지도 모른다. 엄청난 의지력으로. 하지만 그런 일은 일어나지 않는다. 그런 범생이들의 PFC는 동요하지 않는다. '바지에 오줌 싸지 않기'가 더이상 PFC의 임무가 아니게 된 후 어느 시점에 그들의 뇌에서도 그와 동등한 일이 일어난다. 즉 "나는 속임수를 쓰지 않는다"라는 좌우명이 자동으로 생성된다. 그린의 표현을 빌리면, 이쯤 되면 그

---

* PFC가 편도체로 하여금 종소리가 무섭다는 사실을 잊게 하는 것일까? 아니다, 두려움의 기억은 여전히 존재하지만 전두피질에 의해 억제될 뿐이다. 이를 어떻게 알 수 있을까? 셋째 날 임의의 물체를 보여준 후 충격을 주는 실험을 재개해보라. 그러면 피험자는 처음에 학습했던 것보다 더 빨리 그 연관성을 다시 학습할 텐데, 그 이유는 편도체가 이를 기억하고 있기 때문이다.

들은 "의지"가 아니라 "은총" 덕분에 죄악의 유혹을 견뎌낸다. 그들에게는 올바른 일 하기가 그다지 어렵지 않다는 것이다.

전두피질은 추가적인 방식으로 부적절한 행동을 억제한다. 일례로 선조체striatum라는 뇌 영역은 자동적이고 습관적인 행동과 관련이 있는데, 편도체는 활성화됐다 하면 바로 이 점을 이용한다. PFC는 만일에 대비하여 선조체에 억제성 투사를 보내, "내가 편도체에게 그러지 말라고 경고했지만, 저 성질 급한 녀석이 막무가내로 행동하려 한다면 귀를 기울이지 말라"고 신신당부한다.[17]

PFC가 손상되면 사회적 행동에 어떤 일이 발생할까? 바로 '전두엽 탈억제' 증후군이 생긴다. 우리 모두는 증오, 정욕, 자랑질, 심술 등 다른 사람이 알면 수치스러운 생각을 가지고 있다. 전두엽에 의해 억제되지 않으면, 당신은 정확히 그런 식으로 말과 행동을 하게 된다. 이러한 질병** 중 하나가 80세 노인에게 발생하면 그를 신경과 전문의에게 보내야 한다. 하지만 50대에 발생하면 그는 대개 정신과의사나 경찰에 넘겨진다. 폭력 범죄로 수감된 사람들 중 상당수가 PFC에 뇌진탕성 두부외상 병력을 가지고 있는 것으로 밝혀졌다.[18]

** 다음은 사회적 요구가 PFC의 진화에 얼마나 큰 영향을 미치는지를 강조하는 몇 가지 사실이다. PFC에는 뇌의 다른 곳에서는 발견되지 않는 한 가지 유형의 뉴런이 포함되어 있다. 이 놀라운 사실에 더하여 한동안 사람들은 84쪽 각주에서도 언급했던 이 '폰에도노모 뉴런'이 인간에게만 존재한다고 생각했다. 하지만 더 놀랍게도 이 뉴런은 유인원, 코끼리, 고래류 등 사회적으로 가장 복잡한 다른 종에도 존재한다. 행동성 전측두엽 치매라는 신경질환은 PFC 손상이 부적절한 사회적 행동을 유발한다는 것을 보여준다. 이 질병에서 가장 먼저 사멸하는 뉴런은 무엇일까? 바로 폰에코노모 뉴런이다. 따라서 그것이 무슨 일을 하든(명확하게 밝혀지지 않았다) '매우 어려운 일'을 한다는 것은 불을 보듯 뻔하다. (몇몇 독자들만 흥미로워할 짧은 이야기를 하나 소개한다. 준準뉴에이지 신경과학적 주장에도 불구하고, 폰에코노모 뉴런은 공감을 담당하는 거울뉴런이 아니다. 폰에코노모 뉴런은 거울뉴런이 아니며, 거울뉴런은 공감을 맡고 있지 않다. 내 앞에서 말도 꺼내지 말라.)

인지 대versus 감정, 인지와and 감정, 또는 감정을 통한via 인지?

따라서 전두피질은 각 결정의 장단점을 따져보고 운동피질에 이성적인 리벳식 명령을 내리는(즉, 흥분적 역할을 수행하는) 지적이고 고상한 체하는 뇌 영역에 머물지 않는다. 그것은 또한 뇌의 감정적인 영역에 '나중에 후회할 테니 그런 행동을 하지 말라'고 훈계하는, 즉 억제적 역할을 수행하는 깐깐한 도덕군자이기도 하다. 기본적으로 다른 뇌 영역들은 PFC를 '완고한 도덕적 골칫거리'로 여기며, 특히 PFC의 훈계가 옳다고 판명될 때 더욱 그렇다. 이로 인해 생각과 감정 사이, PFC가 주관하는 피질과 감정을 처리하는 뇌 부분(편도체를 비롯하여 성적 각성, 모성 행동, 슬픔, 쾌락, 공격성 등과 관련된 그 밖의 구조*를 포함하며, 크게 뭉뚱그려 변연계라고 부름) 사이에 주요 단층선이 존재한다는 이분법적 사고(스포일러성 경고: 거짓이다)가 등장하게 되었다.

이쯤 되면, PFC와 변연계 사이의 의지 대결에 대한 그림이 확실히 이해될 것이다. 요컨대 전자는 후자에게 '암묵적인 인종차별적 생각을 멈추고, 심심풀이 게임을 균형감 있게 바라보고, 부정행위에 저항하라'고 말한다. 그리고 후자는 PFC가 침묵할 때(예: 렘수면중 꿈을 꿀 때) 제멋대로 날뛴다. 하지만 두 영역이 항상 주도권 다툼을 벌이는 것은 아니다.** 때때로 두 영역은 그저 관할 구역이 다를 뿐이다. 예컨대 PFC는 4월 15일을, 변연계는

---

* 해마, 중격septum, 고삐habenula, 시상하부hypothalamus, 유두체mammillary bodies, 측좌핵 등이 이에 해당한다.

** 그리고 매우 중요하게도, 조만간 변연계가 PFC를 설득하여 감정적 결정을 덜컥 승인하게 하는 상황을 목도할 것이다.

2월 14일을 처리한다.*** 전자는 뮤지컬 〈숲속으로〉를 마지못해 칭찬하게 만들고, 후자는 창작물에 지나지 않는다는 것을 알면서도 〈레미제라블〉을 보며 눈물을 흘리게 만든다. 전자는 배심원들이 유죄 또는 무죄를 결정할 때 관여하고, 후자는 유죄에 대한 처벌 수위를 결정할 때 개입한다.[19]

그러나 정말로 핵심적인 포인트를 말하자면, PFC와 변연계는 각자 자리를 차지하고 서로 무시하기보다는 일반적으로 서로 얽혀 있다. 올바르고 어려운 일을 수행하기 위해 PFC는 변연계로부터 엄청난 양의 감정적 입력을 요한다.

이를 이해하려면, PFC의 두 가지 하위 영역을 고려하면서 세부사항을 더 자세히 살펴봐야 한다.

첫번째 하위 영역은 전두피질에서 이성적인 결정을 내리는 배외측 PFC dorsolateral PFC, dlPFC이다. 마트료시카처럼 피질은 뇌에서 가장 최근에 진화한 부분이고, 전두피질은 피질의 가장 최신 부분이고, PFC는 전두피질의 가장 최신 부분이며, 배외측PFC는 PFC의 가장 최신 부분이다. 배외측 PFC는 PFC에서 완전히 성숙하는 마지막 부분이다.

배외측PFC는 앞뒤가 꽉 막힌 초자아로서 PFC의 본질이다. 이 부분은 '몇 달을 거꾸로 세기' 과제를 수행하거나 유혹을 고려할 때 가장 활발하게 활동한다. 배외측PFC는 매우 공리주의적이어서 도덕적 판단 과제를 수행할 때 이 부분이 더 많이 활성화되면 피험자는 다섯 명의 목숨을 구하기 위해 무고한 사람 한 명을 죽이는 선택을 할 것으로 예상된다.[20]

배외측PFC가 침묵할 때 어떤 일이 일어나는지는 매우 유익한 정브다. 이는 경두개자기자극(42쪽 각주에서 소개했다)이라는 매우 멋진 기술을 사용하여 실험적으로 수행할 수 있는데, 경두개자기자극이란 두피에 강한 자

기 펄스를 가함으로써 바로 아래에 위치한 작은 피질 조각을 일시적으로 활성화하거나 비활성화하는 것을 말한다. 이러한 방식으로 배외측PFC를 활성화하면 피험자는 많은 사람을 구하기 위해 한 명을 희생할지를 결정할 때 더욱 공리적인 입장을 취하게 된다. 배외측PFC를 비활성화하면 피험자는 더욱 충동적이 되어, 경제 게임에서 형편없는 제안을 불공평하다고 평가하면서도 더 나은 보상을 위해 버티는 데 필요한 자제력이 부족해진다. 이모든 것은 사회성과 관련되며, 피험자가 상대방을 컴퓨터라고 생각한다면 배외측PFC를 조작해도 아무런 효과가 없다.[21]

그리고 배외측PFC에 선택적 손상을 입은 사람들이 있는데, 그 결과는 당신이 예상한 대로다. 즉 계획이나 만족 지연에 어려움을 겪거나, 즉각적인 보상을 제공하는 전략을 고집하거나, 사회적으로 부적절한 행동에 대한 집행 통제력이 저하되는 증상이 나타난다. 환자의 뇌에서 "내가 너라면 그렇게 하지 않을 거야"라고 타이르는 목소리가 사라지는 것이다.

PFC의 또다른 핵심 하위 영역은 복내측PFC ventromedial PFC, vmPFC로, 심하게 단순화하면 배외측PFC와 반대되는 영역이다. 지적인 배외측PFC는 주로 다른 피질 영역으로부터 입력을 받고 외부 영역을 철저히 검토하여 잘 고려된 생각을 찾아낸다. 그러나 복내측PFC는 기분이 나쁘거나 감정에 휩싸인 뇌 영역인 변연계로부터 정보를 전달받는다. 한마디로, PFC가 사용자의 감정을 알아내는 경로다.**

---

*   돈에 눈먼 자본가들은 참고하라. 한 연구에서 경두개자기자극을 사용하여 '배외측PFC에서 선조체의 도파민성 보상 경로로의 투사'를 조작하면, 피험자들의 음악적 취향을 일시적으로 변화시킬 수 있는 것으로 나타났다. 즉 음악에 대한 주관적인 감상과 생리적 반응을 향상시킬 뿐만 아니라… 피험자들이 음악에 더 높은 금전적 가치를 매길 수 있다는 것이다.

**   1960년대부터 존경받는 MIT의 신경해부학자 발레 나우타Walle Nauta는 복내측PFC를 변연계의 일부로 보아야 한다고 주장함으로써 그의 경력을 망칠 뻔한 적이 있다. 어이구 저런! 대뇌피질의 임무는 페르마의 정리를 푸는 것이지, 미미가 로저의 품에 안겨 죽어갈 때

그렇다면 복내측PFC가 손상되면 어떻게 될까? 당신이 감정에 연연하지 않는다면 차라리 잘된 일일지도 모른다. 이성적이고, 기계를 최적화하고, 최선의 도덕적 결정을 내리는 방향으로 생각함으로써 최고의 성과를 거둘 테니 말이다. 이러한 관점에서 보면, 변연계가 활성화되면 감정에 치우쳐서 의사결정에 방해가 되고, 노래를 너무 크게 부르고, 옷을 화려하게 입고, 겨드랑이 털을 불안할 정도로 수북하게 기른다. 정 그렇다면, 복내측PFC만 제거할 수 있다면 우리는 더 차분하고 이성적이며 더 나은 기능을 발휘할 수 있을지도 모른다.

매우 유의미한 발견에 따르면, 복내측PFC가 손상된 사람은 끔찍한 결정을 내리되, 배외측PFC가 손상된 사람과는 매우 다른 유형의 결정을 내린다. 우선 복내측PFC가 손상된 사람은 의사결정에 어려움을 겪는데, 어떻게 결정할지에 대한 직감이 없기 때문이다. 우리가 결정을 내릴 때, 배외측PFC는 어떤 결정을 내릴 것인지에 대해 사고실험을 하면서 철학적으로 고민한다. 그에 반해 복내측PFC가 배외측PFC에 보고하는 내용은 느낌 실험feel experiment의 결과다. "X를 하고 Z를 하면 어떤 기분이 들까?" 이러한 의문에 대한 직감이 입력되지 않으면 의사결정을 내리기가 매우 어렵다.[22]

더욱이 일단 내린 결정은 누군가의 기준에서 볼 때 잘못된 것일 수 있다. 그런데 복내측PFC가 손상된 사람은 음성적 되먹임negative feedback에 따라 행동을 바꾸지 않는다. 피험자가 두 가지 과제 중 하나를 반복적으로 선택하는데, 그중 하나가 더 보상적이라고 가정해보자. 기존에 수행하던 과제의 보상률이 바뀌면, (심지어 보상률의 변화를 의식적으로 인식하지 못하더라도) 사람들은 일반적으로 그에 따라 전략을 바꾼다. 그러나 복내측PFC가 손상된 사람은 심지어 '이제는 다른 과제가 더 보상이 좋다'라고 말할 수도 있으

(뮤지컬 〈렌트〉의 내용—옮긴이) 눈물을 흘리는 게 아니다. 그리고 다른 모든 사람이 복내측PFC가 '변연계에서 PFC로 통하는 문'이라는 사실을 깨닫는 데는 수년의 시간이 걸렸다.

면서도… 기존의 과제를 고수한다. 왜 그럴까? 복내측PFC가 없으면 음성적 되먹임이 '무엇을 의미하는지'는 알지만 '어떤 느낌인지'는 알 수 없기 때문이다.[23]

앞에서 살펴본 바와 같이 배외측PFC 손상은 부적절하고 정서적으로 억제되지 않은 행동을 유발한다. 그러나 복내측PFC가 없으면 무자비한 무관심에 빠져 무미건조해진다. 그런 사람은 누군가를 만나면 "안녕하세요, 만나서 반가워요. 꽤 과체중이신 것 같네요"라고 서슴없이 말한다. 당황한 파트너가 나중에 탓하면 어리둥절한 표정으로 "뭐가 잘못됐어? 사실을 말했을 뿐인데"라고 무덤덤하게 대답한다. 대부분의 사람들과 달리 복내측PFC에 손상을 입은 사람들은 폭력 범죄에 대해 비폭력 범죄보다 더 가혹한 처벌을 주장하지 않으며, 사람이 아닌 컴퓨터와 대결한다고 생각해도 게임 태도를 바꾸지 않고, 다섯 명을 구하기 위해 누군가를 희생할지 말지를 결정할 때 사랑하는 사람과 낯선 사람을 구분하지 않는다. 맹장 끝에 달린 충수*와 달리 복내측PFC는 PFC의 흔적기관이 아니라 필수 기관이다. 쓸모없는 찌꺼기가 충수염을 일으키는 것처럼 불필요한 감정이 멀쩡한 뇌에 염증을 일으킨다고 생각하면 오산이다.

따라서 PFC의 임무는 올바른 일의 난도가 높을 때 올바른 일을 도맡아 하는 것이다. 여기서 중요한 것은 올바름이라는 단어가 도덕적 의미보다는 신경생물학적·도구적 의미로 사용된다는 점이다.

거짓말하기와 거짓말하려는 유혹을 물리치는 데에서 PFC가 수행하는 역할을 진지하게 생각해보자. 하지만 능숙하게 거짓말할 때도 PFC가 동원된다. 병적인 거짓말쟁이의 경우 PFC가 비정형적으로 복잡한 배선을 갖는

---

* 과학자들은 오랫동안 인간의 충수를 흔적기관으로 저평가했으나, 증거가 계속 축적됨에 따라 충수가 사실은 인간의 면역계에서 굉장히 중요한 기능을 한다고 밝혀지고 있다. ─옮긴이

다. 더욱이 능숙한 거짓말은 가치관과 도덕을 초월한다. 예컨대 상황 윤리를 배운 어린이가 할머니가 차려주신 저녁식사가 맛있다고 거짓말을 한다. 불교 승려가 야바위에 능하다. 독재자가 한 나라를 침략하기 위한 구실로 학살 사건이 일어났다는 사실을 날조한다. 폰지 사기꾼이 투자자를 기만한다. 전두피질이 하는 일이 늘 그렇듯 이 모든 것의 핵심은 맥락, 맥락, 맥락이다.

PFC 둘러보기는 이것으로 마치고, '당신이 어쩌다 갖게 된 속성(즉 타고난 재능과 약점)'과 '그러한 속성을 갖고서 무엇을 할 것인지에 대한 당신의 자유로운 선택' 사이의 끔찍할 정도로 파괴적인 잘못된 이분법으로 돌아가기로 하자.

'생물학적 요소'를 가지고 있음	생물학적 요소를 극복할 그릿이 있는가?
파괴적인 성적 충동이 있음	충동에 따라 행동하려는 유혹에 저항할 것인가?
타고난 마라토너임	고통을 이겨내고 달릴 것인가?
머리가 별로 좋지 않음	공부를 더 열심히 해서 성공할 것인가?
알코올중독 성향이 있음	술 대신 진저에일을 주문할 것인가?
얼굴이 예쁨	'외모 때문에 사람들에게 친절한 대접을 받을 만하다'는 편견을 거부할 것인가?

3장과 100% 동일한 답

표의 오른쪽 칸에 나열된 행동들, 즉 우리의 패기를 시험하는 갈림길을 다시 한번 살펴보라. 당신은 파괴적인 성적 충동에 따라 행동하려는 유혹에 저항하는가? 당신은 고통을 이겨내고 달리며, 자신의 약점을 극복하기 위해 더욱 열심히 노력하는가? 이쯤 되면 당신은 이 책의 전개 방향을 짐작할 수 있을 것이다. 만약 이 단락의 끝에서 다른 장으로 건너뛰고 싶다면 다음과 같은 세 가지 요점을 기억하기 바란다. (a) 그릿, 성격, 근성, 끈기, 강한 도덕적 나침반, 나약한 신체를 이겨내는 적극적인 정신은 모두 PFC에서 생성된다. (b) PFC는 뇌의 나머지 부분과 동일한 생물학적 요소로 구성된다. (c) 현재의 PFC는 '통제 불가능한 생물학'과 '통제 불가능한 환경'이 상호작용한 결과물이다.

3장에서는 '왜 방금 그 행동이 일어났을까?'라는 질문에 대한 생물학적 해답을 탐구했는데, 정답은 '1초 전, 1분 전…에 일어난 일' 때문이라는 것이다. 이제 나는 '왜 PFC가 방금 전과 같은 방식으로 작동했는지'에 대해 보다 집중적인 질문을 던질 것이다. 그리고 그에 대한 답은 3장과 100% 동일할 것이다.

몇 초에서 한 시간 전의 유산

당신은 정신을 바짝 차리고 자리에 앉아 과제에 집중한다. 파란색 표시등이 켜질 때마다 왼쪽 버튼을 재빨리 누르고, 빨간색 표시등이 켜지면 오른쪽 버튼을 누른다. 그런 다음 파란색 표시등은 오른쪽 버튼, 빨간색 표시등은 왼쪽 버튼으로 규칙이 바뀐다. 그러다가 규칙이 다시 바뀌고, 또다시 바뀌고…

이 과제를 수행하는 동안 당신의 뇌에서 무슨 일이 일어날까? 불빛이 깜박일 때마다 시각피질이 잠시 활성화된다. 잠시 후 시각피질에서 PFC로 해당 정보를 전달하는 경로가 잠시 활성화된다. 잠시 후 전두피질에서 운동피질로, 그리고 운동피질에서 근육으로 정보를 전달하는 경로가 활성화된다. PFC 안에서는 무슨 일이 일어나고 있을까? "파란색 왼쪽, 빨간색 오른쪽" 또는 "파란색 오른쪽, 빨간색 왼쪽"을 반복하면서 집중해야 하므로, 어떤 규칙이 적용되는지 계속 외치며 열심히 일하고 있다. '올바르고 난도 높은 일'을 하려고 할 때 PFC는 뇌에서 가장 비용이 많이 드는 부분이 된다.

'비용이 많이 든다'니, 좋은 메타포인 것 같다. 하지만 이건 메타포가 아니다. PFC의 특정 뉴런은 쉴새없이 발화하며, 그때마다 활동전위는 막을 가로질러 흐르는 이온의 파동을 촉발한 다음 이온을 한데 모아 시작된 곳으로 다시 펌프질해야 한다. 그리고 이러한 활동전위는 현재 시행중인 규칙에 집중하는 동안 1초당 100번씩 발생할 수 있다. 이러한 PFC 뉴런은 엄청난 양의 에너지를 소비한다.

뇌 영상 기술을 통해 작동중인 PFC가 혈류에서 포도당과 산소를 얼마나 많이 소비하는지 보여주거나, 각 뉴런에서 주어진 시간에 사용할 수 있는 생화학적 현금*의 양을 측정함으로써 이를 입증할 수 있다. 이 섹션의 요점은 충분한 에너지가 공급되지 않으면 PFC가 제대로 작동하지 않는다는 것이다.

이것은 3장에서 넌지시 언급한 '인지 부하' 또는 '인지 예비력'과 같은 개념의 세포적 토대다.** PFC가 과제를 열심히 수행하면 이러한 예비력이 고갈된다.[24]

예를 들어 다이어트중인 사람 앞에 엠앤엠즈 한 그릇을 놓고 이렇게 말한다고 가정하자. "여기 있는 것을 마음껏 드세요." 상대방은 유혹에 저항하

---

* 여기서 현금이란 ATP, 즉 아데노신삼인산이다. 기억 속 깊숙한 곳을 샅샅이 뒤져 그등학교 생물학 시간에 배운 사실을 떠올리기 바란다.

** 이와 유사한 개념으로 '자아 고갈'과 '의사결정 피로'가 있다. 인지 예비력과 자아 고갈의 핵심 개념이 최근 몇 년 동안 어떻게 큰 비판을 받았는지에 대해서는 미주를 참고하라.

려고 할 것이다. 그리고 만약 방금 전두엽을 혹사시키는 일을 했거나 심지어 별것도 아니면서 혼을 쏙 빼는 빨간불/파란불 과제를 수행했다면, 그 사람은 평소보다 더 많은 사탕을 간식으로 먹을 것이다. "우리를 시험에 들지 말게 하옵시고…" 이 주제에 관한 매력적인 논문 제목의 일부다. 반대의 경우도 마찬가지다. 15분 동안 앉아서 엠앤엠즈의 유혹을 뿌리치면 전두엽의 예비력이 고갈될 테니, 그 이후에는 빨간불/파란불 과제 수행이 엉망진창이 될 것이다.[25]

겁이 나거나 고통스러울 경우 PFC 기능과 자기조절 기능이 저하되어 PFC가 스트레스를 처리하느라 에너지를 소모하게 된다. 과거에 저지른 비윤리적 행동을 반성하면 전두엽의 인지능력이 저하된다는(손을 씻어 더러움에 대한 부담을 덜지 않는 한) 맥베스 효과를 떠올려보라. 전두엽의 능력은 긍정적인 일 때문에 일에 집중하지 못하는 경우에도 저하되는데, 예컨대 수술 당일이 집도의의 생일인 경우 환자가 수술로 인해 사망할 가능성이 더 높다.[26]

피로가 전두엽의 자원을 고갈시키기도 한다. 진료 시간이 길어질수록 의사는 더 쉬운 방법을 택하고, 검사 횟수를 줄이며, 아편제opiate(항염제나 물리 치료와 같이 문제 없는 치료법은 아니다)를 처방할 가능성이 높아진다. 피험자들은 시간이 갈수록 또는 인지적으로 어려운 과제를 수행한 후 비윤리적으로 행동하고 도덕적으로 덜 성찰할 가능성이 더 높다. 응급실 의사를 대상으로 이뤄진 매우 불편한 연구에 따르면, 하루 중 인지적으로 힘든 업무(환자 부하로 측정했다)를 수행할수록 하루가 끝날 무렵 암묵적 인종 편견의 수준이 높아졌다고 한다.[27]

허기도 마찬가지다. (3장에서 처음 언급했던) 한 연구 결과가 당신의 발걸음을 멈추게 할 것이다. 연구 대상자는 1천 건이 넘는 가석방위원회의 결정을 감독하는 판사 그룹이었다. 판사가 누군가에게 가석방을 허용할지, 아니면 형기를 연장할지를 가장 잘 예측할 수 있는 지표는 무엇일까? '식사를 한 지 얼마나 오래되었는가'이다. 식사 직후의 판사 앞에 출두하면 가석방 가능성이 약 65%, 식사 후 몇 시간 지나 출두하면 가석방 가능성이 0%에 가까워진다고 나타났다.*[28]

왜 그럴까? 늦은 오후가 되면 판사의 머리가 멍해져서 말을 흐리고 혼란스러워하여 법원 속기사를 괴롭히는 것과는 차원이 다르다. 노벨상 수상자인 심리학자 대니얼 카너먼은 이 연구에 대해 설명하면서 식사 후 시간이 경과할수록 PFC가 각 사건의 세부사항에 집중하는 데 무뎌지면서 판사가 가장 쉽고 반사적인 행동, 즉 그 사람을 다시 감옥에 보내는 결정을 내릴 가능성이 높아진다고 했다. 이 아이디어에 대한 중요한 근거는 피험자들이 점점 더 복잡한 판단을 내려야 했던 연구 결과에서 찾을 수 있다. 이러한 과정이 진행됨에 따라, 심사숙고하는 동안 배외측PFC가 둔해질수록 피험자들이 습관적인 결정에 의지할 가능성이 높아진다고 나타났다.[29]

가석방을 거부하는 것이 왜 쉽고 습관적인 대응일까? PFC를 덜 혹사시키기 때문이다. 비록 나쁜 짓을 저질렀지만 품행이 단정한 사람이 감옥에서 당신과 마주하고 있다고 생각해보라. 끔찍한 운으로 가득찬 죄수의 삶이 어땠는지 이해하고 느끼고, 그의 관점에서 세상을 바라보고, 그의 얼굴을 살피고, 거친 외면에 가려진 변화와 잠재력의 힌트를 보려면 강인한 에너지가 넘치는 PFC가 요구된다. 가석방을 결정하기 전 판사가 수감자 입장에서 생각하는 데는 전두엽의 노력이 많이 필요하며, 이를 반영하듯 판사들이 가석방을 결정하는 데 걸리는 시간은 수감자를 다시 감옥에 보내기로 결정하는

---

* 일부 비평가들은 이 연구 결과에 대해 '가석방 심리가 진행되는 방식에 따른 통계적 인공물'이라는 이의를 제기했지만, 저자들은 이러한 가능성을 통제하기 위해 데이터를 재분석함으로써 그 효과가 여전히 존재한다는 것을 설득력 있게 보여주었다. 또다른 연구에서도 동일한 패턴이 나타났다. 즉 피험자들은 외집단의 소수민족 구성원이 취업을 위해 제출한 이력서를 읽었는데, 식사 후 경과한 시간이 길수록 각 이력서에 할애하는 시간이 줄어들었다.

데 걸리는 시간보다 평균적으로 길다.*·**30

이렇게 주변 세계의 사건은 엠앤엠즈 또는 '빠르고 쉬운 사법적 결정'에 저항하는 PFC의 능력을 조절할 수 있다. 또다른 관련 요인은 '유혹이 얼마나 유혹적인지'에 대한 뇌의 화학이다. 이는 변연계의 측좌핵에서 유래한 뉴런에서 PFC로 방출되는 신경전달물질인 도파민과 많은 관련이 있다. 도파민은 PFC에서 어떤 역할을 할까? 도파민은 유혹의 강렬함을 알리는 신호로, 뉴런이 '엠앤엠즈가 얼마나 맛있는지'를 상상하는 정도를 나타낸다. PFC에 도파민이 많을수록 유혹의 현출성 신호가 더 강해져, PFC가 저항하기가 더욱 어려워진다. PFC의 도파민 수치를 높이면 충동을 억누르는 데 갑작스러운 어려움을 겪는다.*** 그리고 당신이 예상하는 대로, PFC를 적실 도파민의 양에 영향을 미치는 통제 불가능한 요인은 매우 많다(즉 도파민 시스템을 이해하려면 1초 전, 1세기 전…에 관한 분석이 필요하다).31

지난 몇 초에서 몇 시간 동안의 이 같은 감각 정보는 우리가 의식하지 못하는 사이에 PFC의 기능을 조절한다. 피험자에게 겁에 질린 사람의 땀냄새를 맡게 하면 편도체가 활성화되어 PFC가 편도체를 억제하기가 더 어려워

---

* 혹자는 이렇게 말할지도 모른다. "세상에나, 이 판사는 정말 자비로운 인도주의자네." 천만의 말씀. 곧 알게 되겠지만 그것과는 차원이 다르다.

** 같은 맥락에서 신용대출 담당자는 업무가 지속될수록 대출 신청을 거절할 가능성이 높아진다. 마찬가지로 노련한 배우들은 오디션을 볼 때 점심시간 직전이나 하루 일과 끝 무렵을 선택하지 말아야 한다는 사실을 잘 안다.

*** 과학자들은 이 사실을 어떻게 알게 되었을까? 쉽지는 않았다. 자발적인 움직임이 어려워지는 운동장애인 파킨슨병은 뇌의 특정 부위에서 도파민이 부족하여 발생한다. 이 질환은 도파민 수치를 높임으로써 치료할 수 있는데(엘도파L-DOPA라는 약물을 사용하는데, 이야기하자면 길다), 그렇다고 해서 환자의 머리에 구멍을 뚫고 뇌의 해당 부위에 직접 엘도파를 주입하는 건 아니다. 그 대신 환자가 엘도파 알약을 복용하면 뇌의 병변과 PFC를 포함한 나머지 뇌 부위에서 더 많은 도파민이 생성된다. 그 결과는? 증상이 개선되지만 고용량 엘도파 요법의 부작용으로 강박성 도박과 같은 행동이 나타날 수 있다.

진다.**** 전두엽의 기능을 급격하게 변화시키는 방법이 하나 있는데, 평균적인 이성애자 남성을 특정 자극에 노출시키는 것이다. 그러면 PFC가 무단횡단을 하는 것이 좋은 생각이라고 판단할 가능성이 높아진다. 그 자극은 무엇일까? 바로 매력적인 여성과의 근접성이다. 한심하기도 하지.*****[32]

따라서 스트레스, 통증, 허기, 피로, 누군가의 땀냄새, 주변 시야에 있는 사람 등 우리가 통제할 수 없는 온갖 종류의 요인들이 'PFC가 얼마나 효과적으로 작동하는지'를 조절할 수 있다. 대개는 부지불식간에 그런 일이 일어난다. 판사에게 방금 내린 판결의 이유를 물었을 때 혈당 수치를 언급할 판사는 아무도 없을 것이다. 그 대신 우리는 토가를 입고 턱수염을 기른 고대 로마인들의 철학적 담론을 듣게 될 것이다.

3장에서 파생된 질문을 던져보자. 이런 연구 결과가 '자유로운 선택을 가능케 하는 그릿 같은 것은 존재하지 않는다'는 걸 증명할 수 있을까? 설사 이런 단기적 요인들의 영향력이 엄청나다고 해도(물론 대부분은 그렇지 않지만, 배고픈 판사의 가석방률 연구에서 나타난 65% 대 거의 0%라는 차이는 결코 사소하지 않다) 그 자체로는 그렇지 않다. 이제 좀더 거시적으로 살펴보기로 하자.

**** 이 실험은 무슨 내용일까? 스카이다이빙을 처음 경험한 사람들의 겨드랑이에 면봉을 넣어 겁에 질려 흘린 땀을 채취했다. 대조군은 무엇일까? 방금 공원에서 즐겁게 즈깅을 마친 행복한 사람들의 땀이다. 과학은 최고다. 나는 이런 걸 좋아한다.

***** 말이 나온 김에 하는 말인데, 이성애자 여성은 멋진 남성이 가까이 있어도 똑같이 멍청한 방식으로 행동하지는 않는다. 또다른 연구에 따르면, 남성 스케이트보더는 매력적인 여성이 가까이 있을 때 더 위험한 묘기를 펼쳤고 충돌 사고도 더 많이 발생했다. (과학의 엄격성을 보장하기 위해 독립적인 평가자 팀이 여성의 매력을 평가했다. 저자들은 "스케이트보더들의 많은 비공식 언급과 전화번호 요청을 통해 매력도를 평가했다"라고 설명했다.)

몇 시간 전에서 며칠 전의 유산

이쯤에서 행위자의 그릿으로 해석되는 것이 무엇인지 알아보기 위해, 어떤 호르몬이 PFC에 영향을 미치는지 살펴보기로 하자.

3장에서 언급한 바와 같이 지난 몇 시간에서 며칠 동안 테스토스테론 수치가 높아진 사람들은 더 충동적이 되고, 자신감과 위험 수용성risk-taking이 증가하고, 더 자기중심적이 되고, 관대함이나 공감능력이 떨어지며, 도발에 공격적으로 반응할 가능성이 높아진다. 당질코르티코이드와 스트레스는 집행 기능과 충동 조절 능력을 떨어뜨리고, 해결하지 못한 과제에 대해 전략을 바꾸는 대신 습관적 반응을 지속할 가능성을 높인다. 옥시토신은 신뢰, 사회성, 사회적 인식을 향상시키는 호르몬이다. 에스트로겐은 집행 기능, 작업 기억working memory, 충동 조절을 향상시키고 필요할 때 작업을 빠르게 전환하는 능력을 향상시킨다.[33]

이러한 호르몬 효과의 대부분은 PFC에서 발생한다. 아침에 끔찍한 스트레스를 받을 경우, 정오가 되면 당질코르티코이드 때문에 배외측PFC의 유전자 발현이 변화하여 흥분성이 감소한다. 그 결과, 편도체와 동조화해 진정시키는 능력이 떨어진다. 한편 스트레스와 당질코르티코이드는 감정적인 복내측PFC의 흥분성을 증가시켜 사회적 행동에 대한 음성적 되먹임에 영향받지 않게 만든다. 스트레스는 또한 PFC에서 노르에피네프린(아드레날린의 뇌 버전)이라는 신경전달물질의 방출을 유발하는데, 노르에피네프린 역시 배외측PFC를 방해한다.[34]

이 기간에 테스토스테론은 PFC의 다른 부분(안와전두피질이라고 부름)에 있는 뉴런의 유전자 발현을 변화시켜 억제성 신경전달물질에 더 민감하도록 만들고, 뉴런을 침묵시키며, 변연계에 감각을 전달하는 능력을 떨어뜨린다. 테스토스테론은 또한 PFC의 한 부분과 '공감과 관련된 영역' 사이의 동조화를 감소시키는데, 이는 '눈을 보고 상대방의 감정을 평가하는 능력'의 정확도를 테스토스테론이 떨어뜨리는 이유를 설명하는 데 도움이 된다. 한편 옥시토신은 안와전두피질을 강화하고 복내측PFC가 신경전달물질인 세로토닌과 도파민을 사용하는 비율을 변화시킴으로써 친사회적 효과를 나타낸다. 그리고 에스트로겐은 신경전달물질인 아세틸콜린 수용체의 수를 증가시킬 뿐만 아니라 심지어 복내측PFC의 뉴런 구조를 변화시킨다.*[35]

　이러한 사실들을 모두 적어두고 달달 외울 필요는 없다. 중요한 점은 이 모든 것의 기계론적 특성이다. 즉 배란 주기의 어느 단계에 있느냐에 따라, 한밤중인지 낮인지에 따라, 누군가에게 멋진 포옹을 받아 떨고 있는지 아니면 누군가에게 위협적인 최후통첩을 받아 떨고 있는지에 따라 PFC의 기어와 위젯이 다르게 작동할 것이다. 그리고 앞에서 얘기한 것처럼 그 자체만으로 그릿의 신화에 파멸을 가져올 만큼 큰 영향을 미치는 경우는 드물다. 그저 또하나의 퍼즐 조각일 뿐이다.

며칠 전에서 수년 전의 유산

3장에서는 이 기간에 뇌의 구조와 기능이 어떻게 극적으로 변할 수 있는지를 다루었다. 수년간의 우울증이 어떻게 해마를 위축시키고, PTSD를 유발하는 트라우마가 편도체를 어떻게 확대할 수 있는지 기억해보라. 당연히 경험에 대한 반응으로 나타나는 신경가소성은 PFC에서도 발생한다. 주요 우울증이나 주요 불안장애major anxiety disorder를 수년간 앓으면 PFC가 위축되며(후자의 경우에는 정도가 덜함), 기분장애가 오래 지속될수록 위축도 커진다. 장기간의 스트레스나 스트레스 수준의 당질코르티코이드에 노

---

*　참고로 복내측PFC뿐만 아니라 '내측PFC(medial PFC, mPFC)' 전체에 적용되는 내용이다.

출되는 경우에도 동일한 결과가 초래되는데, 당질코르티코이드는 PFC에서 BDNF*라는 핵심 신경성장인자의 수준이나 효능을 억제함으로써 수상돌기 가시dendritic spine와 수상돌기 가지dendritic branch를 너무 많이 수축시켜 PFC의 층이 얇아지게 만든다. 이는 PFC의 기능을 손상시키는데, 여기에는 실제로 도움이 되지 않는 반전이 포함된다. 즉 앞에서 지적한 바와 같이 활성화된 편도체는 신체의 스트레스 반응(당질코르티코이드 분비 포함)이 시작되는 걸 거든다. PFC는 편도체를 진정시킴으로써 이러한 스트레스 반응을 종식시키는 역할을 한다. 하지만 당질코르티코이드 수치가 높아지면 PFC의 기능이 손상되는데, 손상된 PFC는 편도체를 진정시키는 데 서투르기 때문에 더 높은 수준의 당질코르티코이드가 분비될 수밖에 없고, 이로 인해 PFC의 기능이 더욱 손상되는… 악순환이 일어난다.[36]

PFC에 영향을 미치는 다른 조절인자의 목록을 살펴보자. 에스트로겐은 PFC 뉴런으로 하여금 다른 뉴런과 연결되는 더 두껍고 복잡한 가지를 형성하게 하는데, 에스트로겐이 완전히 제거되면 일부 PFC 뉴런이 사멸한다. 알코올 남용은 안와전두피질의 뉴런을 파괴하여 수축을 일으키고, 수축이 심할수록 금주한 알코올중독자의 재발 가능성이 높아진다. 만성적인 대마초 사용은 배외측PFC와 복내측PFC 모두에서 혈류량과 활동을 감소시킨다. 규칙적으로 유산소 운동을 하면 신경전달물질 신호와 관련된 유전자가 PFC에서 발현되고, BDNF가 더 많이 만들어지며, 다양한 PFC 하위 영역 간의 동조화가 더 긴밀하고 효율적으로 이루어지지만, 섭식장애 환자의 경우에는 거의 정반대 현상이 일어난다. 조절인자의 목록은 끝없이 계속된다.[37]

이러한 효과 중 일부는 미묘하다. 미묘하지 않은 변화를 보고 싶다면 외상성 뇌손상(1장에 등장한 피니어스 게이지를 기억하는가?) 또는 전측두엽 치

---

* brain-derived neurotrophic factor(뇌 유래 신경영양인자).

매로 인해 PFC가 손상된 지 며칠에서 몇 년 뒤 어떤 일이 일어나는지 관찰해보라. PFC가 광범위하게 손상되면 억제되지 않는 행동, 반사회적 성향, 폭력 등이 오래 지속될 가능성이 높아진다. 이러한 현상을 '후천성 소시오패시'**라고 한다. 주목할 만한 점은 이러한 사람들은 살인이 잘못이라는 사실을 알지만 충동을 조절할 수 없을 뿐이라고 말한다는 것이다. 폭력적인 반사회적 범죄로 수감된 사람 중 약 절반이 외상성 뇌 손상 병력을 가졌는데 이에 비해 일반 인구 중에서는 약 8%만 외상성 뇌 손상을 가지고 있으며, 외상성 뇌 손상 병력이 있는 수감자는 재범 가능성이 더 높다. 또한 신경 영상 연구에 따르면 폭력적이고 반사회적인 범죄 전력이 있는 수감자들은 PFC의 구조적 및 기능적 이상 비율이 높다.***[38]

그리고 수십 년 동안 인종차별을 경험하는 경우, 이는 신체 구석구석에서 건강 악화를 예측하는 지표가 된다. 차별을 더 심하게 겪은(PTSD 및 외상 병력을 통제한 설문조사 점수를 기준으로 함) 아프리카계 미국인의 경우, 편도체의 휴지기 활성화 수준이 더 높고 편도체와 (편도체가 활성화하는) 하류 뇌 영역 간의 동조화 정도가 더 크다. 비참한 사회적 배제 패러다임(컴퓨터 속 두 사람이 가상의 공을 던져주지 않는 상황)의 피험자가 아프리카계 미국인인 경우, 배척이 인종주의에 기인한다고 간주될수록 복내측PFC의 활성화가 더 많이 나타난다. 또다른 신경 영상 연구에서는 '거미 사진을 보여준 피험자'의 전두엽 과제 수행 능력이 ('새 사진을 보여준 피험자'에 비해) 떨어졌으며, 아프리카계 미국인 피험자의 경우 차별을 받은 경험이 많을수록 거미가 복내측PFC를 더 많이 활성화하고 수행능력을 더 많이 감소시키

**   참고로 사이코패시와 소시오패시는 동일하지 않으며, 현재 논의에서 이걸 쓰든 저걸 쓰든 똑바로 구분하는 데는 동일한 어려움이 있다. 둘 사이에는 결정적인 차이점이 있지만, 우리 같은 무지렁이들은 유사점에 초점을 맞추고 두 용어를 같은 의미로 사용하기로 하자.

*** 누구에 비해 높은 비율일까? 혹시 노벨 평화상 수상자? 그건 아니고, 이 문헌의 대조군은 인구통계학적으로 일치하는 비수감 피험자 및/또는 비폭력 범죄로 수감된 피험자다.

는 것으로 나타났다. 장기간에 걸친 차별의 역사는 어떤 영향을 미칠까? '휴지 상태에서도 경계심을 늦추지 않는' 뇌는 지각된 위협에 더 민감하게 반응하고, 이러한 지속적인 불안 상태에 대한 복내측PFC의 보고가 쇄도하여 PFC에 과부하가 걸린다.[39]

이 섹션의 내용을 요약하면, 당신이 '올바르고 난도 높은 일'을 하려고 노력할 때 당신의 PFC는 지난 몇 년 동안 당신의 모든 경험의 결과물을 보여준다는 것이다.

청소년기의 유산

앞 단락에서 지난 몇 년을 청소년기로 바꾼 다음 단락 전체에 밑줄을 그으면 모든 준비가 완료된다. 나는 3장에서 다음과 같은 기본 정보를 제공했다. (a) 청소년기에 PFC는 건설해야 할 것이 아직 많이 남아 있다. (b) 이와 대조적으로 보상과 기대와 동기부여에 중요한 도파민 시스템은 이미 폭발하고 있기 때문에 PFC는 스릴 추구, 충동, 참신함에 대한 갈망, 즉 청소년이 청소년답게 행동하는 것을 효과적으로 억제할 수 없다. (c) 만약 청소년기의 PFC가 건설 현장이라면, 이 시기는 환경과 경험이 성인기 PFC에 영향을 미치는 주요 역할을 수행하는 마지막 기간이라고 할 수 있다.* (d) 전두피질 성숙 지연은 청소년기가 이러한 영향력을 제대로 행사할 수 있도록 진화한 결과임이 틀림없다. 만약 그렇지 않았다면, 사회성 법칙의 자구字句와 취지 사

---

* 3장의 내용을 떠올려보면 청소년기의 전두피질 성숙은 새로운 시냅스, 뉴런 투사, 회로를 구축하는 마무리 단계로 구성되지 않는다. 그 대신 청소년기 초기의 전두피질은 성인의 전두피질보다 이 세 가지 요소를 더 많이 가지고 있으며 크기도 더 크다. 다시 말해서 이 시기의 전두피질 성숙은 '불필요하고 효율성이 떨어지는' 회로와 시냅스를 솎아냄으로써 성인의 전두피질로 만드는 마무리 과정이다.

이의 불일치를 극복할 수 없을 것이다.

예컨대 청소년기의 사회적 경험은 'PFC가 성인의 사회적 행동을 조절하는 방식'을 변화시킬 것이다. 어떻게? 유력 용의자를 모두 수배해보라. 청소년기에 당질코르티코이드가 많이 분비되고 스트레스(신체적, 심리적, 사회적)를 많이 받으면 성인이 되어서도 PFC가 최고의 모습을 보이지 못할 것이다. (주요 글루탐산염 수용체 중 하나의 지속적인 구조 변화로 인해) PFC 뉴런이 흥분성 신경전달물질인 글루탐산염에 반응하는 방식이 영구적으로 변화함과 동시에, 내측PFC와 안와전두피질에서 시냅스가 줄어들고 수상돌기 가지의 복잡성이 줄어들 것이다. 성인이 되어 PFC가 편도체를 제대로 억제하지 못할 테니 조건화된 공포를 잊기가 더 어렵고 자율신경계가 놀람에 과민반응하는 현상을 억제하는 효과도 떨어질 것이다. 충동 조절 능력과 PFC 의존적 인지 과제 수행 능력이 저하되는 경우도 다반사일 것이다.[40]

반대로 청소년기의 풍요롭고 자극적인 환경은 성인의 PFC에 큰 영향을 미치고, 어린 시절의 역경이 미친 악영향 중 일부를 되돌릴 수 있다. 예컨대 청소년기의 풍요로운 환경은 PFC의 유전자 조절에 영구적인 변화를 일으켜, BDNF와 같은 신경성장인자의 성인기 수치를 높인다. 또한 태아기 스트레스는 성인 PFC의 BDNF 수치를 감소시키는 반면(이게 끝이 아니므로 계속 지켜보기 바란다), 청소년기의 풍요로운 환경은 이러한 효과를 역전시킬 수 있다. PFC에 일어난 충동 조절 및 만족 지연 능력 손상 등 그밖의 모든 변화도 역전될 수 있다. 따라서 성인이 되어 더 어려운 일을 더 잘하고 싶다면 청소년기를 제대로 선택해야 한다.[41]

더 과거로

이제 밑줄을 그은 단락으로 돌아가 '청소년기가 당신에게 준 모든 것'에 대해 검토한 다음 청소년기를 아동기로 바꾸고 그 단락에 밑줄을 열여덟 번 더 그으라. 주지하는 바와 같이, 당신이 어떤 어린 시절을 보냈느냐에 따라 '당시의 PFC 구성'과 '성인이 되어서 갖게 될 PFC의 종류'가 달라진다.*

예를 들어 어린 시절에 학대를 받으면 당연히 PFC가 작아지고 회색질이 축소되며 회로에 변화가 생긴다. 즉 PFC의 여러 하위 영역 간 의사소통이 줄어들고 복내측PFC와 편도체 사이의 동조화가 약해진다(그리고 이러한 영향이 클수록 어린이는 불안에 더 취약해진다). 뇌의 시냅스가 덜 흥분하고, 갖가지 신경전달물질 수용체의 수가 변화하며, 유전자 발현 및 후성유전학적 표지 패턴의 변화와 함께 어린이에게 집행 기능 및 충동 조절 장애가 발생한다. 이러한 영향의 상당 부분은 생후 첫 5년 정도 만에 발생한다. 혹자는 '학대가 뇌에 악영향을 미친다'는 이 섹션의 가정에 대해 수레와 말** 문제를 제기할 수 있다. 즉 '이미 그러한 차이가 있는 아이들'이 '학대를 받을 가능성이 더 높은 방식'으로 행동할지도 모른다는 것이다. 하지만 학대는 일반적으로 행동 변화보다 먼저 발생하기 때문에 그럴 가능성은 거의 없다고 봐야 한다.[42]

또한 아동기 PFC의 이러한 변화가 성인기까지 지속될 수 있다는 사실도 놀랍지 않다. 어린 시절에 학대를 받으면 성인의 PFC는 더 작아지고 얇아지며, 회색질이 적어진다. 그 결과 정서적 자극에 대한 PFC 활동이 변화하고, 다양한 신경전달물질의 수용체 수준이 변화하고, PFC와 도파민성 '보상' 영역 사이의 동조화가 약화되고(우울증 위험 증가의 예측 지표다), 편도체와의 동조화가 약해져 좌절감에 분노로 반응하는 경향(이를 '특성 분노'라

---

* PFC는 20대 중반까지 완전히 성숙하지 않지만 그 구성은 태아기부터 시작된다.

** 주객전도 또는 본말전도의 서양식 표현이다. ―옮긴이

고 한다)이 더 강해질 것으로 예측된다. 다시 한번 말하건대 이러한 모든 변화는 최상의 상태는 아닌 성인의 PFC로 이어진다.[43]

아동기에 학대를 받은 성인은 여느 성인들과 다른 PFC를 갖는다. 그리고 암울하게도, 어린 시절에 학대받은 경험이 있는 성인은 자신의 자녀를 학대할 가능성이 높다. 어린 시절에 학대당했던 어머니를 둔 어린이는 이미 생후 1개월이 되면 PFC 회로가 달라지는 것으로 나타났다.[44]

이러한 연구들은 두 그룹, 즉 어린 시절에 학대를 받은 사람들과 그렇지 않은 사람들을 비교한 것이다. 운의 스펙트럼 전체를 살펴보기로 하자. 즉 어린 시절의 사회경제적 지위가 소위 그릿의 영역에 미치는 영향은 어떨까?

놀랄 것도 없이 가족의 사회경제적 지위는 유치원생의 PFC 크기, 부피, 회색질 함량의 예측 지표다. 유아의 경우도 마찬가지여서, 생후 6개월 된 아기는 물론 생후 4주 된 아기도 그렇다. 이쯤 되면 당신은 삶이 이토록 불공평하다는 데 비명을 지르고 싶을 것이다.[45]

이러한 연구 결과의 모든 개별적인 부분들을 총정리하면 다음과 같다. 부모의 사회경제적 지위를 알면 그들 자녀의 배외측PFC가 집행 과제를 수행하는 동안 '다른 뇌 영역을 활성화하고 동원하는 정도'를 예측할 수 있다. 사회경제적 지위를 알면 '신체적·사회적 위협에 대한 편도체의 반응성 증가'도 예측할 수 있는데, 편도체의 반응은 위협에 대한 정서적 반응을 복내측PFC를 경유하여 PFC로 전달하는 매우 강력한 활성화 신호로 간주된다. 더 나아가 사회경제적 지위를 알면 어린이의 전두엽 집행 기능에 대한 모든 가능한 측정치를 예측할 수 있는데, 당연하게도 사회경제적 지위가 낮을수록 어린이의 PFC 발달이 저하된다.[46]

이러한 과정을 매개하는 요인에 대한 단서가 있다. 6세가 되면 사회경제적 지위가 낮은 가족의 어린이는 이미 당질코르티코이드 수치가 상승할 것으로 예측되며, 이 수치가 높을수록 PFC의 활동이 평균적으로 줄어든다.* 게다가 어린이의 당질코르티코이드 수치는 가족의 사회경제적 지위뿐만 아니라 이웃의 지위**에도 영향을 받는다. 스트레스 증가는 '낮은 사회경제적 지위'와 '어린이의 PFC 활성화 감소' 사이의 관계를 매개한다. 이와 관련하여 사회경제적 지위가 낮을수록 어린이에게 자극이 적은 환경이 조성될 수 있다. 경제적 여유가 없어 풍요로운 과외 활동은 엄두도 못 내거나, 여러 일을 병행하는 미혼모가 아이에게 책을 읽어줄 겨를이 없거나 해서다. 이에 대한 한 가지 충격적인 징후로, 사회경제적 지위가 높은 가정의 어린이는 3세가 되면 가난한 가정의 어린이보다 평균적으로 약 3천만 개나 더 많은 단어를 듣게 된다. 한 연구에서는 '가정에서 사용되는 언어의 복잡성'이 '사회경제적 지위'와 '어린이의 PFC 활동' 사이의 관계를 부분적으로 매개한다는 결과가 나왔다.[47]

끔찍하다. 이 시기에 전두피질이 형성된다는 점을 고려할 때, 어린 시절의 사회경제적 지위가 성인이 된 후의 상황을 예측하는 지표라고 해도 무리는 아닐 것이다. 어린 시절의 지위(성인이 된 후의 지위와는 무관하다)는 당질코르티코이드 수치, 안와전두피질 크기, 성인이 된 후의 PFC 의존적 과제 수행 능력을 예측하는 중요한 지표다. 수감률은 두말할 필요도 없다.[48]

어린 시절의 빈곤 및 아동학대와 같은 불행은 아동기의 부정적 경험(ACE) 점수에 반영된다. 3장에서 살펴본 바와 같이, 이 점수에는 어린 시절

---

* 이는 앞에서 언급한 성인의 악순환이 어린이에게도 적용됨을 의미한다. 즉 당질코르티코이드 수치가 높아지면 PFC 발달이 억제되는데, PFC가 수행하는 역할의 일부가 당질코르티코이드 스트레스 반응을 끄는 것이기 때문에 덜 발달한 PFC는 당질코르티코이드 수치를 더욱 높이게 된다.

** 외부세계가 어린이에게 미치는 영향은 관련 문헌에 수록되어 있다. 다른 모든 조건이 동일하다고 가정할 때, 도시 환경에서 성장한 어린이는 성인이 되었을 때 (교외나 시골에서 성장한 어린이에 비해) PFC의 여러 부분에서 회색질의 양이 적고, 편도체의 반응성이 높으며, 사회적 스트레스에 대응해 당질코르티코이드 분비가 더 많을 것으로 예상된다(어린 시절에 살았던 도시의 크기가 클수록 편도체의 반응성이 더 높아짐). 더나아가 신생아의 대뇌피질 발달 수준은 가족의 사회적 불이익뿐만 아니라 이웃의 범죄율에 의해서도 예측된다.

에 신체적·정서적·성적 학대, 신체적·정서적 방임, 이혼이나 배우자 학대나 가족 구성원의 정신질환·수감·약물 남용 등 가정 문제를 경험하거나 목격한 적이 있는지가 반영된다. 누군가의 ACE 점수가 증가할 때마다 '크기가 확장된 과민성 편도체'와 '완전히 발달하지 않은 굼뜬 PFC'를 가질 가능성이 높아진다.[49]

나쁜 소식에서 한 걸음 더 나아가, 3장에서 언급한 '태아기 환경의 영향력' 부문으로 넘어가보자. 임신부가 사회경제적 지위가 낮거나 범죄율이 높은 지역에 거주하면, 출산 직후 아기의 대뇌피질 발달이 더딜 것으로 예측된다. 아기가 아직 자궁에 있을 때에도 사정은 마찬가지다.*** 당연한 이야기지만, 임신중에 어머니가 스트레스를 많이 받으면(예: 배우자와의 사별, 자연재해, 다량의 합성 당질코르티코이드 투여를 요하는 임신부의 의학적 문제) 태아가 성인이 되었을 때 폭넓은 지표에서 인지장애, 집행 기능 저하, 배외측PFC의 회색질 부피 감소, 과민성 편도체, 과민성 당질코르티코이드 스트레스 반응이 예상된다.****[50]

ACE 점수, 태아의 역경 점수, 3장에서 언급한 RLCE(아동기의 억세게 운 좋았던 경험) 점수 등은 모두 동일한 사실을 말해준다. 이러한 연구 결과를 뻔히 보고도 '누군가가 인생에서 난도 높은 일을 얼마나 쉽게 하느냐가 비난, 처벌, 칭찬, 보상을 정당화한다'고 주장하려면 상당한 수준의 대담함과 무관심이 필요하다. 사회경제적 지위가 낮은 여성의 자궁 속에서 이미 신경생물학적 대가를 톡톡히 치르고 있는 태아에게 물어보라.

*** 이 연구 결과는 태아 뇌의 구조적 자기공명 영상structural MRI을 해석한 것이다. 태아와 신생아를 대상으로 진행한 연구에서는 전두피질이 아닌 대뇌피질의 발달만을 고려하는데, 그 연령대는 뇌 영상에서 하위 영역을 식별하기가 너무 어렵기 때문이다.

**** 차분히 밝혀두건대, 이는 일상적인 스트레스 요인이 아니라 임신부의 주요 스트레스 요인이다. 더욱이 이러한 영향의 정도는 일반적으로 경미하다(단, 태아가 경험하는 역경에 임신부의 알코올 또는 약물 남용이 포함되는 경우는 예외다).

당신이 물려받은 유전자와
그 진화의 유산

유전자는 당신이 가진 PFC의 유형과 관련이 있다. 놀랄 것도 없다. 사실은 3장에서 설명한 것처럼 성장인자, (신경전달물질을 생성하거나 분해하는) 효소, (신경전달물질 및 호르몬의) 수용체 등등은 모두 단백질로 이루어지는데, 이는 이 세 가지 모두가 유전자에 의해 코딩된다는 뜻이다.

유전자가 이 모든 것과 관련된다는 개념은 너무나 피상적이어서 흥미롭지 않을 수 있다. 특정한 종이 보유한 유전자 유형의 차이는, 전두피질이 인간에게는 있지만 바다의 따개비나 언덕의 헤더*에는 없는 이유를 설명하는 데 도움이 된다. 특히 인간이 가진 유전자 유형은 전두피질이 (다른 피질과 마찬가지로) 6개의 뉴런 층으로 구성되어 있고 두개골보다 크지 않은 이유를 설명하는 데 도움이 된다. 그러나 '유전자'가 전면에 등장할 때 내가 관심을 갖는 유전학의 종류는, 특정 유전자가 사람마다 다른 특성을 띤 변이체로 나타날 수 있다는 사실과 관련된다. 따라서 인간의 전두피질을 형성하는 데 도움이 되지만 균류fungus에는 없는 유전자는 이 섹션의 관심 밖이다. 나의 관심 대상은 세 가지 요소—전두피질의 부피, 전두피질의 활동 수준(뇌파에서 감지됨), PFC 의존적 과제 수행 능력—의 변화를 설명하는 데 유용한 유전자의 변이체다.** 다시 말해서, 나는 '두 사람이 쿠키를 훔칠 가능성이 다른 이유'를 설명하는 데 도움이 되는 유전자의 변이에 관심이 있다.[51]

---

* 낮은 산과 황야 지대에서 자라는 야생화. 보라색, 분홍색, 흰색의 꽃이 핌.—옮긴이

** 형질의 집단 내 변동성은 유전자의 변동성 정도(즉 '유전성 점수heritability score')에 따라 결정된다는 점에 유의하라. 이것은 논란의 여지가 매우 많은 주제다. 어떤 연구 결과가 '특정 유전자가 얼마나 중요한가/얼마나 중요하지 않은가'를 나타내느냐에 대해 종종 잔이 '반쯤 비어 있음/반쯤 차 있음'의 차이를 만들어내기 때문이다. 행동유전학 논쟁에 대한 상세하지만 비기술적인 개요는 내가 쓴 책『행동』의 8장을 참조하라.

다행히도 이 분야는 특정 유전자군의 변이가 전두엽 기능과 어떻게 관련되어 있는지를 이해하는 수준까지 발전했는데, 그런 유전자들 중 다수는 신경전달물질인 세로토닌과 관련이 있다. 첫째, 시냅스에서 세로토닌을 제거하는 단백질을 코딩하는 유전자의 경우, 어떤 버전의 유전자를 가지고 있느냐에 따라 PFC와 편도체 사이의 동조화 강도가 달라진다. 둘째, 시냅스에서 세로토닌 제거에 관여하는 유전자의 변이는 PFC 의존적 뒤집기 과제에서 피험자의 수행 능력을 예측하는 데 도움이 된다. 셋째, 여러(매우 많다) 세로토닌 수용체 중 하나를 코딩하는 유전자의 변이는 충동 조절 능력을 예측하는 데 도움이 되는데,*** 이는 세로토닌 신호의 유전학에 관한 것이다. 1만 3천 명의 유전체를 분석한 연구에서, 세로토닌과 관련된 유전자 변이의 복합적 군집이 충동적이고 위험한 행동을 예측했다. 또한 이러한 변이가 많을수록 배외측PFC가 더욱 작은 것으로 나타났다.[52]

뇌 기능 관련 유전자(거의 모든 유전자)에 대한 중요한 점은, 동일한 유전자 변이일지라도 환경에 따라 다르게, 때로는 심지어 극적으로 다르게 작용한다는 것이다. 유전자 변이와 다양한 환경 사이의 이러한 상호작용은 궁극적으로 유전자가 '무엇을 한다'라고 일률적으로 말할 수 없고, '유전자가 연구되는 각각의 특정 환경에서 어떤 역할을 하는지'만 말할 수 있음을 의미한다. 한 가지 좋은 예로, 세로토닌 수용체의 한 유형에 대한 유전자의 변이는 여성의 충동성을 설명하는 데 도움이 되지만, 섭식장애가 있는 경우에만 해당된다.[53]

청소년기에 관한 섹션에서 '인간이 PFC의 극도로 지연된 성숙이라는 방향으로 진화한 이유'와 '그것이 어떻게 PFC의 구성을 환경적 영향에 종속되도록 만드는지'를 고려했다. 그렇다면 유전자는 '유전자로부터의 자유'를

*** 마니아들을 위한 세부사항은 다음과 같다. 세로토닌을 제거하는 단백질은 세로토닌 수송체이고, 세로토닌을 분해하는 단백질은 MAO-A이며, 수용체는 5HT2A 수용체다.

어떻게 코딩할까? 적어도 두 가지 방법이 있다. 첫번째 방법은 매우 간단하며, 'PFC의 성숙 속도'에 영향을 미치는 유전자와 관련이 있다.* 두번째 방법은 더욱 미묘하고 우아하며, 'PFC가 다양한 환경에 얼마나 민감한지'에 영향을 미치는 유전자와 관련이 있다. 도벽에 영향을 미치는 두 가지 변이체가 있는 (가상의) 유전자를 생각해보자. 사람 자체만 보면, 각각의 유전자 변이를 보유한 사람은 해당 변이와 무관하게 도둑질할 가능성이 똑같이 낮다. 그러나 또래집단이 부추기는 경우, 한 가지 변이체를 보유한 사람은 유혹에 굴복할 가능성이 5% 증가하고, 다른 변이체를 보유한 사람은 50% 증가한다. 다시 말해서 두 가지 변이체는 또래 압력에 대한 민감도의 극적인 차이를 만들어낸다.

이러한 차이를 좀더 기계적으로 설명하면 다음과 같다. 당신의 몸에 전기 코드가 연결되어 있고, 이 코드는 콘센트에 꽂도록 되어 있다고 가정해보자. 코드가 콘센트에 꽂혀 있으면 당신은 도둑질할 생각이 들지 않는다. 콘센트는 가상의 단백질로 만들어져 있는데, 이 단백질에는 플러그가 꽂히는 슬롯의 너비를 결정하는 두 가지 변형이 있다. 조용하고 밀폐된 방에서라면 플러그는 변형에 관계없이 콘센트에 잘 꽂혀 있다. 그러나 또래를 조롱하고 압박하는 코끼리 무리가 천둥을 치며 지나가면, '슬롯이 헐렁한 콘센트'에 꽂힌 플러그는 '슬롯이 꽉 끼는 콘센트'에 꽂힌 플러그보다 진동할 가능성이 10배나 높다.

그리고 이러한 메커니즘이야말로 유전자로부터 더 자유로워지기 위한 유전적 기반인 것으로 밝혀졌다. 하버드의 유기체 및 진화생물학자 벤저민 드 비보트는 뉴런 사이의 시냅스 형성에 관여하는 테뉴린-Ateneurin-A라는

---

* 스트레스와 역경은 PFC 발달에 해로운데, 흥미로운 점은 이것이 가속화된 성숙(웃자람)으로 나타난다는 것이다. 성숙 속도가 빨라진다는 것은 최적의 PFC 성장을 촉진할 수 있는 환경의 문이 더 빨리 닫힌다는 뜻이다.

단백질을 코딩하는 유전자를 연구한다. (엄청나게 단순화하면) 이 유전자에는 '한 뉴런의 케이블이 다른 뉴런의 테뉴린-A 콘센트에 얼마나 단단히 연결되는지'에 영향을 미치는 두 가지 변이체가 있다. 헐렁한 콘센트 변이체가 있으면 시냅스 연결성이 더욱 다양하게 변화할 수 있다. 또는 내 방식으로 말하자면, 헐렁한 콘센트 변이체는 시냅스 형성 과정에서 환경적 영향에 더 민감한 뉴런을 코딩한다. 테뉴린이 우리 뇌에서도 이런 방식으로 작동하는지는 아직 알려지지 않았지만(드 비보트의 연구 대상은 초파리이다. 그렇다, 초파리의 시냅스 형성조차 환경의 영향을 받는다), 우리 뇌에서도 이와 개념적으로 유사한 일이 다양한 차원에서 일어나고 있을 것이다.[54]

조상으로부터 물려받은 문화적 유산

3장의 내용을 개괄하는 부분에서 살펴본 바와 같이, 생태계의 유형에 따라 생성되는 문화의 유형도 달라진다. 이는 사실상 출생 순간부터 어린이의 양육에 영향을 미침으로써 뇌 구조가 해당 문화에 더 쉽게 적응할 수 있는 방향으로 기울어지게 한다. 그리하여 그 가치관을 다음 세대에 물려주게 한다…

물론 문화적 차이는 PFC에 큰 영향을 미친다. 기본적으로 지금껏 수행된 모든 연구는 (조화, 상호 의존, 순응을 중시하는) 동남아시아의 집단주의 문화와 (자율성, 개인의 권리, 개인적 성취를 강조하는) 북아메리카의 개인주의 문화를 비교하는 데 초점을 맞추고 있다. 그리고 그 결과는 설득력이 있다.**

**   몇몇 연구는 북미인이 아닌 서유럽인을 대상으로 수행되었는데, 동아시아 문화권과의 일반적인 차이점은 동일한 것으로 나타났다.

명백한 사실은 다음과 같다. 서양인의 경우 복내측PFC가 어머니의 얼굴 사진에는 반응하지 않지만 자신의 얼굴 사진을 볼 때는 활성화되는 반면, 동아시아인의 경우 복내측PFC가 양쪽 모두에 대해 동일하게 활성화된다. 피험자에게 '문화적 가치에 대해 미리 생각해두라'고 사전에 귀띔하면 이러한 차이는 더욱 극명하게 드러난다. 이중 문화(즉 부모 중 한 사람은 집단주의 문화권 출신이고, 다른 사람은 개인주의 문화권 출신)에 속한 개인을 연구할 때 피험자에게 한 문화 또는 다른 문화에 대해 생각하라고 사전에 귀띔하면, 해당 문화에 대해 전형적인 복내측PFC 활성화 프로필이 나타난다.[55]

다른 연구들은 PFC와 감정 조절의 차이를 보여준다. 피험자들이 사회적 처리 과제를 수행하는 동안 그들의 신경 영상을 분석한 35건의 연구에 대한 메타 분석에 따르면, 동아시아인은 서양인보다 평균적으로 배외측PFC의 활동이 더 높았다(마음 이론의 핵심 두뇌 영역인 측두정엽접합부 temporoparietal junction, TPJ의 활성화와 함께). 이는 두뇌가 감정을 조절하고 타인의 관점을 이해하는 데 더 적극적으로 작용한다는 것을 의미한다. 반면 서양인은 더 높은 감정 강도, 자기참조self-reference,* 강한 정서적 혐오감 또는 공감능력을 보였다. 즉 복내측PFC, 뇌섬, 전대상피질에서 더 높은 수준의 활성을 보인 것이다. 이러한 신경 영상학적 차이는 문화적 가치를 가장 강하게 지지하는 피험자에게서 가장 크게 나타났다.[56]

인지 방식에서도 PFC의 차이가 나타난다. 일반적으로 집단주의 문화권 사람들은 맥락 의존적 인지 과제를 선호하고 잘 수행하는 반면, 개인주의 문화권의 사람들은 맥락 독립적 과제를 선호한다. 그리고 두 집단 모두에서, 피험자가 자신의 문화에서 덜 선호하는 유형의 과제를 수행하느라 어려움을 겪을 때 PFC는 더욱 열심히 일해야 한다.

큰 틀에서 이러한 차이는 어디에서 비롯된 것일까?** 3장에서 논의한 바와 같이 동아시아의 집단주의는 일반적으로 범람원 벼농사의 공동 작업 요구에서 비롯된 것으로 여겨진다. 최근 미국으로 이민 온 중국인들은 '자신에 대해 생각할 때 활성화되는 복내측PFC'와 '어머니에 대해 생각할 때 활성화되는 복내측PFC' 사이의 서양적 차이를 이미 드러낸다. 이는 중국 본토인 중에서 개인주의 성향이 강한 사람들이 이민을 선택했을 가능성이 더 높다는 것을 시사하며, 이러한 특성에 대한 자기선택 메커니즘이라고 할 수 있다.[57]

작은 틀에서 이러한 차이는 어디에서 오는 것일까? 3장에서 살펴본 바와 같이 어린이들은 집단주의 문화와 개인주의 문화에서 다르게 양육되며, 이는 뇌가 구성되는 방식에 영향을 미친다.

그러나 첨언하건대 유전적 영향도 작용할 것이다. 이국땅에서 자기 문화의 가치를 눈부시게 표현하는 데 성공한 이주민들은 자신의 유전자 사본을 남기는 경향이 있다. 반대로 (스노보드를 타러 가기로 했다며 벼 베는 날에 나타나지 않거나, 미식축구 팀들에게 서로 경쟁하기보다는 협동하도록 설득함으로써 슈퍼볼을 방해하는) 문화적 불평분자, 반항아, 괴짜는 자신의 유전자를 후손에게 물려줄 가능성이 적다. 이런 특징들이 유전자의 영향을 받는다면 (앞 섹션에서 살펴본 바와 같이 실제로 유전자의 영향을 받는다), 유전자 빈도에 문화적 차이가 발생할 수 있다. 집단주의 문화와 개인주의 문화는 도파민 및 노르에피네프린 처리와 관련된 유전자 변이, 시냅스에서 세로토닌을 제거하는 펌프를 코딩하는 유전자 변이, 뇌의 옥시토신 수용체를 코딩하는 유전자 변이의 발생률에서 차이가 있다.[58]

다시 말해서 유전자 빈도, 문화적 가치, 아동 발달 관행이 세대를 거치면

** 이는 평균적인 특성의 차이이며, 많은 개인적 예외가 있는 인구학적 차이라는 점을 다시 한번 명심하기 바란다.

서 서로를 강화하는 공진화coevolution로 인해 당신의 PFC가 장차 어떤 모습을 띨지가 결정된다.

자유롭게 선택된 그릿이라는
신화의 종말

우리는 '삶이 우리에게 선물로 주거나 저주하듯 부여한 속성을 우리가 통제할 수 없다'는 사실을 꽤 잘 인식한다. 하지만 우리가 옳고 그름의 갈림길에서 이러한 속성에 편승하여 하는 행동은 우리로 하여금 강력한 직관에 따라 '자유의지가 작용하고 있다'는 결론을 내리도록 집요하게 유도한다. 현실은 그렇지 않다. 당신이 감탄할 만한 상황 대처 능력을 보이든, 방종의 늪에 빠져 기회를 낭비하든, 유혹을 당당하게 째려보거나 유혹에 굴복하든, 이 모든 것은 PFC와 거기에 연결된 다른 뇌 영역의 기능에 따른 결과일 뿐이다. 그리고 그 PFC의 기능은 몇 초 전, 몇 분 전, 몇천 년 전에 일어난 일의 결과물이다. 이것은 뇌 전체를 다룬 3장의 핵심 구절과 동일하며, 꼬리에 꼬리를 무는이라는 동일한 핵심 구절을 호출한다. 지금까지 걸어온 길을 돌이켜보면 나는 당신의 PFC가 진화한 과정을 다루면서 '진화한 유전자'와 '그 유전자가 뇌에서 코딩하는 단백질'과 '어린 시절의 환경과 경험이 이러한 유전자와 단백질의 조절을 어떻게 변화시켰는지'에 대해 이야기했다. 당신의 PFC를 지금 이 순간까지 이끌어온 꼬리에 꼬리를 무는 영향 사이에 자유의지가 끼어들 틈은 한 군데도 없다.

이 장의 내용과 관련하여 내가 가장 좋아하는 발견은 다음과 같다. 두 가지 방식으로 수행할 수 있는 과제가 있는데, 버전 1에서는 일정량의 작업을 수행하면 일정량의 보상을 받지만 두 배의 작업을 수행하면 세 배의 보상을 받는다. 버전 2에서는 일정량의 작업을 수행하면 일정량의 보상을 받지만, 3배의 작업을 수행하면 엄청난 보상을 받는다. 당신이라면 어떤 버전을 선택하겠는가? 스스로 자유롭게 결정을 내린다고 생각하면, 조금 더 많은 일을 하고 그 결과 엄청난 보상을 받을 수 있는 버전 2를 선택할 것이다. 사람들은 일반적으로 보상의 크기와 관계없이 버전 2를 선호하는 것처럼 보인다. 그런데 최근 연구에서, 복내측PFC*의 활성이 버전 2에 대한 선호드에 비례하는 것으로 밝혀졌다. 이것은 무엇을 의미할까? 이 맥락에서 복내측PFC는 피험자가 '의지에 상응해 보상하는 상황을 얼마나 선호하는지'를 코딩한다. 따라서 복내측PFC는 행위자가 '얼마나 현명하게 자유의지를 행사한다고 생각하는지'를 코딩하는 뇌 영역이다. 다시 말해서 '너트도 볼트도 없다'는 헛된 믿음을 코딩하는 너트와 볼트로 이루어진 생물학적 기계인 것이다. [59]

샘 해리스는 '자기 자신이 다음에 무엇을 생각할 것인지'를 용케 생각하기란 불가능하다고 설득력 있게 주장한다. 2장과 3장에서 얻을 수 있는 교훈은 자기 자신이 다른 소망을 갖기를 바라는 일은 애당초 불가능하다는 것이었다. 이 장의 핵심은 당신이 더 많은 의지력을 갖도록 스스로 의지를 발휘하기란 애당초 불가능하다는 것이다. 그리고 '사람들이 무엇이든 할 수 있고 해야만 한다'는 믿음으로 세상을 운영하는 건 좋은 생각이 아니라는 것이다.

---

* 또다른 영역으로 문측吻側 PFCrostrolateral PFC*가 있다.(*문측rostral은 주둥이 또는 부리 쪽, 미측cauda은 꼬리 쪽을 말한다.—옮긴이)

5장

카오스이론 입문

다음과 같은 상황을 가정해보자. 당신은 이 문장을 읽기 직전에 어깨의 가려운 곳을 긁으려고 손을 뻗었다가, 그 부위에 손을 뻗기가 점점 더 어려워진다는 사실을 깨닫는다. 그래서 나이가 들수록 점점 더 석회화되는 관절을 생각하여 '운동을 더 많이 해야겠다'고 다짐한 후 무심코 간식을 집어먹는다. 음, 과학은 이러한 과정을 공식적으로 규명했다. 그 내용인즉 의식적이든 아니든 우리의 모든 행동이나 생각, 그리고 이를 뒷받침하는 모든 신경생물학은 이미 결정되어 있다는 것이다. 다시 말해 그 어떤 것도 '원인 없는 원인'에서 비롯될 수는 없다는 것이다.

아무리 잘게 나눠도 각각의 고유한 생물학적 상태는 그 이전의 고유한 상태에 의해 발생한 것이다. 그리고 사물을 진정으로 이해하려면, 이 두 상태를 각각 구성 요소로 분해하여 '방금 전'을 구성하는 각 요소가 어떻게 '지금'의 각 부분을 생성했는지 파악해야 한다. 우주는 이런 방식으로 작동하는 것 같다.

하지만 그렇지 않다면 어떨까? 만약 어떤 순간이 그 이전의 어떤 순간에서 비롯된 것이 아니라면 어떻게 될까? 어떤 고유한 '지금'이 여러 개의 고유한 '방금 전'에 의해 발생할 수 있다면 어떻게 될까? 무언가를 구성 요소로 분해하여 작동 방식을 배우는 전략이 종종 쓸모가 없다면 어떻게 될까? 놀랍게도 이 모든 의문이 사실인 것으로 밝혀졌다. 지난 세기 동안 앞 단락에서 언급한 '우주의 모습'이 뒤집히면서 카오스이론chaos theory, 창발적 복잡성emergent complexity, 양자 불확정성quantum indeterminacy의 과학이 탄생했다.

이 세 가지를 혁명이라고 부르는 것은 과장된 표현이 아니다. 어렸을 때 나는 크라카토아섬에 열기구 기술로 건설된 유토피아 사회가 1883년의 유명한 화산 폭발로 파괴될 운명에 처한다는 내용의 『스물한 개의 열기구The Twenty-One Balloons』*라는 소설을 읽은 적이 있다. 정말 환상적인 책이라 끝까지 다 읽자마자 다시 읽기 위해 맨 앞 페이지로 되돌아갔다. 그리고 거의 25년이 지나 나는 다른 책**을 다시 읽기 위해 부랴부랴 첫 페이지로 넘어갔는데, 그것은 세 가지 과학혁명 중 하나에 대한 소개서였다.

엄청나게 흥미로운 내용이었다. 이 장과 뒤이은 다섯 개 장에서는 이 세 가지 혁명을 검토하고, 얼마나 많은 사상가들이 그 틈새에서 자유의지를 찾을 수 있다고 믿는지 살펴보려고 한다. 앞의 세 장에는 나의 격한 감정이 담겨 있다는 사실을 솔직히 인정한다. 나는 '사람들의 행동을 그 의도의 순간에 이르게 된 맥락을 떠나서 평가할 수 있으며, 그들의 역사는 중요하지 않다'는 생각에 대해 공정하고 교수답고 인텔리적인 분노에 휩싸여 있다. '어떤 행동이 결정된 것처럼 보이더라도 자유의지는 보이지 않는 곳에 숨어 있다'는 생각, '삶은 힘들고, 우리는 불공평하게 타고난 재능이나 저주를 받듯 갖게 된 성격이 있지만, 우리가 자유롭게 선택하는 것이 우리의 가치를 측정하는 척도이기 때문에 타인에 대한 공정한 판단이 정당하다고 결론 내

---

*   윌리엄 페네 듀보이스William Pène du Bois, 1947.
**   제임스 글릭, 『카오스』, 1987.

릴 수 있다'는 생각에 대해서도 마찬가지다. 이러한 입장은 엄청난 양의 과분한 고통과 부당한 자격 부여를 부추겼다.

6장~10장에서 기술하는 혁명에서는 이와 같은 감정적 날카로움은 찾아볼 수 없다. 앞으로 살펴보겠지만, '자유의지가 존재하며, 나는 상위 1%의 삶을 살았다'고 우쭐대면서 아원자 양자의 불확정성을 인용하는 사상가는 그리 많지 않다. 이러한 주제를 빌미로 파리에 바리케이드를 치고 영화 〈레미제라블〉에 나오는 혁명가를 부를 일은 아니다. 오히려 이러한 주제는 전혀 예상치 못한 구조와 패턴을 드러내 나를 엄청나게 흥분시킨다. 삶이 상상 이상으로 흥미진진하다는 느낌을 약화하기는커녕 되레 강화하기 때문이다. 이러한 주제는 복잡한 사물의 작동 방식에 대한 우리의 생각을 근본적으로 뒤집는다. 하지만 그럼에도 자유의지가 머물 곳은 그 어디에도 없다.

이 장과 6장에서는 복잡한 사물의 구성 요소에 대한 연구를 아무짝에도 쓸모없게 만들 수 있는 분야인 카오스이론에 초점을 맞추고자 한다. 이 장에서는 이 주제에 대한 기초 내용을 다룬 후 다음 장에서 사람들이 '카오스계에서 자유의지를 발견했다'고 잘못 믿게 되는 두 가지 방식을 다룰 것이다. 첫번째는 '생물학에서 단순한 것에서 시작했는데 예상치 않게 매우 복잡한 행동이 나온다면, 자유의지가 막 작동했다고 봐야 한다'고 생각하는 것이다. 두번째는 '이전의 두 가지 다른 생물학적 상태 중 하나로부터 복잡한 행동이 발생했는데 둘 중 어느 것이 원인이었는지 알아낼 방법이 없다면, 원인이 없으니 그 행동은 결정론에서 벗어났다고 주장해도 무방하다'고 믿는 것이다.

모든 것을 납득할 수 있던 시절

다음과 같은 경우를 가정해보자.

X = Y + 1

그렇다면

X + 1 = ?

당신은 다음과 같은 답을 쉽게 계산할 수 있다.

(Y + 1) + 1

X + 3을 계산하면 즉시 (Y + 1) + 3이라는 답이 나온다. 여기서 중요한 점은 X + 1을 풀고 나면 X + 2를 먼저 계산할 필요 없이 X + 3을 풀 수 있다는 점이다. 다시 말해서 당신은 각 중간 단계를 검토하지 않고도 미래를 예측할 수 있다. X + 10억, 또는 X + 무량대수, 또는 X + 별코두더지 한 마리의 경우도 마찬가지다.

이와 같은 세계에는 다음과 같은 여러 가지 속성이 있다.

— 방금 살펴본 것처럼 시스템의 시작 상태(예: X = Y + 1)를 알면 중간 단계 없이도 X + 무엇이든지를 정확하게 예측할 수 있다. 이 속성은 양방향으로 작동한다. 즉, (Y + 1) + 무엇이든지가 주어지면 시작점이 X + 무엇이든지였다는 것을 알 수 있다.

— 여기에는 '시작 상태와 끝 상태를 연결하는 고유한 경로가 있으며, X + 1이 (Y + 1) + 1과 다른 경우는 거의 없을 수밖에 없다'는 사실이 내포되어 있다.

— '무량대수'를 다루는 데서 볼 수 있듯이, 시작 상태의 불확실성과 근사치의 크기는 다른 쪽 끝의 크기에 정비례한다. 당신은 '모르는 것'을 알 수 있고, '예측할 수 없는 정도'를 예측할 수 있다.[1]

시작 상태와 성숙 상태 사이의 이러한 관계는 수세기 동안 과학의 중심 개념으로 자리잡은 환원주의를 탄생시키는 데 도움이 되었다. 환원주의란

'복잡한 것을 구성 요소로 분해하여 연구하고, 각 구성 요소에 대한 통찰을 취합하면 복잡한 전체를 이해할 수 있다'는 생각을 말한다. 구성 요소 자체가 너무 복잡해서 이해하기 어렵다면 아주 작은 하위 구성 요소들을 연구함으로써 이해할 수 있다고 한다.

이와 같은 환원주의는 매우 중요하다. 유서 깊은 톱니바퀴 기술로 작동하는 시계가 작동을 멈추면 문제를 해결하기 위해 환원주의적 접근 방법을 적용해야 한다. 시계를 분해하여 톱니바퀴가 부러진 작은 기어 하나를 찾아내 교체한 다음 부품을 재조립하면 시계가 작동한다. 이 접근 방법은 범죄 현장에 도착하여 목격자를 인터뷰하는 탐정의 업무 방식이기도 하다. 첫번째 목격자는 사건의 1, 2, 3부만 목격했고, 두번째 목격자는 2, 3, 4부만 목격했으며, 세번째 목격자는 3, 4, 5부만 목격했다. 안타깝게도 사건의 전말을 본 사람은 아무도 없다. 하지만 환원주의적 사고방식 덕분에, 중첩되는 부분이 있는 세 목격자의 관찰에서 단편적인 구성 요소들을 취한 후 결합하여 전체 순서를 이해함으로써 문제를 해결할 수 있다.* 또다른 예로, 팬데믹 초기에 전 세계는 'SARS-CoV-2 바이러스의 스파이크 단백질이 폐 세포 표면의 어떤 수용체와 결합하여 해당 세포에 침입함으로써 질병을 일으키는가'와 같은 환원주의적 질문에 대한 해답을 기다렸다.

하지만 환원주의적 접근 방법이 모든 사물에 적용되는 건 아니라는 점을 명심하라. 예컨대 가뭄이 들어 1년 동안 비가 내리지 않고 하늘에 뭉게구

---

* 인간 유전체의 염기서열을 처음 분석할 때도 동일한 전략이 사용되었다. 특정 DNA의 길이가 9단위로 너무 길어 실험실 기술로는 염기서열을 체계적으로 파악하기가 불가능하다고 가정해보자. 그 길이를 1/2/3번 조각, 4/5/6번 조각, 7/8/9번 조각과 같이 시퀀싱할 수 있을 만큼 짧은 일련의 조각으로 잘라낸다. 이제 동일한 DNA의 두번째 사본을 채취하여 1번 조각, 2/3/4번 조각, 5/6/7번 조각, 8/9번 조각과 같이 다른 패턴으로 자른다. 세번째 사본은 1/2번 조각, 3/4/5번 조각, 6/7/8/9번 조각으로 자른다. 이제 겹치는 조각들을 일치시키면 전체 염기서열을 알 수 있다.

름이 점점이 떠 있는 경우, 먼저 구름을 분리하여 왼쪽 반쪽과 오른쪽 반쪽, 그리고 각 반쪽의 절반을 연구하여 가운데에서 '톱니가 부러진 작은 기어' 하나를 찾아낼 때까지 연구하지는 않는다. 그럼에도 불구하고 환원주의적 접근 방법은 오랫동안 복잡한 주제를 과학적으로 탐구하는 데서 표준이 되어왔다.

그러던 중 1960년대 초부터 혼돈주의chaoticism 또는 카오스이론이라고 불리는 과학혁명이 등장했다. 이 이론의 핵심은, 정말 흥미롭고 복잡한 것들은 환원주의적 수준에서는 잘 이해되지 않거나 이해할 수 없는 경우가 많다는 것이다. 예를 들어 비정상적인 행동을 하는 인간을 이해하려면 '똑딱거리지 않는 시계'가 아니라 '비를 내리지 않는 구름'처럼 문제에 접근해야 한다. 그리고 당연하게도 구름과 같은 인간의 속성은 '자유의지가 작동하는 것을 보고 있다'는 결론을 내리도록 만드는 거의 모든 종류의 거부할 수 없는 충동을 발생시킨다.

혼돈의 예측 불가능성

카오스이론에는 창조 에피소드가 있다. 내가 어렸을 때인 1960년대에는 "라디오에서 기상 캐스터[어느 경우에나 남자였음]가 오늘 날씨가 맑을 거라고 했으니 우산을 가져가는 게 좋겠다"와 같은 재치 있는 농담으로 부정확한 일기예보를 조롱했다. MIT의 기상학자 에드워드 로렌즈는 예측 정확도를 높이기 위해 구식 컴퓨터를 사용하여 날씨 패턴을 모델링하기 시작했다. 예컨대 온도와 습도 같은 변수를 모델에 추가하고 예측이 얼마나 정확해지는지 확인하는가 하면 추가 변수, 다른 변수, 변수의 다양한 가중치**가 예

**   변수에 가중치를 부여하는 방법은 '변수 A와 B를 함께 추가하면 무엇이든 제대로 예측할

측의 정확도를 향상시키는지를 확인했다.

그리하여 로렌즈는 자신의 컴퓨터에서 12개의 변수를 사용하여 모델을 연구하고 있었는데, 점심시간이 되자 예측을 생성하고 있던 도중에 프로그램을 중단시켰다. 식사를 마치고 돌아와서는 시간을 절약하기 위해, 프로그램을 처음부터 다시 시작하지 않고 '중단하기 전 시점'에서 재개하기로 했다. 그래서 모델에 해당 시점의 12개 변수 값을 입력하고, 예측을 재개하라는 명령을 내렸다. 이것이 로렌즈가 한 일이었고, 이후 우주에 대한 우리의 이해가 바뀌었다.

그 시점에서 한 변수의 값은 0.506127이었다. 그런데 어찌된 일인지, 출력물에 그렇게 적혀 있음에도 컴퓨터는 변수 값을 0.506으로 반올림했다. 어쩌면 컴퓨터는 '인간 1.0'을 압도하고 싶지 않았던 것인지도 모른다. 이유가 어찌됐든 0.506127은 0.506이 되었고, 로렌즈는 이 약간의 부정확성을 까맣게 모른 채 0.506이라는 변수 값을 그대로 두었다. 그러고는 실제 값이 0.506127이라고 여기며 프로그램을 실행했다.

결과적으로 그는 이제 실제 값과 약간 다른 값을 다루고 있었다. 그리고 우리는 순수하게 선형적이고 환원주의적인 세계에서 이제 무슨 일이 일어났어야 하는지를 안다. 즉 '시작 상태가 그가 생각한 값에서 얼마나 벗어났는지(즉 0.506127 − 0.506 = 0.000127)'를 이용하면 '최종 상태가 얼마나 부정확할지'를 예측할 수 있을 것이다. 프로그램은 점심식사 전의 정확한 점 point과 아주 약간 다른 점을 생성했을 테니, 점심식사 전후의 궤적을 겹쳐 보면 그 차이를 거의 구별할 수 없을 것이다.

그런데 0.506127이 아닌 0.506에 의존하는 프로그램이 계속 실행되도

166

록 내버려두었더니, 점심식사 전 실행에서 예상했던 것과 비교해 매우 크게 차이나는 결과가 나오는 것이 아닌가! 참으로 이상한 일이었다. 그리고 단계가 진행될수록 더욱 이상해졌다. 때로는 점심식사 전 패턴으로 돌아간 것처럼 보이다가 다시 차이가 벌어지기도 하고, 그 차이가 예측 불가능하게 미친듯이 확대되기도 했다. 결국 프로그램이 생성한 궤적은 로렌즈가 처음에 보았던 것과 조금이라도 비슷하기는커녕 전혀 다른 방향으로 흘러갔다.

로렌즈는 점심식사 전후의 궤적이 중첩된 출력물을 얻었고, 이 출력물은 오늘날 해당 분야에서 성물聖物로 여겨진다(아래 그림 참조).

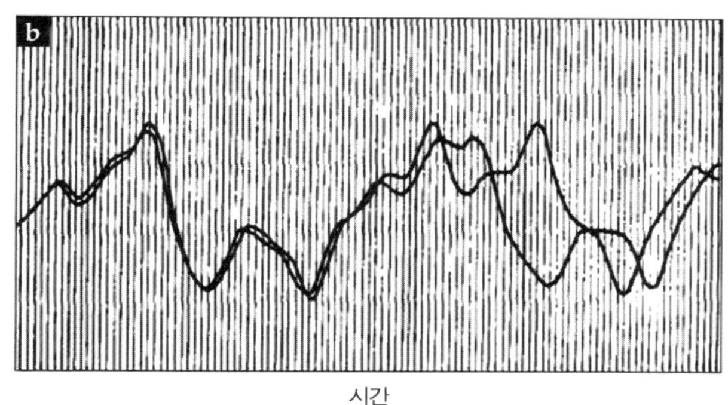

마침내 로렌즈는 점심식사 후에 약간의 반올림 오류가 발생했음을 발견했고 이것이 시스템을 예측 불가능하고 비선형적nonlinear이며 비가산적nonadditive으로 만들었음을 깨달았다.

1963년 로렌즈는 이 발견을 고도로 전문화된 『대기과학 저널』에 「결정론적이고 비주기적 흐름」이라는 난해한 논문으로 발표했다(그리고 이 논문에서 로렌즈는 이러한 통찰이 수세기에 걸친 환원주의적 사고를 뒤집는다는 사실을 깨달으면서도 자신의 본분을 결코 잊지 않았다. '미래의 모든 날씨를 완벽하게 예측하는 게 가능할까?'라는 저널 독자들의 애처로운 질문에, 로렌즈는 그럴 가능성은 "존재하지 않는다"고 단호히 결론지었다). 그후로 이 논문은 다른

논문에서 무려 2만 6천 회 이상 인용되었다.[2]

만약 로렌즈의 원래 프로그램에 그가 사용한 12개의 날씨 변수가 아닌 2개의 날씨 변수만 포함되어 있었다면 익숙한 환원성이 유지되었을 것이다. 약간 잘못된 숫자가 컴퓨터에 입력된 후에도 나머지 시간 동안 모든 단계에서 정확히 같은 크기의 오류가 발생하는 것 말이다. 예상대로 당연한 귀결이다. 지구와 달이라는 두 가지 변수로만 구성되어 둘이 서로에게 중력을 행사하는 우주를 상상해보라. 이러한 선형적이고 가산적인 세계에서는 지구와 달이 '과거 어느 시점에 어디에 있었는지'를 정확하게 추론하고 '미래의 어느 시점에 각각 어디에 있을지'를 정확하게 예측할 수 있으며,* 만약 실수로 근사치를 도입한다면 동일한 크기의 근사치가 영원히 계속될 것이다. 하지만 여기에 태양을 추가하면 비선형성이 발생한다. 왜냐하면 지구가 달에 영향을 미친다는 것은 '달이 태양에 영향을 미치는 방식'에 지구가 영향을 미친다는 것을 의미하고, 이는 '지구에 대한 태양의 영향에 달이 영향을 미치는 방식'에 지구가 영향을 미친다는 것을 의미하기 때문이다… 그리고 다른 방향(지구 → 태양 → 달)으로 작용하는 영향도 잊어서는 안 된다. 이처럼 세 가지 변수 간의 상호작용으로 인해 선형적 예측은 불가능해진다. 요컨대 세 가지 이상의 변수가 상호작용하는 '3체 문제three-body problem'의 영역에 들어가면 필연적으로 예측 불가능한 상황이 발생한다.

비선형 시스템에서는 시작 상태의 차이가 갈수록 확대되며 심지어 기하급수적으로 증가할 수 있는데,** 이 현상은 이후 "초기 조건에 대한 민감한

---

* 이는 과거와 미래가 동일하고 시간의 방향이 없으며, 1초 후의 사건이 이미 2초 후의 과거가 될 수 있음을 의미한다. 사정이 이러하다보니, 내가 미래의 어딘가에서 이미 죽었다는 생각이 떠오르며 메스꺼워진다.

** 이 분야의 사람들은 기하급수적인 증가가 간헐적인지, 확률적인지, 아니면 필연적인지 토론하는 데 많은 시간을 할애한다. 여기서 결과는 유한 시간 리아푸노프 지수Lyapunov exponent에 따라 달라진다. 나는 이게 무슨 뜻인지 당최 모르겠고, 이 각주는 완전히 불필

의존성"이라고 불린다. 로렌즈는 예측 불가능성이 폭발하여 성층권으로 날아가는 것이 아니라 때때로 경계가 있고 제약이 있으며 '소산적消散的'이라는 점에 주목했다. 즉 예측 불가능성의 정도는 예측된 값을 중심으로 불규칙적으로 진동하고, 생성되는 일련의 숫자에서 예측보다 조금 더 많거나 조금 더 적기를 반복하며, 그 불일치 정도는 항상 계속해서 달라진다는 것이다. 각 데이터 포인트가 예측된 값에 어느 정도 이끌리기는 하지만, 실제로 예측된 값에 도달하기에는 불충분한 것처럼 보였다. 참으로 이상한 일이었다. 그래서 로렌즈는 여기에 '이상한 끌개strange attractor'라는 이름을 붙였다.***3

요하다. 휘튼칼리지의 철학자이자 수학자인 로버트 비숍Robert Bishop은 기하급수성에 대한 다양한 견해를 검토한 후 '카오스계의 예측 불가능성은 항상 기하급수적으로 증가한다'는 견해를 우스꽝스러운 "민속학"으로 규정했다.

*** 이상한 끌개에서, 예측된 답을 중심으로 한 예측 불가능성의 진동은 어지러울 정도로 흥미로운 속성을 몇 가지 보여준다.

A. 첫번째로, 소수점 여섯 자리에 대한 로렌즈의 경험이 확장되었다. 즉 카오스적 진동의 값은 실제로 끌개에 도달하지 않고, 단지 그 주변에서 계속 춤을 추게 된다. 당신은 이 혼돈에 대해 의구심을 품고 있으며, 어느 시점에서 이 이상한 결과 세트가 예측된 것과 일치하도록 안정화될 것임을 안다. 그런 일이 실제로 일어나는 것도 같다. 당신의 멋진 선형 예측에 따르면, 어느 시점에서 관측된 값은 예컨대 27단위가 되어야 한다. 측정해보니 바로 그 값이 나온다. '아하! 이 시스템은 예측이 불가능하다더니, 꼭 그렇지도 않은가보다.' 그런데 카오스주의자가 건네준 돋보기로 자세히 살펴보니 관측값이 달라진다. 예측값인 27과 달리, 27.1이다. "좋아요, 좋아요." 당신은 말한다. "하지만 나는 아직도 카오스이론을 믿지 못하겠어요. 우리가 최근 배운 바에 의하면 소수점 첫째 자리까지 정확하면 그뿐이에요." 다음으로, 당신은 미래의 어느 시점에 그 값이 47.1이 될 거라고 예측하는데, 실제로 관측한 결과와 정확히 일치한다. '안녕, 카오스이론!' 당신은 득의만만한 미소를 짓는다. 하지만 카오스 이론가가 들이댄 더 큰 돋보기로 관찰하니 예측값인 47.10이 아니라 47.09로 관측된다. '좋아! 하지만 그렇다고 해서 수학 세계에 카오스적 요소가 있다는 것이 증명된 것은 아니며, 소수점 둘째 자리까지 정확하면 그뿐이다.' 그다음으로, 당신은 소수점 셋째 자리에서 불일치를 발견한다. 그리고 충분히 오래 기다리면 소수점 넷째 자리에서 틀린 것을 발견할 수 있다. 이런 일은 당신이 무한한 소수점 자릿수를 다룰 때까지 계속되며, 결과는 여전히 예측할 수 없다(하지만 당신이 무한대를 넘어설 수 있다면 모든 것이 완벽하게 예측 가능해진다. 즉 카오스이론은 라플라스가 틀렸다는 것을 표면적으로

시작 상태의 작은 차이가 시간이 지남에 따라 예측할 수 없을 정도로 확대될 수 있다. 처음에 로렌즈는 이 아이디어를 갈매기라는 메타포로 요약했다. 하지만 한 친구가 더 눈길을 끄는 무언가를 제안했고, 이 비유는 1972년 로렌즈가 행한 강연의 제목으로 공식화되었다. 그리고 이 강연의 원고는 또 하나의 성물이 되었다(옆 페이지 그림 참조).

카오스이론 혁명의 상징인 나비효과butterfly effect는 이렇게 탄생했다.[*4]

만 보여줄 뿐이며, 그것이 주로 보여주는 바는 '무한대가 얼마나 긴가'이다). 따라서 '이상한 끌개 주위의 카오스적 진동'의 상대적 크기는 얼마나 확대해서 보든 관계없이 동일하게 유지된다(프랙탈의 척도 없는 특성scale-free과 유사하다).

B. '예측된 값을 중심으로 진동한다'는 것은 '예측된 것에 이상하게 이끌린다'는 것을 보여주는 명백한 징후다. 그러나 진동이 실제로 예측된 값에 정확히 도달하지 않는다(충분한 배율에서)는 사실은 이상한 끌개가 끌어당기기만 하는 게 아니라 밀어내기도 한다는 것을 시사한다.

C. B의 아이디어를 논리적으로 확장하면 예측값 주변의 진동 패턴은 결코 반복되지 않는다. 예측 불가능하게 진동한 지점이 지난주와 비슷해 보이더라도 자세히 살펴보면 약간 다를 것이다. A와 동일한 '척도 없는 특성'이다. 동적 패턴이 계속 반복될 때 이를 '주기적'이라고 하며, 패턴의 무한성을 '이런 식으로 영원히 계속된다' 또는 '이 두 패턴이 영원히 번갈아 나타난다'와 같이 훨씬 더 짧은 문장으로 압축할 수 있다(여러 패턴 사이의 예측 가능한 이동도 일종의 패턴이라는 뜻이다). 이와 대조적으로 이상한 끌개 주위의 예측할 수 없는 진동 패턴이 시간이 끝날 때까지 반복되지 않는 경우, 로렌즈의 논문 제목처럼 '비주기적'이라고 한다. 그리고 비주기성을 채택하는 경우, 무한히 긴 패턴을 설명하는 유일한 방법은 패턴 그 자체만큼의 길이를 확보하는 것이다. (호르헤 루이스 보르헤스가 쓴 한 문단 길이의 아주 짧은 소설 「과학의 정밀성에 대하여」에서, 한 지도 제작자는 제국의 완벽한 지도를 만들면서 세부사항을 하나도 빠뜨리지 않는다. 물론 그 지도의 크기는 제국만하다).

[*] 레이 브래드버리는 1952년에 쓴 단편소설 「천둥소리」에서 이 모든 것을 예견했다. 한 남자가 6천만 년 전으로 시간 여행을 떠나 거기서 지내는 동안 아무것도 바꾸지 않으려고 조심한다. 하지만 그는 필연적으로 무언가를 바꾸고 현재로 돌아와 세상이 달라진 것을 발견하는데, 브래드버리의 묘사에 따르면 이 남자는 작은 도미노를 넘어뜨려 큰 도미노를 넘어뜨리고 결국에는 거대한 도미노를 무너뜨렸다. 까마득한 과거에 세상에 미쳤던 무한히 작은 영향은 무엇일까? 고작 나비 한 마리를 밟은 것이었다. 로렌즈의 친구가 제안한 비유와 같은 게 단순한 우연일까? 나는 그렇게 생각하지 않는다.

미국과학진흥협회(AAAS) 제139차 회의

주제	예측 가능성: 브라질에서 펄럭인 나비의 날갯짓이 텍사스에서 토네이도를 일으킬까?
저자	에드워드 N. 로렌즈, 기상학 박사 기상학 교수
주소	매사추세츠 공과대학 케임브리지, 매사추세츠 02139
시간	1972년 12월 29일 오전 10시
장소	쉐라톤 파크 호텔, 윌밍턴 룸
프로그램	AAAS의 환경과학 섹션 지구 날씨에 대한 새로운 접근 방법: GARP (글로벌 대기 연구 프로그램)
컨벤션 개최지	쉐라톤 파크 호텔

공개 시간
12월 29일 오전 10시

카오스이론 독학해보기

카오스이론과 '초기 조건에 대한 민감한 의존성'이 실제로 어떤 모습인지 살펴볼 시간이다. 한 가지 모델 시스템을 사용할 예정인데, 얼마나 멋지고 재미있던지 나는 컴퓨터 코딩을 하면 더 쉽게 즐길 수 있을 것 같다고 잠깐 생각하기까지 했다.

모눈종이에 인쇄된 것과 같은 격자로 시작하는데, 여기서 첫번째 행은 시작 조건이다. 구체적으로 행의 각 박스는 비워짐 또는 채워짐(또는 이진 코딩에서는 0 또는 1)의 두 가지 상태 중 하나일 수 있다. 해당 행에 가능한 패턴은 16,384개*이며, 다음은 무작위로 선택한 하나의 패턴이다.

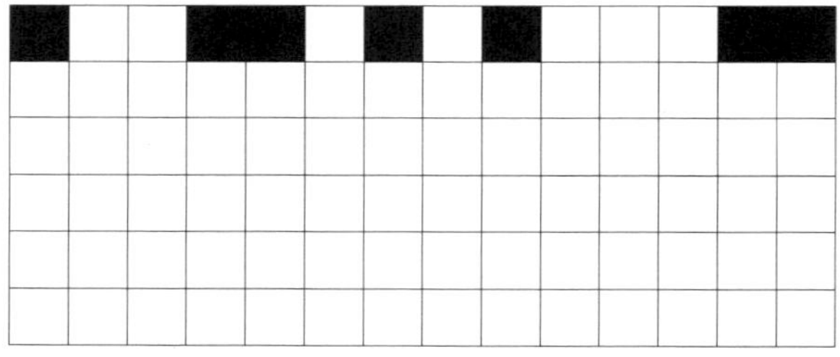

이제 비워지거나 채워진 박스로 이루어진 2행, 즉 1행의 패턴에 의해 결정되는** 새로운 패턴을 생성할 차례다. 이 작업을 수행하는 방법에 대한 규칙이 필요하다. 가장 지루할 수 있는 예는 채워진 박스 아래에 있는 박스는 채우고, 빈 박스 아래에 있는 박스는 비워진 상태로 유지하는 것이다. 이 규칙을 반복해서 적용하면 2행의 상태가 3행의 상태로 되고 3행의 상태가

---

* 그리드는 14개의 박스로 구성되고 각 박스는 두 가지 상태 중 하나일 수 있으므로, 가능한 패턴의 총개수는 2^{14}개, 즉 16,384개다.

** 복선이 깔린 단어다.

4행의 상태로 될 것이므로, 지루하기 짝이 없는 열들이 잔뜩 만들어질 것이다. 또는 반대의 규칙을 적용하여 위의 박스가 채워져 있으면 그 아래 박스를 비우고 위의 박스가 비어 있으면 그 아래 박스를 채울 경우, 아래와 같이 일종의 '치우친 체크무늬' 패턴이 만들어질 테니 그다지 흥미롭지 않을 것이다.

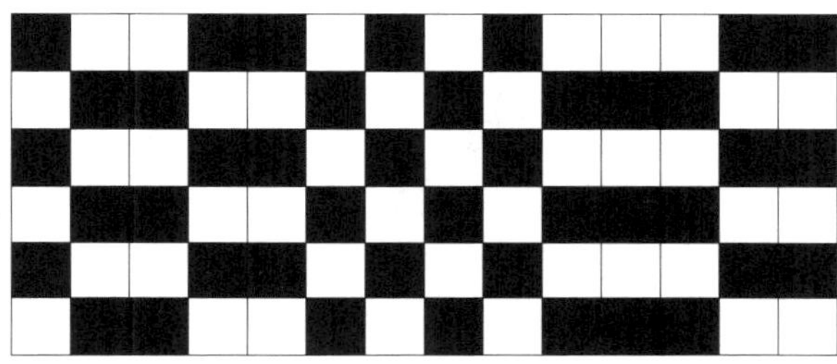

여기서 중요한 것은 어떤 규칙을 적용하더라도 시작 상태(즉 1행의 퍼턴)를 안다면 앞으로 모든 행의 모습을 정확하게 예측할 수 있다는 것이다. 선형 우주란 바로 이런 것이다.

다시 1행으로 돌아가보자.

이제 2행의 특정한 박스를 비울지 또는 채울지는 인접한 세 개의 박스, 즉 바로 위에 있는 1행의 박스와 그 양쪽에 있는 2개의 박스의 상태에 따라 결정된다고 하자.

즉 1행에 있는 세 개의 인접한 박스가 다음과 같은 방식으로 2행에 있는 박스의 상태를 결정한다. 2행의 박스는 1행의 인접한 트리오 중 딱 하나가 채워져 있을 때만 채워진다. 그렇지 않으면 2행의 박스는 빈 상태로 유지된다.

2행의 왼쪽에서 두번째 박스부터 시작하기로 하자. 바로 위에 있는 1행의 첫번째 트리오(즉 박스 1, 2, 3)는 다음과 같다.

세 개의 박스 중 하나가 채워져 있으므로 지금 고려하고 있는 2행의 2번
박스는 채워진다.

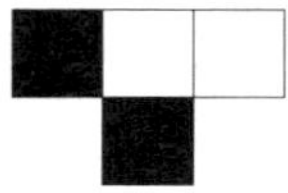

1행의 다음 트리오(박스 2, 3, 4)를 살펴보자. 하나의 박스만 채워져 있으
므로, 2행의 3번 박스도 채워진다.

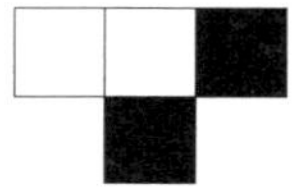

1행의 세번째 트리오(박스 3, 4, 5)에서 두 개(박스 4, 5)가 채워져 있으므
로, 2행의 박스 4는 비워둔다. 이런 식으로 계속한다. '트리오 중 단 하나의
박스가 채워진 경우에만 문제의 다음 행에 박스를 채운다'는 우리의 규칙을
요약하면 다음과 같다.

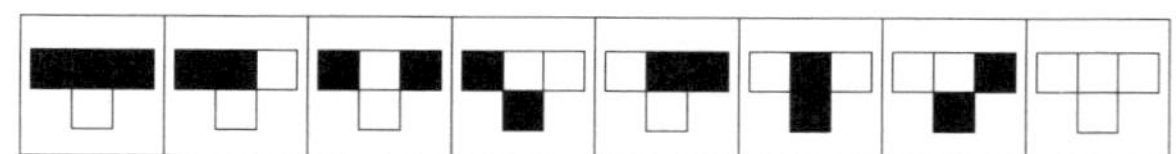

가능한 트리오는 8개(첫번째 박스가 채워진 것 4개, 두번째 박스가 채워진
것 2개, 세번째 박스가 채워진 것 1개, 모두 비워진 것 1개)이며, 이중에서 트리

오 4, 6, 7만 다음 행의 박스가 채워진다.

시작 상태로 돌아가서 이 규칙을 적용하면 처음 두 행은 다음과 같이 된다.

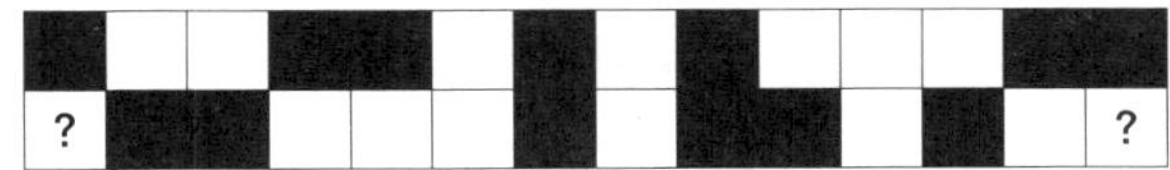

그러나 잠깐만! 바로 위의 박스에 이웃이 하나만 있는 2행의 첫번째 박스와 마지막 박스는 어떻게 처리해야 할까? 1행이 양방향으로 무한히 길면 이런 문제가 없겠지만, 우리는 그런 사치를 부릴 여유가 없다. 그러면 어떻게 할까? 그 위의 박스와 하나의 이웃을 보고 동일한 규칙을 적용하여, 둘 중 하나가 채워져 있으면 2행의 박스를 채우고, 두 개가 모두 채워져 있거나 비어 있으면 2행의 박스를 비워두기로 하자. 따라서 추가 규칙까지 적용하면 처음 두 행은 다음과 같이 된다.

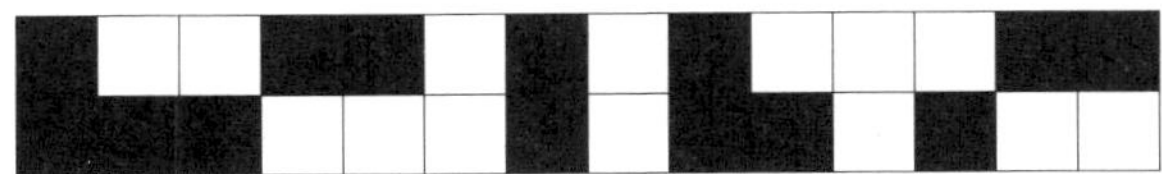

이제 동일한 규칙을 사용하여 3행도 생성한다.

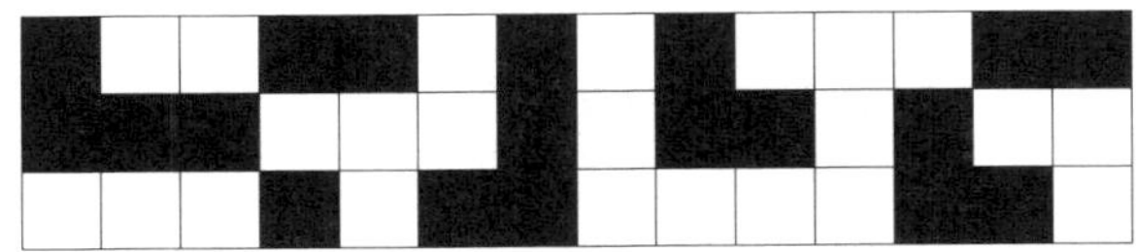

다른 할일이 없다면 계속 진행해도 좋다.

이제 다음과 같은 시작 상태에 동일한 규칙을 적용해보자.

처음 두 행은 다음과 같이 될 것이다.

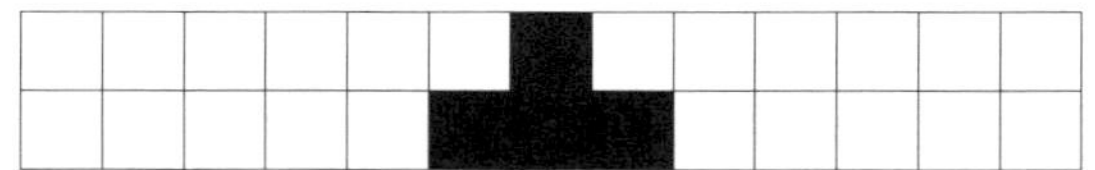

처음 250개 정도의 행을 완료하면 이렇게 된다.

더 넓은 시작 상태를 무작위로 설정하고 동일한 규칙을 반복해서 적용하면 이런 결과가 나온다.

우와!

이제 다음과 같은 상태에서 시작해보자.

처음 두 행은 다음과 같이 된다.

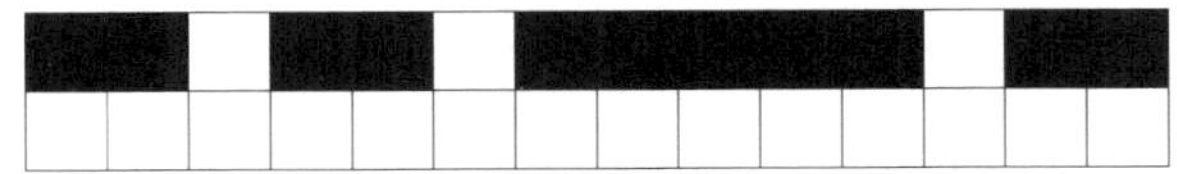

2행에는 아무것도 없다. 이 특정 시작 상태에서는 2행이 모두 빈 박스며, 이후의 모든 행에서도 마찬가지다. 1행의 패턴이 사라지는 것이다.

지금까지 배운 내용을 입력, 출력, 알고리즘과 같은 용어를 사용하는 대신 은유적인 방식으로 기술해보자. 몇 가지 시작 상태와 각 후속 세대를 생성하는 데 사용되는 재생산 규칙을 적용하면 매우 흥미로운 성숙 상태로 진화할 수 있지만, 마지막 예제처럼 소멸하는 상태도 발생할 수 있다.

왜 생물학적 메타포를 사용하냐고? 이와 같은 패턴을 생성하는 세계가 자연에도 존재하기 때문이다(다음 장 그림 참조).

이 그림은 비어 있거나 채워진 일련의 세포들로 시작하여 재생산 규칙을 제공하고 프로세스를 반복하는 세포 자동자cellular automaton*5의 사례다.

---

* 세포 자동자는 1950년대의 헝가리계 미국인 수학자이자 물리학자, 컴퓨터 과학자인 존 폰 노이만에 의해 처음 연구되고 명명되었다. 그를 천재라고 부르는 것은 사실상 법으로 규정되어 있다. 그는 여섯 살 때 머릿속으로 8자리 숫자의 나눗셈을 할 수 있었고 고대 그리스어에 능통할 정도로 조숙했다. 폰 노이만이 여섯 살 때 공상에 빠진 어머니를 보고는 "뭘 계산하는 거예요?"라고 물었다고 한다(생각에 잠긴 아버지를 보고 "아빠, 무슨 사탕을 생각하고 있어요?"라고 물은 내 친구의 딸과는 대조적이다).

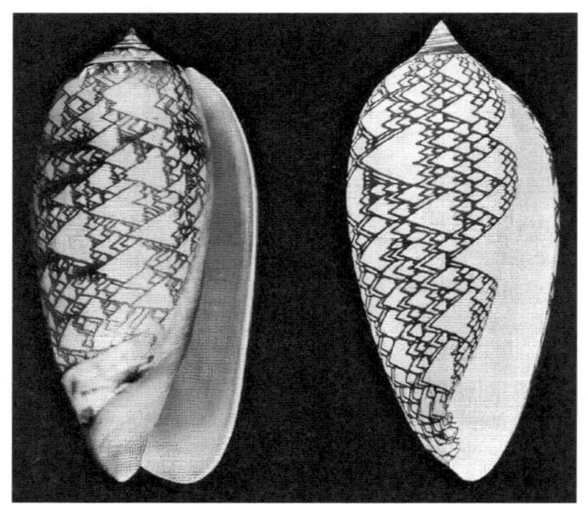

왼쪽은 실제 껍데기이고, 오른쪽은 컴퓨터로 생성된 패턴이다.

세포 자동자는 256개의 규칙으로 이루어져 있는데, 우리가 앞에서 적용한 규칙(바로 위에 있는 인접한 세 개의 박스 중 딱 하나만 채워져 있을 때…)은 세포 자동자의 세계에서 '22번 규칙'이라고 불린다.* 256개의 규칙이 모두 흥미로운 패턴을 생성하는 것은 아니며, 시작 상태에 따라 활성과 생명력이 없는 방식으로 무한히 반복되기도 하고 두번째 행에서 소멸하는 패턴을 생성하기도 한다. 복잡하고 역동적인 패턴을 생성하는 경우는 극히 드물다. 22번 규칙이야말로 가장 인기 있는 규칙 중 하나이며, 사람들은 그것의 카

---

* 22번 규칙의 내용으로 돌아가 첫번째 행을 살펴보라. 앞에서 보았듯이 여기에는 8개의 가능한 트리오가 존재한다. 각 트리오는 다음 세대에서 두 가지 가능한 상태, 즉 비어 있거나 채워진 상태를 초래할 수 있다. 예컨대 트리오의 세 박스가 모두 채워진 첫번째 트리오는 2행에서 빈 박스(22번 규칙을 적용할 때처럼)나 채워진 박스(다른 규칙을 적용할 때처럼)를 생성할 수 있다. 8개의 트리오 각각에 대해 가능한 상태가 2개씩이면 가능한 경우의 수는 모두 2^8가지가 되는데, 이는 이 시스템에서 가능한 규칙의 총수인 256개와 일치한다.

오스성을 연구하는 데 평생을 바쳤다.

22번 규칙의 카오스성은 무엇일까? 이제 우리는 '22번 규칙을 적용할 경우 시작 상태에 따라 세 가지 패턴 중 하나를 얻을 수 있다'는 사실을 안다. (a) 아무것도 없는 소멸한 패턴. (b) 결정화結晶化되고 지루하기 짝이 없는 무기질의 주기적 패턴. (c) 성장하고 꿈틀거리며 변화하는 패턴. 이 구조의 공간들은 '역동적이고 유기적인 프로필'을 제외한 그 어떤 것에도 자리를 내주지 않는다. 그리고 중요한 점은 불규칙한 시작 상태 하나를 임의로 선택했을 때 100번째 행, 1000번째 행, 또는 그 이후의 행들이 어떤 모습을 보일지 예측할 방법이 전혀 없다는 점이다. 정 알아내고 싶다면 중간의 행들을 모두 시뮬레이션하면서 전진하는 수밖에 없다. 특정 시작 상태의 성숙한 형태가 '소멸할지, 아니면 결정화할지, 아니면 동적 상태가 될지', 만약 후자의 두 가지 중 하나라면 어떤 패턴이 될 것인지 예측하기란 불가능하며, 엄청난 수학 능력의 소유자들이 예측을 시도했지만 번번이 실패했다. 그리고 역설적이게도 이 한계는 '무한대에 도달하기 몇 걸음 전 혼란스럽던 예측 불가능성이 갑자기 진정되어 합리적이고 반복적인 패턴으로 된다'는 것을 증명할 수 없다는 데까지 확장된다. 우리는 선형적이지도 가산적이지도 않은 상호작용이 있는 3체 문제의 한 가지 버전을 들고 있다. 사물을 구성 요소(8개의 가능한 박스 트리오와 그 결과물)로 분해하는 환원적 접근 방법을 이용하여 무엇을 얻게 될지 예측할 수는 없다. 이것은 시계가 아니라 구름을 생성하기 위한 시스템에 더 가깝다고 봐야 한다.[6]

따라서 방금 언급한 바와 같이 불규칙한 시작 상태를 안다고 해서 성숙 상태를 예측할 수 있는 것은 아니며, 결과를 알아내려면 각 중간 단계를 모두 시뮬레이션해야 한다.

이제 네 가지 시작 상태 각각에 22번 규칙을 적용해보자(다음 그림 참조).

이 네 가지 중 두 개는 10세대가 지나면 나머지 시간 동안 동일한 패턴을 생성한다. 이 네 가지를 각각 살펴보고, 어떤 두 가지가 그렇게 될지 정확하게 예측해보라. 불가능하다.

모눈종이에서 이 과정을 진행하면 이 네 가지 중 두 가지가 수렴하는 것을 볼 수 있다.* 다시 말해 이와 같은 시스템의 성숙 상태를 안다고 해서 '시작 상태가 무엇이었는지' 또는 '복수의 다른 시작 상태에서 비롯되었는지'를 예측할 수는 없다. 이것은 이 시스템의 카오스성을 나타내는 또다른 결정적인 특징이다.

마지막으로 다음과 같은 시작 상태를 고려해보라.

이것은 3행에서 소멸한다.

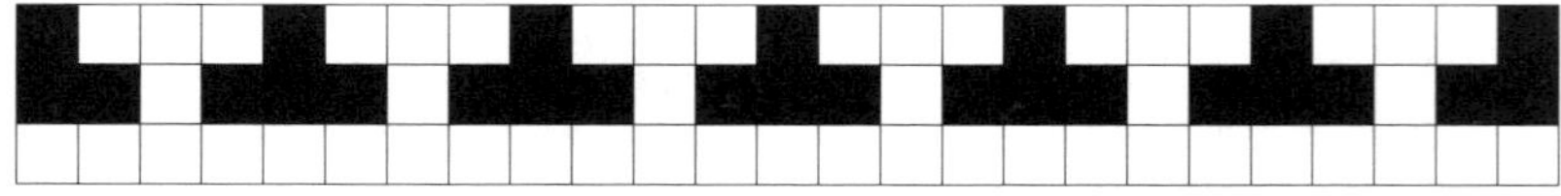

이 생존 불가능한 시작 상태에 약간의 차이, 즉 25개의 박스 중 딱 하나만 비워짐/채워짐 상태가 다르다는 점을 도입하라. 즉 20번 박스가 비어 있지 않고 채워져 있다.

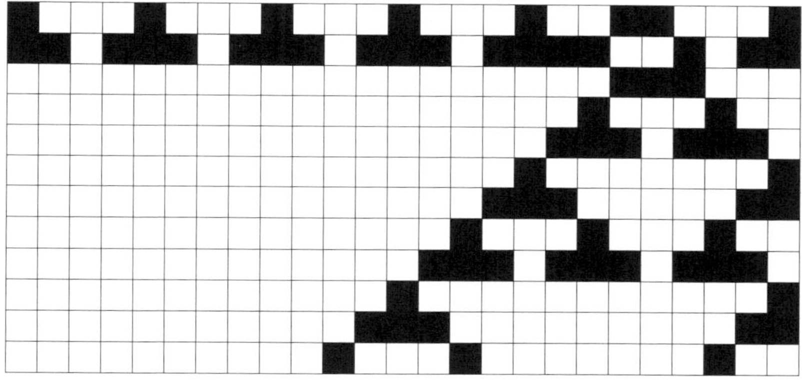

그러면 생명은 갑자기 비대칭적인 패턴으로 분출한다(다음 그림 참조).

생물학적으로 설명하자면, 20번 박스에 하나의 변이가 발생하면 중대한 결과를 초래할 수 있다.

카오스이론의 형식주의로 이 문제를 설명해보면, 이 시스템은 20번 박스의 초기 조건에 민감하게 의존하는 것으로 나타났다.

궁극적으로 가장 의미 있는 방식으로 설명해보면, 그 조건이란 20번 박스에 들어 있는 나비가 날개를 팔락였느냐/안 팔락였느냐이다.

나는 이 문제를 좋아한다. 그 이유 중 하나는 생물학적 시스템을 모델링할 수 있는 방법이라서인데, 이는 스티븐 울프럼이 자세히 설명한 아이디어다.* 세포 자동자는 차원을 증가시킬 수 있어 매우 멋지다. 지금까지 살

퍼본 버전은 한 행의 박스로 시작하여 더 많은 행을 생성하는 1차원 버전이다. 콘웨이의 생명 게임Game of Life(고인이 된 프린스턴의 수학자 존 콘웨이가 발명했음)은 2차원 버전으로, '박스의 격자'로 시작하여 후속 세대의 격자를 잇따라 생성하는 방식이다. 그리고 전형적으로 '살아 있거나' '죽어가는' 개별 박스를 포함하는 것으로 묘사되는 놀랍도록 역동적이고 혼란스러운 패턴을 생성한다. 여기에는 일반적인 특성이 있는데, 시작 상태에서 성숙 상태를 예측할 수 없기 때문에 모든 중간 단계를 시뮬레이션해야 한다는 점, '여러 시작 상태가 동일한 성숙 상태로 수렴할 가능성' 때문에 성숙 상태에서 시작 상태를 예측할 수는 없다는 점(이 수렴 기능에 대해서는 나중에 본격적으로 설명하겠다), 시스템이 초기 조건에 민감한 의존성을 보인다는 점이다.[7]

(카오스성을 소개할 때 고전적으로 논의되는 또다른 영역이 있다. 그러나 이 영역은 매우 어려운데다 나의 강의 능력을 벗어난다는 사실을 강의실에서 뼈저

---

* 폰 노이만과 마찬가지로 울프럼을 언급할 때 '메이저리그급 천재'라는 점을 빼놓기란 불가능하다. 울프럼은 열네 살 때 세 권의 소립자 물리학 책을 썼고, 스물한 살에 캘리포니아 공과대학교의 교수가 되었으며, 널리 사용되는 컴퓨터 언어와 매스매티카라는 컴퓨팅 시스템을 만들었고, 영화 〈컨택트〉에서 외계인과 소통하는 언어를 만드는 데 도움을 주었으며, 256개의 규칙으로 놀 수 있는 울프럼의 세포 자동자 도해서를 만드는 등등 많은 업적을 남겼다. 2002년에는 세포 자동자와 같은 계산 시스템이 철학에서 진화, 생물학적 발달, 포스트모더니즘에 이르기까지 모든 것의 기초가 되는 방법을 탐구한 『새로운 종류의 과학A New Kind of Science』이라는 책을 출간했다. 이러한 계산 시스템이 현실세계의 사물 모델을 생성하는 좋은 방법인지, 또는 실제로 복잡한 사물 자체를 생성하는 좋은 방법인지(자연계의 사물은 이러한 모델에서처럼 불연속적이고 동기화된 '시간 단계'로 진행되지 않는다는 점이 비판의 일환으로 제기되었다)에 대한 의문을 중심으로 많은 논란이 있었다. 또한 많은 사람들이 (책 제목에서부터 풍기는) 주장의 거창함이나 책에 나오는 모든 아이디어가 자기 것이라고 주장하는 울프럼의 경향을 별로 달가워하지 않았다. 모두가 이 책을 구입하여 끝없이 토론했다(1192쪽에 달하는 엄청난 분량 때문에 실제로 전체를 읽은 사람은 거의 없었다. 나를 포함해서).

리게 느꼈기 때문에 여기서는 다루지 않겠다. 관심이 있는 독자들은 로렌즈의 물레방아waterwheel, 주기 배가period doubling, 카오스의 시작에 대한 3주기의 증요성에 대한 글을 읽어보기 바란다.)

카오스이론의 입문 과정을 수료했으니, 이제 슬슬 다음 단계로 넘어가 보자. 카오스이론의 개념은 예상외로 큰 인기를 얻었고, 특정 스타일의 자유의지에 대한 신념의 씨앗을 뿌렸다.

자유의지는 카오스적인가?

카오스 전성시대

카오스이론, 이상한 끌개, 초기 조건에 대한 민감한 의존성 등으로 인한 1960년대 초반의 격변이 전 세계적으로 빠르게 감지되었고, 가장 고상한 철학적 사색부터 일상생활의 관심사에 이르기까지 모든 것을 근본적으로 변화시킬 것처럼 보였다.

그러나 실제로는 전혀 아니었다. 대부분의 사람들은 로렌즈의 혁신적인 1963년 논문에 침묵으로 일관했다. 그가 지지자들을 규합할 때까지 몇 년이 걸렸고, 지지자 중 대부분은 캘리포니아대학교 샌타크루즈 캠퍼스의 물리학과 대학원생들이었는데,* 그들은 수도꼭지에서 떨어지는 물방울의 카오스성(혼돈성) 같은 것을 연구하는 데 많은 시간을 보낸 것으로 추정된다. 주류 이론가들은 대부분 이 논문의 의미를 무시했다.

---

* 이 연구는 지금은 전설이 된 로버트 쇼Robert Shaw의 1984년 논문 「카오스계의 모델: 수도 꼭지에서 떨어지는 물방울The Dripping Faucet as a Model Chaotic System」을 탄생시켰다.

'허무주의적 혼돈'과 반대되는 개념이고, '겉으로 보이는 혼돈 속에 숨겨진 구조의 패턴'을 다루는 이론이라는 점에서 카오스이론이 사실은 무시무시한 이론이라는 것도 주류 이론가들이 애써 무시한 이유 중 하나였다. 카오스이론이 더디게 출발한 더 근본적인 이유는, 환원적 사고방식을 가진 사람이라면 수많은 변수 사이의 풀 수 없는 비선형적 상호작용을 연구하기가 고통스러웠기 때문이다. 따라서 대부분의 연구자들은 복잡한 사물을 연구하면서 고려하는 변수의 수를 제한함으로써 상황을 순조롭고 다루기 쉬운 상태로 유지하려고 노력했다. 사정이 이러하다보니 세상은 대부분 선형적이고, 가산적인 예측 가능성으로 이루어져 있으며, 비선형적 혼돈성은 대부분 무시할 수 있는 이상한 변칙이라는 잘못된 결론을 내리기 십상이었다. 하지만 가장 흥미롭고 복잡한 것들 뒤에 혼돈성이 숨어 있다는 사실이 분명해지면서 더이상 그럴 수 없게 되었다. 세포, 뇌, 사람, 사회는 시계의 환원성보다는 구름의 혼돈성에 더 가까웠다.[1]

1980년대에 들어와 카오스이론은 학문적 주제로 폭발적으로 성장했다(이 무렵 한 무리의 변절한 돌팔이 물리학자들이 앞장서서 옥스퍼드 교수를 사칭하거나 카오스이론을 이용하여 주식시장을 약탈하는 회사의 설립자 같은 것이 되었다). 갑자기 전문 저널, 학회, 학과, 학제적 연구소가 우후죽순처럼 생겨났다. 교육, 기업 경영, 경제, 주식시장, 예술 및 건축(예컨대 자연이 현대적 사무실 건물보다 더 아름답다고 생각되는 이유는 '자연이 적절한 양의 카오스성을 가지고 있기 때문'이라는 흥미로운 아이디어도 잇따랐다), 문학비평, 텔레비전 문화 연구(카오스계와 마찬가지로 텔레비전 '드라마는 복잡하면서도 동시에 단순하다'라는 관찰도 잇따랐다), 신경학 및 심장학(흥미롭게도 이 두 분야에서 너무 낮은 카오스성은 좋지 않은 것으로 보였다**) 등에서 카오스성의 의미에

** 심장학의 경우 건강한 심혈관계일수록 심장박동 사이의 시간 간격이 더욱 카오스적인 변동성을 보인다. 신경학의 경우, 불충분한 카오스성은 비정상적으로 동기화된 파동에서

대한 학술 논문과 서적이 쏟아져나왔다. 심지어 카오스이론과 신학의 관련
성에 대한 학술 논문도 있었다(「천국과 지옥의 결혼식에서의 카오스」라는 놀
라운 제목의 논문에서 저자는 "현대문화를 신학적 성찰과 연관짓는 마당에, 카오
스이론을 간과할 여유가 없다"라고 썼다).[2]

한편 카오스이론에 대한 관심은 정확하든 그렇지 않든 일반 대중의 의식
속에서도 폭발적으로 증가했는데, 누가 이를 감히 예측할 수 있었을까? 프
랙탈이 그려진 벽걸이 달력이 어디에나 있었다. 소설, 시집, 여러 영화, TV
에피소드, 수많은 밴드, 앨범, 노래 제목에 이상한 끌개 또는 나비효과*가 사용
되었다. 〈심슨 가족〉 팬덤 사이트에 따르면 야구 코치 시절의 한 에피소드
에서 리사가 『야구 분석의 카오스이론』이
라는 책을 읽는 장면이 나온다. 그리고 내
가 가장 좋아하는 로맨스 시리즈 '너드 오
브 파라다이스 할리퀸'에 속한 소설 『카
오스이론』에서, 주인공은 잘생긴 엔지니
어 월 달링에게서 눈을 떼지 못한다. 단추
를 푼 셔츠, 식스팩, 자다 일어난 듯한 게
슴츠레한 눈에도 불구하고 안경을 쓴 모
습으로 보건대 월은 여전히 '너드'였음이
분명하다.[3]

비정상적으로 빠르게 발화하는 뉴런들, 즉 발작의 표지자가 된다. 동시에 다른 신경과학
자들은 '일부 유형의 정보 전달을 향상시키기 위해 뇌가 어떻게 카오스성을 활용할 수 있
는지'를 탐구했다.

* 나비효과의 대중화로 인해 콩고, 스리랑카, 고비사막, 남극, 알파 센타우리 등 나비효과가
나타나는 장소가 널리 알려지면서 인용 문헌도 다양해졌다. 이와 대조적으로 토네이도는
거의 항상 텍사스, 오클라호마, 또는 (『오즈의 마법사』에 나오는―옮긴이) 도로시와 토
토를 연상시키는 캔자스에서 발생하는 듯하다.

카오스이론에 대한 관심이 높아지면서 수많은 나비의 날갯짓 소리가 들려왔다. 이런 상황에서 다양한 사상가들이 나타나 '예측 불가능한 카오스적 구름' 같은 인간 행동이야말로 자유의지가 자유롭게 작용하는 곳이라고 주장한 것은 필연적인 일이었다. 이미 다룬 내용에서 어떤 것이 카오스적이고 어떤 것이 아닌지를 웬만큼 설명했으니 독자들은 그러한 주장에 솔깃하지 않기를 바란다.

'혼돈성이 자유의지를 증명한다'는 아찔한 결론은 적어도 두 가지 형태를 취한다.

잘못된 결론 #1:
구름은 자유로이 선택한다

자유의지를 믿는 사람들이 보기에, 카오스의 핵심은 예측 가능성이 부족하다는 점이다. 매우 중요한 결과를 초래하는 순간을 포함하여 인생의 수많은 순간에 우리는 'X'와 'not-X' 중 하나를 선택하게 된다. 아무리 지식이 풍부한 관찰자라도 그러한 모든 선택을 예측할 수는 없을 것이다.

이러한 맥락에서, 물리학자 거트 아일런버거는 "현실을 수학적 구조로 완전하고 철저하게 매핑한다는 것은 불가능에 가깝다"고 썼다. 그 이유는 "호모사피엔스라는 종의 수학적 능력은 생물학적 기반 때문에 원칙적으로 제한적이기 때문이다. (…) [카오스성] 때문에 라플라스의 결정론**은 절대

** 1장에서 언급했듯이 라플라스는 18세기 철학자로서 과학적 결정론, 즉 '우주를 형성하는 물리법칙을 이해하고 그 안에 있는 모든 입자의 정확한 위치를 안다면 시간이 시작된 이래 매 순간 무슨 일이 일어났고 그 이후부터 시간이 끝날 때까지 이어지는 매 순간 무슨 일이 일어날지 정확하게 예측할 수 있다'고 주장했다. 그의 주장에 따르면 우주에서 일어나는 모든 일은 (신학보다는 수학적인 의미에서) 예정된 것이었다.

적일 수 없으며, 우연과 자유의 가능성에 대한 질문이 다시 열려 있다!" 이 문장의 마지막 느낌표는 아일런버거가 찍은 것으로, 물리학자가 자신의 글에 느낌표를 붙인다는 것은 그만큼 진지하다는 뜻이다.[4]

생물물리학자 켈리 클랜시도 뇌의 카오스성에 대해 비슷한 점을 지적한다. "시간이 지남에 따라 카오스의 궤적은 [이상한 끌개] 쪽으로 끌릴 것이다. 카오스는 통제될 수 있기 때문에 신뢰성과 탐색 사이의 균형이 잘 맞는다. 그럼에도 카오스가 자유의지의 역동적 기질dynamical substrate 면에서 돋보이는 후보인 것은 예측이 불가능하기 때문이다."[5]

카오스이론의 수도꼭지 물방울 사도 중 한 명인 도인 파머는 틀림없이 카오스이론에 비교적 정통했다는 점을 감안할 때 실망스러운 방식으로 끼어든다. "철학적 차원에서 볼 때 [카오스이론은] 결정론과 조화시킬 수 있는 방식으로 자유의지를 정의하는 조작적 방식이라는 점이 인상적이다. 카오스계는 결정론적이지만 다음에 무엇을 할지는 알 수 없다."[6]

마지막 예로, 철학자 데이비드 스틴버그는 소위 '카오스의 자유의지'를 도덕성과 명시적으로 연결한다. "카오스이론은 사실과 가치를 새로운 방식으로 서로에게 개방함으로써 재통합을 가능하게 한다." 이러한 연관성을 강조하기 위해 스틴버그의 논문은 과학이나 철학 저널이 아니라 『하버드 신학 리뷰』에 실렸다.[7]

이처럼 많은 사상가들이 카오스성의 구조에서 자유의지를 찾는다. 양립주의자들과 비양립주의자들은 결정론적 세계에서 자유의지가 가능한지에 대해 논쟁을 벌이지만, 이들에 따르면 카오스성은 세계가 결정론적이지 않음을 보여주기 때문에 이제 모든 소란을 건너뛸 수 있다. 아일런버거가 요약한 것처럼, "그러나 초기 상태의 아주 작은, 헤아릴 수 없을 정도로 작은 차이가 완전히 다른 최종 상태(즉 결정)로 이어질 수 있다는 사실을 이제 우리는 알기 때문에 물리학은 자유의지의 불가능성을 경험적으로 증명할 수 없다."[8] 이러한 관점에서 볼 때 카오스의 비결정성非決定性은 자유의지가 있음을 증명하는 데는 도움이 되지 않는다. 하지만 '없다는 것을 증명할 수 없음'은 증명할 수 있다는 소리다.

하지만 이 모두를 관통하는 중요한 실수는 결정론과 예측 가능성이 매우 다른 개념이라는 점을 간과한다는 것이다. 즉 카오스성은 예측 불가능하더라도 여전히 **결정론적**이다. 이 차이는 여러 가지 방식으로 설명할 수 있다. 한 가지 설명은, 결정론은 '어떤 일이 일어난 이유'를 설명할 수 있는 반면 예측 가능성은 '다음에 일어날 일'을 말할 수 있다는 것이다. 존재론과 인식론의 극명한 대조로도 설명되는데, 전자는 '무슨 일이 일어나고 있는지'에 관한 것으로 결정론의 문제이고, 후자는 '무엇을 알 수 있는지'에 관한 것으로 예측 가능성의 문제다. 또다른 설명은 '결정된'과 '결정 가능한'의 차이다(철학자 하랄트 아트만스파허Harald Atmanspacher의 「결정론은 존재론적이고 결정 가능성은 인식론적이다」라는 중요한 논문의 중요한 제목은 여기서 유래한다).[9]

전문가들은 '카오스성=자유의지'를 지지하는 사람들이 이러한 구분을 왜 못하는지 분통을 터뜨린다. 물리학자 세르지오 카프라라와 안젤로 불피아니는 "결정론과 예측 가능성에 대한 혼란이 지속되고 있다"고 썼다. 이름을 밝히지 않은 워릭대학교의 철학자 G. M. K. 헌트는 "완벽하게 정확한 측정이 불가능한 세상에서 고전물리학적 결정론에 인식론적 결정론이 뒤따르지는 않는다"라고 말한다. 철학자 마크 스톤도 똑같이 생각한다. "카오스계는 결정론적이라 할지라도 예측 불가능하다[인식론적으로 결정론적이지 않다]. (…) 카오스계가 예측 불가능하다고 말한다고 해서 과학으로 이를 설명할 수 없다는 의미가 아니다." 철학자 바딤 바티츠키와 졸턴 도거터는 「좋은 이론이 나쁜 예측을 할 때」라는 멋진 제목의 논문에서 카오스계를 "결정론적으로 예측 불가능하다"[10]라고 설명한다.

이 매우 중요한 점에 대해 생각해볼 수 있는 방법이 있다. 5장 176쪽의 환상적인 패턴으로 돌아가서 이 패턴의 길이가 약 250개 행, 폭이 약 400개 열이라고 추정해보자. 즉 이 그림은 약 10만 개의 박스로 구성되며, 각 박스는 현재 비어 있거나 채워져 있다. 큰 모눈종이를 준비하여 1행의 시작 상태를 복사한 다음 HB 연필을 이용하여 앞으로 1년 동안 잠 못 이루며 22번 규칙을 연속되는 각 행에 적용하여 10만 개의 박스를 채우라. 그러면 그림과 똑같은 패턴이 생성될 것이다. 심호흡을 하고 다시 한번 해보아도 같은 결과가 나온다. 반복 능력이 뛰어난 훈련된 돌고래가 이 과제를 수행해도 같은 결과가 나온다. 만약 112행에서 당신이나 돌고래가 기분 내키는 대로 했거나 딴생각('그레타 툰베리라면 이렇게 했을 거야')을 했다면 113행부터 달라졌겠지만, 그런 일은 존재할 수 없다. 이러한 패턴은 8가지 지침으로 구성된 22번 규칙에 의거한, 완전히 결정론적인 시스템의 결과물이기 때문이다. 10만 개의 지점 중 어느 곳에서도 다른 결과가 나올 수 없다(무작위적인 실수가 발생하지 않는 한 그렇다. 10장에서 살펴보겠지만, 무작위적인 딸꾹질에 의존하여 자유의지의 체계를 세운다는 것은 상당히 미심쩍다). 원인 없는 뉴런 찾기가 무의미한 것처럼, 원인이 없는 박스를 찾는 것도 마찬가지다.

이 문제를 인간 행동의 맥락에서 생각해보자. 지금은 1922년이다. 당신 앞에는 평범한 삶을 살게 될 운명을 가진 청년 100명의 명단이 놓여 있다. 힌트를 제공하자면, 약 40년 후 100명 중 한 명은 상례에서 벗어나 충동적이고 사회적으로 부적절한 행동을 하며 범죄를 저지를 것이다. 그 사람들의 혈액 샘플이 첨부되어 있으니 확인해보라. 어떤 사람이 우연을 뛰어넘는 확률로 범죄를 저지르게 될지 예측할 방법은 없다.

이제 2022년이다. 동일한 코호트에서 40년 후 또 한 명이 탈선할 운명이다. 이번에도 혈액 샘플이 첨부되어 있다. 이번 세기에는 이 샘플을 사용하여 모든 사람의 유전체 염기서열을 분석할 수 있다. 당신은 한 사람의 MAPT라는 유전자에 변이가 있다는 것을 발견하는데, 이는 타우tau라고 불리는 뇌의 단백질을 코딩한다. 그 결과 60세가 되면 행동변이형 전측두엽 치매의 증상이 나타날 것이므로, 당신은 그 사람이 바로 미래의 범죄자일 거라고 정확하게 예측할 수 있다.[11]

1922년의 코호트로 다시 돌아가자. 문제의 인물은 도둑질을 하고, 낯선 사람을 위협하고, 공공장소에서 소변을 본다. 왜 그런 행동을 했을까? 그가 그렇게 하기로 결정했기 때문이다.

2022년의 코호트에서도 한 사람이 똑같이 용납할 수 없는 행동을 했다. 왜 그렇게 행동했을까? 한 유전자의 결정론적 변이 때문이다.*

방금 인용한 사상가들의 논리에 따르면, 1922년 사람의 범법 행위는 자유의지에서 비롯되었다. 그것은 '우리가 자유의지에 오귀속시키는 행동의 결과'가 아니라 진짜 자유의지 때문이었다. 그리고 2022년 사람의 범법 행위는 자유의지 때문이 아니다. 이런 관점에서 '자유의지'란 '우리가 아직 예측 수준에서 이해하지 못하는 생물학'이라고 불리는 것이며, 우리가 이를 이해하면 더이상 자유의지가 아니다. '자유의지로 오인됨'을 멈추는 것이 아니라 문자 그대로 '자유의지임'을 멈추게 된다. 그런데 우리의 무지가 잦아들 때까지만 자유의지의 사례가 존재한다면 뭔가 잘못돼도 크게 잘못된 것이다. 중요한 점은 자유의지에 대한 우리의 직관은 확실히 그런 식으로 작동할지 몰라도 자유의지 자체는 그럴 수 없다는 것이다.

우리는 어떤 과제를 수행하고 어떤 행동을 취할 때 마치 우리 자신이 그런 선택을 했다고 느낀다. 즉 모든 뉴런과는 별개로 내면에 '나'가 존재하며, 주체성과 자유의지가 그 속에 거한다고 느낀다. 우리의 직관이 이렇게 외치는 것은 '그런 행동을 초래한 생물학적 역사의 잠재적 힘'을 우리가 알지 못하거나 상상할 수 없기 때문이다. 과학이 우리의 행동을 정확하게 예측할 때까지 기다려야 하는 상황에서 이러한 직관을 극복하는 것은 엄청난 난제가 아닐 수 없다. 카오스성을 자유의지와 동일시하려는 유혹은 과학이 결정

---

* 3장에서 언급했듯 단일 유전자가 이런 식으로 결정론적인 경우는 매우 드물다는 사실을 명심하기 바란다. 다시 말해 거의 모든 유전자는 환경 및 다른 유전자와 비선형적인 방식으로 상호작용하며, 필연성보다는 잠재력과 취약성과 관련된다.

론적 시스템의 결과를 결코 정확히 예측할 수 없을 때 그러한 직관을 극복하기가 얼마나 어려운지를 여실히 보여준다.

잘못된 결론 #2:
화재의 원인은 없다

카오스성의 매력은 대부분 '시스템에 대한 몇 가지 간단한 결정론적 규칙으로 시작하여 화려하고 예측할 수 없는 무언가를 만들어낼 수 있다'는 사실에서 비롯된다. 방금 우리는 이를 비결정론으로 착각하는 것이 어떻게 '자유의지에 대한 믿음의 도가니'를 향한 비극적인 하향 나선형 곡선을 그리는지를 살펴보았다. 이제 다른 문제를 살펴볼 시간이다.

180쪽 그림으로 다시 돌아가 살펴보면, 두 개의 서로 다른 시작 상태가 22번 규칙을 통해 동일한 패턴으로 바뀔 수 있으며 따라서 두 가지 중 어느 것이 실제 원천인지 알 수 없다.

이것이 바로 수렴 현상으로, 진화생물학에서 자주 사용되는 용어다. 이 경우 특정 종이 가능한 두 조상 중 어느 조상으로부터 진화했는지 구별할 수 없다(예: "코끼리의 조상은 세 발 달린 코끼리였을까, 아니면 다섯 발 달린 코끼리였을까? 누가 알 수 있을까?")는 뜻은 아니다. 수렴 진화란 매우 다른 두 가지 종이 동일한 종류의 선택압에 대해 동일한 해결책으로 수렴했다는 뜻이다.* 분석철학자들은 이 현상을 과잉결정이라고 하는데, 두 가지 다른 경로

---

* 나는 이에 대한 좋은 사례를 관찰한 적이 있다. 케냐의 적도 근처에는 아프리카에서 두번째로 높은 해발 5천 미터 이상의 케냐산이 있다. 이 산의 멋진 점 중 하나는 기후상으로 아래쪽은 적도 아프리카이고 위쪽은 빙하(적어도 잠시 동안은 빙하 상태이며 빠르게 녹음)이며, 수백 미터 올라갈 때마다 완전히 다른 생태계가 형성된다는 점이다. 약 4500미터 높이의 고산지대에는 이상하게 생긴 식물 종이 있다. 언젠가 한 식물 진화생물학자와 그의

가 동일한 결과로의 진행을 각각 독립적으로 결정할 수 있는 경우를 일컫는다. 이러한 수렴에는 정보의 유실이 내포되어 있다. 당신이 세포 자동자의 한가운데 행에 앉아 있으면, 어떤 일이 일어날지 예측할 수 없을 뿐만 아니라, 무슨 일이 실제로 일어났고 어떤 가능한 경로가 현재 상태로 이어졌는지도 알 수 없다.

우리는 법사학legal history에서 이와 놀랍도록 유사한 수렴 사례를 찾아볼 수 있다. 부주의로 인해 A 건물에서 화재가 발생하고, 근처에서 아무런 관련 없는 별도의 부주의로 인해 B 건물에도 화재가 발생한다. 두 화재는 서로를 향해 번지다 수렴하여 중앙에 있는 C 건물을 전소시킨다. 건물 C의 소유자는 다른 두 소유자를 고소한다. 누구의 과실로 화재가 발생했을까? 두 사람은 법정에서 제각기 자기가 불을 내지 않았더라도 C 건물은 여전히 불에 탔을 것이라고 주장한다. 그리고 두 소유자 모두 책임을 지지 않았다는 점에서 그들의 주장은 효과가 있었다. 하지만 1927년 법원이 킹스턴 대 시카고와 NW 철도 사건에서 '두 소유자가 특정 사건에 대해 부분적으로 책임을 질 수 있으며, 과실을 분할할 수 있다'는 판결을 내리면서 변화가 생겼다.[12]

마찬가지로, 한 무리의 군인들이 누군가를 처형하기 위해 총살대에 서 있다고 생각해보라. 아무리 하느님과 국가에 대한 영광스러운 복종으로 방아쇠를 당긴다 해도, '누군가를 죽였다'는 죄책감이나 '운명이 바뀌어 총살

연구실에서 이야기를 나누던 중 그런 식물 중 하나의 사진이 몇 장 걸린 것을 보았다. "이 봐요, 케냐산에 올라가보셨군요." 내가 물었다. "아뇨, 안데스산맥에서 찍은 거예요." 그가 대답했다. 안데스 식물은 케냐 식물과 전혀 관련이 없지만 거의 똑같아 보였다. 적도에서 고지대 식물이 될 수 있는 방법은 몇 가지밖에 없는데, 지구 반대편에 위치한 전혀 다른 식물 종이 이러한 해결책에 수렴한 것이다. 여기에는 리처드 도킨스의 명언이 함축되어 있다. "살아 있는 방법이 아무리 많다 한들 확실히 훨씬 더 다양한 것은 죽는 방법이다." 살아남는 방법은 매우 한정적이며, 각 생물 종은 그중 하나로 수렴해왔다는 뜻이다.

대 앞에 내가 설지도 모른다'는 걱정과 같은 양가감정이 존재할 수 있다. 그래서 수세기 동안 한 병사에게 실탄이 아닌 공포탄을 무작위로 지급하는 인지 조작이 이루어졌다. 누가 실탄을 가졌는지는 아무도 몰랐기 때문에, 모든 사격수는 자신이 공포탄을 지급받았을 수도 있고 실제로 살인자가 아닐 수 있음을 알았다. 사형 집행용 독극물 주사가 발명되었을 때 일부 주에서는 독극물이 담긴 주사기를 두 개의 별도 경로로 전달하도록 규정했다. 두 개의 버튼을 두 사람이 각각 누르면, 기계가 무작위로 추출해 한 주사기의 독극물을 사형수에게 주입하고 다른 주사기의 내용물은 양동이에 버리는 방식이었다. 그리고 어느 쪽이 어떤 일을 했는지 기록하지 않았다. 두 사람은 각자 자신이 사형 집행자가 아닐 수도 있다는 걸 알았다. 이는 책임감을 해소하기 위한 좋은 심리적 트릭이다.[13]

카오스론은 이와 유사한 유형의 심리적 트릭과 잘 어울린다. 시작 상태를 알더라도 어떤 일이 일어날지 예측할 수 없다는 카오스론의 특징은 고전적 환원주의에 큰 타격을 준다. 심지어 과거에 무슨 일이 일어났는지 전혀 알 수 없다는 것은 급진적 소거적 환원주의, 즉 진짜 원인을 파악할 때까지 '가정할 수 있는 모든 원인'을 배제하는 능력을 무너뜨린다.

따라서 급진적 소거적 환원주의에 입각하여 '어떤 단일 원인이 화재를 일으켰는지' '어떤 버튼이 독극물을 주입했는지' '어떤 이전 상태가 특정 카오스적 패턴을 초래했는지'를 결정하기란 불가능하다. 하지만 그렇다고 해서 화재를 실제로 일으킨 원인이 전혀 없다거나, 총알이 잔뜩 박힌 사형수를 쏜 사람이 아무도 없다거나, 혼돈 상태가 갑자기 발생했다는 의미는 아니다. 급진적 소거적 환원주의를 배제한다고 해서 비결정론이 증명되는 것은 아니다.

뻔한 사실이지만, 일부 자유의지 지지자들은 이 사실을 교묘히 비틀어 'X의 원인을 알 수 없다면 비결정론을 배제할 수 없으므로 자유의지를 위한 여지가 생긴다'는 결론을 내린다. 한 저명한 양립주의자에 의하면, 환원주의가 자유의지의 가능성을 배제할 가능성은 거의 없다. "왜냐하면 인과관계의 사슬에는 적어도 급진적 환원주의와 결정론을 무너뜨리는 유형의 단절이 (적어도 자유를 약화시키는 데 필요한 형태로) 포함되기 때문이다." 맙소사, 내가 간당간당한 인과관계 연결고리를 살펴보는 지경에 이르렀다니! 하지만 카오스적 수렴은 급진적 환원주의와 결정론을 약화시키지 않는다. 연결고리는 아직 끊어지지 않았다. 그리고 그 필자가 보기에, 결정론의 약화는 우리의 "책임 떠넘기기 정책"과 관련이 있다. 하지만 당신을 지탱하는 두 개의 거북이 탑 중 어느 쪽이 맨 아래까지 이어졌는지 알 수 없다고 해서 당신이 공중에 떠 있는 것은 아니다.[14]

결론

이 시점에서 우리는 어디까지 왔을까? 허울뿐인 환원주의가 무너지고, 카오스이론이 혼돈의 정반대를 보여준다는 것이 증명되고, 우리가 흔히 생각하는 것보다 무작위성이 적으며, 그 대신 예상치 못한 구조와 결정론이 있다는 사실… 이 모든 것이 그저 놀라울 따름이다. 나비의 날갯짓, 조개껍데기의 무늬 생성, 윌 달링도 마찬가지다. 하지만 거기서 자유의지로 나아가려면 과거를 정확하게 기술하거나 미래를 예측하는 것을 불가능하게 만드는 '환원주의의 실패'를 비결정론의 증거로 착각해야 한다. 복잡한 상황에 직면했을 때 우리의 직관은 우리가 이해하지 못하는 것, 심지어 결코 이해할 수 없는 것을 오귀속으로 채우라고 간청한다.

이제 다음 주제로 넘어가기로 하자.

7장

창발적 복잡성 입문

5장과 6장의 내용은 기본적으로 다음과 같이 요약할 수 있다.

— '사물을 구성 요소로 분해하라'는 환원주의는 인간에 대한 매우 흥미로운 면들을 이해하는 데 효과적이지 않다. 오히려 인간과 같은 카오스계에서는 시작 상태의 미세한 차이가 그 결과를 엄청나게 증폭시킨다.

— 이러한 비선형성은 근본적인 예측 불가능성을 야기하며, 많은 사람에게 환원적 결정론을 거스르는 본질주의를 시사한다. 그렇다면 '세계는 결정론적이기 때문에 자유의지가 존재할 수 없다'는 입장이 물거품이 된다.

— 과연 그럴까? 그렇지 않다. '예측 불가능한'은 '결정되지 않은'과 동의어가 아니며, 결정론에는 환원적 결정론만 있는 게 아니다. 카오스계는 순전히 결정론적이어서, 자유의지의 존재를 주장하는 특정 관점을 차단한다.

이 장에서는 결정론을 거스르는 것처럼 보이는 놀라움의 영역에 초점을 맞추고자 한다. 벽돌에서 시작해보자. 약간의 예술적 자유를 허용한다면, 벽돌들은 보이지 않는 작은 다리로 기어다닐 수 있다. 들판에 놓인 벽돌 하나는 목적 없이 이리저리 기어다닌다. 벽돌 두 개도 마찬가지다. 하지만 여러 개가 모이면 그중 몇 개가 서로 부딪친다. 그런 일이 생기면 벽돌은 지루할 정도로 간단한 방식으로 상호작용한다. 서로 나란히 앉은 채 그대로 있을 수도, 한 벽돌이 다른 벽돌 위로 기어올라갈 수도 있다. 그게 전부다. 이제 들판에 수천억 개의 똑같은 벽돌을 흩뿌리자. 수억 개는 천천히 기어다닌다. 수억 개는 천천히 기어다니고, 수억 개는 나란히 앉아 있고, 수억 개는 다른 벽돌 위로 기어올라가면서… 천천히 베르사유궁전을 건설해간다. 와우! 내가 놀라는 것은 단순한 벽돌로 베르사유궁전처럼 복잡한 건축물을 지을 수 있어서가 아니다.* 충분히 큰 벽돌 더미를 쌓으면 아무 생각 없는 작은 구성 요소들이 몇 가지 간단한 규칙에 따라 인간 없이도 베르사유궁전을 스스로 조립해나가기 때문이다.

이러한 과정은 초기 조건에 민감하게 의존하는 카오스이론과는 다르다. 만약 카오스계에서 일어나는 일이라면, 고배율 돋보기로 보면 제각기 다른 구성 요소들이 날갯짓을 하며 베르사유궁전을 지을 것이다. 하지만 이 경우에는, 똑같이 생긴 단순한 요소들을 충분히 모으면 '놀랍도록 복잡하고 화려하며 적응력이 뛰어나고 기능적이며 멋진 무언가'가 자연스럽게 저절로 조립된다. 충분한 양이 축적되면 종종 예측할 수 없을 정도로 놀라운 질이 나타나는 것이다.**[1]

---

*   잊지 말 것. 베르사유궁전이 벽돌로 지어졌는지 확인해보라.

**   이 개념은 1996년 체스 그랜드 마스터 게리 카스파로프가 IBM의 체스용 컴퓨터 딥블루와의 대결에서 패한 후 유명해졌다. 그는 초당 2억 개에 달하는 체스판의 수를 평가할 수 있는 컴퓨터의 막강한 성능을 언급하며 "어제 나는 양이 질이 될 때 어떤 일이 일어나는지를 처음으로 목격하였다"(B. 웨버, 「카스파로프와 컴퓨터의 대결, 체스 스코어카드 1-1」, 〈뉴욕 타임스〉, 1996년 2월 12일자)라고 설명했다. 이 법칙(양질전환의 법칙)은 헤겔이

이러한 창발적 복잡성은 우리의 이해관계와 매우 밀접하게 관련된 영역에서 발생한다. 무미건조하고 똑같은 벽돌 더미와 그것들이 모여서 만들어낸 베르사유궁전 사이의 엄청난 차이는 전통적인 원인과 결과를 무시하는 것처럼 보인다. 우리의 이성적인 측면은 비결정론적과 같은 단어를 (부정확하게) 생각하고, 우리의 덜 이성적인 측면은 이 단어를 마법처럼 생각한다. 어느 쪽이 됐든, 자기 조립self-assembly의 '자기' 부분은 매우 주체적으로 보이는데다 '당신이 되고 싶은 벽돌 궁전이 되라'는 내용으로 가득차 있어, 자유의지의 꿈이 유혹의 손짓을 한다. 나는 이번 장과 다음 장에서 이런 분위기에 찬물을 끼얹으려 노력할 것이다.

마이클 잭슨의 문워킹은 창발일까?

창발적 복잡성으로 간주되지 않는 것부터 시작해보자.

가짜 군복을 입은 건장한 남자가 대형 금관악기인 수자폰을 들고 들판 한가운데에 있다고 가정해보자. 이 남자의 행동은 간단하다. 그는 전후좌우 무작위로 걸을 수 있다. 그의 주위에 다른 악기 연주자들이 흩어져 있어도 똑같은 일이 일어난다. 모두 무작위로 움직이며, 총체적으로 말이 안 되는 상황이 전개된다. 하지만 300명의 연주자로 이루어진 고적대가 미식축구 경기장에 나타나면 이야기가 달라진다. 하프타임 공연중에 50야드 라인을 지나 문워킹을 하는 거대한 마이클 잭슨이 등장한다.*

처음 언급했으며 마르크스에게 큰 영향을 미쳤다.

* 오하이오주립대학교의 고적대가 마이클 잭슨의 춤사위를 그려내는 모습을 www.youtube.com/watch?v=RhVAga3GhNM에서 확인하라.

모든 구성원이 교체 가능하고 대체 가능한 초대형 밴드는 벽돌 더미와 마찬가지로 동일한 작은 동작의 레퍼토리를 가진다. 그런데 왜 이것은 창발로 간주되지 않는 걸까? 그건 바로 마스터플랜이 있기 때문이다. 들판에서 우왕좌왕하는 수자폰 연주자를 비롯한 연주자들과 달리 미식축구장에서 문워킹을 하는 고적대의 이면에는 커다란 계획이 있다. 광야에서 금식하며 소금 기둥의 환상을 보다가 기쁜 소식을 들고 돌아온 선지자처럼 말이다. 이것은 창발이 아니다.

진짜 창발적 복잡성의 모습을 살펴보자. 개미 한 마리부터 시작하자. 개미는 들판을 정처 없이 돌아다닌다. 열 마리도 마찬가지다. 백 마리는 모호한 패턴의 힌트를 가지고 상호작용한다. 하지만 수천 마리가 모이면 직무 전문화job specialization를 가진 사회를 형성하고, 몸으로 다리나 뗏목을 만들어 몇 주 동안 떠다니고, 통로가 나뭇잎으로 포장된 홍수 방지 지하 개미집을 짓는다. 개미집에는 '곰팡이 재배에 적합한 방'과 '새끼를 기르는 데 적합한 방' 등 각자의 미기후微氣候 환경을 갖춘 특수한 방이 갖춰져 있다. 이는 변화하는 환경적 요구에 따라 그 기능까지 변화하는 사회이지만 청사진도 청사진 작성자도 없다.[2]

그렇다면 무엇이 창발적 복잡성을 만드는 것일까?

— 개미 같은 요소의 수가 엄청나게 많으며, 모든 요소가 동일하거나 몇 가지 유형으로만 존재한다.

— '개미'가 수행할 수 있는 작업의 가짓수가 매우 적다.

— 인접한 이웃과의 우연한 상호작용에 기반한 몇 가지 간단한 규칙(예: '조약돌을 작은 턱에 넣고 걷다가 조약돌을 물고 있는 다른 개미와 부딪힐 경우 자신의 조약돌을 떨어뜨린다')이 있다. 어떤 개미도 이 몇 가지 규칙보다 더 많은 규칙을 알지 못하며, 각 개미는 독립적인 행위자로 행동한다.

— 극히 복잡한 현상을 살펴보면 집합체 수준에만 존재하는 환원 불가능한 속성(예: 물 한 분자는 무언가를 적실 수 없고, '습기'는 물 분자의 집합체에서만 나타나며, 물 분자 하나만 연구해서는 습기에 대해 많은 것을 예측할 수 없음)이 있으며, 복잡성의 수준에 자체적으로 포함되는 속성(예: 구성 요소를 잘 몰라도 집합체 수준의 행동을 정확히 예측할 수 있음)이 존재한다는 것을 알 수 있다. 노벨상 수상자인 물리학자 필립 앤더슨이 요약한 것처럼 "많으면 다르다".*3

— 이러한 창발적 특성은 견고하고 탄력적이다. 예를 들어 폭포는 물 분자가 두 번 이상 폭포에 참여하지 않음에도 불구하고 시간이 지나도 일관된 창발적 특성을 유지한다.4

— 성숙한 창발적 시스템에 대한 자세한 그림은 예측 불가능할 수 있으며(하지만 반드시 그런 것은 아님), 이는 앞선 두 장의 맥락을 이어간다. 즉 시작 상태와 재생산 규칙을 알면 복잡성을 개발할 수는 있지만(세포 자동자처럼), 복잡성을 설명할 수는 없다. 또는 지난 세기의 대표적인 발생신경생물학자인 폴 와이스Paul Weiss의 말을 빌리면, 시작 상태에는 결코 "여정"이 포함될 수 없다.**5

— 이러한 예측 불가능성은 창발적 시스템에서는 현재 여행중인 도로가 동시에 건설되고 있다는 사실에서 비롯된다. 실제로 보행자의 존

---

* 앤더슨은 F. 스콧 피츠제럴드와 어니스트 헤밍웨이의 대화를 인용하며 이 아이디어에 대한 훌륭한 예를 제시한다. "피츠제럴드: 부자들은 우리와 달라. 헤밍웨이: 그래요, 그들은 돈이 더 많아요. 부자의 다른 모든 특징은 바로 거기서 나오는 거죠."

** 이 장의 뒷부분에서 다룰 신경생물학자 로빈 히징거Robin Hiesinger의 연구가 이 아이디어에 대한 훌륭한 사례를 제시한다. 당신이 피아노곡 하나를 배우다가 실수를 해서 연주를 중단했다고 가정해보자. 고속도로에서 다시 출발하는 것처럼 두 마디 앞에서 다시 시작하는 것이 아니라, 대부분의 경우 소절의 시작 부분으로 되돌아가 복잡성이 다시 펼쳐지도록 해야 한다.

재가 도로를 만드는 과정에 되먹임을 제공함으로써 건설 과정에 영향을 미친다.*** 게다가 당신이 여행하는 목표는 아직 존재하지 않을 수도 있다. 그러므로 당신은 (아직 존재하지 않을 수도 있지만 운이 좋으면 제시간에 건설될) 목표 지점과 상호작용할 운명이다. 그에 더하여 6장에서 다룬 세포 자동자와 달리 창발적 시스템은 무작위성(전문용어로는 '확률적 사건')의 영향을 받으며 무작위 사건들의 순서가 차이를 만든다.****

— 창발성은 종종 놀라우리만큼 적응적일 수 있지만, 그럼에도 불구하고 청사진이나 청사진 작성자는 존재하지 않는다.[6]

방금 언급한 적응성의 간단한 버전은 다음과 같다. 두 마리의 벌이 벌집을 떠나 먹이를 찾을 때까지 각각 무작위로 날아다닌다. 둘 다 먹이를 찾지만 한쪽의 품질이 더 좋다. 두 벌은 양쪽 먹이원에 대해 아무것도 모르는 채 각각 벌집으로 돌아온다. 그럼에도 불구하고 모든 벌이 더 좋은 먹이를 향해 곧장 날아간다.

좀더 복잡한 예는 다음과 같다. 한 마리 개미가 먹이를 찾기 위해 여덟 군데 장소를 확인한다. 작은 다리가 피곤해지기 마련이고 각 장소를 한 번씩만 방문하는 것이 이상적이므로, 개미는 5,040개의 가능한 경로($7! = 7 \times 6 \times 5 \times 4 \times 3 \times 2 \times 1$, 하나의 장소가 출발점으로 정해지면 나머지 7개 장소를 일렬로 배열하는 경우의 수이므로 $7!$이 된다—옮긴이) 중 최단 경로를 방문하게

*** 20세기 초의 문인 루쉰은 이 문장의 핵심을 잘 포착하여 이렇게 썼다. "세상에는 본래 길이 없다. 그 길을 가는 사람이 많아지면 그곳이 곧 길이 된다."(『고향』)

**** 예를 들어 10개 항목으로 구성된 시퀀스가 있는데, 그중 9개 항목이 거의 비슷하고 한 가지 눈에 띄는 예외가 있다고 가정해보자. 그런데 무작위성으로 인해 그 예외가 두번째가 될 수도 있고 열번째가 될 수도 있으며, 이에 따라 이 시퀀스의 속성에 대한 전반적인 평가가 달라질 수 있다.

된다. 이는 수세기 동안 수학자들을 바쁘게 만들었던 유명한 문제인 '여행하는 외판원 문제'의 한 버전으로, 일반해는 아직도 발견되지 않았다. 이 문제를 해결하기 위한 한 가지 전략은 무차별 대입 방식으로, 가능한 모든 경로를 검토한 후 모두 비교하여 가장 좋은 경로를 선택하는 것이다. 그러려면 엄청난 작업량과 계산 능력이 필요하다. 방문 가능한 장소가 10곳이면 36만 가지 이상(9!=362,880 ─ 옮긴이)의 가능한 방법이 있고, 방문 가능한 장소가 15곳이면 800억 가지 이상(14!=87,178,291,200 ─ 옮긴이)의 방법이 있다. 이렇게 많은 경로의 길이를 모두 비교한다는 건 사실상 불가능한 일이다. 하지만 일반적인 군집을 이룬 약 1만 마리의 개미를 먹이 장소가 8개인 버전에 풀어놓으면, 개미들은(우리가 무차별 대입을 하는 것보다 훨씬 빠르게) 5,040개의 가능한 경로 중 최적해에 가까운 경로를 찾아낼 것이다. 개미들은 '자신들이 이동한 경로'와 '두 가지 규칙(앞으로 설명할 것이다)' 외에는 아무것도 모른다. 이 방식은 매우 효과적이어서, 컴퓨터 과학자들은 현재 '가상 개미들'을 동원해 군집지능으로 알려진 것을 활용하여 이와 같은 문제를 해결할 수 있다.[*][7]

신경계에도 동일한 적용성이 존재한다. 신경생물학자들이 좋아하는 미세한 벌레[**]를 예로 들어보자. 뉴런의 배선 구조는 '모든 뉴런을 연결하는 데 드는 비용'이라는 측면에서 여행하는 외판원에 가까운 최적화를 보여주

---

[*] 세부사항: 앞에서 언급했듯이, 여행하는 외판원 문제는 특정 해解가 최적이라는 것을 수학적으로 증명하거나 반증할 수 없기에 공식적으로 해결 불가능하다. 이는 수학적 증명이 가능한 '최소 신장 트리 문제minimal spanning tree problem'라고 불리는 것과 밀접하게 관련된다. 후자는 통신회사가 필요한 케이블의 총길이를 최소화하는 방식으로, 여러 개의 송신탑을 연결하는 방법 등을 찾는 데 사용된다.

[**] 예쁜꼬마선충이라는 벌레의 경우, 모든 벌레가 정확히 302개의 뉴런을 가지고 있으며, 모든 벌레에서 뉴런이 동일한 방식으로 배선되어 있어 사랑을 한몸에 받는다. 신경회로가 어떻게 형성되는지 연구하는 사람들에게 이 벌레는 꿈의 대상이다.

며, 이는 파리의 신경계에서도 마찬가지다. 영장류의 뇌도 예외가 될 수는 없다. 영장류의 피질을 살펴보면 서로 연결된 11개의 상이한 영역을 확인할 수 있다. 그리고 발달중인 뇌는 수백만 가지의 가능한 방법 중에서 최적해를 찾는다. 앞으로 살펴보겠지만, 이 모든 작업은 '여행하는 외판원 개미'가 이행하는 것과 개념적으로 유사한 규칙을 통해 수행된다.[8]

다른 유형의 적응력도 얼마든지 있다. 뉴런은 다른 뉴런에서 신호를 입력받기 위해 가능한 한 효율적으로 수천 개의 수상돌기 가지를 퍼뜨리고 '싶어하며', 심지어 이웃 세포와의 경쟁을 마다하지 않는다. 순환계는 신체의 모든 세포에 혈액을 공급하기 위해 수천 개의 분지 동맥을 가능한 한 효율적으로 퍼뜨리기를 '원한다'. 나무는 잎을 햇빛에 최대한 노출시키기 위해 가장 효율적으로 하늘로 가지를 뻗기를 '원한다'. 그리고 앞으로 살펴보겠지만, 이 세 가지 모두 비슷한 창발적 규칙을 이용해 이 문제를 해결한다.[9]

어떻게 그럴 수 있을까? 이제 (개미, 점균류, 뉴런, 인간, 사회에서 최적화 과제를 해결할 때 비슷한 방식으로 작동하는) 간단한 규칙을 사용해 창발이 실제로 나타나는 메커니즘을 살필 차례다. 이 과정을 통해 우리는 첫번째 유혹, 즉 '창발이 비결정성을 보여준다'고 주장하려는 유혹을 쉽게 떨쳐버릴 수 있다. 6장에서와 마찬가지로 '예측 불가능함'은 '결정되지 않음'과 동의어가 아니다. 하지만 두번째 유혹을 떨쳐버리기란 그리 쉽지 않을 것이다.

정보 정찰에 뒤따른 무작위 만남

창발의 사례 중 상당수에는 두 가지 간단한 단계를 요하는 모티프가 포함된다. 첫번째 단계에서는 개체군의 '정찰대'가 환경을 탐색하다가 어떤 자원을 발견하면 그 소식을 동료들에게 널리 전한다.* 소식의 내용에는 자원의 품질에 대한 정보가 포함되어야 하는데 품질이 우수할 때는 신호의 볼륨이 더 크거나 지속 시간이 더 길다. 두번째 단계에서는 다른 개체들이 소식에 어떻게 반응해야 하는지에 관한 간단한 규칙에 따라 주변 환경을 이리저리 탐색한다.

다시 벌을 예로 들어보자. 첫번째 단계에서, 두 마리의 정찰벌이 주변에서 먹이원이 될 만한 것들을 조사한다. 그들은 각각 하나의 먹이를 발견하고, 이를 보고하기 위해 벌집으로 돌아온다. 그러고는 춤사위를 통해 먹이의 방향과 거리를 알려주는 유명한 8자춤으로 소식을 널리 전한다. 결정적으로 정찰벌이 발견한 먹이의 품질이 좋을수록 춤의 한 부분이 더 오랫동안 지속되는데 이게 바로 품질에 대한 정보를 전달하는 방식이다.** 두번째 단계에서는 벌집 안을 무작위로 돌아다니던 벌들이 춤추는 정찰벌과 마주치자마자 어디론가 날아가, 정찰벌이 알려준 먹이를 확인한 다음 되돌아와 춤을 추며 소식을 전한다. 먹이의 품질이 좋을수록 더 오랫동안 춤을 추므로, 무작위로 돌아다니던 벌은 '괜찮은 뉴스'보다 '대박 뉴스'를 전하는 벌과 마주칠 가능성이 더 높다. 그러면 대박 뉴스를 전하는 벌이 순식간에 두 마리, 네 마리, 여덟 마리…로 불어나 군집 전체가 최적의 장소에 모여들 확률이 높아진다. 그리고 원래 괜찮은 뉴스를 전한 정찰벌은 춤을 멈춘 후 대박 뉴스를 전하는 댄서를 만나, 최적해를 알리는 무리에 가담한 지 오래일 것이다. 참고로 두 후보지에 대한 정보를 수집하고, 두 가지 선택지를 비교하여 더 나은 것을 선택

---

* 이는 매우 추상적이고 차원이 없는 일종의 '환경'이다. 개미가 먹이를 구하기 위해 개미집을 떠나는 것, 뉴런이 다른 뉴런을 향해 섬유를 뻗어 연결을 형성하는 것, 우리가 온라인 검색을 하는 것 등도 이와 유사한 활동으로 분류된다.

** 8자춤에 담긴 정보는 20세기 초 카를 폰 프리슈가 처음으로 완전히 해독했다. 이 연구는 행동학 분야의 창설에 중요한 역할을 했으며, 폰 프리슈에게 노벨 생리의학상을 안겨주어 대부분의 과학자들을 당황시켰다. 춤추는 벌이 생리학이나 의학과 무슨 상관일까? 많은 관련이 있다. 그게 바로 이 장의 요점 중 하나다.

하고, 모든 벌을 그곳으로 안내하는 의사결정 벌은 존재하지 않는다. 그 대신 '더 오래 춤추는 벌'이 '더 오래 춤출 벌'을 모집하고 그 과정에서 비교와 최적 선택이 암묵적으로 이루어지는데, 이것이 바로 군집지능의 본질이다.[10]

마찬가지로 두 마리 정찰벌이 똑같이 좋은 후보지 두 곳을 발견했는데, 한 곳은 벌집에서 거리가 다른 한 곳의 절반밖에 되지 않는다고 가정해보자. 그러면 가까운 곳으로 날아간 정찰벌이 먹이를 찾아서 돌아오는 데 걸리는 시간이 먼 곳으로 날아간 정찰벌의 절반이므로 두 마리, 네 마리, 여덟마리 등등 배로 늘어나는 과정이 빨리 진행된다. 그 결과 가까운 곳으로 날아간 정찰벌의 신호가 먼 곳으로 날아간 정찰벌의 신호를 압도하고, 조만간 모든 벌이 가까운 먹이원으로 향하게 된다. 개미의 경우 다음과 같은 방식으로 새로운 군집을 위한 최적의 장소를 찾는다. 먼저 정찰개미가 파견되어 후보지를 찾아내고, 좋은 장소일수록 그곳에 더 오래 머무른다. 그런 다음 무작위 방랑자들이 뿔뿔이 흩어져, '후보지에 서 있는 개미와 마주치면 그 장소를 확인한다'는 규칙에 따라 행동한다. 벌의 경우와 마찬가지로 '더 나은 품질'은 '더 강력한 모집 신호'로 번역되며, 이는 자체적으로 강화된다. 나의 선구적인 동료인 데버라 고든의 연구는 새로운 차원의 적응성을 보여준다. 그녀가 제안한 시스템에는 개미가 '얼마나 먼 곳까지 방랑하는지' '그저 그런 장소에 비해 좋은 장소에 얼마나 더 오래 머무르는지' 등 다양한 매개변수가 있다. 그녀는 이러한 매개변수가 '먹이가 얼마나 풍부한지' '먹이 분포가 얼마나 고르지 않은지', '먹이 수집에 얼마나 많은 비용이 드는지(예컨대 사막 개미의 경우 수분 손실 측면을 감안할 때 숲 개미보다 먹이 수집에 더 많은 비용이 든다)'에 따라 생태계마다 다르며, 특정 환경에 진화적으로 적합한 매개변수를 보유한 군집일수록 생존하여 후손을 남길 가능성이 더 높음을 보여준다.[***,****][11]

'정찰 및 소식 전하기'에 이은 '무작위 방랑자 모집'이라는 2단계 과정은 '여행하는 가상 개미 외판원'의 최적화를 설명한다. 각각의 가상적 먹이 수집 장소에 개미떼를 배치하면, 각 개미는 각 장소를 한 번씩 방문하는 경로를 무작위로 선택하고 그 과정에서 페로몬 흔적을 남긴다.***** 이 경우, 더

따라 다르다. 이를 탐구한 한 논문의 저자는 논문에 "꿀벌 군집은 춤을 통해 적합성을 달성한다Honeybee Colonies Achieve Fitness through Dancing"는 제목을 붙였는데, 이는 과학 저널 사상 최고의 제목으로 손꼽힌다. 어쩌면 이 논문은 구글에서 줌바 교습을 검색할 때 자주 등장할지도 모른다.

**** 이러한 접근 방법은 완벽하지 않으며 잘못된 합의 결정에 도달할 수 있다. 예컨대 평지에 사는 개미는 언덕 꼭대기에 위치한 전망 좋은 곳을 원할 것이다. 근처에 두 개의 언덕이 있는데, 하나는 다른 언덕의 두 배 높이라고 가정해보자. 두 마리의 정찰개미가 각각의 언덕 위로 올라간다면, 낮은 언덕에 올라간 개미가 둥지로 돌아와 소식을 전하고 이때 소요되는 시간은 높은 언덕에 올라간 개미의 절반에 불과할 것이다. 그렇다면 이 개미는 상대방보다 두 배 일찍 모집을 시작할 테니, 해당 군집은 곧 낮은 언덕을 선택할 것이다. 이 경우 모집 신호의 강도가 먹이원의 품질과 반비례하기 때문에 문제가 발생한다. 때로는 프로세스가 완전히 엉망이 될 수도 있다. 프로그래머가 머신러닝 알고리즘에게 '허용되지 않는 작업'과 '주의를 기울이지 말아야 할 정보'를 모두 알려주지 않고 지침을 구체적으로 명시하지 않아 문제에 대한 기괴한 해결책을 제시하는 온갖 종류의 사례도 있다. 예를 들어, 한 AI는 흑색종을 진단하는 방법을 학습한 듯했지만, 엉뚱하게도 'ruler를 옆에 놓고 촬영한 병변'을 악성일 가능성이 높다고 판단하는 오류를 범했다. 또다른 사례에서는 매우 빠르게 움직이는 가상 유기체를 진화시키기 위한 알고리즘을 설계했는데, AI가 성장시킨 유기체는 키만 엄청나게 크고 몸의 균형이 맞지 않아서 빠른 속도에 도달할 때마다 몸이 휘청거렸다. 또다른 연구에서는 AI에게 '물체에 부딪히지 않고 돌아다니는 로봇청소기'를 설계하게 했는데, 완성도를 '범퍼가 부딪히는 횟수'로 평가했더니, 범퍼가 없는 등을 앞세우고 뒤뚱거리며 뒷걸음질치는 청소로봇이 탄생했다. 더 많은 예제는 다음을 참조하라. "AI의 사양 게임 예제—마스터 목록: Sheet1," docs.google.com/spreadsheets/d/e/2PACX-1vRPiprOaC3HsCf5Tuum8bRfzYUiKLRqJmbOoC-32JorNdfyTiRRsR7Ea5ezWtvsWzuxo8bjOxCG84dAg/pubhtml.

***** 페로몬은 공기 중으로 방출되는 화학적 신호, 즉 정보를 전달하는 방향제다. 개미의 경우에는 등에 특정 페로몬을 분비하는 분비샘이 있는데, 개미는 이 페로몬을 땅에 떨어뜨려 작은 물방울 같은 흔적을 남긴다. 그래서 이 가상의 개미도 가상의 페로몬을 남긴다. 출발시 분비샘에 일정한 양의 페로몬이 있으면, 총 보행 거리가 짧을수록 단위 거리당

나은 품질이 어떻게 더 강력한 모집 신호로 번역될까? 경로가 짧을수록 정찰개미가 남긴 페로몬 흔적은 더 진해질 텐데, 페로몬은 증발하므로 짧고 진한 페로몬 흔적일수록 더 오래 지속된다. 잠시 후 2세대 개미가 등장하여 무작위로 방황하다가, 페로몬 흔적을 발견하면 자신의 페로몬을 추가하는 규칙에 따라 페로몬 흔적 남기기에 합류한다. 그 결과 더 진하고 오래 지속되는 흔적일수록 다른 개미가 합류하여 모집 메시지를 증폭시킬 가능성이 높아진다. 이윽고 장소를 연결하는 데 덜 효율적인 경로가 사라지고 최적해가 남는다. 가능한 모든 경로의 길이에 대한 데이터를 수집하고 중앙집중식 기관에서 이를 비교한 다음 모두에게 최적의 솔루션을 안내할 필요 없이, 최적해에 가장 근접한 경로가 저절로 나타난다.******

(한 가지 주목할 만한 점이 있다. 앞으로 살펴보겠지만, 이러한 부익부빈익빈 모집 알고리즘은 다른 종과 마찬가지로 인간의 최적화된 행동도 설명한다. 하지만 '최적'은 가치판단이 개입된 '최선'과 다른 의미를 갖는다. 경제적 불평등이 밑바탕에 깔린 모집 신호 덕분에 문자 그대로 부자가 더 부자가 되는 부익부빈익빈 시나리오를 생각해보라.)

뿌려지는 페로몬의 양이 많아진다.

****** 이 탐색 알고리즘은 1992년 AI 연구원 마르코 도리고Marco Dorigo가 처음 제안한 것으로, 컴퓨터과학에서 가상 개미를 이용한 '개미 군집 최적화' 전략을 탄생시켰다. 양이 질을 만들어내는 아름다운 사례로, 처음 이 알고리즘을 접했을 때 그 우아함에 현기증이 났다. 그 결과, 이 접근 방법의 품질은 이에 대한 내 방송에서 목소리가 얼마나 큰지를 보면 알 수 있다. 나는 강의에서 덜 멋진 주제보다 이 주제에 대해 더 자주 언급함으로써 학생들이 이 접근 방법을 이해하여 추수감사절에 부모에게 이야기할 가능성을 높이고, 부모가 이웃, 성직자, 선출직 대표에게 이에 대해 말할 가능성을 높인다. 이는 모든 사람이 다음 아이의 이름을 도리고로 짓는 최적화된 창발적 행동으로 이어진다.

앞에서 언급했듯이, 이는 최적해에 가장 근접하는 이상적인 방법이라는 점에 유의하라. 정확한 최적해가 필요하다면 느리고 비용이 많이 드는 중앙집중식 비교 측정기를 사용하여 무차별 대입을 해야 할 것이다. 더욱이 개미와 벌은 개체변이와 우연의 개입 때문에 이러한 알고리즘을 정확하게 따르지 않을 것이다.

다음으로, 창발이 점균류의 문제해결에 어떻게 도움이 되는지 살펴보자.

점균류는 끈적끈적하고, 매캐하고, 곰팡내 나는 아메바 모양의 단세포 원생생물로 분류학적 오류를 초래하기 십상이며, 표면에서 자라고 카펫처럼 퍼져나가며 먹이가 될 만한 미생물을 찾는다.

점균류는 수십억 개의 단세포 아메바가 합쳐져 거대한 협동적 단일 세포를 이룬 후 먹이를 찾기 위해 표면 위를 마치 물 흐르듯 퍼지는데, 이는 효율적인 먹이사냥 전략으로 보인다*(물 분자 하나가 아무것도 적실 수 없듯 하나의 독립적인 점균류 세포도 표면을 흐를 수 없는데, 이는 임박한 창발을 암시한다). 과거에는 개별 세포였던 것들이 흐르는 방향에 따라 늘어나거나 줄어들 수 있는 세관tubule으로 서로 연결되어 있다(아래 그림 참조).

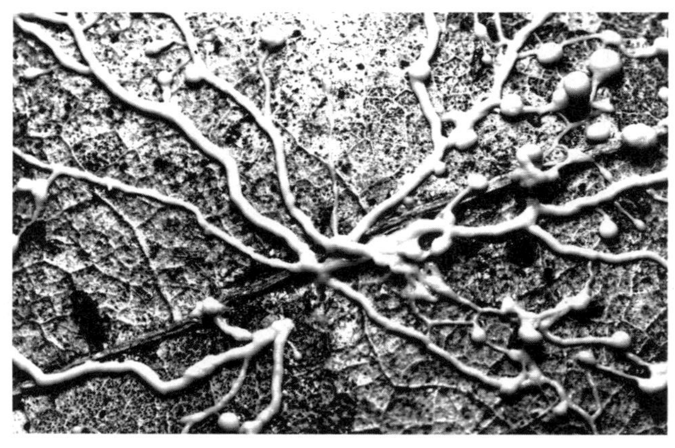

이러한 집합성에서 문제해결 능력이 드러난다. 두 개의 통로와 연결된 작은 플라스틱 배양기에 점균류 한 덩어리를 뿌려보라. 한 통로의 끝에는

---

* 이분법적으로 세포성 점균류 종에서는 집합체가 일시적으로만 형성되지만, 원형질성 점균류에서는 영구적으로 형성된다.

귀리(점균류가 좋아함) 한 알갱이가 있고, 다른 통로의 끝에는 두 알갱이가 있다. 정찰병을 파견하는 대신, 점균류 전체가 확장되어 양쪽 통로를 도두 채우고 두 먹이원에 도달한다. 그리고 몇 시간 내에 점균류는 귀리 한 알갱이가 있는 통로에서 물러나 귀리 두 알갱이가 있는 주변으로 모인다. 동일한 먹이로 연결되는 길이가 다른 두 개의 통로가 있으면, 점균류는 처음에는 두 통로를 모두 채우지만 결국에는 최단 경로만 선택한다. 여러 경로와 막다른 골목이 있는 미로에서도 마찬가지다.** 12

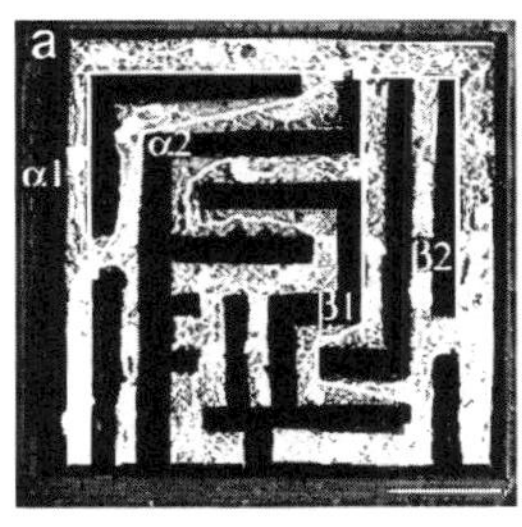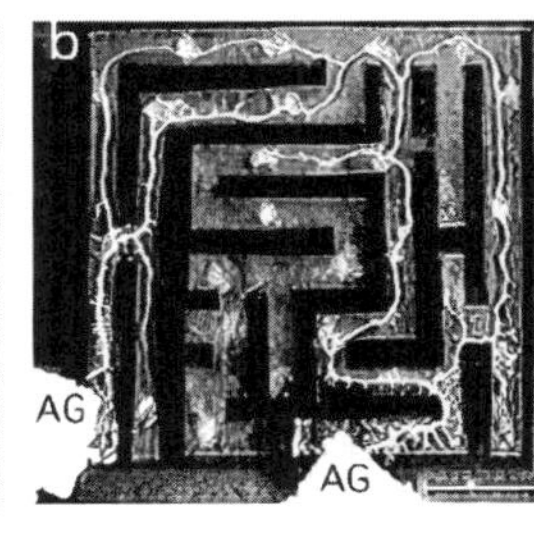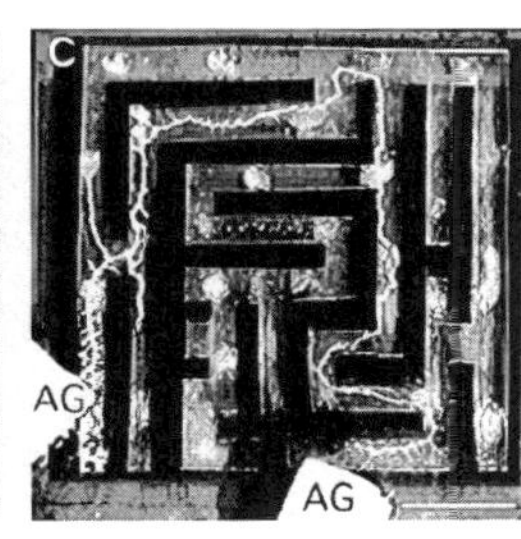

처음에는 점균류가 모든 경로를 채우지만(패널 A), 잠시 후 불필요한 경로에서 물러나(패널 B), 결국 최적의 솔루션에 도달한다(패널 C). (여러 표시들은 무시하라.)

점균류 지능의 진수를 보여주기 위해, 홋카이도대학교의 데로 아쓰시 手老篤史는 귀리 알갱이 여러 개가 매우 특정한 위치에 놓인, 이상한 모양의 벽으로 둘러싸인 공간에 점균류를 떨어뜨렸다. 처음에는 점균류가 팽창하여 모든 먹이원을 여러 가지 방법으로 서로 연결하는 세관을 형성했다. 하지만 결국에는 대부분의 세관이 움츠러들고, '모든 먹이원을 연결하는 세관의 총길이가 가장 짧은 경로'에 근접한 것만 남았다. 그야말로 여행하는 점균류였다. 독자들의 더 많은 감탄을 자아낼 부분은 바로 '이상한 벽'의 윤곽

**   수많은 뉴런의 최적화된 기능이 지능적인 사람을 구성하는 것과 같은 방식으로, 개별을 뛰어넘은 세포들의 최적화된 행동이 언제 '지능'을 구성하는지에 대한 의문을 제기한다.

이 도쿄 주변의 해안선 모양과 유사하다는 점이다. 점균류가 떨어진 곳은 도쿄, 귀리 알갱이가 놓인 곳은 도쿄 교외의 기차역에 해당했다. 결정적으로 점균류의 세관 연결 패턴은 해당 역들을 연결하는 실제 열차 노선과 통계적으로 유사했다. 뉴런 하나 없는 점균류와 도시계획가 팀의 대결이다.[13]

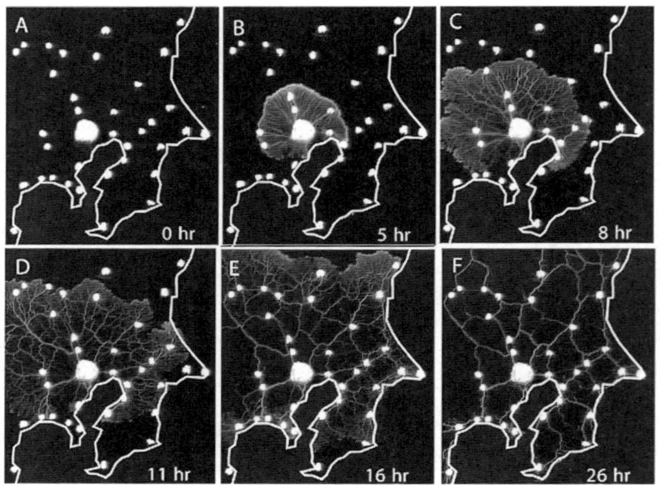

　점균류는 어떻게 이런 일을 해낼까? 개미나 벌과 비슷하다. 점균류 덩어리를 하나 또는 두 개의 귀리 알갱이와 이어지는 두 개의 통로 앞에 놓으라. 점균류는 처음에는 양쪽 통로로 흘러나오다가, 먹이가 발견되면 세관이 먹이가 있는 방향으로 수축하여 나머지 점균류를 그쪽으로 끌어당긴다. 결정적으로 먹이가 좋을수록 세관에 생성되는 수축력이 커진다. 그런 다음 조금 더 멀리 있는 세관은 동일한 방향으로 수축하여 힘을 분산시키고, 수축력을 증가시키며 바깥쪽으로 퍼져나가 결국 점균류 전체가 최적의 경로로 끌려온다. 이 과정에서 점균류의 어떤 부분도 두 가지 선택지를 비교하여 결정을 내리지 않는다. 그 대신 두 통로로 확장된 점균류가 정찰병 역할을 수행하고 더 나은 경로를 나머지 점균류에게 알려, 기계적 힘을 통해 부익부빈

익빈 모집을 유발하는 방식으로 퍼져나간다.[14]

이제 성장하는 뉴런을 생각해보자. 이 뉴런은 두 개의 뉴런으로 향하는 두 개의 정찰용 팔(전문용어로 '성장 원뿔')로 분지分枝된 투사를 확장한다. 뇌 발달을 단일 메커니즘으로 단순화하면, 각 표적 뉴런은 경사진 '유인' 분자를 분비하여 성장 원뿔을 끌어당긴다. 한 표적 뉴런이 '더 우수'할 경우 더 많은 유인 분자를 분비함으로써 성장 원뿔을 먼저 차지하고, 이로 인해 성장하는 뉴런의 투사 내부의 세관이 그 방향으로 구부러져 이끌린다. 그러면 그 옆에 나란히 있는 세관도 같은 방향으로 구부러질 가능성이 높아진다. 따라서 이러한 세관들을 점점 더 많이 모집하는 기계적 힘이 증가한다. 그에 반해 다른 쪽 정찰용 팔은 움츠러들어, 성장하는 뉴런은 더 나은 표적과 연결된다.*[15]

개미/벌/점균류의 모티프를 뇌에서 가장 화려하고 가장 최근에 진화한 부분인 피질을 형성하는 '발달중인 뇌'에 적용해보자.

대뇌피질은 뇌 표면을 덮고 있는 6층 두께의 담요로, 단면을 잘라보면 각 층은 상이한 유형의 뉴런으로 구성되어 있다(다음 장 그림 참조).

다층 구조는 피질의 기능과 많은 관련이 있다. 그림에서 피질의 판slab이

---

*   극도로 단순화하자면, 두 성장 원뿔의 표면에는 유인 분자에 대한 수용체가 있다. 이러한 수용체가 유인 분자로 가득차면 성장 원뿔의 가지 내에서 다른 유형의 유인 분자가 방출되어 줄기까지 농도 경사를 형성함으로써 세관을 해당 가지 쪽으로 끌어당긴다. 더 많은 수용체가 채워짐으로써 더 많은 세포 외 유인 분자 방송이 이루어지고, 더 많은 세포 내 전달 신호를 통해 세관이 모집된다. 실제 신경계의 복잡성 중 하나로, 표적 뉴런마다 서로 다른 유인 분자를 분비하여 정량적 정보뿐만 아니라 정성적 정보도 전달할 수 있다. 또다른 복잡성으로, 때때로 성장 원뿔은 연결하고자 하는 뉴런의 특정 주소를 염두에 둔다. 이와 다조적으로 때때로 상대적 위치(A 뉴런과 B 뉴런이 나란할 때 'A 뉴런이 연결하고자 하는 표적 뉴런'이 'B 뉴런과 연결된 표적 뉴런'의 근처에 있음)를 코딩하는 경우도 있다. 이 모든 것에는 '성장 원뿔들이 서로 반발하는 신호를 분비하기 때문에 정찰용 팔이 서로 다른 영역을 정찰하게 된다'는 의미가 내포되어 있다. 이 주제에 대해 조언과 도움을 아끼지 않은 이 분야의 선구적 정찰병이자 학과 동료인 뤼리췬과 로빈 히징거에게 감사의 말씀을 전한다.

여섯 개의 수직 기둥으로 나뉜다고 생각해보라
(화살표를 쳐둔 층에서 여섯 개의 조밀한 뉴런 군집
이 선명하게 드러난다). 이러한 미니 기둥 내의 뉴
런은 서로에게 많은 수직 투사(즉 축삭)를 보냄
으로써 집합적으로 하나의 단위로 작동한다. 예
컨대 시각피질에서 하나의 미니 기둥은 망막의
한 지점에 떨어지는 빛의 의미를 해독하고, 그
옆에 있는 미니 기둥은 인접한 지점의 빛을 해독
할 수 있다.*

　　피질이 구축되는 과정은 개미떼의 재현이다.
피질 발달의 첫번째 단계는 피질의 각 단면 바닥
에 있는 세포층이 수직 비계 역할을 하는 길고
곧은 투사를 표면으로 보내는 것이다. 이것이 방
사형 아교세포radial glia라고 불리는 개미 정찰대다(다음 쪽 다이어그램에서
글자는 무시하라). 이 개미들은 처음에는 과잉으로 존재하지만, 덜 최적화되
고 덜 직접적인 경로를 개척한 개미들은 (통제된 유형의 세포 사멸을 통해) 제
거된다. 따라서 우리는 현재 1세대 탐험가들을 보유하고 있으며, 피질 형성
에 대한 최적의 솔루션을 가진 탐험가들은 더 오랫동안 지속된다.[16]

　　다음에 무슨 일이 일어날지는 두말할 필요도 없을 것이다. 새로 태어난
뉴런은 방사형 아교세포에 부딪힐 때까지 피질 기저부에서 무작위로 돌아

---

*　여담이지만, 같은 층 내에서 서로 다른 미니 기둥 사이에 수평 연결도 존재한다. 이는 완
전히 멋진 회로를 만들어낸다. 망막의 작은 부분을 자극하는 빛에 반응하는 피질의 미니
기둥을 생각해보라. 방금 언급했듯이, 그 주변의 미니 기둥은 첫번째 자극 부분의 양쪽에
있는 빛 자극에 반응한다. 이것은 훌륭한 회로 트릭으로, 자극을 받은 미니 기둥은 수평
투사를 사용하여 주변의 미니 기둥을 침묵시킨다. 그 결과는? 가장자리 주변에 더욱 선명
한 이미지가 나타나는데, 이를 측면 억제 현상이라고 한다. 이것은 최고의 기능이다.

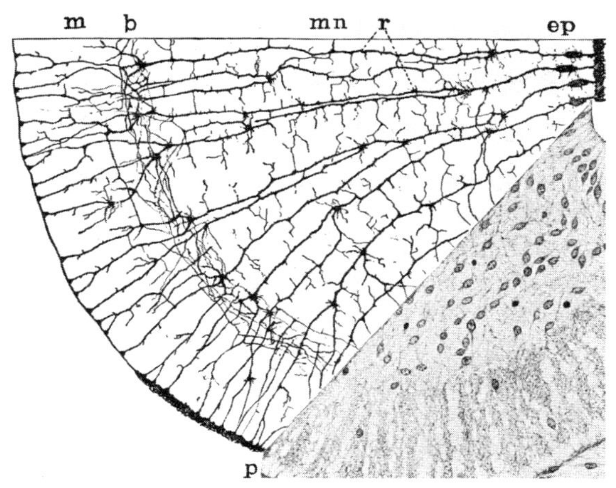

단면의 중심에서 바깥쪽으로 방사되는 방사형 아교세포

다닌다. 그런 다음 아교세포의 가이드 레일을 따라 위로 이동하여 화학적 유인 신호를 남기고, 이 신호는 곧 미니 기둥에 합류할 더 많은 새내기들을 모집한다.**[17]

정찰대, 자원의 품질에 의존하는 소식 전달, 곤충과 점균류에서 뇌에 이르기까지 모든 유기체에서 일어나는 부익부빈익빈 모집. 이 모든 것에는 마스터플랜도 없고, 구성 요소들이 주변 지역 외에는 아무것도 알지 못하며, 선택지를 비교하여 가장 좋은 것을 선택하는 구성 요소도 없다. 1874년 생

** 각각의 새로운 뉴런이 현장에 도착하면 한 번에 하나씩 순차적으로 시냅스를 형성하는데, 이는 원하는 수의 시냅스가 형성되었는지를 뉴런이 스스로 추적하는 방법이다. 그런데 필연적으로 시냅스 형성을 시작하기 위해 수상돌기 표적을 찾아 바깥쪽으로 퍼져나가는 다양한 성장 원뿔 중 하나는 우연히 다른 성장 원뿔보다 '파종' 성장인자를 더 많이 가지고 있을 것이다. 파종 인자가 많은 성장 원뿔은 더 많은 파종 인자를 모집함으로써 인접한 성장 원뿔의 과정을 억제시킨다. 이 부익부빈익빈 시나리오는 한 번에 하나의 시냅스가 형성되는 결과를 낳는다.

물학자 토머스 헉슬리는 이러한 아이디어에 대한 놀라운 선견지명으로 유기체의 기계론적 특성을 기술했다. 유기체는 "벌이 수학자를 시뮬레이션하는 것처럼, 지능을 시뮬레이션할 뿐"이라는 것이다. [18]

이쯤 되면 창발적 시스템과 관련하여 또하나의 모티프를 살펴봐도 될 듯싶다.

무한히 큰 것을
무한히 작은 공간에 맞추기

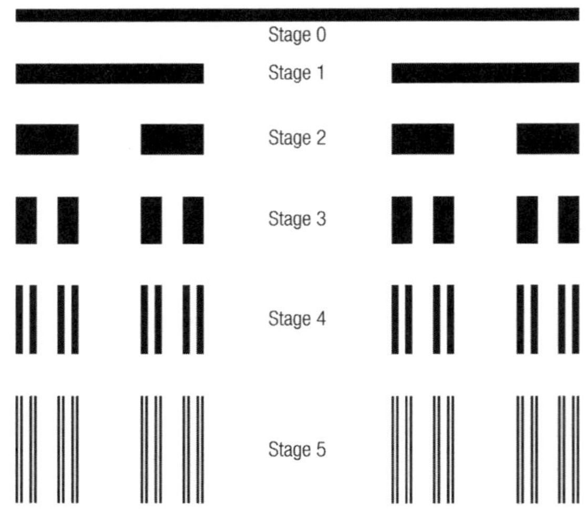

칸토어 막대

위의 그림을 생각해보라. 맨 윗줄은 하나의 선분으로 구성되어 있다. 가운데 3분의 1을 제거하면 두번째 행을 구성하는 두 개의 선분이 만들어지며, 이 두 선분의 길이는 원래 선분 길이의 3분의 2가 된다. 각각의 선분에서 가운데 3분의 1을 제거하면 총길이가 원래 선분의 9분의 4 길이인 네 개의 선분이 생성된다. 이 작업을 계속 수행하면 불가능해 보이는 결과, 즉 '누적되는 길이는 무한히 짧아지고, 수효는 무한히 많은' 줄이 생성된다.

2차원에서도 동일한 작업을 수행해보자(아래 그림 참조). 정삼각형(1번)에서 시작하자. 가운데 3분의 1을 새 삼각형의 밑변으로 사용하여 각 변에 다른 정삼각형을 생성하면 6각별(2번)이 만들어진다. 각 점에 대해 동일한 작업을 수행하면 18각별(3번), 54각별(4번) 등등이 계속 생성된다. 이 작업을 계속 반복하면 동일한 불가능성의 2차원 버전, 즉 '한 도형에서 다음 도형으로 넘어갈수록 면적 증가분이 무한히 작아지는 반면 둘레 길이는 무한

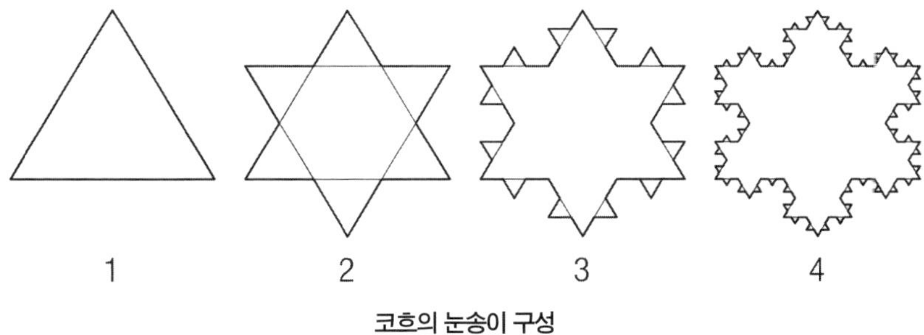

1   2   3   4

코흐의 눈송이 구성

히 증가하는' 모양을 생성할 수 있다.

이제 3차원이다. 정육면체를 생각해보자. 각 면은 아홉 개의 상자로 구성된 '3×3 격자'라고 생각할 수 있다. 아홉 개의 상자 중 가운데 상자를 제거하면 8개가 남는다.

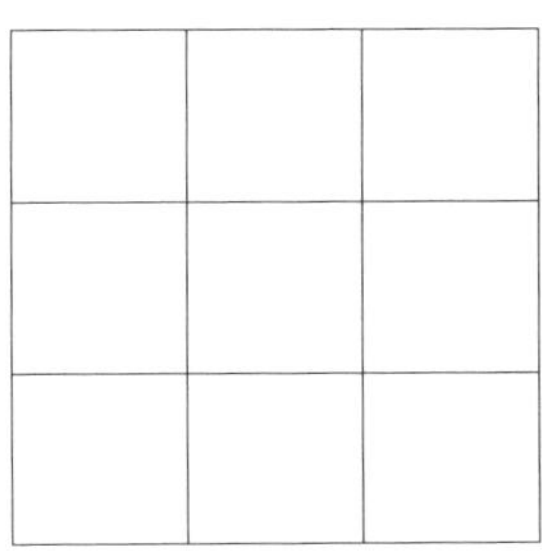

이제 나머지 8개도 각각 '3×3 격자'라고 생각하고 가장 가운데 있는 상자를 제거한다. 정육면체의 여섯 면 모두에서 이 과정을 영원히 반복한다. 이 작업이 무한대에 도달하면 불행한 결과에 이르는데, 부피는 무한히 작지만 표면적은 무한히 큰 정육면체를 얻을 수 있다(아래 그림 참조).

이상의 도형들을 각각 칸토어 집합, 코흐 눈송이, 멩거 스펀지라고 부른다. 이것들은 프랙탈 기하학의 주축으로, 동일한 연산을 반복하여 결국 기존 기하학에서는 불가능한 것을 만들어낸다.[19]

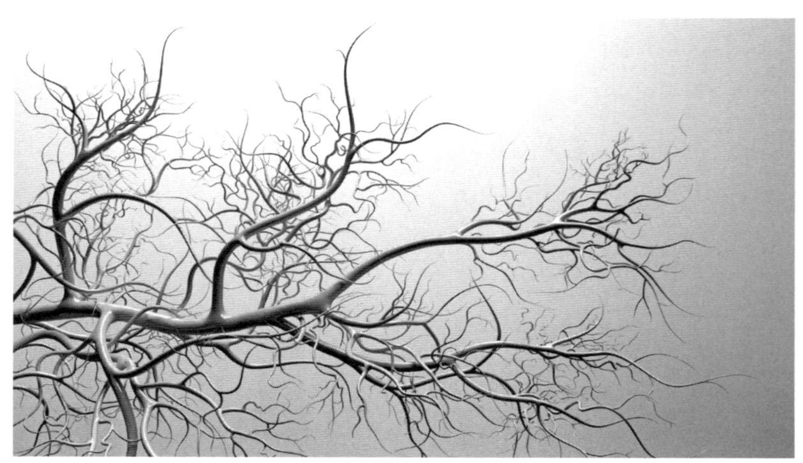

모세혈관의 가지 뻗기 패턴

이는 순환계에 대해 설명할 때 도움이 된다. 우리 몸의 각 세포는 모세혈
관에서 기껏해야 세포 몇 개 너비밖에 떨어져 있지 않으며, 순환계는 성인의
경우 약 8만 킬로미터의 모세혈관을 성장시킴으로써 이를 달성한다. 하지
만 이 엄청나게 많은 모세혈관은 우리 몸 전체 부피의 약 3%에 불과하다. 현
실세계의 실제 신체를 고려해보면, 순환계는 무한히 작은 공간을 차지하면
서도 어디에나 무한히 존재한다고 볼 수 있다.[20]

뉴런도 비슷한 과제를 안고 있다. 1만~5만 개 시냅스의 입력을 수용하려
면 얼기설기 엮인 수많은 수상돌기 가지를 이곳저곳으로 뻗어야 하는데, 수
상돌기 '나무'는 가능한 한 적은 공간을 차지하면서 가능한 한 적은 비용으
로 이러한 목적을 달성한다.

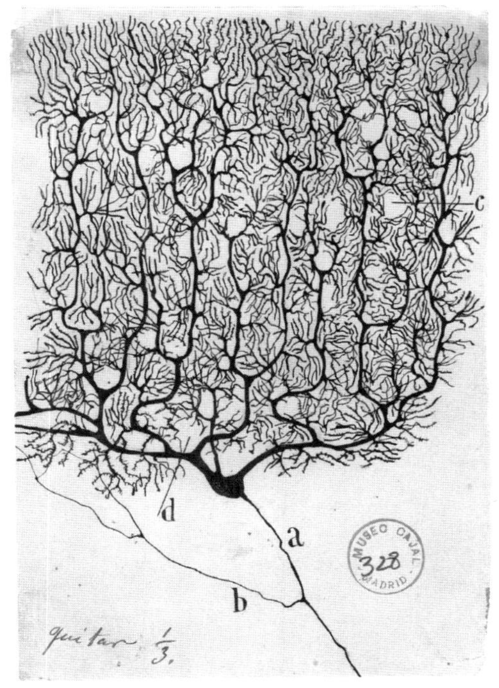

실제 뉴런의 표준적인 교과서용 그림

진짜 나무도 마찬가지여서 가지를 형성할 때 잎이 햇빛을 흡수할 수 있는 표면적을 최대로 늘림과 동시에 모든 성장 비용을 최소화한다.

이러한 유사점과 기본 메커니즘은 칸토어, 코흐, 멩거*의 작품에서 명백하게 나타나는데, 바로 반복적 분기iterative bifurcation다. 어떤 것이 어느 정도 자라서 두 갈래로 나뉜다. 그런 다음 그 두 가지가 각각 어느 정도 자란 후 다시 두 갈래로 나뉜다. 그 네 개의 가지가 또…… 이렇게 하나의 대동맥에서 8만 킬로미터의 모세혈관까지, 뉴런의 첫번째 수상돌기 가지에서 20만 개의 수상돌기 가시까지, 하나의 나무줄기에서 5만 개의 잎이 달린 가지 끝까지 끊임없이 진행된다.

단일 세포에서 거대한 나무에 이르기까지 다양한 규모의 생물학적 시스템에서 이와 같은 분기 구조는 어떻게 생성될까? 음, 한 가지 오답을 공개하자면, 각 분기점에 대한 구체적인 지침이 있는 게 분명하다는 것이다. 즉 가지 뻗는 나무에서 16개의 가지 끝이 만들어지려면 15번의 가지 뻗기 사건이 별도로 일어나야 한다. 가지 끝이 64개라면 63번의 가지 뻗기가 필요하며, 뉴런의 수상돌기 가시가 1만 개라면 9,999번의 분기가 필요하다. 하지만 각각의 가지 뻗기 사건을 전담하는 유전자가 존재할 수 없는 것은 유전자가 부족하기 때문이다(인간의 유전자는 약 2만 개뿐이다). 게다가 히징거가 지적했듯이, 이런 방식으로 구조를 구축하려면 구조 자체만큼이나 복잡한 청사진이 필요하기 때문에 '겹겹이 포개진 거북이' 문제가 제기된다. 청사진은 어떻게 작성되고, 그 청사진의 밑바탕이 된 청사진은 어떻게 작성될까? 순환계와 실제 나무의 경우 이 문제는 더욱더 길어질 텐데.

대신 모든 배율에서 동일한 방식으로 작동하는 지침이 있으면 된다. 그 배율이 무엇이든 지침은 다음과 같다.

---

* 19세기의 독일 수학자 게오르크 칸토어, 20세기의 스웨덴 수학자 헬게 폰 코흐, 20세기의 오스트리아계 미국인 수학자 칼 멩거가 바로 그 주인공들이다.

1단계: 지름 Z의 원통으로 시작한다(기하학적으로 혈관 가지, 수상돌기 가
지, 나뭇가지를 모두 원통으로 간주할 수 있음).

2단계: 원통이 성장하여, 1단계 지름의 여러 배(이를테면 4배, 즉 4Z)로
길어진다.

3단계: 2단계의 지점에서 원통이 갈라져 두 개로 나뉜다. 반복한다.

이렇게 하면, 2단계에서 지름이 각각 2Z분의 1인 두 개의 원통이 생성
된다. 그리고 이 두 개의 원통이 해당 지름보다 4배 길어지면(즉 2Z), 3단
계에서 다시 둘로 갈라져 지름이 각각 4Z분의 1인 네 개의 가지가 생성되
고, 이 가지들은 각각 1Z가 되면 4단계에서 또다시 둘로 갈라진다(다음 쪽
그림 참조).

성숙한 나무는 확실히 엄청나게 복잡해 보이지만, 이를 위한 이상적인
코딩은 방금 언급한 세 가지 명령으로 압축될 수 있으며, 유전체의 절반은
커녕 한 줌의 유전자만 있으면 된다.** 심지어 관련 유전자가 환경과 상호작
용하도록 할 수도 있다. 당신이 고지대에 사는 누군가의 뱃속에 있는 태아
이고, 공기 중 산소 농도가 낮아 혈액순환이 원활하지 않다고 가정해보자.
이는 후성유전학적 변화(3장 참조)를 촉발하여, 순환계의 원통이 4.0배가
아닌 3.9배로 길어졌을 때 갈라진다. 이렇게 하면 모세혈관이 더 촘촘히 퍼
지게 된다(이건 순전히 내가 지어낸 이야기이며, 이런 식으로 고산병을 해결할
수 있는지는 잘 모르겠다).***

따라서 환경과 상호작용할 수 있는 소수의 유전자만으로도 이상과 같은

** 수상돌기, 혈관, 나무마다 '가지가 갈라지기 전에 지름의 몇 배로 자라는지'는 차이날 수 있다.

*** 여기에는 네번째 규칙, 즉 '언제 분기를 멈춰야 하는지'를 아는 것이 숨어 있다. 뉴런, 순
환계, 폐계에서는 세포가 표적에 도달할 때 멈춘다. 성장하여 가지를 뻗는 나무의 경우에
는… 모르겠다.

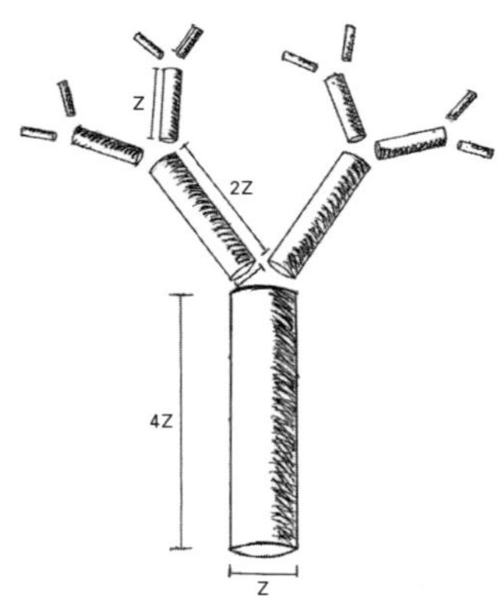

작업을 수행할 수 있다. 하지만 이를 '실제 생물학적 원통이 직면한 현실'과 '유전자가 실제로 하는 일'로 바꾸어보자. 당신의 유전자는 어떻게 '지름이 4배로 커지면 크기에 상관없이 갈라진다'와 같은 추상적인 개념을 코딩할 수 있을까?

다양한 모델이 제안되었지만, 정말 아름다운 모델을 하나 소개한다. 수상돌기의 '가지 뻗는 나무'를 생성하려는 태아 뉴런을 생각해보자(지금까지 다룬 다른 분기 시스템 중 어느 것이든 가능하지만). 먼저 '나무가 자라나는 곳'이 될 뉴런의 표면 막이 늘어나는 부분부터 시작한다(아래 그림 왼쪽 참조). 매우 인공적인 이 버전에서는 막이 두 개의 층으로 이루어져 있고, 그 층 사이에는 유전자에 의해 코딩된 성장 물질(빗금친 부분)이 있다. 성장 물질은 바로 아래 뉴런의 영역을 촉발하여 거기에서 솟아오를 줄기를 만들기 시작한다(오른쪽).[21]

맨 처음에 성장 물질이 얼마나 있었을까? 4Z만큼 있었을 것이고, 줄기는 이것에 힘입어 4Z까지 자라고 멈출 것이다. 왜 멈출까? 결정적으로, 뉴런의 성장하는 선단先端의 내층이 외층보다 조금 더 빨리 자라기 때문에, 길이가 4Z가 될 즈음에 내층이 외층에 닿아 성장 물질의 풀pool이 절반씩 나뉜다. 가지 끝에는 더이상 성장 물질이 없으며, 4Z에서 모든 것이 멈춘다. 중요한 것은 이제 줄기 끝의 양쪽에 2Z의 성장 물질이 쌓여 있다는 것이다(아리 왼쪽 그림). 그러면 아래쪽 영역이 성장하기 시작한다(오른쪽).

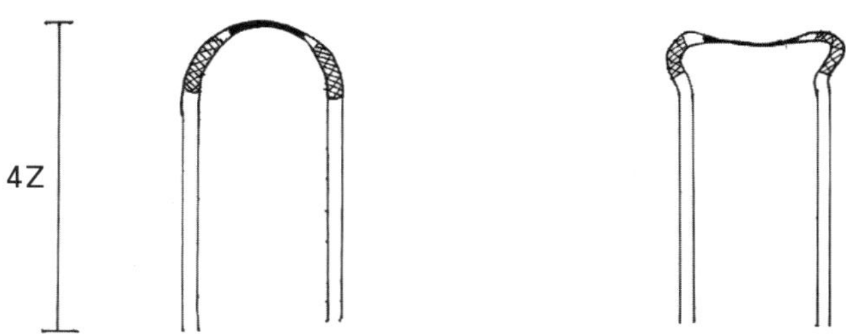

두 개의 새로운 가지는 원래 가지보다 더 좁기 때문에 내층은 2Z만큼만 자란 후에 외층에 닿으며(다음 장 왼쪽 그림), 이로 인해 성장 물질이 각각 1Z씩 네 개의 풀로 나뉜다. 그렇게 계속된다(다음 장 오른쪽).*22

---

* 무작위성이 생물학에 어떻게 도입되는지, 이 경우 성장 물질이 매번 정확히 절반으로 나뉘지 않는(즉 분자의 50%가 각 방향으로 이동하지 않는) 형태에 대해서는 10장어 서 다룰 것이다. 이러한 작은 차이는 분기 시스템에서 어느 정도의 변동성이 허용될 수 있음을 의미한다. 즉 현실세계는 이 '아름답고 명확한 모델'보다 정돈이 덜 되어 있다. 헝가리의 생물학자 아리스티드 린덴마이어Aristid Lindenmayer가 강조한 것처럼, 모든 사람의 뇌(또는 신경세포, 순환계 등)가 비슷해 보이지만 결코 동일하지 않은 이유도 바로 이 때문이다(일란성 쌍둥이조차 그렇다). 1Z 단계의 마지막 그림에 나타난 비대칭이 이를 상징적으로 표현한다(원래 내 계획은 이게 아니었지만 그리는 동안 엉망이 되었다).

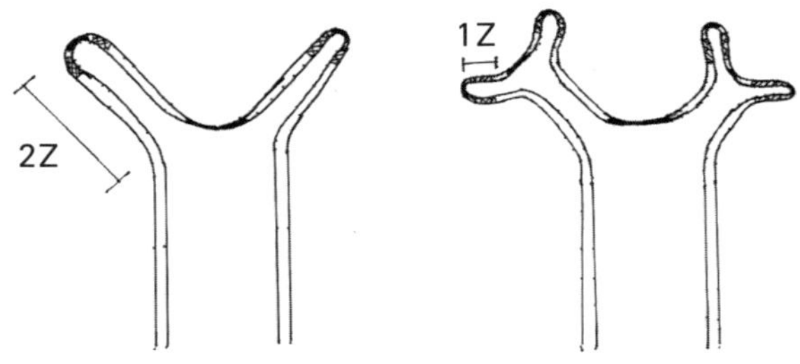

이 '확산 기반 기하학diffusion-based geometry' 모델의 핵심은 두 층의 성장 속도가 다르다는 점이다. 개념적으로 외층은 성장에 관여하고 내층은 성장을 멈추는 과정에 관여한다. 주제가 비슷한 다른 수많은 모델에서도 분기가 창발적으로 생성된다.* 놀랍게도 발달중인 폐에서 두 개의 유전자가 분기의 중심이 되며, 각각 '성장'과 '성장 정지'라는 특성을 가진 분자를 코딩하는 것으로 확인되었다.**[23]

매우 흥미로운 점은, 전혀 다른 생리 시스템—뉴런, 혈관, 폐계, 림프절—이 구성되는 과정에서 동일한 유전자 중 일부가 개입하여 동일한 단백질(VEGF, 에프린, 네트린, 세마포린 등의 단백질군)을 코딩한다는 것이다. 이 유전자들은 특정 시스템, 이를테면 순환계를 생성하는 것이 아니다. 이들은 단일 뉴런과 수십억 개의 세포를 사용하는 혈관 및 폐 시스템에 적용할 만

---

* 한 가지 모델은 컴퓨터과학의 창시자 중 한 명이자 튜링 테스트와 튜링 머신의 창시자인 앨런 튜링의 이름을 딴 튜링 메커니즘이다. 그 모든 일을 수행하느라 바쁜 와중에 아주 잠시 짬을 내어 튜링은 몇 가지 간단한 규칙으로 패턴(예: 뉴런의 분기, 표범의 반점, 얼룩말의 줄무늬, 사람의 지문)이 어떻게 창발적으로 생성되는지를 보여주는 수학적 원리를 정립했다. 튜링이 1952년에 처음으로 이론을 세운 뒤 생물학자들이 그의 모델이 옳다는 것을 증명하는 데는 무려 60년이 걸렸다.

** 최근 연구에서 두 개의 유전자가 로마네스코 콜리플라워의 가지 뻗기 패턴을 거의 대부분 설명하는 것으로 나타났다. 그게 어떻게 생겼는지 모르겠다면 지금 당장 읽기를 멈추고 구글에서 사진을 찾아보라.

한 분기 시스템을 생성하는 데 관여한다.[24]

수학 애호가라면 이러한 분기 시스템이 모두 프랙탈을 형성하며, 시스템의 배율을 얼마나 확대하든 상대적인 복잡성 정도가 일정하다는 점을 인식할 것이다(수학의 프랙탈과 달리 신체의 프랙탈은 영원히 분기하지 않으며, 어느 시점에서 물리적 현실에 가로막힌다는 인식과 함께). 이제 우리는 앞 단락에서 언급한 부류의 분자들이 '프랙탈 유전자'에 의해 코딩되는 것을 고려해야 하는, 매우 이상한 상황에 놓여 있다. 이는 단일 뉴런부터 기관계 전체에 이르기까지 모든 것의 정상적인 분기를 방해하는 프랙탈 변이가 필연적으로 존재한다는 사실을 의미하며, 이에 대한 몇 가지 힌트가 있다.[25]

이러한 원리는 비생물학적 복잡성, 예컨대 바다로 흘러가는 강이 삼각주로 갈라지는 이유에도 적용된다. 그리고 이는 문화에도 적용된다. 마지막으로, 현상의 고도로 추상적인 편재성을 보여줌과 동시에 메타포의 한계를 확장하는 창발적 분기 사례를 고려해보자.

아래의 강렬한 분기형 다이어그램을 살펴보라. 가지 끝이 구체적으로 무엇인지에 대해서는 신경쓰지 말고, 사방으로 뻗어나간다는 사실에 주목하라.

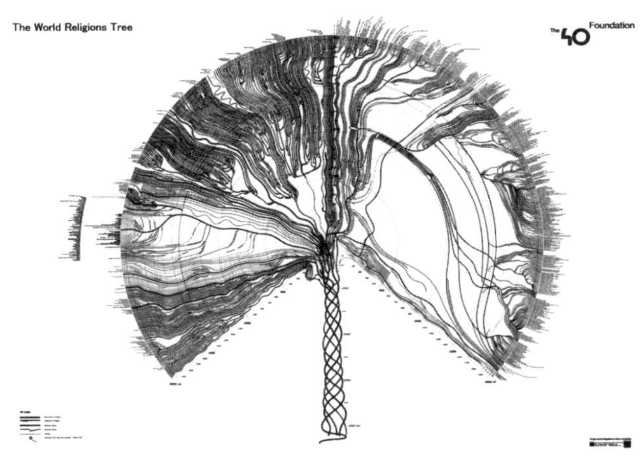

이 나무는 무엇일까? 가장자리는 현재, 나이테는 하나당 100년 전 과거, 한복판은 서기 0년, 그리고 줄기는 거기서부터 수천 년 전으로 거슬러올라간다. 그리고 가지 뻗기 패턴은? 지구상의 종교가 출현한 역사, 즉 수많은 두 갈래 가지, 세 갈래 가지, 막다른 곁가지 등이다. 부분적으로 확대해보자.[26]

이 종교의 출현사에서 각 '원통'의 지름은 무엇을 의미할까? 아마도 종교적 신념의 강도를 측정하는 척도, 예컨대 신도 수, 문화적 동질성, 집단적 부나 권력 등일 것이다. 지름이 넓을수록 원통이 불안정해지기 전에 더 오래 지속될 가능성이 높지만, 척도 없는 방식으로 유지될 것이다.* 이것이 예컨대 혈관의 가지 뻗기를 분석하는 것과 같은 의미에서 적응적일까? 음, 이쯤

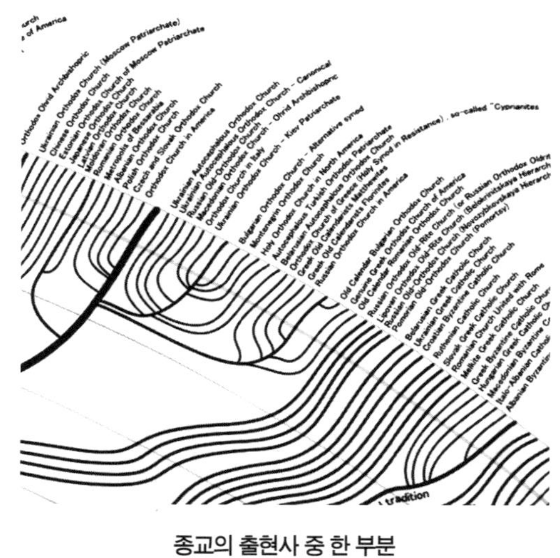

종교의 출현사 중 한 부분

---

* 이러한 불안정성의 일부를 설명하는 역사적 사건들은 다음과 같다. 마르틴 루터가 로마가톨릭의 부패에 염증을 느껴 가톨릭과 개신교의 분열을 초래한 것, 아부 바크르와 알리 중 누가 무함마드의 후계자가 되어야 하는지에 대한 의견 차이 때문에 수니파와 시아파가 각자의 이슬람 방식을 선택한 것, 중부 유럽의 유대인들이 동유럽의 유대인들과 달리 기독교 사회에 동화되어 전자의 세속적인 개혁 유대교가 탄생한 것 등을 생각해보기 바란다.

에서 내가 살얼음판을 걷고 있음을 인식하고 그만둬야 할 것 같다.

우리가 이 섹션을 통해 얻은 것은 무엇일까? 길 찾는 개미, 점균류, 뉴런에 대한 이전 섹션과 동일한 주제, 즉 '시스템의 구성 요소가 국지적으로 상호작용하는 방식'에 대한 간단한 규칙이 무수한 구성원들에 의해 무수히 반복되고, 그 결과 최적화된 복잡성이 나타난다는 것이다. 이 모든 것은 각종 선택지를 비교하여 자유롭게 결정을 내리는 중앙집권적 권한 없이도 이루어진다.**

하나의 도시를 설계해보자

당신은 한 신도시의 계획위원회에 참여하고 있으며, 끝없는 마라톤 회의 끝에 도시를 어디에 건설할지, 얼마나 큰 규모로 건설할지를 결정했다. 다음으로 거리를 격자 모양으로 배치하고 학교, 병원, 볼링장의 위치를 결정했다. 이제 상점이 어디에 들어설지 결정할 차례다.

먼저 상권 소위원회가 상점을 마을 전체에 무작위로 분산할 것을 제안한다. 음, 그건 이상적이지 않다. 사람들은 상점이 편리하게 밀집된 걸 원한다. 위원회는 사람들의 의견을 받아들여 모든 매장을 도시 한복판의 단일 상가에 배치하자고 수정 제안한다.

하지만 수정안도 옳지 않다. 밀집된 단일 상가에는 편리한 주차 공간이 없을 것이고, 쇼핑몰 중앙에 자리잡은 상점들은 접근성이 떨어져 폐업할 것이다. 산소 결핍으로 인한 질식사의 상업적 버전이다.

2차 수정안은, 같은 크기의 쇼핑몰 여섯 개를 일정한 간격으로 배치하는 것이다. 이 계획은 좋지만, 만약 모종의 이유로 한 쇼핑몰에 10여 개의 커피

** 현실세계의 세포와 신체는 이러한 고도로 이상화된 모델만큼 깔끔하지 않다.

숍이 난립한다면 이 커피숍들은 과당경쟁 끝에 모두 문을 닫을 테니 나머지 다섯 개 쇼핑몰에는 커피숍이 없어질 것이다.

다시 도시 계획으로 돌아가서, 이제 '상점의 분포'뿐만 아니라 상점의 유형에도 주의를 기울여야 한다. 각 쇼핑몰마다 약국 한 개, 마트 한 개, 커피숍 두 개가 있다고 가정하자. 서로 다른 유형의 상점 간의 상호작용을 고려해야 한다. 사탕 가게와 치과를 분리해야 하고, 안경점은 서점 옆에 있어야 하고, 죄 짓는 장소(아이스크림 가게, 술집)와 회개하는 장소(헬스장, 교회)의 비율을 적절히 맞춰야 한다. 그리고 무슨 일이 있어도 "신이여, 미국을 축복하소서God Bless America" 티셔츠를 파는 가게 바로 옆에 "미국에는 신이 없다God-Less America" 티셔츠를 파는 가게를 두지 말아야 한다.

이상과 같은 계획이 실행되고 나면, 쇼핑몰을 서로 연결하는 간선도로를 건설하는 마지막 작업이 남는다.

서로 다른 전문성, 경력, 개인적 의제를 가진 위원들이 마지막까지 잇속을 챙기려고 신경전을 벌이는 가운데 도시 계획 회의가 막을 내리면 마침내 새로 건설될 도시의 상업지역이 획정된다.

이제 신경계로 눈을 돌려보자. 여기에 뉴런으로 가득찬 비커 하나가 있다. 갓 태어난 뉴런이므로 아직 축삭이나 수상돌기는 없고, 조만간 영광을 누릴 작은 세포들이 둥글게 뭉쳐 있을 뿐이다. 뉴런을 행복하게 만들 영양분 수프가 담긴 페트리 접시에 비커의 내용물을 넣어라. 그러면 뉴런들이 사방에 무작위로 흩어질 것이다. 며칠 동안 자리를 비웠다가 돌아와서 현미경으로 뉴런을 관찰하면 다음 그림과 같이 보일 것이다.

한 무리의 뉴런이 뭉쳐서 군집(쇼핑몰)을 이루고 있다. 맨 오른쪽에 또다른 세포체 군집의 시작 부분이 보이며, 이 군집은 물론 그림 밖의 먼 군집으로 연결되는 투사(간선도로)도 보인다.

신경계에는 위원회도 없고, 계획도 없고, 전문가도 없고, 자유로운 선택도 없다. 다음과 같은 몇 가지 간단한 규칙에 따를 뿐인데도 계획된 도시와

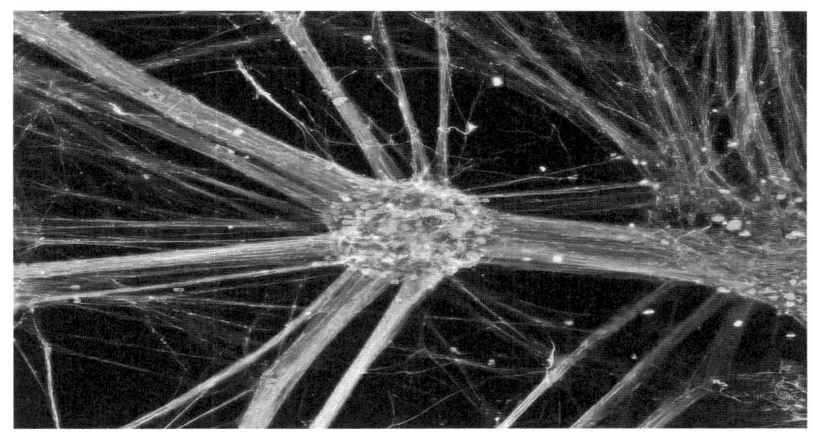

동일한 패턴이 생성된다.

— 배지에 무작위로 담긴 각 뉴런은 화학적 유인 신호를 분비하여 다른 뉴런들이 자기에게로 이동하도록 유도한다. 우연히 두 개의 뉴런이 평균보다 더 가까이 위치한 경우 두 뉴런은 주변에서 가장 먼저 한 쌍으로 뭉친다. 이렇게 하면 유인 신호의 힘이 두 배로 늘어나 세 번째 뉴런, 네번째… 뉴런을 끌어당길 가능성이 더 높아진다. 따라서 부익부빈익빈 시나리오를 통해 이는 바깥으로 성장하는 국지적 군집의 시작점인 핵을 형성한다. 주변에는 이와 같이 성장하는 집합체들이 널려 있다.

— 뉴런 덩어리가 특정 크기에 도달하면 화학적 유인물질이 작동을 멈춘다. 어떻게 그게 가능할까? 한 가지 메커니즘을 소개하면 다음과 같다. 뉴런 덩어리의 크기가 커지면 그 속에 파묻힌 뉴런이 산소를 제대로 공급받지 못하게 되고, 그 결과 산소가 결핍된 뉴런이 화학적 유인물질을 비활성화하는 분자를 분비하기 시작한다.

— 한편 뉴런은 지금까지 두번째 유형의 유인 신호를 미량으로 분비해

왔다. '충분한 양'의 뉴런이 '최적의 크기'를 가진 군집으로 이동하면 유인 신호의 양이 충분히 누적되어 군집 속의 뉴런들이 서로 자극하여 수상돌기, 축삭, 시냅스를 형성하기 시작한다.

— 그리하여 국지적 네트워크(예컨대 일정 수준 이상의 시냅스 밀도로 탐지 가능함)가 형성되면 화학적 기피제가 분비되는데,* 그러면 뉴런이 이웃과의 연결을 중단하고 화학 유인 물질의 농도 경사를 형성함으로써 다른 군집으로 긴 투사를 보냄으로써 군집 사이의 간선도로를 형성한다.

이러한 규칙들은 뉴런 군집과 같은 복잡한 적응적 시스템이 유인 및 기피 신호의 공간과 시간을 제어함으로써 어떻게 탄생하는지에 대한 모티프이다. 달리 말해서 이는 화학과 생물학의 근본적인 음/양 극성, 즉 자석이 서로 끌어당기거나 밀어내고, 양전하 또는 음전하를 띤 이온과 아미노산이 물에 끌려가거나 밀려나는 현상을 보여준다.** 아미노산의 긴 가닥은 단백질을 형성하고, 각각의 단백질은 다양한 인력과 반발력의 균형을 맞추기 위한 가장 안정적인 형태를 취함으로써 독특한 모양(따라서 기능)을 띠게 된다.***

방금 살펴본 바와 같이 발달중인 뇌에서 뉴런 군집을 구성하는 데는 두 가지 유형의 유인 신호와 한 가지 기피 신호가 수반된다. 상황은 더욱 흥미

---

* 각 군집에 어떤 유형의 뉴런을 연결할지를 결정하려면 이 수준에서 '커피숍은 쇼핑몰당 두 곳만 허용됨' 같은 추가적인 규칙이 필요한데, 여기에는 다양한 유인 신호 및 기피 신호가 포함된다.
** 소수성 또는 친수성 아미노산이란 아미노산이 물에 끌려가는지 또는 밀려나는지를 일컫는 용어다. 한 과학자가 지나가다가 자신이 소수성이라서 수영을 좋아하지 않는다고 말하는 것을 들은 적이 있다.
*** 가장 적은 비용이 들며 가장 안정적인 지오데식 돔geodesic dome의 생화학적 버전을 생각해보라.

진진해진다. 개별적으로 또는 조합하여 작동하는 다양한 유인 및 기피 신호가 존재하는가 하면, 성장하는 뉴런이 다른 뉴런의 어느 부분과 연결을 형성하는지에 대한 창발적 규칙이 있다. 유인 또는 기피 신호의 일부에만 반응하는 수용체를 가진 성장 원뿔도 있다. 유인 신호가 성장 원뿔을 끌어당기지만, 성장 원뿔이 가까워지면 유인 신호가 오히려 기피 신호로 작용하므로 성장 원뿔이 그냥 스쳐지나가게 되는데, 이것이 뉴런이 이정표를 하나씩 지나며 장거리 투사를 수행하는 방식이다.[27]

대부분의 신경생물학자들은 특정 유인 신호에 대한 특정 수용체의 구조와 같은 세부사항을 파악하느라 시간을 보낸다. 하지만 앞에서 인용한 로빈 히징거처럼 간단하고 창발적인 정보 규칙에 따라 뇌가 어떻게 발달하는지를 연구하며 자신만의 방식으로 멋지게 나아가는 사람들도 있다. "할 수 있는 간단한 규칙"이라는 장난기어린 섹션 제목을 단 총설논문에서, 히징거는 파리 눈의 뉴런이 제대로 연결되는 데 필요한 세 가지 간단한 규칙 등을 보여주었다. 여기에는 끌어당김과 밀어냄의 이중성에 대한 간단한 규칙만 있을 뿐 청사진 따위는 없다.**** 이제 창발적 패턴화의 마지막 스타일을 살펴볼 시간이다.[28]

빈번한 국지적 네트워크와
간헐적인 원거리 네트워크의 균형

당신이 완전히 이상한 커뮤니티에 살고 있다고 가정해보자. 총 101명이 각

**** 다양한 뉴런은 어떤 유인 신호 또는 기피 신호를 언제 분비해야 하는지를 어떻게 알 수 있을까? 그보다 일찍, 그리고 그보다 더 일찍 나온 다른 창발적 규칙들 덕분이다. 겹겹이 포개진 거북이를 생각하라.

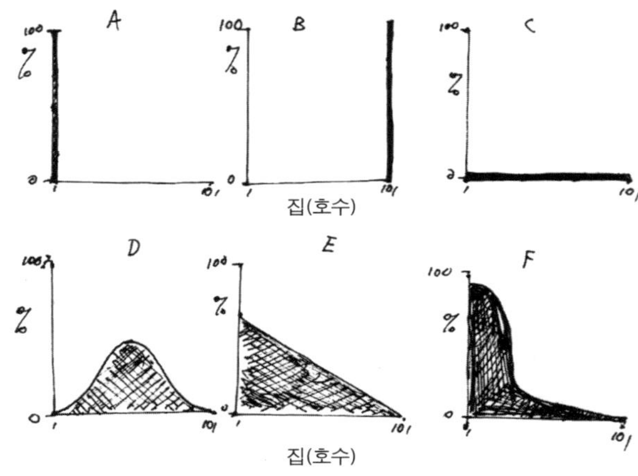

자의 집에 산다. 집들은 예컨대 강을 따라 일직선으로 배열되어 있다. 당신
은 일렬로 늘어선 101채의 집 가운데 첫번째 집에 살고 있는데, 100명의 이
웃과 얼마나 자주 교류할까?

온갖 종류의 잠재적인 방법이 있다. 어쩌면 당신은 옆집 이웃하고만 대
화를 나눌 수도 있다(그림 A). 또는 반대로 가장 멀리 떨어진 이웃하고만 상
호작용할 수도 있다(그림 B). 모든 사람과 균등하게 상호작용할 수도 있고
(그림 C), 아무하고나 무작위로 상호작용할 수도 있다(그림 D). 가장 가까운
이웃과 가장 많이 상호작용하고, 그다음 이웃과는 X% 덜 상호작용하고, 그
다음 이웃과는 그보다 X% 덜 상호작용하는 식으로 비율이 일정하게 감소
할 수도 있다(그림 E).

마지막으로 약 80%의 상호작용이 가장 가까운 20명에게 할애되고 나머
지 상호작용은 80명에게 분산되며, 한 단계씩 멀어질수록 상호작용이 조금
씩 줄어드는 흥미로운 분포가 있다(그림 F).

이것이 바로 유명한 80:20 규칙으로, 상호작용의 약 80%가 인구의 약
20% 사이에서 발생한다는 것이다. 상업계에는 불만의 80%가 20%의 고객
으로부터 나온다는 냉소적인 표현도 있다. 범죄의 80%는 20%의 범죄자에

의해 발생하고, 회사 업무의 80%는 20% 직원의 노력으로 이루어진다고 한다. 팬데믹 초기에는 코로나19 감염의 대부분이 소수의 슈퍼전파자에 의해 발생했다는 사실도 빼놓을 수 없다.[29]

80:20이라는 설명은 수학자들이 '멱법칙冪法則'이라고 부르는 파레토 분포의 정신을 담고 있다. 공식적으로는 곡선의 특징으로 정의되지만, 쉽게 설명하자면 대부분의 상호작용이 매우 가까운 범위에서 발생하고 그 이후에는 급격히 감소하며 더 멀리 갈수록 상호작용이 드물어지는 것이다.

네트워크 과학자인 노스이스턴대학교의 앨버트 라슬로 바라바시가 개척한 연구에 따르면, 온갖 종류의 이상한 것들에서 멱법칙 분포가 발견된다. 미국에서 가장 흔한 앵글로색슨 성姓 100개를 가진 사람의 약 80%가 상위 20개의 성을 가지고 있다. 문자메시지를 보내는 사람 중 약 20%가 전체 문자메시지의 약 80%를 보낸다. 20%의 웹사이트 이용자가 80%의 검색을 수행한다. 모든 지진의 약 80%가 지진 규모 하위 20%에 속한다. 8개의 내란에서 발생한 5만 4천 건의 폭력 공격에서 집계된 사망 중 80%가 20%의 공격으로 인해 발생했다. 또다른 연구에서는 지난 2천 년 동안 저명한 지식인 15만 명의 삶을 분석하여 각 개인이 출생지에서 얼마나 멀리 떨어진 곳에서 사망했는지 조사한 결과, 80%가 최대 거리를 기준으로 20% 이내의 범위에 속하는 것으로 나타났다.* 한 언어에서 20%의 단어가 전체 사용량의 80%를 차지한다. 달 표면에 있는 충돌구의 80%는 크기 기준으로 하위 20%에 속한다. 영화배우에게는 베이컨 수가 부여되는데, 당신이 다작을 한

---

* 이 연구는 매우 흥미로웠다. 리버풀, 글래스고, 오데사, 아일랜드, 러시아제국, 그리고 내가 살고 있는 브루클린과 같은 곳은 지식인의 순유출지로, 지식인들이 이주해 오기보다는 멀리 벗어날 가능성이 더 높은 지역인 것으로 밝혀졌다. 이것이 바로 '제발 나를 여기서 나가게 해주세요'라는 시나리오다. 그리고 맨해튼, 파리, 로스앤젤레스, 런던, 로마와 같은 곳은 순유입지, 즉 매혹의 도시로 밝혀졌다. 지식인들이 모여들어 (짧은) 여생을 살았던 또다른 도시 중 하나는 아우슈비츠였다.

케빈 베이컨과 함께 영화에 출연했다면 1(1600명의 영화배우가 보유한 베이컨 수), '그와 함께 영화에 출연했던 사람'과 함께 영화에 출연했다면 2, '그와 함께 영화에 출연했던 사람과 함께 영화에 출연했던 사람'과 함께 영화에 출연했다면 3(약 35만 명의 배우가 보유한 가장 일반적인 베이컨 수)을 부여받는다. 그리고 3에서 시작하여 베이컨 수를 늘려나가면 배우의 수가 점점 더 적어지며 멱법칙 분포가 나타난다.[*][30]

베이컨 수나 달 충돌구의 크기에서는 멱법칙 분포와 관련하여 적응적인 면을 보기 어렵다. 그러나 생물학적 세계의 모습을 보여주는 도표에서 멱법칙 분포는 매우 적응적일 수 있다.[**][31]

---

[*]　베이컨 수는 확률의 긴 꼬리가 멱법칙 분포에서 어떻게 나타나는지를 보여준다. 베이컨 수가 4인 배우가 약 10만 명(정확히 84,615명), 5인 배우가 약 1만 명(정확히 6,718명), 6인 배우가 약 1천 명(정확히 788명), 7인 배우가 약 100명(정확히 107명), 8인 배우가 11명으로, 분포에서 한 단계씩 멀어질 때마다 빈도는 약 10분의 1로 감소한다.

수학자들은 504명의 공동 연구자와 함께 1500편 이상의 논문을 발표한 괴짜 천재 수학자 폴 에르되시의 이름을 딴 '에르되시 수'를 가지고 있는데, 에르되시 수가 작을수록 수학자들 사이에서 자부심을 갖는 경우가 많다. 물론 에르되시 수가 0인 사람은 단 한 명(즉 에르되시)이며, 가장 일반적인 에르되시 수는 5(87,760명의 수학자)이고, 그 이후에는 멱법칙 분포에 따라 빈도가 감소한다.

베이컨 수와 에르되시 수가 모두 낮은 사람도 있다는 사실을 알아두라. 두 명의 수학자가 3이라는 기록을 공유하고 있는데, 한 사람은 대니얼 클라이트먼(에르되시와 함께 책을 출간했고 영화 〈굿 윌 헌팅〉에 MIT 수학자로 등장한, 바로 그 사람이다. 이 영화에는 베이컨 수가 1인 배우 미니 드라이버가 함께 출연했다)이고, 다른 사람은 브루스 레즈닉(역시 에르되시 수가 1인 그는 이상하게도 로튼토마토 점수가 8%인 끔찍하게 엉망인 영화 〈프리티 메이즈 올 인 어 로Pretty Maids All in A Row〉에 엑스트라로 출연했는데, 이 영화에는 베이컨 수가 1인 로디 맥다월이 함께 출연했다)이다. 말이 나온 김에, MIT의 수학자 존 어셸John Urschel은 에르되시 수가 4이고 플라코 수Flacco number가 1이기 때문에 플라코/에르되시 합이 5다. 어셸은 NFL에서 쿼터백 조 플라코와 함께 뛰었는데, 플라코는 매우 중요한 선수였고 지금도 그렇다.

[**]　전부는 아니지만 대부분이 이 속성을 보여준다. 예외가 중요한 것은 멱법칙 분포를 가진 사례가 네트워크의 필연적 특징이라기보다는 진화적으로 선택되었음을 보여주기 때문이다.

232

예를 들어 생태계에 먹이가 많을 때는 다양한 종이 무작위로 먹이를 찾지만 먹이가 부족할 때는 먹이 찾기 시도(즉 먼저 한 방향을 탐색하다가 여의치 않으면 방향 전환을 시도함)의 약 80%가 지금껏 탐색한 최대 거리를 기준으로 20% 이내의 범위에서 이루어지는데, 이는 '먹이를 찾을 가능성'을 감안하여 '탐색에 소비되는 에너지'를 최적화하기 위한 것으로 밝혀졌다. 면역계의 세포도 희소한 병원체를 탐색할 때 동일한 양상을 보인다. 돌고래의 경우에는 '가족 내 사회적 상호작용'과 '가족 간 사회적 상호작용'이 80:20의 분포를 보이는데, 여기서 80은 개체가 죽은 후에도 가족 그룹이 안정적으로 유지된다는 것을 의미하고, 20은 가족 간에 먹이 찾기 정보를 주고받는다는 것을 의미한다. 우리 몸의 단백질 중 대부분은 스페셜리스트로서, 소수의 다른 유형의 단백질과만 상호작용하며 작은 기능적 단위를 형성한다. 한편 소수의 단백질은 제너럴리스트이며, 수많은 다른 단백질과 상호작용한다(제너럴리스트는 단백질 네트워크 간의 전환점이다. 예를 들어 하나의 에너지원이 희소할 경우 제너럴리스트 단백질은 다른 에너지원을 사용하도록 전환한다).***[32]

그리고 뇌에는 적응적 멱법칙 관계가 존재한다. 무엇이 신경망의 연결 방식에서 적응적이거나 유용한 것으로 간주될까? 그것은 당신이 어떤 종류의 뇌를 원하느냐에 따라 다르다. 모든 뉴런이 가능한 한 많은 수의 다른 뉴런과 시냅스를 형성하면서 필요한 축삭의 길이를 최소화하는 뇌를 원할 수도 있다. 익숙하고 쉬운 문제를 신속하게 해결하거나, 드물고 어려운 문제를 창의적으로 해결하는 데 최적화된 뇌를 원할 수도 있다. 아니면 손상되었을 때 최소한의 기능만을 상실하는 뇌를 원할 수도 있다.

*** 제너럴리스트의 한 예로, 헌팅턴병의 변이는 특정 단백질의 비정상적인 버전을 생성한다. 이것이 이 질병의 증상을 어떻게 설명할까? 아무도 모른다. 그도 그럴 것이, 이 단백질은 100가지가 넘는 다른 유형의 단백질과 상호작용하기 때문이다.

방금 언급한 요구사항 중에서 두 가지 이상을 동시에 충족할 수는 없다. 예컨대 '유사한 뉴런으로 이루어진 작고 고도로 상호 연결된 모듈' 덕분에 익숙한 문제를 신속히 해결하는 데 이력이 난 뇌라면, 어느 정도의 창의성이 요구되는 예측 불가능한 문제를 처음 접했을 때 어려움을 겪을 수 있다.

두 가지 이상의 요구사항을 동시에 충족할 수는 없지만 어떻게 '상이한 요구사항의 균형을 맞출지'와 '어떤 절충점을 찾을지'를 최적화함으로써 특정 환경에서 예측 가능성과 참신성이 균형을 이루는 이상적인 네트워크를 구축할 수는 있다.* 이러한 해결책을 제시하는 것이 바로 멱법칙 분포로, 대뇌피질의 미니 기둥을 구성하는 뉴런을 살펴보면 대다수의 뉴런이 인접한 이웃 뉴런과만 상호작용하고 먼 거리까지 방황하는 하위 군집은 점점 더 줄어드는 것으로 나타난다.** 크게 보면 이것은 대다수의 뉴런이 긴밀한 국지적 네트워크인 '뇌'를 형성하고, 극소수가 발가락 같은 지엽말단까지 투사하는 '뇌의 특징'을 잘 설명해준다.[33]

따라서 단일 뉴런에서 원거리 네트워크에 이르기까지 다양한 규모에서, 뇌는 익숙한 문제를 해결하는 국지적 네트워크와 창의적인 원거리 네트워크의 균형을 맞추는 동시에 구축 비용과 필요한 공간을 줄이는 패턴을 진화시켜왔다. 그리고 늘 그렇듯이, 중앙기획위원회 같은 것은 존재하지 않는다.***[34]

---

* 강인함 대 견고함, 진화성evolvability 대 유연성, 안정성 대 기동성 중 하나를 극대화하는 패턴으로 대비를 구성한 것이다.

** 뇌에는 '기능적으로 관련된 노드 군집의 상호 연결된 특성 최적화'와 '특정 노드와 다른 노드를 연결하는 평균 단계 수 최소화' 사이의 균형을 강조하는 특정 유형의 멱법칙 분포인 '소세계 네트워크'가 포함되어 있다.

*** 좀더 세심히 살피자면, 뇌가 멱법칙 분포로 가득차 있다는 개념에 모두가 열광하는 것은 아니다. 우선 가느다란 축삭 투사를 감지하는 기술이 발전함에 따라 원거리 투사의 상당 수가 그간의 예상보다 그리 드물지 않다고 밝혀졌다. 다음으로, 멱법칙 분포와 '절단된' 멱법칙 분포 사이에는 차이가 있다. 그리고 수학적으로, 다른 '무거운 꼬리' 분포는 많은 경우 멱법칙 분포로 잘못 분류된다. 이 부분에서 나는 이 내용을 읽는 것을 포기했다.

창발의 끝판왕

우리는 지금까지 창발적 시스템에서 작용하는 수많은 모티프, 즉 고품질 솔루션이 더 강력한 모집 신호를 보내는 부익부빈익빈 현상, 유한한 장소에 무한대에 가까운 공간을 삽입하는 반복적 분기, 유인 및 기피 규칙의 시공간적 제어, 다양한 배선 요구사항 간 균형의 수학적 최적화 등을 살펴보았으며, 그 밖에도 많다.****[35]

마지막으로, 이 모든 모티프를 아우르는 두 가지 창발 사례를 소개하고자 한다. 하나는 그 함의가 놀랍고, 다른 하나는 너무 매력적이어서 도저히 빠뜨릴 수 없다.

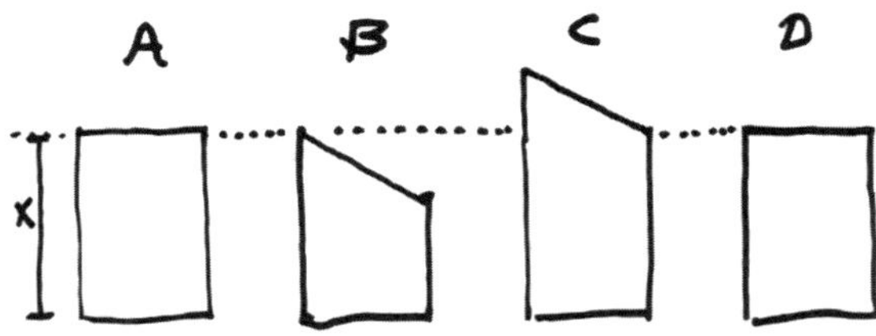

먼저 매력적인 사례를 소개한다. (발톱의 곡률을 무시하고) 높이가 X 단위인 완벽한 플라톤적 직사각형 모양의 발톱을 생각해보라(그림 A). 가위로

**** '그 밖의 많은 사례'에는 흰개미가 어떻게 4분의 1톤이 넘는 흙을 이동하여 사람의 폐처럼 가스 교환을 하는 9미터 높이의 흙더미를 만드는지 설명하는 스티그머지라는 창발적 현상, 컴퓨터 과학자들이 학습하는 기계를 만들기 위해 모방하는 역전파 신경망, 평균적인 전문지식을 가진 개인 그룹이 어떻게 고도의 전문가 한 사람을 능가하는지 설명하는 군중의 지혜, 위키피디아를 활용하여 브리태니커 백과사전 수준의 정확도를 만들어내는 상향식 큐레이션 시스템(위키피디아는 의사들이 사용하는 의학 정보의 주요 출처가 되었다) 등이 있다.

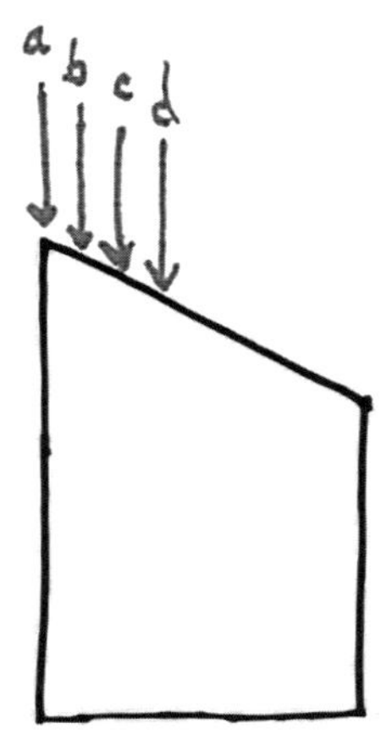

오른쪽 귀퉁이를 삼각으로 잘라내 발톱의 완벽함을 파괴하라(그림 B). 만약 발톱 세계에 창발적 복잡성이 없다면 발톱은 이제 그림 C와 같이 다시 자랄 것이다. 그러나 당신의 발톱은 놀랍게도 그림 D와 같아진다.

어떻게? 발톱의 윗부분은 외부세계(예: 양말 안쪽, 돌멩이, 그리고 망할 놈의 커피 테이블… 왜 없애지 않고 그 위에 쓰레기만 쌓아두는지)와의 접촉으로 인해 두꺼워지고, 일단 두꺼워지면 성장을 멈춘다. 그런데 귀퉁이가 잘려나간 후에는 (왼쪽 그림), 원래 길이를 가진 a 지점만 두꺼워진 상태를 유지한다. 얼마 후 b 지점이 다시 성장하여 a 지점과 같은 높이가 되면, 외부세계와 맞닥뜨려 두꺼워진다(인접한 a 지점의 두께가 b 지점의 추가 성장을 억제할 수도 있다). c 지점이 다시 성장하는 동안에도 동일한 과정이 발생한다… 그러나 이번에는 비교 정보가 개입하지 않으므로, c 지점은 b 지점이나 d 지점을 모방할 필요가 없다. 이제 최적의 솔루션은 발톱 재성장의 특성에서 나온다.

내가 발톱 사례를 소개하게 된 계기는 무엇일까? 인도 뭄바이에 사는 당시 82세의 부펜드라 마디왈라라는 남성이 자신의 발톱으로 이 실험을 진행하고 발톱이 다시 자라는 과정을 반복해서 촬영한 후 갑자기 사진이 첨부된 이메일을 나에게 보냈다. 나는 뛸듯이 기뻤다.

이제 놀라운 마지막 사례를 살펴볼 차례다. 동어반복이지만, 뇌의 뉴런 기능을 연구하면 뇌의 뉴런 기능에 대해 많은 것을 알 수 있다. 그러나 때로는 페트리 접시에서 뉴런을 배양함으로써 더 자세한 정보를 얻을 수 있다. 이러한 배양은 일반적으로 2차원의 '단층' 배양으로, 개별 뉴런의 슬러리*가 접시 바닥에 무작위로 깔린 다음 카펫처럼 서로 연결된다. 그러나 몇 가

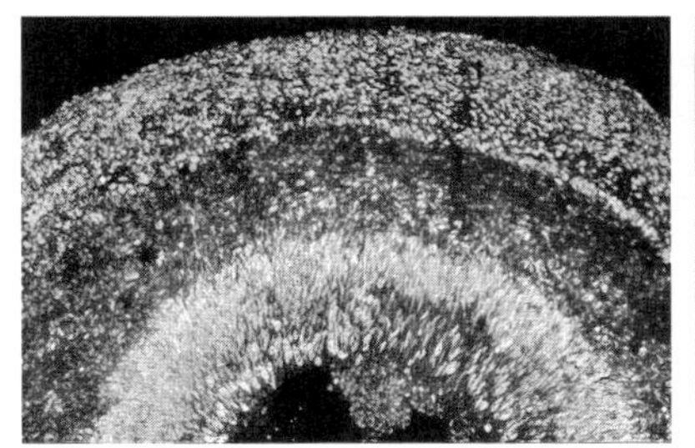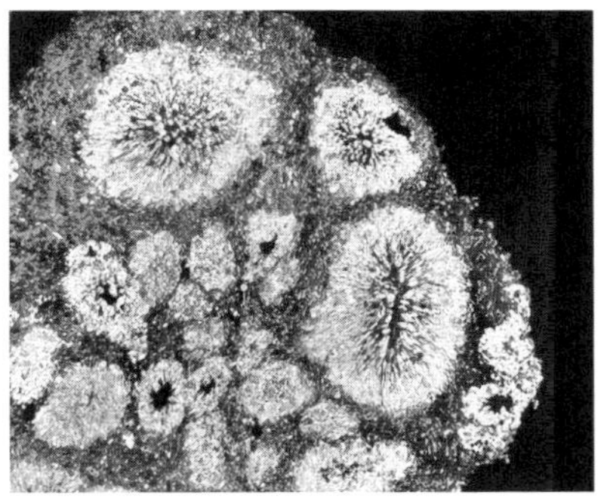

지 멋진 기술을 사용하면 수천 개 뉴런의 슬러리를 용액에 부유시키는 3차원 배양을 할 수 있다. 그리고 각각 독립적으로 떠다니는 이 뉴런들은 서로를 찾아 연결하여 뇌의 '오가노이드organoid' 덩어리를 형성한다. 그리고 몇 달이 지나면, 현미경 없이는 볼 수 없을 정도로 작은 이 오가노이드가 스스로 뇌 구조로 조직화된다. 인간 대뇌피질 뉴런의 슬러리는 방사상 비계를 만들어,** 개별적 층의 초기 단계에다 심지어 뇌척수액의 초기 단계까지 가진 원시 피질을 구성한다. 그리고 이러한 오가노이드는 궁극적으로 태아 및 신생아의 뇌에서와 유사하게 성숙해가는 동기화된 뇌파를 생성한다. 비커에 떠다니는 완전히 낯선 뉴런 덩어리가 자발적으로 우리 뇌의 초기 구조를 만들어내다니!*** 스스로 구축된 베르사유궁전은 이에 비하면 애들 놀이터어 불

---

* 미세한 고체 입자가 액체 중에 현탁되어 있는, 유동성을 가진 진흙 상태의 혼합물. —옮긴이

** 이 점이 중요해 보이는 것은, 인간의 뇌 오가노이드와 다른 유인원들의 뇌 오가노이드를 비교할 때 세포에서 발현되는 유전자 패턴의 차이가 매우 극적이기 때문이다.

*** 현재 여러 연구소에서 네안데르탈인의 유전자가 포함된 뉴런으로 인간의 뇌 오가노이드를 만들고 있다. 다른 연구에서는, 피질 오가노이드가 근육 세포 오가노이드와 통신하여 그것을 수축시킨다. 또다른 그룹에서는 오가노이드와 로봇이 서로 통신할 수 있는 인터페이스를 만들고 있다.

자, 이제 겁먹을 시간인가? 오가노이드도 의식을 가지고 고통, 꿈, 열망, 창조주인 우리에 대한 애정/증오의 감정을 느낄까? 관련 논문 한 편의 제목처럼, "현실 확인"이 필요한 시

과하다.[36]

이것이 보여주는 바는 무엇인가? (A) 분자에서 유기체 개체군에 이르기까지 모든 생물학적 시스템은 컴퓨터 과학자, 수학자, 도시 계획가가 달성하는 것과 맞먹는 복잡성과 최적화를 생성한다(그리고 로봇공학자는 곤충의 군집 지능 전략을 명시적으로 차용한다[37]). (B) 이러한 적응적 시스템은 중앙집권적 권한, 명백한 비교에 따른 의사결정, 청사진 또는 청사진 제작자 없이 단순한 국지적 상호작용을 하는 단순한 구성 요소에서 출현한다.* (C) 이러한 시스템은 창발적 수준에만 존재하는 특성 ─ 단일 뉴런이 회로와 관련된 특성을 가질 수 없음 ─ 을 가지며, 구성 요소에 대한 환원적 지식에 의존하지 않고도 행동을 예측할 수 있다. (D) 이것은 우리 뇌의 창발적 복잡성을 설명할 뿐만 아니라 우리의 신경계가 개별 단백질, 개미 군집, 점균류 등이 사용하는 것과 동일한 트릭을 사용한다는 사실을 보여준다. 마법 없이도 말이다.

음, 멋진 이야기다. 그런데 여기서 자유의지가 끼어들 곳은 어디일까?

점이다. 오가노이드는 뇌 자체가 아니라 뇌의 모델 시스템이다(예컨대 지카 바이러스가 인간 태아의 뇌에 엄청난 구조적 이상을 일으키는 이유를 이해하는 데 유용하다). 규모를 가늠하자면 오가노이드는 수천 개의 뉴런으로 구성되지만 곤충의 뇌는 수십만 개의 뉴런으로 구성된다. 그럼에도 불구하고 이 모든 것이 한 가지 의문(다른 논문의 제목으로 사용된 "실험실에서 자란 뇌가 의식을 갖게 될 수 있을까?"라는 질문)을 불러일으켜, 법학자와 생명윤리학자들은 어떤 종류의 오가노이드가 만들어져서는 안 되는지에 대해 고민했다.

* 창발에 대해 자주 인용되는 명언이 있다. "메뚜기에게는 왕이 없지만, 모두 대열을 지어 행진한다." 이것은 구약성서(잠언 30:27)에 나오는 말인데, 아이러니하게도 '세상이 중앙집권적인 하향식 권위로 운영될 경우 가장 큰 이득을 보는 사람'을 찬양하는 책에서 인용된 구절이라는 점이 마음에 든다. 아, 그런데 메뚜기는 왜 줄지어 행진할까? 각각의 메뚜기가 앞으로 나아가는 이유는, 바로 뒤에 자리한 메뚜기가 자기를 잡아먹으려고 하기 때문이다.

8장

자유의지는 창발적인가?

먼저, 우리 모두가 동의하는 내용

7장에서 설명한 바와 같이 창발이란 놀라운 창발적 상태를 만들어내는 환원적 벽돌 더미에 관한 것이다. 그리고 창발적 상태는 전혀 예측할 수 없거나, 창발적 수준에만 존재하는 속성을 기반으로 하여 예측할 수 있다. 다행스럽게도 개별 벽돌의 뉴런적 등가물에 자유의지가 숨어 있다고 생각하는 사람은 아무도 없다(정확히 말하면 거의 없다. 자세한 내용은 다음 장을 기대하라). 뮌헨 루트비히막시밀리안대학교의 철학자 크리스티안 리스트는 이를 다음과 같이 훌륭하게 요약했다. "기초물리학이나 심지어 신경과학의 렌즈를 통해서만 세상을 바라본다면 주체성, 선택, 정신적 인과관계를 발견하지 못할 수도 있다." 그리고 자유의지를 거부하는 사람들은 "엉뚱한 관점, 즉 물리적 또는 신경생물학적 관점—즉 자유의지를 찾으려야 찾을 수 없는 관점—에서 자유의지를 찾는 실수를 저지를 것이다." 로버트 케인 역시 같은 의견을 제시한다. "우리는 [자유의지를 설명하기 위해] 미시적 수준의 창시자가 되어야 한다고 생각한다. (…) 물론 그럴 수 없다는 사실을 우리는 안다. 하지만 그럴 필요는 없다. 왜냐하면 번지수가 틀렸기 때문이다. 우리는 개별 뉴런을 하나하나 미세하게 관리할 필요가 없다."[1]

이러한 자유의지 신봉자들은 개별 뉴런이 물리적 우주에 저항할 수 없고 자유의지를 가질 수 없다고 인정하면서도, 한 무리의 뉴런은 예외라고 생각한다. 리스트의 말을 인용하자면, "자유의지와 그 전제 조건은 창발적이고 더 높은 수준의 현상"이라고 말이다.[2]

이렇듯 많은 사람들이 창발과 자유의지를 연결해왔지만, 솔직히 말해서 나는 그들이 제안하는 내용을 이해할 수 없고, 더 솔직히 말해서 이해 부족이 전적으로 내 탓은 아니라고 생각하기 때문에 그중 대부분을 고려하지 않고 건너뛸 것이다. 내 생각에, 자유의지가 창발적이라는 아이디어를 비교적 납득할 만하게 탐구해온 사람들은 크게 세 가지 방식으로 잘못 이해하고 있다.

문제 #1: 카오스적 실수의 반복

우리는 익히 알고 있다. 양립주의자와 (자유의지에 회의적인) 비양립주의자는 세계가 결정론적이라는 데는 견해를 같이하지만, 자유의지가 결정론과 공존할 수 있는지에 대해서는 이견을 보인다는 사실을 말이다. 하지만 세상이 비결정론적이라면 자유의지 회의론자들을 완전히 무력화한 것이나 다름없다. 카오스에 관한 장에서 나는 우리가 카오스계의 예측 불가능성을 비결정론과 혼동함으로써 그런 우를 범한다는 점을 일깨웠다. 많은 사람들이 창발적 복잡성의 예측 불가능성에 대해 동일한 실수를 저질러 잘못된 길로 가는 것을 볼 수 있다.

이에 대한 좋은 예는 2019년 『자유의지는 왜 실재하는가Why Free Will Is Real』라는 저서로 큰 반향을 일으킨 철학계의 거장 리스트의 연구에서 찾아볼 수 있다. 앞에서 언급했듯이, 리스트는 개별 뉴런이 결정론적 방식으로 작동한다는 사실을 쉽게 인정하면서도 더 높은 수준의 창발적 자유의지를 주장한다. 이러한 관점에서 본다면 "세계는 어떤 수준에서는 결정론적일 수 있고 어떤 수준에서는 비결정론적일 수 있다".[3]

리스트는 자신의 결정론적 시스템의 특징인 고유한 진화를 강조하는데, 그 내용인즉 주어진 시작 상태는 오직 하나의 결과만 만들어낼 수 있다는 것이다. 즉 동일한 시작 상태를 반복해서 실행하면 매번 하나의 성숙한 결과만 얻을 수 있을 뿐만 아니라 그 내용도 동일한 것이어야 한다고 본다. 그런 다음 리스트는 자신의 여러 저서에서 다양한 형태로 등장하는 모델을 통해 창발적 비결정론의 존재를 피상적으로 증명한다.

아래 그림에서 a는 다섯 개의 유사한 시작 상태가 (왼쪽에서 오른쪽으로 진행하며) 각각 다섯 개의 서로 다른 결과를 낳는 환원적이고 세분화된 시나리오를 나타낸다. b는 리스트가 말하는 창발적 비결정성이 나타나는 상태다. 어떻게 거기에 도달할 수 있을까? b는 "일반적인 반올림 규칙을 사용

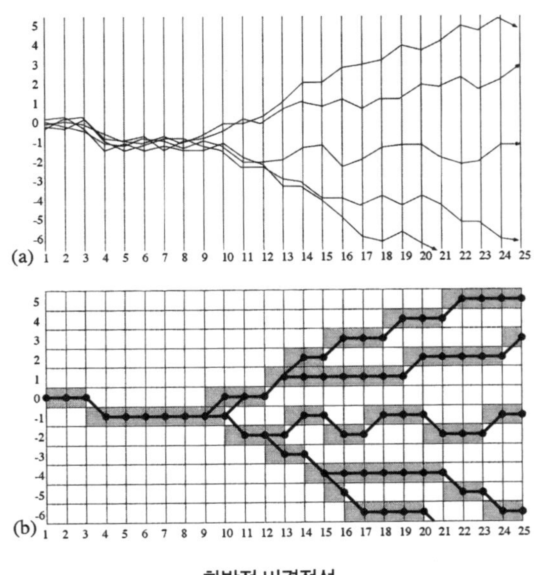

창발적 비결정성

하여 상태 공간을 거칠게 세분화하여 얻은 것으로, 더 높은 수준의 설명에서 동일한 시스템을 보여준다". 이렇게 하면 다섯 개의 서로 다른 시작 상태가 동일해지고, 그 하나의 시작 상태가 완전히 다른 다섯 개의 경로를 생성하므로 비결정성과 예측 불가능성을 증명한다고 볼 수 있다.[4]

그러나 아닐 수도 있다. 물론 미시적 수준에서는 결정론적인 시스템이 거시적 수준에서는 이런 식으로 비결정론적일 수 있지만, 이는 다섯 개의 서로 다른(비록 유사하지만) 시작 상태가 실제로는 모두 같다는 판단하에 이것들을 하나의 고차 시뮬레이션으로 병합하기로 결정할 수 있는 경우에만 가능하다. 7장에서 살펴본 바와 같이 당신이 에드워드 로렌즈처럼 점심을 먹고 돌아와 컴퓨터 프로그램을 거칠게 다듬고, 아침의 매개변수를 일반적인 반올림 규칙에 따라 반올림할 수 있다고 판단했다가 나비에게 뒤통수를 맞았다고 가정해보라. 비슷한 두 가지는 똑같지 않으며, 단지 관습적 사고에 기대어 동일하다고 단정해서는 안 된다.

나의 생물학적 기반을 반영하여 동일한 요점을 보여주는 그림을 소개한다.

이 그림에는 비슷한 구조를 가진 여섯 가지 분자가 제시되어 있다.[*] 이제 이 분자들을 거칠게 분류하여 '일반적인 반올림 규칙에 따라 똑같은 것으로 간주할 만큼 비슷하다'고 판단하고, 따라서 '이중 하나를 다른 사람의 돈에 주입하고 어떤 일이 일어나는지 살펴볼 때 서로 바꿔서 사용할 수 있다'고 가정해보자. 그 결과 항상 똑같은 효과가 나타나는 게 아니라면, 창발적 비결정론을 입증하는 것처럼 보일 수 있다.

그런데 여섯 가지 분자가 100% 동일한 건 아니다. 첫번째 열의 두번째와 세번째 구조를 생각해보라. 대부분 비슷한데, 기말고사를 대비해 구조적 차이점[**]만 기억해두라. 요컨대 두번째 분자는 에스트로겐의 일종이고 세번째 분자는 테스토스테론이기 때문에, (매우 유사한 게 아니라) 동일하다고 거칠게 구분할 경우 상황이 엉망진창이 된다. 초기 조건에 대한 민감한 의존성을 무시하고 일반적인 반올림으로 두 분자가 동일하다고 판단하면 때로는 질, 때로는 음경, 때로는 두 가지 모두를 가진 사람이 탄생할 수 있기 때문이다. 이는 언뜻 보면 창발적 비결정론을 증명하는 것처럼 보인다.[***]

7장에서 지적한 바와 같이, 예측 불가능성은 비결정성과는 다른 개념이다. 개미 군집이 열 개의 먹이 장소에 분산되어 있다면 36만 개가 넘는 가능성(9!=362,880 —옮긴이) 중에서 (어떤 경로를 통해) 여행하는 외판원 문제의 해답에 얼마나 가까이 다가갈지 예측할 수 없다. 그 대신 개미들의 세포 자동자에 어떤 일이 일어나는지 단계별로 시뮬레이션해야 한다. 동일한 개미를 동일한 시작점에 배치하되, 열 개의 먹이 장소 중 하나를 약간 다른 위

---

[*]   전문용어로 말하면, 이것들은 모두 '스테로이드 고리 구조'를 가지고 있다.
[**]   두번째 구조에서는 왼쪽에서 첫번째 고리의 −OH, 세번째 구조에서는 첫번째 고리의 =O 와 첫번째 고리와 두번째 고리 사이의 −CH₃.—옮긴이
[***] 완벽주의자들을 위해 말하자면, 왼쪽 열의 맨 위에 있는 호르몬은 알도스테론이다 오른쪽 열의 호르몬은 맨 위부터 코르티솔, 프레그네놀론이라는 신경 스테로이드, 프로게스테론이다.

치에 배치하여 시뮬레이션을 다시 수행하면 여행하는 외판원 솔루션의 근사치와 다른 (그러나 여전히 놀라울 정도로 가까운) 근사치를 얻을 수 있다. 매번 먹이 장소 중 하나를 조금씩 이동하면서 이 작업을 반복하면 일련의 훌륭한 솔루션을 얻을 수 있으며, 시작 상태의 작은 차이가 매우 다른 결과를 낳을 수도 있다. 그러나 시작 상태가 동일하다면 그렇게 될 수 없으므로, 비결정론을 증명하는 것으로 오인될 여지가 없다.

문제 #2: 너무 동떨어진 독립체(강한 창발)

'창발적 시스템에서 동일한 시작 상태가 여러 결과를 낳을 수 있다'는 첫번째 생각은 이만하면 됐다. 두번째 생각은 더 넓은 의미의 오류로, 창발의 출발점인 환원적 벽돌에서 '무소불위의 창발적 상태'가 출현할 수 있다는 것이다.

이 개념은 다양한 방식으로 설명되어왔는데, 그 가운데서 뇌, 원인과 결과, 유물론과 같은 용어는 환원적 수준을 나타내는 반면 정신상태, 사람, 나와 같은 용어는 거창하고 창발적인 최종 결과물을 암시한다. 철학자 월터 글래넌은 이렇게 말했다. "뇌는 우리의 정신상태를 생성하고 유지하지만, 정신상태를 결정하지는 않는다. 이는 개인이 자유로운 선택과 행동을 통해 '스스로에게 의지할 수 있는' 여지를 남긴다." 그러고는 "사람은 뇌에 의해 구성되지만 뇌와 동일하지는 않다"라고 결론지었다. 신경과학자 마이클 섀들런은 창발적 상태에 대해 "신경 기계에 구현된 인과관계의 사슬에서 동떨어진 독립체"(강조는 내가 했다)로, 특별한 지위를 갖는 창발의 결과물이라고 설명한다. 아디나 로스키스는 이와 관련하여 다음과 같이 썼다. "거시적 수준의 설명은 결정론의 진리와 무관하며, 결정론적 세계에서 행위자가 여전히 선택을 하는 이유와 그에 대한 책임을 설명하는 데 충분하다."[5]

이것은 중요한 이분법을 야기한다. 이 분야에 관심을 가진 철학자들은 '약한 창발'을 주장하는데, 그 내용인즉 창발적 상태가 아무리 멋지고 화려하고 예상치 못한 적응력을 가졌더라도 '환원적 벽돌이 할 수 있는 것과 할 수 없는 것'에 의해 여전히 제약을 받는다는 것이다. 약한 창발은 '강한 창발'과 대조되는데, 후자의 경우에는 단계적 의미의 카오스론에서도 미시에서 출현하는 창발적 상태를 더이상 추론할 수 없다.

리드칼리지의 저명한 철학자 마크 베다우Mark Bedau는 낙천적인 자유의지를 앞세워 제멋대로 행동할 수 있는 강한 창발은 이론적으로 불가능에 가깝다고 생각한다.* 그는 강한 창발을 가리켜 "무無에서 무언가를 부정하게 얻는다는 전통적인 우려를 고조시킨다"라고 주장하며, "마법을 부리는 것 같아 불편하기 짝이 없다"라고 말한다.** 영향력 있는 철학자인 뉴욕대학교의 데이비드 차머스David Chalmers는 강한 창발의 사례로 인정할 수 있는 것은 의식뿐이라고 말하며 이에 동참한다. 마찬가지로 이 분야의 또다른 주요 공헌자인 존스홉킨스의 물리학자 숀 캐럴은 의식이 강한 창발에 관심을 가져야 하는 유일한 이유이기는 하지만 거기에 해당하는 사례는 분명 아니라고 생각한다.

강한 창발의 역할은 —설령 있다 하더라도— 이처럼 제한적이기 때문에 (따라서 자유의지의 근원이 될 수 없기 때문에) 약한 창발이 우세하다고 볼 수 있으며, 베다우의 말을 빌리면 후자는 "만능 용매universal solvent가 될 수 없다". 요컨대 당신은 정신에서 벗어날 수는 있을지언정 뇌에서는 벗어날 수

---

* 20세기 철학은 강한 창발에 대한 가설만 고려했는데, 베다우는 철학자들이 약한 창발에 관심을 가져야 하는 이유에 대해 '현실세계가 실제로 작동하는 방식이기 때문'이라고 주장해 눈길을 끌었다.

** 브라질의 철학자 지우베르투 고메스Gilberto Gomes는 마법을 방어적으로 부인하며, 양립주의적 관점에서 이렇게 썼다. "이 '나'는 자연적 인과관계의 영역 밖에 있는 추상적이거나 초자연적인 존재가 아니다. '나'는 스스로를 조직화하고 스스로를 조종하는 시스템이다."

없다. 창발적으로 아무리 멋지더라도 개미 군집은 '개미 개체가 할 수 있는 일과 할 수 없는 일'의 제약을 받는 개미로, 뇌는 여전히 고유의 기능을 수행하는 뇌세포로 이루어져 있기 때문이다.[6]

창발성에서 자유의지를 끌어내기 위해 최후의 수단을 동원하지 않는 한 말이다.

문제 #3: 중력을 거슬러(과대평가된 하향적 인과성)

마지막으로 실수를 저지르기 쉬운 부분은 창발적 상태가 그 상태를 구성하는 벽돌의 근본적인 성질을 바꿀 수 있다는 생각이다.

벽돌 수준에서의 변화가 창발의 최종 결과물을 바꿀 수 있음은 누구나 아는 사실이다. 세로토닌 수용체의 14가지 아형 중 6가지를 활성화하는 분자*를 다량 주입하면, 거시적 수준에서 다른 사람들이 보지 못하는 생생한 이미지를 인식할 수 있고 심지어 종교적 초월감까지 느낄 수 있다. 누군가의 혈류에 있는 포도당 분자의 수를 극적으로 줄이면, 거시적 수준에서 그로버 클리블랜드가 벤저민 해리슨 이전 대통령인지 이후 대통령인지** 기억하는 데 어려움을 겪게 된다. 의식이 '진정한 강한 창발'에 가장 근접한 자격을 갖추고 있다고 해도, 페노바르비탈 같은 분자를 주입하여 무의식을 유도해보면 의식이란 그 구성 요소에서 그다지 자유롭지 않다는 사실을 알게 될 것이다.

작은 것을 바꾸면 창발적으로 나타나는 큰 것을 바꿀 수 있다는 데 우리 모두 동의한다. 하지만 그 반대 경우도 얼마든지 찾아볼 수 있다. 당신이 A/

---

*   즉 LSD.
**   함정용 질문임.

246

B 버튼 앞에 앉아 레오나르도 다 빈치의 〈모나리자〉(A)와 앤디 워홀의 〈캠벨 수프 캔〉(B) 중 어느 쪽을 선호하느냐는 질문을 받는다면, 미학이라는 창발적 거시 현상이 개입하여 '어떤 운동뉴런이 팔 근육에게 이쪽 또는 저쪽으로 움직이라고 지시할 것인지'를 조작할 것이다. '두 사람 중 지옥에 갈 가능성이 더 높은 쪽을 고르'거나 '1946년의 〈콜 미 미스터〉와 1950년의 〈콜 미 마담〉 중 어느 쪽이 더 이름 없는 뮤지컬인지'를 선택하는 버튼을 누를 때도 그렇다.

사회적 순응에 관한 2005년의 한 연구는, 개별 뉴런의 환원적 활동에 개입하는 창발적 수준의 특히 극명하고 매혹적인 버전을 보여준다. 피험자를 의자에 앉혀놓고 세 개의 평행선을 보여주는데, 한 선이 다른 두 선보다 분명히 짧다. 어느 것이 더 짧을까? 당연히 그것이다. 하지만 실험에 몰래 참여한 다른 사람들이 이구동성으로 '가장 긴 선이 실제로는 가장 짧다'고 우기는 그룹에 넣으면, 상황에 따라 충격적인 비율의 사람들이 결국 '긴 선이 가장 짧다'고 말할 것이다. 이러한 순응에는 두 가지 유형이 있다. 첫번째 유형은 대중적 순응으로, 어느 줄이 가장 짧은지를 알지만 다른 사람들과 어울리기 위해 따라가는 경우다. 이러한 상황에서는 편도체가 활성화되는데, 이는 오답인 줄 뻔히 아는데도 부화뇌동을 조장하는 불안감을 반영한다. 두 번째 유형은 '개인적 순응'으로, 맹목적으로 되어서는 이상하게도 '어쨌든 내가 틀리고 다른 사람들이 모두 맞다'고 진심으로 믿는 경우다. 그리고 이 경우에는 학습과 기억의 중추인 해마가 활성화되어 자신이 본 것의 역사를 다시 쓰려는 순응이 일어난다. 하지만 훨씬 더 흥미로운 점은 시각피질이 활성화된다는 것이다. "이봐요, 거기 있는 뉴런님들아. 처음에는 어리석게도 더 길다고 생각했던 선이 실제로는 더 짧다고요? 이제는 진실을 볼 수 없는 건가요?"***7

*** 이 실험적 접근 방법은 1950년대 솔로몬 애시의 고전적 연구를 암시하며, 놀라울 정도로

잠깐 생각해보자. 시각피질의 뉴런은 언제 활성화되더라? 무시할 수 있는 세세한 부분까지 설명하자면, 빛의 광자가 망막 광수용체 세포의 원반막에 있는 로돕신에 흡수되면, 단백질의 모양이 바뀌고 막 통과 이온의 전류가 변화하여 신경전달물질인 글루탐산염의 방출이 감소한다. 그러면 다음 뉴런이 관여하여 시각피질 뉴런이 활동전위를 가지게 되는 일련의 과정이 시작된다. 미시적 수준의 환원주의가 크게 한 번 폭발하는 것이다.

그렇다면 개인적 순응 동안에는 어떤 일이 일어날까? 시각피질에 있는 작은 뉴런은 우리가 '어울리려는 충동'이라고 부르는 거시적 수준의 창발적 상태 때문에 활성화되는데, 이 상태는 문화적 가치, 호감 가는 사람으로 보이고 싶은 욕구, 낮은 자존감의 상처를 남긴 청소년기의 여드름 등등 신경생물학적 징후에 기반하여 구축된다.*8

따라서 일부 창발적 상태는 하향적 인과성을 갖는데, 이는 그것들이 환원적 기능을 변경하고 '긴 것은 짧고, 전쟁은 평화야'라고 뉴런을 설득할 수 있음을 의미한다.

그러나 한 마리의 개미가 수천 마리의 다른 개미와 함께 최적의 먹이 찾

많은 사람이 특정 환경에서 틀리다('어느 선이 가장 짧은가?'부터 '이 사람들을 몰살시켜야 하는가?'에 이르기까지 **틀렸다**가 의미하는 모든 범위에서)는 것을 뻔히 아는 상황에 순응한다는 것을 보여준다. 이 연구와 다른 고전적인 순응 및 복종 연구가 제2차세계대전으로 인해 촉발되었다는 것은 그리 놀랍지 않다. 그 많은 독일인들이 실제로 나치의 감언이설을 믿었을까, 아니면 그저 팀플레이를 했을 뿐일까?

* 3장에서 다룬 또다른 흥미로운 예, 즉 거시적 요소가 미시적 요소에 영향을 미치는 것과 관련된 내용으로, 평균적으로 개인주의 문화권 사람들은 사진의 중앙에 있는 사람을 바라보는 반면 집단주의 문화권 사람들은 전체 장면을 스캔한다. 다음과 같은 점을 생각해보자. 문화는 그 무엇보다 창발적으로, 어떤 음식이 신성한지, 어떤 종류의 성관계가 금기시되는지, 이야기에서 영웅적 행위나 악당질로 간주되는 것이 무엇인지에 영향을 미친다. 그리고 이 모든 것이 무의식적인 눈의 움직임을 제어하는 뉴런의 미세한 기능을 결정한다. 음, 왜 사진에서 그 부분을 먼저 보느냐고? 왜냐하면 나의 신경회로 때문이다. 왜냐하면 5세기 전 어디선가 벌어진 전투에서 우리 부족에게 일어난 일 때문이다. 왜냐하면…

기 경로를 찾아냈다고 해서 하향적 인과관계가 개미들에게 갑자기 프랑스어라도 구사할 수 있는 능력을 부여했다고 믿는다면 오산이다. 아메바 하나가 미로 문제를 풀고 있는 점균류 군집에 합류했다고 해서 조로아스터교가 되는 양 생각하는 경우도 마찬가지다. 일반적으로 중력의 영향을 받는 하나의 뉴런이 다른 모든 뉴런과 손을 잡고 어떤 창발적 현상을 일으켰다고 해서, 중력의 영향에서 벗어나기라도 한 것처럼 여기는 경우도 마찬가지다. 구성 요소들이 창발적 현상의 일부가 됐다고 해서 다르게 작동한다고 믿는 것도 마찬가지다. 그건 마치 물 분자를 많이 모았을 때 생기는 습기로 인해 각 분자가 '두 개의 수소와 하나의 산소'로 이루어진 상태에서 '두 개의 산소와 하나의 수소'로 이루어진 상태로 바뀐다고 믿는 일과 같다. 그 대신 창발의 요점과 그 놀라움의 근거는 바로 '이웃과의 상호작용에 대한 몇 가지 규칙만 알 뿐인 멍청하고 단순한 구성 요소 집합체가 명함까지 있는 탁월한 도시계획가 팀을 능가할 때에도 개별적으로는 똑같이 멍청하고 단순한 벽돌로 남아 있다'는 것이다. 하향적 인과관계는 개별 구성 요소에 복잡한 기술을 습득시키는 것이 아니라, 그들이 멍청하고 단순한 작업을 수행하는 맥락을 결정한다. 개별 뉴런이 다른 많은 뉴런과 상호작용한다고 해서, 중력을 거스르는 '원인 없는 원인'이 되어 자유의지를 생성하는 것은 아니다.

그리고 이런 스타일의 창발적 자유의지론자들의 핵심적인 믿음은 '창발적 상태가 실제로 뉴런의 작동 방식을 바꿀 수 있으며, 자유의지는 창발적 상태에 달려 있다'는 것이다. 즉 창발적 시스템은 '상위 시스템의 일부로 작동할 때 새로운 방식으로 작동하는 기본 요소를 가지게 된다'는 가정이다. 그러나 뇌의 창발적 속성이 아무리 예측할 수 없다 할지라도, 일단 복잡성에 합류한 뉴런이 자신의 역사에서 벗어날 수는 없는 노릇이다.[9]

이것은 앞에서 말한 이분법의 또다른 버전이다. 먼저, 약한 하향적 인과관계라는 것이 있다. 이 경우 순응과 같은 창발적 속성이 뉴런을 '빛의 광자에 반응하는 것과 같은 방식'으로 발화하게 만들 수 있지만 이때에도 이 구성 부품의 작동 방식은 변하지 않는다. 그리고 강한 하향적 인과관계도 존재하는데, 이 경우에는 구성 부품의 작동 방식이 변할 수 있다. 하지만 이에 대해 생각하는 대부분의 철학자와 신경생물학자들은 설사 강한 하향적 인과관계가 존재하더라도 이 책의 초점과 무관하다는 데 동의한다. 자유의지를 발견하려는 이러한 접근 방법을 비판하면서, 메리맥칼리지의 심리학자 마이클 매스컬로와 위베스퀼레대학교의 에바 칼리오는 이렇게 썼다. "[창발적 시스템]은 환원 불가능하지만, 구성 요소의 인과력을 초월하는 인과력을 갖는다는 의미에서 자율적이지는 않다." 이는 스페인의 철학자 헤수스 사모라 보니야가 자신의 에세이 「왜 창발적 수준이 자유의지를 구원하지 못하는가」에서 강조한 요점이기도 하다. 또는 매스컬로와 칼리오가 생물학적 용어로 표현한 것처럼 "경험과 의미에 대한 능력은 생물물리학적 시스템의 창발적 속성인 반면, 행동 조절 능력은 그렇지 않다. 자기 조절 능력은 이미 존재하는 생명체의 능력"이다. 무슨 일이 일어나도 중력은 여전히 존재한다.[10]

마지막으로, 몇 가지 결론

내가 생각하기에 창발적 복잡성은 이루 형언할 수 없을 정도로 멋지지만, 그럼에도 불구하고 세 가지 이유 때문에 자유의지가 설 곳은 없다.

    a. 카오스론에서 얻은 교훈을 생각해보라. 두 가지가 서로 다를 때, 그 차이가 아무리 미미해 보여도 관습에 따라 두 가지가 같다고 말할 수는 없으며, 결과를 예측할 수 없다고 해서 결정되지 않았다고 말할 수는 없다.

    b. 어떤 시스템이 창발적이라고 해서 그 시스템이 원하는 모든 것을 선

택할 수 있는 것은 아니며, 여전히 모든 치명적인 한계와 취약성을 지닌 구성 요소로 이루어지고 그에 의해 제약을 받는다.

c. 창발적 시스템이 자신을 구축한 벽돌을 벽돌답지 않게 만들 수는 없다.[*][11]

이러한 속성들은 모두 결정론적 세계에 내재되어 있다. 카오스적이든, 창발적이든, 예측 가능하든, 예측 불가능하든 마찬가지다. 하지만 세상이 정말 결정론적이지 않다면 어떨까? 다음 장으로 넘어가기로 하자.

---

[*] 건축가 루이스 칸의 말대로 "벽돌도 무언가가 되고 싶어한다"고 해도 말이다.

9장

양자 불확정성 입문

이 장과 다음 장은 정말 쓰고 싶지 않다. 솔직히 말해서 엄두가 나지 않는다. 친구들이 나에게 '책은 어떻게 돼가냐'고 물어볼 때마다, 나는 얼굴을 찡그리며 이렇게 대답한다. "음, 잘 진행되고 있어. 하지만 불확정성에 관한 장을 아직 미루고 있어." 뭐가 두려워서 그러냐고? 우선 (a) 두 장의 주제는 매우 기괴하고 반직관적인 과학에 기초하고 있다. (b) 나는 그 과학을 거의 이해하지 못한다. (c) 심지어 이해한다고 여겨지는 사람들도 천만의 말씀이라며 고개를 절레절레 흔들지만, 나의 하찮은 무지에 비할 바 아니다. (d) 마치 조각상이 똥 마려운 비둘기들을 끌어모으는 것처럼, 이 주제는 괴짜 아이디어를 끌어모으는 힘을 지녔다. "저게 무슨 소리야?"라는 이상한 끌개를 형성하는 힘이다. 그래도 어쩌겠나, 가보자.

이 장에서는 초미세물질들이 비결정론적 방식으로 작동하는 우주의 몇 가지 기본 영역을 살펴볼 것이다. 여기서 예측 불가능성은 '수학을 다루는 인간의 한계'나 '훨씬 더 강력한 돋보기에 대한 기다림'을 반영하는 것이 아니다. 대신 '우주의 물리적 상태가 초미세물질을 비결정적인 것으로 만드는 방식'을 반영한다. 그리고 다음 장에서는, 이 불확정성의 놀이터에서 자유의지론자들을 억제하는 방법에 대해 이야기할 것이다.

내가 주눅이 든 나머지 여기서 손을 떼고 간단히 요약만 하고 넘어간다면, 그 내용은 다음과 같을 것이다. 라플라스의 결정론은 실제로 아원자 수준에서 무너져내리는 것처럼 보인다. 그러나 그런 미미한 비결정론이 행동에 영향을 미칠 가능성은 거의 없으며, 설사 영향을 미친대도 자유의지 비슷한 것을 만들어낼 가능성은 훨씬 더 낮다. 그리고 이 영역에서 자유의지를 찾으려는 학자들의 시도는 종종 신빙성을 떨어뜨린다.

결정되지 않은 무작위성

'무작위성'이란 정확히 무엇을 의미할까? '무작위로' 움직이는 입자가 있다고 가정해보자. 이 입자는 다음과 같은 특성을 보일 것이다.

- 만약 t_0라는 시점에 입자가 X 지점에 있다면, 남은 시간 동안 무작위로 움직이는 입자가 발견될 가능성이 가장 높은 곳은 X 지점이다. 그리고 t_0 이후 어느 시점에 입자가 Z 지점에 있다면, 이제 남은 시간 동안 입자가 발견될 가능성이 가장 높은 곳은 Z 지점이 될 것이다. '무작위로 움직이는 입자가 어디에 있을지'에 대한 최고의 예측 지표는 '지금 현재 어디에 있느냐'다.
- 임의의 시간 단위, 예컨대 '1초'를 사용하기로 하자. '다음 1초 동안' 입자 움직임의 변동성은 '지금으로부터 100만 년 후 1초 동안'의 변동성과 같을 것이다.
- t_0에서의 움직임 패턴과 t_1 또는 t_{-1}의 상관관계는 0이다.
- 입자가 직선으로 움직이는 것처럼 보이지만, 돋보기로 자세히 살피면 실제로는 직선이 아니라는 것을 알 수 있다. 그 대신 입자는 돋보

기의 배율에 관계없이 지그재그로 움직인다.

— 이 지그재그형 움직임 때문에 무한히 확대할 경우 입자는 두 점 사이 에서 무한히 먼 거리를 이동하게 된다.

이러한 특성들은 입자가 미결정성을 인정받기 위한 엄격한 조건이다.[*] 이러한 조건들, 특히 '무한히 긴 무언가가 유한한 공간에 들어맞는다'는 멩 거 스펀지의 원리는 무작위성이 무작위적 채널 서핑과 어떻게 다른지를 보 여준다.

그렇다면 입자가 무작위적이라는 것이, 당신이 운명의 주체적인 선장이 되는 것과 무슨 관련이 있을까?

낮은 무작위성: 브라운 운동

비결정론의 여러 버전 가운데 명상센터에서 거의 고려하지 않는 평범한 버 전에서 시작하기로 하자.

창문을 통해 빛이 들어오는 어두운 방에 앉아, 광선이 지나가는 경로(즉 조명이 비친 벽의 한 지점이 아니라 창문과 조명이 비친 벽 사이의 빛나는 공기 를 말함)를 따라 무엇이 비치는지 살펴본다고 치자. 미세한 먼지 입자들이 계속 움직이고, 진동하고, 이리저리 흔들리는 모습을 볼 수 있다. 그것들은 무작위로 행동한다.

사람들(예: 1827년 로버트 브라운)은 오랫동안 이 현상에 주목해왔지만, 유체나 기체 속에 부유하는 입자 사이에서 무작위적(일명 '확률적') 움직임

---

[*]　여기서 '입자'는 아원자 입자부터 원자, 분자, 먼지 티끌과 같은 거시적인 것까지 모두를 의미한다.

이 발생한다는 사실은 지난 세기에 이르러서야 밝혀졌다. 작은 입자는 빛의 광자에 무작위로 충돌하여 진동하고, 광자는 입자에 에너지를 전달함으로써 운동에너지의 진동 현상을 일으킨다. 이로 인해 입자들은 서로 무작위로 부딪치고, 부딪친 입자들은 또다른 입자들과 부딪친다. 모든 것이 무작위로 움직이고, 3체 문제의 예측 불가능성은 더욱 심화된다.

참고로 이것은 (모든 단계가 결정론적이지만 결정 가능한 것은 아닌) 세포 자동자의 예측 불가능성과는 다르다. 그 대신 특정 순간의 입자 상태는 직전 순간의 입자 상태에 의존하지 않는다.

이쯤 되면 무덤 속의 라플라스는 비통하게 진동하고 있을 것이다. 이러한 확률성의 특징은 아인슈타인에 의해 1905년 공식화되었다. 아인슈타인이 영원히 특허청 사무원으로 일하지 않겠다고 세상에 선언한 기적의 해였다. 아인슈타인은 부유하는 '입자들'이 브라운 운동Brownian motion의 정도에 영향을 미치는 요인을 탐구했다(입자의 복수형에 주목하라. 임의의 주어진 입자는 무작위적이며, 예측 가능성은 수많은 입자들의 집합체 수준에서만 확률적이다). 브라운 운동을 증가시키는 한 가지 요인은 열이며, 이는 입자의 운동에너지를 증가시킨다. 그에 반해 주변의 유체나 기체 환경이 끈적거리거나 점성이 있거나 입자가 더 크면 운동에너지가 감소한다. 마지막 문제를 이렇게 생각해보라. 입자가 클수록 표적이 커져 모든 방향에서 다른 입자와 부딪칠 가능성이 높아진다. 그러면 모든 충돌이 서로 상쇄되고 큰 입자가 그대로 유지될 확률이 높아진다. 따라서 입자가 작을수록 그것이 보여주는 브라운 운동은 더욱 흥미로워진다. 한편 기자의 대피라미드도 진동하고 있기는 하지만 그 정도는 크지 않다.**

** 브라운 운동에 영향을 미치는 이러한 요인들은 스토크스-아인슈타인 방정식(아인슈타인이 학계에 나타나기 직전에 사망한 점성viscosity의 대가 조지 스토크스 경의 이름을 딴 방정식)으로 공식화되었다. 방정식의 분자는 운동을 증가시키는 주된 힘, 즉 온도에 관한

요컨대 브라운 운동이란 '입자들이 서로 무작위로 부딪치는 현상'을 말한다. 이것이 생물학과 어떤 관련이 있을까(행동과의 관련성을 알아보기 위한 첫번째 단계)? 밝혀진 바에 따르면 많은 관련이 있다. 한 논문에서는 일종의 브라운 운동이 축삭말단 군집의 분포를 어떻게 설명하는지를 탐구했다. 다른 논문에서는 신경전달물질인 아세틸콜린의 수용체 사본들이 어떻게 무작위로 모여 군집을 이루는지를 탐구했는데, 아세틸콜린 수용체의 군집화는 그 기능에서 중요한 의미를 갖는다. 또다른 관심사는 뇌의 이상이다. 대체로 불가사의한 요인으로 인해 뇌 속에서 베타 아밀로이드 펩타이드라는 이상하게 접힌 조각의 생성이 증가하면, 이 조각의 한 사본이 다른 사본과 무작위로 부딪쳐 서로 달라붙고, 이렇게 응집된 단백질 찌꺼기 덩어리는 점점 더 커진다. 이러한 수용성 아밀로이드 응집체는 알츠하이머병 환자의 뇌에서 뉴런을 죽일 가능성이 가장 높은 물질이다. 그리고 브라운 운동은 이 조각들이 서로 부딪칠 확률을 설명하는 데 도움이 된다.[1]

브라운 운동의 한 사례는 내가 좋아하는 강의 주제 중 하나인데, 그 이유는 유전자가 생물계의 모든 흥미로운 것을 결정하는 방식에 대한 신화를 약화시키기 때문이다. 수정란을 예로 들어보자. 수정란이 둘로 나뉠 때, 내부에 떠다니는 온갖 물질(예: 세포의 발전소인 미토콘드리아 수천 개)이 무작위로 브라운 방식으로 분할되는데, 매번 같은 비율로 분할되는 것은 고사하고 정확히 50:50으로 분할되는 것도 아니다. 이는 두 세포의 발전 용량이 이미 다름을 의미한다. 유전자의 스위치를 켜거나 끄는, 전사인자transcription factor라고 불리는 수많은 단백질 사본도 마찬가지다. 세포가 분열할 때 전사인자가 불균등하게 분할된다는 것은 두 세포의 유전자 조절이 달라진다는 것을 의미한다. 그리고 그 이후 세포가 분열할 때마다

것이고, 분모는 입자에 대항하는 힘, 즉 주변 환경의 높은 점도와 입자의 큰 '평균 크기'에 관한 것이다.

무작위성은 궁극적으로 인간을 구성하는 모든 세포를 생성하는 역할을 한다.*2

이제 규모를 확장하여, 브라운식 무작위성이 행동에 어떻게 작용하는지 살펴볼 차례다. 먹이를 찾고 있는 유기체, 예컨대 물고기를 생각해보자. 물고기는 어떻게 하면 가장 효율적으로 먹이를 찾을 수 있을까? 먹이가 풍부하다면, 물고기는 먹이를 먹기 쉬운 곳을 중심으로 조금씩 이동하며 먹이를 찾는다.** 하지만 먹이가 분산되어 있고 드물다면, 가장 효율적인 방법은 '레비 워크Levy walk'라는 무작위적인 브라운식 먹이 찾기 패턴으로 전환하는 것이다. 따라서 만일 당신이 바다 한가운데 먹을 가치가 있는 유일한 먹잇감이라면 포식자는 아마도 레비 워크를 통해 당신에게 다다라 포획했을 것이다. 그리고 논리적으로, 많은 먹잇감도 포식자를 피할 때 무작위로 예측할 수 없게 움직인다. 먹이를 사냥하는 또다른 유형의 포식자, 즉 삼킬 병원체를 찾는 백혈구도 동일한 수학으로 설명할 수 있다. 백혈구가 병원체 무리 한가운데에 있는 경우, 범고래가 물개 무리 한가운데서 먹이를 노리는 것과 같은 유형의 본거지 기반 사냥을 한다. 하지만 병원균이 드물다면 백혈구는 범고래처럼 무작위적인 레비 워크 사냥 전략으로 전환한다. 생물학만큼 재미있는 과학은 없다.3

요약하자면 세상은 불확정적 브라운 운동의 사례로 가득차 있으며, 다양한 생물학적 현상은 이러한 무작위성을 최적으로 활용하도록 진화해왔다.

---

*   그렇기 때문에 동일한 유전자를 가진 일란성쌍둥이는 각 쌍둥이가 단 두 개의 세포로 구성되어도 동일한 세포를 가지지 않으며, 그 차이가 점점 더 확대된다. 이것이 바로 일란성쌍둥이가 '동일한 유전자에 의해 똑같이 조각된 뇌를 가진 동일한 사람'이 아닌 이유 중 하나다.

** 물고기의 이동 패턴은 멱법칙 분포를 보인다. 7장에서 언급한 바와 같이 먹이 찾기 시도의 약 80%가 최대 먹이 찾기 거리의 20% 이내에서 이루어진다.

이쯤 되면 자유의지에 대해 이야기할 수 있지 않을까?* 아직은 아니다. 이 질문에 답하기 전에, 우리는 모든 이론의 어머니인 양자 불확정성과 씨름해야 한다.[4] 마침내 올 것이 왔다.

양자 불확정성

드디어 시작이다. 우주가 어떻게 작동하는지에 대한 고전물리학적 설명이 뉴턴의 공로라는 사실에는 변함이 없지만, 이는 20세기 초 양자 불확정성 혁명과 함께 무너졌고 그 이후로는 달라진 것이 없다. 아원자 세계는 매우 기이한 것으로 밝혀졌으며 여전히 완전히 설명할 수 없다. 여기서는 자유의지 신봉자들과 가장 관련성이 높은 연구 결과를 요약해보려고 한다.

파동/입자 이중성

가장 근본적인 기이함의 시작은 1801년 토머스 영이 처음 수행한 헤아릴 수 없이 멋지고 획기적인 이중 슬릿 실험이었다(영은 물리학이나 색각色覺의 작동 원리에 대한 생물학적 설명을 하느라 바쁜 와중에 짬을 내어 로제타스톤의 번역을 도운 박식가 중 하나였다). 두 개의 수직 슬릿이 있는 장벽에 광선을 발사한다. 그 뒤에는 빛이 닿는 곳을 감지할 수 있는 벽이 있다. 이 실험은 빛이 파동 상태로 두 개의 슬릿을 통과한다는 것을 보여준다. 어떻게 감

258

지될까? 각 슬릿에서 파동이 발생하면 두 파동이 겹친다. 이때 두 파동의 고점이 합쳐지면 엄청나게 강한 신호가 나타나고, 저점이 합쳐지면 그 반대의 신호가 나타나며, 고점과 저점이 만나면 서로 상쇄되는 등의 전형적 특징이 존재한다. 서퍼들은 이를 이해할 것이다.

빛이 파동으로 이동한다는 것은 고전적인 지식이다. 그렇다면 전자는 어떨까? 이중 슬릿 장벽에 전자의 흐름을 쏘면 동일한 파동함수가 나타난다. 이제 전자를 한 번에 하나씩 쏘고 그것이 검출기 벽에 부딪히는 위치를 기록하면 개별 전자, 즉 개별 입자가 파동으로 통과한다는 것을 알 수 있다. 그렇다, 단일 전자가 두 개의 슬릿을 동시에 통과한다는 이야기가 된다. 동시에 두 곳에 존재하는 것이다.

그런데 전자가 두 곳에만 있는 게 아니라는 것이 밝혀졌다. 전자의 정확한 위치는 불확정적이며, 여러 위치의 구름 속에 동시에 확률적으로 분포하는데, 이를 중첩이라고 한다.

많은 사람이 보통 "이제 상황이 이상해졌다"는 식으로 이를 설명하지만, 막상 표정을 살펴보면 '한 입자가 동시에 여러 곳에 있다'는 게 그다지 이상하지 않다는 눈치다. 하지만 이제 상황이 더 이상해진다. 이중 슬릿 벽에 기록 장치를 설치하여 각 전자의 통과를 기록한다. 각각의 개별 전자가 두 개의 슬릿을 동시에 파동처럼 통과한다는 점은 이미 알 것이다. 그러나 이제 각 전자는 한 슬릿 또는 다른 슬릿을 무작위로 통과한다. 이중 슬릿 벽에서 일어나는 일을 측정하고 기록하는 단순한 과정만으로도 전자(밝혀진 바에 따르면, 광자로 구성된 빛의 흐름도)는 파동으로 작용하는 것을 멈춘다. 파동함수가 '붕괴'하고, 각 전자는 단일 입자로 이중 슬릿 벽을 통과하는 것이다.

따라서 전자와 광자는 입자/파동 이중성을 나타내며, 측정 과정에서 파동이 입자로 전환된다. 이제 전자가 슬릿을 통과한 후 검출기 벽에 부딪히기 전 전자의 특성을 측정하면, 결과적으로 각 전자는 슬릿 중 하나를 단일 입자로 통과한다. 전자는 자신이 잠시 후 측정될 것임을 '알고' 파동함수를 붕

괴시킨다. 측정 과정에서 파동함수가 붕괴되는 이유, 즉 '측정 문제'는 여전히 미스터리로 남아 있다.[5]

(잠시 크게 도약하여, 거시적 세계—큰 사물, 예컨대 당신—도 이런 식으로 작동한다고 가정해보자. 그러면 상황이 매우 뉴에이지적으로 바뀐다. 당신은 동시에 여러 곳에 존재할 수 있으며, 당신은 잠재력일 뿐이다. 무언가를 관찰하는 것만으로도 그것을 바꿀 수 있고,* 마음만 먹으면 그 주변의 현실을 바꿀 수 있다. 당신의 마음이 당신의 미래를 결정할 수 있으며, 심지어 과거도 바꿀 수 있다. 앞으로 더 많은 재버워키jabberwocky**가 나올 것이다.)

입자/파동 이중성은 중요한 의미를 내포한다. 전자가 파동으로 한 지점을 지나갈 때 그 운동량은 알 수 있지만, 전자는 불확정적으로 모든 곳에 존재하기 때문에 정확한 위치는 알 수 없다. 그리고 파동함수가 붕괴되면 그 입자가 현재 어디에 있는지는 측정할 수 있지만, 측정 과정에서 입자에 대한 모든 것이 변하기 때문에 운동량은 알 수 없다. 이것이 바로 하이젠베르크의 불확정성 원리다.***

위치와 운동량을 모두 알 수 없다는 것, 양자 중첩, 사물이 동시에 여러 곳에 존재한다는 것, 파동이 입자로 분해된 후 전자가 어느 슬릿을 통과할지 알 수 없다는 것 등은 모두 우주에 근본적인 불확정성을 도입한 것이다. 아인슈타인은 뉴턴 물리학의 환원적이고 결정론적인 세계를 뒤집었

---

* 이 뉴에이지적 해석이 '측정'이라는 공식적인 과정의 결과를 고려하는 것에서 어떻게 '관찰'이라는 지극히 개인적인 과정으로 도약했는지 주목하라.

** 루이스 캐럴의 소설 『이상한 나라의 앨리스』에 나오는 난센스 시로, '이해할 수 없는 헛소리'라는 의미로 쓰인다.—옮긴이

*** 이는 대중의 상상력을 자극했을 뿐만 아니라 하이젠베르크의 불확정성 농담을 만들어냈다. 고속도로에서 과속하던 하이젠베르크가 경찰에게 제지당한다. "얼마나 빨리 달렸는지 아십니까?" 경찰이 묻는다. "아니요, 하지만 여기가 어디인지는 알아요." 하이젠베르크가 대답한다. "당신은 시속 130킬로미터로 운전하고 있었어요." 경찰이 말한다. "아, 좋아요." 하이젠베르크가 말한다. "이제 길을 잃었네요."

음에도 이러한 불확정성을 싫어하여 "신은 우주와 주사위 놀이를 하지 않는다"는 유명한 말을 남겼다. 이를 계기로 백도어에 어떤 형태로든 결정론을 끼워넣으려는 물리학자들의 가내수공업이 시작되었다. 아인슈타인의 버전을 요약하면, 아직 발견되지 않은 일부 요인 덕분에 시스템이 실제로는 결정론적이며, 이 "숨은 변수"가 확인되면 삼라만상이 다시 이치에 맞게 돌아갈 거라는 것이다. 또다른 백도어 계략은 매우 불투명한 "다세계" 아이디어로, 파동이 실제로 특이점으로 붕괴되는 것이 아니라 무한한 수의 우주에서 파동성이 계속되어 완전히 결정론적인 세계를 만들지만, 한 번에 하나의 우주에서만 보면 특이하게 보일 뿐이라고 가정한다. 이건 내 생각 또는 느낌인데, '숨은 변수 들먹이기'는 대부분의 의심자들이 즐겨 사용하는 단골 메뉴다. 그러나 대다수의 물리학자들은 코펜하겐에 기반을 둔 닐스 보어가 옹호한 양자역학의 불확정성 개념—코펜하겐 해석으로 알려져 있음—을 받아들이고 있다. 그의 말에 따르면, "양자 이론을 처음 접했을 때 충격을 받지 않은 사람은 양자 이론을 이해하지 못한 게 틀림없다."****6

얽힘과 비국소성

다음으로 기이한 점은***** 두 입자(예: 원자의 서로 다른 껍질에 있는 두 개의 전자)가 '얽힐' 수 있으며, 이 경우 두 입자의 특성(예: 스핀 방향)이 연결되어

**** 보어는 이 과학적 모험에 대해 내가 가장 좋아하는 명언 중 하나를 남기기도 했다. "사실의 반대는 거짓이지만, 하나의 심오한 진실의 반대는 또다른 심오한 진실일 수 있다."

***** 이 모든 과정을 안내해준 물리학자 숀 캐럴에게 감사드린다. 참고로, 양자 얽힘에 대한 연구는 2022년 존 클라우저, 알랭 아스페, 안톤 차일링거가 노벨 물리학상을 수상하는 기초가 되었다.

완벽한 상관관계가 형성된다는 것이다. 이 상관관계는 항상 음(-)이어서, 한 전자가 한 방향으로 회전하면 결합된 파트너는 반대 방향으로 회전한다. 프레드 아스테어는 왼쪽 다리로 앞으로 나아가고, 진저 로저스는 오른쪽 다리로 뒤로 물러나는 것처럼 말이다.*

하지만 그것보다 더 이상한 일이 있다. 우선 두 전자가 같은 원자 안에 있을 필요는 없다. 몇 원자 떨어져 있을 수도 있다. 하지만 그건 약과이며, 훨씬 더 멀리 떨어져 있을 수도 있다. 현재까지의 기록은 양자위성으로 연결된 두 지상 관측소에 있는 양자들로, 거의 1,450킬로미터 떨어져 있다.** 또한 한 입자의 특성을 변경하면 다른 입자도 변경되어, 비국소적인 인과관계를 암시한다. 얽힌 입자가 얼마나 멀리 떨어져 있을 수 있는지에 대한 이론적 한계는 없다. 황소자리에 있는 게 성운의 전자는 당신의 앞니 사이에 끼어 있는 브로콜리 조각의 전자와 얽힐 수 있다. 그리고 가장 이상한 특징은 한 입자의 상태가 바뀌면 다른 입자의 상보적 변화가 즉각 일어난다***는 것인데, 이는 브로콜리와 게 성운이 빛의 속도보다 빠르게 서로 영향을 주고받고 있다는 것을 의미한다.[7]

아인슈타인은 언짢은 기색이 역력했다(그리고 그 현상에 유령 같다spooky는 뜻의 냉소적인 독일어 이름****을 붙였다).***** 1935년 아인슈타인은 두 명의 공동 연구자와 함께 이러한 순간적 얽힘의 가능성에 도전하는 논문을 발

---

*   '프레드와 진저'는 1933년부터 1939년까지 9편의 뮤지컬에 출연한 댄싱 듀오로, 공황 시대에 할리우드의 매력과 세련미를 정의했다. —옮긴이

**   여기에는 두 입자의 얽힘을 실험적으로 유도할 수 있다는 의미가 내포되는데, 이는 사물에 레이저를 쏘는 것과 관련되는 듯하다.

***   또는 적어도 '1000조분의 1초' 단위에 해당하는 시간 분해능의 실험적 한계보다 훨씬 빠르다. 이는 빛의 속도보다 10억 배 이상 빠르다. 그런데 내가 제대로 이해했다면, 단일 입자의 중첩은 얽힘을 포함한다고 생각할 수 있다. 즉 전자가 두 개의 슬릿을 동시에 통과하는 동안 자기 자신과 얽히는 것이다.

표했으며, 또다시 빛의 속도보다 빠른 마법을 부리지 않고도 사물을 설명할 수 있는 숨은 변수를 상정했다. 1960년대에 아일랜드의 물리학자 존 스튜어트 벨은 아인슈타인의 논문이 수학적으로 뭔가 잘못되었음을 증명했다. 그리고 그후 수십 년 동안 매우 어려운 실험(예: 인공위성을 이용한 실험)을 통해 '얽힘에 대한 해석이 잘못되었다는 아인슈타인의 말은 틀렸다'는 벨의 말이 옳았음이 확인되었다. 즉 이 현상은 여전히 기본적으로 설명되지 않은 채로 남아 있지만, 그럼에도 불구하고 매우 정확한 예측을 생성하는 실제 현상이다.[8]

그 이후로 과학자들은 양자 얽힘을 컴퓨팅(애플에서 상당한 진전을 보이고 있음), 통신 시스템, 심지어 '이러이러한 위젯을 소유하면 더 행복할 텐데'라고 생각하는 순간 아마존으로부터 위젯을 자동으로 수신하는 데 사용할 수 있는 잠재력을 탐구해왔다. 그리고 이상한 일은 여기서 멈추지 않는다. 충분히 먼 거리에 걸쳐 얽혀 있으면 시간이 지나도 비국소성을 나타낼 수 있을 테니 말이다. 예컨대 1광년 떨어진 두 개의 얽힌 전자가 있다고 가정해보라. 그중 하나를 변경하면 다른 입자도 같은 순간에 변경된다. 1년

****   독일어 원문은 스푸크하프테 페른비르쿵겐spukhafte Fernwirkungen이며, 직역하던 '먼 거리에서의 유령 같은 원격 작용spooky actions at a distance'이다. —옮긴이

*****   1905년만 해도 아인슈타인은 (시간이 거꾸로 흐른다면) 체 게바라 이후 가장 화려하고 대담한 혁명가였다. 하지만 나이가 들면서 아인슈타인은 뒤이은 물리학 혁명에 맞서서 수세적 반응을 주도했다. 이는 많은 혁명적 사상가들에게서 볼 수 있는 익숙한 패턴이다. 심리학자 딘 시몬턴Dean Simonton은, 새로운 아이디어에 대한 폐쇄성은 '연대기적 나이'가 아니라 '학문적 나이'—특정 분야에서 얼마나 오랫동안 찬사를 받아왔는지—의 함수임을 보여주었다(결국 새롭고 혁명적인 것이 할 수 있는 일은 당신과 당신의 동료들을 교과서에서 몰아내는 것뿐이다). 몇 년 전 나는 (저명한 기술 저널인 〈뉴요커〉에 실린) 준과학적 연구를 통해, 저명한 사상가든 아니든 대부분의 사람이 나이가 들면서 음악·음식·패션 분야의 새로움에 마음을 닫는다는 것을 알게 되었다. 혀를 내밀고 있는 아인슈타인의 포스터를 기숙사 방 벽에 의무적으로 붙이고 있던 우리 모두는 아인슈타인이 나이든 반혁명가라는 사실을 알고 크게 실망했다.

전에 말이다. 과학자들은 또한 살아 있는 시스템에서 광자와 '세균의 광합성 기구' 사이의 양자 얽힘을 보여주었다.* 장담하건대 시간 여행, 동일한 뇌의 뉴런 사이의 얽힘, 말이 나온 김에 뇌와 뇌 사이의 얽힘을 들먹이는 자유의지 추론이 곧 등장할 것이다.[9]

양자 터널링

앞에서 설명한 이상함들에 비하면 이것은 개념적으로는 식은 죽 먹기다. 벽에 전자의 흐름을 쏜다고 생각해보라. 주지하는 바와 같이 전자는 파동으로 이동하며, 중첩은 그 위치를 측정할 때까지 각 전자가 확률적으로 동시에 여러 곳에 존재함을 나타낸다. 그 수많은 장소 중 하나가 벽의 반대편에 있을 가능성은 매우 낮지만, 이론적으로는 가능하다. 왜냐하면 전자가 터널을 뚫고 벽을 통과했을 것이기 때문이다. 그리고 밝혀진 바에 따르면 실제로 이런 일이 일어날 수 있다.

　양자역학에 대한 딱한 여행은 여기까지다. 우리의 목적을 위해 요점을 정리하면, 대부분의 석학들이 보기에 '아원자 우주는 존재론적 수준과 인식론적 수준 모두에서 근본적으로 불확정적인 수준에서 작동한다'. 입자는 동

---

* 　하지만 일부 과학자들이 비얽힘 메커니즘에 대한 설명을 제시하기 때문에 이 연구는 논란의 여지가 있다. 이 연구에서는 머리카락 굵기보다 좁은 간격으로 놓인 두 개의 거울 사이에 세균을 배치했다. 그리고 이 현상은 6마리의 세균에서 각각 입증되었다. 우리는 "변이를 가진 성인 6명을 대상으로 신경 영상을 촬영했다"거나 "6개국에서 역학조사를 실시했다"는 식의 설명에 익숙하다. 6마리의 세균을 이용한 연구는 이 모든 기이함에 걸맞게 매력적이고 적절해 보인다. 하지만 세균 수가 너무 적기 때문에 각각의 피험자가 그날 아침에 무엇을 먹었는지, 태아기였을 때 어머니가 정기적으로 건강 검진을 받았는지, 세균의 조상이 어떤 환경에서 자랐는지 등의 질문을 던져야 한다.

264

시에 여러 곳에 존재할 수 있고 빛의 속도보다 빠른 속도로 광대한 거리에
서 서로 통신할 수 있어 공간과 시간을 근본적으로 의심하게 만들며, 고체
를 통과할 수 있다. 곧 살펴보겠지만, 이 정도면 사람들이 자유의지를 선포
하며 열광하기에 충분하다.

10장

자유의지는 무작위적인가?

양자 열풍:
주의attention와 의도intention는
발현manifestation의 역학dynamics이다

9장에서 살펴본 바와 같이 양자역학은 우주에 대한 논의 과정에 근본적인 불확정성을 도입하는 정말 기이한 것들을 밝혀냈다. 그리고 이 소식이 알려진 거의 첫 순간부터 일부 자유의지 신봉자들은 양자역학을 내세워 온갖 신비주의적 횡설수설을 남발해왔다.* 오늘날에는 양자 형이상학, 양자 철

---

* 흥미롭게도 브라운 운동의 불확정성에 대해서는 이런 방식으로 접근하는 사상가를 본 적이 없는데, 예컨대 브라운 초월 세미나를 번들로 제공하는 사람은 한 명도 없다. 양자 불확정성은 '입자가 동시에 여러 곳에 존재한다'는 것이고, 브라운 운동은 '먼지 입자가 무작위로 움직인다'는 것이니 당연한 결과라고 할 수 있다. 따라서 내 생각에, 뉴에이지 사상가들은 브라운 운동을 '죽은 백인남자'적인 현상(예컨대 노조원임에도 공화당에 투표함)으로 보는 반면 양자 불확정성은 사랑, 평화, 다중 오르가슴과 관련된 개념으로 보는 것 같다(이 깔끔한 정리는 양자의 대부 베르너 하이젠베르크가 나치를 위해 원자폭탄을

학, 양자 심리학을 지지하는 사람들이 있다. 심지어 양자 신학과 양자 기독교 현실주의도 있는데, 그런 맥락에서 양자역학은 '인간은 예측 가능한 기계로 환원될 수 없으며, 하느님이 각자를 독특한 방식으로 사랑하신다는 성경적 주장과 일치하는 인간의 고유성을 증명한다'는 취지로 인용된다.

"나는 조직화된 종교는 믿지 않지만 매우 영적인 사람이다"라고 말하는 사람들을 위해 양자 영성과 양자 신비주의가 있다. 뉴에이지 기업가인 디팩 초프라는 1989년의 저서 『양자 치유Quantum Healing』에서 암을 치료하고 노화를 되돌리며 맙소사, 심지어 불멸의 삶을 살 수 있는 길을 약속했다.** 한 뉴에이지 물리학자가 세미나에서 주장한 양자 행동주의는 '양자 물리학의 원리에 따라 우리 자신과 사회를 변화시킨다'라는 아이디어다. "양자 인지" "스핀 매개 의식" "양자 신경물리학" 그리고 (기대하시라!) 진동과 양자 동역학으로 이루어진 "모호한 데카르트 시스템"은 우리가 자유롭게 선택하는 두뇌를 설명한다. 특히 내 마음에 와닿는 분야로는 양자 심리치료가 있는데, 임상적 우울증이 혈소판 세포막에서 발견되는 지방산의 양자 이상에 뿌리를 두고 있다는 논문이 발표되었다. 매일 숨막힐 듯이 슬픈 기분이 든다면, 당신을 돕기 위해 이 분야를 연구하는 사람들이 있다는 사실에서 희망을 얻기 바란다. 한편 같은 저널에는 조현병 환자의 치료를 돕기 위한 「무

만들기 위해 노력했다는 사실 때문에 복잡해졌다. 자신이 조용히 작업을 방해했기 때문에 원자폭탄이 탄생하지 않았다는 하이젠베르크의 전후戰後 주장이 구원의 진리인지, 아니면 면피용 발뺌에 불과한지에 대해 역사학자들은 의견이 분분하다).

** 참고로, 이 섹션의 부제로 사용된 "주의와 의도는 발현의 역학이다"라는 인용문은 톰 윌리엄슨Tom Williamson이라는 사람이 디팩 초프라의 트위터 계정에서 무작위로 단어를 조합하여 만든 것이다. 윌리엄슨의 웹사이트(wisdomofchopra.com)에서 오늘 무작위로 인용한 초프라의 가상의 명언 두 개는 "사실의 장벽 안에는 형태 없는 공백이 있다"와 "직관은 자신의 분자를 반영한다"이다. 이 사이트는 심리학자 고든 페니쿡Gordon Pennycook의 「심오함을 가장한 헛소리의 수용과 탐지에 관하여On the Reception and Detection of Pseudo-profound Bullshit」라는 제목의 매우 흥미로운 논문에서 논의된다.

의식과 조현병의 양자 논리」라는 제목의 논문이 실려 있다(논문 초록의 단어 중 양자가 9.6%를 차지한다). 솔직히 말해서 나는 고통받는 사람들에게 이런 헛소리를 늘어놓는 사람들의 팬이 아니다.[1]

이런 말도 안 되는 주장에는 몇 가지 일관된 주제가 있다. 첫째로, '입자들이 순간적으로 얽혀서 서로 소통할 수 있다면 인간을 포함하는 모든 생명체(돌고래나 코끼리에게 못된 짓을 하는 사람은 제외함)를 하나로 묶는 통일성, 즉 하나됨이 존재한다'는 개념이 있다. '이론적으로 과거로 돌아가서 고칠 수 없는 불행한 사건은 없다'는 아이디어 덕분에 얽힘의 시간 여행에 수반되는 으스스한 느낌을 잠재울 수 있다. 둘째로, '보기만 해도 양자파를 붕괴시킬 수 있다면 열반에 들거나 사장실에 들어가 연봉을 올릴 수 있다'는 주제가 있다. 같은 부류의 뉴에이지 물리학자에 따르면, "우리 주변의 물질 세계는 의식의 가능한 움직임에 불과하다. 나는 순간순간 내 경험을 선택하고 있다". 셋째로, '양자물리학자들이 첨단 장비로 알아낸 것은 고대인들이 이미 알고 있던 바를 확인하는 데 불과하다'는 흔한 수사도 있다. 결가부좌를 튼 선인들의 모습이 눈에 선하다. 악랄하다고 해도 지나치지 않은 복고주의는 '고전물리학'을 내세운 '유물론자', 즉 "사람들의 의미 경험을 지시하는 엘리트주의자들"에게서 나온다.* 이 모든 무한한 잠재력은 유명한 뉴에이지 치료사 메리 포핀스**[2]에게 머리를 조아리고 경의를 표한다.

---

* 이러한 의미에서 컬럼비아대학교의 물리학자 J. T. 이스마엘과 같은 일부 전문가들은 자유의지를 고전물리학의 산물로 본다.

** 〈메리 포핀스〉의 브로드웨이 뮤지컬 버전(이루 형언할 수 없을 정도로 씁쓸하지만, 영화는 아님)에서 메리는 "네가 마음만 먹으면 무슨 일이든 일어날 수 있어"라는, 원치 않는 '자유 반의지'를 행사하지 않도록 자유의지를 행사하는 관점의 노래를 부르며 제인과 마이클을 고무한다. 그후 이 노래는 놀라움marvel("무엇이든 일어날 수 있어, 놀라운 일이야")과 애벌레larval(마이클: "넌 나비가 될 수 있어", 제인: "아니면 그냥 애벌레로 남을 수도 있어")의 라임으로 브로드웨이 뮤지컬의 역사에 남는다. 이디나 멘젤이 〈겨울왕국〉에서 〈렛 잇 고〉를 통해 프랙탈에 대해 노래하며 이를 뛰어넘는 데는 수십 년이 걸렸다.

여기에는 몇 가지 명백한 문제가 있다. 일반적으로 신경과학자들이 검증하지도 않고 읽지도 않는 이러한 논문은 과학 색인에서 과학저널로 분류되지 않는 저널(예:『신경양자학』)에 게재되며, 뇌가 어떻게 작동하는지에 대해 전문적으로 훈련받지 않은 사람들이 작성한 것이다.[3]

그러나 때때로 이러한 사고에 대한 비판은 까다로운 상대(뇌가 어떻게 작동하는지를 아는 사람)와 맞닥뜨리게 되는데, 호주의 신경생리학자 존 에클스가 바로 그런 인물이다. 그를 단순히 좋은 과학자, 심지어 위대한 과학자라고 부르는 것은 부적절하다. 그로 말하자면 1950년대에 시냅스가 어떻게 작동하는지에 대한 이해를 개척한 노벨상 수상자 존 경Sir John이다. 노벨상을 수상하고 30년 후 에클스는 자신의 저서『자아는 어떻게 뇌를 통제하는가How the Self Controls Its Brain』(1994)에서 "마음"이 양자 터널링을 통해 "수상돌기"(뉴런의 기능적 단위)를 조절하는 "정신psychon"(의식의 기본 단위로, 이전에는 주로 싸구려 SF에서 사용하던 용어)을 생성한다는 가설을 세웠다. 그는 단순히 이원론을 선호하여 유물론을 거부한 것이 아니었다. 그는 자신을 "판정관trialist"이라고 선언하고, 영혼/정신이라는 범주를 만들어 인간의 두뇌를 물리적 우주의 일부 법칙으로 해방시켰다. 영성과 고생물학의 찰떡궁합인 자신의 저서『뇌의 진화: 자아의 창조Evolution of the Brain: Creation of the Self』(1989)에서 에클스는 호미닌의 조상이 영혼을 가진 최초의 유기체를 탄생시킨 이 독특성이 처음 진화한 시점을 정확히 찾아내려고 노력했다. 그는 초감각적 지각과 염력도 믿었으며, 새로운 연구실 구성원들에게 이러한 믿음을 공유하고 있는지 물었다. 나의 학생 시절, 종교적 신비주의와 초자연적 현상을 포용하는 에클스에 대한 언급은 눈살을 찌푸리게 할 뿐이었다.『뇌의 진화』에 대한 〈뉴욕 타임스〉의 혹평처럼, 에클스가 영성에 빠져든 것은 '햄릿을 애도하는 오필리아의 독백'을 떠올리게 한다. "오! 얼마나 고귀한 정신이 여기서 몰락했는가."[*4]

물론 이런 생각을 하는 신경과학자들이 드물다는 점을 짚거나 '에클스를

위한 장송곡'을 연주하는 것만으로 양자 불확정성이 자유의지를 열어준다
는 생각을 거부하기에는 충분하지 않다. 이제 내가 생각하는 세 가지 치명
적인 문제점을 종합적으로 살펴볼 차례다.

문제 #1: 양자 효과의 용솟음?

문제1의 출발점은, 전자가 서로 얽히는 수준의 양자 효과가 '생물학'에 영
향을 미칠 것이라는 생각이다. 광합성과 관련하여 이에 대한 선례가 있다.
이 영역에서, 빛에 의해 더 높은 에너지 준위로 이동한 전자는 식물 세포의
한 부분에서 다른 부분으로 이동하는 가장 빠른 방법을 찾는 데 엄청나게
효율적이다. 왜냐하면 각 전자가 양자 중첩 상태라서, 가능한 모든 경로를
한꺼번에 확인함으로써 이 작업을 수행하기 때문이다.[5]

하지만 그건 어디까지나 식물일 뿐이다. 인간의 경우에는 뇌의 전자에서
자유의지를 이끌어내는 것이 당면 과제다. 양자 효과가 용솟음치고 그 효과
가 증폭되어 단일 분자, 단일 뉴런, 또는 한 사람의 도덕적 신념과 같은 거
대한 것들에 영향을 미칠 수 있을까? 곧 다루겠지만, 이 주제에 대해 생각하
는 거의 모든 사람들은 양자 효과는 잡음 속에서 서로 상쇄되기 때문에 —
중첩 파동의 '결어긋남'—그런 일은 일어날 수 없다고 결론짓는다. 이 내용
은 물리학자 데이비드 린들리의 저서 『이상함은 어디로 가는가? 양자역학
이 이상하지만 당신이 생각하는 것만큼 이상하지는 않은 이유Where Does the
Weirdness Go? Why Quantum Mechanics Is Strange, but Not as Strange as You Think』

---

* 에클스는 보통 세월의 풍상에 따른 슬픈 이야기, 즉 '뇌가 눈에 보이지 않는 별에 의해 작
동한다'고 갑자기 선언하는 불쌍한 팔순 과학자의 사연으로 그려진다. 하지만 사실 에클
스는 40대 후반에 이미 이러한 방향으로 나아가고 있었다.

(1996)의 제목에 잘 요약되어 있다.

그럼에도 불구하고 양자역학의 불확정성을 자유의지와 연결짓는 사람들은 다르게 주장한다. 그들의 과제는 뉴런 기능의 구성 요소가 어떻게 양자 효과의 영향을 받는지 보여주는 것이다. 한 가지 가능성은 신경전달물질인 글루탐산염을 고려한 피터 체에 의해 탐구되었다. 이 경우 글루탐산염 수용체 중 하나가 작동하려면, 차단된 이온 채널에서 마그네슘 원자 하나가 튀어나와야 한다. 체의 견해에 따르면, 마그네슘의 위치는 불확실한 양자-적 무작위성 때문에 선행 원인이 없어도 바뀔 수 있다. 그리고 이러한 효과는 더욱 커진다. "뇌는 실제로 양자 영역의 무작위성을 (…) 신경 극파 타이밍 neural spike timing의 무작위성 수준까지 증폭시키도록 진화했다"(강조는 내가 했다). 즉 양자 효과의 영향은 개별 뉴런의 불확실성 수준까지 커지며, 그 결과는 뉴런 회로와 그 너머로 파급된다.[6]

다른 지지자들도 비슷한 수준에서 발생하는 양자 효과에 초점을 맞추었는데, 이는 한 책의 제목인 『신경생물학의 기회: 이온 채널에서 자유의지의 문제까지 Chance in Neurobiology: From Ion Channels to the Question of Free Will』[**]에 잘 나타나 있다. 이 책의 저자인 캘리포니아대학교 로스앤젤레스 캠퍼스의 정신과의사 제프리 슈워츠는 단일 이온 채널과 이온의 수준이 양자- 효과에 대한 공정한 게임이라고 간주한다. "칼슘 이온 채널의 구멍이 이렇게 극도로 작다는 것은 양자역학적으로 심오한 의미가 있다." 록펠러대학고의 생물물리학자 알리파샤 바지리는 특정 채널을 통해 어떤 유형의 이온이 흐르는지를 결정하는 데에서 "비고전" 물리학의 역할을 조사한다.[7]

마취과 의사 스튜어트 해머로프와 물리학자 로저 펜로즈의 견해에 따르면, 의식과 자유의지는 뉴런의 다른 부분, 즉 미세소관에서 비롯된다. 간단히 설명하자면, 뉴런은 뇌 전체에 축삭과 수상돌기의 투사를 보낸다. 이를

[**] 독일어로 되어 있어서 구글 번역기로 내가 알아들을 수 있는 범위에서 쓴 것이다.

위해서는 투사 내에 수송 시스템이 필요한데, 그 목적 중 하나는 신경전달물질 또는 신경전달물질 수용체의 새로운 사본을 위한 구성 요소를 전달하는 것이다. 이는 투사 내부의 수송관인 미세소관 다발을 통해 이루어진다(7장에서 간략히 설명했다). 그 자체로 정보를 전달할 수 있다는 몇 가지 증거에도 불구하고 미세소관은 대체로 1900년경 사무실 건물에 설치됐던 기송관pneumatic tube과 비슷하다(사무실 위층에 있는 회계 담당자가 원통 실린더에 서류를 넣으면 아래층에 있는 마케팅 담당자에게 보낼 수 있었다)과 비슷하다. 해머로프와 펜로즈는 (「양자 생물학이 어떻게 의식적 자유의지를 구조할 수 있는가How Quantum Biology Can Rescue Conscious Free Will」라는 논문을 통해) 미세소관에 초점을 맞춘다. 왜 그럴까? 그들의 견해에 따르면, 촘촘하고 안정적이며 평행한 미세소관은 그것들 사이의 양자 얽힘 효과에 이상적이며, 거기서부터 자유의지가 시작되어서다. 이는 '도서관이 보유한 지식은 책이 아니라 책을 운반하고 재진열하는 데 사용되는 작은 카트에서 나온다'는 가설과 비슷하다는 생각이 든다.[8]

해머로프와 펜로즈의 아이디어는 양자 자유의지 지지자들에게 특히 주목을 받았는데, 이는 확실히 펜로즈가 블랙홀에 관한 연구로 노벨 물리학상을 수상하고 1989년 베스트셀러인 『황제의 마음: 컴퓨터, 마음, 물리학 법칙에 관하여The Emperor's Mind: Concerning Computers, Minds, and the Laws of Physics』를 저술했기 때문이기도 하다. 이 같은 막강한 화력에도 불구하고 신경과학자, 물리학자, 수학자, 철학자 들은 이러한 아이디어를 강력히 비판해왔다. MIT의 물리학자 맥스 테그마크는 미세소관 내 양자 상태의 시간 경과가 생물학적으로 의미 있는 무엇보다도 훨씬 더 짧다는 것을 보여주었고, 해머로프와 펜로즈는 규모 불일치 측면에서 '인근 마을 사람들의 무작위적 재채기가 한 세기에 걸친 빙하의 움직임에 큰 영향을 미칠 수 있다'고 응수했다. 다른 사람들은 이 모델에 대해 '발생하지 않는 형태의 핵심 미세소관 단백질, 성인의 뇌에서는 찾아볼 수 없는 세포 간 연결 유형, 번지수가

틀린 뉴런의 소기관에 의존한다'고 지적했다.[9]

　이러한 맹렬한 비판은 차치하고라도, 양자 효과가 실제로 행동에 영향을 미칠 만큼 충분히 용솟음칠 수 있을까? 단일 글루탐산염 수용체에서 방출되는 마그네슘의 불확정성은 시냅스 전체의 흥분을 그다지 높이지 못한다. 그리고 하나의 시냅스가 크게 흥분하는 것만으로는 뉴런의 활동전위를 유발하는 데 충분하지 않고, 한 뉴런의 활동전위만으로는 뉴런 네트워크를 통해 신호를 전파하기에 충분하지 않다. 이러한 사실에 몇 가지 숫자를 대입해보자. 단일 글루탐산염 시냅스의 수상돌기에는 약 200개의 글루탐산염 수용체가 있으며, 우리는 한 번에 하나의 수용체에서 일어나는 양자 사건을 고려한다는 점을 기억하라. 뉴런은 보수적으로 잡아 1만~5만 개의 시냅스를 가지고 있다. 뇌 영역을 무작위로 선택해보면, 해마에는 약 1천만 가의 뉴런이 있다. 그렇다면 글루탐산염 수용체의 수는 20조~100조 개(200×1만×1천만=20조, 200×5만×1천만=100조)*라고 할 수 있다. 결정론적 사전 원인이 없는 사건이 단일 글루탐산 수용체의 기능을 변경할 수는 있다. 그러나 이와 같은 양자 사건이 20조~100조 개의 수용체에서 동시에 같은 방향(즉 수용체의 활성화 증가 또는 감소)으로 발생하여, 결정론적 사전 원인이 없는 실제 신경생물학적 사건을 생성할 가능성은 얼마나 될까?[10]

　해마에서 의식을 생성한다고 추정되는 미세소관에 비슷한 수치를 적용해보자. 미세소관의 기본적 구성 요소인 튜불린이라는 단백질은 445개의 아미노산으로 이루어져 있으며, 각 아미노산은 평균 20개에 가까운 원자로 구성된다. 따라서 각각의 튜불린 분자에는 약 9천 개의 원자가 존재한다. 미세소관의 각 구간은 13개의 튜불린 분자로 구성된다. 축삭의 각 구간에는 약 100개의 미세소관 다발이 포함되며, 각 축삭은 1천만 개의 뉴런에서

---

*　모든 해마의 뉴런이 동시에 사용되는 것은 아니기 때문에 이는 과대 추정치일 수 있다. 그래도 이 정도는 된다.

1만~5만 개의 시냅스를 만드는 데 도움을 준다. 다시 어마어마한 0의 행렬이다.

이것은 '아원자 수준의 양자 불확정성'에서 '행동을 일으키는 뇌'로 넘어갈 때 발생하는 용솟음(집중적 대분출)의 문제인데, 그 핵심은 이러한 무작위적 사건이 '같은 시간, 같은 장소, 같은 방향에서 엄청나게 많이 발생해야 한다'는 것이다. 그 대신 대부분의 전문가들은 '특정 양자 사건이 다른 시간과 방향에서 발생하는 엄청난 수의 다른 양자 사건들의 잡음에 묻혀 사라질 가능성이 더 높다'고 결론지었다. 이 분야에 종사하는 사람들은 뇌를 "시끄러울" 뿐만 아니라 "따뜻하고" "습한" 곳, 즉 양자 효과가 지속되기 어려운 생활환경으로 간주한다. 한 철학자는 이렇게 요약했다. "모든 거시적 수준의 물체에서 발생하는 수많은 양자 사건과 결합된 대수의 법칙law of large numbers은 무작위적인 양자 수준의 변동의 효과가 거시적 수준에서 완전히 예측 가능하다는 것을 보장한다. 카지노의 수익이 수백만 개의 '순전히 우연한' 사건들에 기반하지만 예측 가능한 것처럼 말이다." 20세기 초의 물리학자 파울 에렌페스트는 자신의 이름을 딴 정리를 통해 점점 더 많은 수의 요소를 고려할수록 양자역학의 비고전물리학이 어떻게 '구식의 예측 가능한 고전물리학'으로 통합되는지를 공식화했다.* 린들리의 표현을 빌리면, 기이함이 사라지는 것은 바로 이 때문이다.[11]

따라서 글루탐산염 수용체 하나가 도덕적 철학을 만드는 것은 아니다. 이에 대해 양자 자유의지론자들은 '비고전물리학의 다양한 특징이 신경계의 많은 구성 요소 사이에서 양자 사건을 조정할 수 있다'고 반박한다(일각

---

* 물리학자 숀 캐럴은 '비고전적 미시세계에는 시간의 화살이 존재하지 않는다'는 점을 지적하며 이러한 이분법을 강조한다. 과거와 미래의 유일한 차이점은, 하나는 설명하기 쉽고 다른 하나는 영향을 미치기가 더 쉽다는 것인데, 둘 다 우주의 관심사가 아니라고 한다. 우리의 일반적인 시간 감각은 고전물리학의 거시적 수준에서만 의미를 갖는다.

에서는 양자 불확정성이 어느 정도까지 용솟음친 다음 카오스성을 만나 거기에 업혀서는 행동이 있는 곳까지 달려간다고 주장하기도 한다). 에클스에게 있어서, 시냅스를 가로지르는 양자 터널링은 공유된 양자 상태에서 뉴런 네트워크의 결합을 허용한다(이 아이디어와 앞으로 나올 아이디어에는 '두 입자 사이'뿐만 아니라 '전체 뉴런 사이'에서도 얽힘이 발생한다는 점이 내포되어 있음을 주목하라). 슈워츠에게 양자 중첩은 채널을 통해 흐르는 단일 이온이 실제로는 단일 이온이 아니라는 의미다. 그 대신 그것은 "[칼슘] 이온이 작은 채널에서 이온이 전체적으로 흡수되거나 전혀 흡수되지 않는 목표 영역으로 이동함에 따라 점점 더 넓은 영역으로 퍼져나가는 [칼슘] 이온과 관련된 가능성의 양자 구름"이다. 다시 말해서 입자/파동 이중성 덕분에 각 이온은 광범위하게 조정된 효과를 가질 수 있다는 것이다. 슈워츠는 계속해서, 이러한 과정이 용솟음치며 위로 올라가 뇌 전체를 포괄하게 된다고 설명한다. "사실을 말하자면, 타이밍과 위치의 불확실성을 감안할 때 뇌의 물리적 프로서스에 의해 생성되는 것은 겹치지 않는 물리적 가능성의 단일 이산離散 집합이 아니라", 이제 양자 규칙이 적용되는 "고전적으로 상정했던 가능성의 거대한 덩어리가 될 것이다". 술탄 탈라지와 마시모 프레그놀라토는 유사한 양자 물리학을 인용하여, '단일 신경전달물질 분자는 유사한 중첩 가능성의 구름을 가지며, 한 번에 일련의 수용체에 결합하여 집단 행동을 하게 만든다'고 추측한다.** [12]

그러나 무작위적이고 불확정적인 양자 효과가 행동에까지 영향을 미칠

** 해머로프에게 있어서, 이러한 공간적 비국소성(즉 한 분자의 신경전달물질이 여러 수용체와 동시에 상호작용함)은 시간적 비국소성을 수반한다. 2장으로 돌아가 리벳을 생각해 보면, 사람이 의식적으로 결정을 내렸다고 믿기 전에 뉴런은 근육을 활성화하는 데 전념한다. 하지만 해머로프에게는 빠져나갈 구멍이 있다. 양자 현상은 "시간적 비국소성을 유발하여 양자 정보를 고전적 시간에서 거꾸로 전송함으로써 행동을 의식적으로 제어할 수 있게 한다"(강조는 내가 했다).

수 있다는 개념은 다소 의심스럽다. 게다가 적절한 전문지식을 갖춘 거의 모든 과학자가 이 개념을 매우 의심스러워한다.

이쯤 되면 좀더 실증적인 차원에서 접근하는 것이 유용해 보인다. 시냅스가 실제로 무작위로 작동할까? 뉴런 전체는 어떨까? 뉴런 네트워크 전체는?

뉴런의 자발성

짧게 복기해보자. 뉴런에서 활동전위가 발생하면, 이 전위는 축삭을 따라 쏜살같이 달려가 결국 수천 개 뉴런의 축삭말단 모두에 도달한다. 그 결과 각 말단에서 신경전달물질 꾸러미가 방출된다.

당신이 설계한다면 각 축삭말단의 신경전달물질이 하나의 양동이, 즉 하나의 큰 소포에 담겼다가 시냅스로 방출되도록 할 수도 있다. 그것도 나름대로 일리가 있지만 실제로는 그렇지 않다. 그 대신 동일한 양의 신경전달물질이 훨씬 더 작은 양동이 여러 개에 저장되어 있다가 활동전위에 반응하여 모두 시냅스로 방출된다. 예컨대 글루탐산염을 신경전달물질로 사용하는 해마 뉴런의 경우, 각 축삭말단에 평균적으로 약 220만 개의 글루탐산염 분자 사본을 저장하고 있다. 이론상으로 각 말단은 하나의 큰 양동이에 해당 사본을 모두 담을 수 있지만, 방금 언급했듯이 각 말단에는 평균 270개의 작은 소포가 있으며, 각 소포에는 약 8천 개의 글루탐산염 사본이 들어 있다.

대용량 대신 소분 방식으로 진화한 이유는 무엇일까? 아마도 더 세밀하게 제어할 수 있기 때문일 것이다. 예를 들어 대부분의 소포는 일반적으로 말단의 뒷부분에 고이 보관해뒀다가 요긴할 때 사용된다고 알려져 있다. 따라서 실제로는 활동전위가 각 축삭말단의 모든 소포에서 신경전달물질 방출을 유발하는 것이 아니다. 더 정확하게 말하면, 활동전위는 '즉시 방출 가능한 풀'에 속한 소포에서만 방출을 유발한다. 그리고 뉴런은 '방출용 대 저장용 소포의 비율'을 조절함으로써 시냅스를 가로지르는 신호의 강도를 변경할 수 있다.

이 메커니즘은 에클스와 함께 공부한 후 기사 작위와 노벨상을 받은 버나드 카츠의 작품이었다. 카츠는 하나의 뉴런을 분리한 후 특정 약물을 사용하여 그 뉴런이 활동전위를 갖지 못하도록 만들었다. 그런 다음 특정 축삭말단에서 어떤 일이 일어나는지를 연구했다. 그 결과, 활동전위가 차단된 상태임에도 축삭말단에서 가끔씩, 어쩌면 1분에 한 번씩* 작은 딸꾹질 같은 것이 방출되는 것이었다. 이 자극은 미세종말판 전위miniature end-plate potential, MEPP라고 불렸으며, 축삭말단에서 소량의 신경전달물질이 자발적·무작위적으로 방출된다는 것을 보여준다.

그런데 카츠는 흥미로운 사실에 주목했다. 딸꾹질은 모두 거의 같은 크기, 즉 1.3단위의 미세 자극이었다. 결코 1.2나 1.4가 아니라 측정의 한계까지 항상 1.3단위였다. 그런데 가끔씩 1.3단위 크기의 딸꾹질을 기록하다가, 카츠는 그보다 훨씬 드물게 2.6단위 크기의 딸꾹질이 일어난다는 것을 알아냈다. 우와! 그리고 훨씬 더 드물게는 3.9단위 크기의 딸꾹질도 일어났다. 카츠가 본 것은 무엇일까? 1.3단위는 하나의 소포에서 자발적으로 방출되는 신경전달물질의 양이고, 2.6단위는 그보다 훨씬 드물게** 두 개의 소포에서 동시에 방출되는 신경전달물질의 양이었다. '신경전달물질은 개별 소포 꾸러미에 저장되며, 개별 소포는 때때로 — 두둥! — 선행 원인 없이 순전

---

* 신경계의 관점에서 볼 때 이 정도면 굉장히 느린 것이다. 활동전위는 밀리초 단위로 변화한다.

** "훨씬 드물게"라는 표현의 의미는 다음과 같다. 평균적으로 100초마다 한 번씩 축삭말단에서 하나의 소포가 자발적으로 신경전달물질을 방출한다면, 두 개가 동시에 신경전달물질을 방출할 확률은 1만 초마다 한 번이다(1/100×1/100=1/10000). 그렇다면 세 개가 동시에 방출할 확률은? 100만 초에 한 번이다. 카츠는 이 모든 것을 알아차리기 위해 한참 동안 앉아 있었을 것이다.

히 확률적인 방식으로 신경전달물질을 쏟아낸다'는 통찰은 여기에서 비롯되었다.* 13

이 분야에서는 종종 이 현상을 "누출되는 시냅스"라고 비꼬아 부르며 그다지 흥미롭지 않은 것으로 여겨왔지만, '선행 원인이 없다'는 개념은 자발적인 소포성 신경전달물질 방출을 신경양자학자들이 뛰어다닐 수 있는 놀이공원으로 바꾸어놓았다. 자발적·비결정론적인 소포성 신경전달물질 방출이 잠재력의 구름과 같은 뇌의 구성 요소로서 운명의 선장이 될 수 있다니! 이에 대해 많은 주의가 요망되는 네 가지 이유는 다음과 같다.14

> ─ '선행 원인이 없다'는 부분을 성급히 판단하지 말라. 활동전위로 인해 소포가 시냅스로 신경전달물질을 배출하는 과정에는 분자들의 연쇄반응이 관련되어 있다. 즉 이온 채널이 열리거나 닫혀야 하고, 이온에 민감한 효소가 활성화되어야 하고, 소포를 비활성 상태로 유지하는 단백질 기질이 절단되어야 하고, 분자 칼이 더 많은 기질을 잘라내어 소포를 뉴런의 막으로 이동시켜야 하며, 소포는 뉴런 막에서 특정 방출 관문에 도킹해야 한다. 이것은 과학계에서 많은 결실을 맺은 사람들의 통찰이다. 이제 내가 어디로 가는지 짐작할 것이다. 그래그래, 신경전달물질은 갑자기 뜬금없이 쏟아져나오는 것이 아니라, 신경전달물질의 의도적 방출을 설명하는 복잡한 기계론적 연쇄 반응의 결과물이다. 그렇다면 자유의지를 '선행 원인이 없는 상태에서 결정론적 연쇄 반응이 촉발되는 경우'로 재구성하면 어떨까? 그

---

* 혼란을 야기할 수 있기 때문에 본문에서 필사적으로 피하려고 했던 용어를 여기서는 부득이하게 사용해야겠다. 신경전달물질이 환원할 수 없는 크기의 작은 꾸러미로 방출되는 현상을 '소량적' 방출이라고 한다. 양자quantum와 소량적quantal의 어원이 같은 이유에 대해서는 입도 뻥긋하지 않겠다.

건 이치에 맞지 않는다. '소포의 자발적 방출'을 위한 기계론적 연쇄 반응은 '활동전위에 의해 유발되는 방출'을 위한 연쇄 반응과 다르다는 것이 밝혀졌으므로, 일반적인 과정이 무작위로 촉발될 때는 해당 사항이 없기 때문이다. 일반적으로 의도를 나타내는 버튼을 누르는 것은 무작위인 우주가 아니다. 별도의 버튼이 진화한 것이다.[15]

— 게다가 자발적인 소포성 신경전달물질 방출 과정은 축삭말단의 외부 요인에 의해 조절된다. 다른 신경전달물질, 호르몬, 알코올, 당뇨병 등의 질병, 특정한 시각적 경험 등 모든 외부 요인은 (활동전위에 의해) 유발된 신경전달물질 방출에 유사한 영향을 미치지 않으면서 자발적인 방출을 변경할 수 있다. 예컨대 엄지발가락에서 일어나는 사건은 뇌 구석에 있는 일부 뉴런의 축삭말단에서 딸꾹질이 일어날 가능성을 바꿀 수 있다. 호르몬이 어떻게 이런 일을 할 수 있을까? 물론 양자역학의 근본적인 성질을 바꾸지는 못할 것이다("사춘기와 호르몬이 닥친 이후로, 내가 그녀에게서 얻는 것은 온통 시무룩함과 양자 얽힘뿐이다"). 그러나 호르몬은 양자 사건이 발생할 기회를 바꿀 수 있다. 예컨대 많은 호르몬은 이온 채널의 구성을 변경함으로써 양자 효과의 영향을 받는 방식을 변경한다.[16]

따라서 결정론적 신경생물학은 불확정론적 무작위성이 발생할 가능성을 높이거나 낮출 수 있다. 그것은 마치 당신이 쇼(이를테면 어느 순간 새로운 왕이 등장하여 많은 찬사를 받는다는 내용)의 감독을 맡은 것과 같다. 당신이 20명의 출연 배우들에게 "무대 왼쪽에서 왕이 등장하면 '만세!' '보라, 왕이시다!' '폐하 만세!' '만세!' 중 하나를 외치시오"라고 지시했다고 치자.** 당신은 목표했던 대로 '다양한 반응

** 이 시나리오가 떠오른 것은, 앞에서 언급했듯이 내 아내가 학교에서 뮤지컬 극장 감독을 맡고 있기 때문이다. 하지만 기대와 달리 결과는 결코 무작위적이지 않다. 심리학계에서

의 혼합물'을 얻을 것이 확실시되는데, 이것이 바로 **결정된 불확정성**이다. 이 경우 무작위성을 '원인 없는 원인'으로 간주할 수 없음은 명백하다.[17]

— 자발적인 소포성 신경전달물질 방출은 그 나름의 유용한 목적을 가지고 있다. 시냅스가 한동안 침묵을 지키고 있었다면 자발적 방출의 가능성이 높아진다. 그도 그럴 것이, 시냅스가 침묵을 깨고 기지개를 켤 테니 말이다. 이는 당신이 집에 오래 머물 때, 배터리가 방전되지 않도록 가끔 승용차를 운행하는 것이나 마찬가지다.* 또한 자발적인 신경전달물질 방출은 뇌가 발달하는 데 큰 역할을 한다. 새로 연결된 시냅스의 경우, 호흡 등의 임무를 맡기기 전에 약간 자극하여 모든 것이 제대로 작동하는지 확인하는 것이 좋다.[18]

— 마지막으로, 용솟음 문제는 여전히 남아 있다.

용솟음 문제는 우리를 다음 단계로 끌어올린다. 개별 소포는 때때로 고유한 기계와 관련된 문제, 의도적으로 조절되고 있는 문제, 합목적적 문제를 잠시 무시한 채 내용물을 무작위로 쏟아낸다. 그렇다면 충분한 양의 소포들이 한꺼번에 신경물질을 방출할 경우 단일 시냅스에서 큰 자극이 일어날 수 있을까? 아니다. 활동전위가 유발하는 자극이 소포 하나의 자발적 방출로 유발되는 자극보다 약 40배 강하다.** 그러므로 이런 효과를 내려면

잘 알려진 패턴에 따르면, 배우들은 목록의 첫번째 또는 마지막 선택지, 또는 가장 재미있는 말(예: "야호!")을 특히 큰 소리로 외칠 가능성이 높다. 드물게 "엘모!" 또는 "두부!"와 같은 소리를 지르는 경우도 간혹 있는데, 이들은 위대한 배우나 소시오패스 또는 둘 다가 될 운명을 타고난 사람들이다.

* 지금은 2020년 중반이다. 팬데믹으로 인한 봉쇄 조치가 시행된 지 3개월이 지나자 승용차 배터리가 방전된 것을 발견했다.

** 전자의 경우 약 20밀리볼트, 후자의 경우 0.5밀리볼트다.

한꺼번에 많은 딸꾹질을 해야 한다.

한 단계 더 올라가, 뉴런이 아무런 선행 원인 없이 무작위로 활동전위를 일으켜 1만~5만 개의 축삭말단 모두에서 소포체를 쏟아내는 경우도 있을까?

가끔씩 그렇다. 그렇다면 이제 우리는 양자 효과의 영향을 받을 수 있는 더 통합된 수준의 뇌 기능으로 도약한 것일까? 다시 한번 동일한 주의가 요망된다. 이러한 활동전위는 고유한 기계론적 선행 원인이 존재하고, 외적으로 조절되며, 목적을 가지고 있다. 마지막 논점의 예로, 축삭말단을 근육으로 보내 근육 운동을 자극하는 뉴런은 자발적인 활동전위를 갖는다. 근육이 한동안 가만히 있을 때 근육의 일부(근방추라고 함)로 인해 뉴런이 자발적인 활동전위를 가질 가능성이 높아지는 것으로 밝혀졌다. 근육이 오랫동안 작동하지 않을 경우 배터리가 방전되지 않도록 근육이 경련을 일으키는 것이다.*** 기계론적이고 결정론적인 조절 고리로 인해 불확정적 사건이 발생할 가능성이 높아질 수 있는 또다른 사례다. 이러한 결정된 불확정성을 어떻게 받아들여야 하는지, 우리는 다시 한번 살펴보아야 한다.

한 단계 더 높은 수준의 전체 네트워크, 즉 뉴런 회로가 무작위로 활성화되는 경우는 없을까? 사람들은 예전에는 그렇다고 생각했다. 특정 자극에 대해 뇌의 어떤 영역이 반응하는지에 관심이 있다고 가정해보자. 당신은 누군가를 뇌 스캐너에 들여보내고 그 자극에 노출시킨 후, 어떤 뇌 영역이 활성화되는지 살핀다(예컨대 편도체는 무서운 얼굴 사진을 볼 때 활성화되는 경향이 있는데, 이는 해당 뇌 영역이 공포와 불안에 관여함을 암시한다). 그리고 데이터를 분석할 때는, 자극에 의해 명시적으로 활성화된 뇌 영역을 식별하기 위해 항상 각 뇌 영역의 배경 잡음 수준을 낮춘다. 배경 잡음은 흥미로운 용어다. 다시 말해 피험자가 아무것도 하지 않고 가만히 누워 있으면 뇌 전

*** 이 경우, 견인차가 도착했을 때 사용할 AAA(미국자동차협회) 카드는 없다.

체에서 온갖 종류의 무작위적인 소음이 발생하므로, 다시 한번 불확정성 해석이 요구된다.

하지만 이것은 워싱턴대학교 의과대학의 마커스 레이클을 중심으로 한 몇몇 선구자들이 이 지루한 배경 잡음을 연구하기로 결정하기 전까지의 이야기였다. 물론 뇌가 '아무것도 하지 않는' 상태는 존재하지 않는다고 밝혀졌고, 현재는 '기본 모드 네트워크'로 알려져 있다. 그리고 이제는 당연한 이야기가 되었지만, 이 네트워크는 자체적인 기본 메커니즘을 가지고, 모든 종류의 조절에 예속되며, 목적을 가진다. 이러한 목적 중 하나는 직관적이지 않은 핵심 내용 때문에 매우 흥미롭다. 즉 뇌 스캐너 속에 있는 피험자에게 특정 순간에 무슨 생각을 했는지 물어보면, 그들이 공상(일명 "마음의 배회")을 할 때 기본 네트워크가 매우 활성화된다는 사실을 알 수 있다. 이 네트워크는 배외측PFC에 의해 가장 엄격하게 조절된다. 이제 당신이 뻔히 예상할 수 있는 것은, 긴장을 늦추지 않는 배외측PFC가 기본 네트워크를 억제함으로써 다음 휴가를 생각하며 멍하니 있을 때 다시 업무에 집중하도록 만든다는 것이다. 그 대신 당신이 누군가의 배외측PFC를 자극하면 기본 네트워크의 활동이 증가한다. 게으른 마음은 악마의 놀이터가 아니며, 우리 뇌의 가장 초자아적인 부분이 가끔씩 요구하는 상태다. 왜 그럴까? 추측하건대, 우리가 멍때릴 때 작동하는 창의적 문제 해결 메커니즘을 활용하기 위해서일 것이다.[19]

뉴런이 자발적으로 행동하는 이러한 사례들을 어떻게 설명할 수 있을까? 다시 돌아가서, 만약 자유의지가 존재한다면 사전 원인(다른 뉴런, 뉴런의 에너지 상태, 호르몬, 태아기까지 거슬러올라가는 모든 환경적 사건, 유전자 등등)의 영향이 전혀 없는 상태에서 방금 행동을 일으킨 뉴런(들)을 나에게 보여달라. 단일 소포, 시냅스, 뉴런 또는 뉴런 네트워크의 '표면적으로 자발적인 활성화'는 어떤 유형이든 이러한 예에 해당하지 않는다. 양자 효과에 직접적으로 뿌리를 둘 수 있는 진정한 의미의 무작위적 사건은 하나도 없으며, 이 모두는 뇌의 매우 기계론적인 무언가가 '이제 불확정적일 때가 되었다'고 판단한 상황이다. 신경계에 어떤 양자 효과가 있든 간에, 누군가가 무자비하게 또는 영웅적으로 방아쇠를 당기는 상황에 대해 우리에게 알려주는 수준까지 용솟음치는 것은 없다.

문제 #2: 자유의지는 얼룩인가?

양자역학을 둘러싼 '우리의 거시적 세계는 실제로 결정론적일 수 없으며 자유의지는 살아 있다'는 생각은 두번째 큰 문제를 야기한다. 이 문제는 시냅스의 누출이나 근방추, 양자적으로 얽힌 소포와 같은 기술적인 문제보다는 간단하다. 그리고 내 생각에는 매우 파괴적이다.

용솟음에 전혀 문제가 없어서, 양자 수준의 불확정성이 잡음에 의해 상쇄되지 않고 그 대신 10의 수십 제곱 배나 큰 거시적 사건을 형성한다고 가정해보자. 그리고 뇌의 모든 부분의 기능과 행동이 양자 수준에서 가장 효과적으로 이해될 수 있다고 가정해보자.

어떤 모습일지 상상하기 어렵다. 우리 각자가 상호 모순되는 50개의 도덕 체계를 동시에 믿는 중첩의 구름이 될까? 주류판매점에서 난동이 벌어지는 동안 방아쇠를 당기는 동시에 방아쇠를 당기지 않고 있다가, 경찰이 도착한 후에야 거시적 파동의 기능이 무너지고 점원이 죽거나 살거나 둘 중 하나가 될까?

이는 이 주제에 대해 생각하는 모든 학자들이 일반적으로 씨름하는 근본적인 문제를 제기한다. 만약 우리의 행동이 양자 불확정성에 뿌리를 둔다면, 그것은 무작위적일 것이다. 철학자 존 설은 2001년 영향력 있는 논문「신경생물학의 문제로서의 자유의지」에서 이렇게 썼다. "양자 불확정성은 자유의지 문제에 아무런 도움이 되지 않는다. 왜냐하면 불확정성이 우주의 기본 구조에 무작위성을 도입하기 때문이다. 그리고 '우리의 행위 중 일부가 자유롭게 발생한다'는 가설은 '우리의 행위 중 일부가 무작위로 발생한다'는 가설과 전혀 같지 않다. (…) 어떻게 무작위성에서 합리성으로 나아갈 수 있단 말인가?"* 또는 샘 해리스가 자주 지적했듯이, 만약 양자역학이 가정된 자유의지에서 실제로 일익을 담당한다면 "모든 생각과 행동은 '나는 나에게 무슨 일이 닥쳤는지 모른다'는 진술에 부합하는 듯할 것이다". 더구나 당신은 실제로 그런 말을 할 수 없고, 단지 가글하는 듯한 소리만 낼 것이다. 왜냐하면 혀의 근육이 온갖 종류의 무작위적인 소리를 낼 테니 말이다. 마이클 섀들런과 아디나 로스키스가 강조했듯이, 자유의지가 결정론과 양립할 수 있다고 믿든 말든 불확정성과는 양립할 수 없다.** 한 철학자의 무척이나 고상한 말을 빌리면, "우연은 필연만큼이나 가차없다".[20]

우리의 행동이 주체성의 산물인지에 대해 논쟁할 때, 우리는 무작위적인 행동에는 관심이 없다. 언젠가 스톡홀름에서 테레사 수녀가 어떤 남자에게 칼을 들이대고 지갑을 빼앗은 적이 있을지도 모르지만, 우리는 도덕적 성격을 구성하는 행동의 일관성에만 관심이 있다. 그리고 우리의 다면적 불일

---

* 특히 명쾌한 사상가이자 작가인 설은 자아·정신·의식을 근본적인 생물학으로부터 분리하는 이원론의 타당성을 공격하면서, 식당에서 웨이터에게 다음과 같이 말하는 것이 말이 되는지 냉소적으로 묻는다. "이봐, 나는 결정론자야. 어떻게든 될 테니까, 내가 뭘 주문하는지 그냥 기다려보자고." 신경생물학에서 자유의지의 문제는 무엇일까? 설에 따르면, 밑바탕에 깔린 생물학과 무관하게 '자유의지의 존재'가 문제가 아니라 '자유의지의 부재'가 문제다. 그에게 철학적 "해결책은 문제를 신경생물학으로 끌어올리는 것"이다. 그에게는 '왜 우리가 자유의지에 대한 강한 환상을 가지고 있는지', 그리고 그게 바람직한지가 문제다. 물론 환상은 바람직하지 않지만 나는 이 책의 마지막 부분에서 이 문제를 다룰 것이다.
** 무작위성은 자유의지를 구성하는 매우 믿을 수 없는 구성 요소일 뿐만 아니라, 사람들이 실제로 무작위성을 만들어내는 것은 매우 어렵다고 밝혀졌다. 사람들에게 무작위로 1과 0의 시퀀스를 생성하도록 요청하면 필연적으로 상당한 수준의 패턴화가 슬그머니 끼어든다.

치를 조화시키려고 노력하는 일관된 방식에 관심이 있다.*** 마르틴 루터가 사람들을 화형에 처하는 것을 취미로 삼는 교회 통합파 깡패들로부터 견해를 포기하라는 명령을 받았을 때, 어떻게 자신의 총을 움켜쥔 채 "나는 나의 신념을 고수할 뿐이며 다른 것은 할 수 없다"고 말했는지 이해하려고 아쓴다. 자신의 삶을 바로잡으려고 노력하면서도 계속해서 자기파괴적이고 충동적인 결정을 내리는 가망 없는 사람을 이해하려고 노력한다. 그렇기 때문에 장례식에서는 종종 고인의 일관성에 대한 역사적 증인인 가장 오랜 친구가 추도사를 하는 경우가 많다. "우리가 초등학교에 다닐 때에도 그녀는 이미…"

설사 양자 효과가 거시적 세계를 미시적 세계만큼이나 불확정적으로 만들 정도로 용솟음친다 해도, 이것이 우리가 원할 만한 가치가 있는 자유의지의 메커니즘은 아닐 것이다. 양자 불확정성의 무작위성을 활용하여 으리가 누구인지에 대한 일관성을 확보하는 방법을 알아내지 않는 한 말이다.

*** 행동과 책임에 관한 책과 강하게 관련될지도 모를 여담으로, 설은 극적인 불일치를 일관된 전체로 통합하는 것이 얼마나 어려운 작업인지에 대한 사례를 제시한다. 그는 캘리포니아대학교 버클리 캠퍼스의 저명한 철학자로, 수많은 명예학위를 수여받았고 자신의 이름을 딴 철학센터도 가지고 있었다. 위스콘신대학교 학부생이던 1950년대에는 위스콘신 상원의원 조 매카시에 반대하는 학생시위를 조직했고, 1960년대에는 버클리 종신교수로는 최초로 자유언론운동에 참여하는 등 사회정치적으로 천사의 편에 섰다. 물론 말년에 그의 진보 정치는 신보수주의에 자리를 내주었지만, 이는 많은 노쇠한 구좌파들의 궤적이므로 그러려니 할 수 있다. 그러나 가장 중요한 점은 2017년 당시 여든넷의 나이로 도덕철학에 대해 할말이 많았던 설이 연구조교를 성폭행한 혐의로 기소되었고, 그후 학생과 교직원에 대한 성희롱·폭행·성상납 의혹이 잇따라 제기되었다는 것이다. 대학측에서는 제기된 의혹에 대해 신빙성이 있다는 결론을 내렸다. 따라서 도덕적 철학과 도덕적 행동은 동의어가 아니다.

문제 #3: 양자 불확정성의 무작위성을 활용하여 우리가 누구인지에 대한 일관성을 확보할 수 있을까?

양자 불확정성에 기대는 일부 자유의지 신봉자들이 주장하는 바가 바로 이 부분이다. 이 견해를 설명하는 대니얼 데닛의 말을 빌리면, "당신이 무엇이든 간에 당신은 결정되지 않은 사건에 영향을 미칠 수 없다. 양자 불확정성의 요점은 그러한 양자 사건은 어떤 것에도 영향을 받지 않는다는 것이다. 따라서 당신은 어떻게든 그것을 수용하거나 그것과 합세하여, 긴밀한 방식으로 그것을 활용해야 할 것이다"(강조는 내가 했다). 또는 피터 체의 말을 빌리면, 당신의 뇌는 "정보 처리 목표를 달성하기 위해 이러한 무작위성을 활용할 수 있어야 한다".[21]

우리가 도덕적 일관성을 위해 무작위성을 활용하고 수용하고 그것과 합세하는 것에 대한 사고방식에는 크게 두 가지가 있다. 먼저 '필터링' 모델에서는 무작위성이 불확정적으로 생성되는 것이 일반적이지만, 행위자인 '나'는 맨 위에 필터를 설치하여 용솟음치는 무작위성 중 일부만 통과시킴으로써 행동을 유도한다. 이와는 대조적으로, '개입' 모델에서는 나의 주체적인 자아가 밑바닥까지 내려가 양자 불확정성 자체에 개입함으로써 '선택된 것으로 추정되는 행동'을 생성한다.

필터링 모델

생물학은 이러한 종류의 필터링에 대해 적어도 두 가지의 환상적인 예를 제공한다. 첫번째는 진화다. DNA에서 발생하는 변이의 무작위적인 물리화학은 유전자형의 다양성을 제공하고, 자연선택은 유전자 풀에 작용하여 더욱 보편화될 변이를 선택하는 필터 역할을 한다. 두번째는 면역계에 관한 것이다. 당신의 몸이 듣도 보도 못한 바이러스에 감염되어, 신체의 무기고에 해당 바이러스에 대한 항체가 없다고 가정해보자. 이제 면역계는 일부 유전자를 뒤섞어 엄청나게 다양한 항체 유형을 무작위로 생성한다. 이때부터 필터링이 시작된다. 면역계는 모든 새로운 유형의 항체에 바이러스 조각을 제공함으로써 전자가 후자에 얼마나 잘 반응하는지 확인한다. 무작위로 생성된 항체 중 일부가 바이러스를 표적으로 삼기를 바라는 마지막 시도다. 그리하여 바이러스에 잘 반응하는 항체를 선택하고 나머지는 파괴하는데, 이 과정을 양성 선택이라고 한다. 이제 남은 항체 유형을 일일이 확인하고, 위험한 일(제시된 바이러스 조각과 유사한 신체 조직, 즉 '자기' 조직을 표적으로 삼음)이 발생하지 않는지 확인한다. 자기 조직을 공격한다고 밝혀진 항체는 제거되고 그것을 생성한 세포도 제거되는데 이 과정을 음성 선택이라고 한다. 마침내 당신은 소수의 항체를 새로 얻게 되는데, 이 항체들은 당신을 표적으로 삼는 실수를 범하지 않고 오로지 신종 바이러스만 표적으로 여긴다.[22]

지금까지 설명한 과정은 3단계로 진행된다. 첫째, 면역계는 불확정적인 무작위성을 유도할 때가 되었다고 결정한다. 둘째, 무작위적인 유전자 뒤섞기가 일어난다. 셋째, 면역계는 '무작위 결과 중 어떤 것이 목적에 부합하는지'를 결정하고 나머지는 걸러낸다. 즉 결정론적으로 무작위화 과정을 유도하고, 무작위 과정을 시행하고, 미리 정해진 기준을 사용하여 쓸모없는 무작위성을 걸러낸다. 해당 분야의 전문용어로 이를 '과변이의 확률성 활용'이라고 부른다.

이것이 바로 자유의지를 생성하는 양자 효과의 필터링 버전에서 일어나는 것으로 추정되는 일이다. 데닛의 말을 빌리면, 이와 관련된 의사결정 모델은 다음과 같은 특징을 갖는다.

중요한 결정에 직면했을 때, 아웃풋에 대해 어느 정도 불확정적인 고려사항 생성자가 일련의 고려사항을 생성하는데, 그중 일부는 물론 행위자에 의해 (의식적 또는 무의식적으로) '관련성 없음'으로 간주되어 즉시 기각될 수 있다. 행위자가 '결정에 무시할 수 있는 수준 이상의 영향을 미친다'고 간주하여 선택한 고려사항은 추론 과정에 포함되며, 행위자가 대체로 합리적인 경우 이러한 고려사항은 궁극적으로 행위자의 최종 결정에 대한 예측자 및 설명자 역할을 한다.[23]

따라서 의사결정 시점이라고 판단되면 불확정론적 생성자가 활성화되고, 당신은 어떤 고려사항을 선택할지 면밀히 검토하게 된다.* 앞에서 언급했듯이 로스키스는 신경계의 무작위적 잡음(양자 불확정성 등에 뿌리를 두고 있다)을 자유의지의 근원으로 보지 않는다. 그 대신 로스키스는 마이클 새들런과 함께 쓴 글에서, 자유의지를 '밀에서 겨를 걸러낼 때 일어나는 일'에 비유한다. "잡음은 행위자의 능력과 통제력에 제한을 가하지만, 행위자가 높은 수준의 결정 또는 정책**으로 이러한 제한을 만회하도록 유도한다. 이러한 결정이나 정책은 (a) 의식적으로 접근할 수 있고 (b) 자발적으로 가변적이며 (c) 행위자의 성격을 나타낸다." 그들이 말한 바와 같이 충분한 자유의지와 인격의 행위로서 필터링, 골라잡기, 선택은 "책임과 의무의 기초를 제공할 수 있다".[24]

이러한 활용 시나리오에는 최소한 세 가지 한계가 있으며, 그 중요성은 점점 더 커지고 있다.

— 한 어린아이가 얼음 강물에 빠졌을 때, 당신의 고려사항 생성자는 선

---

* 데닛이 이 시나리오를 반드시 양자 불확정성과 연결짓는 것은 아니며, 무작위적 불확정성을 활용하는 것이 무엇인지에 관한 명확한 설명일 뿐이다.

** 로스키스와 새들런은 '정책'을 "체질, 기질, 가치관, 관심사, 열정, 역량 등"을 의미하는 것으로 정의한다.

택 가능한 세 가지 가능성을 생성한다. 당신은 물에 뛰어들어 아이를 구하거나, 주변에 도움을 청하기 위해 소리를 지르거나, 못 본 척하고 종종걸음으로 도망치는 것 중 하나를 선택해야 한다. 선택하라. 하지만 우리가 양자 불확정성을 다룬다는 점을 감안하여, 다음과 같은 세 가지 가능성이 있다면 어떨까? 파트너가 없는 상황에서 탱고를 추거나, 세금 탈루를 자백하거나, 아쿠아리움의 돌고래처럼 뒤로 점프하면서 꽥꽥거리는 소리를 내거나. 중첩된 전자파의 파동이 도덕적 결정의 원천이라면 완벽하게 그럴듯한 시나리오다.

— 탱고, 자백, 돌고래만을 선택지로 남겨두지 않으려면 모든 무작위적 가능성을 불확정적으로 생성해야 한다고 선언하라. 하지만 이제는 어떤 것이 최선인지 선택하기 전에 각각의 가능성을 평가하고 비교하느라 평생을 보내야 한다. 그러려면 엄청나게 효율적인 검색 알고리즘이 필요하다.***[25]

*** 사람들은 종종 이를 무한 원숭이 정리, 즉 '무한한 수의 원숭이가 무한한 시간 동안 타이핑을 하면 결국 셰익스피어 전집이 탄생한다'는 사고실험의 맥락에서 설명한다. 많은 컴퓨터과학자들이 탐구한 이 사고실험의 특징 중 하나는, 무한히 많은 수의 방대한 원고 중에서 어떤 원고가 쉼표 하나하나까지 셰익스피어와 일치하는지를 가장 효율적으로 확인하는 방법이다. 작성된 원고 중에는 셰익스피어의 마지막 희곡의 마지막 페이지까지 독특한 필치로 완벽하게 재현한 엄청난 양의 원고가 있을 것이기 때문에, 이는 실로 엄청난 작업이 아닐 수 없다. 한 실험에서는 가상의 원숭이가 타이핑을 했는데, 10억 년(원숭이가 타이핑을 하는 데 걸리는 시간은 얼마나 될까?)이 지난 후 한 원숭이가 다음과 같이 타이핑을 했다. "VALENTINE. Cease toIdor:eFLP0FRjWK78aXzVOwm)-';8.t...,." 처음 열아홉 글자는 『베로나의 두 신사』에 나오는 것으로, 가상 원숭이가 쓴 것 중 가장 긴 셰익스피어 인용문으로 기록되어 있다. 셰익스피어의 작품에서 '셰익스피어가 아닌 것'을 효율적으로 걸러내는 알고리즘을 찾는 것을 흔히 도킨스의 족제비(『눈먼 시계공』이라는 저서에서 '진화에서 무작위 변이 발생'의 맥락에서 정렬 알고리즘을 제안한 리처드 도킨스의 이름을 딴 것)라고 부른다. 이 용어는 원숭이들의 작업량을 자비롭게 줄여준다는 의미를 담고 있다. 왜냐하면 『햄릿』의 한 문장만 입력하면 되기 때문이다). 하지만 햄릿은 폴로니어스에게 구름을 가리키며 낙타처럼 생겼다고 말한다. "그래요, 제게는 낙타처럼 보이네요."

— 그러니 어리석지 않을 정도로 충분한 선택지를 생성하고, 모든 선택
지를 효율적으로 평가하는 방법을 알아낸 다음, 기준을 사용하여 승
자를 제외한 모든 선택지를 필터링하라. 하지만 당신의 가치관, 윤
리, 성격을 반영하는 필터는 어디에서 오는 걸까? 답은 3장에 있다.
그리고 의도는 어디에서 오는 것일까? 어떤 사람의 필터는 '은행을
턴다'를 제외한 모든 무작위적 가능성을 걸러내는 반면, 다른 사람의
필터는 '은행원에게 좋은 하루가 되길 바란다고 말해준다'를 선택하
는 이유는 무엇일까? 그리고 어떤 상황이 데닛의 무작위적 고려사항
생성자를 활성화할 만한 가치가 있는지를 처음 결정할 때, 결정의 기
초가 되는 가치와 기준은 어디에서 오는 것일까? 어떤 사람은 막대
한 개인적 대가를 치르면서까지 시민 불복종 행위를 시작할지를 고
려하고 다른 사람은 패션을 결정할 때 그럴 수 있다. 마찬가지로 어
떤 검색 알고리즘을 얼마나 오랫동안 사용할지에 대한 차이는 어디

폴로니어스가 맞장구친다. "족제비 같기도 해." 햄릿이 다시 말한다. 햄릿은 공유된 현실
이라는 개념에 의문을 제기하며 원숭이 타이피스트들에게 도전장을 내민다.

　　주석의 주석: 흥을 깨는 사람들은 설사 원숭이가 『햄릿』을 모두 타이핑하더라도 『햄
　　릿』이 아닐 것이라고 주장해왔다. 원숭이가 『햄릿』을 타이핑할 의도가 없었고, 엘리
　　자베스 시대의 문화를 이해했을 리 만무하기 때문이다. 튜링머신 및 인공지능과 관
　　련해서 생각해보면 매우 멋져 보이는 이야기다. 보르헤스는 『피에르 메나르, 〈돈키
　　호테〉의 저자』라는 멋진 소설을 썼는데, 이 소설은 17세기 스페인의 생활에 완전히
　　몰입하여 『돈키호테』 원고를 재창조한 20세기 작가에 관한 이야기다. 만약 그가 스
　　스로 창작했다면, 이는 세르반테스의 『돈키호테』를 표절한 작품이 아닐 것이다. 그
　　대신 단어 하나하나가 비슷하지만 실제로는 메나르의 『돈키호테』가 될 것이다. 이
　　이야기는 정말 재미있으며, 왜 침침Chim-Chim의 『햄릿』이 결코 나오지 않을 것인지
　　설명해준다.

　　　　주석의 주석의 주석: 구글 이미지에서 '무한 원숭이 정리'를 검색하면 사
　　　　진에 나오는 영장류의 약 90%를 차지하는 것은 침팬지다. 침팬지는 원
　　　　숭이가 아니라 유인원이므로 나를 화나게 한다. 하지만 바나나에 대한
　　　　소네트를 타이핑하는 '원숭이'에 관한 좋은 만화가 몇 개 나오기는 한다.

에서 오는 것일까? 이 모든 것은 어디에서 오는 것일까? 1초 전, 1분 전, 1시간 전…에 일어난 통제 불가능한 사건에서 비롯된다. 말도 안 되는 것을 걸러내면 양자 불확정성이 무작위적인 행동을 생성하는 것을 막을 수는 있지만, 이것이 자유의지의 발현은 아니다.

개입 모델

다시 한번 말하지만, 개입 모델이란 무작위로 생성된 양자 효과 중에서 원하는 것을 골라 사용하는 것을 의미하지 않는다. 그 대신 당신은 손을 아래로 뻗어 프로세스를 변경한다. 8장에서 논의했듯이 하향적 인과관계는 완벽하게 타당하다. 자주 사용되는 메타포는 바퀴가 굴러갈 때 '바퀴다움 wheel-ness'이라는 고차원적 특징으로 인해 그 구성 부품들이 앞으로 굴러간다는 것이다. 그리고 당신이 방아쇠를 당기기로 결정했을 때 검지손가락의 모든 세포, 소기관, 분자, 원자, 쿼크가 약 1인치 움직인다.

따라서 어떤 상위 수준의 '나'가 아래로 내려가 하향적 인과관계를 수행함으로써, 아원자적 사건이 자유의지를 만들어내도록 한다고 추정된다. 아일랜드의 신경과학자 케빈 미첼의 말을 빌리면, "불확정성은 약간의 여유 공간을 만든다. (…) 무작위성이 하는 일은 고차원적 요인이 인과적 영향력을 발휘할 수 있도록 시스템에 약간의 여유, 즉 인과적 느슨함을 도입하는 것이다"(강조는 내가 했다).[26]

첫번째 문제로, 양자 사건에 손을 뻗어 개입하는 데 내포된 '통제된 무작위성'은 '결정된 불확정성'에 비견되는 모순어법이다. 그리고 전자electron에 어떻게 개입할지에 대한 기준은 어디에서 오는 것일까? 숱한 문제들 중에서도 내가 이 아이디어를 평가할 때 겪는 가장 큰 문제는, 그들이 정확히 무엇을 제안하고 있는지 이해하기가 정말 어렵다는 것이다.

하향적 인과관계가 양자 사건의 능력을 변화시킴으로써 우리의 행동에 영향을 미치는 메커니즘을 제시한 사람 중에는, 자유주의 철학자 로버트 케인이 있다. 4장에서 언급한 적이 있는데, 기억이 날지 모르겠다. 그의 제안에 따르면 인생의 중대한 기로에서 우리가 결정을 내릴 때 작용하는 일관된 성격은 과거에 자유의지(그의 용어를 사용하면 "자아형성 행동")에 의해 형성된 산물이다. 하지만 그렇게 형성된 자아가 실제로 어떻게 해당 결정을 내리게 될까? 그러한 중대한 갈림길에서 "우리 마음속에는 무엇을 해야 할지에 대한 긴장과 불확실성이 존재하는데, 이는 열역학적 평형에서 멀어짐으로써 뇌의 적절한 영역에 반영된다. 즉 이 과정에서 뇌가 일종의 혼돈에 빠져, 뉴런 수준의 미세불확정성에 민감해지는 것이다"라고 케인은 말한다. 이러한 관점에서 보면 의식적인 자아는 하향적 인과관계를 사용하여 뉴런의 혼돈성을 유도함으로써 양자 불확정성이 정확히 선택한 방식대로 용솟음치도록 만든다고 볼 수 있다.[27]

앞에서 인용한 것처럼 "뇌는 실제로 양자 영역의 무작위성을 증폭하도록 진화했다"고 주장한(그런 다음 이를 수행할 수 있는 뇌를 가진 동물이 "그렇지 않은 동물보다 번식력이 더 뛰어나다"고 추측한) 피터 체도 개입에 대해 비슷한 견해를 제시한다. 그가 보기에, 뇌는 아래로 손을 뻗어 근본적 불확정성에 개입한다. "이로 인해 정보는 가장 근본적인 수준에서 어떤 불확정적 사건이 실현될 것인지에 대한 하향적 인과관계를 확립할 수 있다."[*][28]

체가 어떻게 이런 일이 발생한다고 제안하는지 나는 도저히 납득할 수 없다. 그는 신경계의 원인과 결과가 어떻게 '정보'의 흐름으로 개념화될 수 있는지를 현명하게 강조한다. 하지만 뒤이어 이원론의 구름이 몰려온다. 그가 내세우는 하향적 인과관계에 관한 정보는 실체가 없는데 이는 뇌에서 '정보'가 신경전달물질, 수용체, 이온 채널 분자와 같은 실제 물질로 구성되어 있다는 사실에 반하는 것이다. 신경전달물질은 특정 수용체에 특정 기간 동안 결합하고, 단백질 사슬은 채널이 파나마운하의 갑문처럼 열리거나

---

* 참고로 그는 실현된다를 '무언가가 일어난다'라는 덜 일반적인 의미로 사용하고 있다.

292

닫히도록 형태를 바꾸며, 이온은 쓰나미처럼 세포 안팎으로 흐르기 때문이다. 하지만, 그럼에도 불구하고 "정보는 힘을 가하는 에너지와 같은 것이 될 수 없다"고 한다. 그런데 그런 비인과적인 정보가 인과적인 정보를 허용할 수 있다고 한다. "정보는 힘으로서 인과적이지 않다. 오히려 정보적 인과 사슬이기도 한 물리적 인과 사슬이 (…) 현실이 되도록 허용함으로써 인과적이다." 그리고 정보의 "패턴"은 실체가 없지만, "물리적으로 실현된 패턴 검출기"는 존재한다고 한다. 다시 말해 정보는 비물질적인 먼지로 구성될 수 있지만, 뇌의 비물질적인 먼지 탐지기는 철근 콘크리트, 강철 철근, 그리고 오래된 편이라면 석면으로 구성된다는 것이다.

케인과 체의 견해, 그리고 다른 철학자들의 비슷한 견해에 대한 나의 평가는, 뇌의 미세한 불확정성에 도달하여 그것에 개입하는 게 어떻게 가능한지 도저히 이해할 수 없다는 것이다. '정보는 힘이 되는 동시에 되지 않는다'는 궤변을 나는 납득할 수 없다. "우리 마음속에는 무엇을 해야 할지에 대한 긴장과 불확실성이 존재하며, 이는 열역학적 평형에서 멀어짐으로써 뇌의 적절한 영역에 반영된다"[29]는 케인의 글에서, '반영'이 인과관계를 의미하는지 상관관계를 의미하는지는 명확하지 않다. 게다가 어려운 결정을 내려야 하는 상황이 어떻게 뇌의 열역학적 불평형을 유발하는지, 시냅스에서 어떻게 혼돈이 '유도'될 수 있는지, 훨씬 더 작은 규모에서 발생하는 양자 불확정성에 대한 카오스적/비카오스적 결정론의 민감도가 어떻게 다른지, 양자 무작위성을 유발함으로써 삶에서 개인 선택에 일관성을 부여하는 하향적 인과관계가 어떤 전자들의 상호 얽힘을 변경하는지, 시간의 비국소성과 역방향 시간 여행이 얼마나 많이 일어나는지, 중첩된 가능성 구름의 확산이 원칙적으로 운동피질이 아닌 후각피질로 하여금 가끔 수표 서명을 독려하도록 만들 정도로 충분히 확장될 수 있는지를 설명하는 생물학은 아직 없다. 나는 지금껏 줄기차게 "아무런 이유 없이 완전하고 일관된 행동을 시작하는 뉴런을 보여주면 자유의지에 대해 진지하게 논의할 수 있다"고 말해왔지만, 더는 그런 요구를 하지 않는다. 그 대신 나는 "학자들이 제시한 각종 이유를 바탕으로, 뉴런이 어떻게 그런 임무를 수행하는지 보여달라"고 요구한다. 철학자들이 가지고 있는 것은 가능성이 매우 낮은 강력한 하향적 인과관계의 흐릿한 버전이다.

나의 진심을 믿어주면 좋겠다. 나는 비꼬는 것처럼 들리지 않고 정중하게 보이려 노력하고 있다. 만약 내가 아그노톨로지,* 메레올로지**나 수학적 반실재론의 관점 같은 철학적 주제에 대해 가설을 세웠다면 일을 더 엉망으로 만들었을 것이다. 그럼에도 불구하고 자유의지 옹호자들은 분개하며 이렇게 말하는 것 같다. "우리는 양자 불확정성이 우리가 자유롭게 선택한 결정을 아무런 이유 없이 만들어낸다고 주장하는 것이 아니다. 양자 불확정성은 마법 같은 이유로 그렇게 한다."***

몇 가지 결론

많은 사람들이 앞다퉈 '우주가 작동하는 방식의 근본적인 불확정성이 자유의지, 책임감, 신성한 주체의식의 근거가 될 수 있다'고 제안할 때, 괴짜들만이 먼지 입자의 브라운 운동을 언급한다.

양자 불확정성은 이상함을 넘어선 개념이다. 물리학의 신 리처드 파인만

---

*　정확하지 않거나 오해의 소지가 있는 과학적 정보에 대한 사람들의 사회문화적 무지와 의심을 탐구하는 학문. ―옮긴이

**　부분과 전체 사이의 관계를 추상적으로 연구하는 학문. ―옮긴이

***　설은 '자유의지를 만들기 위해 무작위성을 하향적으로 활용한다'는 아이디어가 왜 어리석은지에 대해 특히 명확하게 설명한다. J. Searle, 〈자유의지의 철학Philosophy of Free Will〉, 'Closer to Truth' 채널, 2020년 9월 19일, 유튜브 동영상, 10:58, youtube.com/watch?v=973akk1q5Ws&list=PLFJr3pJl27pIqOCeXUnhSXsPTcnzJMAbT&index=14.

의 전설적인 말처럼 "양자역학을 이해한다고 생각하면 양자역학을 이해하지 못한 것****이다."

이온과 같은 물질이 신경계의 이온 채널이나 수용체와 상호작용하는 방식에 양자 효과가 있을 거라는 추측은 지극히 그럴듯하고 어쩌면 필연적일 수도 있다.

그러나 이러한 종류의 양자 효과가 행동을 변화시킬 만큼 충분히 용솟음친다는 증거는 없으며, 대부분의 전문가들은 그것이 불가능하다고 생각한다. 즉 양자의 기묘함은 그리 이상하지 않으며, 양자 효과는 규모가 커질수록 뇌의 결어긋남decoherence을 일으키는 따뜻하고 습한 잡음 속에서 지거된다는 것이다.

설사 양자 불확정성이 용솟음쳐 행동에까지 영향을 미친다고 해도, 그것이 낳는 것은 무작위성뿐이라는 치명적인 문제가 있다. 당신은 정말로 처벌이나 보상을 받을 자격이 있는 자유의지가 무작위성에 기반한다고 즈장하고 싶은가?

자유의지를 만들어낼 만큼 무작위성을 활용하고, 필터링하고, 뒤흔들고, 개입할 수 있다는 가정은 별로 설득력이 없어 보인다. 결정된 불확정성이 자유의지의 유효한 구성 요소라면, 즉흥 연기 수업을 듣는 것은 사르트르의 말처럼 "우리는 자유를 선고받았다"고 믿는 데 유효한 구성 요소다.

그리고 5~10장에 대한 몇 가지 결론

환원주의는 훌륭하다. 염소 내장을 희생제물로 바쳐 복수심에 불타는 신을

**** 모두가 이 '전설적'인 말을 파인만이 했다고 이야기하지만, "그의 [유명한] 강의 중 하나에서"라는 것 외에는 정확한 출처를 찾을 수 없었다.

달래는 것보다 바이러스 외피 단백질의 유전자 염기서열을 분석하여 팬데믹에 대처하는 것이 훨씬 더 낫다. 그럼에도 불구하고 환원주의에는 한계가 존재하며 카오스성, 창발적 복잡성, 양자 불확정성의 혁명은 인간에 대한 가장 흥미로운 것들 중 일부가 순수한 환원주의를 거스른다는 사실을 보여 준다.

환원주의에 대한 이러한 거부는 온갖 종류의 체제전복적이고 해방적인 함의를 담고 있다. 이웃 간 상호작용과 무작위적 만남에 기반한 상향적 집합성은 잠재적으로 하향적·권위주의적 통제를 무너뜨릴 수 있다. 이러한 상황에서는 스페셜리스트보다는 제너럴리스트가 훨씬 더 가치 있다. 좀더 면밀히 살펴보면, 외견상 표준으로 보이는 것은 실제로 도달할 수 없다. 그 대신 그것은 플라톤적 이상을 중심으로 이상하고 비주기적으로 진동하는 현실이다. 호사가들이 뭐라고 말하든 표준에 관한 이야기는 표준적인 것에 적용되며, 우리가 도달하지 못하는 완벽함의 형태는 실제로 존재하지 않는다. 즉 표준은 그다지 정확하지 않은 설명자이며 처방도 분명히 아니다. 그리고 내가 학생들에게 노골적으로 강조하듯이 청사진을 들먹이지 않고도 놀라운 복잡성, 적응성, 심지어 아름다움까지 설명할 수 있다면 굳이 청사진 제작자를 소환할 필요도 없다.[30]

그러나 이러한 비환원주의 혁명의 감동적인 힘에도 불구하고, 비환원주의가 자유의지를 키우는 모유는 아니다. 비환원주의는 구성 요소가 없다는 것을 의미하지 않는다. 구성 부품이 많으면 작동 방식이 달라지거나, 복잡한 사물이 구성 부품에 얽매이지 않고 날아갈 수 있다는 뜻도 아니다. 예측할 수 없는 시스템이라고 해서 마법에 걸린 것은 아니며, 사물에 대한 마술적 설명은 진정한 설명이 아니다.

간주곡

비열하거나 고상하거나 그 중간쯤에 있는 애매모호한 행동은 왜 일어날까? 1초 전, 1분 전… 까마득히 오래전에 일어난 사건 때문이다. 이 책의 전반부에서 쉽게 배울 수 있는 점은 '우리 행동의 생물학적 결정 요인이 시공간에 걸쳐 광범위하게 확장되어 있어, 지금 이 순간 눈앞에서 일어나는 사건뿐만 아니라 지구 반대편에서 일어난 사건이나 수세기 전 우리 조상을 형성한 사건도 영향력을 행사한다'는 것이다. 그리고 이러한 영향은 심오하고 은밀하기 때문에, 우리는 표면 아래의 형성력에 대한 무지로 인해 그 공백을 주체성에 대한 이야기로 메우게 된다는 것이다. 이제는 짜증날 정도로 익숙해진 개념을 다시 반복하자면, 우리는 생물학, 환경, 상호작용 등 우리가 통제할 수 없는 것들의 총합이며 그 이상도 이하도 아니다.

가장 중요한 메시지는, 이 모든 것이 행동을 만들어내는 별도의 학문 분야가 아니라는 점이다. 이는 모두 하나의 분야로 합쳐진다. 즉 진화는 초기 환경의 후성유전학으로 특징지어지는 유전자를 생성하고, 이 유전자는 단백질을 생성하고, 이 단백질은 특정 맥락에서 호르몬의 도움을 받아 뇌에서 작용함으로써 인간을 빚어낸다. 각 분야 사이에 자유의지가 끼어들 틈이 없는 완벽한 연속체다.

그렇기 때문에 2장에서 다룬 것처럼 리벳 스타일의 실험이 '무엇을 보여 주는지(또는 보여주지 않는지)'와 '의도가 언제 발생했는지'는 중요하지 않다. 가장 중요한 것은 '의도가 어떻게 발생했는지'이다. 우리가 발버둥쳐도 다른 의도가 형성되기를 바라는 것은 애당초 불가능하다. 행운과 불운은 점진적으로 발산할 가능성이 훨씬 더 높기 때문에, 행운과 불운이 시간이 지남에 따라 평균에 수렴한다고 선포할 수도 없다. 우리는 곧 우리의 역사이므로 개인의 역사를 무시할 수는 없다.

게다가 4장의 요점처럼, 겹겹이 포개진 생물학적 거북이는 우리 됨의 일부가 아닌 전부에 관한 것이다. '우리의 타고난 특성과 적성은 과학적인 요소로 구성되어 있지만, 우리의 성격·회복력·근성은 영혼 속에 담겨 있다'는 말은 사실이 아니다. 모든 것은 겹겹이 포개진 거북이이고, 쉬운 길과 어렵지만 올바른 길 중 하나를 선택해야 하는 순간, 전두피질의 작동은 뇌의 다른 모든 것과 똑같이 1초 전, 1분 전…의 결과물이다. 우리가 아무리 노력해도 더 많은 의지력을 발휘하도록 스스로를 다그칠 수 없는 이유가 바로 여기에 있다.

게다가 우리를 형성하는 생물학과 환경의 이 완벽한 연속체는 5~10장의 혁명 속에서도 자유의지의 새로운 관문을 위한 여지를 남기지 않는다. 물론 세포, 기관, 유기체, 사회 등 세상의 모든 흥미로운 것들은 혼돈으로 가득차 있을 수 있다. 그리고 그 결과 예측할 수 없는, 결코 예측할 수 없는 정말 중요한 것들이 존재한다. 그럼에도 불구하고 카오스계의 모든 단계는 변덕이 아닌 결정론에 의해 이루어진다. 단순한 방식으로 상호작용하는 수많은 단순한 구성 부품들을 상호작용하도록 놓아두면 놀랍도록 적응적인 복잡성이 생겨난다. 하지만 구성 부품은 여전히 단순하며, 생물학적 제약을 뛰어넘어 자유의지와 같은 마법적 요소를 담을 수는 없다. 벽돌은 우아하고 화려한 무언가가 되고 싶어할지 모르지만 언제나 벽돌로 남을 뿐이다. 그리고 정말로 불확정적인 일은 훨씬 더 아래의 아원자 수준에서 일어나는 것처럼 보인다. 하지만 그런 차원의 기이한 일이 행동에 영향을 미칠 정도로 위로 확산되기란 불가능하며, 게다가 '자유롭고 의지적인 행위자'라는 개념이 무작위성에 기반한다면 문제가 생긴다. 당신 주변 사람들도 마찬가지다. 무작위적 타이핑에 기반한 문장이 의도한 대로 끝나지 않으면 매우 불안정할 수 있으며, 행동이 무작위적일 때도 사정은 마찬가지다.

배심원단, 학교 교실, 시상식, 추도사, 실험 철학자들의 연구 등 일상생활에서 볼 수 있듯이, 사람들은 맹렬한 집념을 발휘하여 자유의지라는 개념을 고수한다. 타인이 됐든 자기 자신이 됐든 귀인attribution과 심판judgement에 대한 끌림은 엄청나며, 전 세계 모든 문화권에서 (정도의 차이는 있지만) 확인할 수 있다. 심지어 침팬지도 자유의지를 믿는다.*1

그렇기 때문에 내 목표는 모든 독자에게 자유의지가 전혀 없다고 설득하는 것이 아니다. 나는 소수의 학자들(예: 그레그 카루소, 샘 해리스, 더크 페어봄, 피터 스트로슨)과 함께 변방에 머무는 여행자라는 것을 안다. 나는 그저 누군가의 자유의지 신앙에 크게 도전하는 정도로 만족할 것이다. 우리의 일

---

* 원숭이와 침팬지는 '먹이를 줄 수 없는 사람'과 '먹이를 줄 수는 있지만 주지 않으려는 사람'을 다르게 대하며, 후자의 곁에 있고 싶어하지 않는다. "이 비열한 '털 없는 영장류'는 나에게 먹이를 줄 수 있지만 주지 않기로 했다"고 투덜거리면서 말이다. 예일대학교의 심리학자 로리 산토스Laurie Santos는 특히 흥미로운 연구를 통해 다른 영장류도 그들 나름의 주체의식을 가지고 있음을 보여주었다. 먼저 그는 인간 피험자에게 여러 가지 가정용품에 대한 선호도를 평가하게 했다. 그 결과 동등한 평가를 받은 두 가지 품목을 골라 피험자에게 제시하고 하나를 선택하도록 강요했더니, 피험자는 그 이후로 선택한 품목을 가장 선호하는 것으로 나타났다. "흠, 나는 자유의지를 가진 이성적인 사람이니, 내가 저것보다 이걸 선택했다면 그럴 만한 이유가 있었음이 틀림없어." 다음으로 그는 꼬리감는원숭이를 대상으로 동일한 연구를 수행했다. 즉 두 가지 다른 색상의 엠앤엠즈 중 하나를 선택하도록 강요한 다음 스스로 선택했다고 믿게 했더니, (심지어 부지불식간에 선택이 강요된 상황에서도) 원숭이는 그 이후로 그 색을 더 선호하게 되었다. 하지만 사람이 대신 선택해주면 선호도를 나타내지 않았다.

상과 가장 결정적인 순간에 대한 생각을 재구성할 정도로 말이다. 독자 여러분이 그 지점에 도달했기를 바라는 마음이 간절하다.

그럼에도 불구하고 우리는 큰 문제를 안고 있다. 즉 이 모든 과학, 결정론, 메커니즘 속에서도 우리는 여전히 행동을 예측하는 데 능숙하지 않다는 것이다. 전두피질이 광범위하게 손상된 사람을 예로 들면, 부적절한 사회적 행동을 보이리라고 예측할 수 있는 기반은 확고하지만, 그 사람이 충동적인 살인자가 될지 아니면 저녁식사 자리에서 무례한 사람이 될지 예측하는 것은 불가능하다. 역경과 박탈감의 지옥에서 성장한 사람도 마찬가지여서, 결과가 좋지 않을 것이라는 예측은 가능하지만 그 이상은 불가능하다.

'예측 가능한 결과의 예측 불가능한 버전' 외에도 세상에는 결과를 전혀 예측할 수 없는 예외적인 사례들이 수두룩하다. 두 명의 부유하고 똑똑한 법대생이 자신의 혼란스러운 철학을 시험하기 위해 열네 살짜리 어린아이를 살해하는 사건 같은 것이 종종 발생한다.* 또는 두번째 감옥살이를 앞둔 크립스 갱 단원이 입소문을 탄 머그샷 덕분에 세계적인 패션모델이자 스위스 향수 브랜드의 홍보대사가 되어 기사 작위를 받은 영국 기업계 거물의 딸과 어울리게 될 수도 있다.** 오클라호마의 밀밭에서, 로리는 컬리가 그저 무미건조한 미소년임을 깨닫고 저드 프라이와 동거하게 될 수도 있다.[2]***

결정론적 톱니바퀴가 삐걱거리는 상황에서 우리의 행동을 완전히 예측할 수 있는 지점에 도달할 수 있을까? 절대로 도달하지 못한다. 카오스이론의 요점 중 하나다. 하지만 우리가 이러한 톱니바퀴에 대해 새로운 통찰을 얻는 속도는 놀랍다. 이 책에 실린 거의 모든 사실이 지난 50년 동안에 밝혀

---

* 레오폴드Leopold와 로브Loeb를 말한다. 작사가/작곡가 콤비인 레르너Lerner와 로에베 Loewe와 혼동하지 말 것.

** 그 유명한 '핫한 흉악범'인 제러미 믹스Jeremy Meeks를 말한다.

*** 뮤지컬 〈오클라호마!〉 이야기로, 실제로는 로리가 컬리를 선택했고 악당인 저드는 자멸했다. —옮긴이

졌고, 그중 절반은 지난 5년 동안에 밝혀졌으니 말이다. 세계 최고의 뇌과학자 전문 단체인 미국 신경과학회는 창립 당시 500명이었던 회원 수가 사반세기 만에 2만 5천 명으로 증가했다. 당신이 이 단락을 읽는 동안 두 명의 다른 과학자가 뇌에서 어떤 유전자의 기능을 발견했고, 누가 먼저 발견했는지를 놓고 다투고 있다. 과학의 발견 과정이 오늘밤 자정에 멈추지 않는 한, 우리가 주체의식으로 채우려고 하는 무지의 공백은 계속 줄어들 것이다. 이것은 이 책의 후반부에 동기를 부여하는 질문을 제기한다.[3]

나는 오후 근무 시간에 책상에 앉아 있다. 같은 반의 두 학생이 강의 주제에 대해 질문하고 있고, 우리는 생물학적 결정론, 자유의지, 그리고 방금 언급한 강의의 궁극적인 주제 속으로 빠져든다. 한 학생은 인간의 자유의지가 어느 정도 부족한지에 대해 의문을 제기한다. "물론 뇌의 이 부분에 큰 손상이 있거나 이 유전자나 저 유전자에 변이가 생기면 자유의지가 약해지겠지만, 그것이 일상적이고 정상적인 행동에 적용된다는 사실은 받아들이기가 매우 어려워요." 나는 이 토론에서 이 지점에 여러 번 도달했고, 이 학생이 이제 특정 행동을 할 가능성이 상당히 높다는 것을 인식하게 되었다. 즉 몸을 앞으로 숙여 책상에 있는 펜을 집곤 허공에 든 채, 나에게 큰 목소리로 "저기, 방금 이 펜을 집어들기로 결정했는데 그게 제 통제권에서 완전히 벗어났다는 말씀이세요?"라고 말하는 것이었다.

내 예측을 증명할 데이터는 없지만, 두 명의 학생 중 누가 펜을 집어들지는 우연 이상의 수준으로 예측할 수 있다. 점심을 거르고 배고픈 학생이 펜을 들 가능성이 더 높다. 혼성 쌍인 경우 남학생일 가능성이 더 높다. 특히 이성애자 남성이고 함께 온 여성에게 잘 보이고 싶어한다면 가능성이 더 높다. 외향적인 사람일 가능성이 더 높다. 어젯밤에 잠을 너무 적게 자고 늦은 오후까지 버티고 있는 학생일 가능성이 더 높다. 또는 혈중 안드로겐 수치가 일반적인 경우보다 높은 학생일 가능성이 더 높다(성별에 관계없이).

수업이 몇 달 동안 진행되면서 내가 그들의 아버지처럼 짜증나는 허풍쟁이라고 판단한 학생일 가능성이 더 높다.

과거로 더 거슬러올라가면, 전액 장학금을 받기보다는 부유한 집안 출신일 가능성이 더 높고, 이민자 집안에서 고등교육을 받은 첫번째 구성원보다는 명문대 출신이 즐비한 가문의 18대 손일 가능성이 더 높다. 장남이 아닐 가능성이 더 높다. 이민자 부모가 박해를 피해 고국을 떠난 난민이 아니라 경제적 이득을 위해 미국행을 선택했을 가능성이 더 높으며, 조상이 집단주의 문화가 아닌 개인주의 문화권 출신일 가능성이 더 높다.

나는 "저기요, 제가 방금 이 펜을 집어들기로 결정했는데, 그게 제 통제권에서 완전히 벗어났다는 말씀이세요?"라는 질문에 대한 답을 이 책의 전반부에서 제시했다. "맞아, 그렇다네."

이 정도의 질문에 답하는 것은 그리 어렵지 않다. 하지만 학생이 다른 질문을 한다면 정말 궁지에 몰리게 된다. "만약 모든 사람이 자유의지가 없다고 믿으면 어떻게 될까요? 우리는 어떻게 살아야 할까요? 우리가 기계에 불과하다면 왜 굳이 아침에 일어나야 할까요?" 그런 질문은 하지 말았으면 좋겠다. 대답하기가 여간 어렵지 않으니 말이다. 단, 이 책의 후반부에서 몇 가지 해답을 제시하려고 시도할 것이다.

11장

자유의지 회의론자는 난동에 가담할까?

난동亂動이라는 개념에는 그 나름의 매력이 있다. 머리 없는 닭처럼 미친듯이 날뛰면 스트레스를 풀 수 있다. 종종 새롭고 흥미로운 사람들을 만날 수 있는 방법이기도 하고, 상당한 유산소 운동이 될 수도 있다. 이러한 분명한 장점에도 불구하고, 나는 그다지 난동에 가담하고 싶은 유혹을 느끼진 않았다. 약간 피곤하고 땀을 흘릴 뿐만 아니라, 맡은 바 임무 수행에 전념하려는 의지가 부족해 보이거나 바보처럼 보일까봐 걱정된다.

그럼에도 불구하고 침을 튀기고, 횡설수설하고, 난장판을 만드는 데 열중하면서 기꺼이 뛰어다니는 사람들이 적지 않다. 이러한 행동은 언제든 일어날 수 있지만, 특히 처벌을 면할 가능성이 높은 특정 상황에서는 사람들이 폭동에 가담하기 쉽다. 익명성도 한몫한다. 1968년 민주당 전당대회에서 일어난 "경찰 폭동"으로 공식 분류된 사건에서, 경찰은 신분증을 떼고 난동을 부리며 평화로운 시위대와 구경꾼을 구타하고 촬영진의 카메라를 부수는 등 악명을 떨쳤다. 비슷한 맥락에서, 다양한 전통 문화권에서 전사들이 (가면을 쓰는 등) 익명을 유지하면 적의 시체를 훼손할 확률이 높아진다. 익명성이라는 방패와 관련하여 "하지만 다른 사람들은 모두 날뛰고 있었는걸요”라고 항변하는 사람들이 있는데, 이들은 잡히지 않을 줄 알고 날 뛰는 사람들의 변종임이 분명하다.[1]

지난 세기는 우리를 ‘한낮의 뜨거운 태양 아래서 아무렇지도 않게 폭력을 휘둘러도 무사할 수 있다’는 느낌을 주는 미묘한 길로 이끌었다. 뉘른베르크재판은 물론 제2차세계대전 당시 독일인들이 자신을 역겨워하는 후손들에게 자기에 대해 설명할 때에도 변명이 전면에 등장했다. 대량학살을 저질렀을 때 “나는 그저 명령에 따랐을 뿐”이라는 변명의 핵심은 책임감, 죄의식, 의지의 결여를 전제로 한다.

이것은 이 책에서 분명히 해야 할 부분으로, 프랑스 철학자들이 실존주의적 선택의 자유를 선포하기 위해 낯선 사람을 살해할지를 고려한 것과는 정반대 방향이다. 자유의지가 신화이고 우리의 행동이 우리가 책임질 수 없는 생물학적 운의 비도덕적 결과에 불과하다면, 그냥 난동을 부린들 안 될 게 뭔가?

어떤 끔찍한 일을 저질러도 내 잘못이 아니다라는 인식이 본래 난동 개념의 핵심이다. 영어의 난동running amok을 낳은 말레이시아/인도네시아어 단어인 멩아묵meng-âmuk은 평온하고 소심한 사람이 갑자기 설명할 수 없는 무차별적이고 격렬한 폭력을 행사하는 상황을 가리킨다. 이에 대한 전통적인 해석은 자유의지를 교묘하게 회피한다. 행위자는 잘못이 없고, 악령에 사로잡힌 것으로 여겨지며, 행동에 대한 책임이 없다는 것이다.[2]

“나를 탓하지 마. 나는 숲의 사악한 호랑이 정령인 한투 벨리안Hantu Belian에게 홀린 거야”라는 말은 “나를 탓하지 마. 우리는 생물학적 기계일 뿐이야”라는 말의 다른 표현에 불과하다.

그렇다면 사람들이 자유의지가 없다는 사실을 받아들인다면 모든 사람이 그저 난동을 부리게 될까? 일부 연구는 이를 정확히 시사하는 것으로 보인다.

거리를 활보하는
완고한 결정론자들

이를 테스트하기 위한 실험적 접근 방법은 간단하다. 자유의지에 대한 사람들의 믿음을 약화시킨 후 그들이 막나가는지 살펴보는 것이다. 실험 대상자가 자유의지를 의심하게 하려면 어떻게 해야 할까? 한 가지 효과적인 기법은 20년간 신경과학을 연구하게 하면서 행동유전학, 진화론에다 덤으로 동물행동학까지 얹어주는 것이다. 현실적인 방법은 아니다. 그러는 대신 이러한 연구에서는 가장 일반적인 대안으로 피험자에게 인간의 자유의지 부족에 대한 설득력 있는 토론을 읽게 한다. 연구자들은 종종 프랜시스 크릭의 1994년 저서 『놀라운 가설: 영혼에 대한 과학적 탐구』의 한 구절을 사용했다. 왓슨과 함께 DNA 구조를 규명한 크릭은 말년에 들어서면서 뇌와 의식에 매료되었다. 엄격한 결정론자이자 우아하고 명료한 문필가였던 크릭은 '인간은 생물학적 구성 요소의 총합에 불과하다'는 과학적 주장을 다음과 같이 요약한다. "당신은 뉴런 덩어리에 불과하다."[3]

실험군 피험자들은 크릭이 쓴 구절을 읽는다. 대조군 피험자들은 크릭의 주장을 정면으로 반박하는 구절(예: "당신은 뉴런 덩어리 이상의 존재다")이나 그보다 무덤덤하고 덜 도발적인 발췌문을 읽는다.* 그런 다음 피험자들은 자유의지에 대한 믿음을 다룬 설문지(예: "사람들이 나쁜 선택에 대해 전적으로 책임을 져야 한다는 진술에 얼마나 동의하십니까?")를 작성한다. 이는 실험적 조작이 실제로 피험자들을 효과적으로 조작했는지 확인하기 위한 것이다.[4]

---

* 조작 방식의 변형들: ① "과학자들은 자유의지가 …이라고 믿는다"와 "과학자들은 자유의지가 …가 아니라고 믿는다"라는 두 개의 단일 문장 중 하나를 읽는다. ② 크릭의 글(또는 정반대 내용이 담긴 글)을 요약한다. ③ 자유의지를 많이 발휘했을 때 또는 전혀 발휘하지 않았을 때의 경험을 이야기한다.

자유의지에 대한 믿음을 실험적으로 약화시키면 피험자의 뇌에서는 어떤 일이 일어날까? 우선 그들이 자신의 행동에 기울이는 의도성 또는 노력으로 해석되는 수치가 하락한다. 이는 뇌파검사EEG를 사용하여 뇌파를 모니터링해보면 알 수 있다. 리벳의 실험으로 돌아가보자. 피험자가 손가락을 움직이기로 결정하면 약 0.5초 전에 운동피질에서 나오는 특징적인 파동 패턴이 나타난다. 그러나 임박한 행동의 첫번째 신호는 몇 초 전에 파동으로 감지할 수 있는데, 이를 '초기 준비전위'라고 한다. 이는 움직임으로 이어지는 회로에서 한 단계 앞선 전보조운동영역에서 발생하는 것으로 보이며, 후속 움직임에 대한 의도성의 신호로 해석된다(2장의 핵심 내용을 생각해보면, 리벳은 '초기 준비전위는 사람들이 무언가를 하려는 의도를 의식적으로 인식하기 전에 발생한다'고 보고했으며, 이에 대한 끝없는 논쟁이 계속되고 있다). 그런데 난해한 수수께끼에 휩싸여 무력감을 느끼고 주체의식이 감소할 경우, 피험자의 초기 준비전위 크기가 감소한다. 자유의지를 덜 믿도록 유도된 경우에도 같은 현상이 발생하는데, 믿음이 줄어들수록 파동이 더욱 무뎌지고(운동피질 자체의 후속 파동의 크기는 변하지 않음), 과제 해결에 대한 노력과 집중도가 감소하는 것처럼 보인다.[5]

'오류 관련 음성 전위error-related negativity, ERN 신호'라고 하는 또다른 특징적인 뇌파는 우리가 실수를 저질렀다는 것을 깨달았을 때 발생한다. 이는 컴퓨터 화면에 두 가지 자극(예: 빨간 점 또는 녹색 점) 중 하나가 표시되면 한 가지 색상의 버튼을 재빨리 누르고 다른 색상의 버튼을 누르지 않도록 억제해야 하는 '하느냐/마느냐' 과제에서 볼 수 있다. 피험자는 매우 빠르게 반응하지만, 피험자가 실수를 하면 전두피질이 일단 ERN 신호—"아이고, 망했네"—를 보내고, 뒤이어 올바른 결과를 얻기 위해 더 많은 노력과 주의를 기울이라는 신호—"이봐, 더 잘할 수 있어"—를 보내므로 반응이 약간 지연된다. 그런데 피험자에게 무력감과 비효율성을 유도할 경우, (실제 오류율의 변화 없이도) 'ERN 파동'과 '오류 후 반응 지연'이 줄어든다. 피험자가 자유의지를 덜 믿도록 유도할 경우에도 같은 결과가 나타난다. 이러한 뇌파 연구를 종합해보면, 사람들이 자유의지를 덜 믿을수록 행동에 의도성과 노력을 덜 쏟고, 오류를 덜 면밀히 모니터링하며, 성과 향상에 덜 투자한다는 것을 알 수 있다.[6]

설문지나 뇌파를 통해 자유의지 회의론을 어느 정도 유도할 수 있다고 확신했다면, 이제 낌새를 채지 못한 세상에 피험자들을 풀어놓을 차례다. 그들은 난동을 부릴까? 그런 것 같다.

미네소타대학교의 행동경제학자 캐서린 보스Katherine Vohs가 시즈한 일련의 연구에서, 자유의지 회의론자들은 반사회적 행동을 더 많이 저지르는 것으로 나타났다. 실험 결과, 이들은 시험에서 부정행위를 하거나 공동 구좌에서 정당한 몫보다 더 많은 돈을 인출할 가능성이 높았다. 또한 어려움에 처한 낯선 사람을 도울 가능성이 줄어들었고 더 공격적으로 변했다(누군가에게 거절당한 피험자는 상대방의 음식에 핫소스를 듬뿍 쳐서 복수하게 되는데, 피험자를 자유의지 회의론자로 만들면 보복성 핫소스 사용량이 거의 두 배로 증가한다). 자유의지를 덜 믿게 된 피험자들은 자신에게 호의를 베푼 사람에게 덜 고마워한다. 누군가의 단순한 생물학적 명령에 불과한 행동에 고마워할 이유가 무엇이겠는가? 그리고 이 회의론자들이 매운 음식으로 복수를 함으로써 허무주의적인 재미를 너무 만끽하는 것처럼 보일까 싶어 말하자면, 이러한 조작은 또한 그들이 삶의 의미를 덜 느끼고 다른 사람들에 대한 소속감도 덜 느끼게 만든다. 또한 자유의지에 대한 믿음이 줄어들면 사람들은 자기 인식이 부족하다고 느끼고 도덕적 결정을 내릴 때 '진정한 자아'로부터 소외감을 경험한다. 이는 전혀 놀라운 일이 아니다. 왜냐하면 자유의지 회의론이 주로 하는 일이 '대부분의 행동이 자신이 전혀 알지 못하는 숨겨진 생물학적 힘에서 비롯된다'는 사실을 받아들이게 하는 것이기 때문이다. 그에 더하여, 기계 내부에서 '나'라는 존재가 발을 디딜 곳은 과연 어디인지를 상상하게 됨으로써 조작된 피험자는 보다 광

범위한 도전에 직면한다.* [7]

　그 밖에도 많은 이슈가 도사리고 있다. "의도적 결합"이라는 기발한 현상에서 볼 수 있듯이, 자유의지에 대한 믿음이 줄어들면 주체의식이 약화된다. 즉 피험자들은 (3초마다 한 바퀴씩) 회전하는 시곗바늘을 본다. 피험자는 원할 때마다 버튼을 누르고, 그 당시 시곗바늘이 어느 위치에 있었는지 추정한다. 또는 신호음이 무작위로 울리고, 피험자는 그 소리가 들렸을 때 시곗바늘이 어디에 있었는지 추정한다. 그런 다음 두 가지를 결합하여 피험자가 버튼을 누른 지 몇 분의 1초 후에 신호음이 울리도록 한다. 그러면 피험자는 주체성에 주목함과 동시에 버튼 누름으로 인한 신호음을 무의식적으로 인식하고, 두 사건이 의도성에 의해 결합됐다고 인식함으로써 두 사건 사이의 시간 지연을 미세하게 과소평가하게 된다.** 하지만 자유의지에 대한 믿음이 줄어들면 이러한 결합 효과가 줄어든다.[8]

　자유의지에 대한 사람들의 믿음을 줄이는 것은 중독 퇴치에 나쁜 영향을 미칠 수 있다. 그렇다고 해서, 피험자를 마약중독자로 만든 다음 그들이 프랜시스 크릭을 읽었을 때 마약 끊기를 더 힘들어하는지 실험해본 연구자들이 있는 것은 아니다. 하지만 다음과 같은 추론이 가능하다. 사람들은 일반적으로 중독을 '자유의지의 상실을 수반하는 상태'로 인식한다. 더욱이 많은 중독 전문가들의 견해에 따르면, 중독자들은 중독에 대해 결정론적 관점을 취함으로써 스스로 핑계를 대는 파괴적 귀인으로 귀결되는 경우가 많다. 이는 아직 결론이 나지 않은 미묘한 문제다. 중독을 '생물학적 질병'으로 분류하는 것과 '밀조 위스키에 전 나약한 영혼'으로 간주하는 것 중 하나를 선

---

*　보스의 연구는 매우 영향력 있는 연구로, 널리 인용되고 있다.

**　의도적 결합 현상에는 몇 가지 세부사항이 있다. 한 연구에서는 다른 사람이 버튼을 눌렀다. 피험자들은 일반적으로 버튼을 누른 후 이어지는 신호음 사이의 간격을 과소평가했는데, 이는 그가 다른 사람에게 주체성을 투사한다는 것을 의미한다… 버튼을 누르는 타이밍이 사람이 아닌 컴퓨터에 의해 결정된다고 생각하지 않는 한.

택해야 한다면, 전자는 광대하고 인간적인 사고의 진전이다. 그러나 한 단계 더 나아가 중독을 '자유의지와 양립할 수 없는 생물학적 질병'으로 분류하는 것과 '자유의지와 양립할 수 있는 질병'으로 분류하는 것 중 하나를 선택해야 한다면, 대부분의 임상의들은 후자가 중독 치료에 더 도움이 된다고 생각할 것이다. 하지만 중독을 '자유의지와 양립할 수 없는 것'으로 보는 관점은 '변화와 양립할 수 없는 것'으로 보는 셈이라는 가정이 전제된다는 점에 유의하라. 이는 전혀 사실이 아니다. 자세한 내용은 13장에서 다룰 예정이니 기다리기 바란다.[9]

따라서 자유의지에 대한 믿음이 약화된 사람들은 주체의식, 의미, 자기인식이 감소하고 타인의 친절에 대해 덜 감사하게 된다고 할 수 있다. 우리의 목적과 관련하여 가장 중요한 점은 그들의 행동이 덜 윤리적이고 덜 이타적이며 더 공격적으로 변한다는 것이다. 다른 사람이 이 책을 우연히 발견하여 도덕적 나침반이 흔들리기 전에 불태워버리기 바란다.

그런데 상황은 그리 간단하지 않다. 우선 이러한 연구에서 자유의지 약화가 행동에 미치는 영향은 매우 작았다. 크릭을 읽었다고 해서 피험자들이 어떤 과제를 수행할 때 부정행위를 하거나 퇴근길에 연구자의 노트북을 훔칠 가능성이 높아지지는 않았다. 연구 결과는 난동을 부리기보다는 그런 성향이 생긴다는 것이었다. 이를 반영하는 중요한 사실로, 일반적으로 크릭을 한 번 읽었다고 해서 자유의지에 대한 믿음이 파괴되지는 않는다. 그 대신('자유의지를 가치 있게 여기는 정도'는 변하지 않으면서) 그에 대한 믿음이 조금 덜 열렬해질 뿐이다.*** 이것은 놀라운 일이 아니다. 책에서 한 구절을 읽고 "과학자들은 이제 자유의지에 대해 의문을…"이라는 말을 듣거나 생각보다 자유의지가 부족했던 시절을 떠올려보라는 요청을 받는데도 그게 인

*** 짚고 넘어가자. 자유의지에 대한 믿음이 조금 줄어든 사람들의 경우, 자유의지를 여전히 가치 있게 여기더라도 난동적 성향이 증가한다. 좋은 소식은 아니다.

생에서 얼마나 많은 주도권을 가졌는지에 대한 근본적인 감정에 큰 영향을 미칠 수 있을까? 자유의지에 대한 믿음은 일반적으로『아주아주 배고픈 애벌레』(시공주니어, 2023)에서 식탐의 죄에 대해 배울 때쯤 우리의 마음속 깊이 뿌리를 내린다.[10]

대부분의 연구가 '자유의지에 대한 믿음이 약해지면 사람들의 행동이 덜 윤리적으로 된다'는 기본적인 발견을 재현하지 못했다는 게 무엇보다 중요하다. 또 한 가지 중요한 것은, 이러한 연구 중 일부는 "우리 모두 난동에 가담할 것"이라는 결론을 도출한 최초의 연구보다 표본 크기가 훨씬 더 컸다는 점이다. 전체 문헌(145건의 실험으로 구성되며, 95건은 출판되지 않았음)에 대한 2022년의 메타분석에서, 크릭적인 조작은 실제로 자유의지 신념을 약간 감소시키고 결정론에 대한 신념을 증가시키지만… 윤리적 행동에는 일관된 영향을 미치지 않는 것으로 나타났다.*[11]

따라서 이 문헌들은 간단한 실험적 조작을 통해 누군가를 진정한 자유의지 회의론자로 만들기란 사실상 불가능하다는 것을 보여준다. 더 나아가, 누군가의 자유의지에 대한 전반적인 수용도를 낮춘다고 해도 실제로 실험실 환경에서 윤리적 행동을 억제하는 일관된 효과는 기대할 수 없다.

모든 것을 고려할 때, 이 분야에 대한 연구가 많이 이루어지지 않았기 때문에 이러한 결론은 다소 잠정적일 수밖에 없다. 그러나 "그 아이의 사탕을 훔쳤다고 해서 나를 비난하지는 마세요. 자유의지는 없단 말이에요"라는 주장에는 실제로 매우 심도 있게 행해진 가까운 사촌 격의 연구가 있으며, 그 결과는 매우 흥미롭고 우리에게 많은 것을 가르쳐준다.

---

*　참고로, 판사에게 크릭을 들이대면 판사의 자유의지에 대한 믿음이 약해지지만… 판사의 판결은 바뀌지 않을 것이다. 나는 왜 머리를 쥐어뜯으며 이 책을 쓰는 걸까?

이상적인 모델 시스템:
무신론에 수반되는 부도덕한 행동

따라서 우리는 '자유의지 부재에 수반되는 난동'의 등가물, 즉 '무신론에 수반되는 부도덕한 행동'을 고려할 필요가 있다. '결과를 판단하는 전지전능한 누군가가 없기 때문에 우리는 자신의 행동에 대해 궁극적으로 책임질 필요가 없다'고 결론을 내릴 때, 사람들은 부도덕하게 행동할까? 도스토옙스키는 "신이 없다면 모든 것이 허용된다"**고 말했지만 말이다.

무신론자를 고려하기 전에, 심판하고 벌을 내리는 신은 보편적이지도 않고 고대와는 거리가 먼 존재라는 점을 알아둘 필요가 있다. 브리티시컬럼비아대학교의 심리학자 아라 노렌자얀의 흥미로운 연구에 따르면, 이러한 "도덕적 신"은 비교적 최근에 만들어진 문화적 발명품이다. 인류 역사의 99%를 지배해온 수렵채집인의 생활 방식은 도덕적 신을 발명하지 않았다. 물론 그들의 신은 때때로 최고 수준의 희생을 요구할 수도 있지만, 인간이 서로에게 친절한가에는 관심이 없다. 협력과 친사회성의 진화에 관한 모든 것은 친숙함과 호혜적 가능성에 기반한 안정적이고 투명한 관계에 의해 촉진된다. 이것이 바로 소규모 수렵채집 집단에서 도덕적 제약을 만들 수 있는 조건이며, '엿듣는 신'은 개입할 필요가 없다. 도덕적인 신을 믿는 종교는 인간이 더 큰 공동체에서 살면서 등장했다. 마을, 도시, 초기 국가로 이행해 처음으로 낯선 사람과의 빈번하고 일시적인 익명의 만남이 인류의 사회성에 포함되었다. 이로 인해 하늘에서 모든 것을 내려다보는 눈, 즉 세계 종교를 지배하는 도덕적 신을 발명할 필요성이 생겼다.[12]

따라서 도덕적 신에 대한 믿음이 우리를 규율한다면, 신앙이 결여될 경

** 정확히 말하면, 도스토옙스키의 소설 『카라마조프가의 형제들』에서 둘째 아들 이반이 한 말이다. —옮긴이

우 어디로 가게 될지는 불을 보듯 뻔하다. 이는 모든 무신론자가 언젠가 감내해야 하는 불가피한 언쟁을 낳는다.

> 유신론자: 신이 당신의 행동에 대해 책임을 물을 거라고 생각하지 않는다면, 어떻게 무신론자들이 도덕적이라고 믿을 수 있겠어요?
> 무신론자: 그건 종교인들도 마찬가지예요. 단지 지옥에서 불타버리지 않기 위해 그렇게 행동하는 거라면, 어떻게 당신들이 도덕적이라고 믿을 수 있겠어요?
> 유신론자: 적어도 우리에겐 도덕률이 있잖아요.
> 등등.

아무도 자유의지를 믿지 않는다면 우리는 어떻게 행동하게 될까? 사람들이 도덕적인 신을 믿지 않을 때 어떻게 행동하는지를 살펴보면 많은 것을 알 수 있다.

(사실 엄밀히 말해서 그렇지는 않다. 일반적인 상황에서, 종교에 대한 태도와 자유의지의 유무에 대한 태도가 필연적으로 연결되지는 않는다. 내가 무신론을 심도 있게 살펴보는 것은 '자유의지 개념 거부'라는 문제를 본격적으로 다루기 위한 워밍업일 뿐이다.)

타락하는 무신론자들

무신론자들은 정말 막무가내일까? 대부분의 사람들은 그렇게 믿고 있으며, 무신론자들에 대한 편견은 넓고 깊다. 무신론자를 사형 또는 징역형에 처할 수 있는 국가는 52개국에 달한다. 대부분의 미국인은 무신론자에 대해 부정적인 인식을 가지고 있으며, 무슬림(무신론자에 이어 2위를 차지함), 아프리카계 미국인, 성소수자LGBTQ, 유대인, 모르몬교에 대한 반감보다 무신론자에 대한 편견이 더 널리 퍼져 있다. 이러한 부정적 인식은 그 결과에도 스며들어 있다. 모의 배심원단은 무신론자에게 더 긴 징역형을 선고하고, 변호사는 의뢰인이 유신론자임을 강조함으로써 승소 가능성을 높이며, 사람들은 가상의 장기이식 대기자 명단에서 무신론자로 추정되는 사람의 이름을 아래로 내리고, 무신론자라는 이유로 부모에게서 자녀 양육권을 박탈하는 일이 벌어진다. 무신론자가 공직을 맡는 것을 금지하는 법이 일부 주에 여전히 존재하며, 계몽주의적 성향이 강한 주에서는 무신론자라는 이유로 유권자들이 특정 후보를 뽑지 않을 가능성이 크다. 미국에서는 무신론자가 종교인보다 임상적 우울증에 걸릴 확률이 더 높으며, 이는 무신론자가 소외된 소수자라는 지위(설문조사에 따르면 미국인의 약 5%)를 반영하는 것으로 보인다.* 13

무신론자에 대한 편견이 어이없는 곳에서 튀어나온 사례를 하나 소개한다. 켄터키대학교의 심리학자 월 거바이스와 맥신 나즐은 온라인에서 구매한 신발의 배송이 크게 지연되거나 아예 미배송돼 미국인들에게 큰 불만을 샀던 독일의 한 신발 회사에 대한 이야기를 들려준다. 회사 이름이 뭘까? 무신론자 신발Atheist Shoes이다. 이 회사는 미국으로 배송되는 신발의 절반에 회사명이 없는 라벨을 붙이고, 나머지 절반에는 회사명이 인쇄된 라벨을 붙이는 실험을 했다. 그랬더니 전자는 즉시 배달되었지만 후자는 자주 지연되거나 분실되었다. 미국의 우체국 직원들은 무신론자인 제화공들의 부도덕성에 맞서, 신을 믿는 미국인들이 실수로 그 신발을 신고 1킬로미터도 걷지 않도록 하기 위해 저항 행동을 취한 것이다. 유럽 내로 배송된 신발에서는

---

* 신의 부재로 인한 우울한 공허감 때문일까? 부분적으로 그럴 수도 있지만, 소수자라는 신분도 영향을 미쳤을 것이다. 현저히 세속적인 스칸디나비아 국가에서는 신앙심이 깊은 소수의 사람들이 우울증에 걸릴 확률이 더 높다.

그런 현상이 관찰되지 않았다.[14]

무신론자에 대한 편견은 왜 존재할까? 무신론자들이 종교인보다 덜 온화하거나 덜 유능한 사람으로 여겨져서가 아니다. 그보다는 언제나 도덕성과 관련된다. 대다수의 미국인과 방글라데시, 세네갈, 요르단, 인도네시아, 이집트 사람들의 90% 이상이 신을 믿는 것이 도덕성에 필수적이라는 광범위한 믿음을 갖고 있기 때문이다. 설문조사에 참여한 대부분의 국가에서, 사람들은 무신론을 연쇄 살인, 근친상간, 시수간necrobestiality* 등 도덕적 규범을 위반하는 행위와 연관시킨다. 한 연구에서, 독실한 기독교인들은 무신론에 관한 소책자를 읽을 때 본능적인 혐오감을 느낀다고 답했다. 무신론자조차도 무신론을 규범 위반과 연관시키는데, 이는 매우 한심한 일이다. 쯧쯧, 자기혐오에 빠진 무신론자여!**[15]

따라서 무신론자들이 언제든 난동을 부릴 수 있다는 기대는 사람들의 뇌리에 깊숙이 자리잡고 있다(심지어 종교인들도 '영적이지만 신앙심이 부족한' 동료들에 대해 정도는 덜하지만 비슷한 편견을 가지고 있다). 이제 핵심 질문으로 넘어가보자. 무신론자들은 실제로 종교인보다 친사회적 행동을 덜 하고 반사회적 행동을 더 많이 보일까?[16]

이런 질문에 대한 명확한 답을 얻는 데는 당장 큰 장애물이 있다. 어떤 신

---

* 시체성애증(시간)necrophilia과 수간bestiality의 합성어. 정말로? 무신론자들이 이제 짜증을 낼 것 같다.

** 무신론자에 대한 이러한 편견은 '과학자는 도덕적일 수 없다'는 광범위한 믿음과 맞물려 있다. 과학자들은 일반적으로 존경받고, 배려심, 신뢰성, 공정성 중시의 정도에서 '보통'으로 간주되며, 특별히 무신론에 경도되지는 않는다. 반면 과학자들은 충성심, 순수성, 권위에 대한 복종 등의 영역에서 부도덕한 존재로 여겨진다. 이런 면모가 거의 항상 틀림에도 불구하고 내가 납득할 수 있는 한 가지 이유는, 과학적 발견을 추구하기 위해 과학자들은 일부 사람들이 비도덕적이라고 여기는 일(예: 생체 해부, 인체 실험, 태아 조직 연구)을 주저하지 않는다는 것이다. 또 한 가지 이유는 다소 당황스러운데, 과학자들이 단지… 사실이라는 이유만으로 어떤 것을 공표함으로써 도덕적 규범을 기꺼이 훼손한다는 것이다.

약이 어떤 질병을 예방할 수 있는지 궁금하다고 가정해보자. 만약 당신이 연구자라면 어떻게 할까? 나이, 성별, 병력 등이 일치하는 두 그룹의 지원자를 무작위로 선정하여 절반에게는 진짜 약을, 절반에게는 가짜 약을 투여할 것이다(지원자는 어떤 약을 투여했는지 알지 못하도록 한다). 하지만 종교성 등을 연구할 때는 그렇게 할 수 없다. 백지 상태의 지원자들을 두 그룹으로 나눠 절반에게는 종교를 받아들이라고 요구하고 나머지 절반에게는 종교를 거부하라고 요구한 다음, 어느 쪽이 세상에서 더 착하게 사는지를 알아볼 수는 없는 노릇이기 때문이다.*** 누가 종교인이 되거나 무신론자가 되는지는 무작위가 아니며, 한 가지 예를 들면(나중에 다시 설명할 것이다) 남성이 여성보다 무신론자가 될 가능성이 두 배 이상 높다. 이와 마찬가지로, 자유의지 신봉자와 회의론자가 동전 던지기를 통해 그러한 입장을 취하게 되는 것은 아니다.

이러한 유신론자/무신론자 연구의 또다른 복잡성은, 종교와 종교성이 매우 이질적이라는 것이다. 무인도에 두 종류의 종교인(이를테면 유니테리언****교도와 복음주의 남침례교 신자)과 함께 고립된 경험이 있는 사람이라면 이해할 것이다. 이질성의 범위는 그 밖에도 다양하다. 어떤 종교를 믿는가? 평생 종교를 믿어온 사람인가, 아니면 최근에 개종한 사람인가? 그 사람의 종교성은 주로 신과의 개인적인 관계에 관한 것인가, 아니면 동종교인과의 관계에 관한 것인가, 아니면 일반적으로 인간 간의 관계에 관한 것인가? 그들의 신은 인자하고 너그러운가, 아니면 꾸짖고 벌주는 데 치중하는가? 그들은 주로 혼자서 기도하는가 아니면 여럿이 함께 기도하는가? 그들

*** 종교적 믿음이 건강에 도움이 되는 것으로 보인다는 연구 결과도 비슷한 문제를 안고 있다. "그래요, 당신은 믿기 시작하는군요. 거기 있는 분, 당신은 믿지 않고요. 우리 20년 후에 만나서 콜레스테롤 수치를 확인해봅시다."

**** 그리스도교의 정통 교의인 삼위일체론의 교리에 반하여, 그리스도의 신성을 부정하고 하느님의 신성만을 인정하는 교파. ─옮긴이

의 종교성은 생각, 감정, 의식儀式 중에서 어느 쪽에 더 중점을 두는가?* 17

그럼에도 불구하고, 방대한 문헌에 수록된 대부분의 연구가 '인간을 감시하는 신이 없다는 판단이 타락한 사람을 만든다'는 개념을 뒷받침한다. 무신론자들은 종교인에 비해 정직성과 신뢰성이 떨어지고, 실험 환경과 현실세계에서 모두 덜 자선적이며, 자원봉사에 더 적은 시간을 할애하는 것으로 나타났다. 무신론자/유신론자의 성품을 둘러싼 논란은 이로써 일단락된 것으로 간주하자. 이제 남은 질문은 '신이나 자유의지를 믿지 않는 사람이 믿는 사람보다 더 빨리 난동을 부리는가?'이다.

우리가 지금부터 할 일은 이런 일반적인 연구 결과를 해체하는 것이다. 왜냐하면 실제 상황은 전혀 다르며, 자유의지 회의론과 매우 중요한 연관성을 갖기 때문이다.

---

*   물론 덜 연구되었지만, 무신론의 스타일에도 유사한 이질성이 있다. 즉 분석적으로 자신의 입장에 도달한 사람과 감정적으로 도달한 사람, 믿음을 가지고 성장한 사람과 애초부터 믿음이 없었던 사람, 능동적인 사람과 수동적인 사람(이 장의 마지막을 기대하라), 점진적으로 무신론자가 된 사람과 번개처럼 갑자기 무신론자가 된 사람이 있다. 하지만 이러한 이질성 속에서도 대부분의 무신론자들은 분석적 경로를 통해 현재의 위치에 도달한 것으로 보이며(나는 아니다), 실험적 조작을 통해 더 분석적으로 생각하도록 유도된 피험자들에게서 종교적 믿음이 줄어든다는 연구 결과가 있다. 하지만 그럼에도 불구하고, 특정 종교의 문화와 의식을 수용하거나 비신자들로 구성된 인본주의 공동체의 안정적인 지원을 받는 무신론자들과, 고독한 방식으로 무신론을 실천하는 무신론자들이 있다. 이 모든 것은 소설 『캐치 22』에서 무신론자인 요사리안과 샤이스코프 부인이 자신들이 믿지 않는 신의 본질에 대해 벌이는 논쟁을 떠올리게 한다. 비통한 요사리안은 신의 잔인함에 대해 그가 느끼는 폭력과 증오라는 감정을 자신이 표현할 수 있도록 신이 있었으면 좋겠다고 말하고, 샤이스코프 부인은 이러한 신성모독에 겁을 먹으며 자신은 신을 믿지 않지만, 따뜻하고 사랑스럽고 자비로운 분일 거라고 주장한다.

말 vs. 행동

가장 먼저 다루어야 할 문제는, 어찌 보면 너무 당연해서 생각할 필요도 없을 듯한 문제다. 만약 당신이 연구자라면 연구 대상자가 얼마나 자선적인지 관찰할까, 아니면 자선단체에 얼마나 자주 기부하는지 물어볼까? 물론 후자일 것이다. 하지만 누군가에게 기부 횟수를 물어본들, 그들이 얼마나 자선적인 사람으로 보이고 싶어하는지를 알 수 있을 뿐이다. 아니나다를까 관련 문헌의 대부분은 경험적 데이터보다는 '자기 보고'에 기반하며, '종교인들은 무신론자들보다 도덕적 평판을 유지하는 데 더 많은 관심을 보인다'는 결론을 내린다. 이는 사회적으로 바람직해 보이고자 하는 종교인들의 일반적인 성격 특성에서 비롯된 것으로,[18] 의심할 여지 없이 유신론자들이 무신론자들보다 응집력 있는 사회집단의 맥락에서 도덕적인 삶을 살 가능성이 더 높다는 사실을 반영한다. 또한 종교인이 많은 국가일수록 사회적으로 바람직해 보이는 데 종교인이 더 신경쓴다. [19]

하지만 사람들의 말을 듣는 것이 아니라 실제로 그들의 행동을 관찰하면 이야기가 달라진다. 즉 헌혈 빈도, 팁의 액수, '무인' 상점 결제 여부에서 유신론자와 무신론자 사이에 차이가 없으며, 이타주의, 용서, 감사 표현에서도 차이가 없는 것으로 나타난다. 또한 피험자가 규범 위반에 대해 보복할 수 있는 실험 환경(예: 누군가에게 '충격으로 간주되는 행위'를 가하는 게 허용될 경우)에서도 공격적이거나 복수심에 불타는 행동에는 차이가 없다.[20]

따라서 사람의 말보다 행동을 관찰하면, 유신론자와 무신론자 사이의 친사회성 차이는 대부분 사라진다. 자유의지 신봉자와 회의론자를 연구할 때 얻을 수 있는 교훈은 분명하다. 종합적으로, 실험 환경에서 '사람들이 실제로 무엇을 하는지'를 조사한 연구들은 두 집단 간의 윤리적 행동에 차이가 없음을 보여준다.

늙고, 부유하고, 사회화된 여성 vs.
젊고, 가난하고, 고독한 남성

다시 자기선택의 문제로 돌아가서, 무신론자와 비교했을 때 종교인은 여성이고, 나이가 많고, 기혼이며, 사회경제적 지위가 높고, 더 크고 안정적인 소셜네트워크를 가지고 있을 가능성이 높다. 이러한 특성은 종교와 무관하게 모두 높은 수준의 친사회적 행동과 관련되기 때문에, 그야말로 혼동의 지뢰밭이라고 할 수 있다.[21]

안정적인 소셜네트워크에 속해 있음은 정말 중요한 것 같다. 예를 들어, 종교인에게서 발견되는 자선활동과 자원봉사의 증가는 '기도 빈도'가 아니라 '예배 참석 빈도'의 함수이며, 무신론자의 경우에도 사정은 마찬가지여서 긴밀한 공동체에 참여하는 빈도가 높을수록 더 좋은 이웃이 된다(비슷한 맥락에서, 사회 공동체 참여를 통제하면 유신론자와 무신론자의 우울증 비율 차이가 현저히 줄어든다). 성별, 연령, 사회경제적 지위, 결혼 여부, 사회성을 통제하면 유신론자와 무신론자 사이의 차이점은 대부분 사라진다.[22]

이 점이 자유의지 문제와 어떤 관련이 있는지는 분명하다. 자유의지를 믿거나 믿지 않는 정도, 그리고 그러한 견해가 실험적으로 얼마나 쉽게 변경될 수 있는지는 아마도 연령, 성별, 교육 등에 관한 변수와 밀접히 관련될 것이며, 이러한 변수가 실제로는 난동의 더 중요한 예측 변수일 수 있다.

암묵적 점화:
착하게 살아야 한다고 상기시킬 때

종교인이 무신론자보다 더 친사회적인 성향을 보이는 경우는 누군가가 그들의 종교성을 상기시킬* 때다. 이것은 명시적으로도 가능하다. "당신은 스스로를 종교적이라고 생각하나요?" 더 흥미로운 것은 암묵적 점화implicit priming로 인해 종교인이 더욱 친사회적으로 나아가는 경우다. 예를 들어 종교인에게 종교 용어가 포함된 단어들을 재배열하게 하거나 십계명을 나열하게 하면, 세속적인 단어들을 재배열하거나 고등학교 때 읽은 책 10권을 나열한 경우에 비해 더 친사회적인 성향을 보인다. 다른 접근 방법으로는 피험자에게 교회가 있는 블록과 없는 블록을 걷게 하거나, 실험실의 배경음악으로 종교적인 음악과 세속적인 음악을 틀어놓는 방법도 있다.[23]

이러한 연구들을 종합해보면, 종교적 점화religious priming가 종교인의 장점을 이끌어내어 더 자선적이고 관대하고 정직하고, 유혹에 더 저항하고, 더 자제력을 발휘하게 만든다는 것을 알 수 있다. 이러한 연구에서 가장 효과적인 암묵적 점화는 신의 보상과 처벌을 떠올리게 하는 것이었다(이는 'lehl'이나 'neehav'를 재배열하게 하면** 어떤 행동이 유발될까 하는 흥미로운 의문을 제기한다).[24]

그렇다면 다음과 같은 추론이 가능하다. 자신의 종교적 원칙에 대해 생각하지 않을 때, 종교인들은 무신론자들과 마찬가지로 부도덕의 늪에 빠지게 된다. 그러나 그들에게 정말로 중요한 것이 무엇인지를 상기시키면 흑광이 나타난다.

여기에는 두 가지 복잡한 문제가 있다. 첫번째는, 많은 연구에서 암묵적인 종교적 점화가 무신론자를 더 친사회적으로 만든다고 밝혀졌다는 것이다. 요컨대 산상수훈에서 좋은 교훈을 얻기 위해 굳이 기독교인이 될 필요는 없다는 것이다. 더 많은 시사점을 주는 문제는, 종교인의 친사회성이 종교적 점화에 의해 촉진되는 것과 똑같은 수준으로 무신론자의 친사회성이 올바른 종류의 세속적 점화에 의해 촉진된다는 것이다. "착하게 살아야 해. 안

그러면 곤경에 처할 거야"라는 메시지는 'alij' 또는 'eocpli'에 의해 확실히 점화될 수 있다.* 무신론자의 친사회성은 또한 '시민' '의무' '자유' '평등'과 같은 고상한 세속적 개념에 의해 촉발된다.** [25]

다시 말해서 개인의 윤리적 입장, 도덕적 원칙, 가치관을 명시적·암묵적으로 상기시키면 유신론자와 무신론자 모두에게 동일한 수준의 품위를 고양할 수 있다. 다만 두 집단의 친사회성은 서로 다른 가치와 원칙에 기반을 두고 있으며, 따라서 서로 다른 맥락에서 점화된다.

이에 무엇이 도덕적 행동으로 간주되는지가 중요한 이슈로 떠오르는 것이 당연하다. 뉴욕대학교의 심리학자 조너선 하이트는 도덕적 관심사를 순종, 충성, 순결, 공정성, 피해 방지와 관련된 다섯 가지 영역으로 분류했다. 그의 영향력 있는 연구에 따르면, 정치적 보수주의자와 종교인은 특히 순종, 충성, 순결을 중시하는 방향으로 기울어져 있다. 반면 좌파와 비종교인은 공정성과 피해 방지에 더 많은 관심을 기울인다. 이는 도덕적 딜레마에 접근하는 두 가지 거창한 철학적 원리로 설명할 수 있다. 하나는 의무론으로, 어떤 행위의 도덕성은 그 결과와 무관하게 평가되어야 한다는 것이다 ("얼마나 많은 생명을 구하든 상관없이, …은 결코 옳지 않다"). 다른 하나는 결과론으로, 어떤 행위의 도덕성을 평가할 때 결과를 고려해야 한다는 것이다 ("나는 일반적으로 X에 반대하지만, 이 경우에는 그것의 이점이 …을 상회한다"). 그렇다면 유신론자와 무신론자 중 어느 쪽이 의무론자일까? 경우에 따라 다르지만 종교인들은 순종, 충성, 순결에 대한 의무론을 지향하는 경향이 있으며, 명령 불복이나 집단을 배신하거나 신성모독을 결코 용납하지 않는

---

*　　alij → jail(감옥), eocpli → police(경찰). ─ 옮긴이

**　문제가 발생했을 때 무신론자들은 유신론자들이 이용할 수 있는 '더 큰 위안의 구조'가 부족하다는 개념과 흥미로운 유사점이 있다. 실제로 많은 무신론자들은 이러한 시기에 과학에 대한 믿음에 의지하여 위안을 얻는다.

다. 그러나 공정성과 피해 방지 문제 면에서는 무신론자들도 종교인만큼이나 의무론적인 경향이 있다.[26]

가치관의 차이는 또다른 방식으로 나타난다. 종교성이 높은 사람들은 선행을 개인적이고 사적인 맥락에서 바라보는 경향이 있는데, 이는 종교적인 미국인들이 세속적인 사람들보다 소득의 더 많은 부분을 자선단체에 기부하는 이유를 설명하는 데 도움이 된다. 반대로 무신론자들은 선행을 집단적 책임으로 여길 가능성이 높으며, 이는 불평등 해소를 위해 부의 재분배를 주장하는 후보를 지지할 가능성이 높은 이유를 설명하는 데 도움이 된다. 따라서 누가 반사회적 행동을 할 가능성이 더 높은지 판단하려고 할 째, "가난한 사람들을 위해 자선단체에 얼마를 기부하시겠습니까?"라는 질문을 던진다면 무신론자는 반사회적 인물로 분류될 것이다. 하지만 "가난한 사람들에게 더 많은 사회복지를 제공하기 위해 세금을 더 많이 내시겠습니까?"라는 질문이라면 다른 결론에 도달할 것이다.[27]

그렇다면 자유의지 신봉자와 회의론자의 차이점은 무엇일까? 당연한 이야기지만, '점화제가 무엇'이고 '어떤 가치를 불러일으키느냐'에 달려 있다. 간단한 예측 방법이 있다. 예를 들어 누군가에게 "Captaim of yeur gate"*** 에서 철자가 틀린 부분을 찾아내도록 요청함으로써 암묵적 점화를 촉발하면, 자유의지 신봉자들은 더 많은 영향을 받아 더 많은 자제력을 발휘하는 방향으로 반응할 것이다. 반대로 "Victin of vircumsrance"****라는 구절을 제시하면 자유의지 회의론자들은 덜 징벌적이고 더 관대한 방향으로 반응할 것이다.

*** Captain of your fate(당신의 운명의 선장).—옮긴이

**** Victim of circumstance(환경의 희생자).—옮긴이

무신론자들의 도덕성:
종교인의 영향 vs. 자체발광

앞 섹션의 내용은, '우리의 죄를 처벌할 전지전능한 존재는 없다'고 믿는다고 해서 무신론자들이 도덕적 나락으로 떨어지지는 않음을 시사한다. 그러나 인용된 연구의 상당 부분이 (무신론자라고 답한 사람이 약 5%에 불과한) 미국인을 대상으로 했다는 점에 유의해야 한다. 우리는 종교적 점화에 의해 무신론자의 도덕성이 향상될 수 있음을 확인했는데, 어쩌면 무신론자들의 상대적 도덕성은 그들을 둘러싼 유신론자들의 도덕성이 전염되었기 때문인지도 모른다. 만약 대부분의 사람들이 무신론자나 비종교인이 된다면, 즉 모두가 신에게 벌을 받지 않으려고 선량해지는 데서 해방된다면 어떤 사회가 만들어질까?

도덕적이고 인도적인 사회가 될 것이다. 이 결론은 사고실험에 근거한 것이 아니다. 나는 지금부터 유토피아를 꿈꾸는 스칸디나비아 사람들에 대해 이야기하려 한다. 20세기를 거치면서 이 지역의 종교성은 곤두박질쳤고, 급기야 스칸디나비아 국가들은 세계에서 가장 세속적인 국가가 되었다. 종교성이 매우 강한 미국과 비교하면 어떨까? 삶의 질과 건강에 대한 연구에 따르면, 스칸디나비아인들은 (행복과 웰빙, 기대수명, 영아사망률, 출산 중 사망률 등의 지표 면에서) 월등히 나은 삶을 영위하고 있을 뿐만 아니라 빈곤율도 낮고 소득불평등도 미미한 것으로 나타났다. 또한 반사회적 행동이 만연한 정도, 범죄율, 폭력과 유해한 공격성—전쟁에서부터 범죄폭력, 학교 내 괴롭힘, 체벌에 이르기까지—의 비율도 더 낮았다. 또한 친사회성을 나타내는 일부 지표로 보면, 스칸디나비아 국가들이 자국민을 위한 사회복지* 사업과 빈곤 국가를 위한 원조에 지출하는 1인당 금액도 더 많았다.[28]

이는 단순히 '루테피스크**를 즐기는 스칸디나비아인'과 '땀흘려 일하는 자본주의적 미국인'의 차이만이 아니다. 광범위한 지역 간 비교에서, 한 지역의 종교인 비율이 낮을수록 살기 좋음을 나타내는 모든 지표가 양호할 것으로 예측된다. 또한 국가 간 비교에서도 한 국가의 종교인 비율이 낮을수록 부패 수준이 낮고, 소수 인종과 민족에 대한 관용도가 높고, 문해율이 높고, 전체적인 범죄율과 살인율이 낮으며, 전쟁 빈도가 낮아질 것으로 예측된다.[29]

늘 그렇지만, 이와 같은 상관관계 연구는 원인과 결과에 대해 아무것도 말해주지 않는다는 큰 문제점을 안고 있다. 즉 종교인의 비율이 낮기 때문에 정부가 빈곤층을 위한 사회복지 사업에 더 많은 금액을 지출한 것일까, 아니면 정부가 사회복지에 더 많은 금액을 지출하기 때문에 종교인의 비율이 낮아진 것일까(아니면 둘 다 제3의 요인에서 비롯된 것일까)? 종교성 쇠퇴와 스칸디나비아식 사회복지 모델이 동시에 나타났기 때문에, 잘 알려진 스칸디나비아의 사례로도 명확한 결론을 내리기는 어렵다. 아마도 두 가지 모두에 해당할 것이다. 선한 일에 대한 집단적 책임을 선호하는 무신론자들은 분명 스칸디나비아식 모델을 발전시키는 데 도움이 될 것이다. 그리고 사회가 경제적으로 더 안정되고 안전해지면 종교인의 비율이 감소할 것이다.[30]

이러한 '닭이 먼저냐 달걀이 먼저냐'라는 복잡한 문제와는 별개로, 종교성이 낮은 국가들이 난동을 부리는 시민들로 가득차 있는지에 대해서는 명확한 답이 있다. 전혀 아니라는 것이다. 사실 그런 나라들은 에덴동산이나

다름없다.*

따라서 무신론자의 도덕성이 유신론자와 동등하다는 것은, 단순히 (신에게 감사하게도) 전자가 후자의 풍부함에 영향을 받기 때문은 아니다. 내 생각에는 자유의지 회의론자들도 마찬가지다. 그들이 윤리적으로 행동하는 게 단순히 '주체의식이 넘치는 사람들'로 둘러싸인 소수이기 때문은 아니다.

이는 '종교인이 무신론자보다 더 친사회적인지'를 평가하는 것은 물론 '자유의지 신봉자가 자유의지 회의론자보다 더 친사회적일 수 있는지'를 따져보는 데에서 가장 중요한 점을 우리에게 알려준다.

종교인의 친사회성:
동종교인 vs. 타종교인

그러나 종교인의 자기 보고 또는 인구통계학적 상관관계와 같은 요인을 통제하고, 친사회성에 대한 광범위한 정의를 고려한 후에도, 일부 실험 환경과 실제 환경에서 종교인이 여전히 무신론자보다 더 친사회적인 것으로 나타났다. 이는 우리에게 매우 중요한 점을 알려주는데, 바로 종교적 친사회성이란 대부분 자기와 비슷한 사람에게만 적용된다는 점이다. 사람의 팔은 안으로 굽기 마련이다. 예를 들어, 경제 게임에서 종교적 피험자의 높은 정직성은 동종교인인 참가자에게만 선택적으로 적용되며, 이는 종교적 점화에 의해 더욱 극단적으로 나타난다. 또한 종교인의 자선활동이 활발한 것은 동종교

---

* 나의 명백한 열정에도 불구하고, 스칸디나비아 국가들이 작고 인종적·언어적으로 동질적인 국가라는 점에서 평등주의적 마일리지를 많이 쌓아왔으며, 동질성이 감소하면 미국적인 문제들이 더 많이 나타난다는 점을 지적하는 것이 중요하다. 그리고 스칸디나비아에는 아바ABBA라는 구심점이 있다.

인에게 더 많이 기부하기 때문이며, 현실세계에서 종교성이 높은 사람들의 자선활동의 대부분은 자신이 속한 집단에 대한 자선으로 구성된다.[31]

물론 혼동을 경계해야 하지만, 종교인의 친절은 허구일지도 모른다. 종교인들은 같은 종교인들과 함께 생활할 가능성이 높기 때문에 그들에게 더 친절할 수도 있다. 따라서 그들의 친절은 종교성이 아니라 친숙함에서 비롯된 것일 수도 있다. 그러나 친숙함이 유일한 변수는 아니다. 예컨대 15개의 서로 다른 사회를 대상으로 진행한 비교문화 연구에서, 종교인에 대한 내집단 편애는 한 번도 만난 적 없는 먼 곳의 같은 종교인에게까지 확대되는 것으로 나타났다.[32]

따라서 보편적 선에 대한 주장에도 불구하고 유신론적 선은 내집단에 한정되는 경향이 있다. 더욱이 이러한 경향은 근본주의 신앙과 권위주의가 특징인 종교 집단에서 특히 두드러진다.[33]

그렇다면 외집단의 구성원들은 어떤 대우를 받을까? 이러한 상황에서는 무신론자들이 종교인보다 더 친사회적으로 행동하고, 아웃사이더들에게 더욱 수용적이며 도움의 손길을 뻗는다. 또한 종교적 점화는 종교인이 외집단 구성원에 대해 더 많은 편견을 갖도록 만들 수 있는데, 여기에는 복수심과 그들의 죄악을 응징하려는 의지가 포함될 수 있다. 한 고전적 연구에서, 기독교를 믿는 학생들은 무고한 사람을 괴롭히는 일을 용납하지 않았지만… 구약성서에서 여호수아가 무고한 여리고 주민들을 멸망시킨 구절을 읽은 다음에는 태도가 돌변했다. 다른 연구에서, 종교적 점화는 근본주의적인 서안지구 유대인 정착민들이 팔레스타인인을 살해한 유대인 테러리스트를 두둔하게 만드는 것으로 나타났다. 한 연구에서, 독실한 기독교인은 단순히 교회를 지나가기만 해도 무신론자, 소수민족, LGBTQ에 대해 더 부정적인 감정을 표현하는 것으로 나타났다. 또다른 연구에서, 기독교인 피험자에게 기독교 버전의 황금률을 들려주었더니 동성애 혐오가 줄어들지 않았지만, 불교 버전의 황금률을 들려주었더니 동성애 혐오가 증가했다.* 마지막으로, 자주 인용되는 몇몇 연구에서는 피험자가 게임에서 상대방에게 얼마나 공격적인지(예: 다른 참가자와 실력을 겨룰 때 얼마나 요란한 소리를 내는지)를 조사했다. 그 결과 피험자가 신이나 성경을 언급하는 구절을 읽었을 때, 그렇지 않은 구절을 읽었을 때에 비해 이러한 공격성이 더욱 증가하는 것으로 나타났다. 또한 묘사가 동일하더라도, 신이 승인한 복수에 대한 성경 구절을 읽었을 때, 신이 승인하지 않은 복수에 대한 성경 구절을 읽었을 때보다 공격성이 훨씬 더 증가하는 것으로 나타났다.[34]

요컨대 다양한 연구에 따르면, '유신론자가 무신론자보다 더 많은 친절을 베푸는지'는 친절의 수혜자가 누구인지에 따라 달라진다. 그에 더하여, 이러한 문제를 조사한 대부분의 실험 연구에는 '피험자들이 내집단 구성원에 대해 어떻게 생각하는지'도 포함되어 있다. 이 주제를 연구하는 교수가 심리학개론 수강생들을 모집하여, 그들이 얼마나 관대하고 신뢰할 만한지에 대한 연구에 참여하도록 독려한다고 상상해보라. 그 일환으로, 학생들은 마치 옆방에 있는 것처럼 보이는 누군가와 온라인 경제 게임을 하게 된다. 학생들이 암묵적으로 옆방에 있다고 가정한 상대는 누구일까? 실제 같은 반 친구? 부탄에서 온 야크 목동? 이와 같은 실험 설계는 피험자로 하여금 — 가설적이든 아니든 — 다른 참가자를 내집단 구성원으로 생각하도록 암묵적으로 유도함으로써, 유신론자의 친사회성이 무신론자보다 지나치게 높게 평가되도록 점화할 수 있다는 문제점이 있다.

유신론자와 무신론자 비교는 이 정도로 하고 관점을 바꿔서 자유의지 신

봉사와 회의론자를 비교할 때 '친절의 수혜자가 누구인가'라는 문제는 어떻게 작용할까? 내 생각이지만, 자유의지 신봉자들은 무언가를 위해 추가적 노력을 기울이는 사람을 도와야 한다는 도덕적 의무감(도구적 전략보다)을 더 많이 느끼는 반면, 자유의지 회의론자들은 자신과 매우 다른 사람의 행동을 이해해야 한다는 의무감을 더 많이 느낄 것 같다.

이 섹션의 광범위한 질문으로 돌아가보자. '우리의 행동을 판단할 전지전능한 힘은 없다'는 믿음이 우리의 도덕성을 저하시킬까? 겉보기에는 그런 것 같다. 즉 사람들에게 '당신의 도덕성을 입증하라'고 하기보다 '당신이 얼마나 도덕적인지 말하라'고 요구하거나, 동등한 상징적 힘을 가진 세속적 단서가 아닌 종교적 단서로 사람들을 점화하는 한 그렇다. 그리고 '선한 행위'가 집단적이기보다는 개인주의적이고, 내집단 구성원을 대상으로 하는 한 그렇다. 그러나 제대로 검토해보면, 도덕적 신의 존재에 대한 회의론이 특별히 비도덕적인 행동을 유발하지는 않는다는 걸 알 수 있다. 이는 자유의지에 대한 회의론이 왜 특별히 비도덕적인 행동을 유발하지 않는지를 설명하는 근본적인 이유와 관련이 있다.

이제 언제 난동을 부릴지 모르는 회의론자들의 위협과 관련하여 가장 중요한 점을 알아보기로 하자. 결론부터 말해서, 우리의 탐구는 애초부터 번지수가 잘못되었다. 자유의지 신봉자와 회의론자의 차이를 묻는 것은 잘못된 질문이다.

무관심의 계곡 속으로

다음과 같은 U자형 곡선을 생각해보자.

왼쪽(A)에는 자유의지가 없다고 굳게 믿는 사람들이 있고, 저점(B)에는 자유의지에 대한 믿음이 약간 유동적인 사람들이 있으며, 오른쪽(C)에는

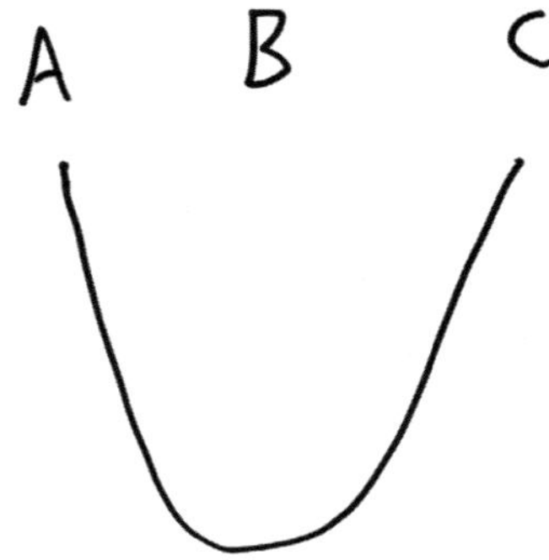

자유의지에 대한 믿음이 흔들리지 않는 사람들이 있다.

다시 크릭의 유혹으로 돌아가자. 자유의지가 완전히 거부되는 경우는 드물다는 점을 고려할 때, 지금까지 검토한 연구에 참여한 지원자 집단은 거의 확실하게 B 또는 C 범주에 속하는 사람들로 구성되었다고 볼 수 있다. 이러한 연구들을 종합해보면 무엇을 알 수 있을까?

— 첫째, 자유의지를 믿는 사람들이 '자유의지는 존재하지 않는다'는 논문을 읽었을 때 평균적으로 자유의지에 대한 믿음이 약간 감소했겠지만 편차가 심했을 텐데, 이는 일부 사람들이 자유의지 반대론에 흔들리지 않는다는 사실을 반영하는 것이다. 따라서 신념이 변화하는 피험자는 B 범주, 흔들리지 않는 피험자는 C 범주에 속한다고 생각할 수 있다.

— 자유의지에 대한 믿음이 많이 바뀔수록 실험에서 비윤리적으로 행동할 가능성이 더 높아진다.

다시 말해서 인간의 주체성과 책임의 본질에 대한 믿음에 관한 한, 난동을 부릴 만한 사람들은 C 범주에 속하는 사람들이 아니라 B 범주에 속하는 사람들이라는 것이다. 그렇다면 모든 문헌들은 우리가 정말로 관심을 갖고 있는 문제, 즉 'A 범주와 C 범주의 도덕적 올바름에 차이가 있는가?'라는 질문을 비켜간 셈이다.

내가 알기로는 호주 멜버른대학교의 심리학자 데이미언 크론과 철학자 닐 레비가 수행한 단 한 건의 연구만이 이 명확한 질문을 조사했는데, 레비의 아이디어는 앞에서 논의한 바 있다. 피험자들은 자유의지를 굳게 믿거나 자유의지 회의론을 오랫동안 표명해온 사람들이었다. 정말 훌륭한 이 연구에서, 크론과 레비는 특정 피험자들이 자유의지를 거부하는 이유를 조사하여 과학적 결정론자("당신의 유전자가 당신의 미래를 결정한다"*)와 운명론적 결정론자("미래는 이미 운명에 의해 결정되었다")를 대조하기도 했다. 다시 말해서, 이들은 서로 다른 감정적·인지적 경로를 통해 자신의 입장에 도달한 자유의지 회의론자들이었다. 이들의 공통점은 오래전에 자유의지에 대한 믿음을 거부했다는 점이었다.[35]

연구 결과는? 자유의지 회의론자(어떤 유형이든)와 자유의지 신봉자는 윤리적 행동에서 동일한 경향을 보였다. 그리고 궁극적으로 모든 것을 말해주는 결과로서, 자유의지에 대한 입장에 관계없이 도덕적 정체성이라는 기준에 입각하여 자신을 가장 잘 정의하는 사람들이 가장 정직하고 관대한 것으로 나타났다.[36]

종교적 신념과 도덕성을 고려할 때도 동일한 패턴이 유지된다. A 범주는 "종교를 잃은 것이 내 인생에서 가장 외로운 순간이었다"라거나 "신앙생활을 오랫동안 계속할 수도 있었겠지만, 나는 그때 신학교를 그만두었다"라는 등 무신론자로 전향하는 과정에서 큰 변화를 겪은 사람들이다. C 범주

---

* 3장에서 강조한 것처럼, 유전자는 미래를 결정하는 것이 아니라 환경에 따라 다른 방식으로 작용한다. 그럼에도 불구하고 '그것은 모두 유전적이다'라는 입장은 '그것은 모두 생물학적이다'라는 입장을 대신할 수 있다.

는? 신앙이 주일날 케이크가 아니라 일용할 양식인 사람들,* 자신의 모든 행동에서 자신이 누구이고 하느님이 무엇을 기대하는지 보여주는 사람들**이다. 그리고 B 범주에는 "신을 믿지 않는다고 말하는 것은 스키를 타지 않는다고 말하는 것과 같다"고 말하는 무신론자***에서부터 습관·관습·향수鄉愁 때문에 교회를 다니는 사람들 — 어린이들이 이렇다 — 까지 다양한 부류의 사람들이 포함되어 있다. 유신론자인 미국인의 90% 중에서 50%가 정기적으로 예배에 참석하지 않는다는 점을 고려할 때, 그중 약 절반이 아마도이 범주에 속할 것이다. 매우 중요한 점은, 윤리적 행동에서는 양극단에 위치한 사람들(고지식한 유신론자와 고지식한 무신론자) 간의 유사성이 B 범주에 속하는 사람들 간의 유사성보다 더 크다는 점이다.[37]

예컨대 종교성이 높은 사람과 세속성이 높은 사람은 성실성 테스트에서 동일한 점수를 받았는데, 이 점수는 B 범주 그룹이 받은 점수보다 높았다. 복종에 관한 실험적 연구(일반적으로 피험자가 누군가에게 충격을 주라는 명령에 얼마나 기꺼이 복종하는지를 조사한 스탠리 밀그램의 고전적 연구를 변형한 것)에서는 종교적 "온건파"의 복종률이 가장 높은 반면, "극단적 신자"와 "극단적 비신자"는 똑같이 저항하는 것으로 나타났다. 다른 연구에서, 개인 수입을 희생하면서까지 소외계층을 돌보기로 선택한 의사들은 불균형적으로 매우 종교적이거나 매우 비종교적이었다. 또한 홀로코스트 당시 목숨을 걸고 유대인을 구한 사람들에 대한 고전적인 연구에 따르면, 다른 사람을 외면할 수 없었던 이들은 매우 종교적이거나 매우 비종교적일 가능성이 불균형적으로 높았다.[38]

330

　사람들이 자유의지에 대한 믿음을 철회한다고 해서 반드시 하늘이 무너지는 것은 아니라는 낙관론의 가장 중요한 이유가 여기에 있다. 어린 시절의 특권이나 역경이 전두피질의 발달에 어떤 영향을 미치는지에 대해 오랫동안 고민한 끝에 "자유의지는 존재하지 않으며, 이것이 바로 그 이유다"라는 결론을 내린 사람들이 있다. 그들은 같은 문제에 대해 오랫동안 곰곰이 생각해 보고 "자유의지는 여전히 존재하며, 이것이 바로 그 이유다"라고 결론을 내린 사람들의 거울이다. 이 둘의 유사점은 궁극적으로 차이점보다 더 크며, 극명한 대조를 이루는 것은 도덕적 품위의 근원에 대한 질문에 "관심 없음"이라는 반응을 보이는 사람들과 그들의 모습이다.

12장

우리 몸속의 오래된 장치: 변화는 어떻게 일어나는가?

이 책의 목표는 사람들이 도덕적 책임, 비난과 칭찬, 자유로운 행위자라는 개념에 대해 다르게 생각하고 느끼도록 만드는 것이다. 그리고 무엇보다도, 우리가 행동하는 방식의 근본적인 측면을 바꾸고자 한다.

우리가 일상생활에서 맞닥뜨리는 수많은 것들은 우리의 행동을 변화시키려고 한다. 대부분의 연설, 강연, 책이 하는 일도 그렇다. 예를 들어 누구에게 찬성표를 던질지, 우주의 처음 7일이 어떠했다고 믿는지, 전 세계 노동자들과 단결하여 사슬을 끊기 위해 노동운동에 투신할지 등이다. 설득, 권유, 모집, 강요, 거부, 유도, 유혹 등 우리가 대인관계에서 행하는 수많은 상호작용도 마찬가지다. 물론 광고하는 물건을 사면 남은 인생의 모든 순간이 훨씬 더 행복해질 것이라며 당신의 행동을 바꾸게 하려는 노력도 있다.

이 모든 방식은 당신과 다른 모든 사람들의 행동을 바꾸기 위한 것이다.

사정이 이러하다보니 거대한 질문이 제기된다. 11장의 질문은 "만약 사람들이 자유의지에 대한 믿음을 철회한다면 도덕적 혼란이 일어나지 않을까?"였다. 이번 장의 질문은 "만약 자유의지가 존재하지 않는다면, 어떻게 변화가 일어날 수 있을까?"이다. 이 문장을 읽은 직후 당신은 어떻게 마음

을 바꾸어 브라우니를 먹기로 결정하는 것일까? 만약 세상이 중요한 수준
에서 결정론적이라면 모든 것이 이미 결정되어 있을 텐데?

정답은, 당신의 마음을 바꾸는 주체는 당신이 아니라는 것이다. 마음이
란 이전의 모든 생물학적 순간들의 최종 산물로, 주변 환경에 의해 변화하기
때문이다. 이는 당신이 어떻게 기능하는지에 대한 직관과 양립할 수 없는
완전히 불만족스러운 응답처럼 보인다.

따라서 이 장의 목표는 '자유의지는 존재하지 않는다'와 '변화는 일어난
다'는 상반된 듯한 사실을 조화시키는 것이다. 이를 위해 우리는 인간보다
훨씬 단순한 유기체의 행동이 어떻게 변화하는지를 분자와 유전자 수준에
서 살펴볼 것이다. 그다음에는 인간의 행동 변화를 고려할 것이다. 바라건
대 이를 통해 매우 중요한 점이 분명해질 것이다. 우리의 행동이 변화할 때,
그 근저에 깔린 생물학의 주제와 모티프는 이러한 단순한 생물체에서 볼
수 있는 것과 차원이 다르다. 그럼에도 불구하고 두 가지 생물학은 동일한
분자, 유전자, 신경 기능 메커니즘을 공유한다. 당신이 '어떤 이방인 그룹의
관습이 당신과 다르다'는 이유로 편견을 가질 때 일어나는 행동 변화의 근
간이 되는 생물학은 갯민숭달팽이가 (연구자가 가하는) 충격을 피하는 법을
배울 때와 동일하다. 그 변화가 일어날 때 이 민달팽이는 자유의지를 발휘
하지 않는 것이 분명하다. 놀랍게도, 그리고 아마도 가장 중요한 것은 행동
변화를 설명하는 이러한 생물학적 장치의 오래됨과 편재성이 결국 낙관론
의 근거가 된다는 점이다.

아가미 보호

먼저 갯민숭달팽이, 특히 길이가 60센티미터가 넘는 거대한 갯민숭달팽이
인 캘리포니아군소(학명: *Aplysia californica*)부터 살펴보자. 신경과학자들은

이 종을 사랑해서 이 종에 대한 오페라를 쓸 지경이다. 왜냐하면 20세기 신경과학 연구에서 가장 중요하고 아름답고 영감을 주는 연구 중 하나가 이 종을 통해 이루어졌기 때문이다.

군소의 표면에는 아가미가 있는데, 아가미는 군소의 생존에 가장 중요한 역할을 한다. 수관이라고 불리는 아가미 주변 영역을 살짝 건드리면, 군소는 아가미를 보호하기 위해 잠시 동안 안쪽으로 오므린다.

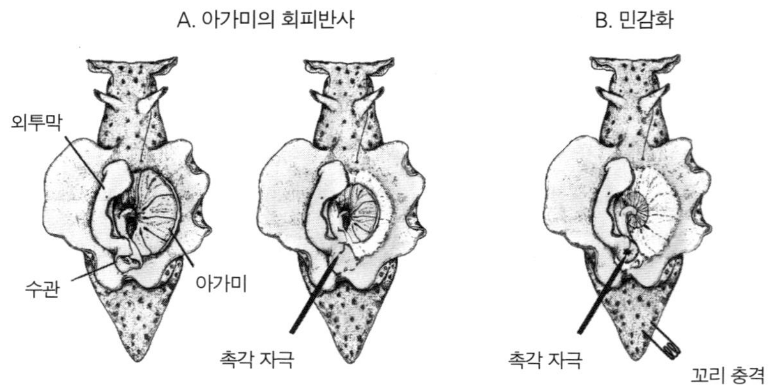

이 모든 것을 뒷받침하는 회로는 간단하다. ① 수관 전체에 감각뉴런SN이 분포되어 있는데, 이 뉴런은 수관에 무언가가 닿으면 활동전위를 갖는다. 일단 활성화되면, SN은 운동뉴런MN을 활성함으로써 아가미를 움츠리게 한다.

② 아가미는 생존에 필수적인 요소이며, 군소는 SN-MN 연결이 실패할 경우를 대비하여 백업 경로를 진화시켰다. 즉 SN은 작은 국소적 흥분성Exc 결절로도 투사를 보내는 것으로 밝혀졌다. 따라서 수관을 건드리면 SN은 MN과 Exc 결절을 모두 활성화하고, 후자는 MN에 투사를 보내어 활성화한다. 그러므로 SN-MN 연결이 실패하더라도 SN-Exc-MN 경로를 사용할

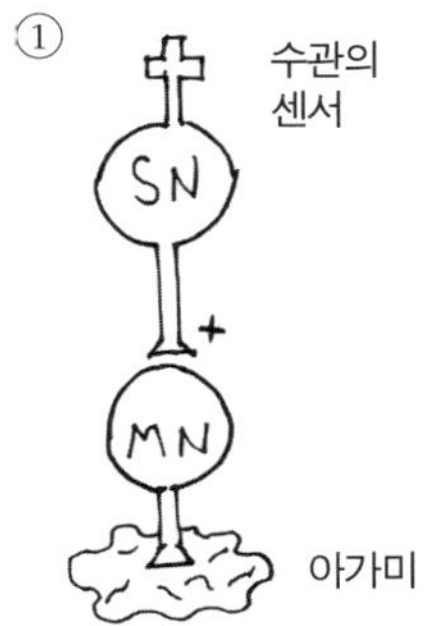

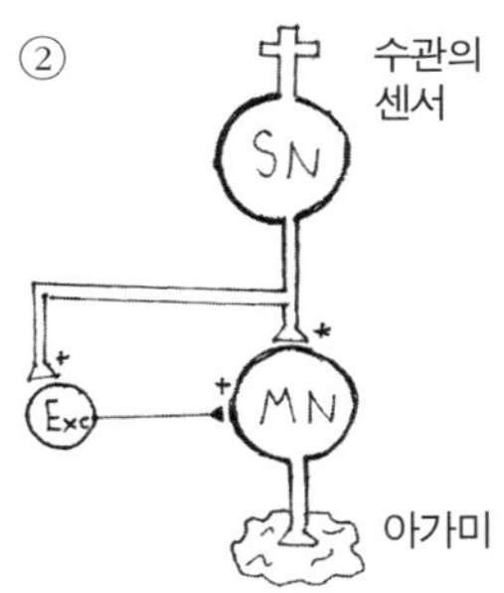

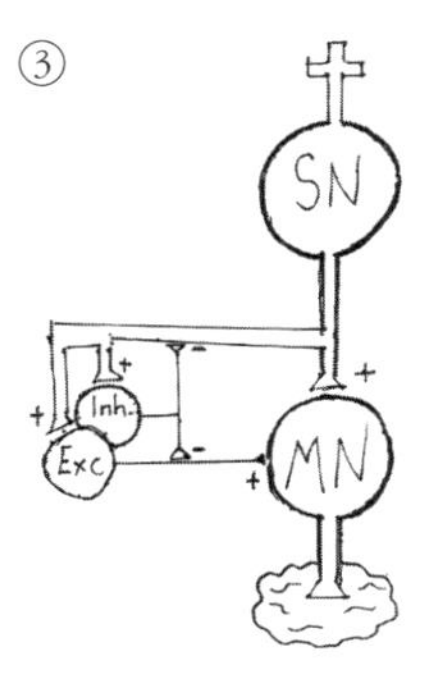

수 있다.*

③ 아가미는 표면에 있어야 제 기능을 발휘할 수 있기 때문에 영원히 움츠린 상태로 있을 수는 없다. 따라서 일정 시간이 지나면 움츠림을 멈춰야 하므로 이를 위해 오프 스위치가 진화했다. SN이 활성화되면 MN과 Exc를 활성화할 뿐만 아니라, 잠시 후 작은 억제성Inh 결절도 활성화한다. 그런 다음 이 결절은 Exc의 가지를 억제한다(이 가지는 SN에서 MN으로 가는 '지연된 경로'이므로, 움츠림을 멈추려면 이 '지연된 억제'를 목표로 삼아야 한다). 그 결과 MN이 더이상 활성화되지 않으므로, 아가미는 기본 위치인 표면으로 돌아간다.

이 SN/MN/Exc/Inh 회로는 그 자체로 독립적인 세계가 아니며, 군소 전체의 나머지 부분에서 일어나는 일에 따라 작동 방식이 변경될 수 있다. 군소의 꽁무니에는 꼬리가 있다. 꼬리에 충격을 가하면 기본적으로 수관에 경보 신호를 보내고, 그 직후에 수관을 건드리면 아가미가 평소보다 두 배 오랫동안 움츠러든다(이를 민감화라그 한다.—옮긴이). 꼬리 쪽에서 전해온 걱정스러운 소식은 수관으로 하여금 제 걱정스러운 소식이 더 민감하게 반응하도록 만든다.

꼬리에서 일어나는 사건이 아가미의 움츠러듦

---

* SN-MN 신호는 하나의 시냅스만 통과하면 되지만, SN-Exc-MN은 두 개의 시냅스를 통과해야 한다. 따라서 SN-Exc-MN 경로는 SN-MN보다 약간 느리게 작동한다.

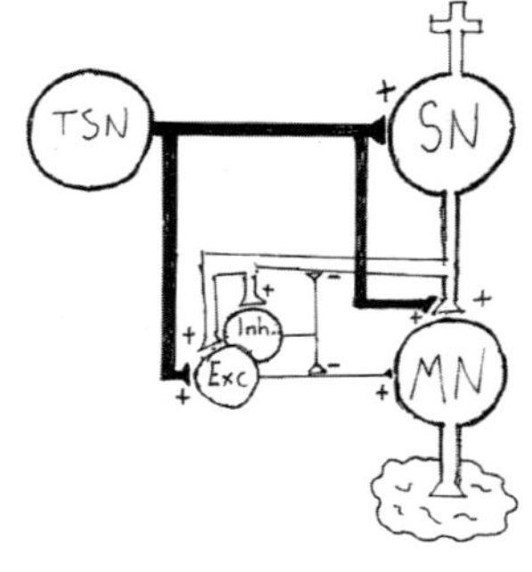

을 더 민감하게 만들려면 어떻게 설계해야 할까? 꽤 간단하다. 충격에 반응하는 꼬리 감각뉴런TSN이 있어야 하고, 이 뉴런이 SN/MN/Exc/Inh 회로와 대화할 수단이 있어야 한다. 그래야만 TSN이 활성화될 때 SN과 Exc가 모두 더 흥분하게 된다.

하지만 꼬리에 충격을 받아도 군소가 아가미를 움츠리지 않는다는 점에 유의하라. TSN의 자극이 자체적으로 MN을 활성화할 만큼 강하지 않기 때문이다. 그 대신 TSN의 입력은 수관을 건드린 것에 대한 반응으로 SN-MN 신호의 강도를 강화한다. 즉 꼬리에 가해진 충격이 아가미의 회피반사를 민감하게 만드는 것이다.

이 정도면 완벽하다. 군소는 수관이 교란되는 것에 반응하여 아가미를 움츠릴 수 있고, 만일의 경우를 대비한 백업 시스템을 갖추었고, 프로세스를 시작 지점으로 되돌릴 수단이 있으며, 군소의 다른 부분에 나쁜 일이 발생하면 회로를 더 긴장하고 경계하도록 만들 수 있다.

우리는 군소의 내면에 대해 왜 이렇게 많이 알까? '신경과학의 신'으로 불리는 컬럼비아대학교 에릭 캔들의 연구 덕분이다. 그가 2000년 노벨상 수상 강연에서 제시한 그림은 다음과 같다.[1]

이 민달팽이가 진화시킨 배선 시스템의 명료함은 설명이 필요 없을 정도로 멋지다. 하지만 안타깝게도 우리의 관심사와는 무관하며, 우리가 자유의지에 따라 행동한다고 잘못 믿을 때 우리 몸안에서 일어나는 일보다는 전자레인지의 작동 방식과 더 많은 공통점을 가지고 있다. 우리 자신을 더 잘 이해하기 위해 우리는 군소에서 일어나는 훨씬 더 흥미로운 일, 즉 경험에 따라 회로가 변화하는 것을 살펴볼 필요가 있다. 군소는 훈련될 수 있고 학습할 수도 있다.

336

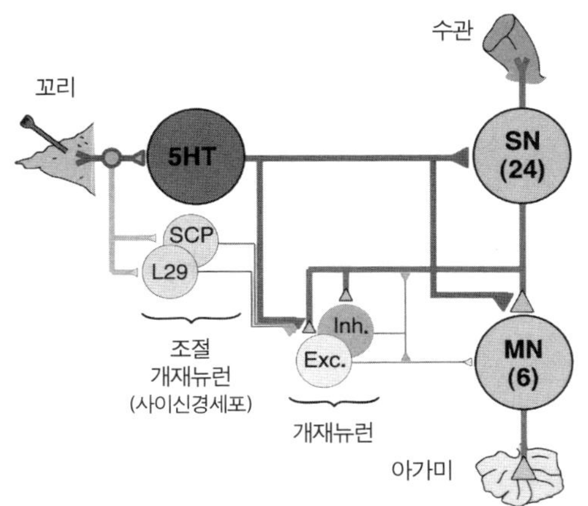

몇 가지 사소한 정보: 5HT는 TSN이 사용하는 신경전달물질(세로토닌)의 화학적 약어다.
SCP와 L29는 시스템을 미세 조정하지만 단순화를 위해 무시했다.
수관에는 24개의 SN이 있으며, 6개의 MN과 연결된다.

학습하는 군소

지금까지 살펴본 바와 같이, 군소의 행동에는 두 가지 기본 규칙이 있다. 첫째로 군소의 수관을 건드리면 아가미가 잠시 움츠러들고, 둘째로 꼬리에 충격을 받은 후 1분 이내에 수관을 건드리면 아가미가 두 배 오래 움츠러든다는 것이다. 하지만 더 있다. 꼬리가 네 번 충격을 받는다면 어떨까? 충격이 발생한 후 4시간 이내에 수관을 건드리면, 아가미는 평소보다 세 배 오래 움츠러든다. 꼬리에 여러 번 충격을 준 후 몇 주 이내에 수관을 만지면 아가미는 평소보다 열 배 오래 움츠러든다. 세상이 더 위협적인 곳이 될수록 군소는 아가미를 더 많이 보호하게 되는 것이다.

그 원리는 무엇일까?

우리는 방금 배운 기본적인 신경과학 지식을 통해 SN-MN 연결이 어떻게 작동하는지를 알고 있다. 무언가가 수관을 건드리면 SN이 신경전달물질

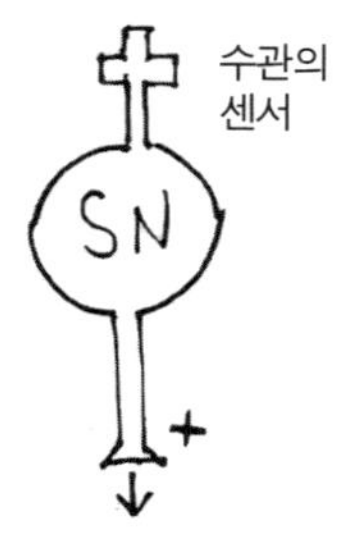

을 방출한다(이 신경전달물질이 MN을 촉발하여 아가미를 움츠러뜨린다).

이제 꼬리가 충격을 받을 때 SN 내부에서 어떤 일이 일어나는지 살펴볼 필요가 있다. 다음 그림에서 SN과 MN은 매우 다르게 그려져 있는데, SN의 아래쪽에는 작은 신경전달물질 패킷(작은 원)이 줄지어 있고, 시냅스 아래쪽에는 MN과 그 신경전달물질 수용체(작고 두꺼운 가로선)가 그려져 있다. TSN은 한 번의 충격으로 활성화되어 신경전달물질을 방출하고, 이 신경전달물질은 SN의 수용체와 결합한다. 한 번의 충격으로 인해 일종의 'TSN 활성 의존성 물질'(앞으로는 물질이라고 부름)이 SN 내부에서 방출된다.

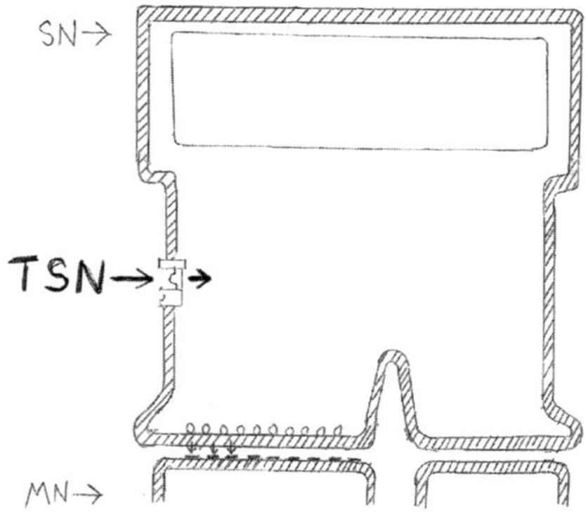

SN 내부의 물질은 바닥으로 미끄러져내려가 그곳에 저장된 신경전달물질의 양을 늘린다(1단계). 결과적으로 수관을 건드리면 SN에서 충분한 양의 신경전달물질이 추가로 방출되어 아가미가 평소보다 두 배 오랫동안 움츠러든다. 한 번 충격을 받은 지 1분 정도 지나면 SN에 저장된 여분의 신경전달물질이 분해되어 상황이 정상으로 돌아간다.

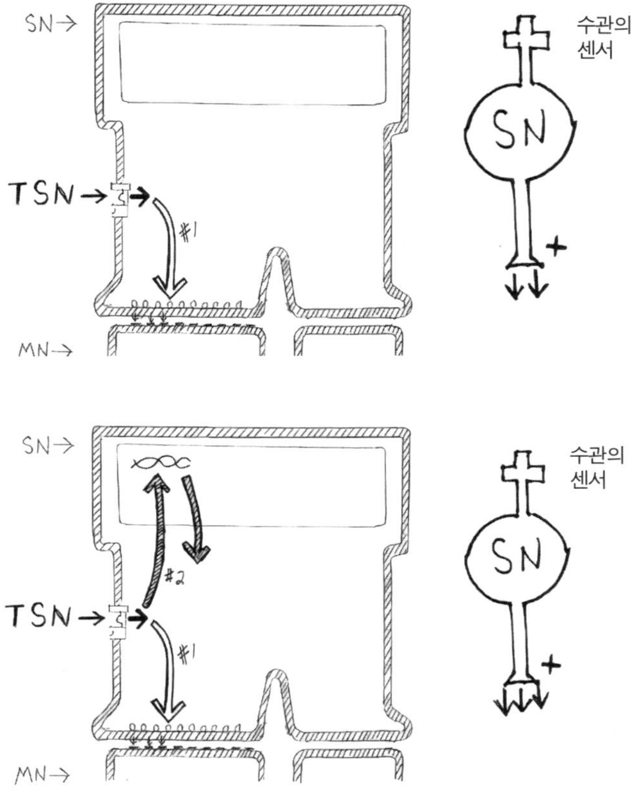

꼬리에 연속으로 네 번 충격을 가하면 어떻게 될까? 결과적으로 한 번 충격을 가했을 때보다 훨씬 더 많은 물질이 SN 내부에서 방출된다. 이렇게 되면 당연하게도 1단계 사건이 촉발될 뿐만 아니라, 남아도는 물질이 2단계 사건까지 촉발하게 된다. 2단계에서는 잉여 물질이 DNA의 특정 유전자를 활성화하는데, 이 유전자는 신경전달물질의 분해를 억제하는 단백질을 생성함으로써 신경전달물질을 안정화한다. 그 결과 신경전달물질이 더 오래 머무르게 되고 이 상태에서 수관을 건드리면 SN에서 충분한 양의 신경전달물질이 추가로 방출되므로 아가미가 평소보다 세 배 오래 움츠러든다. 이

네 번의 충격이 가해진 후 4시간이 지나면 분해 억제 단백질 자체가 분해되어 여분의 신경전달물질이 분해되고 상황이 정상으로 돌아간다(다음 그림 참조).

그런데 만약 꼬리에 며칠 연속으로 강렬하고 지속적인 충격이 가해지면 어떻게 될까? 1단계와 2단계뿐만 아니라 3단계까지 활성화할 만큼 엄청난 양의 물질이 방출된다. 마지막 단계에서 물질은 일련의 유전자*를 활성화하고, 그 결과 생성된 단백질이 집합적으로 시냅스를 추가로 구성하게 된다. 이제 수관을 건드리면 SN에서 충분한 양의 신경전달물질이 추가로 방출되므로, 아가미가 평소보다 열 배 오랫동안 움츠러든다. 몇 주에서 몇 달이 지나면, 새로운 시냅스가 해체되고 모든 것이 정상으로 돌아간다.**

---

*   참고로, 모든 DNA는 여러 부분으로 나뉜 것이 아니라 하나의 연속된 형태로 길게 늘어져 있지만 명확성을 위해 이렇게 그렸다. 또한 어쩌다보니 오른쪽으로 갈수록 DNA가 작아지도록 그렸지만, 실제로는 그렇지 않다.

**   두 가지 미묘한 점이 있다. 첫째, 두번째 시냅스를 만들기 위해 많은 노력을 기울인 후 미래의 어느 시점에 또다른 고강도 충격에 대처하는 데 유용할 것이라고 가정하고 시냅스를 그냥 보관해두면 어떨까? 그건 상황에 따라 다르다. 시냅스를 유지하는 데는 마모로 인한 단백질 손상을 수리하고, 새 모델로 교체하고, 임대료와 전기세를 내는 등 많은 비용이 들기 때문이다. 군소가 평소보다 열 배 이상 아가미를 움츠려야 하는 충격적인 상황이 자주 발생한다면 두번째 시냅스를 유지하는 것이 낫고, 반대로 드물게 발생한다면 두번째 시냅스를 분해하고 먼 미래에 필요할 때 다른 시냅스를 만드는 것이 더 경제적일 수 있다는 계량경제학적인 진화적 절충안이 존재한다. 이는 생리적 시스템에서 흔히 발생하는 문제로, '비상 시스템을 항상 켜두는 것'과 '비상사태의 발생 빈도에 따라 유도할 수 있도록 하는 것' 사이에서 선택해야 한다. 예를 들어, 식물이 잎을 뜯어먹는 초식동물을 중독시키기 위해 잎에 값비싼 독소를 만드는 데 에너지를 소비해야 할까? 그 초식동물이 매일 풀을 뜯으러 오는 양인지, 아니면 17년에 한 번씩 찾아오는 매미인지에 따라 달라질 수 있다.
더 미묘한 문제가 있다. 꼬리가 한 번 충격을 받아 SN 내부에 약간의 물질이 방출되었다고 가정해보자. 그 적은 수의 물질 분자는 어떻게 2단계나 3단계가 아닌 1단계를 활성화하는 것을 '알고' 있을까? 왜 그런 계층 구조일까? 이 문제가 해결되는 방식은 생물학적 시스템에서 흔히 볼 수 있는 주제로, 1단계 경로에서 물질에 의해 촉발되는 분자는 2단계 경로의 관련 분자보다 물질에 훨씬 더 민감하며, 2단계 경로의 분자는 3단계 경로의 분자보다 물

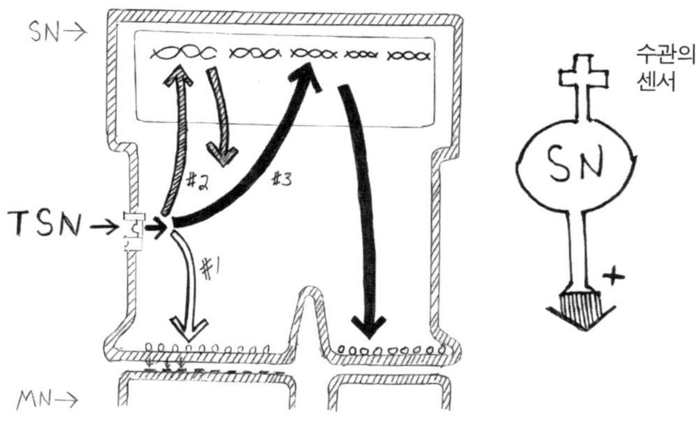

군소는 이와 같은 계층 구조를 가지고 있다. 한 번 충격을 받는 경우 이미 존재하는 분자의 사본을 추가하고, 네 번 충격을 받는 경우 이미 존재하는 분자와 상호작용하는 새로운 것을 생성하며, 강렬하고 지속적인 충격을 받는 경우 총체적인 건설 프로젝트를 시작한다. 이 모든 것은 매우 논리적이다. 그리고 캔들도 바로 이런 방식을 보여주었다(동일한 노벨상 수상 강연에서 인용했다).

캔들에 의하면, 이런 일이 발생했을 때 군소의 SN에서는 정확히 다음과 같은 일이 벌어진다. 이 단락은 한 단어도 외우지 말고 그냥 훑어만 보라. 사실, 읽지도 말고 나중에 필요할 때 다시 찾아보는 방법만 알아두라. 워낙 세부적인 사항이기 때문이다. (A)1단계에서 실제로 무슨 일이 일어날까? 신경전달물질인 5HT는 cAMP의 방출을 촉발하여 (이전에 비활성화되어 있던) PKA를 활성화하고, PKA는 칼륨 채널에 작용하여 칼륨 채널을 통해 칼슘의 유입을 유발함으로써 더 많은 양의 신경전달물질이 방출되게 한

질에 훨씬 더 민감하다. 따라서 이것은 계층화된 분수처럼 작동한다. 즉 1단계를 활성화하려면 X만큼의 물질이 필요하고, 1단계를 넘어 2단계를 활성화하려면 X보다 더 많은 양의 물질이, 2단계를 넘어 3단계를 활성화하려면 X보다 훨씬 더 많은 양의 물질이 필요하다.

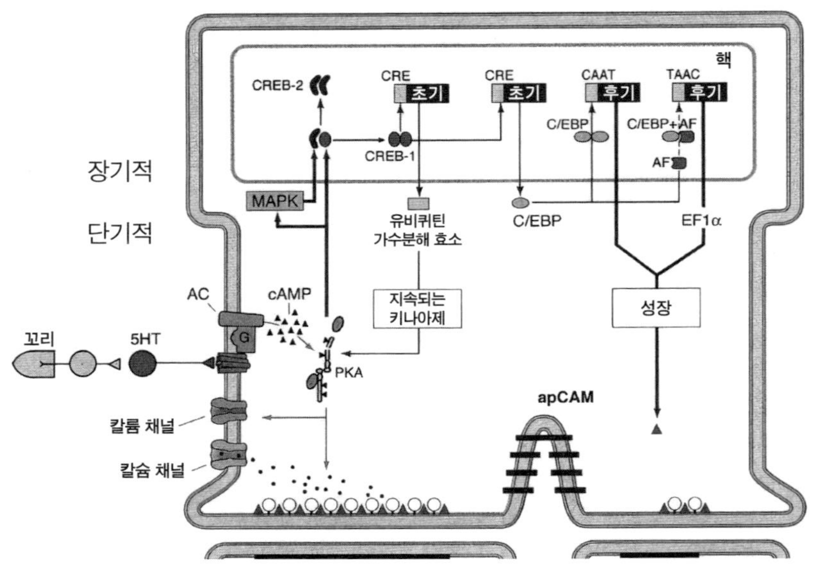

다. (B) 2단계: 1단계를 활성화하고도 남을 만큼의 cAMP가 쏟아져들어와, 추가로 MAPK로 하여금 CREB-1에서 CREB-2를 절단하게 한다. 유리된 CREB-1은 이합체화dimerization되어 CREB-1쌍을 이루고, CREB-1쌍은 CRE 프로모터와 상호작용하여 초기 단계 유전자를 켠다. 이 유전자는 유비퀴틴 가수분해 효소를 합성하고, 이 효소는 PKA를 안정화함으로써 그 효과가 오래 지속되도록 한다. (C) 3단계: cAMP의 유입이 충분히 많아져 1단계와 2단계뿐만 아니라 3단계도 활성화되고, 이로 인해 (유비퀴틴 가수분해 효소 유전자뿐만 아니라 C/EBP 유전자까지도 활성화하기에 충분한) CREB-1이 유리 및 이합체화된다. C/EBP 단백질은 일련의 후기 반응 유전자를 활성화함으로써 생성된 단백질로 하여금 집합적으로 두번째 시냅스 가지를 구성하게 한다.*

캔들과 그의 제자 및 협력자들은 거의 반세기에 걸쳐 연구를 수행했고,

마침내 신경과학자들은 이러한 연구 결과를 바탕으로 한 가지 의문에 대한 답을 찾아냈다. 외상(트라우마)을 입은 군소는 왜 그렇게 오랫동안 아가미를 움츠렸을까? 신경과학자들은 '하나의 회로에서 서로 통신하는 뉴런의 수준'과 '단일 핵심 뉴런 내부의 화학적 변화 수준'을 모두 고려한 기계를 만들었다. 이 기계는 생물학적 측면에서 완전히 기계론적이며, 변화하는 환경에 따라 적응적으로 변화하는 기계로, 로봇공학자들의 모델로도 사용되었다. 감히 말하건대, 이 군소의 행동을 이해할 때 자유의지라는 개념을 떠올리는 사람은 아무도 없을 것이다. 다른 군소를 만나 이렇게 털어놓는 군소는 없을 것이다. "물어봐줘서 고마워요. 힘든 시즌이었죠. 너무나 많은 충격을 받았는데, 그 이유는 모르겠어요. 나는 수관의 모든 뉴런에 새로운 시냅스를 구축해야 했어요. 이제 아가미는 안전해졌지만, 왠지 나는 안전하다고 느껴지지는 않아요. 내 파트너는 지옥과도 같은 나날을 보냈대요." 우리는 '스스로 행동을 바꾼 생물'이 아니라, '상황에 의해 고도로 진화한 논리적 경로를 경유하여 행동이 바뀐 기계'를 보고 있는 것이다.[2]

이것이 왜 지금까지의 신경생물학적 통찰 중 최고봉일까? 우리가 방아쇠를 당기거나, 불타는 건물에 뛰어들어 어린이를 구하거나, 여분의 과자를 꼬불치거나, 딱 두 명만 읽고 집어던지게 될 책을 읽고 엄격한 비양립주의를 옹호하는 사람이 되었을 때에도 거의 같은 일이 몸안에서 일어나기 때문이다. 군소의 회로와 분자는 우리의 행동 변화를 이해하는 데 필요한 모든 구성 요소다.

의심할 여지 없이, 군소에서 우리에게로 도약하는 것은 터무니없고 완

캘리포니아군소. 보는 바와 같이 왼쪽은 실험에서 해방되어 자기만의 방식으로 행복하게 산다.
오른쪽은 멋진 군소 인형으로, 당신의 자녀를 대학교 1학년이 될 때까지 행복하게 해주는 장난감이 될 수 있다.

전히 믿을 수 없는 일처럼 보일 터이다. 따라서 나는 중간중간의 몇 가지 예(하지만 세부사항을 생략했으므로, 군소의 행동 메커니즘 이해보다는 덜 고통스러울 것이다)를 들어 설명해보려고 한다. 설명이 끝나면 당신은 우리가 '군소보다 상상할 수 없을 정도로 복잡하지만 동일한 구성 요소와 동일한 변화 메커니즘을 가진 생물학적 기계'라는 사실을 알게 될 것이다.

동시 검출

이번에는 눈을 깜박이는 뉴런 기계를 살펴보자. 그 기계에 다가가 눈꺼풀에 입김을 살짝 불면, 보호반사의 일환으로 눈꺼풀이 자동으로 깜박인다. 우리는 이 동작에 필요한 간단한 회로를 이미 알고 있다. 우선 감각뉴런(뉴런 1)이 있어서, 불어오는 바람에 반응하여 활동전위를 갖는다. 그러면 운동뉴런(뉴런 2)에서 활동전위가 발생하여 눈꺼풀이 깜박이게 된다(다음 그림 참조).

344

이제 전혀 쓸모없는 회로 하나를 추가해보자. 두번째 감각뉴런(뉴런 3)이 있는데, 이 뉴런은 불어오는 바람의 촉각 자극에는 반응하지 않는다. 그 대신 청각 자극, 즉 신호음에 반응한다. 뉴런 3은 깜박임 운동뉴런(뉴런 2)에 투사하지만, 뉴런 2에 활동전위를 일으킬 만큼 충분히 흥분하지 않는다. 그러므로 신호음을 재생하면 뉴런 2에서는 아무 일도 일어나지 않는다.

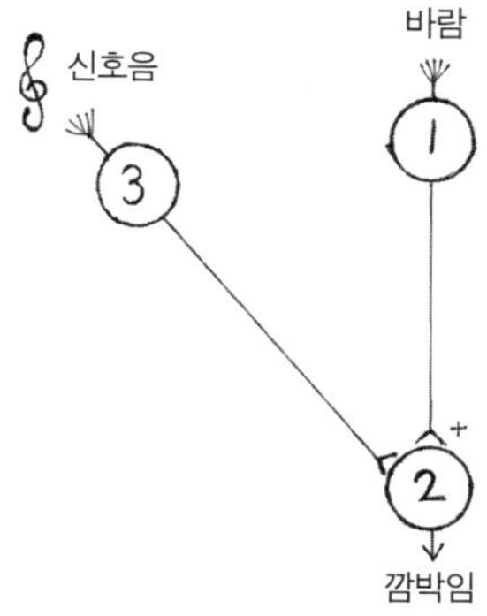

이번에는 쓸모없는 측면 경로를 더욱 화려하게 장식해보자. 이제 신호음이 재생되면 뉴런 3이 활성화된다. 이전과 마찬가지로 뉴런 3은 뉴런 2에서 활동전위를 일으키지 못하지만, 뉴런 4에서는 활동전위를 일으킨다. 하지만 뉴런 4의 활동전위는 뉴런 5에서 활동전위를 유발하는 데 필요한 흥분력의 절반 정도에 불과하다. 따라서 신호음으로 뉴런 3을 자극하면 결과적으로 뉴런 2나 뉴런 5에서는 아무 일도 일어나지 않으며, 신호음은 여전히 눈 깜박임에 아무런 영향을 미치지 않는다.

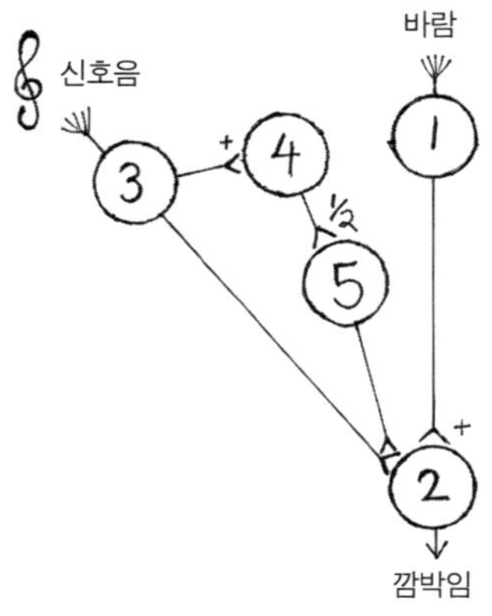

마지막으로, 이 회로에 쓸모없는 투사(뉴런 1 → 뉴런 5)를 하나 더 추가해보자. 이제 뉴런 1은 뉴런 2에 대한 일반적인 투사와 함께 뉴런 5에 대한 투사를 보낸다. 그러나 불어온 바람이 뉴런 1에서 활동전위를 유발하면 뉴

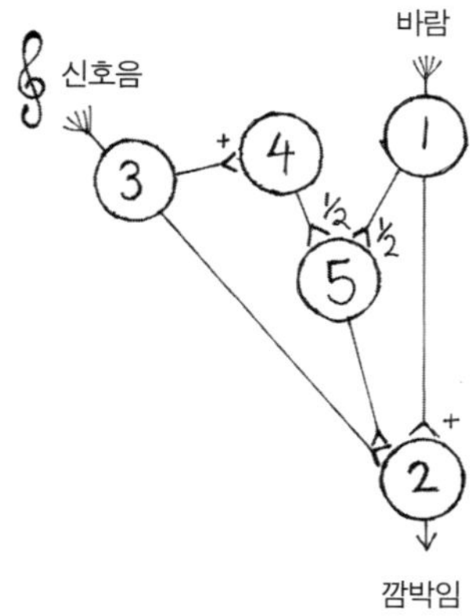

런 5가 활동전위를 갖는 데 필요한 자극의 절반에만 도달한다. 따라서 눈꺼풀에 입김을 불면 뉴런 2가 활성화되고 뉴런 5에서는 아무 일도 일어나지 않는다.

이제 뉴런 1과 뉴런 3을 활성화해보자. 신호음을 재생하고 입김을 분다. 결정적으로, 입김을 불기 1초 전에 신호음을 재생하고, 활동전위는 축삭말단에 도달하는 데 1초가 걸린다. 그러면 앞으로 3초 동안 다음과 같은 일이 일어난다.

0초 후: 신호음을 재생하면 뉴런 3이 활동전위를 갖는다.

1초 후: (뉴런 3 덕분에) 뉴런 4가 활동전위를 가지며, 이제 입김이 뉴런 1에서 활동전위를 유발한다.

2초 후: 뉴런 2에서 (뉴런 1 덕분에) 활동전위가 발생하여 눈이 깜박이게 된다. 한편 뉴런 4와 뉴런 1의 활동전위가 뉴런 5에 도달한다. 다시 말하지만, 이 두 입력 중 어느 하나만으로는 활동전위를 유발하기에 충분하지 않지만, 두 입력이 결합되면 뉴런 5는 활동전위를 갖는다. 즉 뉴런 5는 신호음이 재생된 지 1초 후에 입김이 뒤따르는 경우에만 활동전위를 갖게 된다. 이 회로를 통해 뉴런 5는 두 자극이 동시에 도착한다는 것을 탐지할 수 있다. 이 분야의 전문용어를 사용하면 뉴런 5는 동시 검출기coincidence detector다.

3초 후: 뉴런 5에서 발생한 활동전위가 뉴런 3의 축삭말단을 자극하게 된다. 하지만 이 자극은 축삭말단이 신경전달물질을 많이 분비하게 할 만큼 강하지 않기 때문에 아무 효과가 없다.

그러나 '신호음 재생에 이은 입김 불기'를 두번째로 시행해보라. 세번째… 열번째… 백번째. 뉴런 5가 뉴런 3의 축삭말단을 자극할 때마다 뉴런 3은 그곳에 천천히 더 많은 신경전달물질을 축적하고, 매번 더 많은 양의 신경전달물질을 방출하여 마침내… 뉴런 3이 신호음에 의해 자극되면 뉴런 2에서 활동전위가 유발된다. 그리고 기계는 당신이 입김을 불기도 전에 미리 예상하여 눈을 깜박인다(아래 그림 참조).

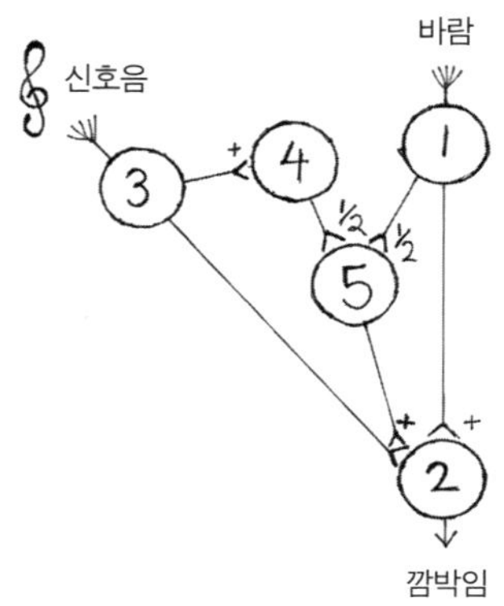

이것을 눈 깜박임 조건화라고 하며, 포유류(실험용 쥐, 토끼, 인간)에서도 이런 방식으로 작동한다. 유해자극이 발생한 후가 아니라 그 이전에 눈꺼풀을 보호하기 위해 눈을 깜박이도록 조건화하는 것은 유용하고 적응적인 기능이다. 우리는 이 현상에 파블로프 조건화라는 이름을 붙인, 다른 유명한 상황의 기본 회로를 안다. 파블로프가 개에게 저녁식사 냄새를 맡게 하면 개는 침을 흘린다. 이것이 뉴런 1과 2의 회로다. 뉴런 1은 먹이 냄새를 맡고, 뉴런 2는 침샘을 자극하고, 개는 침을 흘린다. 따라서 우리는 침을 흘리는 무조건 반응을 자동으로 불러일으키는 무조건 자극(냄새)을 가지고 있다. 이제 먹이가 도착하기 직전에 종을 울리고 이 두 가지를 반복해서 짝을 이루면 뉴런 1, 3, 4, 5 덕분에 조건 자극과 조건 반응이 확립된다. 즉 종을 울리면 개가 음식 냄새를 기대하며 침을 흘리게 된다.

변화가 일어나는 핵심 지점은 뉴런 5가 뉴런 3에서 종결되는 지점이다.

전자가 후자의 축삭말단을 반복적으로 자극하면 후자가 방출하는 신경전 달물질의 양이 증가하여 결국 스스로 눈 깜박임을 유도할 수 있는 힘을 얻 게 되는 것이다. 그 원리가 아리송하다고? 342쪽의 '군소에서 SN의 내부 작 용'으로 돌아가보자. 눈 깜박임의 조건화는 어떻게 작동할까? 뉴런 5의 신 경전달물질이 뉴런 3 내부의 cAMP를 방출함으로써 PKA가 브레이크에서 해방되고, PKA는 MAPK와 CREB를 활성화하고, CREB은 특정 유전자를 활성화함으로써 새로운 시냅스 형성을 비롯한 여러 가지 변화를 일으킨다.* 이것은 "뉴런 5가 군소의 물질과 같은 기능을 수행하는 '비슷한 화학물질'의 세포 내 방출을 유발한다"는 말이 아니다. 기계와 군소는 '동일한 화학물질'을 사용한다.[3]

생각해보라. 눈을 깜박이도록 조건화되는 인간과 아가미를 움츠리도록 조건화되는 갯민숭달팽이는 공통조상에서 갈라진 지 5억 년이 넘었다. 그 럼에도 그들의 뉴런과 우리의 뉴런은 경험에 반응하여 변화하기 위해 동일 한 세포 내 기계를 사용한다. 인간과 군소는 서로의 cAMP, PKA, MAPK 등 을 맞교환할 수 있으며, 교환된 단백질들은 각자의 몸안에서 잘 작동할 것 이다.** 그리고 둘 다 세로토닌을 사용하여 이 시스템에 시동을 걸 것이다. 이러한 군소/인간의 유사성은 진화에 대한 모든 회의론을 단박에 무너뜨릴 것이다.[4]

우리의 목적에 더 중요한 것은, 이러한 발견이 결정론적 뉴런을 이용하 여 우리 스스로(군소의 아가미 움츠림 반사와 마찬가지로) 결정론적 회로를 구축할 수 있음을 보여준다는 점이며, 결정론적 뉴런은 경험에 대응하는 인

---

* 새로운 시냅스가 많을수록 조건화는 더욱 강력해진다.
** 여기에는 인간과 군소가 cAMP, PKA, MAPK 등을 코딩하는 유전자를 공유한다는 의미 가 내포되어 있다. 실제로 우리는 군소와 유전자의 절반 이상을 공유한다. 이러한 공유가 얼마나 광범위한 현상이냐면, 우리는 뉴런이 없는 해면과 유전자의 약 70%를 공유한다.

간 행동의 적응적 변화를 설명한다.* 우리가 신호음을 들었을 때 눈꺼풀을 깜박이기 위해 '선택'이라는 개념을 호출할 필요 없이 말이다.[5]

야호! 우리는 눈 깜박임 조건화를 이용하여, 자유의지가 있다는 개념을 전제로 깔고 평생 동안 연구한 모든 철학자를 무너뜨린 것일까? 김칫국부터 마시지 마라. 이것이 인간 행동 탐구의 아주 멋진 전초기지는 아니다. 그럼에도 불구하고 생각보다 훨씬 더 멋진 것은 사실이다.

말이 나온 김에, 실험용 쥐가 새끼일 때 어미 쥐와 간헐적으로 잠시 떨어져 있으면 어떻게 될까? 어릴 때 이런 '모성 분리'를 경험한 쥐는 성체가 되어 제구실을 못한다. 그들은 더 불안해하고, 가벼운 스트레스에 대해 더 많은 당질코르티코이드 반응을 보이고, 잘 배우지 못하며, 알코올이나 코카인에 중독되기 쉽다. 이는 인간의 생애 초기 역경의 한 유형이 어떻게 빈약한 성인을 만들어내는지에 대한 모델이며, 사람들은 이러한 변화가 뇌에서 어떻게 일어나는지에 대해 많은 것을 알고 있다.[6]

새끼 쥐를 어미와 분리하면 성체가 된 쥐는 눈 깜박임 조건화를 하기가 어려워진다. 다시 말해서 모성 분리의 온갖 해로운 결과의 일환으로, 어미의 보살핌을 받지 못하고 성장한 쥐는 이러한 적응적 반응을 쉽게 터득하

---

* 정확히 말하면, 실제 회로는 그림보다 더 복잡하다. 그래서 나는 10년에 한 번씩 펴는 신경해부학 교과서에서 뇌의 모호한 부분을 모두 찾아봐야 했다. 입김이 감지됐다는 신호를 보내는 뉴런 1은 실제로 세 종류의 뉴런으로 이루어지는데, 이것들은 삼차신경의 첫 번째 뉴런으로서 삼차신경핵의 뉴런을 자극하고, 이 뉴런은 하올리브핵의 뉴런을 자극한다. 입김 신호를 눈 깜박임으로 바꾸는 뉴런 2도 실제로는 세 종류의 뉴런으로 이루어지는데, 첫번째 뉴런은 소뇌의 중간핵에 있는 뉴런으로서 적핵red nucleus의 뉴런을 활성화하고, 이 뉴런은 안면핵에 있는 안면신경 뉴런을 활성화하여 눈 깜박임을 유발한다. 뉴런 3 역시 실생활에 존재하는 일련의 뉴런으로, 청각신경의 뉴런으로 시작하여 전정와우핵의 뉴런을 자극함으로써 뇌교핵의 뉴런을 자극한다. 논리적으로, 하올리브핵(입김 정보 전달)과 뇌교핵(신호음 정보 전달)의 투사는 중간핵으로 수렴한다. 뉴런 4와 5는 과립세포, 골지세포, 바구니세포, 성상세포, 푸르킨예세포를 포함하는 소뇌의 회로다. 아이고, 신경해부학에 대한 의무를 다하고 나니 벌써 세 문장 전에 쓴 내용이 가물가물하다.

지 못하게 된다. 이는 뇌의 후성유전학적 변화로 인해 발생하며, 그 결과 뉴 런 2의 등가물에서 당질코르티코이드라는 스트레스 호르몬의 수용체 수치 가 영구적으로 높아진다. 하지만 성체 쥐의 뇌에서 당질코르티코이드의 효 과를 차단하면 눈 깜박임 조건화가 정상으로 돌아온다.[**] 그러므로 생애 초 기의 역경이 핵심 뉴런을 스트레스에 더 민감하게 만들어, 관련된 뇌 회로 를 손상시킨다는 결론을 내릴 수 있다.[***][7]

어쩌다보니 조건화된 눈 깜박임 반응을 개발하여 세상을 재난으로부터 구할 수 있게 된 고독한 영웅 쥐 한 마리가 있다고 가정해보자. 그런데 그 쥐는 피치 못할 사정 때문에 그 일을 하지 않아 세상을 실망시킨다. 그후 모 두가 화를 내며, 조건화되지 않은 쥐를 맹비난한다. 하지만 쥐는 이렇게 말 할 수 있다. "이건 내 잘못이 아니에요. 1초 전에 내 소뇌 중간핵이 조건 자 극에 반응하지 않았고, 몇 시간 전에는 스트레스 호르몬 수치가 높아서 중 간핵이 조건화에 강하게 저항할 수 있었기 때문이에요." "그뿐만이 아니에 요. 나는 어린 시절에 엄마를 여의었고, 이로 인해 중간핵의 유전자 조절이 변화하여 호르몬 수용체의 수치가 영구적으로 증가했어요. 왜냐하면 우리 종은 수백만 년 전에 '출생 후 엄마의 보살핌'에 크게 의존하도록 진화했기 때문에, 엄마가 없으면 유전자가 변경되어 뇌 회로가 영구적으로 바뀐다고 요." 요컨대 뇌 회로에서 식별할 수 있는 특정 변화로 인한 행동의 변화는 1초 전, 한 시간 전, 일생, 더 나아가 진화 시대의 상황으로 인해 발생하며, 이 모든 것은 유기체의 통제권 밖에 있다. 그러니 설치류에게는 도덕적 책 임이 없고, 모두가 쥐를 탓할 근거도 없다.

[**] 당질코르티코이드가 소뇌 중간핵 속 뉴런의 기능을 어떻게 방해하는지는 이미 잘 알려져 있지만, 필요 이상으로 자세한 내용이라 생략하기로 한다.

[***] 내가 아는 범위에서 어린 시절에 역경을 많이 겪은 성인이 눈 깜박임 조절에 어려움을 겪 는 사례는 없지만, 충분히 납득할 만하다. 장담하건대 그것은 삶을 변화시키는 수많은 문 제 중 가장 사소한 문제일 것이다.

하지만 이것은 눈 깜박임에 한정된 이야기다. 이제 이 책 전체에서 다루는 주제로 눈을 돌리기로 하자.

중립 자극이 조건 자극이 될 때

세상의 모든 문제가 '중립 자극이 눈 깜박임 반사를 유발하도록 조건화될 수 있다'는 사실에서 비롯되는 것은 아니다. 하지만 상당수는 편도체에서 일어나는 동일한 현상에서 비롯되는 것이 분명하다.

실험용 쥐나 인간 지원자에게 충격을 가하면 편도체가 활성화된다. 쥐의 경우 편도체의 뉴런 활동을 전극으로 기록함으로써 편도체가 활성화되는 것을 확인할 수 있고, 사람의 경우 뇌 영상을 통해 동일한 상황을 확인할 수 있다. 곧 들이닥칠 미묘한 상황에 대비하기 위해 충격과 편도체 활성화 사이의 연결은 즉시 온갖 종류의 흥미로운 방식으로 조절된다. 예를 들어 쥐와 사람 모두 '충격이 언제 올지 아는 경우'보다 '예측할 수 없는 충격이 발생하는 경우'에 편도체가 더 많이 활성화된다.

일단 편도체가 활성화되면 다양한 반응이 촉발된다. 교감신경계가 활성화되고, 심장이 더 빨리 뛰고, 혈압이 상승하며, 당질코르티코이드가 분비된다. 이런 경우에 일반적인 쥐나 사람은 그 자리에서 얼어붙는다. 단, 그 쥐 옆에 덩치가 작고 연약한 쥐가 있으면 이야기가 달라진다. 충격을 받은 쥐가 옆의 쥐를 물어뜯을 가능성이 높아지는데, 이 경우 덩치 큰 쥐의 스트레스 반응이 줄어든다.

이것은 이제 익숙해진 SN-MN 회로의 한 가지 버전이다. 매번 충격을 가할 때마다 사전에 조건 자극으로서 신호음을 재생한다고 가정해보자. 이 작업을 여러 번 반복해보면 무슨 일이 일어나는지 알게 된다. 신호음 자체가 결국 편도체를 활성화하는 힘을 얻게 되어, 조건화된 공포 반응을 일으킨다. 뉴욕대학교 조지프 르두의 아름다운 연구에서 이를 설명하는 회로가 밝혀졌다. 논문에 나오는 회로를 자세히 살펴보면, 눈 깜박임이나 아가미 움츠림을 조절하는 것과 기본적으로 동일한 배선임을 알 수 있다. 타이밍이 맞으면, 조건화된 눈 깜박임과 마찬가지로 체성감각계의 시상 및 피질이 매개하는 무조건 자극(충격)과 속귀신경의 청각 분지가 매개하는 조건 자극(신호음)에 대한 정보가 편도체에 동시에 도착한다. 그곳의 국소 뉴런은 동시 검출기 역할을 수행하고, 청각 뉴런 가지를 반복적으로 자극하면 편도체에서 cAMP, PKA, CREB 등 익숙한 요소들이 관여된 다양한 변화를 유도하므로, 이제 신호음은 충격과 동일한 공포를 유발한다.[8]

방금 살펴본 바와 같이 눈 깜박임 조건화처럼 단순한 현상은 그 이전의 모든 것(예: 초기 모성 경험)에 의해 형성된 신경계를 반영한다. 신호음 같은 중립 자극에 대한 조건화된 공포의 획득·공고화·소거*는 유기체의 역사를 훨씬 더 많이 반영한다. 만약 몇 초 전에 편도체 내의 엔도카나비노이드(이것의 수용체는 대마초의 가장 활성적인 성분인 THC와도 결합한다) 수치가 높았다면 공포는 더 빨리 소거되며, 이는 무언가에 대한 두려움을 더 쉽게 멈추게 해준다. 만약 몇 시간 전에 프로작Prozac과 같은 SSRI 항우울제(부정적인 생각에 대한 반추를 줄여주는 약)를 복용했다면, 편도체가 조건화된 공포 반응을 안정된 기억으로 저장할 가능성이 낮아진다. 만약 며칠 전에 높은 수준의 혈중 옥시토신에 노출되었다면, 편도체는 덜 활성화되고 조건화하기가 더 어려워진다. 이는 옥시토신이 어떻게 신뢰를 촉진할 수 있는지 설명하는 데 도움이 된다. 반대로 유기체가 지난달에 높은 수준의 스트레스 호르몬에 노출된 적이 있다면 조건화된 공포 반응을 일으키기가 더 쉽

---

* 공포 조건화는 반응의 획득(처음에 조건화된 반응을 획득하는 것), 반응의 공고화(이후에도 오랫동안 기억하는 것), 반응의 소거(충격이 뒤따르지 않는 신호음에 여러 번 노출된 후 점차 반응이 사라지는 것)라는 세 가지 특징을 갖는다.

워진다(342쪽의 그림에 표시된 포유류 버전의 C/EBP를 생성하는 유전자의 활동을 증가시키는 호르몬 덕분이다). 그리고 '1초 전, 1분 전' 공식으로 다시 돌아가면, 태아기에 어미가 섭취한 알코올에 많이 노출된 유기체는 조건화된 공포를 기억하는 데 더 많은 어려움을 겪는다. 물론 342쪽의 그림에 나오는 유전자와 관련된 유전자의 어떤 버전이 존재하는지, 그리고 그 개체의 종이 애초에 해당 유전자를 진화시켰는지도 조건화가 얼마나 쉽게 일어나는지에 영향을 미친다. 유기체가 신호음과 같은 단순한 것을 두려워하는 법을 얼마나 쉽게 배우는지는 이 회로의 작동에 대한 이 모든 영향, 즉 개체가 통제할 수 없는 모든 요소의 최종 결과물이다.[9]

여기까지는 신호음 얘기였다.

편도체를 활성화하는 다른 무언가를 생각해보자. 여기서는 강간범이라는 단어를 듣는 상황이다. 당신의 편도체는 이 단어에 반응하여 활성화되도록 유전적으로 프로그래밍되어 있지 않으므로, 거미와 뱀으로 뒤덮인 공중에 거꾸로 매달려 있을 때처럼 자동으로 활성화되지 않는다. 그 대신 당신의 편도체는 학습을 통해 이 단어에 반응하게 되었다. 즉 당신은 다양한 경로를 통해 이 세 음절이 무슨 행위를 의미하는지 배웠다. 이를테면 강간당하는 것은 살인당하는 것과 같다고들 하는 말을 통해, 그 일이 일반적으로 어떤 영향을 미치는지도 배웠다. 강간당한 사람을 알 수도 있고, 견딜 수 없게도 당신이 강간을 당했을 수도 있다. 어떤 경로가 됐든 이제 당신의 편도체는 마치 충격을 받은 것처럼 이 단어에 반응하여 자동으로 활성화된다.

이제 다양한 중립 자극을 이용하여, 편도체의 동시 검출기에 의존해 조건화된 공포 반응을 생성해보자. 파블로프의 개가 침을 흘리게 만드는 종소리나 실험용 쥐를 얼어붙게 만드는 신호음보다 더 복잡한 자극이 필요하다.

멕시코가 자국민을 보낼 때 최고의 인재를 보내는 게 아니에요. 그들은 당신 같은 사람을 보내지 않아요. 멕시코 이주민은 당신 같은 선량한 사람이 아니라고요. 그 대신 멕시코는 많은 문제아를 보내고, 그들을 통해 우리에게 자기네 문제를 떠넘겨요. 그들은 마약 밀매자, 범죄자, 강간범 들이에요.

—도널드 트럼프, 2015년 6월 16일 대선 캠페인의 시작을 알린 연설 중에서

역사와 시사를 공부하는 학생 여러분을 위해 '조건 자극과 무조건 자극 연결하기'라는 게임을 제공한다. 모두 맞히면 상품을 받을 수 있으니 재미있게 즐기기 바란다!

조건 자극과, 그것이 연상시키는 무조건 자극을 만들어내려고 노력한 사람들	무조건 자극
1. 무슬림, 유럽의 민족주의자	a. 해충, 설치류
2. 유대인, 나치	b. 도둑, 소매치기
3. 인도-파키스탄인, 내가 아는 케냐인의 절반	c. 아편중독자
4. 아일랜드 이민자, 19세기의 와스프(WASP)	d. 악성 종양, 암
5. 로마인, 수세기 동안의 유럽인	e. 폭력적인 슈퍼 포식자
6. 멕시코인, 도널드 트럼프 (누워서 떡 먹기임)	f. 강간범
7. 젊은 아프리카계 미국인 남성, 백인 미국인	g. 당신을 속이는 상점 주인
8. 중국 이민자, 19세기의 미국인	h. 바퀴벌레
9. 투치족, 르완다 대량학살의 후투족 기획자	i. 술 취한 가톨릭 신자

물론 겹치는 부분이 있어서 어렵겠지만, 최선을 다해보기를.*

이제 문제는, 당신이 트럼프식 조건화를 거치면서 얼마나 쉽게 멕시코인을 강간범과 연관짓는가이다. 즉 당신은 마음속에 자동적인 고정관념을 형성하는 데 얼마나 저항력이 있거나 얼마나 취약할까? 늘 그렇듯이 트럼프의 발언을 듣기 1초 전, 1분 전… 등등에 어떤 일이 있었는지에 따라 달라진다. 만약 당신이 전형적인 미국인이라면, 트럼프에 의해 성공적으로 조건화될 확률이 높아지는 상황은 다음과 같다. 피곤하거나 배고프거나 술에 취한 경우, 직전 1분 동안 무서운 일이 발생한 경우, 남성으로서 지난 며칠 동안 테스토스테론 수치가 급상승한 경우, 최근 몇 달 동안 실직 등으로 인해 만성적인 스트레스를 받은 경우, 20대에 음악적 취향 때문에 특정 고정관념을 옹호하는 뮤지션의 열렬한 팬이 된 경우, 10대 시절 인종적으로 동질적인 동네에서 산 경우, 어렸을 때 정신적 또는 신체적 학대를 받은 경우,** 어머니의 가치관이 다원적 문화가 아닌 외국인 혐오적 문화인 경우, 태아기에 영양실조에 걸린 경우, 공감/반응적 공격성/불안/모호성에 대한 반응과 관련된 특정 유전자의 변이가 있는 경우. 이 모든 요인은 당신의 통제권 밖에 있다. 그리고 고정관념에 노출되는 순간 편도체를 빚어온 모든 것들, 즉 '각 뉴런이 얼마나 많은 cAMP 분자를 방출하는지'와 'PKA에 걸린 브레이크가 얼마나 강력한지' 등에 이르는 모든 것이 작용할 것이다. 수백만 개의 뉴런과 수십억 개의 시냅스가 관여하기 때문에, 이 과정은 눈 깜박임을 조건화하거나 군소가 아가미를 보호하는 방법을 변경하는 것보다 훨씬 더 복잡하고 미묘한 평생에 걸친 영향에 종속된다. 그렇다 해도 조건화된 연상을

---

* 역사 기록, 시사 사건, 그리고 "민족 및 국가적 고정관념"으로 시작되는 위키백과 페이지에 따르면 정답은 다음과 같다. 1d, 2a, 3g, 4i, 5b, 6f, 7e, 8c, 9h.

** 흥미롭게도, 이것은 코로나19 백신이 당신을 해치려는 음모의 일부라고 믿게 만드는 중요한 예측 인자인 것으로 밝혀졌다.

형성하려는 한 선동가의 유해한 시도에 의해 당신의 견해가 바뀔지 말지를 결정하는 것은, 100% 동일한 기계론적 구성 요소다.[***][10]

이제 이 책에서 궁극적으로 다루고 있는 갈림길에 서서, '우리가 자유롭게 행동을 선택하는 생물학'이 아니라 '우리의 도덕적 행동이 변화하는 생물학'을 살펴볼 차례다.

과속과 감속

나는 승용차를 몰고 고속도로를 달리고 있다. 여기저기서 자동차나 트럭이 지나간다. 몇몇은 나를 추월한다. 나는 음악을 듣고 있다. 한 남자가 실용적인 전기차를 타고 지나가는데, "따지지 말고 친절을 베풀라COMMIT RANDOM ACTS OF KINDNESS"캠페인 스티커를 붙이고 있다. 몇 초 후 나는 여러 가지 생각을 하다가 미묘한 미소를 짓는다. "훌륭하네.""내가 좋아하는 스타일일 거야.""저 사람이 누군지 궁금하네.""장담하건대 저 사람은 운전면허증에 장기기증자 스티커가 붙어 있을 거야." 이런 섬뜩한 생각을 하는 내 모습에 놀라기도 한다. 내 생각에 그는 NPR을 듣고 있었던 게 분명하다. 하지만 그가 은행을 털러 가는 길이었다면 얼마나 아이러니할까 싶다. 그러다가 라디오의 어떤 내용이 내 주의를 끌고, 나는 다시 라디오를 들으며 다른 생각을 한다.

그런데 약 30초 후 오른쪽 앞차가 내 차선으로 끼어들고 싶다는 신호를

[***] 분명히 짚고 넘어갈 점은, 실제로 많은 사람이 트럼프의 말 한마디에 넘어가 특정한 연상을 하도록 조건화된 상황이었다고 생각할 이유는 거의 없다는 것이다. 그보다는 차라리 이미 그런 생각을 가진 사람들에게 트럼프가 동류의식을 심어주는 데 성공했다고 볼 수 있다. 따라서 이것은 '반복이 필요한 현실'의 단순한 모델 시스템일 뿐이다.

보낸다. 돌아이처럼 "오, 안 돼! 난 바쁘다고!"라고 생각하며 액셀을 밟으려는 순간, 친절 캠페인 스티커가 뇌리를 스치고 지나간다. 나는 액셀을 밟으려다가 멈춘다. 그리고 0.5초 후 브레이크에 발을 올려 그 차가 합류할 수 있도록 허용하며, 잠시나마 나의 심오한 고귀함을 느낀다.

스티커를 본 후 몇 초 동안 무슨 일이 일어났을까? 두말할 것도 없이, 그것은 결정론적인 군소의 모습이었다.

한쪽 어깨에는 천사가 다른 쪽 어깨에는 악마가 있는, 도덕적 딜레마에 빠진 우리를 상징하는 고전적인 이미지를 생각하라.* 우리에게는 운동뉴런이 있어서, 근육을 작동시켜 가속페달을 밟게 한다. 은유적으로 표현하면, 해당 뉴런에는 "가!"라고 재촉하는 것이 최종 결과인 신경회로가 있는 반면, "가지 말고 속도를 늦춰!"라는 억제 신호를 보내는 신경회로가 있다.

"가!" 회로는 무엇일까? 일반적으로 가깝게는 1초 전, 멀게는 수백만 년 전까지 거슬러올라가는 요인이 행사한 영향력의 결과다. 당신은 배가 고프다. 왼쪽 엉덩이에 원인불명의 욱신거리는 통증이 느껴져, 혹시 왼쪽 엉덩이에 암이 생긴 것은 아닌지 잠시 걱정되어 이기적으로 운전할 만하다고 느낀다. 중요한 회의에 참석해야 하는데 늦으면 안 된다. 몇 달 동안 밤잠을 제대로 이루지 못했다. 중학교 시절에 터프한 아이들에게 괴롭힘을 많이 당한 탓에 고속도로에서 다른 사람이 내 앞에 끼어드는 건 날 무능하고 만만하게 봐서라는 막연하고 암묵적인 믿음이 생겼다. 때마침 하루 중 테스토스테론 수치가 상승하는 시간대여서, "누군가가 내 앞에 끼어들면 내가 지는 거야"를 담당하는 회로에서 신호 전달이 증가한다(성별에 관계없다). 당신

---

* 나는 지금 정신을 차리지 못하고 있다. 쓸 만한 천사/악마 이미지를 찾기 위해 200장의 사진을 뒤적이다가, '왼쪽 어깨에는 악마가 있고 오른쪽 어깨에는 천사가 있는 경우가 대부분이다'라는 즉흥적으로 세운 가설을 확인하게 되었기 때문이다. 내 샘플에서는 62%가 그런 경우였다. 좌파인 나는 약간 기분이 나쁘다. 좌파적이라는 표현에 익숙해졌지만, 사탄적이라는 표현은 또다른 문제다.

은 이런저런 유전자의 이런저런 변이를 가지고 있다. 당신은 남성이고, 남성 간 경쟁과 생식 성공 사이에 중간 정도로 유의미한 상관관계가 있는 종의 구성원이다. 이 모든 요인들이 "가!"라는 방향으로 당신을 밀어붙인다.

반면에 "가지 말고 속도를 늦춰!"라고 제지하는 뉴런이 있다. 당신은 자신을 친절한 사람으로 여기기를 좋아한다. 대학 시절 한동안 퀘이커 모임에 참석했다. 오늘 아침 뉴스에 나온 내용은, 작은 선행의 점진적 실천이 세상을 더 좋게 만들 수 있다는 생각을 덜 비관적이고 덜 무력하게 만들어주었다. 당신이 무신론자라는 사실이 부끄러울 정도로 좋아하는 가스펠 곡이 있다. 매주 안식일에 고아원의 자선 상자에 넣으라며 용돈을 주셨고, 60년이 지난 지금도 가슴이 찡하도록 당신을 안아주시는 부모님 밑에서 자랐다 등등.

두 개의 회로가 대립하며 상반된 신경생물학적 출력을 향해 당신을 자극한다. 하지만 이 순간에는 "가지 말고 속도를 늦춰!"라는 자극이 평소보다 조금 더 힘을 얻는다. 왜 그럴까? 친절 캠페인 스티커에 의해 활성화된 뉴런이 단기기억이라고 불리는 곳에서 1분 정도 반복적으로 울려퍼지며, "가지 마!" 회로에 유리한 쪽으로 추를 기울이는, 희미하지만 결정적인 목소리가 추가되었기 때문이다.[11]

이러한 회로는 각각 어떻게 형성되어 우리의 운동 출력에 영향을 미치는 신경전달물질 집합체와 같은 힘을 얻게 되었을까? 수많은 뉴런이 무언가와 긍정적이거나 부정적인 연관성을 형성함으로써 가능하다. 다시 말해 수많은 뉴런에서 cAMP, PKA, MAPK와 같은 신경전달물질이 다양한 임무를 수행하는 것이다.

신경계의 기초를 소개하는 부록에 나오는 가상의 뉴런 회로를 생각해보자. 이 회로에 두 개의 뉴런 층으로 구성된 네트워크가 있다고 가정하자. 첫 번째 층은 뉴런 A, B, C로 구성되어 있고, 두번째 층은 뉴런 1~5로 구성되어 있다. 뉴런 A는 뉴런 1~3으로, 뉴런 B는 뉴런 2~4로, 뉴런 C는 뉴런 3~5로 투사하는 배선 패턴에 주목하라. 다른 방식으로 표현하면, 뉴런 3은 다른 세 개의 뉴런으로부터, 뉴런 2와 4는 두 개로부터, 뉴런 1과 5는 각각 하나로부터 입력을 받는다.

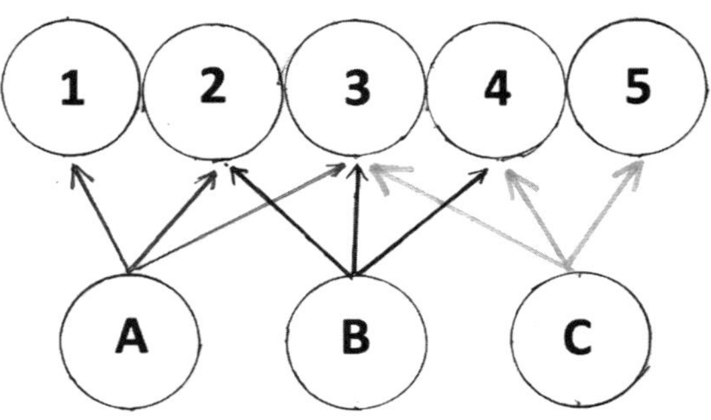

이제 첫번째 층에 예상치 못한 전문성을 부여해보자. 뉴런A는 간디의 사진에, 뉴런B는 마틴 루서 킹 주니어의 사진에, 뉴런C는 미라발 자매의 사진에 반응한다. 뉴런은 실제로 이런 식으로 작동하지는 않지만, 이 세 개의 뉴런이 세 개의 복잡한 '전문적 인식 네트워크'를 대변한다고 가정하자.

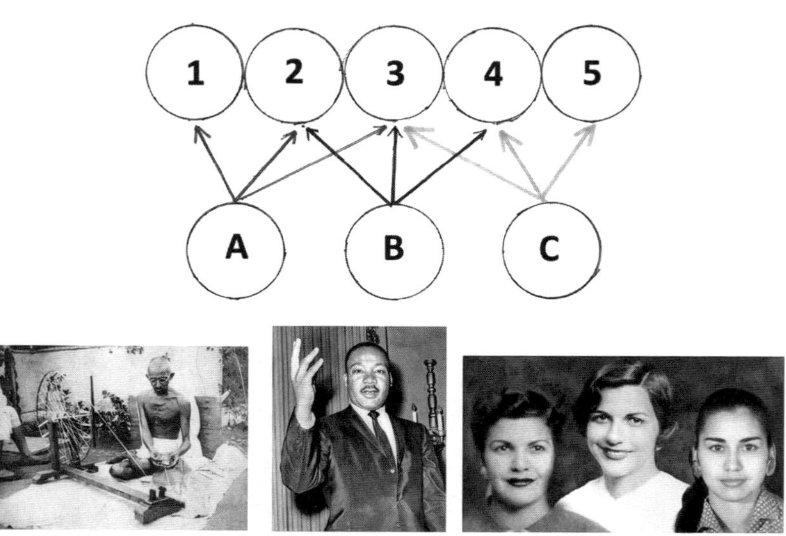

두번째 층에서는 무슨 일이 일어나고 있을까? 양쪽 끝에는 뉴런 1과 5가 있는데, 첫번째 층의 뉴런만큼이나 전문적인 뉴런으로, 각각 간디와 미라발 자매에게 반응한다. 한가운데에 있는 뉴런 3은 어떨까? 이 뉴런은 제너럴리스트로, 첫번째 층의 세 개 뉴런 사이에서 지식의 교차점에 위치한다. 무엇을 알고 있을까? 첫번째 층의 투사가 겹쳐지면서 '자신의 신념을 위해 죽어간 사람들'이라는 범주가 나타난다.* 이 뉴런은 세 가지 사례의 중복되는 지식과 공통점을 저장하는 뉴런이다. 뉴런 2와 4도 이런 의미에서 제너럴리스트이지만, 지식의 숙련도가 낮아서 각각 두 개의 사례만 가지고 있다. 더 많은 사례를 추가하면, 범주적 지식을 가진 제너럴리스트 뉴런을 더 잘 만들 수 있다. 첫번째 층에 더 많은 사례가 포함되어 있고, 뉴런 3이 간디, 마틴 루서 킹 주니어, 미라발 자매에 더하여 소크라테스, 하비 밀크, 시에나의 성 카타리나**, 링컨의 교차점에 있다고 상상하는 것은 어렵지 않을 것이

---

* 미라발 자매인 파트리아, 미네르바, 마리아 테레사는 도미니카공화국의 독재자 라파엘 트루히요에게 정치적으로 반대했다는 이유로 1960년 살해되었다. 상대적으로 비정치적이었고 죽음을 피한 네번째 자매 데데가 언니들 없이 54년을 더 살았다는 사실이 비통함을 더한다. 얼마 전 우리 아이 중 한 명이 미라발 자매에 관한 책을 읽은 후 우리 가족은 그들에게 푹 빠졌다.

** 대학 1학년이 된 10대 여학생을 상상해보라. 첫 학기 동안 친구들은 그녀의 식사량이 적다는 사실을 눈치채고 걱정한다. 그녀는 저녁식사를 하다 말고 포만감을 느낀다고 주장하거나 몸이 약간 불편하고 식욕이 없다고 말하기 일쑤다. 심지어 한 번에 2, 3일씩 단식을 하기도 하고, 식사 후 억지로 토하는 모습을 룸메이트에게 들킨 적도 여러 번 있다. 너구 말라서 더 먹어야 한다는 친구들의 말에, 그녀는 오히려 '식욕이 너무 왕성해서 폭식증 환자처럼 먹는데, 이것이 극복해야 할 개인적인 단점이라고 생각하기 때문에 단식을 한다'고 주장한다. 그녀는 끊임없이 음식 이야기를 하고 집에 편지를 쓰기도 한다. 여자 친구는 많지만 남자는 멀리하는 것 같으며, '평생 처녀로 살 계획인데, 단식이 성적인 감정에서 벗어나게 해준다는 점에서 도움이 된다'고 말한다. 그녀는 월경을 하지 않은 지 오래되었고, 굶주림으로 인해 생식기관이 작동을 멈췄다.

　우리는 그녀의 증상에 대해 정확히 알고 있다. 신경성식욕부진증은 서구화된 생활방식의 맥락에서 종종 생명을 위협하는 질병으로, 한편으로는 음식 과잉과 음식 소비에 대한 관

다. 그러면 뉴런 3은 자신의 신념을 위해 죽어간 사람들에 대해 훨씬 더 많은 지식을 갖게 된다.[12]

간디, 마틴 루서 킹 주니어, 미라발 자매, 소크라테스, 하비 밀크, 성 카타리나, 링컨으로 이어지는 이 네트워크가 전기영화의 소재가 되었던 인물들에 대해 정확히 묘사하고 있다는 사실을 깨닫고, 당신은 약간 불경한 생각을 할지도 모른다. 다시 말해 첫번째 층의 일련의 사례는 (a)시드 비셔스*와 함께 전기영화 범주에 포함될 수도 있고, (b)자신의 신념을 위해 죽어간 사람들의 범주에 포함될 수도 있다. 여기에는 노르망디에서 전사했지만 사랑하는 여동생인 95세 할머니의 눈물을 불러일으키는 당신의 증조부가 포함될 수도 있다.[13]

따라서 동일한 첫번째 층이 여러 네트워크의 일부가 될 수 있다. 시드 비

심으로 가득찬 삶(〈아이언 셰프〉 아시나요?), 다른 한편으로는 수많은 여성과 소녀를 몸의 이미지 문제로 몰아넣는 미디어의 유해하고도 끊임없는 성적 대상화의 교차점에 놓여 있는 것으로 종종 해석된다.

일리 있는 말이다. 하지만 1347년 이탈리아에서 태어난 시에나의 카타리나를 생각해보라. 사춘기 시절 그녀는 음식 섭취를 제한해 부모님의 걱정을 샀고, 항상 배가 부르다거나 몸이 허약하다고 주장했다. 그녀는 며칠에 걸친 단식을 자주 진행했다. 도미니코수도회에 입회해서는 독신 서약을 했고, 이제 그리스도와 결혼한 그녀는 그리스도의 포피包皮로 만든 결혼반지를 끼고 있는 환상을 본다고 했다. 그녀는 너무 많이 먹었다고 느끼면 억지로 토하기도 했으며, 금식을 헌신의 표시이자 자신의 "폭식"과 "정욕"을 억제하고 처벌하는 수단으로 설명했다. 그녀의 글은 그리스도의 피를 마시고, 그의 몸을 먹고, 그의 젖꼭지에서 젖을 먹는 등의 이미지로 가득차 있다. 결국 그녀는 (심장 약한 분들은 조심하라) 한센병 환자의 딱지와 고름만 먹고 마시는 지경에 이르렀고, "내 평생 [고름보다] 더 달콤하고 절묘한 음식이나 음료를 맛본 적이 없다"고 썼다. 서른세 살에 굶어죽은 그녀는 다음 세기에 시성諡聖되었고, 미라가 된 그녀의 머리는 시에나의 한 성당에 전시되어 있다. 거부할 수 없는 역사! 나도 수업시간에 그녀에 대해 가르치는데, 고름과 딱지에 대한 자세한 이야기는 늘 인기만점이다.

* 영국의 록 뮤지션. 1970년대 후반 펑크록 그룹인 섹스피스톨스의 멤버로 활동하면서 냉소, 허무주의, 폭력 등으로 대표되는 펑크록의 이미지를 구현했다. —옮긴이

셔스를 빼고 예수를 추가하면, 우리는 여전히 자신의 신념 때문에 죽어간 사람들(전기영화의 주인공이기도 하다)이라는 범주를 갖게 된다. 한편 간디와 예수, 그리고 타잔 역을 맡았던 조니 와이즈뮬러 3인조는 두번째 층에 자리 잡은 '로인클로스를 두른 남성'을 코딩하는 별도의 배열에 투사할 수 있다.

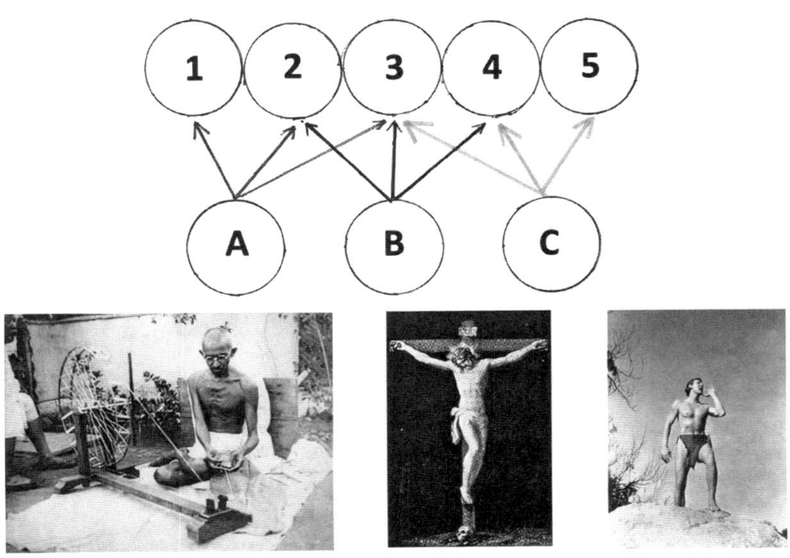

한 단계 더 나아가보자. 작업을 더 쉽게 만들기 위해 두번째 층에서 뉴런 1, 2, 4, 5를 무시하고 제너럴리스트인 뉴런 3만 남긴다.

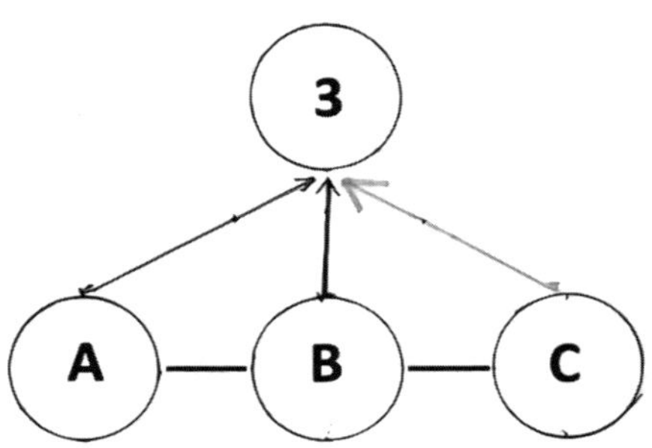

따라서 간디, 마틴 루서 킹 주니어, 미라발 자매 뉴런은 '자신의 신념을 위해 죽어간 사람들'인 뉴런 3으로 모인다. 그 옆에는 또다른 네트워크가 있다(이번에도 역시 단순화를 위해 뉴런 1, 2, 4, 5는 무시한다). 이 두번째 네트워크에서 뉴런A는 무엇을 코딩할까? 고소공포증이 있음에도 불구하고 다이빙보드에서 뛰어내렸고, 그후 스스로를 대견해하며 뿌듯해한 일에 대한 기억이다. 뉴런B는? 초반에 기하학을 포기할 뻔했지만 미친듯이 노력해서

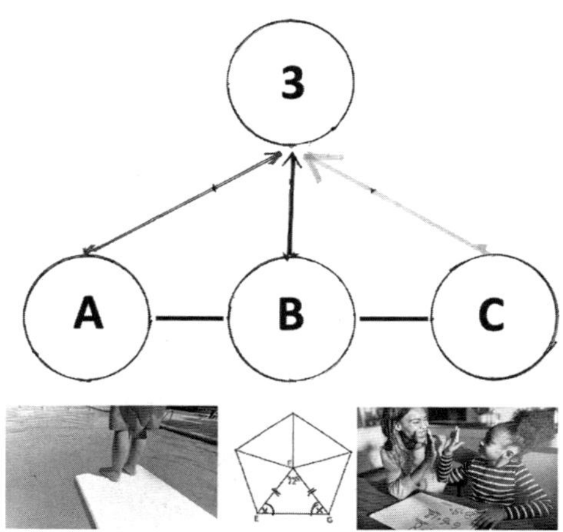

좋은 성적을 받았던 학기에 대한 기억이다. 뉴런C는? 어렸을 때, 마음만 먹으면 무엇이든 될 수 있다고 말씀하시곤 했던 어머니에 대한 기억이다. 이두번째 네트워크의 뉴런 3은 무엇에 관한 것일까? '내가 인생에서 낙관주의와 주체성을 느끼는 이유'라고 대략적으로 정리할 수 있는 범주다. (앞의그림을 참조하라.)

그 옆에는 세번째 네트워크가 있다. 이 네트워크에서 뉴런 3은 '정말 예상치 못한 곳에 찾아온 평화'에 관한 내용이며, 첫번째 층의 뉴런A/B/C는북아일랜드의 성 금요일 협정, 이집트와 이스라엘 간의 캠프데이비드 협정, 제1차세계대전 때의 크리스마스 휴전이다.

정리하면 세 개의 인접한 네트워크 중 첫번째 네트워크의 뉴런 3은 '자신의 신념을 위해 죽어간 사람들', 두번째 네트워크의 뉴런 3은 '내가 인생에서 낙관주의와 주체성을 느끼는 이유', 세번째 네트워크의 뉴런 3은 '정말예상치 못한 곳에 찾아온 평화'에 관한 내용이다.

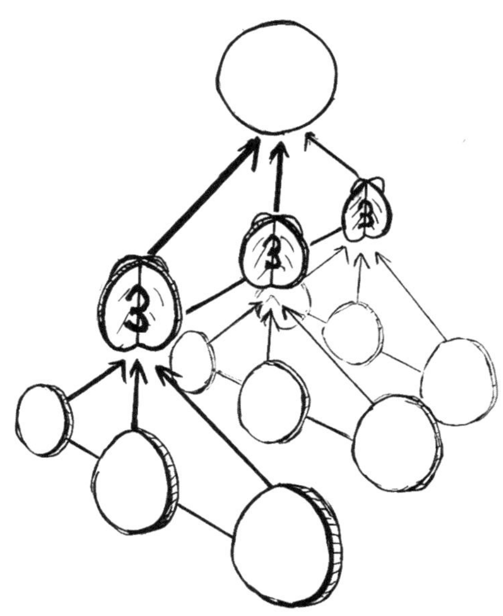

마지막 단계로, 세 개의 서로 다른 뉴런이 차례로 그들만의 첫번째 층을 형성하여 각각의 상위 뉴런 3에 투사한다.

이 3층 네트워크의 맨 위에는 무엇이 있을까? "상황은 나아질 수 있다" "영웅적으로 상황을 개선한 사람들이 있다" "나도 상황을 개선할 수 있다" 라는 식의 결론이 떠오른다. 희망이 보인다.

물론 이는 엄청나게 단순화한 이야기다. 하지만 이는 여전히 뇌의 작동 방식에 대한 근사치이며, 개별 사례들이 노드node에 모이고 그로부터 범주화 및 연관화 능력이 나타난다. 각 노드는 여러 네트워크의 일부이며, 어떤 네트워크에서는 하위 계층 요소로, 어떤 네트워크에서는 상위 계층 요소로, 어떤 네트워크에서는 주연으로, 어떤 네트워크에서는 단역으로 활동한다. 이 모든 것은 군소와 동일한 배선 원리를 기반으로 구축되었다.

우리 주변의 사건들이 다양한 시냅스의 강도를 변화시키는 경우를 보자. 민주주의를 향해 나아가던 나라에서 또다른 독재자가 권력을 장악하기도 하는데, 마지막 사례와 같은 네트워크는 이러한 반례에 의해 약화된다. 다른 사람이 내 차선에 합류할 수 있도록 속도를 늦추면 네트워크가 강화된다. 심지어 되먹임이 있는 고리도 있어서, 계층적 네트워크의 결과물인 긍정적인 정서적 콘텐츠 되먹임("〈호텔 르완다〉*를 보고 큰 감명을 받아 진실화해위원회**에 대해 알아봤다")이 더 많은 모범 사례를 입력하도록 동기를 부여함으로써 네트워크를 더욱 강화하기도 한다.

우리가 직관적으로 변화의 원인으로 여기는 의도적 주체성과 자유를 동원하지 않더라도, 학습된 군소를 만드는 것과 동일한 분자를 통해 변화가

---

*　르완다내전중 1994년에 일어난 학살 사건을 중점적으로 다룬 영화. —옮긴이
**　남아프리카공화국에서 아파르트헤이트가 폐지된 후 과거 청산을 위해 설치했던 기구가 대표적이다. 자세한 내용은 14장을 참고하라. —옮긴이

일어난다. 당신은 경험이 군소의 신경계를 어떻게 변화시키는지를 배우고, 그 결과 당신의 신경계도 변화한다. 우리가 스스로 변화를 선택하는 것은 아니지만 더 나은 방향으로 가는 것을 포함해 변화할 수 있는 가능성은 얼마든지 있다. 어쩌면 이 장을 읽는 것만으로도 말이다.

13장

우리는 변화를 일구어낸 경험이 있다

이 책의 전반부에서, 나는 대략 다음과 같은 시나리오에 따라 우리 모두가 나아가야 할 명확한 길을 제시했다.

1단계. 당신은 멋진 삶을 살고 있다. 당신이 사랑하고 당신을 사랑하는 사람들이 있으며, 당신의 하루는 의미 있는 활동과 기쁨과 행복의 원천으로 가득차 있다.

2단계. 당신의 연인·가족·친척에게 누군가가 상상할 수 없을 정도로 끔찍하고 폭력적이며 파괴적인 일을 저지른다고 가정해보자. 당신은 산산조각이 나고 삶의 의미를 잃을 것이다. 당신은 인간으로서의 기능을 상실하는 지경에 이르러, 다시는 기쁨을 느끼지 못하거나 안전하다고 느끼지 못할 것이다. 사랑하는 사람을 그런 식으로 빼앗길 수 있다는 교훈을 얻었기 때문에 다시는 사랑을 느끼지 못할 것이다.

3단계. 어떤 과학자가 당신을 앉혀놓고 파워포인트를 이용하여 '폭력을 포함한 행동의 생물학'에 대한 프레젠테이션을 진행하면서, "우리는 (우리가 통제할 수 없는) 생물학과 (우리가 통제할 수 없는) 환경의 상호작용의 총합이며, 그 이상도 이하도 아니다"라고 귀에 못이 박히도록 설명한다.

4단계. 당신은 마침내 납득이 간다. 악몽 같은 폭력의 가해자가 다시는 다른 사람을 해치지 않도록 제지되기를 바라지만, 당신은 그를 미워하는 것을 즉시 멈춘다. 우리의 시대와 장소에 맞지 않는 원초적 피의 욕망으로 보여서다.

암, 그렇고말고.

12장에서는 자유의지가 없는 결정론적 세계의 결말에 대한 일반적인 오해를 살펴봤다. '모든 것이 결정되어 있다면 아무것도 변화할 수 없을 텐데 왜 신경을 써야 할까?' 하는 것이었다. 요컨대 변화, 심지어 엄청난 변화도 항상 일어나므로, 우리의 논의는 원점(세상에서 자유의지가 수행하는 근본적인 역할에 대한 믿음)으로 되돌아가는 것처럼 보인다. 12장의 요점은 '변화는 일어나지만 우리가 자유롭게 변화를 선택하는 것이 아니라 우리 주변의 세상에 의해 변화하며, 그 결과 우리가 추구하는 변화의 원천도 변화한다'는 것이었다. 당신이 13장을 읽고 있는 걸 보라.* 행동이 어떻게 변화하는지에 대한 생물학적 설명과 동물계 전체가 공유하는 기계론적 특성을 고려할 때 결정론은 더욱 설득력이 있어 보인다. 우리의 동지인 군소와 손을 잡고 더나은 미래를 향해 전진하기로 하자.

그런데 어떤 괴물이 당신의 연인·가족·친척에게 참을 수 없는 일을 저지른다면, 앞으로 읽을 수많은 페이지에 담긴 모든 의미는 궤변처럼 보이고

---

* 물론 이 책을 꾸역꾸역 읽어나가면서 독자들도 '변화'할 텐데, 변화의 방향은 세 가지일 것이다. 첫째는 자유의지를 거부하는 것이고, 둘째는 이 책의 내용을 모두 엉터리로 치부하고 자유의지를 이전보다 훨씬 더 강하게 믿는 것이고, 셋째는 상상할 수 있는 가장 지루한 주제에 말려들었다고 판단하는 것이다.

고통과 증오에 의해 휘발될 것이다.

　이 장과 다음 장의 목적은 이 책 후반부의 핵심, 즉 '상상할 수 없는 것처럼 보이지만 우리는 모든 영역에서 변화를 만들어낼 수 있다'는 주제를 탐구하는 것이다. 우리는 이전에도 어떤 일의 진정한 원인을 인식하고, 그 과정에서 증오와 비난 그리고 보복에 대한 욕망을 떨쳐버리는 일을 해왔다. 사실 매번 그랬다. 그리고 사회는 붕괴되지 않았을 뿐만 아니라 오히려 더 나아졌다.

　이 장에서는 그러한 두 가지 사례에 초점을 맞추려고 한다. 첫번째는 수세기에 걸친 변화의 흐름이고, 다른 하나는 우리 생애의 대부분에 걸쳐 일어나는 변화다.

쓰러지는 병: 뇌전증

작년에 모두가 열광했던 TV 프로그램에 나오는 게임을 직접 해본 적이 있는가? 〈왕좌의 게임〉이었던가? 〈갑오징어 게임〉이었던가? 〈오징어 게임〉? 맞다, 바로 그거였다. 빨간불과 초록불로 하는 게임인데, 초록불이 들어오면 앞으로 달려가다가 빨간불로 바뀌면 즉시 멈춰야 한다. 빨간불일 때 움직이면 바로 총에 맞는다. 시시각각 맞닥뜨리는 절체절명의 순간에, 우리 몸은 어떤 기관(계)에 의존할까? 혹시 췌장? 췌장은 혈당 조절의 전문가일지는 몰라도 이쪽에는 문외한이다. 다행히도 이 문제는 췌장 대신 신경계가 처리한다. 초록불에서는 뇌의 한 부분이 최대로 활성화되고 다른 부분은 극도로 침묵하며, 빨간불에서는 정반대 현상이 일어난다. 전환은 번개처럼 빠르고 정확하다. 신경계는 대비contrast의 귀재다.

이러한 대비를 강화하기 위해 뉴런은 훌륭한 트릭을 진화시켰다. 뉴런이 침묵을 지키며 아무 말도 하지 않을 때(이것을 휴지 상태라고 한다—옮긴이),

뉴런의 전기적 구성은 내부가 외부에 비해 음전하를 띠는 극단적인 상태에 놓인다(이것을 분극이라고 한다—옮긴이). 뉴런이 활동전위라고 불리는 흥분의 폭발을 일으키면, 뉴런의 내부는 양전하를 띠게 된다(이것을 탈분극이라고 한다—옮긴이). 이러한 분극화 과정에서 할말 없음과 할말 있음을 혼동하지 않으려면 어떻게 해야 할까?

트릭은 바로 여기에 있다. 흥분, 즉 활동전위가 끝나면 뉴런은 더이상 할말이 없다. 이 시점에서 양전하는 천천히 원래의 음전하 상태로 되돌아갈까(이것을 재분극이라고 한다—옮긴이)? 마음과 별로 관련이 없는 방광 세포라면 그런 식의 느린 복귀도 과히 나쁘지 않다. 하지만 뉴런은 매우 활발한 메커니즘을 가지고 있어서, 양전하를 (방금 1000분의 1초 동안 상승했던 것처럼) 빠르게 음전하로 되돌린다. 사실을 말하자면 '모든 것이 끝났다'는 신호를 더욱 극적으로 표현하기 위해 휴지 상태보다 더 큰 음전하로 잠시 내려갔다가 원래의 음전하로 복귀한다. 따라서 정상적으로 휴식중인 뉴런은 음의 방향으로 분극되는 대신 잠시 과분극되는데, 이 기간을 불응기라고 한다. 불응기 동안 뉴런은 양전하를 띤 활동전위에 도달하는 데 어려움을 겪는다. 그야말로 다 끝난 것이다.

이 시스템에 문제가 있다고 가정해보자. 일부 단백질에 문제가 생겨서 불응기가 발생하지 않는다면 어떻게 될까? 비정상적인 고강도 활동전위 클러스터가 폭발적으로 발생하면서 서로 겹쳐진다. 또는 일부 억제뉴런이 작동을 멈춘다고 가정해보자. 그 결과, 비정상적인 흥분 클러스터를 갖는 뉴런으로 가는 다른 경로가 생긴다. 방금 설명한 것은 뇌전증 발작의 두 가지 근본 원인, 즉 너무 많은 흥분 또는 너무 적은 억제다. 수십 권의 교과서와 수만 편의 연구 논문에서 이러한 동기화된 과흥분의 원인인 결함 있는 유전자, 뇌진탕성 두부 손상, 출산 합병증, 고열, 일부 환경 독소 등을 탐구했다. 이 모든 복잡성 속에서 전 세계에서 4천만 명이 앓고 매년 10만 명 이상이 사망하는 이 질병은 신경계의 지나친 흥분 및/또는 지나친 억제에 기인한다는 점이 밝혀졌다.

당신이 예상하는 대로 이 모든 것은 최근에야 발견되었다. 그러나 뇌전증은 고대의 질병이다. 대부분의 사람들에게 익숙한 뇌전증 발작의 하위 유형은 대발작으로, 환자는 자동적으로 경련을 일으키고 몸부림치고 입에 거품을 물며 안구가 위로 올라간다. 모든 종류의 반대되는 근육 그룹이 한꺼번에 자극을 받는다. 그 결과 환자는 땅바닥에 쓰러지는데, 많은 고대인들이 뇌전증에 부여한 이름인 쓰러지는 병은 여기에서 유래한다.

발작에 대한 임상적으로 정확한 설명은 적어도 4천 년 전인 아시리아 시대까지 거슬러올라간다. 그중 일부는 놀라울 정도로 선견지명이 있었다. 예를 들어 고대 그리스의 의사 히포크라테스는 만성 발작이 종종 외상성 뇌 손상 후 시간차를 두고 발생한다는 점에 주목했는데, 이는 오늘날에도 많은 과학자들이 분자 수준에서 규명하려고 노력하는 부분이다. 하지만 과학적 실수도 많았다. 뇌전증은 달의 위상과 그것이 뇌액에 미치는 영향에 의해 발생한다고 추정되었다(누군가가 뇌전증과 달의 위상 사이의 연관성을 통계적으로 반증하기까지 1600년이 걸렸다). 대★플리니우스는 뇌전증 염소를 먹어서 뇌전증에 걸린 거라고 생각했다(하지만 "그럼, 그 염소는 어디서 뇌전증에 걸렸을까?"라는 질문은 회피했다. 육식성 뇌전증 염소 이야기는 전형적인 '겹겹이 포개진 거북이' 사례다). 2세기의 의사 갈레노스는 인체가 흑담즙, 황담즙, 점액, 혈액의 네 가지 체액으로 구성되어 있다는 통념에 따라 연구했다. 갈레노스의 이론은 뇌실*을 중심으로 전개되었다. 그에 따르면 점액이 때때로 걸쭉해져서 뇌실을 막을 수 있으며, 발작은 뇌가 이를 묽게 만들려는 시도다. 이러한 틀에서 보면 응고된 점액이 질병이고, 발작은 문제를 해결하기보다 더 많은 문제를 야기하는 보호반응이라는 점에 유의하라.[1]

과학적 설명에 대한 이러한 첫번째 힌트는 치료법에 영향을 미쳤다. 기원

---

* 뇌실은 뇌 깊숙한 곳에 있는 방으로, 뇌척수액으로 채워져 있다.

전 4세기 그리스에서는 뇌전증 환자에게 물개와 하마의 생식기, 거북이의 피, 악어의 배설물로 만든 혼합물을 마시게 하는 치료법을 시도하기도 했다. 검투사나 참수된 사람의 피를 마시는 것도 치료법으로 여겨졌다. 월경혈로 환자의 발을 문지르는 방법도 있었다. 또는 불에 탄 사람의 뼈를 섭취하게 하기도 했다. (2세기의 또다른 현자인 나우크라티스의 아테나이우스에 의하면, 뇌전증을 치료할 수 있다고 주장한 한 의사는 자세한 내용은 알 수 없지만 환자가 나중에 자신의 노예가 되는 데 동의해야만 치료해줬다고 한다. 현재 미국에서 벌어지고 있는 단일 건강보험을 둘러싼 논쟁을 떠올리게 하는 대목이다.)**

질병을 이해하려는 이러한 원시적인 시도는 수많은 공포를 낳았다. 뇌전증은 전염병이라는 잘못된 믿음으로 인해 뇌전증 환자는 다른 사람들과 음식을 나눠 먹을 수 없고 신성한 장소에서 환영받지 못하는 등 소외되고 낙인찍힌 존재가 되었다. 더 큰 문제는, 뇌전증이 유전된다는 대체로 잘못된 믿음이었다(유전적 변이로 인한 사례는 극히 일부에 불과하다). 이로 인해 뇌전증 환자의 결혼이 금지되었다. 유럽의 여러 지역에서 뇌전증에 걸린 남성은 거세를 당했고, 이 관행은 19세기까지 지속되었다. 16세기에 스코틀랜드에서는 뇌전증에 걸린 여성이 임신을 하면 산 채로 매장했다. 그리고 20세기에는 동일한 의학적 무지로 인해 수천 명의 뇌전증 환자가 강제로

** 이 모든 정보는 어디에서 입수했을까? 이 주제에 관한 결정적인 책인 존스홉킨스의 의사 겸 역사가 오세이 템킨Owsei Temkin이 쓴 500쪽에 달하는 벽돌책 『쓰러지는 병: 그리스에서 현대 신경학의 시작에 이르는 뇌전증의 역사The Falling Sickness: A History of Epilepsy from the Greeks to the Beginnings of Modern Neurology』(초판, 1945)를 샅샅이 뒤진 결과다. 이 책은 온갖 종류의 고대 언어 인용문("시라쿠사의 메네크라테스가 우스꽝스럽게 관찰했듯이…")이 가득한 박식한 책 중 하나인데, 그리스어·라틴어·아랍어가 번역되지 않은 채 원어로 적혀 있다. 하긴 그런 번역문이 누구에게 필요하겠는가? 수백 쪽에 달하는 세목들을 접하면, 내가 무슨 죄를 지었기에 듣도 보도 못한 블레셋 사람들에 관한 이야기를 읽는가 하는 생각도 들고, 그들이 무슨 언어를 사용하든 템킨이 인용할 만큼 흥미로운 건 아니라고 푸념하기도 한다.

불임수술을 받았다. 미국의 대표적인 사건은 1927년의 벅 대 벨Buck vs. Bell 사건으로, 대법원은 버지니아주가 (1974년까지 폐지되지 않은) 법률에 따라 "심신미약 및 뇌전증 환자"를 강제로 불임수술하는 관행의 적법성을 인정했다. 이 관행은 20세기 동안 대부분의 주에서 합법적이었으며, 특히 "미시시피 충수 절제술"이라는 비꼬는 말로 알려진 남부지역에서 흔했다. 유럽 전역에서도 사정은 마찬가지였으며, 당연히 나치 독일에서 이 관행은 절정에 달했다. 1936년 제3제국은 버지니아 법의 설계자인 미국의 우생학자 해리 로플린에게 명예박사 학위를 수여했고, 뉘른베르크재판에서 나치 의사들은 벅 대 벨 판결을 명시적으로 인용하며 자신들을 변호했다.

이 모든 것은 잘못된 과학이 만들어낸 공포였다. 그러나 과학이 옳든 그르든 간에, 뇌전증에 관한 한 과학은 애매한 들러리에 불과했다. 수천 년 동안 농민부터 현자에 이르기까지 대부분의 사람들에게 발작에 대한 설명은 명백했으니, 악마에 씐 현상이라는 것이었다.

메소포타미아인들은 뇌전증을 '신성한' 질병으로 여겨 "죄의 손"이라고 불렀고, 발작의 이질성을 인상적으로 이해했다. 전조 증상을 동반한 소발작을 앓는 사람들은 종종 예언과 관련된 신성한 소유물을 가진 것으로 여겨졌다. 그러나 대발작은 악마의 소행일 가능성이 높았다. 대부분의 그리스 로마 의사들은 악마에 대한 해석을 유물론적이고 의학적인 관념과 혁신적으로 통합하여, 악마가 영혼과 육체의 균형을 깨뜨려 뇌전증을 일으킨다고 믿었다. 갈레노스의 추종자들 사이에서 악마는 점액을 걸쭉하게 만드는 것으로 여겨졌다.

기독교는 신약성서의 한 구절 덕분에 시류에 편승했다. 마가복음 9장 14~29절에 보면, 한 남자가 자신의 아들을 예수에게 데려와 '어렸을 때 귀신이 들려 벙어리가 되었다'고 말한다. 귀신이 아들을 땅에 내동댕이쳐, 거품을 물고 이를 갈며 굳어버리게 했단다. 남자가 자기 아들을 고칠 수 있는지 묻자, 예수는 문제없다고 말한다.* 남자가 아들을 내놓자, 아들은 곧바로 귀신에 사로잡혀 경련을 일으키며 거품을 물고 땅바닥에 쓰러진다. 예수는 그 소년이 더러운 귀신**에 사로잡힌 것을 알아차리고, 그 귀신에게 "아이에게서 나와 사라지라"고 명령한다. 발작이 멈춘다. 이로써 이후 수세기 동안 기독교에서 뇌전증과 귀신들림의 연관성이 확립되었다.

이제 사람이 악마에 씌는 방법은 두 가지로 나뉜다. 하나는 무고한 구경꾼이 마녀나 마법사의 저주에 걸려 악마에 빙의되는 경우다. 내가 일했던 동아프리카의 시골 지역에서 이런 소동이 자주 일어났는데, 보통 가해자를 찾아내 처벌하려는 노력으로 이어졌다. 다른 하나는 뇌전증을 '당사자가 사탄을 받아들인 신호'로 간주하는 견해로, 기독교계 전체에서 지배적인 영향력을 행사했다.

당연한 이야기지만, 중세 후기의 기독교인들은 뇌전증 환자에게서 악마를 쫓아낼 수 있는 예수 같은 능력이 없었다. 그 대신 다른 종류의 해결책이 등장했는데, 두 명의 독일 학자가 앞장서서 가장 큰 성과를 거두었다.

1487년 두 명의 도미니코회 수사 하인리히 크라머와 야코프 슈프렝어는 『말레우스 말레피카룸』(라틴어로 '마녀 잡는 망치'라는 뜻)을 출간했다. 이 책은 부분적으로 종교적·정치적 논쟁서로, '마녀 같은 것은 실제로 존재하지 않는다'는 동정론자들의 주장을 격렬하게 반박했다. 그리하여 동정론자들의 순진한 주장이 자취를 감추자 종교 당국과 세속 당국 모두가 이 책을 마녀의 존재를 인정하고, 자백을 받아내고, 정의를 실현하는 방법을 담은 매뉴얼이자 결정적인 지침서로 받아들였다. 누군가가 마녀였음을 보여주는 믿을 만한 지표가 있을까? 물론 발작이다.

---

* 사실 예수는 자신의 치유 능력에 대해 질문하는 것조차 못마땅해한다. 내 아들을 고칠 수 있나요? "이 믿지 않는 세대여. 내가 언제까지 너희와 함께 있어야 하느냐? 얼마나 더 참아야 하느냐? 그 아이를 내게로 데려오라."(마가복음 9장 19절)

** 판본에 따라 "귀신" 또는 "사악한 영" 또는 "불결한 영" 또는 "더러운 영"으로 표기된다.

이 마녀사냥 기간에 거의 대부분 여성인 수십만 명이 박해와 고문, 죽임을 당했다. 『말레우스 말레피카룸』은 때마침 발명된 인쇄술의 혜택을 받아 이후 한 세기 동안 30판을 거치며 유럽 전역에서 읽혔다.* 이 책의 초점이 딱히 뇌전증에 맞춰져 있지는 않았지만, 메시지는 분명했다. '뇌전증은 누군가가 자유롭게 선택한 악마에 의해 발생하며, 그러한 악마적 빙의는 사회에 위험을 초래하므로 적극 대처해야 한다'는 것이었다. 그리고 뉴런의 칼륨 채널에 문제가 있는 수많은 사람들이 화형에 처해졌다.

계몽주의의 깨달음과 함께 마녀사냥은 더욱 은유적으로 변화했다. 그러나 환자가 어떤 식으로든 잘못을 저질렀다는 인식은 여전해서, 뇌전증은 도덕적 타락의 질병으로 간주되었다. 예컨대 환자의 눈이 멀고 손에 털이 나는 것은 '죄악스러운 자위행위'의 대가로 여겨졌는데, 그 이유는 (오늘날의 용어로 풀어 설명하면—옮긴이) 자신을 너무 자주 만족시킨 나머지 신경세포의 활동전위가 과도하게 동기화되기 때문이라는 거였다. 여성의 경우 성에 대한 부적절한 관심(19세기에는 성기 절제로 치료하기도 함)이 원인일 수 있으며, 신성한 결혼생활 이외의 성관계도 위험 요인이라는 설이 제기되었다. 1800년 영국의 의사 토머스 베도스Thomas Beddoes는 내가 들어본 것 중 가장 저열한 피해자 비난 버전을 내놓았다. 정원을 가꾸는 활기찬 야외 생활 대신 지나치게 감상적이고 소설을 너무 많이 읽어서 발작이 발생한다는 것이었다. 요컨대 뇌전증은 몇 세기에 걸쳐 '바알세불**'을 가슴에 끌어안아서 생기는 병'에서 '할리퀸 로맨스를 너무 많이 읽어서 생기는 병'으로 바뀌어

---

* 이 책은 기술 발전이 본질적으로 진보적이라는 신화의 오류를 보여준다. 캘리포니아대학교 샌타바버라 캠퍼스의 역사학자 제프리 러셀은 "언론에 의한 마녀사냥의 빠른 전파는 구텐베르크가 인간을 원죄에서 해방시키지 못했다는 최초의 증거다"라고 말했다.

** '오물의 주' '귀신의 왕'이란 뜻. 구약 시대에 블레셋 사람들이 섬기던 '바알세붑'의 헬라어 음역. 구약성서에서 바알세붑이 사탄으로 지칭된 적은 없으나, 신약성서에서 '바알세불'은 귀신의 우두머리인 사탄의 별칭으로 사용된다. —옮긴이

갔다.

또는 아닐 수도 있다. 피해자를 비난하는 일이 계속되는 가운데 뇌전증 환자를 위협적인 존재로 간주하는 일 또한 이어졌지만, 신학적 근거보다는 의학적인 근거에 따른 대처도 이루어졌다. 우리는 대부분의 뇌전증 환자의 발작을 예방할 수 있는 다양한 약물의 사용이 가능한 놀라운 시대에 살고 있다. 그러나 20세기 초 이전에는 뇌전증 환자가 일생 동안 수백 번의 발작을 경험할 수 있었다. 템킨이 인용한 한 조사 결과에 따르면, 19세기 초에 장기 입원한 뇌전증 환자들은 수년간 일주일에 평균 두 번의 발작을 경험했다고 한다.[2]

이로 인한 결과 중 하나는 결국 상당한 양의 뇌 손상이 발생한다는 것이다. 내 연구실에서는 수십 년 동안 발작이 어떻게 뉴런을 손상시키거나 사멸시키는지 연구해왔으며, 이러한 뉴런을 보호하기 위한 유전자 치료 전략을 개발하려고 노력했지만 대부분 실패했다. 기본적으로 발작이 반복되면 뉴런의 에너지가 고갈되고, 세포는 그 여파로 발생하는 활성산소와 같은 유해물질을 청소할 수단을 상실한다. 수십 년에 걸친 발작은 일반적으로 광범위한 인지기능 저하를 초래했으며, 19세기에 생겨난 수많은 병원과 기관이 "뇌전증 환자 및 심신미약자"를 전담한 것도 이 때문이었다. 또한 발작으로 인한 손상은 충동 및 감정 조절에 관여하는 전두피질 영역에서 자주 발생했는데, 이는 "뇌전증 정신이상"을 전담한 또다른 유형의 기관의 존재를 설명한다.[3]

뇌전증 환자가 오늘날보다 훨씬 더 잦은 발작을 겪은 것과는 별개로, 두부 손상과 (오늘날에는 피할 수 있는) 전염병으로 인한 열성 뇌전증의 발병률이 높아 뇌전증의 유병률이 더 높았다. 높은 유병률과 함께 뇌전증 환자는 오늘날 우리가 익숙한 것보다 훨씬 더 잦은 발작을 경험하는 것이 상례였기 때문에, 당시 사람들은 폭력과 연관된 매우 드문 뇌전증 사례에 더 많이 신경쓰게 되었다. 여기에는 '정신 운동 발작중 공격적 행동의 자동화'(빅

토리아 시대에는 분노 뇌전증이라는 이름이 붙었다)가 포함될 수 있다. 더 흔한 사례는 발작 직후의 공격성인데, 이 경우 환자는 흥분된 혼란 상태에서 제지하는 사람에게 격렬하게 저항한다. 드물게 몇 시간 후에 폭력이 폭발하는 경우도 있다. 폭력은 일반적으로 일련의 발작에 이어 나타나는데, 계획이나 동기의 증거가 없으며, 30초 미만 동안 지속되는 정형화된 동작의 빠르고 단편적인 폭발로 나타난다. 그후 환자는 양심의 가책에 시달리며 아무것도 기억하지 못한다. 2001년에 발표된 한 논문에서는 희귀 난치성 뇌전증으로 거의 매일 발작을 일으켜 흥분된 공격성이 폭발하는 한 여성의 사례를 소개했다. 이 여성은 이러한 폭력 사건으로 서른두 번이나 체포되었으며, 폭력의 심각성은 점점 더 커져 살인으로 이어졌다. 발작의 초점은 편도체 근처에 있었고, 측두엽의 해당 부분을 수술로 제거한 후 발작과 공격적 폭발이 모두 멈췄다.[4]

이 같은 사례는 매우 드물기 때문에, 한 건의 사례라도 논문으로 발표할 만한 가치가 있다. 하지만 수백만 명의 뇌전증 환자들은 다른 부류의 사람들보다 폭력 행사의 비율이 높지 않으며, 설사 폭력을 행사하더라도 대다수는 뇌전증과 관련이 없는 것으로 알려져 있다. 그럼에도 불구하고 19세기까지만 해도 뇌전증은 폭력 및 범죄와 공공연히 연관지어졌다.* 『말레우스 말레피카룸』의 재림이라고나 할까? 뇌전증을 앓는 사람들은 자신의 도덕적 실패로 인해 질병을 자초했으며, 사회에 위협이 되는 존재로서 마땅히 책임을 져야 한다는 인식이 널리 퍼져 있었다.[5]

하지만 희미한 희망도 있었다. 19세기 과학은 당시의 지식과 현재의 지식을 연결하는 일련의 통찰을 떠올릴 정도로 발전하고 있었다. 부검 연구를

---

* 19세기에 범죄성을 타고난 것으로 간주하는 '인류학적 범죄학'을 창안한 체사레 롬브로소 Cesare Lombroso는 과거 또는 미래의 범죄자로 추정되는 얼굴 특징을 식별해 명성을 얻었는데, 그는 뇌전증 환자들에게서 동일한 얼굴 특징을 발견했다.

통해 마침내 '점액 마개'라는 개념이 사라졌고, 통계학자들은 마침내 그림에서 달을 제거했다. 신경병리학자들은 반복적인 발작 병력이 있는 사람들의 사후 뇌에서 광범위한 손상을 발견했다. 이 시기는 갈바니즘과 동물 전기animal electricity**의 시대로, 뇌가 근육을 움직이게 하는 신호의 전기적 특성에 대한 인식이 높아지면서 뇌 자체가 일종의 전기 기관이라는 인식이 확산되었다. 이는 뇌전증이 일종의 전기적 문제와 관련될 수 있음을 시사했다. 신경학계의 거물이자 천재였던 휴링스 잭슨Hughlings Jackson은 국소화라는 개념을 도입했는데, 그 내용은 발작이 시작될 때 경련성 씰룩거림과 움직임을 통해 뇌의 어느 부위에 문제가 있는지를 알 수 있다는 것이었다.

하지만 그보다 훨씬 더 중요한 일이 일어나고 있었으니, 바로 사람들이 처음으로 "사람이 아니라 질병이 문제다"라고 말하기 시작한 것이다. 그것은 근대성의 속삭임이었다. 1808년에는 발작중에 살인을 저지른 사람이 무죄판결을 받았고,*** 이후에도 이러한 사례가 계속 이어졌다. 19세기 중반까지 베네딕트 모렐Benedict Morel이나 루이 들라시오브Louis Delasiauve 같은 정신의학계의 거물들이 '뇌전증 환자는 자신의 행동에 대해 책임을 질수 없다'고 더욱 일반적으로 주장했다. 1860년에 나온 중요한 저작에서 정신과의사 쥘 팔레Jules Falret는 이렇게 썼다. "발작 후의 섬망 상태에서 자살, 살인, 방화를 시도하거나 저지른 뇌전증 환자에게는 아무런 책임이 없다. (…) 그들은 동기 없이, 관심 없이, 자신이 무엇을 하는지도 알지 못한 채 기계적으로 공격한다." 그는 이 책의 전반부 끝자락에서 갈팡질팡한다. 그는 끝내 자신의 주장을 관철하지 못하고 모순적인 결론을 내린다.

** 18세기 말, 이탈리아의 과학자 루이지 갈바니는 개구리의 다리에 철사를 꽂아놓고 철사와 동물의 신경을 연결했을 때 동물의 다리가 움직이는 것을 발견했다. 이것이 갈바닉 효과의 초기 발견이며, 이 현상을 동물 전기라고 불렀다.—옮긴이

*** 그리고 작업장에 수감되었는데, 당시에는 감옥보다는 조금 나은 곳으로 간주됐던 모양이다.

그럼에도도 불구하고 (정신병원에 격리된) 뇌전증 환자들에게만 국한하지 않고 (뇌전증에 걸렸다는 사실이 알려지지 않은 채 사회에서 살아가는) 모든 사람을 고려할 때, 그들 중 일부에게 삶 전체는 아니더라도 적어도 상당한 기간 동안 도덕적 책임을 묻지 않는 것은 불가능하다고 사료된다.*6

누군가는 책임이 전혀 없는데도 도덕적 책임을 져야 한다니! 정말로 이 얼토당토않은 양립성의 근대적 버전에 명운을 걸고 싶은가?

오늘날에는 어떨까? 출근길에 운전을 하던 중 갑자기 대발작을 일으키는 한 중년남성의 비극적인 시나리오를 상상해보자. 이 남성은 평소에 건강했고 발작을 예측할 수 있는 병력도 전혀 없었다.** 그야말로 갑자기 경련이 일어난 것이다. 팔이 핸들을 사방으로 비틀고 발이 가속페달을 반복적으로 밟는 가운데, 그는 승용차에 대한 통제력을 완전히 상실한다. 급기야 한 어린이가 그의 승용차에 치여 사망한다.

일어날 가능성이 낮은 몇 가지 상황은 다음과 같다.

— 운전대 위에 엎어진 채 아직도 경련을 일으키며 거품을 물고 있는 남성이 승용차에서 끌어내려져 목격자들에게 맞아 죽는다.
— 심리를 위해 법정으로 끌려간 남성은 법원 계단에서 '적절한 처벌을 받지 않으면 목매달아 죽이겠다'고 위협하는 복수심에 찬 군중에 가

---

* 팔레는 정신과의사 집안에서 태어났다. 그의 아버지인 장피에르 팔레Jean-Pierre Falret는 현재 우리가 양극성장애라고 부르는 "순환정신이상"—조증기와 울증기를 오가는 현상—을 최초로 정확하게 묘사하고 뚜렷한 장애로 분류한 인물이다. 쥘에 대한 재미있는 사실은 그가 결국 아버지가 설립한 정신병원을 물려받았을 뿐만 아니라 그곳에서 태어났다는 점인데, 나는 이 정도면 정신의학계에서 입에 금수저를 물고 태어난 셈이라고 본다.
** 뇌종양의 징후도 종종 이렇다.

로막혀 방탄조끼를 입고 뒷걸음질쳐야 한다.

— 남성은 살인, 과실치사, 차량 살인 등의 죄목으로 유죄판결을 받는다.

그 대신 어린이의 사랑하는 가족들은 고통으로 삶이 갈가리 찢긴 채 (운전자가 갑자기 치명적 심장마비를 일으켰거나, 하늘에서 혜성이 떨어졌거나, 지진이 발생해 땅이 둘로 갈라지며 어린이를 삼킨 것에 버금가는) 이 엄청난 불운을 영원히 한탄할 것이다.

물론 그렇게 간단명료하지는 않다. 사람들은 필사적으로 원인을 찾는다. 잠깐만, 병력이 전혀 없었다고? 그 당시 그가 어떤 종류의 약을 복용하고 있었는데 아무도 그에게 경고하지 않은 건 아닐까? 술을 마셨는데 그게 발작을 일으킨 건 아닐까? 마지막 검진은 언제 받았나? 의사는 왜 이러한 즈짐을 발견하지 못했을까? 그는 그날 아침에 필시 이상한 행동을 했을 텐데, 가족 중에서 그의 운전을 말린 사람이 아무도 없었다고? 깜박이는 섬광등이 발작을 유발했다면, 누군가가 그것이 안전하지 않다는 것을 알고 미리 대비해야 하지 않았을까? 등등. 사람들은 무엇이 원인인지, 책임질 사람은 누구인지 찾아내려 한다. 하지만 운이 좋으면 모든 사실을 심정적으로 납득하여, (자녀의 열병으로 인한 죽음을 슬퍼하며 어떤 마녀가 그 원인을 제공했다고 확신한) 16세기의 부모가 상상할 수 없었던 결론에 도달하게 된다. '이런 일이 일어난 것은 운전자의 잘못이 아니며, 그가 차에 대한 통제력을 상실했기 때문이다. 이런 일이 일어나지 않도록 하겠다고 막을 자유를 가진 사람은 아무도 없다. 모든 부모의 마음이 감당해야 할 가장 아픈 불운일 뿐이다'라고 말이다.

운전자가 아무 책임도 지지 않는다는 점에서, 방금 제시한 시나리오는 현재 일어나는 일의 근사치라고 할 수 있다. 우리는 드디어 해냈고, 이제 사람들은 과거와는 다르게 생각한다. 물론 특히 교육 수준이 낮은 사람들 사이에는 뇌전증에 대한 사회적 낙인이 여전히 존재한다. 뇌전증은 전염성이 있거나 정신질환의 일종이라는 믿음이 여전히 널리 퍼져 있기 때문에, 뇌전증 환자의 절반은 낙인찍힌 듯 느껴진다고 보고한다. 만약 이런 일이 어린이에게 발생한다면, 학교에서 성적이 떨어지고 행동 문제가 증가할 것으로 예상된다. 개발도상국에는 뇌전증의 원인이 초자연적이라는 통념이 여전히 존재하며, 설문조사에 참여한 사람 중 거의 절반이 뇌전증 환자와 함께 식사를 하는 것에 반대한다고 답했다. 인도의 신경과 전문의 라젠드라 칼레Rajendra Kale의 말을 빌리면, "뇌전증의 역사는 4천 년간의 무지, 미신, 낙인에 이은 100년간의 지식, 미신, 낙인으로 요약될 수 있다".[7]

그럼에도 불구하고 과거와 비교하면 엄청난 변화가 있었다. 4천 년이 지난 지금 우리는 메소포타미아인과 그리스인, 크라머와 슈프렝어, 롬브로소와 베도스를 뒤로하고 있다. 서구화된 세계의 사람들 대부분은 뇌전증에 대한 생각에서 자유의지, 책임, 비난을 배제해왔다. 이는 놀라운 성과이자 문명과 근대성의 승리라고 할 수 있다.

뇌전증에 대한 관점의 변화는 이 책의 중심에 자리한 보다 포괄적인 과제에 대한 훌륭한 모델을 제공한다. 그러나 이것은 과제의 절반에 불과하다. 왜냐하면 마녀에 대해 생각하든 지나치게 동기화된 뉴런에 대해 생각하든, 발작을 일으키는 사람은 여전히 위험할 수 있기 때문이다. 이런 유언비어가 또다시 고개를 든다. "그럼 살인자, 도둑, 강간범은 자신의 행동에 책임이 없다는 말인가요? 그냥 길거리에서 우리 모두를 해치도록 내버려두겠다는 건가요?" 아니다. 발작이 통제되지 않는 사람은 자동차와 같은 위험한 물건을 조작하지 못하게 한 점에서 문제의 절반은 해결된 셈이다. 앞에서 설명한 상황에서 발작을 일으킨 남성은 발작이 없어질 때까지 평균 6개월 동안 운전면허가 정지된다.[8]

이것이 요즘의 현실이다. 누군가가 처음 발작을 일으켰을 때, 몸속이 기생충으로 들끓는 무지렁이 소작농 무리가 갈퀴를 들고 모여들어 뇌전증 환자의 운전면허증을 의식적儀式的으로 불태우는 장면이 연출되지는 않는다.

비극의 슬픔이 광적인 응징으로 이어지는 일은 없다. 우리는 전체 주제어서 비난과 자유의지의 신화를 제거했지만, 그럼에도 불구하고 이 끔찍한 질병으로 인해 직접 또는 간접적으로 고통받는 사람들을 보호할 최소한의 제약 방법을 찾아냈다. 『말레우스 말레피카룸』에 심취했던 과거 수세기 동안의 학식 있고 자비로운 사람이라면 우리가 어떻게 이런 식으로 생각하게 되었는지 깜짝 놀랄 것이다. 우리는 달라졌다.*

암, 그렇고말고.

실제 사례

2018년 3월 5일, 도러시 브런스는 브루클린의 상가에서 볼보 세단을 운전하던 중 대발작을 일으켰다. 그녀는 가속페달을 밟은 듯했고, 그 순간 승용차가 빨간 신호등을 통과해 횡단보도를 건너던 한 무리의 보행자들을 들이받았다. 생후 20개월 된 조슈아 루와 네 살 된 애비게일 블루멘스타인이 사망했고, 그들의 어머니도 다른 보행자들**과 함께 중상을 입었다. 브런스의 차는 조슈아의 유모차를 100미터나 끌고 가다가 주차된 차를 들이받고 멈췄다. 지역 주민들이 꽃과 테디베어를 놓아둔 제단에는 누군가가 흰색으로 칠한 유모차, 즉 자전거 운전자가 사망한 장소를 표시하기 위해 종종 놓는 유령 자전거와 유사한 유령 유모차가 놓여 있었다.[9]

처음에는 그녀가 실제로 발작을 일으켰다는 진단에 대해 회의적인 시각이 있었다. 한 주민은 이렇게 말했다. "그녀는 전혀 발작을 일으키지 않은 것

---

* 그리고 만약 군중이 모여든다면, 그들은 운전자의 질병을 염두에 두고 '뇌전증 환자-의 면허증'이 아니라 '뇌전증 진단서'를 불태우지 않을까?

** 그중 한 명은 임신중이었고 유산했다.

같았어요… "여보세요, 여보세요, 무슨 일이에요? 무슨 일이 일어났어요?"라고 말했거든요… 발작을 일으키면 기절하잖아요. 그런데 그녀는 활동적이었어요." 그러나 그것은 분명 발작이었다. 경찰이 도착했을 때 브런스는 여전히 경련을 일으키며 입에 거품을 물고 있었고, 그후 몇 시간 동안 두 번 더 발작을 일으켰으니 말이다.[10]

앞 섹션에서 설명한 내용에도 불구하고 브런스는 과실치사 및 형사상 부주의에 의한 살인 혐의로 기소되었고, 8개월 후 재판을 기다리던 중 스스로 목숨을 끊었다.[11]

왜 결과가 다른 걸까? 왜 "그건 브런스 때문이 아니에요, 질병 때문이에요"라고 말하면 안 될까? 앞에서 설명한 가상적 사례와 달리 브런스는 완벽하게 건강한 상태에서 갑자기 발작을 일으킨 것이 아니기 때문이다. 브런스는 다발성경화증, 뇌졸중, 심장병과 함께 약물에 내성이 있는 발작 병력이 있었고, 지난 두 달 동안 세 명의 의사에게 '운전하기엔 안전하지 않다'는 말을 들었다. 그런데도 그녀는 운전을 했다.

그리고 이 주제의 다른 버전도 있었다. 2009년 오브린 스칼릿은 살인죄로 유죄판결을 받았는데, 그 이유는 뇌전증 약을 복용하지 않는 바람에 운전중 발작을 일으켜 맨해튼에서 보행자 두 명을 치어 숨지게 했기 때문이다. 2017년 뉴욕의 택시 운전사 에밀리오 가르시아는 살인 혐의를 인정했는데, 그는 뇌전증 약을 복용하지 않는 바람에 운전중 발작을 일으켜 보행자 두 명을 치어 숨지게 했다. 2018년에는 하워드 엉거가 과실치사 혐의로 유죄판결을 받았는데, 그는 약을 복용하지 않고 발작을 일으키는 바람에 승용차를 통제하지 못해 브롱크스에서 보행자 세 명을 숨지게 했다.*[12]

---

* 운전이나 다른 위험한 일을 할 때가 아니더라도, 정신이 멀쩡한 사람이라면 항경련제 복용을 어째서 거르겠는가? 간단하다. 이 약물은 진정, 말 어눌함, 복시double vision, 과잉행동, 수면장애, 기분 변화, 잇몸 이형성증, 메스꺼움, 발진 등의 심각한 부작용을 일으킬 수

만약 당신이 (내가 대체로 그러듯이) 이 책의 한 페이지라도 진지하게 받아들인다면, 이 책의 결론이 어디로 향하고 있는지 짐작하고도 남을 것이다. 뇌전증 환자들은 매 순간마다 결정을 내려야 했다. 약을 먹지 않았는데도 운전을 해야 할까? 방아쇠를 당길지, 폭도의 폭력에 가담할지, 자기 것이 아닌 물건을 주머니에 넣을지, 공부를 위해 파티를 포기할지, 진실을 말할지, 누군가를 구하기 위해 불타는 건물로 뛰어들지 등 다른 모든 결정과 마찬가지로 말이다. 늘 그렇듯이. 그리고 우리는 이러한 결정이 순전히 생물학적이라는 것을 안다. 고무망치로 무릎을 제대로 맞았을 때 자신도 모르게 다리를 쭉 펴는 것처럼 말이다(다만 환경과의 상호작용에서 훨씬 더 복잡한 생물학이 작용할 뿐이다).

그래서 당신은 결정의 기로에 서게 된다. "약을 먹지 않고 운전할까, 아니면 더 힘들더라도 올바른 일을 할까?" 4장으로 다시 돌아가자. 전두피질에는 몇 개의 뉴런이 있으며 얼마나 잘 작동할까? 기저질환과 이 때문에 복용하는 약물은 판단력과 전두엽 기능에 어떤 영향을 미칠까? 아침식사를 걸러서 혈당 수치가 낮아지는 바람에 전두피질이 약간 어지럽고 둔해졌나? 운좋게도 양질의 양육과 교육을 받은 덕분에 (혈당이 의사결정과 전두엽 기능에 미치는 영향을 학습할 만큼) 우수한 두뇌와 (아침식사를 결심하도록 만들 만큼) 기능적인 전두피질을 보유하게 되었나? 그날 아침 생식샘 스테로이드 호르몬 수치는 얼마였나? 지난 몇 주에서 몇 달 동안 스트레스로 인해 전두엽 기능이 신경가소적으로 손상된 적이 있나? 뇌에 톡소포자충 감염이 잠복해 있나? 청년기의 어느 시점에 약이 잘 들었기 때문에 파괴적인 질

있다. 임신중에 이 약을 복용하면 아기가 구개열, 심장 이상, 척추 이분증 등의 척추관 결손, 태아알코올증후군과 유사한 질환을 경험할 가능성이 높아진다(영국뇌전증협회와 그레이터시카고뇌전증재단에 따르면 그렇다). 아참, 그리고 이 약을 복용하면 관련된 모든 신경심리학 테스트에서 인지기능이 저하되는 것으로 나온다. 따라서 뇌전증 환자의 복약 순응도가 75%에서 25%까지 들쭉날쭉하다는 것은 그리 놀랍지 않다.

병에 시달리더라도 정상이라고 느끼게 해주는 한 가지 일, 즉 자동차 운전을 할 수 있었나? 어린 시절의 부정적 경험과 억세게 운좋았던 경험은 무엇인가? 당신이 태아였을 때 어머니가 술을 많이 마셨나? 어떤 종류의 도파민 D4 수용체 유전자 변이를 가지고 있나? 당신의 조상들이 발전시킨 문화가 규칙을 따르거나 다른 사람을 생각하거나 위험을 감수하는 것을 장려했나? 등등. 4장 135쪽의 표로 다시 돌아가자. '발작을 일으키는 것'과 '약을 먹지 않았는데도 운전을 하기로 결정하는 것'은 똑같이 생물학적이며, 똑같이 당신의 통제권 밖에 있는 요인에 의해 만들어진 신경계의 산물이다.

그럼에도 불구하고 이 문제는 여간 까다롭지 않다. 가르시아가 약을 먹지 않고 운전대를 잡았을 때, 사망자 중 한 명은 어린아이였다. 엉거 때문에 목숨을 잃은 사람 중에는 핼러윈데이에 사탕을 얻으러 가던 할아버지와 손녀가 있었다. 스칼릿이 약을 먹지 않은 이유는 "약이 술을 즐기는 데 방해가 되었기 때문"이라는 것이 밝혀졌고, 판사는 선고에서 그를 "가증스러운 사람"이라고 불렀다. 4장과 앞 단락의 과학에 기반하여 '발작을 일으킨다고 해서 누군가를 비난하거나 처벌할 수는 없고, 약을 먹지 않았음에도 운전을 했다는 이유로 누군가의 삶을 생지옥으로 만드는 것 역시 동일하게 부당하고 과학적으로 정당화될 수 없다'는 주장을 펼치려니, 미치고 환장할 노릇이다. 하지만 설사 누군가가 술을 마실 때 거나하게 취하는 데 방해가 될까 봐 약을 먹지 않았다 하더라도, 과학의 가르침대로 살아야 한다면 명심하라. 그들이 약을 먹지 않고 운전하도록 만든 뇌는 1초 전, 1분 전… 천 년 전에 일어난 통제 불가능한 모든 것의 최종 결과물이다. 당신이 친절하거나 똑똑하거나 동기가 부여되도록 만든 뇌도 사정은 마찬가지다.[13]

뇌전증에 대한 인식이 수세기에 걸쳐 변화해온 이 과정은 우리가 앞으로 해야 할 일의 모델이다. 과거에는 발작을 일으킨다는 것은 주체성, 자율성, '사탄의 하수인이 되기로 한 자유로운 선택'의 결과물이라는 인식이 강했다. 이제 우리는 이러한 용어 중 어느 것도 말이 안 된다는 것을 쉽게 받아들인다. 그리고 하늘은 무너지지 않았다. 나는 대부분의 사람들이 '이 세상이 더 나아진 것은, 뇌전증으로 고통받는 사람들이 화형을 당하지 않기 때문이다'라는 말에 동의할 것이라고 믿는다. 솔직히, 이 글을 계속 쓰는 것이 망설여진다(너무 나갔다며 등돌리는 독자들이 있을까봐). 하지만 '약을 먹지 않았음에도 불구하고 운전대를 잡은 환자들'에 대해 우리 모두가 동일한 발상의 전환을 할 때, 세상은 훨씬 더 정의로운 곳이 될 것이다. 이 세상 어디에도 화형이 들어설 자리는 없다.*

지금까지 뇌전증의 역사를 살펴보며 나는 좀 좌절했다. 19세기의 의사와 법학자들이 뇌전증의 책임 소재를 규명한 시점을 정확히 알아내고, 1860년대의 프랑스 의학 저널에서 완벽한 논문을 찾아내 번역할 수 있다는 것은 대단한 일이다. 하지만 단순히 오래된 논문을 발굴하는 방식으로 더 중요한 사실, 즉 보통 사람들이 언제부터 뇌전증에 대해 다르게 생각했는지를 알아낼 수 있는 것은 아니다. 저녁식사 모임에서 누군가가 '뇌전증을 새로운 시각으로 바라보아야 한다'는 신문기사 이야기를 꺼내며 토론을 시작한 것은 언제였을까? 정보에 밝은 10대들은 언제부터 '자위행위가 뇌전증을 일으킨다'고 믿는 그들의 어리석은 부모를 경멸했을까? 언제부터 대부분의 사람들이 "뇌전증은 악마가 일으킨다"는 말이 "우박은 마녀가 일으킨다"는 말만큼이나 어리석다고 생각했을까? 이것은 매우 중요한 변화이며, 이러한 변화가 어떤 모습인지 알기 위해서는 또다른 비극적 오해를 낳은 최근 역사를 살펴볼 필요가 있다.

---

* 이제 늘 나오던 말이 나올 차례다. "좋아, 그럼 약을 먹지 않아도 운전을 할 수 있게 하자는 건가?" 다음 장에서 다루겠지만 전혀 그렇지 않다.

냉장고 엄마: 조현병

지구상의 모든 정신질환이 막대한 피해를 입히지만, 조현병이야말로 정말, 정말 앓고 싶지 않은 질병이다. 이 질병에 온갖 종류의 숨겨진 축복이 있다고 여기는 바보 같은 뉴에이지적 유행이 있었다. 즉 조현병은 '미친 세상에서 진정으로 제정신인 사람에게만 부여되는 칭호' 또는 '창의성의 원천 또는 깊은 샤머니즘적 영성*의 원천'이라는 생각이 그것이다. 이러한 주장은 복고풍 색채가 워낙 짙어, 빨간색 나팔바지를 입은 사람들이 원초적 비명 치료**에 돈을 쏟아붓던 1960년대를 향한 향수를 불러일으킨다. 심지어 그중 일부는 자격증을 소지한 사람들의 주장이어서 위험하기 짝이 없다.***,**** 조현병에 숨겨진 축복 따위는 없으며, 조현병은 환자와 그 가족들

---

*　　실제로 조현병의 유전적 사촌인 분열형 성격이라는 성격 유형(질병은 아니다)은 역사적으로 샤머니즘과 관련이 있다.

**　　유아기의 트라우마를 다시 체험하게 함으로써 신경증을 치료하는 정신요법.　—옮긴이

***　　대체의학 전문가인 앤드루 웨일은 이렇게 말한다. "정신병자는 비일상적인 경험이 유난히 강한 사람이다. (…) 모든 정신병자는 잠재적 현자 또는 치유자다. (…) 나는 정신병자를 우리 종의 진화적 선봉대라고 부르고 싶은 유혹을 느낀다."

**** 조현병을 '숨겨진 축복'으로 미화하는 운동은 정신질환의 존재 자체에 의문을 제기하는 더 큰 운동의 일환이었다. 이는 종종 정신의학 역사의 그늘(예: 많은 환자를 학대함, 정신과의사들이 때때로 자발적으로 전체주의자들의 협력자가 됨, 아동정신과라는 개념 자체에 불평등한 지배와 강압이 내재됨 등등)에서 촉발되었다. 이 반정신의학 운동의 지도자는 아이러니하게도 정신과의사인 토머스 사스로, 1961년 발간한 『정신질환의 신화The Myth of Mental Illness』에서 자신의 주장을 펼쳤다. 이 학파의 사촌은 "정신의학은 제정신인 사람과 미친 사람을 구분할 수도 없다"라는 식의 주장을 펼쳤는데, 1973년 스탠퍼드 대학교의 심리학자 데이비드 로젠한David Rosenhan이 「미친 곳에서 제정신 유지하기On Being Sane in Insane Places」라는 논문을 『사이언스』에 발표하면서 큰 명성을 얻었다. 이 논문에 실린 연구의 내용은, 정신적으로 건강한 협력자들이 정신병원을 방문하여 환청이 들린다고 거짓말을 하는 것으로 시작된다. 그 결과 이 가짜 환자들은 모두 조현병 진단을 받고 병원에 입원했지만, 그 이후로 완벽하게 정상적으로 행동하고 더이상 환각 증상을 보이지 않는다고 보고했다. 이러한 정상적인 행동에도 불구하고 이들은 모두 수개월 동

의 삶을 황폐화하는 질병일 뿐이다.[14]

조현병은 일종의 사고장애 질환이다. 개별 문장은 어느 정도 이해가 되지만, 30초만 지나도 뭔가 잘못되었다는 것을 알 수 있을 정도로 두서없고 일관성 없는 말을 늘어놓는 사람을 만났다면 조현병 환자일 가능성이 높다(만약 생각의 파편들을 중얼거리는 노숙자라면, 대안이 없다는 이유로 시설에서 받아주지 않아 거리를 헤매고 있는 것일 가능성이 높다). 이 질병은 문화, 성별, 인종, 사회경제적 지위에 관계없이 인구의 1~2%에 영향을 미친다.

이 질병의 놀라운 점은, 혼란스러운 사고에 몇 가지 일관된 특징이 있다는 것이다. 즉 A→B→C의 논리적 순서가 중구난방으로 흩어지는 사고 이탈과 느슨한 연상이 관찰되며 환자는 단어의 음운, 동음이의어, 애매모호한 연결성의 비약에 이끌려 갈팡질팡하는 경향이 있다. 망상과 편집증적 피해의식의 요소가 느슨하게 가미되며, 거기에 환각까지 더해진다. 환각은 대부분 환청의 형태를 띠며 끊임없이 조롱·위협·요구·비하를 하는 목소리가 들린다.

안 과다한 약물을 투여받았고, 이중 일부는 뇌 절개술과 전기충격술을 받았으며, 심지어 두 명은 워싱턴 D.C.의 피자집에서 아동 인신매매 조직을 운영하던 정신과의사들에 의해 살해되어 식인당했다. 하지만 이것은 언론의 대대적인 보도와 오보로 인해 이 연구를 둘러싸고 확산된 도시괴담에 가까운 이야기다. 실제로 일어난 일은 지극히 합리적인 것으로 보인다. 가짜 환자들이 조현병 증상을 가장하여 입원해 관찰을 받았고, 그후 의료진은 그들의 행동에 아무런 이상이 없음을 완벽하게 인지할 수 있었다. 따라서 대부분의 가짜 환자들은 "조현병 완화", 즉 "조현병 증상을 보여서 입원했지만 병원에 있는 동안 아무런 이상이 발견되지 않았다"라는 진단을 받고 퇴원했다. 탐사 저널리스트 수재나 캐헐런Susannah Cahalan은 2019년 출간한 로젠한에 관한 책에서, 그가 가설에 맞지 않는 데이터와 피험자를 임의로 배제했고 심지어 일부 가짜 환자의 존재를 꾸며냈을 수도 있다는 사실을 설득력 있게 보여주며 책 제목인 『위대한 위선자The Great Pretender』(한국어판: 『가짜 환자, 로젠한 실험 미스터리』, 북하우스, 2023)가 중의적 표현임을 강조했다. 로젠한과 함께 근무했던 스탠퍼드대학교 심리학과 동료들의 의견에 따르면 이러한 주장에 강력하게 반박하는 사람은 거의 없다.

이는 조현병의 주요 '양성' 증상('나타나는 특징'을 의미함—옮긴이) 중 일부로, 조현병 환자에게 나타나지만 다른 사람들에게서는 일반적으로 발견되지 않는 특징이다. 조현병의 '음성' 증상('나타나지 않는 특징'을 의미함—옮긴이)으로는 강하거나 적절한 감정emotion, 정동affect의 표현, 사회적 연결 등이 있다. 여기에 높은 자살률, 자해, 폭력까지 더해지면 "숨겨진 축복"이라는 말도 안 되는 표현은 사라질 것이다.

조현병의 놀랍도록 일관된 특징은 전형적으로 청소년기 후반이나 성인기 초반에 발병한다는 것이다. 하지만 돌이켜보면 유아기부터 경미한 이상이 나타나기도 한다. 나중에 조현병 진단을 받게 되는 사람은 이 시기에 일어서거나 걷는 것이 늦어지고, 배변 훈련이 지연되며, 야뇨증 문제가 지속되는 등 생애 초기에 '연성 신경학적' 징후가 나타날 확률이 높다. 또한 아동기 초기에 이상 행동이 나타나는데, 한 연구에서는 교육용 영상을 시청한 관찰자가 조현병에 걸릴 가능성이 있는 아동을 식별할 수 있었다고 한다.[15]

대부분의 조현병 환자가 다른 사람보다 폭력적이지 않음에도 불구하고 폭력성이 높아졌다는 것은 우리에게 분명한 방향을 제시한다. 조현병 환자들이 망상 상태에서 폭력행위를 저지른 경우, 이들에게 책임을 물어야 할까? 평균적인 사람들은 언제부터 '사람이 아니라 질병이 문제다'라고 생각했을까? 1981년, 오랫동안 조현병을 앓고 있던 존 힝클리는 로널드 레이건 대통령 암살을 시도했다(이 사건으로 레이건 대통령은 경찰관, 비밀경호국 요원 한 명과 함께 부상을 입었고, 결국 제임스 브래디 공보비서관이 사망했다). 힝클리가 심신상실*을 이유로 무죄판결을 받자**미국 전역이 분노에 휩싸였

---

* 심신상실과 심신미약(심신박약)은 법률적인 개념으로 다음과 같이 정의된다. 심신상실은 범죄행위를 실행할 때 가해자가 정상적인 판단 능력을 상실한 상태를 의미하며, 심신미약은 정상적인 판단 능력이 부족한 상태를 의미한다.—옮긴이

다. 세 개 주에서는 심신상실 항변을 금지했고, 대부분의 다른 주에서는 심신상실 항변을 더 어렵게 만들었으며, 의회 역시 레이건 대통령이 서명한 〈심신상실 항변 개혁법〉을 통과시켜 같은 일을 해냈다.*** [16]

우리는 아직 갈 길이 멀다. 이 섹션의 요점은 조현병의 악마화와 범죄화, 그리고 그것과 뇌전증의 유사점이 아니다. 그 대신 그 원인에 초점을 맞추고 있다.

당신은 1950년대 초의 미국 여성이다. 물론 전쟁 기간 동안 남편이 군에 간 사이에 혼자서 어린 자녀 셋을 키우는 일은 엄청나게 힘들었다. 하지만 하느님께 감사하게도 남편은 무사히 돌아왔다. 새로운 미국의 에덴동산인 교외에 집이 생겼다. 경제는 호황을 누리고 있고, 남편은 최근 승진하며 회사에서 승승장구하고 있다. 10대 자녀들도 잘 자라고 있다. 하지만 점점 더 걱정거리가 되고 있는 열일곱 살 장남은 예외다. 그는 늘 당신들 같은, 음 뭐랄까. 정상적인 사람들, 외향적이고 운동도 잘하고 인기도 많은 사람들과는 달랐다. 어렸을 때부터 해가 갈수록 점점 더 내성적이고 단절된 모습을 보이더니 급기야 이상한 말과 행동을 했다. 또래 친구들보다 훨씬 더 늦은 나이까지 상상 속 친구만 있었을 뿐 몇 년 동안 실제 친구를 사귀지 못했다. 그의 특성을 고려할 때 그가 따돌림받는 게 당연하다는 것을 인정해야 한다. 그는 혼잣말을 많이 하고 상황에 전혀 맞지 않는 감정을 자주 표현한다. 최근에는 이웃들이 자신을 염탐하고 심지어 자신의 생각을 읽고 있다는 생각에도 사로잡혀 있다. 결국 당신은 그를 가정의에게 데려가고, 가정의는 엄격한 태도와 유럽식 억양을 쓰는 '정신과의사'인 도시의 전문가에게 당신

** 힝클리는 검찰과 변호인 측에서 의뢰한 전문가들로부터 다양한 정신과적 진단을 받았고, 이후 수십 년 동안 정신병원에서 그를 치료한 의사들은 그가 총격 사건 당시 일종의 정신병을 앓고 있었다고 공통된 진단을 내렸다.

*** 조현병 환자들은 평균보다 폭력성이 다소 높지만, 폭력 피해자가 될 확률은 그보다 훨씬 더 높다.

을 소개한다. 다양한 검사를 거친 후 의사는 조현병이라는 진단을 내린다.

당신은 이 질병에 대해 거의 들어본 적이 없으며, 당신이 입수한 드문 정보도 공포를 불러일으킬 뿐이다. "확실해요?" 당신은 반복해서 묻는다. "확실합니다." "치료법이 있나요?" 몇 가지 선택지가 제공되지만 결국에는 모두 쓸모없는 것으로 판명될 것이다. 그런 다음, 당신은 핵심적인 질문을 던진다. "이 병의 원인은 무엇인가요? 내 아들은 왜 아픈 걸까요?" 그러자 확실한 대답이 돌아온다. "바로 당신입니다. 당신의 끔찍한 양육방식 때문에 이 병이 생겼습니다."

이것은 "조현병 유발" 모성이라 불렀고 프로이트적 사고에 뿌리를 둔, 이 질병에 대한 지배적인 설명이 되었다. 20세기 초 미국에서 프로이트적 영향의 첫번째 물결은 주로 뉴욕의 지식인들 사이에서 유행한 별로 중요하지 않은 해프닝이었으며, 섹스에 초점을 맞추었기 때문에 자극적이고 약간 추잡했다. 그리고 1920년대에는 이미 쇠퇴하고 있었다. 그러더니 1930년대에 히틀러를 피해 탈출한 유럽의 지식인들이 미국으로 몰려들면서 미국은 지적 세계의 중심지로 부상했다. 여기에는 차세대 정신역동학 왕족인 프로이트 사상의 선두 주자들이 대거 포진하고 있었다. 이들은 자신감 넘치고 권위적인 유럽인의 지적 우월감으로 미국 정신의학계의 촌사람들을 열광시키며 지배적인 사고 모델이 되었다. 1940년까지 프로이트주의 정신분석가가 미국의 주요 의과대학의 정신과 학과장을 독차지했으며, 이는 수십 년 동안 지속되었다. 영향력 있는 정신과의사였던 E. 풀러 토리는 이렇게 평가했다. "프로이트의 이론이 '이국적인 뉴욕 식물'에서 '미국의 문화적 칡'으로 변모한 것은 사상사에서 가장 이상한 사건 중 하나다."*17

그리고 이들은 음경 선망에 대해 매력적이고 추잡한 방식으로 일관하는 과거의 프로이트주의자가 아니었다. 프로이트 자신은 조현병이나 일반적인 정신병에는 거의 관심이 없었고, "걱정이 많은" 고상하고 신경증적이며 고학력인 내담자를 크게 선호했다. 그에 반해, 자신의 심리적 문제를 부모 탓으로 돌리는 진부한 정신역동학적 표현을 주입하는 데 일조한 차세대 프로이트주의자 중에는 정신병에 관심이 많은 핵심 인물들이 수두룩했다.** '조현병을 유발하는 모성' 개념은 여성에 대한 냉혹한 적대감에서 비롯된 것으로, 증종 여성 분석가들에 의해 제기되었다. 난민 출신 프로이트주의자 프리다 프롬라이히만Frieda Fromm-Reichmann은 1935년에 "조현병 환자는 유아기와 다동기에 중요한 사람들에게 겪은 심한 초기 억압과 거부를 겪어 다른 사람들을 고통스러울 정도로 불신하고 원망한다"라고 서술하며, 주로 조현병을 유발하는 모성을 탓했다. 분석가 멜라니 클라인Melanie Klein(미국이 아니라 영국으로 이주했다)은 정신병에 대해 이렇게 썼다. "정신병은 생후 첫 6개월 만이 발생하는데, 이는 엄마에 대한 증오가 발각되어 복수당할까봐 두려워 젖을 뗄는 과정에서 일어나는 일이다." 이상야릇하고 유해한 횡설수설이다.[18]

정신분석가마다 조현병을 유발하는 모성의 병리학적 측면에 대해 조금씩 다른 개념을 가지고 있었지만, 일반적인 주제는 경직되고, 거부적이고, 애정이 없고, 지배하려 들며, 불안한 어머니에 중점을 두었다. 그렇다면 그런 상황에서 아이가 할 수 있는 것은 조현병적 망상과 판타지 속으로 후퇴

대한 관용, 평등주의 정신, 남녀평등 때문이었다.

** 사회학자 로런스 피터Laurence Peter(피터 원칙의 창시자)의 말을 빌리면, "정신의학은 부모의 결점을 폭로함으로써 우리의 잘못을 바로잡을 수 있게 해준다". 이는 다음과 같은 농담으로도 요약된다. "맙소사, 어젯밤에 부모님과 함께 저녁을 먹다가 최악의 프로이트식 실언을 했어요. '아빠, 소금 좀 줄래요?'라고 말하려다가 '당신이 내 인생을 망쳤어, 이 나쁜 자식아'라고 말했지 뭐예요."

하는 것뿐이었으리라. 곧이어 인류학자 그레고리 베이트슨*이 정신분석가들과 손잡고 조현병의 '이중 구속' 이론이라는 형태로 이론적 정교함을 더했다. 이 이론에 따르면 악의적이라고 추정되는 모성 특성의 핵심은 감정적 이중 구속, 즉 아이가 그렇게 해도 저주받고 안 해도 저주받는 고도로 각성된 상황을 생성한다는 것이다. 이런 상황은 엄마가 아이에게 이런 잔소리를 하면서 시작된다. "왜 나한테 사랑한다고 말하지 않니? 사랑한다고 말해봐." 아이는 "사랑해"라고 말하지만, 엄마는 "옆구리 찔러서 절 받는 게 무슨 의미가 있겠어?"라고 반박한다. 이처럼 감당할 수 없는 감정적 공격에 직면했을 때 조현병은 아이가 자신만의 판타지 세계로 후퇴하도록 도와주는 보호막 역할을 한다.

곧 이 이론에 대한 정교한 설명이 이어졌고, 막연하게 자유주의 또는 인도주의 이론가라고 볼 수 있는 정신역동학 이론가들은 아버지의 이중 구속으로 인해 아이가 조현병에 걸릴 정도로 충분히 망가질 수 있다는 가능성을 포함하도록 개념을 확장했다. 그럼에도 불구하고 더욱 일반적인 아버지의 상은 '과실이 없는 수동적인 공처가'였다. 집안에서 어슬렁거리며 조현병을 유발하는 하피**를 지배하지 않는 한 말이다.

범인이 가족 전체일 수 있다는 가능성이 제기되면서 상황은 더욱 확대되었다. 이러한 '가족 시스템' 접근 방법은 1970년대에 이르러 페미니스트 정신과의사들의 첫번째 물결에 의해 수용되었고, 한 지지자는 "최근에야 정신과의사들이 조현병을 유발하는 가족에 대해 이야기하기 시작했다"고 인정하는 글을 썼다. 와, 대단한 진전이다.[19]

---

*　베이트슨은 인류학을 프로이트 사상의 한 분야로 만드는 데 큰 영향을 끼친 마거릿 미드와 잠시 결혼한 적이 있다.

**　그리스 로마 신화에 나오는, 여자의 머리와 몸에 새의 날개와 발이 달린 괴물. ―옮긴이

그렇다면 실제로 무엇이 문제일까?

당연한 이야기지만, 조현병을 유발하는 모성 또는 그 변형을 뒷받침하는 경험적 증거는 전혀 없다. 조현병에 대한 현대적 이해는 초창기 그림형제의 동화와 전혀 닮지 않았다. 이제 우리는 조현병이 강력한 유전적 요소를 가진 신경발달장애라는 것을 안다. 일란성쌍둥이 중 한 명이 조현병에 걸렸을 경우, 모든 유전자를 공유하는 다른 한 명이 조현병에 걸릴 확률이 50%에 달한다(전체 인구의 일반적인 위험은 1~2%이다)는 사실이 이를 잘 보여준다. 그러나 낭성 섬유증, 헌팅턴병, 겸상적혈구 빈혈과 같은 고전적인 단일 유전자 질환과 달리, 조현병은 하나의 유전자가 잘못되어 발생하는 것이 아니다. 그 대신 신경전달 및 뇌 발달과 관련된 여러 유전자의 변이가 불운하게 조합되어 발생한다.*** 그러나 이러한 유전자의 조합은 조현병을 유발하는 것이 아니라 조현병의 위험을 증가시킬 뿐이다. 이는 방금 언급한 연구 결과를 뒤집어 말한 것으로, 일란성쌍둥이 중 한 명이 조현병에 걸렸더라도 다른 한 명이 조현병에 걸리지 않을 확률이 50%라는 것을 암시한다. 전형적인 유전자/환경 상호작용의 경우, 질병에 걸리려면 기본적으로 '유전적 취약성'과 '스트레스가 많은 환경'이 결합되어야 한다. 어떤 종류의 스트레스일까? 태아기에 산전 영양실조(예를 들어 1944년 네덜란드의 대기근으로 인해 당시 태아였던 사람들의 조현병 발병률이 크게 증가했다), 다양한 바이러스에의 노출(산모 감염, 태반 출혈, 산모의 당뇨병이 원인이다), 원생동물 기생충인 톡소포자충**** 감염 등이 발생하면 수년 후 질병 위험이 높아진다. 주산

*** 예기치 않게도, 이 질환의 또다른 유전적 문제는 완벽하게 정상적인 유전자가 비정상적으로 여러 개의 사본으로 복제되는 것과 관련이 있다.

**** 여담이지만, 톡소포자충은 뇌에 다양하고 흥미로운 영향을 미치기 때문에 내 연구실에서는 10년 동안 이를 연구하는 데 전념했다.

기 위험 요인perinatal risk factor으로는 조산, 저체중 출생 및 작은 머리둘레, 분만중 저산소증, 응급 제왕절개, 겨울철 출생 등이 있다. 나중에 성장 과정에서는 부모의 사망, 부모의 별거, 청소년기 초기의 트라우마, 이주, 도시 생활 등 사회심리적 스트레스 요인에 의해 위험이 증가한다.[20]

따라서 이 질병은 유전적 위험으로 인해 뇌가 벼랑 끝에 서 있는 상태에 스트레스가 많은 환경이 더해져 뇌가 더욱더 끝으로 밀려나 발생한다. 벼랑 끝에 몰린 뇌에는 어떤 이상이 생길까? 가장 극적이고 확실한 이상은 신경 전달물질인 도파민 과잉과 밀접한 관련이 있다. 이 화학적 메신저는 보상에 관여하며, 특히 전두피질에서 사건의 중요도를 표시하는 역할을 한다. 예상치 못한 보상을 받으면 당신의 뇌는 "우와, 대단하다! 방금 일어난 일이 다시 일어날 가능성을 높이려면 그 일에서 무엇을 배워야 할까?"라고 생각한다. 예상치 못한 처벌을 받으면 "우와, 끔찍하네! 이런 일이 재발하지 않게 하려면 어떻게 해야 할까?"라고 생각한다. 요컨대 도파민은 "주의해, 이건 중요한 일이야"라는 메시지를 전달하는 매개체다.[21]

가장 확실한 증거는 조현병에 걸릴 경우 도파민 수치가 높아질 뿐만 아니라 도파민이 무작위로 방출된다는 것이다. 그렇게 되면 사건의 중요도가 무작위로 급증한다. 예를 들어 누군가 자신을 흘끗 쳐다보는 것을 발견했을 때 도파민이 마구잡이로 쏟아져나온다면, 조현병 환자는 그 눈빛에 담긴 의미심장한 느낌에 사로잡혀 '저 사람이 나를 감시하며, 마음을 읽고 있다'고 결론을 내릴 수 있다. 이런 의미에서 조현병은 "과도한 현저성"이라고 불리는 사고장애다.[22]

과도한 현저성은 이 질환의 또다른 특징인 환각에도 기여하는 것으로 알려져 있다. 대부분의 사람들 머릿속에는 내면의 목소리가 존재하는데, 이것은 사건을 설명하거나, 사물을 떠올리게 하거나, 관련없는 생각을 개입시키는 역할을 한다. 이러한 목소리와 '도파민의 무작위적 분출'이 결합하면 중요도와 존재감이 부각되어, 당신은 그것을 실제 목소리로 인식하고 그에 반응하게 된다. 대부분의 조현병 환각은 청각적인데, 이는 우리의 사고가 얼마나 언어적인지를 반영한다. 그리고 이 규칙을 증명하는 정말 놀라운 예외로, 조현병을 앓는 선천성 농인聾人들이 미국수어로 환각을 본다는 연구 결과가 발표되었다(어떤 사람은 '실체 없는 한 쌍의 손'이나 신神이 자신에게 수어로 이야기하는 환각을 경험했다고 한다).* 23

조현병은 또한 뇌의 구조적 변화를 수반한다고 알려져 있는데, 이것은 입증하기가 약간 까다롭다. 첫번째 증거는 조현병 환자의 뇌와 대조군의 뇌를 사후 비교한 결과에서 나왔다. 구조적 이상 소견의 특성상 이 발견이 '사후 인공물'일 가능성이 제기되었다(즉 조현병 환자의 뇌는 어떤 이유에서인지 부검을 위해 적출될 때 대조군의 뇌보다 찌그러질 가능성이 더 높다는 것이다). 다소 억지스럽기는 하지만 신경 영상이 등장하여 사람들이 살아 있는 동안에도 뇌에 동일한 구조적 문제가 존재함을 보여주면서 이러한 우려는 사라졌다. 제거해야 할 또다른 잠재적 혼란은 약물과 관련된 것이다. 예를 들어 조현병을 앓는 40세 환자의 뇌에서 구조적 변화가 관찰될 경우 그 변화는 질병 때문일까, 아니면 수십 년 동안 다양한 신경 활성 약물을 복용해왔기 때문일까? 사정이 이러하다보니, 이 분야의 표준은 아직 약물을 복용하지 않은 청소년이나 막 진단을 받은 청년의 뇌를 촬영한 신경 영상이 되었다.**
궁극적으로, 유전적으로 위험에 처한 사람들을 식별한 후 어린 시절부터 추

---

* 더욱 흥미로운 사실은 조현병을 앓는 선천성 농인 중 대다수가 실제로 환청, 즉 목소리가 들린다고 보고한다는 것이다. 한 번도 들어본 적 없는 사람이 어떻게 목소리를 들을 수 있을까? 이 분야의 전문가들이 내리는 결론의 대부분은, 실제로 그런 일은 일어나지 않는다는 것이다. 그 대신 청인聽人들이 항상 말하는 '청각'이라는 신비한 개념에 비추어 농인이 자신의 이상하고 무질서한 지각에 의미를 부여하려는 몸부림이라고 본다.

** 조현병이 유전적 취약성의 질병이라는 가설에 암묵적으로 의존하는 또다른 접근 방법이 있다. 조현병 환자의 건강한 친척에게서 구조적 이상의 일부 미묘한 버전이 발견됨을 보여주는 것이다.

적하여 '질병에 걸릴 사람'과 '그렇지 않은 사람'을 확인할 수 있게 되자, 가장 심각한 증상이 나타나기 훨씬 전에 일부 뇌 변화가 일어나고 있다는 것이 분명해졌다.[24]

따라서 이러한 뇌 변화는 질병에 선행하는 예측 요인이 되었는데, 가장 극적인 변화는 피질이 비정상적으로 얇고 눌려 있다(따라서 찌그러질 우려가 있다)는 것이다. 뇌실(뇌 내부의 체액으로 채워진 동굴)에도 논리적으로 타당한 변화가 나타나는데, 특히 피질이 얇고 눌려 있는 경우 뇌실이 커지면서 바깥쪽으로 밀고 나간다. 이것은 문제가 '뇌실(내부)이 확장되어 피질(외부)을 찌그러뜨리는 것'인지, 아니면 '피질이 얇아져서 뇌실이 빈 공간을 채우는 것'인지에 대한 의문을 제기한다. 결론적으로 말해서 후자가 맞다. 다시 말해 피질이 얇아지는 것이 먼저다.[25]

매우 분명한 사실은, 피질의 변화가 전두피질에서 가장 극적으로 나타난다는 것이다. 그런데 피질이 얇아지는 이유는 뉴런 손실이 아닌 것으로 밝혀졌다. 이는 뉴런이 서로 소통하는 복잡한 케이블, 즉 축삭과 수상돌기가 손실된 탓이다.* 이렇게 되면 전두피질의 뉴런들은 서로 소통하고 활동을 조율하는 능력이 떨어진다. 또한 논리적이고 순차적으로 기능하는 능력도 떨어진다.** 이를 검증하기 위한 기능적 뇌 영상 분석에서, 조현병 환자의

---

* 신경과학 마니아를 위한 세부사항은 다음과 같다. 축삭은 아교세포라는 세포로 만들어진 절연 피복으로 감싸여 있는데, 이것을 '수초화'라고 한다. 내가 해마다 수업에서 혼란스럽게 가르친 바와 같이, 수초화는 뉴런의 통신 속도를 높인다. 절연 피복은 지방이 많고 희끄무레한 색을 띠기 때문에 주로 수초화된 축삭으로 이루어진 뇌 부분을 '백색질'이라 하고, 수초가 없는 뉴런의 세포체로 채워진 부분을 '회색질'이라고 부른다. 7장의 '뉴런 도시계획'에서 나온, 회색질 도심을 연결하는 백색질 고속도로가 바로 이것이다. 따라서 논리적으로 볼 때 조현병에 의한 피질의 축삭 손실은 백색질의 감소를 동반한다.

** 다른 뇌 변화도 있는데, 특히 주목할 만한 것은 학습과 기억의 중심이 되는 뇌 영역인 해마가 위축되는 것이다. 해마 뉴런의 층 구조에도 이상이 있는 것으로 보인다. 이 분야에서 거의 일치된 의견은 전두피질의 구조적 변화가 가장 중요하다는 것이다.

얇고 빈약한 전두피질은 대조군의 전두피질과 동일한 수준의 과제 효율성을 내기 위해 더 열심히 노력해야 하는 것으로 나타났다.[26]

따라서 현재의 지식을 바탕으로 조현병의 병리학을 정리하면 다음과 같다. 일련의 유전자 변이가 질병의 위험을 구성하며, 특정 시기(생애 초기)의 큰 스트레스가 이러한 유전자를 조절함으로써 조현병의 길로 접어들게 한다. 이와 관련하여 전두피질에 나타나는 징후에는 '과도한 도파민'과 '희박한 뉴런 간 연결'이 포함된다. 그렇다면 조현병은 왜 후기 청소년기/초기 성인기에 전형적으로 발병할까? 그건 바로 이 시기가 전두피질이 폭발적으로 성숙·성장하는 마지막 시기이기 때문이다(조현병에서는 이러한 성숙·성장이 저해된다).[27]

요컨대 유전자, 신경전달물질, 뉴런을 연결하는 축삭 배선의 양에 문제가 있는 경우 조현병이 발생한다. 지금까지 조현병에 대한 현재의 지식을 전반적으로 검토한 것은 바로 이 점, 즉 조현병이 생물학적 문제라는 점을 강조하기 위함이다. 그리고 생물학적 문제는 (엄마들에게 엄마 노릇을 못한다고 말하는 게 수법인) 오스트리아 빈의 정신분석가가 아닌, (실험복 차림으로 시험관을 주시하는) 과학자들의 소관이다. 오늘날 우리는 '조현병을 우발하는 모성의 저주를 받은 10대에게 유일한 탈출구는 조현병의 광기에 빠지는 것'이라는 생각에서 벗어났다. 뇌전증에 이어 조현병은 질병에서 비난의 개념을 제거해낸 또다른 영역이다(그리고 어머니에게 주홍글씨를 붙일 때보다 훨씬 더 효과적으로 질병을 치료할 수 있게 되었다).

앞에서 말했듯이, 뇌전증에 대한 인식이 '사탄이 함께할 때 일어나는 현상'에서 '신경학적 장애'로 전환된 과정을 살펴보는 데는 어려움이 많다. 왜냐하면 18~19세기에 보통 사람들이 이 질병에 대해 달리 생각하기 시작한 과정에 대한 정보가 거의 없기 때문이다. 그러나 조현병의 경우에는 다르다. 우리는 조현병에 대한 관점의 변화가 어떻게 일어났는지를 비교적 정확하게 추론할 수 있다.

천 마디 말보다 더 가치 있는 한 장의 사진

조현병에 대한 관점의 변화는 조현병 증상이 발현됐을 때 완화하는 데 도움이 되는 최초의 약물이 등장한 1950년대에 일어났음이 틀림없다. 한 뉴런이 다음 뉴런에 '도파민성' 메시지를 보내려는 의도로 도파민을 방출할 때, 효과를 거두려면 다음 뉴런이 도파민과 결합하고 반응하는 수용체를 가지고 있어야 한다. 이것이 신경전달물질을 이용한 신호 전달의 기본인데, 최초의 효과적인 약물은 도파민 수용체를 차단하는 약물이었다. 이러한 약물은 "신경이완제neuroleptic" 또는 "항정신병제antipsychotic"라 불렸고, 가장 유명한 약물은 토라진(성분명: 클로르프로마진)과 할돌(성분명: 할로페리돌)이다. 도파민 수용체를 차단하면 어떻게 될까? 첫번째 뉴런은 여전히 아주 오랫동안 도파민을 방출할 수 있지만 도파민 신호는 전달되지 않는다. 그리고 그 시점에서 조현병 환자의 이상 행동이 감소하기 시작한다면, '애초에 도파민이 너무 많아서 문제가 발생했다'고 논리적으로 결론을 내릴 수 있다.* 도파민 신호를 대폭 증가시키는 약물을 복용하면 조현병 유사 증상이

---

* 추상적으로 보면 여기에는 미묘하고 멋진 문제가 숨어 있다(하지만 실생활에서는 절대 그렇지 않다). 조현병의 핵심 문제는 논리적 사고와 관련된 뇌 영역에서 도파민이 과도하게 분비되는 것으로 보이며, 도파민 신호를 차단하는 약물을 투여하는 것이 핵심 치료법이다. 한편 파킨슨병은 환자가 운동을 시작하는 데 어려움을 겪는 신경장애로, 뇌의 완전히 다른 영역에서 도파민이 손실되는 것이 핵심 문제이며, 핵심 치료법은 도파민 신호를 강화하는 약물(대부분 엘도파L-DOPA)을 투여하는 것이다. 이러한 약물은 해당 뇌 영역에 직접 주입되지 않는다. 그 대신 전신적으로 투여(예: 경구로 또는 주사로)되므로, 약물이 혈류로 들어가 뇌 전체에 영향을 미친다. 조현병 환자에게 도파민 수용체 차단제를 투여하면 뇌의 '조현병' 부분에서 비정상적으로 높았던 도파민 신호가 정상으로 돌아오지만, 동시에 다른 부분에서는 정상이었던 것이 정상 이하로 내려간다. 파킨슨병 환자에게 엘도파를 투여하면, 뇌의 '파킨슨병' 부분의 도파민 신호는 정상으로 되돌아오지만 다른 부분에서는 정상이었던 것이 정상 이상으로 올라간다. 그렇다면 고용량 및/또는 장기간의 엘도

많이 나타나는 반대 사례(이것을 암페타민 정신병이라고 함)가 입증되면서, 이 가설은 더욱 힘을 얻었다. 이러한 연구 결과는 도파민 가설의 시발점이 되었으며, 도파민 가설은 여전히 조현병의 원인을 설명하는 가장 신뢰할 만한 이론이다. 덕분에 (다른 사람들과 고상한 거리를 유지할 수 있도록) 멀리 떨어진 정신병원에 평생 격리되어 있던 조현병 환자들의 수가 급격히 감소했는데, 이것은 가히 정신병원의 종말이라고 할 만했다.[28]

이로써 조현병 유발을 둘러싼 신화는 즉시 막을 내렸어야 한다. 예컨대 고혈압은 다른 종류의 신경전달물질 수용체를 차단하는 약물로 완화할 수 있으므로, 제대로 된 전문가라면 '해당 신경전달물질이 너무 많은 게 핵심 문제'라는 결론을 내릴 것이다. 그러나 도파민 수용체를 차단하는 약물로 조현병 증상을 완화할 수 있음에도 정신의학을 지배하던 정신분석학 계급은 놀랍게도 여전히 유해한 모성이 핵심 문제라는 결론을 내렸다. '미국에 신경이완제를 도입하라'는 빗발치는 요구를 잠재운 후 그들은 다음과 같은 타협안을 내놓았다. 신경이완제는 조현병의 핵심 문제에는 아무런 영향을 미치지 않으며, 그저 환자를 충분히 진정시켜 어머니의 잘못된 양육에 따른 상처에서 벗어나 정신역동학적 진전을 더 쉽게 이루어내도록 할 뿐이라는 것이다.

정신분석가 놈들은 심지어 해리성·기질성 유형이라는 용어를 개발했는데,

파를 사용하여 파킨슨병 환자를 치료하면 정신병의 위험이 증가할까? 그렇다. 도파민 수용체 차단제를 고용량 및/또는 장기간 사용하여 조현병 환자를 치료하면 파킨슨병 운동 장애의 위험이 증가할까? 그렇다. 이를 '지발성 운동이상'이라고 지칭하며, 이 증상을 속어로는 "토라진 셔플Thorazine Shuffle"이라고 부른다. (남부의 록밴드인 곱트풀이 이 증상에 관한 노래인 〈토라진 셔플〉을 만들었는데, 마지막 가사는 "오늘은 걱정할 필요 없어, 토라진 셔플로 모든 게 괜찮아져"이다. 꼭 그렇지는 않지만 올맨 브라더스풍의 좋은 노래이며, 신경화학에 대해 가르치는 〈루시 인 더 스카이 위드 다이아몬드Lucy in the Sky with Diamonds*〉보다 덜 구식인 대중음악을 보는 것은 좋은 일이다).
(* 비틀스의 노래로, 이니셜을 따면 LSD가 된다.—옮긴이)

이것은 조현병을 뇌 질환이라고 믿고 책임을 회피하려는 조현병 환자의 가족(예: 어머니)을 비웃는 경멸적 용어다. 이 용어는 1958년에 출간된 영향력 있는 책 『사회계급과 정신질환: 지역사회 연구Social Class and Mental Illness: A Community Study』에 등장했는데, 이 책은 17년간 예일대학교 정신과 학과 장을 지낸 빈의 정신과의사 프레데리크 레틀리히Frederick Redlich와 예일대학교의 사회학자 어거스트 홀링스헤드August Hollingshead가 공동 집필했다. 해리성·기질성 유형은 일반적으로 교육 수준이 낮은 하층민이었으며, 프로이트의 말을 이해할 만한 식견이 없는 이들에게 "조현병은 생화학적 장애다"라는 말은 '조현병은 저주받은 것'이라는 믿음만큼이나 손쉽고 잘못된 설명이었다.* 수십 년 동안 주류의 견해는 요지부동이어서, 조현병은 여전히 형편없는 양육의 결과물로 여겨졌다.[29]

1970년대 후반에 대중의 옹호, 신경 영상, 미디어의 영향력, 자금, 권문세가의 다락방 속 조현병 환자가 교차하는 가운데 획기적인 돌파구가 마련되었다.

어떤 면에서 그것은 살인 사건에서 시작되었다. 1970년대 초, 조현병을 앓던 한 청년이 망상 상태에서 워싱턴주 올림피아에서 두 사람을 살해했다. 그 자신이 조현병 환자의 어머니이자 자매이자 이모인 엘리너 오언이라는 지역 여성이 앞장서서 변화를 이끌었다. 그녀는 이 질병에 걸린 사람들의 일반적인 반응(즉 수치심과 죄책감에 사로잡혀 칩거하기)에 저항해왔고, 조현병 환자가 저지른 드문 폭력으로 그러한 고정관념이 굳어지자 더욱 격렬하게 저항했다. 오언은 가까운 가족 중 조현병 환자가 있는 지역 주민 일곱 명

---

* 많은 정신분석가들은 어머니들이 '조현병을 유발하는 모성'이라는 오명을 쓴다는 것을 인정했다. 왜냐하면 그 말을 옳다고 생각했을 뿐만 아니라 죄책감을 느낀 어머니들이 정신과의사에게 치료비를 신속히 지불했기 때문이다. 일부 사람들은 '죄책감에 시달리는 부모를 어느 정도 인간적으로 대해야 한다'고 주장했지만, 대부분은 이를 감상적인 시각으로 바라보는 것 같았다.

에게 연락을 취했고, 이들은 범인의 가족에게 연락해 지원하고 위로했다.

오언과 동료들은 이를 통해 힘을 얻었고, 수치심과 죄책감보다는 분노라는 감정을 주로 느꼈다. 항정신병제 혁명으로 인해, 그동안 병원에 수용됐던 (정상적이거나 건강한 행동을 하지 않는) 만성 조현병 환자들이 사회로 쏟아져나온 터였다. 이러한 환자들을 돌보고 지역사회에 재통합될 수 있도록 돕는 '지역사회 정신건강 클리닉'을 전국에 건설한다는 훌륭한 계획이 있었다. 하지만 계획 실행에 필요한 자금 조달이 지지부진하여 퇴원한 사람들의 수를 따라잡는 데 턱없이 부족했다. 레이건 정부 시절에는 자금 지원이 사실상 완전히 중단되었다. 사정이 이러니 퇴원한 사람들 중 대부분은 어둠 속에 파묻혀, 운이 좋으면 가족에게 떠넘겨졌지만 그렇지 않으면 거리로 내몰렸다. 많은 가족이 이런 아이러니에 분노를 터뜨렸다. 애초에 병을 일으킨 주범이 '유해한 가족'이라더니 이제 기관들이 처리할 방도가 없다고 가족에게 돌봄 의무를 떠넘기는 건가? 그들은 그룹을 형성했기에 분노의 진짜 근원(즉 조현병을 유발하는 어머니 또는 가족이라는 개념)의 불합리성에 대한 중지를 모아 더 쉽게 분노를 표출할 수 있었다.

나는 몇 년 전 99세의 오언과 두 시간 동안 대화를 나눌 기회가 있었는데, 그는 이 모든 것을 잘 기억하고 있었다. "원초적 수준에서 그것이 내 잘못이 아니라는 것을 알았다. 나는 순수한 감정적 분노에 사로잡혀 있었다."** 그녀의 그룹은 곧 워싱턴정신질환옹호단체Washington Advocates for the

---

** 엘리너 드비토 오언은 비범했다. 평생 동안 저널리스트, 극작가, 교수, 의상 디자이너, 성공적인 배우, 정신건강 옹호자로 활동하며 엄청난 성공을 거뒀다. 그리고 그녀가 90대의 어린 여동생을 만나기 위해 홀로 전국을 여행하는 동안 우리의 대화는 한동안 지연되었다. 그녀는 회고록 『사라진 방The Gone Room』이 출간된 지 몇 주 후인 2022년 초 101번째 생일을 맞아 세상을 떠났다. 우리의 대화에서, 그녀는 과거와 현재의 정치에 대해 활기차고 열정적이었으며, 정신의학의 과거 비극 중 하나를 바로잡는 데 자신이 일조했음을 결코 자랑하지 않았다. 설사 우리의 신념 체계가 매우 다르더라도, 나는 그녀의 궤도에 잠

Mentally Ill를 결성했는데, 이 단체는 정신질환 옹호 활동 영역에 첫발을 디딘 지원 단체였다.

한편 캘리포니아주 샌머테이오에서는 '성인 조현병 환자의 부모들Parents of Adult Schizophrenics'이라는 유사한 단체가 결성되어 조현병 환자의 가족이 주 내 모든 카운티의 정신건강위원회에 참여할 수 있는 권리를 획득하는 데 큰 성과를 거두었다. 위스콘신주 매디슨에서는 해리엇 셰틀러와 비벌리 영에 의해 또다른 단체가 결성되었다. 이들은 서로의 소식을 듣고 연락을 주고받다가 1979년 무렵 전국정신질환연맹National Alliance on Mental Illness, NAMI을 결성했다. 처음으로 고용된 상근 직원 중 한 명인 로리 플린은 1984년부터 2000년까지 이사로 재직했다. 지역사회 봉사활동 경험이 있는 주부인 그녀에게는 고등학교 뮤지컬에 출연하고 졸업생 대표가 될 뻔한 딸이 있었는데, 변종 조현병으로 인해 유명을 달리했다. 변호사이자 사회복지사인 론 혼버그는 가족 중 조현병 환자가 없음에도 불구하고 플린과 오언에게 합류하여 30년 동안 NAMI의 정책 업무를 맡았다. 그를 끌어당긴 것은 정의감이었다. "누군가의 자녀가 암 진단을 받으면 모든 이가 위로와 격려를 보낸다. 하지만 누군가의 아이가 조현병 진단을 받았다고 이웃이 캐서롤을 들고 찾아오지는 않는다."*

그들은 몇몇 주의회를 설득하여 조현병을 건강보험 급여 대상에 포함시키는 등 어느 정도 성공을 거두었다. 오언은 불도그였다. 그녀는 "내가 무슨 재주로 그들(의원들)을 밀어붙였는지 모르겠다"고 나중에 회상했다. "나는 괴물처럼 행동했는데, 그 원동력은 조현병 환자와 가족이 겪는 고통이었

시나마 머물렀음을 축복으로 여길 것이다.

* 나는 플린, 혼버그와도 오랜 시간 대화를 나누는 기쁨과 특권을 누렸다. 이제 노년에 접어든 두 사람은 자신들이 겪었던 힘든 싸움을 되돌아보며, 잘사는 삶이 무엇인지에 대해 이야기했다.

다.” 폴린은 회원들에 대해 “중서부 스타일로 분노했다”고 묘사했다.

그러던 중 조현병 환자의 가족이자 생물학적 정신의학이라는 신규 분야의 세계적 전문가 중 한 명과 제휴하면서, NAMI의 활동에 탄력이 붙었다. 앞서 언급한 E. 풀러 토리는 여동생이 조현병 진단을 받은 후 정신과의사가 되기로 결심했다. “잠깐만요, 우리 어머니는 아홉 명의 자녀를 낳아 길렀어요. 그런데 왜 그중에서 한 명만 조현병에 걸렸죠?”라고 말한 초기 NAMI 회원들처럼, 그는 조현병 이론이 매우 잘못됐다고 생각했다. 이 사건은 그를 정신분석학적 정신의학에 대한 신랄한 비판자로 만들었다. 프린스턴, 맥길, 스탠퍼드대학에서 학위를 받은 그는 안정적이고 수익성 높은 개인병원에 정착할 수도 있었다. 하지만 그는 몇 년 동안 에티오피아, 사우스브롱크스,** 알래스카의 이누이트 공동체에서 의사로 일했다. 그는 마침내 국립정신건강연구소와 미국에서 가장 오래된 연방 정신병원인 세인트엘리자베스병원의 정신과의사가 되었다. 그 과정에서 그는 정신역동주의의 지배에 대한 맹렬한 비판자가 되어 『정신의학의 죽음The Death of Psychiatry』과 『프로이트의 사기Freudian Fraud』라는 명저를 썼고(세인트엘리자베스병원의 오랜 환자였던 에즈라 파운드의 전기를 써서 높은 평가를 받았고… 18권의 다른 책도 저술했다) 정신역동학의 교살을 비판했다. 그는 솔직함으로 인해 직책을 잃었고, 결국 연방 정신의학기관과 (정신역동학이 지배하는) 미국 정신의학협회를 그만두고 조현병의 생물학적 원인에 초점을 맞춘 자신만의 정신건강연구소를 설립했다. NAMI는 토리와 필연적으로 연결될 수밖에 없었다.

그들에게 토리는 신이 보낸 선물이었다. “의료계에서 아무도 말하지 않을 때 풀러가 우리를 대변해주었다”고 폴린이 말했다. 그는 NAMI의 의료 대변인이 되어 전국 각지의 NAMI 그룹에서 강연하고 가르쳤다(메가비타민 요법 등 검증되지 않은 다양한 대체의학 치료법을 받아들이는 회원들을 설득

** 뉴욕시의 한 지역으로, 빈곤·범죄·마약·황폐화가 심각한 것으로 알려짐. —옮긴이

하는 일도 포함된다). 그는 베스트셀러 입문서인『조현병에서 살아남기: 가족, 환자, 치료자를 위한 매뉴얼Surviving Schizophrenia: A Manual for Families, Consumers, and Providers』(1995)을 저술했는데, 이 책은 다섯 차례에 걸쳐 개정되었다. 토리는 이 책의 인세 중 10만 달러 이상을 NAMI에 기부했으며, 한 자선사업가를 설득하여 토리 자신의 연구비를 지원하는 대신 NAMI를 위해 워싱턴 D.C.의 로비스트를 고용하도록 했다.*

그리고 퍼즐의 또다른 조각이 제자리를 찾았는데, 이는 최악의 문제적 인간 행동에 대한 우리의 사고에서 비난을 제거하는 데 매우 중요하다고 생각된다. 하버드대학교의 생물학자 브라이언 패럴Brian Farrell은 이를 "유명인 동참" 사례, 즉 유명인이나 권력자가 조현병에 걸린 가족을 매개로 환자 옹호 활동에 합류하게 된 사례라고 부른다. 그 유명인 둘은 폴 웰스톤 상원의원(미네소타/민주당)과 피트 도미니치 상원의원(뉴멕시코/공화당, 플린은 "다행이다, 공화당원이네"라고 생각했다고 회상한다)이었다. 두 사람 모두 의회 내 굳건한 지지자가 되어, 조현병을 건강보험 급여 대상에 포함시키고 그 밖의 다른 방식으로 옹호 활동을 펼쳤다(혼버그는 트럭 한 대를 빌려 정신질환의 생물학적 근원 연구를 위한 연방기금 확대를 요구하는 50여 만 장의 탄원서를 가득 채운 채 국회의사당 계단에 세워두고 도미니치는 나란히 그 옆에 서 있던 날을 회상한다).**

그리고 정말 기적이 일어났다. 1988년 12월 9일, 토리는 〈필 도너휴 쇼〉

---

* 혹시 독자들이 모를까봐 말하는데, 나는 토리를 매우 존경하며 영감을 주는 이라고 생각한다. 그는 매우 친절하고 품위 있는 사람이기도 하다.

** 약자에 대한 동정심이라고는 눈곱만큼도 없는 정치인이 개인적으로 감동을 받은 특정 주제에 대해 선별적으로 정책을 개발할 때, 과학자들은 아니꼬움과 감사하는 마음이 교차할 수 있다. 아니꼬움을 승화시켜 많은 과학자들은 이렇게 말한다. "제발, 제발, 공화당 상원의원의 사랑하는 사람이 내가 연구하는 끔찍한 질병에 걸리면 좋겠다. 그러면 치료 방법을 알아낼 충분한 자금이 확보될 텐데."

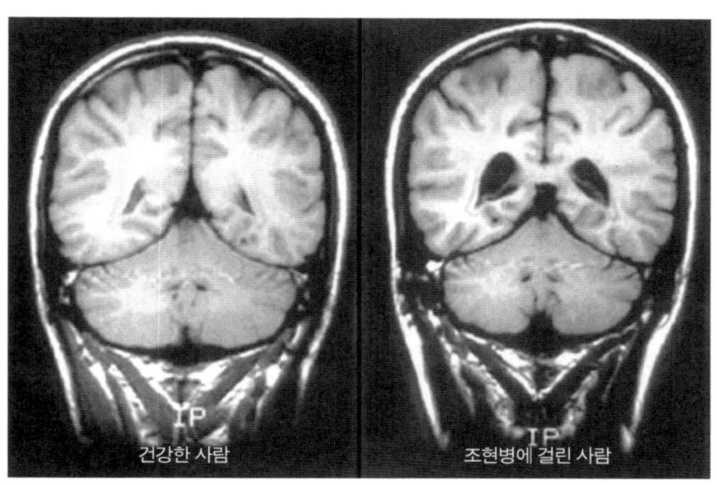

한 명은 조현병에 걸리고 다른 한 명은 건강한 쌍둥이 형제

토리가 〈필 도너휴 쇼〉에서 제시한 쌍둥이 형제의 뇌 스캔

에 출연했다. 당시 주간 토크쇼의 왕이었던 도너휴는 가족 중 한 명이 조현병에 걸린 사실을 숨기고 있었다. 게스트 중에는 슈퍼볼 시절을 보낸 후 조현병으로 오진받고 노숙자로 전락한 유명한 그린베이 패커스의 라이어널 올드리지도 있었다. 그는 쇼에 출연한 다른 게스트들과 마찬가지로 이게 성공적으로 약을 복용하고 있었고, 그와 게스트들은 비슷한 논평과 증언을 한 청중과 마찬가지로 상당히 정상적으로 보였다. 그리고 토리는 조현병이 왜 생물학적 질병인지 강조했다. 조현병은 "어머니가 당신을 어떻게 키웠는지와는 아무 상관이 없습니다. 다발성경화증이나 당뇨병과 마찬가지로, 사랑받지 못한 어린 시절 때문이 아닙니다". 그는 한 쌍둥이 형제의 뇌 스캔을 보여주었는데, 한 명은 질병이 있고 다른 한 명은 없었다. 확대된 뇌실은 사진 한 장이 천 마디 말보다 더 많은 값어치가 있음을 강력하게 보여주었다. 마지막에 토리는 NAMI에 박수를 보냈다.

그후 며칠 동안 NAMI는 조현병 환자 가족들로부터 "하루에 열 자루도

넘는 우편물"을 받았다. 회원 수는 15만 명 이상으로 급증했고, 기부금이 쏟아져들어왔으며, 강력한 로비 단체로 거듭났다. 그리하여 질병의 특성에 대한 공교육을 추진하게 하고 의과대학이 조현병에 대한 커리큘럼을 바꾸고 정신과를 정신분석학에서 생물학적 정신의학으로 전환할 것을 촉구하고,* 이 분야의 차세대 젊은 연구자들에게 연구비를 지원했다. 토리와 플린은 도너휴, 오프라의 쇼와 영향력 있는 PBS 다큐멘터리 등에 반복해서 출연했다. 유명인들은 자신이나 가족이 겪은 정신질환의 어려움에 대한 이야기를 들려주었다. 영화 〈뷰티풀 마인드〉는 성인기 내내 조현병으로 고생한 노벨 경제학상 수상자 존 내시의 이야기를 그린 작품으로, 오스카 최우수 작품상을 수상했다.

그 과정에서 어머니·아버지·가족이 조현병을 유발한다는 잘못된 믿음은 사라졌다. 믿을 만한 정신과의사는 더이상 환자의 어머니에게 '당신의 유해함이 사랑하는 이의 조현병을 일으켰다'고 조언하지 않고 '어머니의 죄를 밝히기 위한 자유연상 정신분석'의 여정을 환자에게 안내하지도 않는다. 그런 미신을 믿는 대중은 거의 없으며, 어느 의과대학에서도 그런 식으로 가르치지 않는다. 물론 정신질환의 핵심을 이해하고 새롭고 효과적인 치료법을 고안하려면 아직 갈 길이 멀다. 거리에는 노숙자와 갈 곳 없는 조현병 환자들이 넘쳐나고, 가족들은 여전히 이 질병으로 인해 황폐화되고 있다. 하지만 적어도, 가족 구성원 중 어느 누구도 '이 모든 것이 당신 잘못이야'라는 소리를 듣지는 않는다. 가족의 책임이 아닌 것이다.[30]

물론 그림이 완벽하지는 않다. 정신분석학계의 몇몇 숨은 실력자가 전문

---

* 1980년대 중반 내가 스탠퍼드대학교에 채용되었을 때 그곳 사람들은 베이 지역의 생물학적 정신의학 수준을 자랑하곤 했다. 스탠퍼드는 이미 정신분석학자들을 정신과 교수직에서 쫓아냈고, 캘리포니아대학교 샌프란시스코 캠퍼스도 같은 조치를 취하고 있었다. 두 대학교의 정신의학 수준은 확실히 막상막하였다.

학술지에서 자신의 견해를 철회했고, 일부는 정신분석학적 접근 방법이 이 질병에 아무런 도움이 되지 않는다는 연구 결과를 발표하기도 했다. 하지만 내가 만난 NAMI 회원들은, 이 분야의 지도자 중에서 그들에게 사과하러 온 사람은 한 명도 없다며 씁쓸해했다("과학은 장례식이 한 번 있을 때마다 한 번씩 발전한다"**는 물리학자 막스 플랑크의 말이 떠오른다). 1977년 『사이콜로지 투데이』에 실린 토리의 훌륭한 사회정치적 논문에 담긴 씁쓸함은 50년 가까이 지난 지금도 여전히 울림을 준다. 「실제 문제에 대한 가상 재판A Fantasy Trial about a Real Issue」이라는 논문에서 그는 조현병 환자의 어머니가 입은 피해에 대한 정신분석 기관의 재판 장면을 상상했다. 그는 "뉘른베르크 이후 대중의 관심을 불러일으킨 재판은 없었다"고 운을 뗀 후, 워싱턴 D.C.의 한 경기장에서 열린 대규모 재판을 익살스럽게 묘사했다. 그는 가해자의 혐의를 다음과 같이 열거했다. "피고인들은 과학적 증거도 없이 고의적이고 계획적으로 조현병 환자의 부모가 자녀의 질병을 초래했다고 비난함으로써 큰 고뇌에 찬 죄책감과 고통을 안겼다." 이에 대항하여 피고인인 프롬라이히만, 클라인, 베이트슨, 테오도르 리츠Theodore Lidz의 변호인은 조현병 환자의 부모가 "자기애적"이고 "자기중심적"이라고 주장했다. 결국 모든 피고인은 유죄판결을 받고, '향후 10년간 자신들의 저서와 논문을 다시 읽으며 반성하라'는 판결을 받았다. 토리는 다음과 같이 풍자적으로 마무리했다. "피고들은 대성통곡했다. 아무도 그렇게 가혹한 형을 예상하지 못했기 때문이다." 하지만 엘리너 오언은 가슴 뭉클한 다른 견해를 내놓았다. 궁극적으로 기적을 일으키는 데 기여한 옹호 활동을 이끈 분노에도 불구하고, 사실에 근거하지 않은 비판적 사이비 종교를 설교하는 이데올로그들이 자신과 같은 사람들에게 안겨준 수치심과 죄책감에도 불구하고, 그

**   새로운 과학적 진리는 반대자를 설득하여 깨닫게 함으로써 승리하는 것이 아니라 반대자가 죽고 진리에 익숙한 새로운 세대가 자라나기 때문에 승리한다는 뜻이다. —옮긴이

녀는 여전히 "하지만 악당은 없었다"[*][31]고 말했다.

여전히 진행중

다른 성공 사례도 있었으니, 자폐증도 놀라울 정도로 비슷한 변화를 겪었다. 한때 '아동기 조현병'이라는 느슨한 용어로 불렸던 자폐증은 정신과의사 리오 캐너Leo Kanner에 의해 '초기 유아기 자폐증'이라는 진단명으로 공식화되었다. 그는 자폐증의 생물학적, 특히 유전적 뿌리의 가능성을 고려한 후, 아니나다를까 어머니를 비난하는 시대적 사고에 안착했다. 자폐증과 관련된 것으로 추정된 유해한 모성은 냉정함과 무관심이었다. "냉장고 엄마"

---

[*] '조현병을 유발하는 모성'이라는 개념을 무너뜨리면 상당한 문제가 있어 보일 수 있다. 한때 세상을 지배한 통념에 따르면, 조현병을 유발하는 어머니(또는 아버지 또는 가족 구성원)는 해로운 상호작용 방식을 통해 사랑하는 자녀를 후기 청소년기 조현병으로 몰아넣는다. 그러나 도파민 수치 상승, 전두피질 회로 손상, 뇌실 확장 등의 현상이 발견되면서 조현병이 생물학적 질병이라는 사실이 밝혀졌다. 다시 말해 조현병이 뇌의 구조적·화학적 변화와 관련된 질병이라면, 경험(예: 해로운 양육방식이 초래하는 역경)은 발병 원인이 될 수 없다는 것이다. 하지만 우리가 알기로, 경험은 뇌에 악영향을 미침으로써 조현병에 취약하게 만든다. 3장과 4장에서 소개한 몇 가지 사례를 돌이켜보면, 어린 시절의 가난은 전두피질을 얇게 만들고, 만성 스트레스는 해마를 축소하고 편도체를 확대한다. 그렇다면 어머니의 해로운 양육방식이 도파민 수치를 높이고 피질을 위축시키는 등의 방법으로 조현병을 유발할 수 없는 이유는 무엇일까? 이는 생물학과 환경의 상호작용을 바라보는 정교하고 현대적인 관점 같기도 하다. 혹시, 조현병을 유발하는 모성이라는 개념을 우리가 부활시켜버린 건 아닐까? 전혀 아니다. 양육방식이 뇌에 그러한 변화를 일으킬 수 있다는 것을 보여주는 과학적 증거는 없다. 전문가들은 그 방식이 무엇으로 구성되는지에 대한 합의조차 이루지 못했다. 소위 조현병을 유발하는 어머니가 건강한 자녀를 현저히 다르게 양육한다는 것을 증명한 사람은 아무도 없었다. 그 대신 조현병의 신경학적 및 신경심리적 표지자는 연구를 통해 어릴 때부터 분명히 드러난다. 아참, 그리고 관련된 유전자가 존재한다. 조현병을 유발하는 모성이란 죽은 이데올로기일 뿐이다.

라는 캐너의 목소리가 여러 세대의 부모를 괴롭혔다. 그리고 익숙한 스토리가 뒤따르는데, 이는 수십 년에 걸친 수치심과 죄책감으로 나타났다. '냉장고 엄마' 개념이 전혀 사실무근임을 보여주는 과학적 증거는 차고 넘친다. 비난에 대한 반박과 모성 옹호의 첫번째 조짐으로, 자폐증의 유병률에 대한 대중의 인식이 높아짐과 동시에 일부 유명인이 힘을 보태면서 냉장고 엄마를 비난하기가 점점 더 어려워졌다. 그리고 자폐증이 놀라울 정도로 흔한 신경발달장애라는 사실이 알려지면서, 자폐증과 관련하여 누군가를 비난하는 것은 어불성설이 되었다. 게다가 경미한 자폐증(과거에는 아스퍼거 증후군이라고 불렸지만 현재는 '고기능 자폐 스펙트럼 장애'[Level 1 ASD]와 같은 명칭으로 불림)을 가진 많은 사람들은 "장애"라는 개념으로 범주화되는 것에 반대한다. 그 대신, 이들은 ASD를 인간 사회성의 정상 변이의 한 극단으로 간주해야 하며, '신경전형인neurotypicals'(즉 다른 모든 사람)과 비교할 때 유리한 인지적 특성을 많이 가지고 있다고 주장한다.**

자폐증을 둘러싼 이야기는 조현병과 놀랍도록 유사하지만 세 가지 흥미로운 차이점이 있다.

첫번째는 캐너와 관련된 이야기다. 그는 존스홉킨스 의과대학의 교수이자 미국 최초의 공인 아동정신과 전문의이며, 이 주제에 관한 최초의 교과서를 저술한 DWM(전형적인 백인 남성) 출신의 권위자였다. 그리고 그는 정말 좋은 사람이었던 것 같다. 유럽을 탈출할 수 있었던 지식인 중 한 명으로서, 그는 다른 많은 사람들의 목숨을 구하고 미국 입국을 후원하며 물질적으로 지원했다. 그는 정신과 공중보건 및 지역사회 정신과 지원 프로그램에 관한 사회 활동에도 깊은 관심을 가졌다. 놀랍게도 그는 더 많은 지식을 쌓

** 기후변화의 잔다르크로 알려진 그레타 툰베리도 그러한 인물 중 하나다. 그녀는 아스퍼거 증후군 덕분에 사회적 방해 요소에서 벗어나 지구를 구하는 데 집중할 수 있었다고 생각한다.

아가며 자신의 견해를 바꿨다. 그리고 1969년, 그는 놀라운 일을 했다. 부모 옹호 단체인 미국자폐증협회 연례회의에 참석하여 다음과 같이 사과한 것이다. "저는 부모인 여러분에게 무죄를 선고합니다."

다음으로, 오언은 '조현병을 유발하는 모성애' 신화에는 악당이 없다고 했지만, 내 생각에 '냉장고 엄마' 신화에는 실제로 악당이 있었다. 그는 바로 브루노 베텔하임이다. 베텔하임은 강제수용소에서 살아남아 미국으로 건너간 오스트리아의 정신분석학계 지식인으로, 자폐증의 원인과 치료에 대한 결정적인 전문가로 인정받았다(그는 『마법의 사용The Uses of Enchantment』에서 동화의 정신역동학적 뿌리에 대해, 『꿈의 아이들Children of the Dream』에서 이스라엘 키부츠의 육아법에 대해 서술함으로써 큰 영향력을 발휘했다). 시카고대학교와 연계된 자폐아를 위한 오소제닉스쿨Orthogenic School을 설립하여 자폐아를 성공적으로 치료한 선구자로 인정받았다. 그는 찬사와 존경을 한몸에 받았다. 그러나 그는 프롬라이히만이나 클라인도 기겁할 만한 독기를 품고 냉장고 엄마 개념을 받아들였다(토리는 베텔하임을 가상 재판의 피고인에 포함시켰다). 자폐증에 관한 베스트셀러 『빈 요새The Empty Fortress』(1967)에서 그는 "유아기 자폐증의 촉발 요인은 아이가 존재해서는 안 된다는 부모의 바람"이라고 주장했다. 그리고 다음과 같은 섬뜩한 말을 남겼다. "나치의 죽음의 수용소든, 겉으로는 양심적인 어머니의 무의식적 증오가 도사린 화려한 침대 위든, 산 영혼은 죽음을 주인으로 모신다."[32]

그는 또한 자폐증의 요새라는 곳보다 더 공허한 인물이었다. 그는 유럽의 자격증과 훈련 이력을 위조했으며 글을 표절했다. 오소제닉스쿨에는 실제로 자폐아가 거의 없었고, 그는 자신의 성공 사례를 조작했다. 그는 직원들을 대상으로 폭압적인 괴롭힘을 일삼았고(그의 휘하에 있던 사람들은 그를 비꼬아 "베토 브루탈하임Betto Brutalheim"이라고 불렀다), 잘 알려진 대로 걸핏하면 어린이들을 신체적으로 학대했다. 물론 그는 아무런 사과도 하지 않았다. 그가 사망한 후에야 수많은 기사, 책, 그의 통념에 대한 생존자들의

증언이 쏟아져나왔다.*[33]

조현병 이야기와 자폐증 이야기의 마지막 차이점은, 내가 자폐증을 둘러싼 '비난 잠재우기'가 여전히 진행중이라고 생각하는 이유이기도 하다. 백신 반대 운동가들은 가능한 모든 과학적 반박에도 불구하고 백신 접종이 잘못되어 자폐증이 발생할 수 있다고 주장한다. 백신 접종률 감소, 홍역의 부활, 어린이 사망에 대한 책임이 (중세의 마녀사냥꾼을 연상케 하는) 고학력 특권층에게 있는 가운데, 나는 종종 부차적인 주제에 주목한다. 물론 일차적인 것은 의약-제약업계가 백신으로 이윤을 얻으려고 무고한 사람들에게 자폐증 지옥을 선사하려 한다는 음모론이다. 그러나 종종 추가적이고 익숙한 것도 있으니, 자녀가 자폐증에 걸렸다면 백신에 대한 충고를 듣지 않은 부모 자신의 잘못이라는 지적질이다.

조현병과 자폐증 외에, 우리는 또다른 전환의 한가운데에 있다. 1943년 조지 패튼 장군은 병원에 입원중인 병사의 뺨을 때린 것으로 유명하다. 지금은 외상후스트레스장애PTSD라고 부르지만 패튼은 이를 비겁함으로 해석했다. 그래서 패튼은 군법회의 회부를 명령했지만, 다행히도 아이젠하워

---

* 베텔하임은 나에게 특별한 혐오감을 불러일으키는 사기적이고 자기과시적인 비난의 또다른 측면을 가지고 있었으니, 홀로코스트에 대해 동료 유대인을 비난하는 전형적인 반유대주의 셈족이라는 점이다. 그는 한 무리의 유대인 학생들을 향해 "반유대주의, 누구의 잘못일까?"라고 물은 다음, "바로 너희들이야! (…) 너희가 동화되지 않았으니 너희 갈못이야"라고 외쳤다. 그는 유대인들이 "오븐에 끌려가는 양"처럼 수동적으로 행동함으로써 집단학살에 연루되었다는 역겨운 비난의 설계자 중 한 명이었다(브루탈하임 "박사", 하나만 물어봅시다. 혹시 바르샤바 봉기에 대해 들어본 적이 있으신가?). 그는 '영웅적인 지하 저항 활동으로 인해 수용소로 보내졌다'고 자신을 미화하는 역사를 만들어냈지만, 실제로는 자신이 비난한 사람들처럼 온순하게 또는 다른 방식으로 끌려갔을 뿐이다. 나는 베텔하임에 대한 어떤 감정에 이르기 위해 이 책을 통틀어 일관된 사고 과정을 유지하려고 노력했지만, 그가 병적이고 가학적인 새끼였다는 것 외에 다른 감정에 도달할 수 없다. (인용문은 R. 폴락R. Pollack이 쓴 『B 박사의 창조: 브루노 베텔하임 전기The Creation of Dr. B: A Biography of Bruno Bettelheim』, London, UK: Touchstone, 1998, 228쪽에서 발췌한 것임.)

가 이를 기각했다. 베트남전 이후에도 대부분의 정부 당국은 공식적으로 PTSD를 심인성 꾀병으로 간주했고, 피해를 입은 재향군인들은 이를 치료하기 위한 의료 혜택을 거부당하는 경우가 많았다. 그러나 늘 그렇듯 유전적 연관성, 초기의 발달 신경학적 문제, 발병 위험을 높이는 어린 시절의 역경, 뇌 이상을 보여주는 신경 영상 등이 밝혀지면서 상황은 서서히 변하고 있다.

1990년대 초, 1차 걸프전에 파병된 군인 중 약 3분의 1이 탈진, 원인 불명의 만성 통증, 인지장애 등 일련의 증상을 호소하며 "이제 제대로 살기는 글렀다"고 호소했다. '걸프전 증후군'은 일반적으로 일종의 심리적 장애로(즉 실제로는 존재하지 않는 것으로), 심리적으로 나약하고 방종한 퇴역 군인의 지표로 여겨졌다. 그러던 중 과학이 개입했다. 병사들은 사담 후세인이 사용할 것으로 예상되는 신경가스로부터 자신을 보호하기 위해 살충제와 관련된 강력한 약물을 투여받았었다. 이 약물은 걸프전 증후군의 신경학적 특징을 쉽게 설명할 수 있지만, 전쟁을 앞두고 신중한 연구를 통해 (안전하게 투여할 수 있고 뇌 기능을 손상시키지 않는) 용량이 확인되었기 때문에 이러한 주장은 무시되었다. 그러나 그 약물이 스트레스를 받는 동안 뇌에 더 많은 손상을 입힌다는 사실이 밝혀졌는데, 이는 이전에는 고려되지 않았던 부분이다. 그 메커니즘 가운데 하나는 스트레스(이 경우 섭씨 50도의 사막 날씨에 약 40킬로그램의 장비를 들고 다니면서 발생하는 체열과 기본적인 전투 공포가 결합된다)가 혈뇌장벽BBB을 열어 뇌로 유입되는 약물의 양을 증가시킬 수 있다는 것이었다. 2008년이 되어서야 미국 재향군인국은 걸프전 증후군을 심리적 꾀병이 아닌 질병이라고 공식적으로 선언했다.[34]

많은 분야에서 발전이 이루어지고 있다. 읽기 학습과 글자 뒤집기에 어려움을 겪는 아이들은 게으르고 의욕이 없는 것이 아니라, 뇌에 피질 기형이 있어서 난독증에 걸렸기 때문이다. 누군가의 성적 지향에 대한 과학적 정보를 읽을 때, 자유의지와 선택의 문제는 개입될 여지가 없다. 유전자, 생식샘, 호르몬, 해부학, 2차 성징을 통해 그들이 태어날 때 부여받은 성별에 대한 증거가 있음에도 불구하고 '그것은 그들의 본모습이 아니며, 기억하는 한 가장 오래된 과거부터 그런 사람이 아니었다'라고 주장하는 사람들이 있으며, 신경생물학도 이에 동의하고 있다.[35]

더 나아가 이런 태도는 우리의 일상생활에 은밀하게 스며들기 때문에 사고방식의 변화를 쉽게 알아차릴 수 없다. 누군가 무거운 짐을 들어주지 않으면 우리는 짜증을 내기보다는 그 사람의 심각한 허리 문제를 떠올리게 된다. 합창단에서 소프라노를 맡은 사람이 자꾸 음을 놓치면, 태아 내분비학에 대한 지식을 동원해 설명한다("아, 저 사람은 알토로구나"). 10만 개의 빨간 양말 더미에서 초록색 양말 한 짝을 찾아달라는 요청을 받은 연구 조교가 실패를 거듭하면, 나는 이를 탓하기보다는 "아, 맞다. 이 조교는 적록색맹이었지"라고 생각하게 된다. 그리고 최근 '역사적인 눈 깜짝할 사이'에 대다수 미국인들은 생각을 바꾸어, 사랑이 부족한 세상에서 두 명의 동성 성인 사이의 사랑이 축하받도록 허용해야 한다고 결정했다.

이 장의 긴 탐구는 모두 같은 것을 보여준다. 그 내용인즉 행동 측면에 대한 우리의 관점에서 책임을 제거할 수 있다는 것이다. 그리고 이것은 세상을 더 나은 곳으로 만든다.

결론

우리는 더 많은 변화를 일구어낼 수 있다.

처벌의 즐거움

실현된 정의 I

역사학자 바버라 터크먼은 1987년 출간한 고전적 저서 『먼 거울』에서 14세기 유럽을 현재와 비교하는 방식으로 "재앙적"이라고 묘사한 것으로 유명하다. 현재와 비교하든 말든, 누구의 기준으로 보더라도 그 세기는 끔찍했다. 끔찍함의 원인 중 하나는 1337년 프랑스와 영국 사이에서 시작된 백년전쟁으로, 지나가는 길마다 모든 것을 파괴했다. 기독교는 교황의 분열로 인해 혼란에 빠졌고, 여러 명의 교황이 경쟁적으로 등장했다. 그러나 무엇보다도 1347년부터 유럽을 휩쓴 흑사병이 가장 큰 재앙이었으며, 그후 몇 년 동안 인구의 거의 절반이 림프절 통증으로 고통스럽게 죽었다. 런던의 경우 흑사병 이전 인구를 회복하는 데 두 세기가 걸렸을 정도로 손실이 심각했다.[1]

세기 초에도 상황은 꽤나 끔찍했다. 1321년 당시 농민들은 문맹과 기생충에 시달리며 생존을 위해 분투하고 있었다. 기대수명은 25년 정도였고, 영아의 3분의 1이 첫돌을 맞기도 전에 사망했다. 교회에 납부한 강제 십일

조로 인해 빈곤은 더욱 심해졌고, 영국 인구의 10~15%는 기근으로 굶어죽었다. 게다가 전년도의 사건에서 아직 모두가 회복중이었다. 스페인의 두슬림을 쓸어버리겠다던 목자 십자군*이 프랑스를 휩쓸며 난동을 부렸다. 그래도 처음에는 어떤 외집단 구성원이 우물에 독을 탔다고 생각한 사람은 아무도 없었다.[2]

그러더니 1321년 여름, 프랑스 전역의 사람들은 어느 외집단, 즉 한센병 환자**들이 우물에 독을 탔다고 생각했다. 이 음모론은 곧 독일로 퍼져, 농민부터 왕족에 이르기까지 모든 사람이 받아들였다. 한센병 환자들은 고문에 못 이겨 '뱀, 두꺼비, 도마뱀, 박쥐, 사람의 배설물 등으로 만든 물약을 타 우물에 독을 넣기로 맹세한 길드를 결성했다'고 자백했다.

한센병 환자들은 왜 우물에 독을 탔을까? 영화 〈살아 있는 시체들의 밤 Night of the Living Dead〉의 한 버전에서 사람들은 독약이 한센병을 유발한다고 믿었는데, 그렇다면 우물에 독을 타는 것은 한센병 환자의 세勢를 불리기 위한 계략이었다. 또다른 해석으로, 다른 사람들이 자신들을 대하는 태도에 분노한 나머지 한센병 환자들이 복수를 위해 독극물을 뿌렸다고 추측하는 이들도 있었다. 그러나 자본주의의 폐해를 한 세기 앞서 깨달은 일부 선각자들은 이윤 동기를 감지했다. 곧 강화된 심문에서 답이 나왔다. 고문을 당한 한센병 환자들은 고통의 비명을 지르며, 유대인들로부터 돈을 받고 우물에 독을 탔다고 주장했다. 완벽했다. '유대인은 한센병에 걸리지

---

*   1320년 프랑스 남부에서 일어난 반유대주의적 민중 운동으로, 십자군을 자처한 이들이 교회와 왕실의 지지를 받지 못하자 유대인을 학살한 사건. —옮긴이

** 나는 글을 쓰거나 강연할 때 한센병 환자, 조현병 환자, 뇌전증 환자를 한센병, 조현병, 뇌전증을 "앓는 사람"으로 표현한다. 이는 이러한 질병에 걸린 사람이 실제로 존재한다는 사실과, 그들이 질병 자체가 아니라는 사실을 상기시키기 위함이다. 하지만 이 섹션에서는 이 역사적 사건의 본질을 반영하여 이러한 관례를 깬다. 이 야만성의 전파자들이 한 행동은 '한센병을 앓는 사람'과 관련이 없었기 때문이다. 그들의 관심사는 '한센병 환자'였다.

않는다'*는 것이 통념이었기 때문에, 모든 사람이 한센병 환자들과 안전하게 공모할 수 있었다.

하지만 약삭빠른 유대인들은 한 발 더 나아갔다. 고리대금업과 납치된 기독교인 어린이들을 피의 제물로 팔아 부를 축적했음에도 불구하고, 한센병 환자를 그렇게 많이 고용하는 것은 수지가 맞지 않을 터였다. 형차刑車에 매달린 유대인들은 자신들은 중개인에 불과하며 무슬림의 자금 지원을 받고 있다고 꾸며댔다! 특히 그들은 (기독교왕국을 전복하려는 음모를 꾸미고 있는) 그라나다의 왕과 이집트의 술탄을 지목했다. 이제 유대인들은 위기를 모면하는 듯싶었다. 그도 그럴 것이, 폭도는 난감하게도 이 두 사람의 신병을 확보할 수 없었을 테니 말이다. 그러나 차선책으로 폭도는 프랑스와 독일의 마을을 샅샅이 뒤져 수천 명의 한센병 환자와 유대인들을 불에 태워 죽였다. 역사적으로 '한센병 환자의 음모'로 알려진 이 사건을 해결한 후, 사람들은 일상적인 생존 투쟁으로 돌아갔다. 그리하여 그들이 생각하던 정의는 실현되었다.**3

---

* 기독교인들과 달리 유대인들은 한센병의 원인 중 하나로 추정되는 월경중 성관계를 갖지 않았기 때문에 병에 걸리지 않는다고 여겨졌다.

구태의연한 개혁가들

모두가 개혁을 좋아하는 것은 아니다. 바티칸에서 안락하게 지내는 당신에게 무례하기 짝이 없는 독일 수도사가 95개 논제를 운운할 수도 있다. 또는 당신이 "모든 것은 더 나빠져야만 비로소 나아진다"는 식으로 프롤레타리아를 사슬에서 끊어내고자 한다면 개혁은 그저 혁명을 약화시킬 따름이다. 특히 완전히, 잔인하게, 옹호의 여지가 없을 정도로 무의미한 시스템을 당연한 것으로 받아들일 때, 개혁은 가야 할 길처럼 보이지 않는다. 인류의 미래는 암담해 보인다.

물론 형사사법제도에는 개혁해야 할 것이 너무 많다. 감옥은 범죄를 유발하고 회전문 재범을 위한 훈련장이다. 암묵적인 편견은 객관적인 판사와 배심원이라는 개념을 무색하게 한다. 기존의 시스템은 돈으로 살 수 있는 온갖 정의를 제공한다. 이 모든 것을 개혁해야 하며, 이를 위해 노력하는 참호 안의 사람들─ 무죄 프로젝트Innocence Project***나 내부에서 변화를 시도하는 지방검사 후보자, 약자를 무료로 돕는 변호사 ─ 은 정말 대단한 사람들이다. 나는 국선 변호인들과 함께 약 열두 건의 살인 사건을 맡을 기회가 있었는데, 그들은 정말로 감동적이었다. 기업계의 부를 포기하고 저임금과 과로에 시달리며, 대부분의 사건에서 패소하면서도 임신 중기 태아 시절부터 이미 뒤처진 사람들을 변호했으니 말이다.

그러나 자유의지가 없다면, 응보적 처벌이 도덕적 선의 냄새를 조금이라도 풍기게 할 수 있는 개혁이란 존재하지 않는다.

** 참고로, 실제로 우물에 독극물이 살포된 적은 한 번도 없었다.

*** 억울하게 유죄판결을 받은 사람을 위하여 증거 채취 및 감식 기술 따위의 과학적 기술을 동원하여 무죄를 입증할 수 있도록 도와주는 미국의 인권단체.─옮긴이

형사사법제도 개혁의 전형적인 모습은 다음과 같다.* 16세기 유럽에서는 마녀를 가려내기 위해 다양한 테스트가 사용되었는데, 모두 정말 끔찍했다. 그중에서 가장 온건한 방법 중 하나는 용의자에게 성경에 나오는 우리 주예수의 십자가 처형에 관한 이야기를 읽어주는 것이었다. 감동받아 눈물을 흘리지 않으면 마녀로 간주했다. 1563~68년, 네덜란드의 의사 요한 베이어르는 마녀 사법제도를 개혁하기 위해 『악마의 환영, 그리고 주문과 독에 관하여』라는 책을 출판했다. 이 책에서 베이어르는 사탄이 740만 5926명의 악마와 악령으로 구성된 군대를 보유하고 있으며, 각각 6666명으로 구성된 1111개 사단으로 조직되어 있다고 계산했다. 그런 다음, 베이어르는 마녀사냥 제도의 문제점을 심각하게 여기고 세 가지 개혁 방안을 제시했다. 첫째, 분명한 비非마녀도 산 채로 가죽이 벗겨지고 있다면 무엇이든(마녀라는 것을 포함하여) 자백할 수 있다는 것이다. 두번째는 베이어르가 정신의학의 선구자 중 한 명으로 보이도록 만든 내용으로, 누군가가 마녀로 보일 수 있지만 실제로는 정신적으로 불균형한 상태일 수 있다는 것이었다. 세번째로, 그는 눈물 테스트를 언급했다. 베이어르는 이 테스트를 꼭 사용하되, 노년기에는 눈물샘이 위축되는 경우가 많으므로 예수가 십자가에 못박힌 이야기를 듣고 눈물을 흘리지 않는 노파는 마녀가 아니라 안구건조증이라는 기질적 장애가 있을 수 있다는 점을 명심해야 한다고 당부했다.**4

순전한 횡설수설에 기초한 시스템을 개혁하려고 할 때 나타나는 모습이다. 개혁주의 골상학자가 아이스하키에서 머리를 다친 사람을 연구 대상에서 제외하거나, 개혁주의 연금술 학술지가 저자에게 연구비의 출처를 기재하도록 요구하는 경우처럼 개혁가들이 형사사법제도에 더 많은 평등성을 부여하려고 할 때도 사정은 마찬가지일 텐데, 제 딴에는 플라톤적 이상에

420

더 부합하도록 정의를 실현한답시고 야단법석을 떨 것이나 그 이상에는 정작 과학적 도덕적 정당성이 없다. 그러니 그저 절제된 방식으로 일을 시작하는 수밖에…

실현된 정의 II

프랑스의 수많은 왕들 중 루이 15세는 확실히 압도적인 존재였다. 그는 몇 가지 정책에서 무능함을 입증했고, 프랑스에 경제적·군사적 파멸을 가져온 부패한 쾌락주의자라는 조롱을 받았으며, 1774년 그의 죽음을 축하한 시민들은 15년 후의 프랑스대혁명을 예고했다. 1757년 한겨울의 야외에서 여러 겹의 옷을 꿰뚫고 들어온 한 암살자의 칼에 찔려 얕은 상처를 입자, 파리 대주교는 심각한 부상을 입은 군주를 돕기 위해 40시간 동안 그의 빠른 회복을 위해 기도하도록 명령했다.***

주인의 돈을 훔친 혐의로 여러 차례 해고된 하인이었던 로베르 프랑수아 다미앵이 암살자가 된 동기는 역사적으로 명확히 밝혀지지 않았다. 한 가지 해석은 그가 정신적으로 건강하지 못해 혼란스러웠다는 것이다. 또다른 해석은 다미앵이 당시의 종교적 논쟁에서 루이 15세에게 탄압받아 진 편에 섰기 때문에 복수를 결심했다는 것이다. 왕은 특히 다미앵이 더 큰 음모의 일부일지도 모른다고 두려워했지만, 다미앵은 고문을 받는 동안 아무 이름도 털어놓지 않았다. 동기는 제쳐두고라도 왕을 죽이려 했다는 것만으로도 결정적이었으므로, 다미앵은 유죄판결을 받아 프랑스에서 마지막으로 거열형車裂刑을 당할 운명이었다.

***

*** 죽을 뻔한 상처로 자기 잘못을 깨달은 듯, 루이는 '국정에 관심을 더 기울이고 여자들과 덜 어울리겠다'고 맹세했다. 후자의 결의는 몇 주 동안 지속된 것으로 보인다.

다미앵이 받은 형벌

1757년 3월 28일 파리의 한 광장에서 진행된 사형 집행은 잘 기록되어 있다. 다미앵의 발은 먼저 '부트'라는 고문 도구로 짓밟혔다. 그런 다음 다미앵이 (칼을 쥐고 있던) 범죄를 저지른 손은 불에 달군 집게로 그을렸고, 녹은 납, 끓는 기름, 불타는 수지, 왁스, 유황을 섞은 혼합물이 상처 부위에 부어졌다. 마침내 다미앵은 거세되었고, 펄펄 끓는 혼합물이 그곳에도 부어졌다.

이러한 행위는 다미앵의 통곡과 죽음을 애원하는 소리와 함께 광장을 가득 메운 수많은 군중과 위층 아파트(부유층에게 엄청난 가격으로 임대된 칸막이 좌석*)의 환호를 불러일으켰다.

이러한 고문은 희생자의 사지를 각각 말에 묶고 네 마리의 말을 서로 반대 방향으로 끌고 가 '사지 절단'을 하는 본 행사를 위한 워밍업에 불과했다. 다미앵의 몸은 예상보다 강한 결합조직connective tissue을 가지고 있었기

---

* 　그중에는 평소 어울리던 친구들과 함께 아파트를 빌린 자코모 카사노바 — 당신이 아는 바로 그 카사노바 — 도 포함되어 있었다. 그는 상황을 잘 보려고 창밖으로 몸을 기대고 있던 한 여성과 성행위를 했다고 진술했다.

때문에 말이 반복적으로 시도했음에도 불구하고 사지가 손상되지 않았다. 결국 사형 감독관은 다미앵의 네 팔다리의 힘줄과 인대를 절단했고, 말은 마침내 사형 집행에 성공했다. 몸통만 남은 채 숨만 쉬고 있던 다미앵은 잘린 팔다리와 함께 불길에 던져졌다. 네 시간 만에 다미앵이 재로 변하자, 군중은 정의가 실현되었다고 외치며 해산했다.[5]

화해, 회복적 정의, 격리

재판이 폐지되고, '누가 어떤 행위를 실제로 어떤 정신상태에서 했는지'를 파악하기 위한 단순한 조사로 대체된다고 가정해보자. 그렇게 되면 감옥도 없고 죄수도 없다. 도덕적 의미에서의 책임도 없고, 비난이나 응보도 없다.

이 시나리오는 필연적으로 이런 반응을 불러일으킬 것이다. "그럼 폭력 범죄자들이 자신의 행동에 대해 아무런 책임도 지지 않고 그냥 날뛰게 놔두자는 건가요?" 아니다. 운전자의 잘못이 없더라도, 브레이크가 작동하지 않는 자동차는 도로에 접근하지 못하도록 금지해야 한다. 자신의 잘못이 아니더라도, 코로나19에 감염된 사람은 다수가 모이는 콘서트에 참석하지 못하도록 저지해야 한다. 제 잘못이 없더라도, 사람을 물어뜯을 수 있는 표범은 집에 들어오지 못하도록 막아야 한다.

그렇다면 범죄자는 어떻게 처리해야 할까? 자유의지라는 전제를 여전히 받아들이지만, 적어도 정말 똑똑하고 진지한 사람들이 '피해를 주는 사람들에 대한 현재의 대응 방식'에 대한 근본적인 대안을 생각하고 있음이 드러나는 몇 가지 접근 방법이 있다. 한 가지 가능성은 아파르트헤이트 이후 남아프리카공화국에서 처음 도입되어 내전이나 폭력적인 독재로부터 회복중인 수많은 국가에서 사용되고 있는 '진실화해위원회' 모델이다. 본보기로서 남아프리카공화국의 경우, 아파르트헤이트의 설계자와 부역자는 감옥에 가는 대신 위원회에 출석할 수 있었다. 신청자 중 약 10%에게만 기회가 주어졌는데, 이들은 자신이 저지른 정치적 동기에 의한 인권 침해 사례(즉 누구를 죽이고 고문하고 행방불명되도록 했는지), 심지어 대외적으로 알려지지 않았고 자신이 직접적으로 관여하지 않은 사안에 대해서도 상세히 자백해야 했다. 그들은 다시는 그런 짓을 하지 않겠다(예: 자유 남아프리카공화국으로의 평화로운 전환을 위협하는 백인 민병대에 가담하지 않음)고 다짐했고, 참석한 희생자 가족들도 복수를 하지 않겠다고 약속했다. 그런 다음, 살인자는 수감되거나 처형되지 않고 풀려났다. 양심의 가책을 느낄 필요도 없었고, 회한에 찬 눈빛으로 괴로워하며 자신 때문에 과부가 된 이에게 포옹받고 용서받는 사진도 촬영되지 않았다. 이 접근 방법은 (많은 가족들의 좌절에도 불구하고) 실용적이었고, 국가를 재건하는 데 도움이 되었다.* 가장 중요한 것은 이 접근 방법이 경찰의 전략과 병행되었다는 점이다. 그 전략이란 일단 범죄 조직의 하위 구성원을 잡아들여 면책특권을 제공함으로써 직속상관에 대한 정보를 빼내고, 그후 직속상관을 잡아들여 동일한 방식으로 회유함으로써 바로 위의 상관을 줄줄이 잡아들이고, 마침내 장막에 가려져 있던 조직의 보스를 체포하는 것이었다. 이 사건의 경우, 아파르트헤이트 정부의 근간이 되는 군사 조직의 보스를 체포하기 위해 병사들에게 면책특권을 주었다. 홀로코스트나 아르메니아 대학살과 달리, '폭력이 프로파간다나 승인 안 된 독불장군의 소행 때문에 과장되었다'고 주장하며 반발하는 아파르트헤이트 부정론자들은 결코 있을 수 없었다.[6]

감동적이고 놀랍게도 잇따른 폭력을 예방하는 데 성공했지만, 진실화해위원회는 우리의 관심사와 관련성이 제한적이다. 유죄판결을 받은 범죄의

---

* 넬슨 만델라의 도덕적 거인으로서의 위상을 보여주는 한 가지 예로, 그는 아프리카민족회의 투사들(즉 만델라의 '측근'들)의 인권 침해에 대해서도 위원회가 조사해야 한다고 주장했다.

선고 단계에서도 비슷한 상황이 발생할 수 있다. 즉 가해자가 자신의 범죄에 대해 책임을 인정하고 피해자에게 반성하는 모습을 보이면 형량이 줄어드는 경우가 종종 있다. 그러나 이는 단순히 '말도 안 되는 제도로 인해 양산된 범죄자'의 처벌을 줄이는 개혁일 뿐이다. 기본적으로 누군가는 과거의 범죄 행위가 자유의지에 의한 것이었고, 현재 자유의지로써 하는 행동은 변화된 사람의 행동이라고 주장할 것이다. 이것은 우리가 현재 다루는 내용과 거리가 멀다.

몇 가지 유사점은 가졌으나 궁극적으로 무관하긴 마찬가지인 또다른 모델이 있다. 이는 범죄자와 국가 간의 관계가 아니라 범죄자와 피해자 간의 관계에 관한 '회복적 정의' 운동에서 비롯된다. 진실화해위원회와 마찬가지로, 범죄자는 자신의 행동에 대한 모든 세부사항에 대해 책임을 져야 한다. 이때 강조되는 것은 상호 이해다. 가해자의 목표는, 자신이 야기한 고통과 아픔을 이해하고 느끼며 후회할 정도로 인식하는 것이다. 피해자의 목표는, 가해자를 악당으로 만들었던 끔찍하고 완전히 낯선 상황을 이해하는 것이다. 그리고 그 시점부터 양 당사자(종종 중재자와 함께)의 목표는 서로의 고통을 없애기 위해 무엇을 할 수 있는지 알아내고, 이런 일이 재발할 가능성을 줄이는 방법을 찾는 것이 된다.

회복적 정의는 재범률을 낮추는 데 효과가 있는 것으로 보인다. 하지만 이런 방식으로 피해자를 대면하기로 선택한 사람은 평균적인 수감자가 아니라 이미 좋은 방향으로 나아가고 있는 수감자일 가능성이 높은데, 이를 자기선택 편향이라고 한다.

회복적 정의는 피해자에게도 긍정적인 영향을 미치는 것으로 보인다. 이 과정을 거친 사람들은 가해자에 대한 두려움과 증오가 줄어들고, 안전에 대한 불안감이 줄어들고, 기능이 향상되며, 일상 활동을 더 즐긴다고 보고한다. 반가운 말이지만, 이 경우에도 자기선택 편향의 가능성이 있다는 점을 명심해야 한다.[7]

하지만 회복적 정의는 우리의 핵심 관심사와 아무런 관련이 없다. 죄수로 하여금 응보의 필요성을 당연한 것으로 받아들이고, 자신이 가한 고통을 이해하며, 비합리적인 제도에 의해 처벌받는 것이 정당하다는 것을 당연시하도록 하기 때문이다.

실제로 내가 가장 납득할 수 있는 접근 방법은 '격리quarantine'라는 개념이다. 이 개념은 지적知的으로 명명백백하며 자유의지의 부재와 완전히 양립할 수 있다. 또한 많은 사람들의 머릿속에 즉시 떠오르는 개념이기도 하다.

엄격한 비양립주의 철학자인 코넬대학교의 더크 페어붐이 설명한 것처럼, 이는 의료 격리 모델의 네 가지 신조에서 나온 것이다. (A) 누군가가 의학적 질병에 걸려 주변 사람들에게 감염성, 전염성, 위험성, 피해를 끼칠 수 있다. (B) 그것은 그들의 잘못이 아니다. (C) 그들로부터 다른 모든 사람을 보호하기 위해 집단적 정당방위collective self-defense와 유사한 방식으로 그들의 자유를 제한함으로써 해를 끼치는 것은 무방하다. (D) 단, 모든 사람을 보호하기 위해 필요한 최소한의 범위 내에서만 그들을 제한해야 하며, 그 이상은 안 된다.

한센병 수용소, 일부 정신질환자의 비자발적 입원, 14세기 후반 아시아에서 온 배를 40일 동안 항구에 정박시켜두어 제2의 흑사병이 퍼지지 않도록 한 유럽의 조치(quarantine은 40을 뜻하는 라틴어 quaranta에서 유래한다)가 바로 그것이다.

이러한 의료 격리 모델은 일상생활에서 당연하게 여겨진다. 유치원생이 기침이나 열이 나면 나아질 때까지 유치원에 가지 않고 집에 있게 해야 한다. 조종사가 졸음을 유발하는 약을 복용중이라면 비행을 할 수 없다. 연로하신 부모님이 치매에 걸렸다면 더이상 운전은 안 된다.

때로는 무지로 인해 격리가 시행되기도 한다. 한때 기이한 한센병 환자 집단 거주지가 성행했지만, 모든 형태의 한센병이 특별히 전염성이 있는 것은 아니라고 밝혀지면서 자취를 감췄다. 때로는 전혀 알 수 없는 이유로 격리 조치가 내려지기도 한다. 아폴로 11호 우주비행사가 최초의 달 착륙을 마치고 귀환했을 때, 혹시 모를 사태에 대비해 21일 동안 격리 생활을 해야 했던 것처럼 말이다. 때때로 이런 일은 학대와 편견으로 가득차 있는데, "장티푸스 메리"로 불리는 메리 맬런의 경우가 대표적인 사례다. 맬런은 최초로 확인된 무증상 장티푸스 전파자로, 1907년 100명 이상을 병들게 한 주범으로 체포되어 뉴욕 이스트강의 격리 섬에 강제로 수감되었다.[*8]

의료 격리는 처음부터 개인의 권리와 대의greater good의 충돌이라는 논란을 불러일으켰다. 하지만 코로나19 초기에 슈퍼전파자의 안전하지 않은 날숨 때문에 수많은 사람이 목숨을 잃었던 막무가내 코로나 바이러스 파티를 통해, 우리는 이것이 얼마나 위험할 수 있는지를 똑똑히 보았다.

페어붐의 아이디어를 형사학으로 확장하면 다음과 같다. (A) 어떤 사람들은 충동 조절, 폭력 성향, 공감능력 부족 등의 문제로 인해 위험하다. (B) 자유의지의 부재를 진정으로 받아들인다면, 그것은 그들의 잘못이 아니라 유전자, 태아기의 삶, 호르몬 수치 등의 결과일 뿐이다. (C) 그럼에도 불구하고 가능하면 그들이 회복될 때까지 대중을 그들로부터 보호해야 하며, 이는 그들의 자유를 제한하는 상황을 정당화할 수 있다. (D) 그러나 '격리'는 안전을 위해 필요한 최소한의 제약을 가하는 방식으로 이루어져야 하며, 그

---

* 왜 '편견'일까? 당시 뉴욕의 인종 계층에서 가장 낮은 지위에 있던 아일랜드계 이민자 맬런의 성이 포브스나 세지윅이었다면 아마도 그런 대우를 받지 않았을 것이다. 그 증거로, 그녀의 남은 생애 동안 무증상 전파자가 400명 이상 확인되었지만 동일한 방식으로 강제 격리된 사람은 아무도 없었다. 사실 이러한 편견에는 또다른 동기가 있었는데, 맬런은 아일랜드인으로서 전염병에 걸려 동료 연립주택 거주자들을 병들게 했을 뿐만 아니라 요리사로 일하던 부유한 가정에도 병을 옮겼다. 그녀는 1910년 섬에서 풀려난 후 다시 가명으로 요리사로 일하면서 또다시 병을 퍼뜨렸고, 1915년 체포되어 약 25년 동안 자의 반 타의 반으로 섬에서 살아야 했다. 가명을 사용했다는 사실이 그녀가 무고한 희생자라는 이미지를 훼손했지만, 거기에는 그럴 만한 사정이 있었다. 그녀에게 허용된 직업은 세탁부뿐이었고, 그 임금은 요리사로서 받던 임금 — 그걸로는 굶어죽을 지경이었다 — 의 절반밖에 되지 않았다.

밖의 모든 면에서 그들은 자유로워야 한다. 응보적 사법제도는 피해가 클수록 더 가혹한 처벌을 받는 과거지향적 비례성에 기초한다. 그에 반해 형사적 격리 모델은 미래에 더 많은 위험이 예상될수록 더 많은 제약이 필요한 미래지향적 비례성을 보여준다.[9]

페어붐의 격리 모델은 또다른 대표적인 비양립주의자인 뉴욕주립대학교의 철학자 그레그 카루소에 의해 확장되었다. 공중보건 과학자들은 이주 농장 노동자 자녀의 뇌가 잔류 농약으로 인해 손상된다는 사실만 알아내는 것이 아니다. 그들에게는 애초에 이러한 일이 발생하지 않도록 노력할(예: 농약 제조업체를 상대로 한 소송에서 증언하는 것) 도덕적 의무도 있다. 카루소는 이러한 사고를 형사학으로 확장하여, '범죄자는 자신이 통제할 수 없는 원인으로 인해 위험에 처했고, 우리는 그들을 재활시킬 방법을 모르기 때문에 모두의 안전을 지키기 위해 최소한의 제약을 가해야 한다'고 말한다.* 하지만 한 걸음 더 나아가 근본 원인을 해결해야 하는데, 이는 일반적으로 사회적 정의의 영역에 속하는 일이라고 덧붙인다. 공중보건 종사자가 건강의 사회적 결정 요인에 대해 고민하는 것처럼, 형사사법제도를 대체하는 공중보건 지향적 격리 모델도 범죄 행위의 사회적 결정 요인에 주목해야 한다는 것이다. 이는 범죄자도 위험할 수 있지만 범죄자를 양산하는 빈곤, 편견, 제도적 불이익 등이 더 위험하다는 의미다.[10]

어찌 보면 당연하지만, 격리 모델은 적어도 세 가지 주요한 측면에서 강력한 비판을 받아왔다.

무기한 구금indefinite detention 문제. 교도소의 경우 수감 기간에 상한선이 있지만(가석방 없는 종신형 제외), 격리 모델은 메리 맬런처럼 오랫동안 감금할 수 있다. 따라서 평균 체류 기간이 감옥에 수감되는 경우보다 길다는 점에서, 정신 이상인 범죄자를 감옥 대신 정신병원으로 보내는 치료감호와 유

---

* 카루소는 이를 "최소한의 제한이 수반되는 무력화"라고 규정한다.

사하다. 안타깝게도 상태가 호전되지 않는다면 필요한 만큼 제약 기간을 연장하는 것이 합리적이다. 그러나 '최소한의 침해'라는 맥락에서, "제약"은 이사할 때마다 경찰에 신고하거나 추적 팔찌를 착용하는 것으로 구성될 수 있다. 그리고 내가 상상하는 유쾌하고 완벽한 세상에서 일이 이 지경에 이르렀다면, 사람들은 '제한된 사람'을 더이상 '혐오스럽고 비난받아 마땅한 범죄자'로 여기며 움찔하지 않고, '단지 어떤 영역에 문제가 있어서 이터이러한 행동을 해서는 안 되는 사람'으로 여길 것이라는 점에 주목하라. 음, 솔직히 말해서 아직 갈 길이 멀다는 것을 인정한다.**

선제적 제약preemptive constraint 문제. 격리된 범죄자("제발, 더이상 범죄자라고 부르지 말아달라!")가 다시 범죄를 저지를 가능성이 있는지 예측할 수 있다면, 애초에 누군가에게 피해를 입히기 전에 미리 알 수 있었어야 한다. 이는 영화 〈마이너리티 리포트〉에 나오는 소름 끼치는 범죄예방관리국의 망령을 떠올리게 한다(또한 미래의 범죄를 예측하는 사람들의 편견을 감시할 필요성도 있다). 설사 톰 크루즈가 이 영화를 각색한 영화에 기꺼이 출연한다고 해도 가까이하고 싶지 않은 주제다. 그럼에도 불구하고 우리는 공중보건 분야에서 항상 '선제적 조치'를 취한다. 학생 자녀를 둔 학부모의 규칙은 "자녀가 몸이 좋지 않아서 반 친구들을 모두 감염시켰는데도 여전히 컨디션이 안 좋으면 집에 있게 하라"가 아니라 "자녀가 몸이 좋지 않으면 집에 있게 하라"이다. 즉 감기가 오기 전에 발 빠른 제약을 가한다. 이상적으

****** 이것은 나를 정말 난감하게 만드는 딜레마다. 우리 사회가 '누군가가 부정적인 행동을 했다고 해서 비난받거나 처벌받는 것은 옳지 않다'는 것을 인식하는 단계에 이르렀다면, '상대방을 짜증나거나 지루하거나 성가시게 하고, 입을 벌린 채 음식을 씹고, 말도 안 되는 말장난으로 대화를 방해하고, 미친듯이 휘파람을 불면서 사회적 접촉을 갈망하는 사람의 곁에 있고 싶지 않은 건 괜찮을까? 상황이 그들을 그렇게 만든 건데도 말이다. 본인이 싫어하는 어린이까지 포함하여 유치원 반의 모든 친구들을 생일파티에 초대해야 한다고 자녀를 설득하는 것과 비슷한 상황에서 우리가 흔들리고 있는 걸까?

로는, 치매로 인해 장애가 점점 더 심해지는 사람이 보행자를 다치게 한 후보다 다치게 하기 전에 더이상 운전을 못하게 막는 것이 좋다. 선제적 조치는 공중보건의 표준이다. 형사사법제도 이후의 세계도 같은 어떤 모습이어야 할까? '최소한의 제한'이 범죄의 사회적 결정 요인 — 즉 "그 의도는 어디에서 왔을까?"의 또다른 버전 — 을 파악하는 것과 결합되어야 한다고 강조한 카루소의 말을 떠올려보면, 이는 확실히 디스토피아와는 거리가 멀다고 할 수 있다. 예컨대 고등학교 총격범이 될 만한 학생을 사전에 식별하여, 그가 자동화 무기, 크고 날카로운 칼, 암시장의 미등록된 실레일리* 등을 구입할 수 없도록 만들어야 한다. 하지만 그가 학교와 가정에서 괴롭힘을 당하고 있고 해결되지 않은 심리적 문제로 인해 무너지기 일보 직전이라는 사실에 대해서도 무언가 조치를 취해야 한다. 또한 값비싼 길거리 마약에 중독되어 사람들에게 폭력을 휘두르는 사람을 찾아내어 적절한 재활 기관에 보내 안전한 환경에서 몸부림치고 떨고 구토할 수 있도록 해야 한다. 그와 동시에, 기술을 배우지 못하고 직업 선택의 여지가 없는 그의 상황에 대해서도 무언가 조치를 취해야 한다. 물론 내가 기분이 안 좋은 에마 골드먼**과 〈이매진〉을 부르는 존 레넌을 반씩 섞은 모습이 되려고 애쓰다 이제는 미스터 로저스***의 지지를 받는 약간 진보적인 시의원 후보 같은 소릴 한다는 건 나도 안다. 내가 말할 수 있는 것은, 모든 형태의 선제적 제약은 '끔찍한 상황(1분 전, 1시간 전…)에서 끔찍한 사람들이 만들어진다'는 사실이 진정으로 받아들여지는 세상의 맥락에서 이루어져야 한다는 것이다. 우리는 갈

---

*   아일랜드의 전통적인 곤봉 또는 몽둥이로, 주로 전쟁이나 결투용 무기로 사용되었으며, 오늘날에는 호신용품으로도 쓰인다. — 옮긴이

**   20세기 초 북미와 유럽에서 활동한 대표적 아나키스트이자 여성 해방을 주장한 급진적 사상가. — 옮긴이

***   미국의 방송인, 음악가, 작가, 장로교 목사로, 유명한 텔레비전 프로그램 〈미스터 로저스의 이웃〉(1968~2001)을 제작하여 어린이들의 교육에 큰 영향을 미쳤다. — 옮긴이

430

길이 정말 멀다.

잠재적 재미potential fun **문제.** 이스라엘의 철학자 사울 스밀란스키Saul Smilansky는 '안전을 위해 누군가의 행동을 아무리 최소한으로 제한하더라도, 그 사람은 여전히 자신의 잘못이 아닌 것 때문에 제약을 받는다'고 강력히 주장한다. 이 점을 고려할 때, 도덕적으로 수용 가능한 유일한 입장은 제약을 받는 사람에게 적절한 보상을 제공하는 것이다. 이런 관점에서 보면, 소아성애자로 유죄판결을 받은 사람이 종종 그렇듯 학교나 공원에 일정 거리 이내로 접근하는 것이 제한된다면 스트립 클럽에서 술값을 할인해주어야 하고, 너무 폭력적이어서 작은 섬에 격리된 사람에게는 최소한 개인 골프 레슨을 제공하는 5성급 리조트에 버금가는 환경을 제공해야 한다. 즉 아무리 최소한의 제약이라도 과도한 처벌(벌주기punishment)이라는 부정적인 요소가 수반된다면, 격리 옹호자들은 스밀란스키의 표현을 빌리면 보상적인 "재미주기funishment"****를 해야 한다. 그리고 그의 견해에 따르면, 이것이 더 많은 범죄를 야기할 것이다. 범죄를 저질렀을 때 처벌을 모면하면 이득이고 처벌을 받으면 보상을 받으니, 손해볼 게 없기 때문이다. 그는 이를 가리켜 "동기부여적 재앙"이라고 한다.[11]

카루소의 설득력 있는 답변은 재미 제공자fun funisher인 스칸디나비아 사람들의 확실한 경험적 증거에 근거를 두고 있다. 예컨대 노르웨이는 미국과 비교하면 살인 범죄율은 8분의 1, 수감률은 11분의 1, 재범률은 4분의 1 수준에 불과하다. 음, 가혹한 교정 제도 때문일까? 천만의 말씀! 그와 정반대로, 스밀란스키가 두려움을 가지고 예상하는 "개방형 교도소" 때문

**** 하지만 우주적 농담인지, 나의 맞춤법 검사기는 계속해서 funishment를 punishment로 바꾸고 있다. 또한 구글에서 funishment를 검색하면, 다양한 철학적 논쟁뿐만 아니라 BDSM 사이트와 funishment를 즐기는 사람에게 이상적이라는 맥주 제조업체의 제품도 나온다.

이다. 즉 노르웨이의 교도소에서는 범죄자들, 심지어 일급 범죄자라 할지라도 감방이 아닌 방에 머물고, 각 방에는 컴퓨터와 TV가 있다. 그리고 이동의 자유, 공동으로 요리할 수 있는 부엌, 취미생활을 위한 작업실, 악기가 가득한 음악 스튜디오, 벽에 걸린 미술품, 캠퍼스 같은 부지에 우거진 나무, 겨울에는 스키를 타고 여름에는 해변에 갈 수 있는 기회가 주어진다. 하지만 비용이 엄청날 텐데? 노르웨이가 수감자 한 명을 수용하는 데 드는 연간 비용이 미국의 약 3배(약 9만 달러 대 3만 달러)에 달한다는 것은 사실이다. 그럼에도 불구하고 실제로 분석해보면, 노르웨이가 범죄를 억제하는 데 들이는 1인당 전체 비용은 미국보다 훨씬 적다. 왜 그럴까? 첫째, 감옥에서 충분한 교육을 받으므로, 대부분의 수감자는 재범자가 되기보다는 임금 근로자로서 외부세계에 복귀해 수감자 수가 감소한다. 둘째, 범죄자가 감소하면 경찰력이 감소하므로 막대한 비용이 절감된다. 셋째, 가장의 수감으로 인해 혼란을 겪고 빈곤으로 내몰리는 가족 수가 줄어들고, 심지어 부유한 사람들도 CCTV와 비상벨이 갖춰진 고가의 주택 보안 시스템이 필요하지 않아 돈을 절약할 수 있다.[*] 하지만 사람들이 리조트 같은 교도소에 끌려 범죄에 낚인다는 스밀란스키의 동기부여적 재앙은 어떨까? 재범률이 훨씬 낮다는 것은, 벽에 걸린 예술품과 잘 갖춰진 주방이 얼마나 있든 자유라는 헤아릴 수 없는 가치를 능가할 수는 없다는 것을 보여준다. 분명히 말하지만, 우리는 재미주기로 인한 혼란과 아수라장을 두려워할 필요가 없다.[**][12]

---

[*] 노르웨이와 미국을 비교하는 것은 사과와 오렌지를 비교하는 일처럼 복잡하다. 왜냐하면 노르웨이 정부는 이미 미국인들이 현재 꿈꿀 수 없는 정도로 시민을 돌볼 도덕적 의무를 인식하고 있기 때문이다.

[**] 팬데믹이 닥쳤을 때 몰디브의 작은 리조트 섬으로 신혼여행을 떠났던 한 부부의 이야기가 우리에게 유익한 교훈을 제공한다. 여러 나라가 항공 여행을 중단하는 바람에 몇 달 동안 발이 묶였고, 리조트 직원들과 함께 그곳에 영락없이 고립되었다. 무덤덤한 열 몇 명의

나는 '위험한 개인으로부터 사회를 보호하는 것'과 '자유의지의 부자'를 조화시키는 격리 모델을 정말 좋아한다. 그것은 논리적일 뿐만 아니라 도덕적으로 수용 가능한 접근 방법인 것 같다. 그럼에도 불구하고 여기에는 많은 문제가 있는데, 그중 하나는 종종 '피해자의 권리'라는 좁은 틀에 갇힌다. 사실 이것은 위험한 개인을 다루는 데에서 자유의지를 배제하는 모든 접근 방법을 침몰시킬 수 있는 거대한 문제의 빙산의 일각에 불과하다. 그 문제란, 누군가를 처벌할 때 우리가 느끼는 강렬하고 복잡하면서도 종종 보람을 느끼는 감정이다.

실현된 정의 III

예상대로 남부의 주들은 북부의 주들보다 수십 년 뒤처졌지만 일반적으로 뒤따르는 집단 광란 분위기에 대한 비난이 커지면서 1930년대에 이르러 미국 전역에서 공개 교수형이 금지되었다. 단 하나의 예외는, 1936년 오언즈버러 마을에서 미국 역사상 마지막 공개 교수형이 집행된 켄터키주였다.

그 사건은 마치 '완벽함'의 변형판 같았다. 그것은 리샤 에드워즈라는 나이든 백인 여성이 자택에서 강도·강간·살해를 당한 사건이었다. 곧이어 주거침입 전과가 있는 20대*** 아프리카계 미국인 레이니 베시아가 체포되었다. 처음에는 법이 범인을 만든 것처럼 보였다. 베시아는 자백했지만, 짐크

웨이터는 그들이 한 모금 마실 때마다 물잔을 채우기 위해 분주히 움직였고, 객실 종원들은 매시간 베개를 보송보송하게 만들어주었다. 기본적으로 호화판 객실이 딸린 지옥 같았다. 검게 그을린 억류자가 이렇게 말했다. "모두가 열대섬에 갇혀보고 싶다고 말하지만, 실제로 갇히면 넌더리를 칠 것이다. 떠날 수 있다는 걸 알기 때문에 좋게 들릴 뿐이다."

*** 그의 생년월일은 불분명하다.

로법*이 판치는 남부 지역에서 흑인 남성이 경찰의 신문을 받을 때 진술은 별 의미가 없었다. 하지만 베시아는 에드워즈의 보석을 훔쳤고, 자백 후 보석을 숨긴 곳으로 경찰을 인도했다. 재판은 세 시간 동안 진행되었고, 베시아측 변호인은 검찰측 증인을 반대 신문하지도 증인을 부르지도 않았다.** 배심원단은 4분 30초 동안 심의를 펼쳤고, 베시아는 범행 후 2개월 만에 사형선고를 받았다.

놀라운 사실이 하나 있다. 에드워즈를 강간하고 살해했음에도 불구하고 베시아는 강간죄로만 기소되었다. 왜 그랬을까? 주법州法에 따라 살인범은 감옥 안의 전기의자에서 처형되었다. 반면 강간범은 공개적으로 교수형에 처해질 수 있었다. 다시 말해서, 백인 여성을 강간한 흑인 남성을 공개적으로 교수형에 처하는 기쁨은 참을 수 없는 것이었다.

계획된 사형 집행에는 전국적인 뉴스가 될 만한 흥미로운 세부사항이 포함되어 있었다. 즉 베시아가 여성에 의해 교수형을 당한다는 사실이었다. 1936년, 오언즈버러의 오랜 보안관이었던 에버렛 톰프슨이 폐렴으로 사망했다. 카운티는 "미망인 승계"라는 관행에 따라 톰프슨의 부인 플로렌스 슈메이커 톰프슨을 보안관으로 임명했다. 보안관으로 일한 지 두 달밖에 되지 않은 상황에서 그녀는 수사를 지휘하고 교수형을 집행해야 했다.

언론과 대중은 열광했다. 전국적인 추측 게임이 벌어졌다. 톰프슨이 실제로 교수형 집행 레버를 당길 것인가, 아니면 톰프슨이 주재하는 가운데 전문 집행인이 실무를 담당할 것인가? 소문이 퍼지고, 천리안을 가진 사람들이 거들었으며, 사람들은 내기를 걸었다. 교수형 집행 전날, 톰프슨은 전

---

*   1876년부터 1965년까지 미국 남부에서 시행된 법으로, 공공장소에서 흑인과 백인의 분리와 차별을 규정해놓은 법이다. —옮긴이

**   다섯 명의 아프리카계 미국인 변호사가 법률 대리인의 무능력을 이유로 베시아의 유죄판결에 대해 항소를 시도했다. 안타깝게도 그들은 항소 법원이 하절기 동안 문을 닫았다는 말을 들었고, 가을이 되었을 때 베시아는 이미 세상을 떠난 지 오래였다.

434

문적인 사형 집행인이 담당할 것이라고 발표했다(사실은 몇 주 전에 이미 결정된 일이었다).***

열광적인 추측이 난무하는 동안 톰프슨은 미국에서 가장 호불호가 갈리는 인물 중 한 명이 되었다. 어떤 사람들에게 '그녀는 자수刺繡와 육아에 적합한 섬세한 성'의 일원이면서도 공복으로서의 의무를 다하기 위해 기꺼이 공백을 메우려 뛰어든 고무적인 인물로 여겨졌다. 다른 사람들에게 그녀는 남성의 일자리를 빼앗고 자녀 양육을 게을리하는 혐오스러운 존재였으며, 살해 협박을 받기도 했다. (여성이 투표권을 얻은 지 16년밖에 되지 않았던) 당시의 페미니스트 정신으로, 톰프슨은 직업적 틈새시장에서 여성도 남성 못지않은 능력을 가지고 있다는 것을 보여줬다며 일부 사람들로부터 찬사를 받았다. 살해당한 에드워즈에 대한 일종의 응보적인 동물적 충동, 즉 남부 백인 여성을 훼손한 흑인 남성을 남부 백인 여성이 교수형에 처한다는 강력한 서사도 존재했다. 매사추세츠주 스프링필드 공화당 신문은 "네 아이의 엄마에 의해 교수형에 처해질 살인자"라는 헤드라인을 내보냈고, 〈워싱턴 포스트〉는 그녀를 "통통한 중년여성"으로, 〈뉴욕 타임스〉는 "공정한 보안관"으로, 다른 신문은 그녀를 "현모양처"로, 또다른 신문은 그녀를 "훌륭한 요리사"로 묘사하는 등 그녀가 어머니라는 사실에 집착했다. 톰프슨은 산더미처럼 쌓인 지지 및 혐오 서신 외에 여러 건의 청혼을 받았다.****

그날이 왔을 때 오언즈버러의 모든 호텔 객실은 전국에서 온 사람들로 가득찼다. 술집은 기대감에 밤새도록 문을 열었다. 엄청난 인파가 법원에 새로 심은 꽃을 짓밟을 것으로 예상되어, 교수형 장소를 마을 법원 앞에서

*** 사형 집행인은 너무 취해서 레버를 건드리지도 못했고, 부보안관이 대신 사형 집행에 나섰다.

**** 전국적인 논란에도 불구하고 톰프슨은 오언즈버러에서 찬사를 받았다. 재선에 출마한 그녀는 9814표 중 단 3표를 제외하고 모두 득표했다.

더 넓은 광장으로 옮겨야 했다. 사람들은 좋은 전망을 기대하며 전날 밤부터 야영을 했고, 아기를 안은 여성들을 포함해 참석자들 사이에서 좋은 자리를 차지하기 위한 아귀다툼이 벌어졌다. 진취적인 젊은이들은 군중에게 핫도그와 레모네이드를 팔았다. 법망을 피해 도망자 생활을 하던 오언즈버러의 한 남성이 교수형 집행을 구경하기 위해 고향으로 돌아오다가 체포되기도 했다. 2만 명이 광장을 가득 메웠다.

베시아는 교수대로 끌려갔다. 그는 계단 아래에서 잠시 멈춰 서서 뜻밖의 요청을 했다. 주머니 속에 그가 신고 싶어하는 새 양말 한 켤레가 들어 있었던 것이다. 급히 협의한 끝에 요청이 받아들여졌고, 족쇄가 채워진 그는 양말을 갈아신기 위해 첫번째 계단에 앉은 후 새 양말을 신고 신발도 없이 계단으로 끌려 올라갔다. 그를 교수형에 처하라는 군중의 외침이 드문드문 들려왔으나, 대부분은 조용히 목을 빼고 지켜봤다.

베시아의 머리에는 두건이 씌워졌고, 첫번째 시도에서 낙하문이 열리지 않아 두번째 시도에서 제대로 교수형에 처해졌다. 베시아가 아직 숨을 쉬고 있을 때, 일부 군중은 두건을 찢어 기념이 될 천조각을 얻으려고 앞으로 달려들었다. 이러한 폭도의 만행에도 불구하고 대부분의 참석자들은 정의가 실현된 것처럼 평화롭게 해산했다.*13

부정행위자 처벌

이제 우리는 감옥과 범죄라는 개념을 폐지하고 격리라는 접근 방법으로 전환할 계획을 가지고 있다. 모든 준비가 끝났다. 하지만 "누군가를 처벌할 때 느끼는 강렬하고 복잡하며 종종 보람을 느끼는 감정" 때문에 성공하지 못할 가능성이 높다. 이는 '처벌이 어떻게 진화했는가'라는 핵심적인 문제를 제기한다.

---

*   수많은 북부 기자들이 톰프슨이 교수형을 집행하는 장면을 보고 싶어서 이 행사를 취재했지만, 그 기회를 빼앗긴 대신 남부의 야만성에 대한 기사를 쏟아냈다. 당황한 켄터키주 의회는 곧 공개 교수형을 금지했다.

오언즈버러의 악명은 수십 년 동안 지속되었고, 이에 대응하여 마을에서는 '좋은 자리와 기념품 천을 차지하기 위해 싸운 2만 명의 참석자들은 전적으로 외지인이었으며, 마을은 이 광경을 기피했다'는 뻔뻔하고 이기적인 거짓 소문을 퍼뜨렸다.

오언즈버러에서 가장 유명한 토박이의 아들이 조니 뎁이라는 사실에 주목하지 않을 수 없다. 마음대로 상상하라.

우리 인간의 높은 사회성에 감탄하기란 쉽다. 페이스북 사용자가 29억 명이고, 유럽이 우크라이나 난민에게 문호를 개방했으며,* 콩고민주공화국의 열대우림에서 수렵채집 생활을 하는 음부티족이 카다시안 부부에 대해 잘 아는 것만 봐도 인간의 사회성이 어느 정도인지 쉽게 알 수 있다. 하지만 우리만 그런 것은 아니다. 개코원숭이는 50~100마리씩 무리를 지어 산다. 물고기는 수억 마리씩 떼 지어 다닌다. 매년 100만 마리의 누gnu가 세렝게티에서 이동하며 산더미 같은 똥을 남긴다. 미어캣, 늑대, 하이에나도 무리를 이루고 사회적 곤충, 점균류, 단세포 세균도 군락을 이룬다.

사회성의 진화를 촉진하는 원동력은 사회성이 협력을 증진하며 백지장도 맞들면 낫다는 사실에 있다. 아프리카들개는 협력하여 먹이를 쫓는데, 일부 개는 먹이가 방향을 바꿀 때를 대비하여 대각선으로 달린다. 침팬지도 마찬가지여서, 일부 침팬지는 먹잇감이 될 만한 것(보통은 원숭이)을 다른 침팬지들이 잠복중인 방향으로 몰고 간다. 암컷 박쥐는 서로의 새끼에게 젖을 먹이고, 미어캣과 버빗원숭이는 모두에게 이익이 되도록 포식자 경고 신호를 보낼 때 자신의 위치를 드러내 스스로를 위험에 빠뜨린다. 여왕과 군집에 대한 충성심으로 번식을 포기하는 사회적 곤충도 있다. 단세포 세균은 번식에 필요한 다세포 구조를 협력적으로 형성한다. 그리고 미로 찾기 결승전에서 승리하기 위해 함께 노력하는 점균류 구성원들도 있다. 심지어 신생 학문인 사회바이러스학에서는 표적세포에 더 잘 침투하고 복제하기 위해 협력하는 바이러스의 행동을 연구한다. 20세기의 전환기에 서양의 과학자들은 다윈의 말을 잘못 해석하여, '진화의 성공은 오로지 경쟁, 공격, 지배에 달려 있다'고 생각하느라 바빴다. 한편 러시아의 과학자(그리고 역사가, 철학

---

* 지구상의 다른 지옥 같은 곳에서 온 유색인에게도 문을 열어줄까? 음, 그다지 열어주지 않는다. 이런 경우 민족주의자들이 손을 잡고 '이민자들이 유럽문화를 파괴하고 있다'고 주장하는 정당을 결성할 때 인간의 놀라운 사회성이 드러나는 것 같다.

438

자, 명문 귀족, 혁명가, 외유내강 아나키스트)인 표트르 크로포트킨은 시대를 60년이나 앞서서 『만물은 서로 돕는다: 크로포트킨이 밝힌 자연의 법칙과 진화의 요인』이라는 책을 출간했다.[14]

사회적 종의 구성원들 간의 협력이 어디에나 존재하다보니, 보편적인 문제가 제기되고 있다. 물론 모두가 대의를 위해 협력하는 것은 좋지만, 다른 구성원들이 그러는 동안 당신만 무임승차할 수 있다면 훨씬 더 좋다. 이것이 바로 부정행위의 문제다. 암사자는 위험한 사냥에서 자신의 편의를 위해 다른 암사자보다 뒤서고, 박쥐는 다른 박쥐의 새끼에게 먹이를 주지 않고 자기 새끼만 공짜로 먹이며, 개코원숭이는 협력하는 파트너를 배신한다. 유전적으로 동일한 사회적 아메바는 두 군집이 합쳐져 자실체fruiting body라는 다세포 구조를 형성하는데, 이 구조는 안정성을 제공하는 줄기와 갓으로 구성되어 있다. 이때 갓 안의 아메바만 번식하며, 협력은 각 군집이 '비번식 줄기세포nonreproducing stalk cell'가 되는 부담을 동등하게 공유하는 것으로 이루어진다. 하지만 각각의 군집들은 갓 안의 자리를 우선적으로 차지함으로써 다른 군집을 착취하는 부정행위를 시도하기도 한다. 심지어 미토콘드리아와 DNA 구간도 협력적 체계에서 부정행위를 한다.**[15]

** 생물학에 대한 썰을 길게 풀어보겠다. 중학교 1학년 생물학 시간에 배우는 "세포의 발전소" 미토콘드리아는 생명의 역사상 가장 멋진 사건 중 하나의 중심에 있다. 미토콘드리아는 한때 자기 유전자를 가진 작은 세포로, 이익을 얻기 위해 더 큰 세포를 기꺼이 공격했다. 이에 대응하여 더 큰 세포는 송곳처럼 생긴 단백질로 미토콘드리아에 구멍을 뚫거나 미토콘드리아를 집어삼켜 분자를 수확하는 방식으로 반격했다. 그러다가 약 15억 년 전 '세포내 공생' 혁명이 일어나면서 칼이 쟁기로 바뀌었고, 큰 세포가 미토콘드리아를 집어삼켜도 파괴하지 않고 미토콘드리아가 그곳에서 살 수 있도록 함으로써 서로에게 이득이 되었다. 미토콘드리아는 산소를 사용하여 에너지를 생성하는 능력을 진화시켰는데 이는 매우 효율적인 묘수였다. 즉 그들은 산소 기반 대사의 풍부한 결실을 숙주 세포와 공유했고, 그 대가로 외부 환경에 의한 마모와 손상으로부터 보호받을 수 있었다. 중세의 두 통치자가 평화조약을 맺고도 서로를 믿지 못해 아들을 상대방 왕국의 손님/스파이/볼모로 보낸 것처럼, 미토콘드리아와 숙주 세포는 자신의 고유 유전자 중 일부를 교환하기도 했

시간이 지남에 따라 부정행위가 만연하면서, 부정행위를 탐지하고 처벌하기 위한 대응책도 진화했다. 싸움에서 아군을 돕지 않은 침팬지는 나중에 혼쭐이 난다. 우세한 번식 쌍의 새끼에게 먹이를 주지 않는 굴뚝새는 공격을 받는다. 벌거숭이두더지쥐 여왕은 게으른 일꾼에게 공격적이다. 청소부 물고기는 기생충을 잡아먹고 고객 물고기는 깨끗이 청소되는 상호주의에서, 일부 청소부는 고객의 살점을 슬쩍 베어무는 부정행위를 한다. 그러다가 청소부는 징계를 받아 쫓겨나는데, 그러고 나면 상호주의 계약을 어길 가능성이 줄어든다. 사회적 세균은 속임수를 쓰는 세균의 클론으로 자실체를 형성하지 않는다. 녹조류는 세포가 분열할 때 지독하게 이기적인 미토콘드리아를 전달하지 않는 방법을 개발했다. 세포는 자기 잇속만 차리는 트랜스포존의 모든 사본을 침묵시키는 수단을 진화시켰다. 예컨대 1970년대에 특정 착취적 유형의 트랜스포존이 초파리에 침입했는데, 초파리가 이를 징벌적으로 침묵시키는 수단을 진화시키는 데 40년이 걸렸다.[16]

다(미토콘드리아가 압도적으로 많은 유전자를 숙주 세포에 전달했지만 말이다).

그런데 부정행위는 어느 부분에서 발생할까? 세포가 분열할 때가 되면 핵의 DNA, 미토콘드리아 등 모든 것의 새로운 사본을 만들어야 한다. 이때 일부 미토콘드리아는 잔머리를 굴려 '원래' 만들어야 할 것보다 훨씬 더 많은 새 사본을 만듦으로써 복제 자원 풀을 장악한다. 그렇다면 세포의 대응책은? 곧 알게 될 것이다.

DNA의 부정행위는 어떨까? 유전체는 일종의 협력적 체계로, 복제를 할 때 개별 유전자 및 기타 DNA 요소가 집합적으로 작동한다. 그런데 트랜스포존transposon이라는 DNA 구간의 경우 대부분 고대 바이러스에서 유래하며 쓸모없는 것을 코딩하는 것으로 밝혀졌다. 그리고 그들은 쓸모없는 자신의 복제품을 더 많이 만들어 복제 기구를 독점하는 데만 관심이 있다는 점에서 이기적이다. 이러한 부정행위의 효과를 가늠할 수 있는 척도로서, 인간 DNA의 약 절반은 쓸모없는 트랜스포존의 자기 복제본에서 파생된다. 그렇다면 이러한 이기심에 대한 세포의 반응은 어떨까? 그것도 곧 알게 될 것이다.

노파심에서 말하는데 암사자, 물고기, 박쥐, 세균, 미토콘드리아, 트랜스포존은 제 이익을 위해 부정행위를 하는 방법을 의식적으로 계획하는 게 아니다. 이 의인화된 언어는 "시간이 지남에 따라 우선적 자기 복제 능력을 진화시킨 트랜스포존이 더 널리 퍼지게 되었다"와 같은 내용을 줄여 표현한 것일 뿐이다.

결정적으로, 처벌은 협력을 유지하는 데 효과적이다. 두 명의 참가자가 벌이는 경제 게임(예: 최후통첩 게임)에서는 둘 중 한 명에게 상대방을 착취할 수 있는 권한이 주어진다. 그런데 인간이 자신의 이익만을 추구하는 합리적 최적화자인 호모 에코노미쿠스일 뿐이라는 신화를 깨고, 주도권을 가진 참가자는 대개 상대방을 최대한 착취하는 걸로 시작하지 않는다. 두번째 참가자가 부당하게 착취하는 첫번째 참가자를 처벌할 기회가 있다면 착취는 더욱 감소하고, 처벌 메커니즘이 없다면 착취는 더욱 기승을 부린다.*[17]

협력을 강화하려면 적절한 시기에 적절한 종류의 처벌을 하는 것이 중요하다. 이에 대한 기념비적인 사례는, 해당 분야의 두 거물인 정치학자 로버트 액설로드와 진화생물학자 W. D. 해밀턴이 1981년 수행한 게임이론 연구에서 제시되었다. 이 연구는 의사소통이 불가능한 두 명의 참가자가 각각 상대방과 협력할지 속임수를 쓸지 결정해야 하는 게임인 죄수의 딜레마에 관한 것으로, 두 참가자가 모두 협력하면 각각 약간의 점수를 얻고, 서로 속이면 둘 다 잃는 게임이다. 당연히 항상 협력해야 할 것 같지만, 그렇게 간단하지 않다. 상대방이 협력하는 동안 당신이 보답하지 않고 뒤통수를 치면 상대방은 점수를 잃고 당신이 가장 큰 보상을 얻지만, 당신이 상대방을 지나치게 신뢰한다면 정반대 결과가 나오기 때문이다. 액설로드와 해밀턴은 여러 게임이론가들에게 어떤 죄수의 딜레마 전략을 취할지 물은 후, 각 전략을 다른 전략과 200번씩 대결하게 하는 컴퓨터화된 라운드 로빈 토너먼트를 진행했다. 그 결과, 조건부 처벌을 위한 복잡한 알고리즘 중에서 가장

---

* 최후통첩 게임에서 무제한적 착취, 제한적 착취, 처벌은 어떤 모습일까? 두 명의 참가자가 있다. 첫번째 참가자가 100달러를 받은 다음 자기가 원하는 대로 100달러를 나눈다. 0달러를 제공하고 100달러를 유지하는 것은 최대 착취다. 50 대 50은 공정성을 극대화한다. 대부분의 사람들은 제한적 착취 수준인 60 대 40 정도에서 시작한다. 처벌은 어떻게 이루어질까? 두번째 참가자가 가질 수 있는 유일한 권한은 제안을 거절하는 것뿐이며, 이 경우 둘 다 아무것도 얻지 못한다.

단순한 전략인 팃포탯(맞대응) 전략이 우승했다. 팃포탯은 어떻게 전개될까? 먼저 협력한 다음 상대방이 배신하지 않는 한 계속 협력하고, 배신하면 다음 라운드에서 다시 협력해보는 것이다. 그런데도 상대방이 계속 속임수를 쓴다면 계속 속임수로 응징하고, 다시 협력하면 다음 라운드에서 동일한 방식으로 다시 시작한다. 요컨대 명확한 규칙이 있고, 협력으로 시작하고, 부정행위에 비례하여 처벌하며, 다시 협력하면 과거를 용서하는 전략이다. 이 연구를 계기로, 다양한 사회적 종을 대상으로 팃포탯 전략의 변형과 그 진화, 실제 사례를 탐구하는 후속 연구가 시작되었다.[18]

최후통첩 게임이나 죄수의 딜레마에서 사용되는 처벌은 피해자가 가해자에게 직접 복수를 하는 것으로, '제2자' 처벌이라고 한다. 부정행위를 억제하고 협력을 촉진하는 훨씬 더 효과적인 메커니즘은 외부인이 개입하여 가해자를 처벌하는 '제3자' 처벌이다. 경찰을 생각해보라. 이것은 훨씬 더 정교한 처벌의 영역으로, 인간만이 할 수 있다. 유아는 처벌의 기초를 보여주지만 일관성 있게 처벌하는 데는 몇 년이 걸린다. 제3자 처벌은 이타적인 행동으로, 모든 사람의 이익을 위해 누군가를 처벌하려고 대가(예: 자신의 노력)를 지불하는 것이다. 이러한 이타성을 반영하듯, 이러한 행동을 하는 경향이 있는 사람들은 다른 영역에서도 친사회적인 경향을 보이며,* 관점 수용과 관련된 뇌 영역**이 유난히 활성화되어 피해자의 입장에서 세상을 바라보는 데 탁월하다. 더욱이 내집단의 친사회성을 자극하는 호르몬인 옥시토신을 피험자에게 투여하면 제3자 처벌의 부담을 기꺼이 감수할 의향이 높아진다.[19]

다음으로, 제 역할을 하지 않은 제3자를 처벌하는 제4자 처벌이 있다. 부

---

*   진정으로 친사회적인 사람들은 굳이 이기적인 제2자 처벌을 하지 않고 기꺼이 제3자 처벌을 시행한다.

**   전문용어로, 측두정엽접합부temporal-parietal junction, TPJ.

정행위를 목격한 사람을 고발하지 않으면 불이익을 주는 명예 규정이나, 뇌물을 받은 경찰이 체포되는 경우를 생각해보라. 그리고 제5자 처벌은, 부패한 경찰을 처벌하지 않은 경찰 심의위원회를 처벌하는 것이다. 그리고 제6자, 제7자… 나는 지금 협력을 유지하기 위해 부정행위자를 기꺼이 처벌하려는 사람들의 네트워크를 설명하고 있다.

멋진 비교문화 연구에 따르면, 수렵채집인이나 자급자족 농부 같은 소규모 전통문화권에서는 실생활에서든 경제 게임을 할 때든 제3자 처벌을 시행하지 않는다고 한다. 그들은 부정행위의 발생을 충분히 인지하지만 호들갑을 떨지 않는다. 그 이유가 뭘까? 모든 사람이 서로의 사람됨뿐만 아니라 일거수일투족을 훤히 알기 때문에, 반사회적 행동을 억제하기 위해 거창한 제3자 단속이 필요하지 않기 때문이다. 이를 뒷받침하듯, 사회의 규모가 커질수록 제3자 단속이 더욱 공식화된다. 한 단계 더 나아가, 제3자의 부정행위에 대한 제4자 처벌은 제3자의 수가 적을 때 가장 효과적이다. 경찰의 단속 대신 시민의 체포에만 의존한다고 하면 사회가 얼마나 혼란스러울지 생각해보라.[20]

비교문화 연구를 통해 제3자 처벌의 궁극적인 형태, 즉 인간을 감시하고 심판하는 신이 등장한 과정을 조명할 수 있다. 브리티시컬럼비아대학교의 심리학자 아라 노렌자얀이 연구한 바에 따르면, 소규모 사회집단에 기반을 둔 문화권에서 발명된 신들은 인간사에 관심이 없다. 익명의 행동이나 낯선 사람들 간의 상호작용이 가능할 만큼 커뮤니티가 커진 후에야 비로소 우리가 나쁜 짓을 했는지 좋은 짓을 했는지 아는 '도덕적인' 신이 발명되는 것을 볼 수 있다. 같은 맥락에서, 다양한 종교에 걸쳐 신이 징벌적인 존재로 간주될수록 더 많은 사람들이 멀리 떨어져 있는 익명의 동종교인에게 더욱 친사회적인 태도를 보이는 것으로 나타났다.[*21]

따라서 게임이론에서 언급한 처벌은 부정행위를 억제하고 협력을 촉진한다고 볼 수 있다. 하지만 큰 문제가 있으니, 처벌 비용이 많이 든다는 것이다.

당신이 최후통첩 게임을 하고 있는데 상대방이 99:1의 제안을 한다고 가정해보자. 그 제안을 거절하면 1달러를 얻을 수 있는 기회를 포기하는 것에 불과한데, 1달러는 큰돈이 아니지만 없는 것보다는 낫다. 이 거절은 비합리적이며 비용이 든다. 하지만 단일 라운드 게임이 아니라면(즉 두번째 라운드가 기다리고 있다면) 이야기가 달라진다. 터무니없이 낮은 조건은 거부될 것이 뻔하므로 상대방은 더 나은 조건을 제시할 것이고, 이에 따라 당신은 순이익을 얻을 수 있을 테니 말이다. 이런 경우에는 처벌 비용이 들지 않으며, 오히려 이기적인 처벌이 미래에 성과를 거둘 수 있다(푼돈을 거부하고 미래를 위해 버틸 수 있는 여력이 있다는 가정하에).

단일 라운드 게임이 순전히 이타적인 경우는, 당신이 99:1의 제안을 거절함으로써 1달러를 포기하고 처벌받은 상대방이 다른 사람에게 더 나은 제안을 하게 되는 것이다.

제3자 처벌은 훨씬 더 많은 비용이 든다. 최후통첩 게임에서, 당신은 참가자 A가 힘없는 참가자 B를 완전히 착취하는 것을 목격한다. 분노한 당신은 게임에 개입하여, 당신의 돈 10달러를 써서 참가자 A로 하여금 20달러를 잃게 만든다. 처벌받아 겸손해진 참가자 A는 이후 상대하는 참가자를 더 친절하게 대할 것이며, 이 일이 훗날 당신에게 아무 이득도 주지 않는다면 손해를 감수한 당신의 행동은 순전히 이타적인 처벌이 된다.** [22]

---

*   정말 엉망인 또다른 종류의 처벌이 있다. "비뚤어진" 또는 "반사회적" 처벌이라고 불리는 이 처벌은 너무 관대한 제안을 했을 때 처벌받는 경우로, 그 이유인즉 '나머지 사람들을 쩨쩨해 보이게 만듦으로써 관대해지도록 압력을 가하는 것은 부당하다'는 것이다. 비교 문화 연구에 따르면 이러한 악의적인 처벌은 사람들이 살고 싶어하지 않는 문화권, 즉 사회적 자본이 낮고 신뢰와 협력의 수준이 낮은 문화권에서 발견된다.

** 피지의 전통문화에서는 반사회적 행동을 제3자가 처벌하는 데 비용이 들지 않는다. 왜냐하면 부정행위자의 물건을 훔치는 등의 일을 하더라도 처벌받지 않는다는 인식이 있기 때문이다.

처벌 비용을 낮추는 한 가지 방법은 행동에 영향을 미치는 엄청나게 신뢰할 수 있는 수단인 평판을 활용하는 것이다. 게임이론 실험에 따르면, 참가자의 게임 이력이 사람들에게 알려지면(즉 미래의 그림자***를 만드는 으픈 북 놀이를 하면) 협력이 강화된다. 그도 그럴 것이, 사람들은 무임승차자로 알려진 사람을 신뢰하지 않거나 게임에 끼워주지 않기 때문이다. 이는 수렵채집인들 사이에서 일어나는 일인데, 그들은 무엇보다도 고기를 나눠 먹지 않는 등 속임수를 쓴 사람을 험담하는 데 많은 시간을 할애하며, 이로 인해 평판이 나빠지고 배척당한 사람은 목숨이 위태로울 수 있다. 따라서 많은 사람들이 좋은 평판과 신뢰를 얻기 위해 노력할 테니, 제3자 처벌 비용이 절감될 것이다. 이미 사회적으로 지배적인 존재로 여겨지는 사람이 제3자 처벌을 담당하게 되면, 더 강력하고 호감 가는 존재로 보일 수 있다.[23]

이 모든 것은 처벌 비용 문제에 대한 원위적인 해결책이다. 2장에서 처음 소개한 바와 같이, 동물의 행동을 설명하는 방법에는 두 가지가 있다. '근위 설명'은 순간의 동기에 초점을 맞추는 반면, '원위 설명'은 큰 그림, 즉 장기적인 안목에서 바라본다. 왜 동물들은 노력과 칼로리를 소비하면서 종종 목숨을 걸고 짝짓기를 할까? 원위 설명은, 다음 세대에 유전자 사본을 남길 수 있기 때문이다. 근위 설명은, 기분이 좋기 때문이다. 비용이 많이 드는데 왜 부정행위자를 처벌할까? 원위 설명은 우리가 지금껏 논의한 바로, 비용을 안정적이고 집단적으로 분담하는 것이 모두에게 이익이 되기 때문이다. 하지만 근위 설명을 찾다보면, 자유의지의 부재를 선언하고 위험한 사람을 그

*** '미래의 그림자'란 특히 협력 또는 갈등과 관련된 상황에서 플레이어가 현재 행동의 잠재적인 미래 결과를 고려하는 게임이론의 개념을 가리킨다. 이 아이디어는 미래의 상호작용에 대한 기대가 현재의 결정에 영향을 미칠 수 있으며, 플레이어가 이기적으로 행동하고 싶을 때도 협력하도록 동기를 부여할 수 있음을 강조한다. 이 개념을 이해하는 것은 신뢰와 반복적인 상호작용이 상호 이익이 되는 결과를 달성하는 데 중요한 역할을 하는, 죄수의 딜레마 같은 시나리오에서 전략적 행동을 분석하는 데 필수적이다. —옮긴이

저 격리하는 것이 얼마나 어려운 일인지 알 수 있다. 비용이 많이 드는데 왜 부정행위자를 처벌할까? 근위적으로, 우리는 잘못을 저지른 사람을 처벌하는 것을 좋아하기 때문이다. 정의로운 처벌이 실현되는 모습을 지켜보면 기분이 좋은 것이다.

실현된 정의 IV

'그것'은 우리의 관심을 자석처럼 끌어당긴다. 그것은 인간 타락의 한계를 감지하는 강제수용소 같은 포르노다. 우리는 그것을 통해 경계를 파악하고 싶어한다. 그것은 '기분이 좋아지는 것'에 대한 실험을 촉진한다. 하지만 "만약 나의 연인·가족·친척이 연루되어 있다면 어떨까?"라는 생각에 이어 우리에게는 해당 사항이 없다는 사실을 알고 나면, 끝모를 구덩이의 가장자리에서 한 발짝 물러서는 안도감이 뒤따른다. 때로 그것은 영장류의 관음증에 불과할 때도 있다. 여기서 말하는 '그것'이란, 수많은 희생자의 목록을 작성하고 그로테스크한 살인을 저지르는 연쇄살인범에 매료되는 것*을 의미한다. 제프리 다머는 피해자의 시신과 성관계를 갖고 식인하며 그들에 대한 사랑을 선포했다. 존 웨인 게이시는 광대 분장을 하고 입원중인 어린이들을 즐겁게 해주었다. 찰스 맨슨은 1960년대의 문화적 화신으로 환생한 사탄의 아들이었다. 그 밖에도 샘의 아들, 보스턴 교살자, 조디악 킬러, 나이트 스토커, DC 스나이퍼 등의 별명을 가진 희대의 살인마들이 즐비하

---

* 현재 아마존에서 판매중인 많은 책 중 일부는 다음과 같다. 『궁극의 연쇄살인마 퀴즈북 The Ultimate Serial Killer Trivia Book』(Jack Rosewood, 2022), 『어른을 위한 진정한 범죄 활동 책True Crime Activity Book for Adults』(어린이 버전은 어떤 모습일지 궁금해진다; Brian Berry, 2021), 『사실과 그들의 마지막 말이 담긴 연쇄살인범 컬러링북Serial Killers Coloring Book with Facts and Their Last Words』(Katys Corner, 2022) 등이 있다.

다. 스팀펑크**류의 키치를 연상시키는 잭 더 리퍼도 빼놓을 수 없다.

악명을 떨친 또다른 연쇄살인범은 테드 번디다. 끔찍하게 말하자면, 그는 흔해빠진 연쇄살인범이다. 1970년대 중반에 약 30명의 여성을 살해했는데, 기록적인 살해 횟수로 보긴 어려웠다. 강간, 살인, 토막 살인, 식인 등 늘 나오는 끔찍한 범죄를 저질렀고, 희생자의 목을 잘라 기념품으로 아파트에 보관했으며, 그들의 머리를 감기고 화장을 하기도 했다.

우리는 특히 책임감 있는 남편이자 아버지, 보이스카우트 지도자, 교회 장로 등 평범하지 않은 연쇄살인범들에게 매료되었는데, 번디는 그 목록에서도 한참 위에 있다. 번디는 실상 "잘생기고 카리스마가 있다"고 묘사될 정도였는데, 인터뷰에 나온 번디의 모습이 바로 그랬다. 워싱턴대학교의 우등생이자 법대생이었던 그는 정치에 적극적이었고(1968년 공화당 전당대회에서 넬슨 록펠러의 대리인으로 활동했다) 자살 예방 핫라인에서 친절하고 잘 공감해주는 자원봉사자로 활동했다. 그는 워싱턴주 주지사 선거캠프의 성공에 기여했고, 후보자는 번디를 시애틀 범죄 예방 자문위원으로 임명하는 숨막히는 아이러니로 감사를 표했다.

그 무렵부터 그는 살인을 시작했다. 젊은 여성들을 표적으로 삼았는데, 초기에는 단순히 아파트에 침입해 잠든 사람들을 공격했다. 그러다 무언가를 운반하는 데 도움을 요청해 누군가를 자신의 차로 유인하는 쪽으로 발전했으며, 매력과 '부러져 깁스를 한 것처럼 보이는 팔다리'를 이용하여 성공을 거두었다. 때때로 그는 목발을 사용하여 더욱 그럴듯하게 꾸몄다. 그런 다음 무심코 접근해온 피해자를 무참히 구타했다.

마침내 체포된 번디는 여러 건의 살인 혐의로 유죄판결을 받았고(잘 알

** SF 중에서도 대체역사물의 하위 장르 중 하나를 지칭한다. 20세기 산업 발전의 바탕이 되는 기술(예: 내연기관, 전기 동력) 대신, 증기기관과 같은 과거 기술이 크게 발달한 가상의 과거 또는 그런 과거에서 발전한 가상의 현재나 미래를 배경으로 한다. ―옮긴이

려진 사례 중 하나는 그의 치아와 피해자의 엉덩이에 난 치흔이 일치해 유죄판결을 받은 것이다), 사형을 선고받았다. 그는 두 차례 탈옥을 시도했지만 결국 1989년 사형에 처해졌다.

번디는 범죄학자와 정신건강 전문가들을 매료시켰으며, 이들은 그의 교묘함, 자기애, 무자비함을 반영하여 다양한 사이코패스 진단을 내렸다. 그는 대중도 사로잡아 그에 관한 책이 쓰이고 영화가 제작되었다(생전에 각각 두 권과 한 편이 나왔다). 수많은 여성들이 감옥에 있는 그에게 편지를 썼는데, 그중 일부는 그의 죽음과 '그가 사랑하던 여성이 한 명이 아니었다'는 사실에 큰 충격을 받았다. 하지만 희생자의 이름을 기억하는 사람은 거의 없다.

번디는 전기의자에서 처형되었다. 1881년 술에 취한 한 노동자가 발전소의 발전기 전선을 잡아 즉사한 사건이 발생했다. 이 소식을 들은 치과의사 앨프리드 사우스윅Alfred Southwick은 교수형 대신 인도적인 방법으로 사람을 감전사시키는 기계를 고안해냈다. 그는 유기견을 대상으로 실험한 끝에 발명품을 완성했다. 아이콘의 지위를 누리게 될 최초 '전기의자'의 의자 부분은 사우스윅이 치과용 의자를 개조한 것이었다. 이것은 20세기 대부분

의 기간에 선택된 처형 방법이었다.[24]

제대로 작동하면, 전기의 파동으로 인해 몇 초 안에 의식을 잃고 1~2분 안에 치명적인 심장마비가 발생했다. 제대로 진행되지 않으면 여러 차례 감전시켜야 하거나 죄수가 의식이 남은 채 극심한 고통을 겪기도 했으며, 한 번은 죄수의 안면 마스크에 불이 붙기도 했다. 하지만 번디의 사형 집행은 통상적이었다.

전날 저녁 "번디 버거"와 "전기 핫도그"가 나오는 "번디큐Bundy-cues"라고들 부른 축하 바비큐 파티가 열리는 등 전국적으로 사형 집행에 대한 기대가 드높았다. 특히 번디의 희생자 중 두 명이 재학중이던 플로리다주립대학교의 한 사교클럽에서는 시끌벅적한 파티가 벌어졌다. 사형 집행 당일에는 수백 명이 번디가 사형당할 플로리다주 레이퍼드교도소 길 건너편에 모였다. 아이를 동반한 가족이 포함된 군중은 노래를 부르고 "번burn, 번디, 번"을 외치며 폭죽을 터뜨렸다. 그의 사형이 집행됐다는 소식이 들리자 환호성이 울려퍼졌다(교도소를 빠져나오던 사형 집행의 침울한 목격자들은 이 향연에 충격을 받은 것으로 알려졌다). 축제가 끝나고 군중은 해산했고, 그들

이 생각하던 정의는 실현되었다.[25]

깨소금 맛

독일의 심리학자 타니아 징거Tania Singer가 수행한 매우 우아한 연구가 있다. 피험자는 6세 어린이 또는 침팬지였다. 연구자 중 한 명이 방에 들어와 어린이나 침팬지에게 맛있는 음식을 제공하는 등 좋은 행동을 하거나, 음식을 주려다가 빼앗아가는 등 비열한 행동을 한다. 연구자는 방을 나갔다가, 관찰 창을 통해 피험자가 볼 수 있는 인접한 방으로 들어간다. 그때 누군가가 연구자 뒤로 슬그머니 다가와—헉!—막대기로 연구자의 머리를 때리기 시작하고, 연구자는 고통스러워하며 비명을 지른다. 10초 후, 가해자는 연구자를 옆방으로 끌고 가서 구타를 재개한다. 어린이/침팬지는 다른 창문이 있는 인접한 방으로 들어가 구경할 기회를 얻을 수 있다. 그들이 과연 움직일까? 얻어맞는 연구원이 친절하게 대했으면 18%만이 다른 방을 보기 위해 움직였지만, 연구원이 못되게 굴었으면 50%가 기회를 잡았다. 어린이와 침팬지 모두 자신에게 못되게 굴었던 사람이 벌받는 모습을 보고 싶어 한 것이다.[26]

중요한 것은, 인접한 관람실에 들어가려면 비용이 많이 든다는 점이었다. 어린이들은 관련없는 일을 하고 토큰을 받으면 원하는 스티커와 교환할 수 있었는데, 계속되는 처벌을 보기 위해서는 토큰을 포기해야 했다. 침팬지들은 옆방으로 통하는 문이 매우 무거웠기 때문에 계속되는 처벌을 지켜보려면 상당한 노력이 필요했다. 그러나 벌받는 사람이 못된 사람일 때 어린이들은 토큰을 포기하고, 침팬지들은 무거운 문을 기를 쓰고 열며 처벌 광경을 지켜보았다. 다시 말해서, 어린이와 침팬지들은 반사회적인 사람이 마땅히 받아야 할 벌을 받는 모습을 지켜보는 즐거움을 계속 누리기 위해 화폐나 노력이라는 비용을 기꺼이 지불한 것이다.

계속되는 처벌을 지켜보는 동안 어린이들은 일반적으로 다른 사람의 불행을 고소해하는 감정인 샤덴프로이데Schadenfreude와 관련된 표정, 즉 희비가 교차된 표정(구타로 인해 무의식적으로 찡그린 얼굴 + 미소)을 지었다. 반사회적 괴롭힘을 가하는 사람이 벌을 받는 경우, 이 표정은 친절하고 친사회적인 사람이 벌을 받는 경우보다 약 네 배 자주 나타났다. 침팬지의 경우, 선한 사마리아인이 벌을 받으면 흥분한 목소리를 냈지만, 못된 인간이 벌을 받으면 아무 반응도 보이지 않았다.

우리는 우리에게 즐거움을 선사하는 것들 — 끔찍한 슬래셔 영화(당신이 그런 엽기적인 취향을 갖고 있다면), 코카인, 마약, 성적 자극을 주는 글이나 그림을 접할 수 있는 기회 — 에 돈을 지불한다.* 그리고 징거의 연구에서, 어린이와 침팬지 모두 악인이 응보를 받는 장면을 지켜보는 즐거움을 위해 비용을 지불하는 것으로 나타났다.[27]

이 연구에는 침팬지에 비해 인간, 심지어 어린이의 정교함을 보여주는 또다른 흥미로운 반전이 있다. 별도의 실험에서, 어린이/침팬지는 연구자가 제3자(다른 사람/침팬지)에게 친절하거나 못되게 대하는 모습을 지켜보았다(두번째 침팬지는 "바람잡이" 침팬지라고 불리며 이 역할을 위해 훈련을 받

---

* 인간이나 붉은털원숭이나 거기서 거기다. 「원숭이는 보는 만큼 돈을 지불한다: 붉은털원숭이의 사회적 이미지에 대한 적응적 평가Monkeys Pay per View: Adaptive Valuation of Social Images by Rhesus Macaques」라는 논문에서, 수컷 붉은털원숭이는 암컷 원숭이의 가랑이 사진을 보기 위해 원하는 주스를 포기하는 대가를 기꺼이 '지불'하는 것으로 나타났다. 한편 암컷 붉은털원숭이는 높은 지위에 있는 수컷의 사진(수컷 붉은털원숭이의 특징적인 공격성을 고려할 때, 인간 여성이 뮤지컬 〈회전목마〉의 주인공 빌리 비글로의 동물적인 매력에 빠지는 것과 비슷하다)이나 암수 붉은털원숭이의 포개진 가랑이 사진을 보는 것을 좋아하는 것으로 나타났다. 조금 더 깊이 들어가면, 암컷 붉은털원숭이는 배란기에 수컷 붉은털원숭이의 얼굴을 보는 것을 더 선호한다고 한다(하지만 천만다행으로, 수컷 침팬지나 남성 인간의 얼굴은 아니다).

았는데, 아마도 공동 저자로 등재됐을 것으로 추정된다). 그런 다음 아까와 마찬가지로 연구자가 공격을 받아 다른 방으로 끌려갔다. 어린이들은 제3자를 괴롭힌 연구자가 처벌 받는 광경을 구경하기 위해 돈을 지불했지만, (실험에서 제3자 처벌 행동을 보이지 않는) 침팬지들은 아무런 흥미를 보이지 않았다.

정의로운 처벌이 실현되는 모습을 구경하는 즐거움이 발달학적으로나 분류학적으로 얼마나 깊숙이 자리잡고 있는지를 보여주는 훌륭한 연구다. 비난과 처벌은 과학적·도덕적으로 파산한 것이라고 사람들을 설득할 수 있을까? 행운을 빈다.

신경 영상 연구에서도 동일한 결론이 나온다. 최후통첩 게임에서 누군가가 불공정한 제안을 하면 혐오감, 고통, 분노에 관여하는 뇌섬, 전대상피질, 편도체가 활성화된다. 터무니없이 낮은 조건이라면 선택의 기로(단일 라운드 게임의 경우, 보복적으로 응징할 것인가 아니면 순전히 논리적으로 '한푼도 받지 못하는 것보다는 나은 제안'을 받아들일 것인가?)에 서게 된다. 뇌섬과 편도체가 더 많이 활성화되고 불평등에 대한 분노가 더 많이 치밀수록 제안을 거절할 가능성이 높아진다. 이러한 응보적 비합리성은 감정과 관련된 것으로, 컴퓨터가 아닌 사람의 불공정한 제안을 거절한다고 생각하면 감정적인 복내측PFC도 활성화된다. 비슷한 맥락에서, 테스토스테론 수치가 높은 남성은 그러한 제안을 거절할 가능성이 더 높다.[28]

이타적인 제3자 처벌의 그림은 분노와 혐오의 신경 영상 지표가 활성화되는 것과 거의 동일하다. 이와 함께 예상할 수 있는 점은, 관점 수용에 관여하는 측두정엽접합부TPJ라는 뇌 영역이 활성화되는 것이다. 관점 수용이란 피해자와 관련된 것만은 아니다. 측두정엽접합부가 더 많이 활성화될수록 가해자를 용서하거나 가해자의 행동을 설명하는 데에서 완화 요인(예: 가난)의 역할을 받아들일 가능성이 높아진다.[29]

따라서 신경생물학적 수준에서 볼 때 제2자 처벌에는 혐오, 분노, 고통이 개입되지만 제3자 처벌에는 이러한 감정과 함께 다른 사람의 불행을 자신의 불행과 유사한 것으로 간주하는 데 필요한 관점도 개입된다. 이 모든 경우에 중요한 추가적 발견이 있는데, 어떤 형태로든 응보적 처벌을 하면 보상과 관련된 도파민 회로(복측피개영역ventral tegmentum과 측좌핵)도 활성화된다는 것이다. 복측피개영역과 측좌핵은 오르가슴이나 코카인과 같은 자극에 의해 활성화되는 뇌 영역이다. 그러니 처벌에 의해 이 두 영역이 활성화될 때 쾌감이 유도되는 것은 당연하다.[30]

이러한 사실은 추가 연구에서 더욱 명확해진다. 상징적 처벌은 실제 처벌(예: 누군가를 큰 소리가 나게 때리는 것)만큼 보상 회로를 활성화하지 못하는 것으로 나타났다. 처벌의 강도는 측좌핵의 활성화와 밀접한 상관관계가 있으며, 부정행위자를 무료로 처벌할 때 측좌핵이 많이 활성화되는 사람은 부정행위자를 처벌하기 위해 돈을 지불할 가능성이 더 높다고 예측할 수 있다. 이 회로는 독립적 처벌자든 복수심에 불타는 군중에 합류하는 동조자든 가리지 않고 활성화된다.

물론 이타적 행동은 암 환자의 통증을 감소시키고, 충격에 대응한 신경 통증 경로의 활성화를 무디게 하는 등 기분을 좋게 만들 수 있다. 심지어 말 그대로 따뜻한 기운을 느끼게 할 수도 있다(사람들은 이타적인 행동을 한 후 주변 온도가 높아졌다고 느낄 수 있다). 훌륭하다. 하지만 악인을 정의롭게 처벌할 수 있다는 것은 정말 기분이 좋은 일이다. 그러나 잠시 후에 살펴보겠지만, 그것조차도 길들여질 수 있다.[31]

실현된 정의 V

미합중국The United States은 서로 다른 생각을 가진 여러 주가 '완벽한 연방'은 아니더라도 최소한 '기능적인 연방'을 구성하도록 설득하는 실험으로 시작되었다. 이것은 처음부터 불확실한 제안이었다. 미국이라는 표현이 복수("The United States are doing X")에서 단수("The United States is doing X")로 전환하는 데 거의 한 세기가 걸렸다. 그리고 처음부터 연방정부라는 개념 자체를 불온하게 여기는 반대파가 항상 존재했다. 그 대표적인 예가 남부연합이다. 팬데믹 기간에 연방정부의 마스크 착용 의무화에 저항한 사람들도 마찬가지였다. 2021년 1월 6일, "대선에서 패배한 사람(트럼프)은 대통령이 될 수 없다는 워싱턴 D.C. 소아성애자 놈들의 주장은 독재적 발상이다"라고 주장한 사람들도 마찬가지였다.

'애국적' 반정부 민병대 운동은 계속 확대되고 있으며, 1995년 한 미국인이 미국과의 전쟁을 선포하도록 동기를 부여한 유해한 이데올로기를 제공했다. 비근한 예로, 그는 두 가지 사건(1992년 아이다호주 루비리지에서 백인 우월주의자 랜디 위버와 그의 가족이 포위된 사건, 1993년 텍사스주 웨이코에서 데이비드 코레시의 다윗파 교단이 포위된 사건)에 격분했다.* 웨이코 포위 공격 2주년을 맞아 그는 2,300킬로그램의 질산암모늄으로 만든 폭탄을 사용하여 오클라호마시티의 앨프리드 P. 뮤러 연방정부청사를 폭파했다.

티머시 맥비Timothy McVeigh의 테러 행위는 9·11 테러 이전까지 미국 역사상 가장 파괴적인 사건이었다. 168명이 사망하고 853명이 부상을 입었다. 주변 건물 300여 채가 파손되고 400명이 집을 잃었으며, 폭발 당시 리히터 규모 6.0의 강진이 약 90킬로미터 떨어진 곳까지 도달했다. 모든 사람의 기억 속에 생생하게 남은 맥비의 희생자 중에는 건물 내 어린이집에 있던 아홉 명의 어린이도 포함되어 있었다.

목격자의 진술 덕분에 맥비는 곧 체포되었다. 그후 몇 년 동안 그의 진술은 상반되었다. 그는 건물에 어린이집이 있는 줄 몰랐으며, 알았다면 범

---

* 두 사건 모두 반정부 민병대 운동에서 거의 신성한 의미를 지닌다. 영원히 논란에 휩싸일 것이기 때문에, 나는 두 사건에서 일어난 일을 요약하려고 시도하지는 않겠다.

행 대상을 바꿨을 것이라고 주
장했고, 죽은 어린이들은 "부
수적인 피해"일 뿐이라고 일축
했다. 그는 피해자 가족의 아
픔을 이해한다면서도 동정심
은 전혀 없다고 말했다. 그는
폭탄 테러 대신 군대에서 터득
한 저격술을 이용해 목표물을
골라 제거했어야 했다며 더 많
은 사람을 죽이지 못한 것을
후회했다. 당시 오클라호마 주

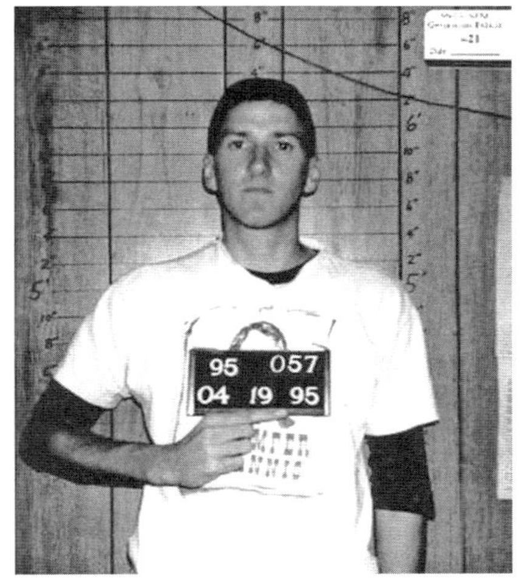

민 36만 명이 뮤러 청사에서 일했던 사람을 아는 것으로 추산되었으므로,
1997년 '오클라호마주에서는 공정한 재판이 불가능하다'는 이유로 그의
재판은 덴버로 옮겨졌다. 그는 모든 혐의에 대해 유죄판결을 받고 사형을
선고받았다. 그는 자신의 최종 처형을 "국가에 의한 조력 자살"이라고 묘
사하며 이른바 자신의 주도권을 주장했다.

그는 독극물 주사를 이용해 처형될 예정이었는데, 그즈음에는 이 방법
이 전기의자나 가스실보다 더 인도적이라고 여겨지는 최우선적 기법이었
다. 죄수를 결박하고 정맥주사를 팔에 꽂은 다음(다른 쪽 팔에는 예비 라인을
꽂는다) 세 가지 약물을 순차적으로 주입하여 몇 초 안에 의식을 잃게 하고,
신체를 마비시켜 호흡을 멈추게 하고, 마침내 심장을 멈추게 하는 방식이
다. 고통스럽지 않은 이 과정을 통해 죄수는 몇 분 안에 사망한다.

물론 그렇게 간단하지는 않다. 숙련된 의료진은 보통 참여를 거부하거나
해당 주 전문위원회에서 금지하는 경우가 많다. 사정이 이러하다보니 교도
관이 정맥주사를 놓는데, 솜씨가 서툴러 여러 번 찌르거나 혈관을 완전히
놓쳐서 약물이 근육에 주입된 후 천천히 흡수되는 등 실수를 하는 경우가

많다.* 빠르게 무의식을 유도하는 초기 마취 효과도 빨리 사라지기 때문에, 의식이 있고 고통을 느끼지만 몸이 마비되어 표현하지 못하는 사람에게 후속 조치가 시행될 수 있다. 때때로 두번째 약물이 호흡을 적절히 멈추지 않아 죄수가 몇 분 동안 숨을 헐떡이도록 방치되는 경우도 있다. 또한 특히 유럽연합의 많은 제약회사들이 인명 살상에 사용되는 의료용 약물의 판매를 거부하거나 금지당하고 있어서, 여러 주에서는 (고통 없는 죽음을 유도하는 성공률이 제각기 다른) 대체 약물 칵테일을 즉흥적으로 만들어야 했다.

이러한 잠재적인 문제점에도 불구하고 2001년 맥비의 사형 집행은 차질 없이 진행되었다. 전날 밤, 그는 가톨릭 신부를 만나고 TV를 좀 시청한 뒤 마지막 식사를 했다. 어이없게도 '동물의 윤리적 처우를 위한 사람들People for the Ethical Treatment of Animals, PETA'이 교도소장에게 편지를 보내, "맥비가 수많은 생명을 앗아간 마당에 죄 없는 동물마저 죽일 수는 없으니, 그에게 채식 위주의 식사를 제공해야 한다"고 주장했다. 교도소장은 맥비의 권리를 옹호하며 PETA의 요청을 묵살하고, "맥비는 술이 포함되거나 20달러가 넘지 않는 한 원하는 것은 무엇이든 먹을 수 있다"고 말했다. 맥비가 PETA의 요청에 귀를 기울였는지 여부는 알 수 없지만, 그의 마지막 식사는 민트 초콜릿칩 아이스크림으로 구성되었다.

일반적으로 참관실에는 희생자의 친척이 앉을 수 있는 자리가 마련되는데, 폭탄 테러 생존자들과 함께 300명 이상이 방청을 신청했다. 열 명만이 참관실에 들어갈 수 있었고 나머지 사람들은 인디애나주 테러호트교도소에서 오클라호마시티까지 연결된 비디오 링크를 통해 처형 장면을 지켜볼

---

* 사형 집행은 주사 부위를 알코올로 닦는, 기괴해 보이는 단계로 시작된다. 사형수가 죽은 후에 세균에 감염되지 못하게 하려고 그러는 걸까? 죽은 사형수들에게 영업일 기준 3~5일 이내에 배송되는 새 커피메이커도 팔 수 있겠는데? 사실을 말하자면, 알코올은 혈관을 더 쉽게 찾을 수 있게 해준다.

수 있었다. 비디오 시스템의 버그로 인해 사형 집행이 10분간 지연되었다. 나머지 참관인들은 대부분 기자들이었으며, 모두 같은 증언을 했다. 맥비는 들것에서 참관인 한 명 한 명과 눈을 맞추고 고개를 살짝 끄덕였으며, 반듯이 누워 천장을 응시하다가 눈을 뜬 채 사망했다. 맥비는 시종일관 침묵을 지킨 채 윌리엄 어니스트 헨리의 1875년 시 「인빅투스Invictus」의 사본을 증인들에게 전달해달라고 요청했다. 이 시는 금욕주의를 달콤하게 자축하는 찬가인데, 저자는 자신을 정복할 수 없는 존재, 굴복하지 않는 존재, 두려움 없는 존재로 칭송하며 자신의 운명을 지배하고 영혼을 장악했다는 화려한 자랑으로 끝을 맺는다. 대량 살인범이 마지막으로 남긴 말은 "다들 엿이나 먹어라"였다.

처형이 끝난 후 열린 기자회견에서, 저널리스트 참관인들은 맥비를 오만하다, 패배감에 젖어 있다, 늙었다, 현장을 지휘하는 것처럼 보였다 등으로 묘사했고, 한 기자는 맥비가 시를 썼다고 믿는 듯했다. 그들은 모두 맥비가 어느 순간에 숨을 몇 번 쉬었는지, 셔츠 색깔, 머리카락 길이에 주목하고, 커튼이 녹색이었는지 청록색이었는지에 대해 서로 다른 의견을 제시하며 이야기를 구체화려고 애썼다.

교도소 밖에서는 사흘 동안 1400명의 기자가 현장을 지켰다. 현지의 모임·이벤트 회사가 그들의 첫 사형 집행 행사를 진행했다. 기자들은 1146.50달러를 내고 푹신한 의자, 매일 교체되는 책상보를 깐 책상, 차가운 생수, 전화 서비스, 교도소 주변을 돌아다니는 교통편(골프 카트) 등을 제공받았다. 돈을 아끼려는 평범한 기자들은 의자도, 전기도, 전화선도 없는 텐트에 머물렀다. 〈워싱턴 포스트〉의 한 기자는 (부끄러운지 뿌듯한지) 취재 과정에서 자사에서 디럭스 패키지 세 개를 구입했다고 기사에 밝혔다.

기자들로부터 1킬로미터 떨어진 곳에는 시위대를 위해 제공된 교도소 운동장이 있었는데, 100여 명에 달하는 사형 반대 시위대와 두 대의 버스를 타고 도착한 소수의 사형 찬성 시위대가 별도의 공간을 차지하고 있었다. 상반된 입장을 지닌 시위대의 충돌을 막기 위해 그들을 위한 교통편은 제공하지 않았다. 맥비의 죽음을 구경하는 속물들이 야기하는 소란을 피하려 교도소 당국은 시위대에게 문구를 적은 팻말, 바람막이가 달린 촛불, 성경만을 소지하도록 허용했다. 사형제 찬성 시위대의 일부 야유를 제외하고, 군중은 조용하고 평화롭게 해산했다. 정의가 실현되었다.[32]

우리는 딜레마에 빠져 있다. 자유의지라는 것은 존재하지 않으며, 비난과 처벌에는 윤리적 정당성이 전혀 없다. 하지만 우리는 올바른 종류의 처벌에 본능적으로 보람을 느끼도록 진화해왔다. 그야말로 절망적이다.

하지만, 어쩌면 절망적이지 않을 수도 있다. 내가 이 장에서 보여준 또다른 유형의 진화를 생각해보라. (1)음모론에 사로잡힌 광란의 폭도는 잘못된 것으로 추정되는 일을 바로잡기 위해 수백 명을 베고, 찌르고, 불태웠다. (2)잘못을 바로잡는다는 명목하에 거대한 군중은 말에 의해 갈가리 찢겨나가는 한 남자의 모습을 무려 네 시간 동안 지켜보았다. (3)누군가가 밧줄로 목이 조여 낙하문으로 떨어지는 장면을 2만 명의 군중이 지켜본 것도, 잘못을 바로잡기 위한 또다른 행동이다. (4)전기의자로 잘못을 바로잡았다는 소식을 축하하기 수백 명이 모여들었다. (5)사형 반대자들이 10대 1로 우세한 가운데 소수의 사람들이 조용히 주입된 치사량의 독극물 주사로 잘못을 바로잡았다는 소식을 듣기 위해 모여들었다.

이 단계적 전환을 어떻게 설명해야 할까? '폭력적인 군중'이 '공무원의 폭력을 지켜보는 군중'으로 대체된 것에 대한 설명은 명백하다. 이는 권력의 중앙집중화와 국가 정당화의 일환으로, '국가 대 개인'으로 재편된 형사재판을 향한 첫걸음이라고 할 수 있다. 거열형에서 신속한 공개 교수형으로 전환된 이유는 무엇일까? 표준 설명은, 개혁파의 압력이 반영되었다는 것이다.* '공개 처형'에서 '감옥 내의 감전사'로 전환된 이유는? 이는 '누구 앞에서 사형을 집행할 것인지'가 중심이었다. 신시내티대학교의 사회학자

애뉼라 린더스는 이것이 국가가 정당성을 추구하는 또다른 단계였다고 주장한다. 이제 국가의 정당성은 (국가가 대신해주지 않으면 자신들이 직접 린치를 하겠다고 위협하는) 군중의 승인이 아니라, (조용히 사건을 지켜보는) 소수의 점잖은 신사들의 승인에서 나온다는 것이다. 다시 말해서, 이 새르운 정당성의 원천을 확보하는 것이 폭도에게 사형수가 누구인지를 본능적으로 상기시킴으로써 얻을 수 있는 도덕적 활력보다 더 중요했다. 감전사에서 독극물 주사로 전환된 이유는? 미국이 사우디아라비아, 에티오피아, 이란 등과 함께 점점 줄어드는 사형국가 클럽에 속해 있는 상황에서, '용의자의 안면 마스크가 화염에 휩싸이게 하는 방법'에서 (이상적으로는) '늙은 반려견을 안락사시키는 것과 유사한 방법'으로 전환하는 것이 현명해 보였기 때문이다.[33]

우리의 관점에서 볼 때, 이러한 전환은 훨씬 더 유익하게 구성될 수 있다. 어느 순간 당국자가 나타나서 "한센병 환자와 유대인을 학살하는 것이 여러분의 큰 즐거움인 것은 알지만, 시대가 변해서 이제부터는 우리가 죽일 것이다. 그러니 당신들은 사형수가 몇 시간 동안 고문을 당하는 모습을 지켜보면서 쾌감을 얻어야 한다"고 말하는 식이다. 그러던 것이 "이제 여러분은 우리가 누군가를 1~2분 동안 교수형에 처하는 것을 지켜보면서 쾌감을 얻어야 할 것이다"로 바뀐다. 그리고 나서 "밖에서 기다려라, 끝나면 알려줄

---

*　　미셸 푸코는 『감시와 처벌』(다미앵의 처형으로 시작된다)에서 이러한 낙관적인 생각을 거부했다. 그 대신 그는 이것이 '수년간의 감금과 파놉티콘panopticon(제러미 벤담이 제안한 원형 교도소)의 끊임없는 감시로 인해 국가가 개인의 육체를 소유하고 파괴—처형—함으로써 권력을 행사하던 것'에서 '그보다 훨씬 이전에 정신과 영혼을 소유하고 파괴함으로써 권력을 행사하는 것'으로 전환하는 과정의 일부라고 주장했다. 메릴랜드대학교의 정치 이론가 C. 프레드 앨퍼드는 이러한 해석을 거부한다. 하지만 그는 권력의 미시물리학이라고 부르는 것에 대해 논의하면서 나를 실망시켰다(사실 나는 푸코에 대해서도 꽤 흥미를 잃었다).

테니. 심지어 저널리스트 참관인이 누군가의 감전사 장면을 생생히 묘사할 테니,* 충분히 즐거울 것이다”라고 바뀐다. 마침내, “비교적 평화롭게 사람을 죽였다는 사실에서 즐거움을 누려라”로 마무리된다.

그리고 변화가 일어날 때마다 사람들은 익숙해졌다.

물론 항상 그렇지는 않았고, 빠르지도 않았으며, 때로는 전혀 익숙해지지 않은 경우도 있었다. 일부 범죄자의 처형 소식을 접한 사람들은 필연적으로 ‘사형수가 피해자들에게 가한 고통을 생각하면 마땅히 겪어야 할 죽음보다 더 쉬운 죽음을 맞이했다’는 취지의 발언을 쏟아낸다. 그것은 불공정에 대한 분노의 표출일 것이다. 군중 속에는 왕에게 칼을 꽂은 다미앵이 너무 가벼운 처벌을 받는다고 생각하는 사람들도 있었을 것이다.

그러므로 보복이 너무 불충분하다고 느끼는 사람들은 항상 존재하기 마련이다. 중요한 것은, 자유의지의 인식에 기반한 보복은 도달할 수 없는 ‘종결’의 상태에 일부 피해자가 도달하는 데 도움이 된다는 점이다. 이에 대응하는 한 가지 방법은 유족에 대한 연민으로 재구성된 보복 행위가 피해자나 유족의 ‘권리’가 되어야 하는가라는 의문을 제기하는 것이다. 그보다 쉬운 대응은 잘 문서화되어 있지만 널리 알려지지 않은 사실을 지적하는 것인데, 그 내용인즉 피해자나 그 가족을 위한 종결이 대부분 신화라는 것이다. 드폴대학교의 법학 교수인 수전 밴더스는, 많은 사람들에게 사형 집행과 그에 수반되는 언론 보도가 트라우마로 작용하여 회복을 방해한다는 사실을 발견했다.** 사형 집행에 적극적으로 반대하는 데 이르는 사람들도 놀라우리만치 많다. 텍사스대학교의 사회복지사 메릴린 아머와 미네소타대

---

*　린더스는 바로 이런 이유 때문에 언론인을 참관인으로 채택하기로 결정했으리라고 추측한다.

**　법학자 피트 앨시스의 말에 따르면, 사형제도의 문제점은 동일한 사람에게서조차 너무 과하거나 너무 적은 형벌로 느껴질 수 있다는 점이다(개인적 대화 내용이다).

학교의 마크 엄브라이트는 두 주의 살인 사건 피해자 가족을 연구했는데, 텍사스는 사형 집행을 주도했고 미네소타는 100여 년 전에 사형 집행을 금지했다. 그 결과 건강, 심리적 안녕, 일상적 기능의 관점에서 미네소타 주민들이 텍사스 주민들보다 훨씬 더 나은 것으로 나타났다.*** 또한 최근 폭력 범죄 피해자를 대상으로 실시된 최초의 전국 설문조사에서는 응보보다는 재활에 초점을 맞추고 수감보다는 범죄 예방을 위한 지출을 늘리는 형사사법제도를 크게 선호하는 것으로 나타났다.[34]

응보와 수감 제도 강화에 찬성하는 피해자와 가족들은 실제로는 거의 언급되지 않은 매우 다른 것을 원하고 있을 수 있다. 조지 W. 부시와 도널드 트럼프 전 대통령의 법무장관이었던 윌리엄 바는 사형을 정당화하면서 "우리는 피해자와 그 가족을 위해 사법제도가 부과한 형을 집행할 의무가 있다"고 썼다. 하지만 그가 진정으로 말하고자 했던 바는, 정부가 해당 영역에서 그 나름의 문화적 가치를 가장 강력하게 표명할 수 있는 방법(거열형이 됐든 격리가 됐든)을 시행할 도덕적 의무가 있다는 것이다.[35]

한센병 환자의 화형에서 맥비의 독극물 주사로 나아가는 진화 과정을 곰곰이 생각해보면 이를 이해할 수 있다. 2011년 7월, 노르웨이의 아네르스 브레이비크는 노르웨이 역사상 최대 규모의 테러 공격을 감행했다. 자기애와 평범함 덩어리인 브레이비크는 일련의 페르소나를 시도했지만 번번이 실패했다. 그의 사상은 일관성이 없었고, 실패를 항상 남의 탓으로 돌렸다. 그러다가 마침내 백인 우월주의자들 가운데서 동료들을 찾았다. 표준 각본에 따라, 브레이비크는 '이민자, 다문화주의, 그리고 이를 지지하는 정치적 진보주의자들이 노르웨이에서 백인 기독교 유럽문화를 파괴하고 있다'고 선언했다. 먼저 그는 사회민주당 총리의 집무실 근처에서 폭탄

*** 그러나 텍사스와 미네소타는 여러 극적인 면에서 서로 다르다는 명백한 요소를 지적하는 것이 중요하므로, 이러한 결과는 단지 상관관계일 뿐이다.

을 터뜨려 여덟 명을 살해했다. 그런 다음 차를 몰고 40킬로미터를 달려 우퇴위아라는 작은 섬이 있는 호수로 갔는데, 그곳에서는 수십 년 동안 좌파 성향의 총리와 노벨 평화상 수상자 한 명을 배출한 노동당과 연계된 청소년단체의 여름캠프가 열리고 있었다. 경찰관 복장을 한 브레이비크는 배를 타고 섬으로 이동한 후, 한 시간 동안 69명의 청소년을 침착하게 총으로 쏴 죽였다.

그는 재판에서 자신의 기독교 유럽 민족이 어떻게 파괴되고 있는지에 대해 장황한 푸념을 늘어놓았고, 자신이 현대판 기사단 기사라고 주장했으며, 나치와 유사한 경례를 했다. 그는 대량살인 혐의로 유죄판결을 받고 노르웨이에서 가능한 최장기형인 21년형을 선고받았다.

이후 브레이비크는 노르웨이의 한 교도소에 수감되었다.* 그는 방 세 개짜리 공간, 컴퓨터, TV, 플레이스테이션, 러닝머신, 주방(교도소에서 열리는 진저브레드 하우스 경연대회에 출품작을 제출할 수 있음)을 제공받았다. 열띤 공적 공방이 오간 가운데, 그는 오슬로대학교로부터 원격 입학 허가를 받아 실제로 정치학과에 등록했다.

브레이비크의 대량학살에 대한 노르웨이의 반응은 어땠을까? 윌리엄 바가 의도치 않게 암시한 바와 정확히 일치한다. 한 생존자는 재판에 대해 이렇게 평가했다. "브레이비크 사건의 판결은 극단주의자의 인간성도 인정된다는 것을 보여준다." 그리고 이렇게 덧붙였다. "21년이 지난 후 그가 더이상 위험하지 않다고 판단되면 석방되어야 한다. 꼭 그렇게 해야 한다. 그것

---

* 제한적인 '재미주기' 시간이 있었으나, 브레이비크는 다른 수감자들과 교류할 위험 때문에 대부분의 시간을 독방에서 보냈으며, 여전히 사회에 위험하다고 판단될 경우 21년의 형기가 연장될 수 있었다는 점에 유의해야 한다. 한때 그는 노르웨이 정부를 상대로 잔인한 격리 생활에 대해 소송을 제기하기도 했지만 결국 패소했다. 해결책을 모색하던 중 교도소에서 근무하는 정신과의사는 은퇴한 경찰관들이 브레이비크를 방문하여 사교 활동을 하고 커피를 마시며 카드 게임을 하도록 제안했다.

이 우리의 원칙에 충실한 것이며, 그가 우리 사회를 변질시키지 않았다는 가장 좋은 증거다." 많은 희생자와 그 가족을 알고 지낸 옌스 스톨텐베르그 총리는 "우리의 답은 더 많은 민주주의, 더 많은 개방성, 더 많은 인류애이지 순진함은 결코 아니다"라고 말했다. 노르웨이의 대학들은 수감자를 (원격 수강) 학생으로 받아들이고 있으며, 브레이비크에게도 동일한 기회를 제공하기로 한 결정을 설명하면서 오슬로대학교 총장은 "그를 위해서가 아니라 우리 자신을 위해서"라고 말했다. 노르웨이판 윌리엄 바를 통해, 학살당한 생존자와 가족들은 국가가 그들의 악몽에 대해 가능한 가장 강력한 가치를 표명하는 것으로 대응했다는 사실을 알게 되었다.

이 재판에 대한 일반 노르웨이인들의 반응은 어땠을까? 대다수는 재판 결과에 만족했고, 예방적 가치가 있다고 생각했으며, 민주주의 가치를 재확인했다고 답했다. 재판의 효과를 가늠할 수 있는 지표로, 재판 전에는 8%가 복수를 원했지만, 재판 후에는 4%만이 복수를 원한다고 답했다. 그렇다면 노르웨이 사람들은 브레이비크 개인에 대해 어떤 반응을 보였을까? 브레이비크가 기소 공판에서 노르웨이 원주민의 (문자 그대로) 기사라고 주장하자 방청석에서는 조롱 섞인 웃음이 터져나왔다. 브레이비크는 기사단 복장을 한 자신의 사진을 포스팅했는데,** 한 신문은 "이것이 그가 1인 군대를 얻은 방법"이라는

**　　브레이비크는 군복과 군용 장식품을 군용품 상인에게서 구입하여 메달을 주렁주렁 매달았는데, 그가 메달의 의미를 알았는지는 확실하지 않지만 미 해군, 공군, 해안경비대 등에

냉소적이고 경멸적인 제목으로 이를 보도하면서 그가 입은 옷을 "제복"이
아닌 "의상"으로 묘사했다. 이제 잊히게 될, 코스프레를 하는 한심한 사람이
라고 말이다.[36]

　브레이비크와 함께, 노르웨이는 자신들에게 끔찍한 피해를 준 사람들을
미워하지 않는 방법을 찾아야 하는 민족의 대열에 합류했다. 그것이 성공할
때, 많은 이들에게 경외심을 불러일으킬 것이다. 또한 많은 경험을 거친 여
러 민족이 고유의 문화적 경로를 따라 이 상태에 이르는 모습을 보는 것도
흥미로울 것이다. 찰스턴에 있는 이매뉴얼 아프리카감리교 성공회 교회에
서 아홉 명의 아프리카계 미국인 신자들이 (그들이 환영했던) 백인 우월주
의자에게 살해당한 후 며칠 동안, 우리는 생존자와 그 가족 중 일부가 그를
공개적으로 용서하고 그의 영혼을 위해 기도하는 모습을 보았다. 희생자 중
한 명의 딸은 "다시는 엄마를 안아볼 수 없겠지만 당신을 용서해요"라고 말
했다. "당신은 나에게 상처를 줬어요. 그리고 많은 사람에게 상처를 줬어요.
하지만 하느님은 당신을 용서해요. 나도 당신을 용서해요." 희생자 중 한 명
의 시누이는 총격범을 마주하고 함께 기도하기 위해 감옥에 있는 그를 면
회하겠다고 제안했다.* 피츠버그의 생명의나무 유대교 회당에서 또다른 백
인 우월주의자가 총기를 난사해 열한 명이 사망한 후, 우리는 동일한 현상
의 또다른 문화적 버전을 목격했다. 총격범은 총격 과정에서 부상을 입고
병원으로 이송되어 유대인 의료진의 치료를 받았는데, 어떻게 그렇게 할
수 있었느냐고 묻자 병원장인 제프 코언 박사는 뻔한 히포크라테스 선서를
읊조리다가 좀더 명확한 설명을 했다. 그는 총격범이 온라인 혐오 단체에

서 용맹을 인정받았다고 판단하여 스스로 메달을 수여한 것으로 보인다.
*　물론 이 모든 예가 그렇듯이, 이중 어느 것도 획일적인 집단 반응은 아니었다. 한 피해자
　의 딸은 이렇게 말했다. "당신은 사탄이야. 당신은 심장 대신 차갑고 어두운 공간을 가지
　고 있어"라며, 총격범이 "지옥으로 직행하길" 바란다고 말했다.

쉽게 이용당하는 혼란스러운 사람이었다고 말했다. "그 신사는 멘사 회원은 아닌 것 같았습니다." 브레이비크에게 공격당한 후 오슬로 부시장이 된 한 생존자는 브레이비크에게 보낸 편지에서 이렇게 말했다. "당신이 겪은 것과 같은 사회적 거부를 아무도 경험하지 않도록 하는 게 내 임무입니다. 사회적 거부에 맞서 싸우는 것은 우리가 가진 유일한 공통점입니다, 아네르스."** 어떻게 이 사람을 미워하지 않을 수 있었을까? 전두피질이나 스트레스 호르몬을 언급한 사람은 아무도 없었다. 그 대신 그들은 동일한 방향성을 갖되 더 시적이고 개인적인 방법을 찾았다. 그들에게 왜 그를 미워하지 않느냐고 묻는다면 이렇게 대답할 것이다. 더럽혀졌든 아니든 그에게는 영혼이 있고, 하느님은 그를 용서하기 때문이다. 왜냐하면 그는 자신이 뭔가에 이용당하고 조종당한다는 사실을 알 만큼 똑똑하지 않기 때문이다. 그는 어린 시절부터 외로움에 시달렸고, 인정받고 소속되고 싶어하는 절실한 욕구를 가지고 있었을 것이므로, 우리는 기꺼이 그의 이름을 불러주고 그것을 인정해줄 수 있다.[37]

우리 모두는 과거를 돌아보든 미래를 바라보든 고개를 떨구며 불신에 사로잡힌 채 벼랑 끝에 서 있다. 내가 보기에, 대부분의 노르웨이 사람들은 미국의 형사사법제도를 야만적이라고 생각할 것이다. 그러나 동시에, 대부분의 노르웨이 사람들은 '자유의지가 없다는 맥락에서 브레이비크를 고려하는 것은 불가능하며 바람직하지 않다'고 생각할 것이다. 재판 초반에는 그가 제정신인지 아닌지가 쟁점이었는데, 판사들은 그가 제정신이라고 판단한 후 내가 4장에서 비판했던 것과 동일한 사고방식을 보였다. 즉 그들은 '브레이비크는 자유의지가 있고, 다른 행동을 선택할 수 있었으며, 자신의 행동에 책임이 있다'는 결론을 내렸다. 노르웨이의 일반적인 논의를 넘어선

** 만약 오사마 빈 라덴이 최고 보안등급 감옥에서 여생을 보내고 있는 상황이었다면 이런 어처구니없는 대답을 할 수 있었을까?

어느 평론가는 이렇게 썼다. "운명의 금요일에 브레이비크가 한 행동이 자유의지를 완전히 초월한 것이라면, 그를 처벌하는 일은 (그가 공동체에 더이상 해를 끼치지 않도록 제지하는 것과는 별개로) 브레이비크의 범죄 행위 자체에 대한 우리의 인식만큼이나 부도덕할 수 있다."

한편 미국인들은 불신의 다른 가장자리에 자리잡고 있다. 내가 보기에, 대부분의 미국인들은 구경꾼 2만 명이 모인 공개 처형과 그후 핫도그와 레모네이드를 제쳐두고 기념품을 놓고 싸우는 군중을 야만적이라고 생각할 것이다. 그러나 미국인들은 검사가 브레이비크와 악수하는 장면으로 시작된 재판에 놀라움을 넘어 경악했다. 브레이비크를 지나치게 신중하게 대우한 국가적 가치관을 비판한 글의 제목은 "노르웨이의 정의를 조롱함"이었다. 한 영국 범죄학자의 글은 "아네르스 브레이비크는 천천히 고통스럽게 죽어 마땅한 괴물이다"라는 문장으로 시작되었다. 또다른 측면에서 보면, 19세기의 전문 교수형 집행인이라면 독극물 주사로 정의가 조롱당한 모습에 경악을 금치 못하는 한편 거열형은 도를 넘는다고 생각했을 것이다.[38]

이 책 후반부의 주제는, 우리가 변화를 일구어낸 경험이 있다는 것이다. 다양한 영역에서 더 많이 알고, 더 많이 성찰하고, 더욱 현대화됨에 따라 '행동은 자유로우며 의도적으로 선택된다'는 믿음을 제거할 수 있음을 나는 반복해서 보여주었다. 그런 믿음이 제거된다고 해서 하늘이 무너지는 것은 아니다. 뇌전증 환자가 사탄과 한패라는 믿음이나 조현병 환자의 어머니가 자녀를 미워함으로써 질병을 유발했다는 믿음이 없어도, 사회는 제 기능을 얼마든지 발휘할 수 있다.

하지만 이 이야기를 계속 이어나가는 것이 너무 힘들 듯해 나는 지난 5년 동안 이 책을 쓰는 것이 시간 낭비라는 생각에 휩싸여 집필을 미루고 또 미뤄왔다. 그리고 개인적으로, 갈 길이 아직 멀다는 생각이 끊임없이 고개를 들었다. 앞에서 언급했듯이 나는 다양한 살인 사건 재판에서 국선 변호인들과 함께 일하면서, 배심원들에게 '끔찍한 결정을 내리도록 두뇌를 형성하는 환경'에 대해 강의했다. 한번은 '이슬람사원에 불을 지르려고 시도한 지 한 달 만에 유대교 회당에 침입해, 돌격 소총으로 네 명을 쏘고 한 명을 살해한 백인 우월주의자의 사건을 맡을 의향이 있냐'는 질문을 받은 적이 있다. "우와!" 나는 생각했다. "제기랄, 내가 이 사람을 도와야 한단 말인가?" 우리 가족의 구성원들은 히틀러의 수용소에서 죽었다. 내가 어렸을 때 누군가가 우리 회당에 불을 질렀고 건축가였던 아버지는 회당을 재건했다. 아버지가 거의 실성한 상태에서 반유대주의를 소리 높여 비난하는 동안, 나는 그을리고 매캐한 폐허 속에서 줄자의 한쪽 끝을 잡고 몇 시간 동안 아버지의 조수 노릇을 했다. 아내가 연출을 맡고 내가 보조를 맡았던 뮤지컬 〈카바레〉에서, 나는 배우들에게 의상을 배분할 때 나치 완장을 만지도록 나 자신을 억지로 다그쳐야 했다. 그런 상황에서 내가 그 재판을 도와야 했을까? 나는 '예'라고 대답해야 했다. 내가 그동안 내뱉어온 헛소리를 조금이라도 믿는다면, 의당 그래야 한다고 생각했기 때문이다. 그리고 내가 아직 얼마나 더 덜리 가야 하는지를 스스로에게 은근히 증명해 보였다. 그동안 내가 맡았던 여러 재판에서 변호사는 종종 피고인을 만나고 싶은지 물었고, 나는 즉시 거절하곤 했다. 증언중에 그런 일을 했다는 것을 인정해야 할 텐데, 그럴 경우 뇌에 대해 공정하게 논의하는 전문가 증인으로서 나의 신뢰성이 손상될 수 있었기 때문이다. 하지만 이번엔 나도 모르게 변호사들에게 피고를 만날 수 있는지 물어보게 되었다. 그의 편도체에 어떤 후성유전학적 변화가 일어났는지, 그가 어떤 버전의 MAO-B 유전자를 가지고 있는지 알아보고 싶었기 때문일까? 그의 개인적인 겹겹이 포개진 거북이 사례를 끝까지 이해하고 싶었기 때문일까? 아니다, 악인의 얼굴이 어떻게 생겼는지 가까이서 보고 싶었기 때문이다.*

---

* 무척 다행스럽게도 그 사건은 재판에 회부되지 않았다. 피고인의 유죄 인정에 따라 사형 대신 가석방 없는 종신형 판결이 내려졌기 때문이다.

아마 글쓰기가 끝나면 이 책을 다시 읽어봐야 할 것 같다.

물론 어렵겠지만, 우리는 변화를 일구어낸 경험이 있다.

15장

가난하게 죽는 것은
당신의 책임이 아니다

집안일을 미루고 웹서핑을 하다가, 사람들이 질문을 하고 독자들이 의견을 제시하는 사이트 중 하나를 보고 있었다. 한 사람이 "용변을 본 후 앞에서 뒤로 닦나요, 아니면 뒤에서 앞으로 닦나요?"라고 물었다. 긴 답변이 이어졌다. 거의 모든 사람이 앞에서 뒤로 닦는다고 답했고, 많은 사람들이 단호하게 그렇게 답했다. 앞에서 뒤로 닦는다고 답한 사람들 중 대부분은 어머니를 그 조언의 출처로 꼽았다. 그런데 오리건주에 사는 사람과 루마니아에 사는 사람이 거의 동시에 똑같은 대답을 했다. "어렸을 때 어머니가 '뒤에서 앞으로 닦으면 친구가 없을 거야'라고 항상 말씀하셨거든요."

나는 깜짝 놀랐다. 그들의 어머니는 태어날 때 일란성 쌍둥이였을까? 델포이의 신탁이 프랜차이즈화되어 포틀랜드의 신탁과 부쿠레슈티의 신탁 지점이라도 생긴 걸까? 왜 두 여성은 개인위생에 대해 똑같은 기괴한 조언을 했을까?

브루스 스테판이라는 사람은 1989년 로마프리에터 지진으로 인한 샌프란시스코 베이브리지 붕괴와 9·11 세계무역센터 공격에서 모두 살아남은 사람이다. 야마구치 쓰토무는 히로시마와 나가사키가 폭격을 받던 날 모두 그곳에 있었으나 65년을 더 살았다. 반면에 피트 베스트는 비틀스가 첫 히트곡을 내기 몇 주 전에 드러머에서 하차했고, 애플 컴퓨터의 공동 창업자 세 명 중 한 명이었던 론 웨인은 스티브, 워즈와 함께 일하는 것을 좋아하지 않아(실리콘밸리의 형제애는 어디로 갔을까?) 몇 주 만에 그만뒀다. 한편 머리 위로 90센티미터 높이의 모호크를 기른 세계 신기록 보유자인 조 그리사모어도 있다.

자녀에게 조언을 해주는 두 어머니에서 우주가 수렴했다는 것은 무엇을 의미할까? 아니면 스테판과 야마구치는 운이 좋았고, 베스트와 웨인은 그렇지 않았으며, 그리사모어는 미네소타에 살고 있었을 뿐임을 의미할까? 언젠가 당신에게 몇 달이나 남았는지 알려줄 의사가 지금 문 열린 냉장고 앞에 서서 차가운 팟타이 국수를 먹고 있다는 것은 무엇을 의미할까? 제니퍼 로페즈와 벤 애플렉은 재결합했지만 헨리 8세와 아라곤의 캐서린은 결코 재결합하지 않았다는 것은 무엇을 의미할까? 가장 근본적으로, 다섯 살짜리 아이 둘을 보고 둘 중 누가 50세가 되면 절망의 질병에 걸린 노인이 될지, 누가 스키 시즌에 맞춰 고관절 치환술을 받는 80세 노인이 될지 정확하게 예측할 수 있다는 것은 무엇을 의미할까?[1]

이 책의 밑바탕을 이루는 과학이 궁극적으로 가르치는 것은, 아무런 의미가 없다는 것이다. "바로 전에 일어난 일 때문에 이런 일이 일어났고, 바로 전에 일어난 일 때문에 저런 일이 일어났다"라는 것 외에 "왜?"에 대한 답은 없다. 이따금씩 원자들이 일시적으로 모여 우리 각자가 "나"라고 부르는 것들을 형성하는 공허하고 무관심한 우주만 있을 뿐이다.

심리학의 모든 분야는 죽음의 불가피성과 예측 불가능성에 직면했을 때 우리가 의지하는 혼란스러운 대처 메커니즘을 이해하려고 노력하면서 공포 관리 이론을 탐구한다. 당신도 알다시피 이러한 반응의 범위는 친밀한 사람과 더 가까워지기, 문화적 가치(성격이 인도주의적이든 파시스트적이든)와 더 많이 동일시하기, 세상을 더 나은 곳으로 만들기, 최고의 복수를 위해 잘살기로 결심하기 등 인간의 최선과 최악을 아우른다. 실존적 위기의 시대인 지금, 우리가 죽음의 그림자에 가려졌을 때 느끼는 공포는 무의미함의 그림자에 가려졌을 때 느끼는 공포와 다르지 않다. 우리는 겹겹이 포개진 거북이 위에서 흔들리는 생물학적 기계에 불과한 존재라는 그림자에 가려져 있다. 우리는 우리 배의 선장이 아니며, 우리 배에는 선장이 있었던 적이 단 한 번도 없다.[2]

젠장, 정말 망했다.

내 생각에, 이러한 푸념은 한 가지 패턴을 설명하는 데 도움이 된다. 양립주의 철학자들이 잇달아 물질적이고 결정론적인 근대성에 대한 믿음을 선언하고 있지만, 자유의지의 여지는 어떻게든 여전히 남아 있다. 지금쯤이면 어느 정도 분명해졌겠지만, 나는 그들의 수법이 통하지 않는다고 생각한다 (1~6장 참조). 아마 그들 대부분도 이 사실을 알고 있을 것이다. 글을 읽어보면 행간에서나 글에서 직접 많은 양립주의자들이 실제로 자유의지가 있어야 한다고 말하고 있다. 단, 드러내놓고 말하면 끝장이기 때문에 감정적인 입장을 지적인 입장인 듯 보이려고 왜곡하고 있을 뿐이다. "인간이 유인원의 후손이라고요? 그것이 사실이 아니기를 바라지만, 만약 사실이라면 널리 알려지지 않도록 기도합시다." 1860년 성공회 주교의 부인이 다윈의 새로운 진화론에 대해 들었을 때 한 말이다.* 그로부터 156년 후인 2016년 6월, 스티븐 케이브는 〈디 애틀랜틱〉에 기고한 기사에서 "자유의지 같은 것은 없다… 하지만 어쨌든 우리는 그것을 믿는 편이 낫다"**고 선언함으로써 많은 논란을 일으켰다.

케이브의 말이 맞을지도 모른다. 나는 2장에서, 사람들에게 '환상적 의지

---

* 이 유명한 인용문은 실제로 출처가 불분명할 수 있다. quoteinvestigator.com/2011/02/09/darwinism-hope-pray/ 참조.
** 14장에 등장한 철학자 사울 스밀란스키와 관련된 '환상주의'라는 철학적 입장이다.

감'을 유도할 수 있는 한 연구에 대해 설명했다. 피험자 중 한 하위 그룹은 이에 저항했는데, 그들은 임상적 우울증을 앓고 있는 환자였다. 우울증 환자는 종종 인지적으로 왜곡된 '학습된 무력감'을 가지고 있으며, '과거에 상실한 현실'을 '피할 수 없는 미래'로 잘못 인식하는 것으로 기술된다. 하지만 이 연구에서는, 우울증 환자가 인지적으로 왜곡되어 자신의 실제 통제력을 과소평가하지 않는다고 밝혀졌다. 오히려 자신을 과대평가하는 다른 사람들과 비교할 때 그들의 인식은 정확했다. 이러한 연구 결과는, 어떤 상황에서는 우울한 사람의 인식이 왜곡된 것이 아니라 "더 슬프지만 더 현명하다"라는 견해를 뒷받침한다. 그렇다면 우울증은 '현실을 합리화할 수 있는 능력이 병적으로 상실된 상태'라고 할 수 있다.

어쩌면 우리는 "어쨌든 자유의지를 믿는 편이 더 나을"지도 모른다. 진리가 항상 우리를 자유롭게 하는 것은 아니다. 진실, 정신건강, 웰빙은 스트레스 심리학에 관한 광범위한 문헌에서 탐구된 바와 같이 복잡한 관계를 맺고 있다. 피험자를 예측할 수 없는 일련의 충격에 노출시키면 스트레스 반응이 활성화된다. 각 충격을 가하기 10초 전에 경고하면, 진실이 예측 가능성을 높여서 대처 반응을 준비할 시간을 주기 때문에 스트레스 반응이 줄어든다. 각 충격을 가하기 1초 전에 경고를 하면, 효과가 나타나기에는 시간이 너무 짧다. 그러나 1분 전에 경고를 주면, 그 1분 동안 1년 치 공포를 느끼기 때문에 스트레스 반응이 악화된다. 따라서 진실한 예측 정보는 상황에 따라 심리적 스트레스를 줄이거나, 악화시키거나, 전혀 영향을 미치지 않을 수 있다.[3]

연구자들은 진실과 인간의 복잡한 관계의 또다른 측면을 탐구했다. 어떤 사람의 행동이 약간 부정적인 결과를 초래한 경우, 그가 통제할 수 있었다는 사실을 솔직하게 강조하면―즉 "상황이 얼마나 더 나빠질 수 있었을지 생각해보세요. 당신이 통제할 수 있어서 다행이죠"라고 말하면―스트레스 반응이 둔화된다. 그러나 누군가의 행동이 비참한 결과를 초래한 경우, "아무도 제때 차를 멈출 수 없었어요. 그 아이가 갑자기 뛰어나왔으니 말이에요"라는 식으로 정반대의 상황을 강조하는 것이 지극히 인도적일 수 있다.

진실은 심지어 생명을 위협할 수도 있다. 응급실에서 온몸의 90%가 3도 화상으로 뒤덮인 채 죽음의 문턱에 서 있는 사람이 힘을 모아 '나머지 가족들은 괜찮은가요?'라고 속삭이듯 묻는다면, 대부분의 의료진은 그 사람에게 충격적인 진실을 말할 것인지 말지를 놓고 크게 고민할 것이다. 일부 진화생물학자들이 지적했듯이, 인간이 생명에 대한 진실을 이해할 수 있는 상황에서 살아남을 수 있었던 유일한 방법은 강력한 자기기만 능력을 진화시킨 것이었다.* 그리고 여기에는 자유의지에 대한 믿음도 분명히 포함된다.[4]

---

* 문득 내가 '진리'에 대해 떠들어대며 자유의지에 대한 다른 많은 사람들의 생각을 거부하는 것이 자화자찬으로 들릴까봐 걱정된다. 내가 정말로 자화자찬하고 있기 때문이다. 내 주변에 철학 서클을 운영하는 똑똑한 사람들과 함께 나는 '자신이 원하는 것을 성공적으로 소망하거나 스스로 의지력을 가지는 것은 불가능하다'는 것을 이해하는 몇 안 되는 사람이잖아. 와, 나 좀 최고인 듯. 앞의 몇 단락은 또다른 자찬 방법을 암시한다. 그 모든 사상가들은 달갑지 않은 진실에서 비합리적 영역으로 도피하고 있지만, 나는 진리의 냄새 나는 겨드랑이를 핥을 수 있는 배짱을 가진 사람이야.
'누구든 무엇에 대해서든 자화자찬하는 것은 타당하지 않다'는 나의 진심을 독자들이 분명히 알아주기를 바라며 이 책의 많은 페이지를 썼다. 이 책을 쓰는 과정에서 어느 순간 나는 '자유의지의 부재가 불러일으킬 수 있는 실망스러운 감정에도 불구하고 왜 내가 자유의지에 대한 거부를 흔들림 없이 고수할 수 있었는지 설명이 되는 것 같다'는 생각이 들었다. 이 장의 앞부분에서 언급된 내용은 개인적으로 매우 의미심장하다. 나는 10대 시절부터 우울증으로 고생했다. 가끔씩 약이 잘 들어서 우울증에서 완전히 벗어났을 때는, 삶이 눈 덮인 멋진 산의 수목선 한계선 위로 하이킹을 하는 것처럼 느껴지기도 했다. 이런 기분은 실제로 아내와 아이들과 함께할 때 가장 확실하게 느껴진다. 하지만 대부분의 경우 우울증은 야망과 불안감, 교묘한 술수, 사람과 사물의 중요성을 무시하려는 의지의 유해한 조합으로 인해 수면 아래에 숨어 있다. 때때로 그것은 나를 무력하게 만들어 앉아 있는 모든 사람을 휠체어에 앉은 사람으로 착각하고 내가 쳐다보는 모든 어린이를 다운증후군 환자로 착각하게 만든다.
나는 우울증이 많은 것을 설명한다고 생각한다. 자유의지가 없다는 과학적 증거에 실망했는가? 당신의 완벽하고 아름다운 아이들이 뛰어놀며 웃는 모습을 바라보라. 왠지 모르그럼에도 불구하고, 우리가 선장 없는 배라는 현실을 직시해야 한다는 것이 내 생각이다. 물론 여기에는 몇 가지 중요한 단점이 있다.

자유의지와 함께 포기해야 할 것들

자유의지의 부재는 우리에게 어떤 고통을 안겨줄까? 가장 즉각적인 고통의 영역은, 11장에서 언급한 '폭주하는 난동'의 문제다. 지우베르투 고메스는 이렇게 말했다. "[자유의지 개념을 거부하면] 책임이나 도덕적 의무가 없기 때문에 인간세계에 대한 이해할 수 없는 그림만 남게 된다. 다르게 할 수 없었다면, 다르게 했어야 한다는 당위도 성립하지 않는다." 마이클 가자니가는 자유의지와 책임의 부재를 비판하며 이렇게 덧붙였다. "[사람들은] 자신의 행동, 즉 참여에 대해 책임을 져야 한다. 이 규칙이 없으면 아무것도 작동하지 않는다"(그리고 행동을 제한할 수 있는 유일한 방법은, 특히 달갑지 않은 방식으로 난동을 부리는 사람과 어울리기를 꺼리는 것이다). 대니얼 데닛에 따르면, 자유의지에 대한 믿음이 없다면 "사기, 절도, 강간, 살인으로부터 보호받을 권리도 없고 권위에 의지할 수도 없다. 요컨대 도덕성도 없을 것이다. (…) 인류를 [17세기의 영국 철학자 토머스] 홉스가 말한 자연 상태, 즉 삶이 고약하고 잔인하며 덧없는 상태로 되돌리고 싶은가?"[5]

데닛은 "사악한 신경외과 의사"의 비유를 자주 사용하여 이런 맥락에서 신경과학자들을 비방한다. 그에 의하면, 의사가 환자에게 어떤 시술을 한다. 그런 다음—왜냐하면, 이봐, 왜 안 되겠어?—수술중에 환자의 뇌에 자

게 가슴이 찡해져 잠시라도 울컥할 정도로 슬퍼질 것이다. 그러고 나면 미세소관이 우리를 자유롭게 하지 못한다는 사실을 받아들이는 것쯤은 식은 죽 먹기다.

유의지를 빼앗는 칩을 이식했고, 이제 자신과 동료 과학자들이 환자를 통제하고 있다고 거짓말을 한다. 더이상 자신의 행동에 대한 책임감을 느끼지 못하고 사회계약을 이루는 신뢰 규범의 제약을 받지 않게 된 환자는 범죄자가 된다. 데닛은 신경과학자들이 바로 이런 일을 한다고 말하며, 자유의지가 없다는 거짓말을 "사악하게" 그리고 "무책임하게" 늘어놓는다고 결론짓는다. 따라서 사람들은 죽음과 무의미함에 대한 공포에 휩싸여 스타벅스에서 줄을 선 채, 자기 뒤에 고약하고 잔인하고 키 작은 살인자가 서 있다는 이중의 공포에 시달리게 된다고 한다.

이 책의 후반부에서 살펴본 바와 같이 자유의지를 거부한다고 해서 나쁜 행동을 하게 되는 것은 아니며, 특히 우리의 행동이 어디에서 비롯되는지에 대해 교육을 받았다면 더욱 그렇다. 문제는, 교육이 필요하지만 그것조차 좋은 도덕적 결과를 보장하지는 않는다는 것이다. 미국인들의 경우 자유의지를 믿도록 교육받았고, 자유의지에는 자신의 행동에 대한 책임이 수반된다고 생각해왔다. 또한 대부분의 사람들은 인과응보를 보장하는 도덕적인 신을 믿도록 배웠다. 그럼에도 불구하고 미국의 폭력 비율은 서구에서 타의 추종을 불허하며, 지금 이대로도 충분히 많은 사람들이 난동을 부리고 있다. 어쩌면 우리는 여기까지는 무승부로 치고, 11장에서 살펴본 여러 연구 결과를 바탕으로 자유의지를 거부한다고 해서 상황이 더 악화될 가능성은 없다는 결론을 내려야 할지도 모른다.

자유의지를 거부하는 데는 또다른 문제점이 있다. 자유의지가 없다면 자신의 업적에 대해 칭찬받을 자격이 없으므로, 아무것도 얻거나 받을 자격이 없다. 데닛은 이와 관련하여, 자유의지를 폐기하면 거리에 강간범과 살인자가 넘쳐날 뿐만 아니라 "선의의 경쟁을 통해 상을 받을 자격이 있는 사람이 아무도 없을 것"이라고 생각한다. 아, 그게 걱정이구먼. 내 상이 공허하게 느껴지면 어쩌나 하는 걱정. 내 경험상, 무자비한 살인자를 비난할 필요가 없다고 사람들을 설득하기란 상당히 어려울 것이다. 그러나 그 어려움은 노파가 길을 건너도록 도와준 사람도 칭찬받을 자격이 없다고 설득하는 어려움에 비하면 아무것도 아닐 것이다.* 이러한 문제는 너무 관념적이기는 하지만 타당해 보이므로,[6] 나중에 다시 다루기로 하자.

내 입장에서 자유의지가 없다는 사실을 인정할 때 벌어지는 가장 큰 문제는 사악한 신경외과의사의 비유가 다른 길로 접어든다는 점이다. 수술이 끝나고, 의사는 환자에게 더이상 자유의지가 없다고 거짓말을 한다. 그리고 환자는 일상적인 범죄에 빠지는 대신 무의미함 때문에 깊은 권태감, 즉 무력감에 빠지게 된다. 테드 창은 단편소설 「우리가 해야 할 일」에서 리벳으로부터 힌트를 얻어 버튼과 등불이 달린 예측기라는 장치를 등장시켰다. 버튼을 누를 때마다 1초 전에 불이 켜진다. 버튼을 누를 생각을 하지 않으려고 아무리 노력해도, 몰래 버튼을 누를 전략을 세우려고 아무리 노력해도 버튼을 누르기 1초 전에 불이 켜진다. 불이 켜지는 순간부터 버튼 누르기를 자유롭게 선택한다고 여겨지는 순간 사이에서 당신의 미래 행동은 이미 결정된 과거가 된다. 그 결과는? 사람들이 공허해진다. "어떤 사람들은 자신의 선택이 중요하지 않다는 것을 깨닫고 아예 아무 선택도 하지 않으려 한다. 마치 허먼 멜빌의 소설 『필경사 바틀비』에 나오는 필경사의 군단처럼, 그들은 더이상 자발적인 행동을 하지 않는다. 결국 예측기를 가지고 노는 사람들의 3분의 1은 스스로 식음을 전폐할 테니 병원에 입원해야 한다. 최종 상태는 일종의 깨어 있는 혼수 상태인 무동함구증이다."[7]

---

* 2018년 하버드 졸업식에서 연설자로 선정된 침착하고 조리 있는 박진 학생은 겹겹이 포개진 거북이 개념을 제대로 이해하고 있음을 보여주었다. 재능과 성취를 축하하는 그 자리에 왜 그가 있었을까? 미등록 이주자인 아버지가 식당에서 보조 요리사로 일했고(서류가 미비했기 때문에 아마도 식당 주인은 그를 지독하게 착취했을 것이다), 미등록 이주자인 어머니가 미용실에서 페디큐어 서비스를 하며 끝없이 고생했기 때문이라고 그는 설명했다. "나의 재능은 그분들의 노동과 구별될 수 없으며, 둘은 떼려야 뗄 수 없는 관계에 있습니다"라고 그는 말했다.

꼬리에 꼬리를 무는 "이 일은 이전에 일어난 일 때문에 일어났고, 그 일은 그전에 일어난 일 때문에 일어났고…"에서 의미나 목적이 들어설 자리는 없다. 이는 우리 모두와 함께 철학자들을 괴롭히는 문제다. 클렘슨대학교의 라이언 레이크의 말에 따르면, 자유의지에 대한 믿음을 거부하면 진심 어린 후회나 사과가 불가능해져 "다른 사람과의 관계에서 필수적인 요소"를 빼앗긴다고 한다. 피터 체는 이렇게 썼다. "[한 대표적인 비양립주의자는] 도덕적 책임을 부정함으로써 인간 존재, 그들의 선택, 삶 전반에 대한 지극히 허무주의적인 견해를 표명한다." 휘튼칼리지의 철학자 로버트 비숍은 데닛의 사상을 분석하면서, "데닛은 자신이 제시하는 위로의 관점이 우리 모두가 건강하고 긍정적인 인생관을 유지하고 의미 있는 삶을 영위할 수 있는 유일한 방법이라고 믿는다"고 결론 내린다. 자유의지라는 색안경을 끼고 바라본 인생은 '마치' 살맛나는 것처럼 느껴질 것이다.[8]

이러한 관점이 우리를 뒤덮고 있다. 진화, 카오스, 창발성은 우리 안에서 가장 예상치 못한 방향으로 전개되어, 우리의 기계성을 알 수 있고 그러한 지식에 대한 감정적 반응이 실제처럼 느껴지는 생물학적 기계를 만들어냈다. 그것은 실재한다. 괴로움은 정말 고통스럽고, 행복은 정말 삶을 즐겁게 만드는 것처럼 보인다. 나는 이 모든 겹겹이 포개지는 거북이의 함의를 붙잡으려고 필사적으로 노력하며, 때로는 성공하기도 한다. 하지만 지적 부끄러움과 개인적인 감사함에도 불구하고 0.001초 동안에도 극복할 수 없는 작은 비논리적 장벽이 하나 남아 있다. 한낱 기계에 '좋은' 일이 일어날 수 있다고 믿는 것은 논리적으로 옹호할 수 없고, 우스꽝스럽고, 무의미하다. 그럼에도 불구하고 사람들이 고통을 덜 느끼고 행복을 더 느낀다면 그것이 차라리 낫다고 나는 확신한다.

여러 가지 단점에도 불구하고, 우리가 자유의지의 부재를 직시하는 것이 필수적이라고 생각한다. 독자들에겐 이 책이 (메뚜기의 동족 포식을 연상시키는—238쪽 참조) 매력 없는 결말로 허무하게 나아가는 것처럼 보일 수도 있다. "세상은 이런 식으로 돌아가는 거예요. 그러니 참고 살아요"라고 말이다. 물론 죽음의 문턱에 선 화상 환자가 있다면, 가족이 살아남지 못했다는 사실을 말하는 것을 보류할 수도 있다. 하지만 그렇지 않다면, 진실—특히 자유의지에 대한 진실—을 받아들이는 것이 좋다. 믿음을 지탱할 수는 있지만 깊이 간직하고 있던 믿음이 그동안 잘못되었다는 사실을 발견하는 것만큼 큰 충격을 주는 것은 없다.

하지만 "우리는 이성적인 존재이니 곰곰이 생각해보세요"라면 모를까, "힘내세요, 자유의지 따위는 없어요"라는 말은 부적절해 보인다.

어쩌면 당신은 인생에서 성공의 일부가 얼굴의 매력적인 특징에 기인한다는 사실을 깨닫고 위축되어 있을지도 모른다. 또는 칭찬받을 만한 자제력은 태아 시절 대뇌피질이 어떻게 형성되었는지에 달려 있다는 사실을 깨달아서. 누군가가 당신을 사랑하는 이유는 옥시토신 수용체가 작동하는 방식 때문이라서. 당신 그리고 다른 기계들에게 의미 같은 건 없어서.

만약 이러한 논의에 불쾌감을 느낀다면, 가장 가능성 높은 이유는 당신이 운좋은 사람 중 하나라는 것이다. 당신은 자의가 아닌 것에 의해 인생에서 성공을 거두었고, 자유의지에 따른 선택이라는 신화로 자신을 가릴 수 있을 만큼 특권을 누리고 있다. 예컨대 당신은 사랑이 넘치는 환경에서 살며 깨끗한 수돗물을 사용해왔을 것이다. 당신이 사는 곳은 한때 많은 공장에서 물건이 쏟아져나오던 번영의 도시였다가 이제는 문을 닫은 공장만 가득하고 일자리가 없는 곳이 아닐 것이다. 좋다고 말할 수 있는 건강한 것이 거의 없어서 누군가가 마약을 내밀어도 '그냥 거절'하는 것이 거의 불가능했던 동네도 아닐 것이다. 어머니가 당신을 임신했을 때 세 가지 일을 하며 간신히 집세를 벌지도 않았을 것이며, 문을 두드리는 소리가 나면 이민국에서 왔을까봐 가슴을 졸이지도, 낯선 사람을 만날 때 당신이 외집단에 속해서 편도체가 활성화되지도 않았을 것이다. 진정으로 도움이 필요할 때 무시당하지도 않았을 것이다.

만약 당신이 극소수의 운좋은 사람이라면 이 책의 궁극적인 함의는 당신과 아무런 상관이 없는 것처럼 보일 것이다.*

해방 과학
(나는 진지하다)

사례연구

이 책을 집필하는 과정에서, 나는 비만으로 고통받는 사람들을 위한 옹호 활동에 참여하는 많은 사람들과 이야기를 나누었다. 한 사람은 렙틴이라는 호르몬에 대해 처음 알게 된 순간에 대해 이야기했다.**[9]

---

* 설사 이런 식으로 완곡하게 표현하더라도, (이 모든 것을 무시하고 슈퍼요트를 소유할 자격이 있다고 확신할 수 있는) 운좋은 소수와 (슈퍼요트를 소유하지 못한 것이 자신의 잘못이 아니라는 확신을 가져야 하는) 평범한 다수를 구분하는 것은 잘못된 이분법이다. 우리 모두는 때때로 누군가를 비난하고, 비난을 받고, 미워하고, 미움받고, 자격이 있다고 느끼고, 자격지심으로 고통받을 운명이기 때문에, 이 책의 모든 페이지는 실제로 우리 모두에게 적용된다.

** 이 섹션의 제목에서, 나는 소칼 사건으로 알려진 엄청난 지적 사기를 언급하고 있다. 뉴욕대학교와 유니버시티칼리지런던의 물리학자 앨런 소칼은 수많은 포스트모더니즘적 사고의 지적 공허함, 선동성, 당파적 경향에 염증을 느꼈다. 따라서 그는 (a)물리학과 수학이 다양한 반진보주의의 죄악을 저지르고 있다는 데 동의하고, (b)과학의 "진리"와 가정된 "물리적 실재"의 존재가 단지 사회적 구성물에 불과하다고 고백하고, (c)대표적인 포스트모더니스트들의 말을 조롱하듯 인용하며, (d)과학적 횡설수설로 가득찬 논문을 썼다. 이 논문은 1996년 대표적인 포스트모더니즘 문화 연구 저널인 『소셜 텍스트』에 「경계를 넘어: 양자 중력의 변형 해석학을 향하여Transgressing the Boundaries: Toward a Transformative Hermeneutics of Quantum Gravity」라는 제목으로 제출된 후 정식 출판되었다. 그후 사기가 들통났다. 엄청난 소동이 벌어지고, 포스트모더니스트들의 콘퍼런스에서는 그의 "악의"를 비난하고, 자크 데리다는 그를 가리켜 "맛이 갔다"고 하고… 나는 이 논문

참고로 렙틴은 "비만은 자제력 부족의 척도가 아니라 생물학적 질병이다"라는 통찰의 대표 주자로, 몸 전체의 지방 저장을 조절한다. 가장 중요한 역할은 '충분히 먹었는지'를 시상하부에 알려주는 것이다. 렙틴 신호* 수치가 비정상적으로 낮으면 포만감을 느끼는 능력이 비정상적으로 낮아져, 어

이 포스트모더니스트들의 주장을 유쾌하게 패러디한 훌륭한 논문이라고 생각했다(예를 들어, "모든 과학의 내용은 그 담론이 공식화되는 언어에 의해 심대한 제약을 받으며, 갈릴레오 이후 서양의 주류 물리학은 수학의 언어로 공식화되었다. 하지만 누구의 수학인가?"). 소칼은 완연한 농담조로 "절대 진리"와 "객관적 실재"의 횡포에서 벗어나 "해방 과학"을 육성하는 것이 이 논문의 목표라고 선언했다. 따라서 나는 이 섹션의 제목에서, 자유의지 개념을 버리는 과학이 진정으로 해방적이라고 주장하기 위해 "나는 진지하다"고 덧붙였다.

(소칼 사건은 러시 림보 같은 사람들에 의해 좌파의 지적 사기를 폭로하는 것으로 받아들여졌고, 소칼은 '우파의 재앙'처럼 받아들여졌다. 소칼은 1980년대 산디니스타 혁명 당시 니카라과에서 수학을 가르치기 위해 안락한 교수직을 그만두는 등 좌파의 길을 걸어왔기 때문에, 나는 이런 분위기에 더욱 큰 분노를 느꼈다. 게다가 우파가 진실에 대해 하는 말은 트럼프 취임 첫 주에 "대안적 사실"로 막을 내렸다.* 여담이지만, 대학 시절 소칼은 나보다 2년 먼저 복도 끝에서 살고 있었는데, 덩치가 커서 말을 걸기에는 너무 겁이 났지만 명석함과 놀라운 괴짜스러움, 기꺼이 BS —허튼소리bullshit 하지 마—라고 말하는 태도는 이미 전설적이었다.)

(*'대안적 사실'이란 트럼프의 취임식 인파를 두고 언론과 백악관이 설전을 벌이는 과정에서 나왔다. 당시 미국 언론들은 도널드 트럼프의 취임식에 모인 인파가 오바마의 절반 수준이라고 보도했는데 이에 숀 스파이서 백악관 대변인은 2017년 1월 21일 첫 공식 브리핑에서 "취임식에서 볼 수 있는 인파 중 가장 많은 수가 모였다. 대통령이 취임 선서를 할 때 모든 공간이 꽉 차 있었다"고 주장했다. 이를 두고 '취임 첫날부터 거짓말을 했다'는 논란이 일자 켈리엔 콘웨이 백악관 선임고문은 1월 22일 NBC의 뉴스 프로그램에서 '취임식 중 최다 인파'였다는 숀 스파이서 백악관 대변인의 잘못된 주장은 "대안적 사실"이라며 옹호했다.—옮긴이)

* 까다로운 부분은 제쳐두고, 왜 그냥 "렙틴이 너무 적다"고 하지 않고 "렙틴 신호가 너무 적다"고 할까? 신호는 더 넓은 의미의 용어로, 메신저(예: 호르몬 또는 신경전달물질)의 양이나 메신저에 대한 세포의 민감도(예: 메신저 수용체의 비정상적인 수준/기능)에 문제가 존재할 수 있음을 의미한다. 때로는 라디오 방송국이 망가질 수도 있고, 때로는 부엌에 있는 라디오가 망가질 수도 있다. (그런데 아직도 라디오를 가진 사람이 있나?)

린 시절부터 심각한 비만을 초래한다. 이러한 환자는 렙틴 변이를 가지고 있는 것으로 밝혀졌으며, 가족사진 앨범을 검사한 결과 이것은 대대로 이어져내려온 것으로 나타났다.

변이는 우리를 의학의 이국적인 세계로 안내한다. 변이가 없는 야생형 렙틴과 그 수용체 유전자는 기능의 효율성에 따라 다양한 형태로 나타난다. 체질량지수BMI를 조절하는 데 관여하는 수백 개의 다른 유전자도 마찬가지다. 물론 환경도 중요한 역할을 한다. 우리에게 친숙한 전초기지 중 하나인 자궁으로 돌아가서, 태아 시절의 영양실조 여부, 임신부의 흡연/음주/불법 약물 복용 여부, 심지어 임신부가 태아의 장에 옮긴 장내 미생물도 평생 동안 비만 성향에 영향을 미친다.** 태아의 췌장과 지방 세포에서 후성유전학적으로 변형되었을 수 있는 정확한 유전자 중 일부가 확인되기도 했다. 그리고 늘 그렇듯, 다양한 버전의 유전자는 환경에 따라 다르게 상호작용한다. 한 유전자 변이는 비만 위험을 증가시키지만, 이는 임신중 흡연한 어머니와 결합된 경우에만 해당된다. 다른 유전자 변이의 영향은 시골보다 도시 거주자에게서 더 강하게 나타난다. 일부 변이는 젠더, 인종 또는 민족, 운동 여부(즉 운동이 어떤 사람에게서는 지방을 녹이는 반면 다른 사람에게서는 그렇지 않은 이유에 대한 유전학), 식단의 세부사항, 음주 여부 등에 따라 비만 위험을 증가시킨다. 더 크게 보면, 사회경제적 지위가 낮거나 불평등에 둘러싸인 곳(국가, 주, 도시 수준)에 살면 식단이 같아도 비만이 될 가능성이 더 높다.[10]

**　예사롭지 않은 일로 1944~45년 겨울, 점령군 나치가 네덜란드의 식량 공급을 끊어 2만~4만 명의 네덜란드인이 굶어죽은 '네덜란드 겨울 기근'이 유명한 예다. 만약 당신이 그때의 태아였다면, 엄마와 태아의 영양분과 열량이 극도로 부족한 탓에 후성유전학적 변화가 일어나 '평생 절약하는 대사'와 '열량 저장에 능숙한 신체'가 형성되었을 것이다. 이러한 태아 중 한 명이 된 당신은 60년 후 비만, 대사증후군, 당뇨병, 그리고 13장에서 살펴본 바와 같이 조현병에 걸릴 위험이 극도로 증가했을 것이다.

종합적으로, 이러한 유전자와 유전자/환경의 상호작용은 생물학의 모든 구석구석을 조절하며, '신생아가 모유를 게걸스럽게 먹는 것' '동일한 BMI를 가진 두 성인이 성인 당뇨병에 걸릴 위험이 다른 이유'에 이르기까지 모든 것과 관련이 있다.

아래에서 4장의 표를 다시 한번 살펴보자.

'생물학적 요소'를 가지고 있음	생물학적 요소를 극복할 그릿이 있는가?
파괴적인 성적 충동이 있음	충동에 따라 행동하려는 유혹에 저항할 것인가?
타고난 마라토너임	고통을 이겨내고 달릴 것인가?
머리가 별로 좋지 않음	공부를 더 열심히 해서 성공할 것인가?
알코올중독 성향이 있음	술 대신 진저에일을 주문할 것인가?
얼굴이 예쁨	'외모 때문에 사람들에게 친절한 대접을 받을 만하다'는 편견을 거부할 것인가?

우리가 검토하고 있는 효과 중 상당수는 표의 왼쪽에 나열된 항목, 즉 운으로 얻은 생물학적 특성에서 나온다. 장이 영양분을 얼마나 효율적으로 흡수하거나 변기로 내보내는지, 지방이 얼마나 쉽게 저장되거나 제거되는지, 지방이 엉덩이와 복부 중 어느 쪽에 축적되는 경향이 있는지(전자가 더 건강하다), 스트레스 호르몬이 이러한 성향을 강화하는지 등이 그것이다. 반가운 소식은 판단력을 발휘할 여지가 여전히 남아 있다는 것이다. 즉 인생의 변덕스러움은 어떤 사람에게는 축복이 되고 어떤 사람에게는 저주가 될 수 있지만… 정말 중요한 것은 자신에게 주어진 패를 다룰 때 자제력을 발휘하는 것이다.

그러나 이러한 유전적 영향 중 일부는 표의 어느 쪽에 배치해야 하는지를 판단하기가 매우 어렵다. 예를 들어 혀의 미각 수용체 유형은 유전자에 의해 코딩된다. 음, 미각 수용체의 유형은 당신의 식욕을 돋우는 생물학적 특성에 불과하므로 마음만 먹으면 폭식에 저항하는 것이 얼마든지 가능할까? 아니면 거부할 수 없을 정도로 식욕을 돋우는 것일까?* 포만감을 느끼는지를 알려주는 렙틴 같은 호르몬도 비슷한 분류의 어려움을 야기한다.

비만과 관련된 유전적 영향 중에는, 표의 오른쪽(즉 선천적 결점을 극복하려는 성격과 근성에 따라 평가되는 세계)에 정확히 배치되는 것도 있다. '기대와 보상을 매개하는 도파민 뉴런이 얼마나 많이 형성되는지' '다이어트를 할 때 매력적인 음식 사진을 얼마나 많이 보면 해당 뉴런이 활성화되는지' '스트레스가 고탄수화물/고지방 음식에 대한 갈망을 얼마나 강하게 유발하는지' '배고픔을 얼마나 혐오스럽게 느끼는지'에 관한 유전학이다. 물론 '전두피질이 배고픔과 관련된 시상하부의 일부를 얼마나 쉽게 조절하는지'의 문제가 있고, 이는 상존하는 의지력 문제를 불러온다. 그러나 다시 한번 강조하지만, 표의 양쪽은 동일한 생물학에서 비롯된다.

이러한 과학적 진실은 지금껏 일반 대중에게 전혀 영향을 미치지 않았다. 고무적인 연구 결과에 따르면 인종, 나이, 성적 지향에 따른 암묵적·무의식적 편견의 평균 수준이 지난 10년 동안 모두 크게 감소한 것으로 나타났다. 하지만 비만인에 대한 암묵적 편견은 그렇지 않았다. 오히려 더 심해졌다. 중요한 것은 의대생, 특히 마른 백인 남성 사이에서 이러한 편견이 두드러지게 나타나고 있다는 것이다. 평균적인 비만인조차 무의식적으로 비만을 게으름과 연관짓는 암묵적인 반비만 편견을 보이는데, 이런 유의 자기혐오는 낙인찍힌 집단에서는 되레 드물게 나타난다. 이러한 자기혐오에는

---

* 그리고 가공식품 업계에서는, 업계에 종사하는 과학자들이 자사에서 파는 모든 식품을 이런 상태로 만들고자 노력한다.

대가가 따르는데, 예컨대 동일한 식단과 BMI를 가진 사람이 반비만 편견을 내면화하면 대사질환에 걸릴 확률이 세 배나 높아진다.* 명시적 편견까지 더하면 우리는 비만인이 직업, 주택, 건강관리 측면에서 차별받는 세상에 살고 있다(그리고 이런 세상에서 낙인은 마법처럼 성공적인 의지력을 만들어내는 게 아니라 오히려 비만을 악화시킨다).[11]

다시 말해서, 우리는 통제할 수 없는 생물학적 요인으로 인해 비난받고 삶이 망가지는 세상에 살고 있다. 나와 이야기를 나누던 사람이 렙틴 변이가 의미하는 바를 완전히 이해했을 때 어떤 일이 일어났을까? "나는 더이상 스스로를 뚱뚱한 돼지라고, 내가 잘못해서 이렇게 된 거라고 생각하지 않게 되었어요."

반복된 오귀인

어디를 둘러보아도, 생물학적 특성에 대한 고통과 자기혐오가 삶 전체를 얼룩지게 한다. 샘은 자신의 양극성장애에 대해 "나는 왜 내가 정신을 차리지 못하는지, 이 장애가 내 성격에 대해 뭔가를 말해주는 건 아닌지 궁금해하며 자책하곤 한다"고 적었다. "몇 년 동안이나 나는 내가 게으르다고 생각했다. 생물학적으로 무언가 문제가 있을지도 모른다는 생각 대신 모든 것이 내 잘못이라고 생각했다. 그리고 수업시간에 더 집중하고 숙제를 깔끔하게 하거나 부지런히 하겠다고 결심할 때마다 필연적으로 실패했다." 에어리얼이 자신의 ADHD에 대해 쓴 글이다. 메리앤은 자신의 자폐 스펙트럼 장애에 대

---

* BMI가 똑같은데도? 물론이다. 자기혐오가 심해지고 스트레스 호르몬이 더 많이 분비되면, 지방이 장에 우선적으로 저장되고, 대사 및 심혈관 질환 위험이 더 높아지는 등의 단점이 있다.

해 이렇게 말했다. "나는 스스로를 사악하고, 차갑고, 이상한 사람이라고 불렀다."** 12

키가 작다는 이유로 자신을 비난하는 것만큼이나 터무니없는 자책이 난무하는 영역에서 똑같은 목소리가 반복해서 나온다. 물론 거기서도 책당이 뒤따른다. 한 익명의 사용자는 "엄마(167센티미터)와 아빠(185센티미터)는 내가 충분히 활동적이지 않고 잠을 충분히 자지 않아서 키가 작다고 끊임없이 소리친다"고 썼다. 키 문제와 갈색 피부에 대한 사회적 강박관념이 교차하는 인도에 살고 있는 마나스는 이렇게 썼다. "나는 활동적인 생활방식 때문에 다른 식구들보다 키가 크다. 하지만 나는 다른 식구들보다 피부색이 어둡다. 이는 우리가 어떤 영역에서는 이기고 어떤 영역에서는 진다는 것을 보여준다." 이러한 오귀인에서 비롯된 깊은 고통은 제대로 된 원인이 드러날 때 명확해진다. 13

그리고 자신의 다름에 대한 배움도 있다. 캣은 자신의 양극성장애어 대해 "내가 겪고 있는 증상에 이름이 있다는 사실을 알고는 정말 해방감을 느꼈다"고 썼다. 에린은 자신의 경계성 인격장애에 대해 썼다. "내가 정신질환으로 인해 어려움을 겪고 있다는 사실이 입증되었다." 샘은 자신의 기분장애에 대해 이렇게 썼다. "나의 첫번째 다이어트나 폭식이 섭식장애의 '원인'이 아니라는 사실을 발견했다. 나의 첫번째 자해도 우울증의 '원인'이 아니었다." 미셸은 자신의 ADHD에 대해 이렇게 썼다. "모든 것이 제자리를 찾았다. 내가 세금신고를 고통스러워하고, 아무 말이나 하고, 지저분한 것은 내가 쓰레기이기 때문이 아니었다. 전혀 아니었다. 나는 신경이 달랐을 뿐이다." 자폐증에 대한 메리앤의 생각은 이렇다. "나 자신을 미워하면서 인생의 많은 시간을 허비하지 않을 걸 그랬다." 14

한편 카오스론은 우리에게 '표준'이 되는 것은 불가능하며, 궁극적으로

** 　더 끔찍한 사례는 quora.com/Is-it-my-fault-my-husband-hits-me를 참고하라.

다른 모든 사람들과 마찬가지로 통제권을 벗어난 것으로 여겨지는 비표준
성을 우리가 가지고 있다고 가르친다. "이봐요, 물체를 공중에 띄우지 못하
는 것은 정상이에요"라고 말이다.

카오스론 덕분에 '다른 선택의 결과라고 착각했던 것이 사실은 나비의
날갯짓에 지나지 않을 수 있다'는 점을 이해하고 나면, 해방감이 물밀듯 밀
려올 것이다. 나는 한때 수감된 남성들에게 뇌에 대해 가르치며 하루를 보
낸 적이 있다. 나중에 한 남자가 나에게 이렇게 물었다. "형과 나는 같은 집
에서 자랐어요. 그런데 그는 은행의 부사장이고, 나는 이 모양 이 꼴이에요.
어쩌다 이렇게 됐을까요?" 나는 그와 이야기를 나누다 가능한 설명을 알아
냈다. 그의 형은 운이 좋아서 운동피질과 시각피질이 발달하고 눈과 손의
협응력이 뛰어났는데, 우연히 픽업 농구를 하다가 한 재력가의 눈에 띄었
고… 그에게 장학금을 받은 형이 멋진 사립학교에 입학하여 지배층으로 성
장할 기틀이 마련된 것이다.

그리고 고통의 가장 깊은 원천이 하나 더 있다. 나는 한 초등학교에서 다
른 영장류에 대해 강의한 적이 있다. 강의가 끝나고 한 못생긴 아이가 이렇
게 물었다. "우리가 예쁘지 않아도 개코원숭이가 우리에게 관심을 가질까
요?" 뮤지컬 〈위키드〉에서 거부당하던 초록색 피부의 엘파바는 누군가를
사랑받는 존재로 느끼게 해주는 소년에 대해 노래하다가 이렇게 마무리한
다. "그는 그런 소년이 될 수도 있어. 하지만 난 그런 여자가 아니야." 매력
적이지 않은 사람이 고용, 승진, 투표에 의한 선출, 배심원단의 무죄판결 등
을 받을 가능성이 낮아질 때마다 '외모와 내면의 아름다움은 일치한다'는
암묵적인 믿음이 표출된다.

여기에는 당연히 섹슈얼리티도 포함된다. 1991년, 미국 소크연구소의
뛰어난 신경과학자 사이먼 러베이Simon LeVay는 1면 톱뉴스로 세상을 떠들
썩하게 했다. 동성애자이자 평생의 연인을 에이즈로 잃은 슬픔에 빠져 있던
러베이는 '동성을 사랑하느냐, 이성을 사랑하느냐'에 따라 구조적으로 다른

뇌 부위를 발견했다. 성적 지향이 생물학적 특성임을 밝힘으로써 '신은 호모를 미워한다'는 피켓을 들고 장례식장에서 시위를 벌이던 목사와 그의 더러운 교회, 중세식 전환 치료로부터의 해방이었다. 레이디 가가의 노래처럼 "신은 실수하지 않아, 난 잘 가고 있어. 자기야, 난 이렇게 태어났어". 운이 좋은 사람들에게는 이미 알고 있던 사실이기에 새로운 소식이 아니었다. 운이 덜 좋은 사람들은 '자신이 했던 것과 다른 사랑을 선택할 수 있고, 선택했어야 한다'는 믿음에서 벗어났다. 그런 깨달음은 외부인 사이에서 일어나기도 했다. 부모들은 러베이에게 쓴 편지에서 "내가 농구캠프 대신 예술캠프에 가라고 권유하지만 않았더라도 게이가 되지 않았을 텐데"와 같은 생각에서 벗어났다고 말했다.[15]

여성의 생식능력도 잘못된 비난의 집중 표적인데, 의사들은 여성의 스트레스가 생식능력에 미치는 영향을 심하게 과장하고("당신은 너무 예민해요" "당신은 너무 A형 성격이 강해요"), 정신분석학적 독소를 여전히 뿜어대며("문제는 아이를 갖는 것에 대한 당신의 양가감정이에요"), 애꿎은 생활방식을 탓한다("잠을 충분히 자고 좀더 신중했다면, 자궁에 흉터 조직을 남기는 중절 수술을 안 해도 됐을 거예요"). 연구에 따르면 불임은 암만큼이나 환자를 정신적으로 쇠약하게 만들 수 있다.[16]

듀크대학교의 역학자인 셔먼 제임스는 '누구든 자신의 배를 직접 조종할 수 있다'는 잘못된 믿음이 초래하는 특히 해로운 결과를 연구한 바 있다. 그는 미국의 민속 영웅인 철도 건설 노동자의 이름을 딴 "존 헨리 형型"이라는 성격 유형을 설명했다. 독보적 힘으로 쇠말뚝을 박아넣던 헨리는 상사로부터 '같은 일을 하는 새로운 기계와 경쟁하라'는 명령을 받고 어떤 기계도 자신을 막을 수 없다고 다짐하고 싸워서 물리쳤지만… 결국 탈진해 쓰러져 죽은 사람으로 알려져 있다. 존 헨리 형 성격을 가진 사람은 '충분히 노력하면 어떤 도전이든 이겨낼 수 있다'고 생각하는 스타일로, 설문지에서 "일이 내 뜻대로 되지 않을 때 그것이 나를 더욱 열심히 일하게 만든다"라거나

"나는 항상 내 인생을 내가 원하는 대로 만들 수 있다고 느낀다"와 같은 문항을 지지한다. '그게 뭐가 문제야? 훌륭하고 건강한 통제 태도처럼 들리는데'라고 반문하는 사람도 있을 것이다. 하지만 존 헨리 같은 아프리카계 미국인 블루칼라 노동자나 소작농이라면, 이런 성향은 심혈관계 질환 발생 위험을 크게 증가시킨다. 이는 '충분한 노력으로 자신을 억압하는 인종차별 시스템을 극복할 수 있다'는 병적인 믿음이며,* '통제 불가능한 것을 통제할 수 있어야 한다'는 치명적인 믿음이다.[17]

미국은 능력주의가 팽배한 나라로, 아이큐와 학위 수로 사람의 가치를 판단한다. 2021년 현재 상위 1%가 전체 부의 32%를, 하위 50%가 3%도 안 되는 부를 가지고 있음에도, 경제적 잠재력이 평등하다는 허황된 말을 떠들어댄다. "가난하게 태어난 것은 당신의 잘못이 아니지만, 가난하게 죽는 것은 당신의 잘못이다"라고 말한 후, 한술 더 떠서 "그게 한탄스럽다면, 당신은 낭비된 정자다"[18]라고 조언하는 칼럼을 볼 수 있다.

정신신경과적 장애가 있거나, 가난한 가정에서 태어났거나, 얼굴이나 피부색이 다르거나, 난소가 잘못되었거나, 동성을 사랑하거나, 충분히 똑똑하지 않거나, 충분히 예쁘지 않거나, 충분히 성공하지 못하거나, 충분히 외향적이지 않거나, 충분히 사랑스럽지 않거나, 증오·혐오·실망의 대상이거나, 얼굴이나 뇌의 결점을 극복하지 못했으니 자기가 이런 처지인 것도 당연하다고 믿도록 강요받은 못 가진 사람들. 이 모든 게 정의로운 세상이라는 그럴싸한 거짓말로 포장되어 있다.

1911년 시인 모리스 로즌펠드는 이탈리아인, 아일랜드인, 폴란드인, 유대인 이민자들이 최악의 직장에서 착취당하고, 죽도록 일하고, 작업장에

서 불에 타 죽던 시절에 〈내가 쉬는 곳Mayn Rue-Plats〉이라는 노래를 작사했다.** 이 노래는 항상 나의 눈시울을 붉히며, 불운한 사람들의 삶에 대한 메타포를 제공한다.[19]

내가 쉬는 곳

자연의 푸르름 속에서 나를 찾지 말아요
거기서는 나를 찾을 수 없을 거예요.
기계로 인해 생명이 낭비되는 곳
그곳이 내가 쉬는 곳이랍니다, 내 사랑.

새들이 노래하는 곳에서 나를 찾지 말아요
매혹적인 노래는 내 귀에 들어오지 않는답니다.
내 노예 생활에서 울려퍼지는 사슬 철렁거리는 소리
그게 내가 듣는 음악이에요.

** "메인 루-플라츠"라는 단어는 이디시어인데, 당시 이디시어는 정통파 유대인이 아닌 뉴욕 로어이스트사이드의 사회주의 선동가들이 사용하던 언어였다. 로즌펠드는 1911년 3월에 발생한 트라이앵글 셔츠웨이스트 공장 화재에 분노하여 이 문구를 썼다. 이 화재로 인해 146명의 노동자(거의 대부분이 여성 이민자이고 일부는 14세의 어린 소녀였음)가 사망했는데, 그 이유는 '노동자들이 훔친 옷을 가지고 뒷문으로 몰래 빠져나갈 수 있다'고 믿은 업주들이 출구를 잠갔기 때문이었다. 배심원단은 업주들에게 부당 사망에 대한 책임을 물어 각 유족에게 75달러의 배상금을 지급하라고 판결했고, 업주들 자신은 공장 손실에 대한 보상금으로 6만 달러 이상의 금액을 받았다. 17개월 후, 업주 중 한 명이 다시 한번 새 공장의 출구를 잠근 것이 발각되어 최소 20달러의 벌금을 부과받았다. 그로부터 102년 후, 방글라데시 다카의 라나플라자 건물이 붕괴되어 그 안에 있던 1134명의 노동자가 사망했다. 전날 건물에 균열이 발견되어 대피령이 내려졌지만, 업주는 다음날까지 일터로 돌아오지 않으면 한 달 치 월급을 주지 않겠다고 노동자들에게 통보했다.

생명의 시냇물이 흐르는 곳에서 나를 찾지 말아요
나는 그곳에서 맑은 물을 길어오지 않는답니다.
배고픈 이빨과 떨어지는 눈물
그것으로 나는 탐욕이 뿌린 것을 거둔답니다.

그러나 당신의 마음이 진정 나를 사랑한다면
내 마음과 합쳐서 나를 가까이 안아주세요.
그러면 이 수고와 잔인함으로 가득찬 세상은
막을 내리고 에덴동산이 생겨날 거예요.*

당신의 삶과 사랑이 졸졸 흐르는 시냇가에서 펼쳐질지, 아니면 그을음과 연기로 질식할 것 같은 기계 옆에서 펼쳐질지는 1초 전에서 백만 년 전에 일어난 사건에 의해 결정된다. 졸업식장에서 학사모와 가운을 착용할지, 아니면 쓰레기를 수거할지도 마찬가지다. 당신에게 합당하다고 간주되는 것이 긴 충만한 삶일지, 아니면 긴 징역형일지도 마찬가지다.

정당화될 수 있는 '자격'이란 존재하지 않는다. 유일하게 가능한 도덕적 결론은, 다른 사람의 필요와 욕구를 무시해도 좋을 만큼 당신의 자격이 차고 넘치지는 않는다는 것이다. 복지를 고려하지 않아도 무방할 만큼 당신보다 열등한 사람은 없다는 것이다.** 당신은 다르게 생각할 수도 있는데, 그 이유는 아마 다음과 같을 것이다. 첫째, 당신은 자신을 만든 표면 아래 인과관계의 실타래를 상상할 수 없다. 둘째, 당신은 노력과 자제력이 생물학적으로 만들어지지 않았다고 판단할 수 있는 사치를 누리고 있다. 셋째, 당신

---

*　대니얼 칸 번역.
**　나는 이것이 불교의 '무아無我' 개념과 어느 정도 유사하다는 것을 안다. 그 외에는 불교에 대해 할 수 있는 말이 전혀 없다.

은 당신과 같은 생각을 가진 사람들로 둘러싸여 있다. 하지만 과학이 우리를 진리로 인도한다.

그리고 우리는 어떤 사람이 어떤 행동을 했다고 해서 그 사람을 미워하는 것의 부조리를 인정해야 한다. 궁극적으로 그 미움은 폭풍우가 몰아친다고 해서 하늘을 미워하고, 지진이 났다고 해서 땅을 미워하고, 바이러스가 폐 세포에 잘 침투한다고 해서 바이러스를 미워하는 것보다 더 슬픈 일이다. 이 역시 과학이 우리에게 알려준 진리다.

모든 사람이 내 말에 동의하는 것은 아니며, "이 페이지를 가득 채운 과학은 인구의 통계적 특성에 관한 것일 뿐이지, 개인에 대해 충분히 예측할 수 없다"고 주장하는 사람도 있을 것이다. 그들은 우리가 아직 충분히 알지 못한다고 주장한다. 그러나 우리는 아동기의 부정적 경험ACE 점수가 한 단위 상승할 때마다 성인기에 반사회적 행동 확률이 약 35% 증가한다는 것을 안다. 기대수명이 국가에 따라 30년, 미국 내에서도 가정에 따라 20년 정도 차이난다는 사실도 이미 충분히 안다.*** 그리고 인생의 전환점에서 어떤 사람들이 지속적으로 잘못된 결정을 내리는 이유를 전두피질 기능의 생물학이 설명한다는 것을 이미 충분히 안다. 우리보다 불운한 삶을 사는 수많은 사람들을 암묵적으로 무시하는 것은 '가당치' 않다는 것을 우리는 이미 충분히 안다. 99%쯤은 이런 사고에 완전히 실패하지만 그럼에도 불구하고 부단히 노력해야 한다. 왜냐하면 진리가 우리를 자유롭게 할 것이기 때문이다.

미래에 사람들은 우리가 아직 많은 걸 모른다는 사실을 알고 놀라워할 것이다. 어떤 학자들은 세번째 밀레니엄**** 초기 수십 년 동안 왜 대부분의

*** 2022년 당시 일본에서는 85세, 중앙아프리카공화국에서는 55세였다.
**** 첫번째 밀레니엄은 서기 1년부터 1000년까지를, 두번째 밀레니엄은 1001년부터 2000년까지를 뜻하며, 세번째 밀레니엄은 2001년부터 3000년까지를 뜻한다. ─옮긴이

미국인이 동성 결혼에 반대하기를 관뒀는지에 대해 의견을 제시할 것이다. 역사 전공자들은 기말고사 시험에서 사람들이 후성유전학을 이해하기 시작한 시기가 19세기인지, 20세기인지, 21세기인지 기억해내기 위해 애쓰게 될 것이다. 우리가 (사탄이 뇌전증을 일으킨다고 생각했던) 농민들을 무지몽매했다고 여기는 것처럼, 그들은 우리를 어리석었다고 간주할 것이다. 물론 여기에는 불가피한 측면이 있다. 그러나 우리가 열심히 노력한다면 그런 오명을 벗을 수 있을 것이라 믿어 의심치 않는다.

감사의 글

나는 내 인생에서 매우 운이 좋았다(자세한 내용은 11쪽부터 492쪽까지 참조). 책 집필에서는, 가족과 함께 훌륭하고 관대한 동료와 친구들이 피드백(때로는 수십 년 전으로 거슬러올라가는 대화의 형태로, 또는 내가 실수한 부분이 있음에도 이 책의 일부를 읽어줌으로써)을 제공한 것이 행운이었다. 여기에 기여한 분들은 다음과 같다.

피트 앨시스Pete Alces, 윌리엄앤드메리로스쿨

데이비드 바라시David Barash, 워싱턴대학교

알레산드로 바르톨로무치Alessandro Bartolomucci, 미네소타대학교

로버트 비숍Robert Bishop, 휘튼칼리지

숀 캐럴Sean Carroll, 존스홉킨스대학교

그레그 카루소Gregg Caruso, 뉴욕주립대학교

제리 코인Jerry Coyne, 시카고대학교

파울 에를리히Paul Ehrlich, 스탠퍼드대학교

행크 그릴리Hank Greely, 스탠퍼드대학교

조시 그린Josh Greene, 하버드대학교

대니얼 그린우드Daniel Greenwood, 호프스트라대학교 법대, 거의 반세기 전 "3층 홈스홀의 자유의지와 결정론의 윤리Third-Floor Holmes Hall Ethics of Free Will and Determinism" 강의 시리즈의 공동 창립자

샘 해리스Sam Harris

로빈 히징거Robin Hiesinger, 베를린자유대학교

짐 칸Jim Kahn, 캘리포니아대학교 샌프란시스코 캠퍼스

닐 레비Neil Levy, 옥스퍼드대학교

뤄리췬Liqun Luo, 스탠퍼드대학교

리카르드 셰베리Rickard Sjöberg, 스웨덴 우메오대학교

고 브루스 월러Bruce Waller, 영스타운주립대학교.

부펜드라 마디왈라Bhupendra Madhiwalla, 톰 멘도사Tom Mendosa, 라울 리버스Raul Rivers, 할런 태넌봄Harlen Tanenbaum에게도 감사드린다.

카틴카 매트슨Katinka Matson을 내 출판 에이전트로, 스티븐 바클리Steven Barclay를 내 연설 에이전트로 고용한 지 수년이 지났다. 두 분의 우정 그리고 항상 내 편이 되어주는 데 깊이 감사한다.

카피 에디터로서 세심하게 원고를 읽고 제안해준 펭귄랜덤하우스의 힐러리 로버츠Hilary Roberts에게 감사드린다. 이 책의 인쇄 과정을 감독하고 진정으로 통찰력 있는 피드백을 제공한 미아위원회에 진심으로 감사드린다. 무엇보다도, 이번 책과 전작의 편집자인 스콧 모이어스Scott Moyers에게 감사를 표한다. 글쓰기/사고력/자신감이 정체되는 순간마다 "스콧이라면 뭐라고 할까?"라는 생각이 저절로 들 정도로 큰 힘이 되었다.

나는 약 10년 전에 연구실을 폐쇄했다. 일반적으로 비교적 젊은 나이에 연구를 그만두는 실험실 과학자들은 학장이나 과학저널의 편집자가 되기 마련이다. 따라서 내가 집에서 글을 쓰기 위해 피펫질에 작별을 고한 것은

이례적인 일이었는데, 교수진에게 지적 자유를 부여한 스탠퍼드대학교와 이 기간 동안 내 학과를 이끌었던 두 분의 학과장(마사 사이어트Martha Cyert, 타임 스턴스Time Stearns)과 정말 사랑했던 고 밥 시모니Bob Simoni에게 감사를 표하고 싶다.

그리고 말이 나온 김에 어둠의 세력과 맞서 싸워준 토니 파우치Tony Fauci 박사에게도 감사드린다. 그리고 말랄라Malala에게도 감사한다.

5킬로그램 남짓한 하바니즈 쿠펜다와 38킬로그램 좀 넘는 골든리트리버 사피에게도 감사한다. 쿠펜다는 무력하고 불운한 사피를 위협하며 하루하루를 보내, 사회적 지위가 근육량보다 사회적 지능에 달려 있다는 것을 가르쳐주었다. 그리고 나에게 헤아릴 수 없는 기쁨을 주는 영장류 가족 B&R(벤저민Benjamin과 레이첼Rachel), 그리고 나의 전부 L(리사Lisa)에게 이 책을 바친다.

신경과학 입문

두 가지 다른 시나리오를 생각해보자.

첫째. 당신이 사춘기에 접어들었을 때를 떠올려보라. 어떤 일이 일어날지 부모님이나 선생님이 미리 귀띔해줬을 것이다. 어느 날 이상한 기분에 잠에서 깨어났을 때, 잠옷이 놀라울 정도로 더러워진 것을 발견했다. 흥분해 부모님을 깨우자 온 가족이 함께 눈물을 흘리며 부끄러운 사진을 찍고, 당신을 기리기 위해 양을 도축하고, 이웃들이 고대 언어로 노래를 부르는 동안 당신은 가마에 실려 마을을 돌아다녔다. 이것은 큰일이었다.

하지만 솔직히 말해서, 이러한 내분비 변화가 24시간 후에 일어난들 당신의 삶이 크게 달라졌을까?

둘째. 당신이 상점에서 나오다가 갑자기 사자에게 쫓기게 된다. 스트레스 반응의 일환으로 뇌는 심박수와 혈압을 높이고, 다리 근육의 혈관을 확장하여 미친듯이 움직이게 하며, 감각 처리를 예민하게 함으로써 집중력을 높이는 터널 시야를 만들어낸다.

만약 뇌가 이러한 명령을 내리는 데 24시간이 걸렸다면 상황은 어떻게 되었을까? 당신은 죽은 고기가 되었을 것이다.

이것이 바로 뇌를 특별하게 만드는 이유다. 만약 오늘이 아닌 내일 사춘기가 온다면? 아무 상관 없다. 지금이 아니라 한 시간 후에 항체를 만들 수 있다면? 거의 치명적이지 않다. 뼈에 칼슘이 축적되는 것이 늦어진대도 사정은 마찬가지다. 하지만 신경계의 많은 부분에 관한 내용은 이 책에서 자주 묻는 질문에 요약되어 있다. 1초 전에 무슨 일이 있었을까? 놀라운 속도가 아닌가.

신경계에서 중요한 것은 대비, 명확한 극단, 무언가를 말하거나 말하지 않는 것, 신호 대 잡음비를 극대화하는 것이다. 그리고 이것은 까다롭고 비용이 많이 든다.*

한 개의 뉴런

우리가 일반적으로 '뇌세포'라고 부르는 신경계의 기본 세포 유형은 뉴런이다. 우리 뇌에 있는 1000억 개 정도의 뉴런은 서로 소통하며 복잡한 회로를 형성한다. 또한 뉴런을 구조적으로 받쳐주고 절연을 해주며, 뉴런을 위한 에너지를 저장하고, 뉴런 손상을 복구하는 등 많은 역할을 하는 '아교세포'가 있다.

물론 뉴런과 아교세포를 이렇게 비교하는 것은 잘못이다. 뉴런 하나당

---

* 신경계가 부상에 매우 취약한 이유가 바로 여기에 있다. 심정지 환자가 발생했다고 치자. 심장이 몇 분 동안 멈췄다가 충격을 받아 다시 뛰는데, 그 몇 분 동안 몸 전체에 혈액, 산소, 포도당이 공급되지 않는다. 그리고 이 몇 분간의 '저산소-허혈' 상태가 끝나면 신체의 모든 세포가 비참하고 취약해진다. 이제 앞으로 며칠 동안 우선적으로 죽을 세포는 뇌세포(그리고 관련된 세포군)다.

아교세포가 10개쯤 있으며, 다양한 아형subtype으로 존재한다. 아교세포는 뉴런이 서로 대화하는 방식에 큰 영향을 미치며, 뉴런과 완전히 다른 방식으로 소통하는 아교세포망을 형성하기도 한다. 따라서 아교세포는 중요하다. 그래도 이 입문편은 이해하기 쉬워야 하니 나는 뉴런 중심으로 설명하고자 한다.

신경계의 독특함은 어느 정도는 뉴런이 세포로서 매우 독특하다는 데서 기인한다. 세포는 일반적으로 작고 독립적인 실체이며, 동그랗고 작은 원반 모양인 적혈구를 생각하면 된다.

반면 뉴런은 매우 비대칭적이고 길쭉한 덩어리로, 일반적으로 사방에 돌출된 돌기가 있다. 이 분야의 대부 중 한 명인 산티아고 라몬 이 카할이 20세기 초에 현미경으로 관찰한 단일 뉴런의 그림을 생각해보자.

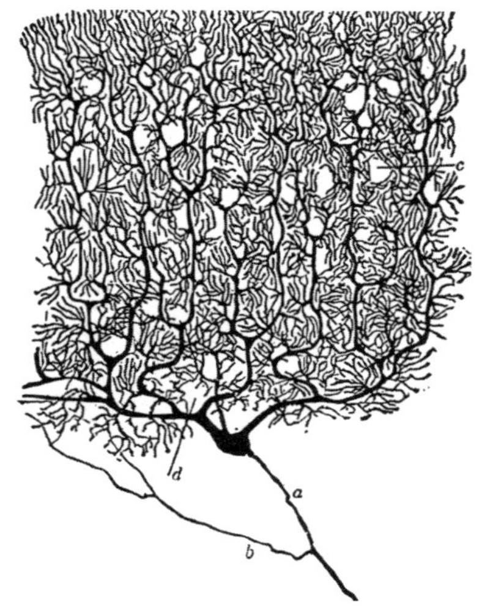

이것은 마치 미친듯 뻗어나가는 나뭇가지와 같으며, 전문용어로 설명하자면 고도로 '분지分枝한' 뉴런이다(이러한 가지가 처음에 어떻게 형성되는지에 대해서는 7장에 자세히 설명했다).

498

많은 뉴런은 또한 엄청나게 크다. 세포의 경우 이 문장의 끝에 나오는 마침표 안에 수십억 개의 적혈구가 들어갈 정도다. 이와 대조적으로, 척수에는 수십 센티미터 길이의 투사 케이블을 보내는 단일 뉴런이 있다. 대왕고래의 척수 뉴런은 농구 코트 길이의 절반에 달한다.

이제 뉴런의 기능을 이해하는 데 핵심이 되는 뉴런의 하위 부분에 대해 알아보자.

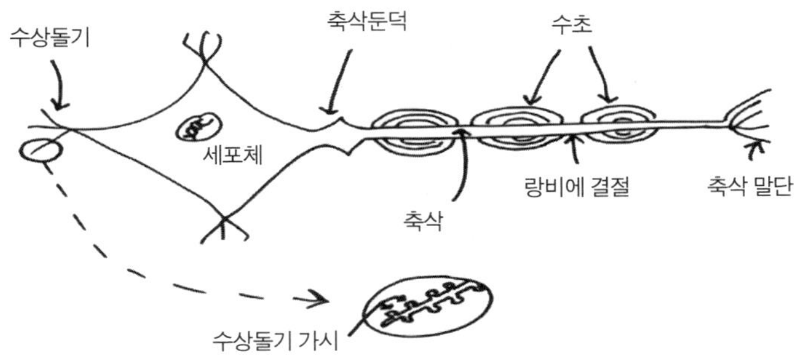

뉴런이 하는 일은 서로 대화하고 서로를 흥분시키는 것이다. 뉴런의 한쪽 끝에는 다른 뉴런으로부터 정보를 받아들이는 특수한 돌기인 은유적 '귀'가 있다. 다른 쪽 끝에는 다음 뉴런과 소통하는 '입'에 해당하는 돌기가 있다.

정보 입력을 담당하는 귀를 수상돌기라고 한다. 출력은 축삭이라고 하는 하나의 긴 케이블에서 시작하여 축삭말단에 이르는데, 이 축삭말단이 바로 입이다(여기서는 수초는 무시하자). 축삭말단은 다음 뉴런의 수상돌기 가지에 있는 가시에 연결된다. 따라서 뉴런의 수상돌기는 그 앞에 있는 뉴런이 흥분했다는 정보를 받는다. 그런 다음 정보는 수상돌기에서 세포체, 축삭, 축삭말단을 거쳐 다음 뉴런으로 전달된다.

'정보의 흐름'을 준※화학적으로 번역하면 다음과 같다. 수상돌기에서 축삭말단까지 실제로 무엇이 전달될까? 바로 전기적 흥분의 파동이다. 뉴런 내부에는 양전하와 음전하를 띤 다양한 이온이 존재한다. 뉴런의 세포막 바로 바깥에도 양전하와 음전하를 띤 다른 이온이 있다. 뉴런이 수상돌기 가시에서 이전 뉴런으로부터 흥분 신호를 받으면, 가시의 막에 있는 채널이 열리면서 다양한 이온이 유입되고 다른 이온이 유출되며, 그 결과 수상돌기 끝의 내부가 더욱 양전하를 띠게 된다. 그러면 전하가 축삭말단 쪽으로 퍼져 나가 다음 뉴런으로 전달된다. 화학적 설명은 여기까지다.

다음으로, 두 가지 매우 중요한 세부사항을 살펴보자.

휴지전위

뉴런이 앞의 뉴런으로부터 매우 흥분된 메시지를 전달받으면, 그 내부가 주변의 세포 외 공간에 비해 상대적으로 양전하를 띠게 될 수 있다. 뉴런은 무언가 할말이 있을 때 소리를 지른다. 그렇다면 뉴런이 아무 말도 하지 않고 자극도 받지 않는다면 어떤 모습일까? 당신은 (내부와 외부의 전하량이 동등하여 중성을 띠는) 평형 상태*라고 생각할지도 모른다. 하지만 아니다. 그건 절대 불가능하다. 비장spleen이나 엄지발가락에 있는 세포라면 충분히 그럴 수 있다. 하지만 중요한 문제로 다시 돌아가서, 뉴런에서는 대비가 중요하다. 뉴런이 할말이 없을 때, 그것은 전하가 0으로 내려가는 단순한 수동적 상태가 아니다. 그것은 오히려 능동적 과정으로, 활동적이고, 의도적이고, 힘차고, 근육이 꿈틀거리며, 땀이 뻘뻘 나는 과정이다. 요컨대, "나는 할말이 없다"는 상태는 기본적인 전하 중립 상태가 아니라, 뉴런 내부가 음전하를 띠고 있는 상태다.

'나는 할말이 없다=뉴런 내부가 음전하를 띤다'와 '나는 할말이 있다=뉴런 내부가 양전하를 띤다'보다 더 극적인 대비는 없다. 어떤 뉴런도 이 두 가

---

* 화학자용 설명: 다시 말해 내부와 외부에서 전하를 띤 이온의 분포가 서로 균형을 이루는 상태.

지 상태를 혼동하지 않는다. 내부적으로 음전하를 띠는 상태를 휴지전위라고 하며, 흥분된 상태를 활동전위라고 한다. 이 극적인 휴지전위를 생성하는 것이 왜 그렇게 능동적인 과정일까? 내부적으로 음의 휴지 상태를 성성하려면 양전하를 띤 이온을 밖으로 밀어내고 음전하를 띤 이온을 안에 보관해야 하는데, 그러기 위해 뉴런은 세포막의 다양한 펌프를 사용하여 미친 듯이 작동하기 때문이다. 흥분 신호가 전달되면 채널이 열리고, 이온의 물결이 이쪽과 저쪽에서 몰려들어와 흥분성 내부 양전하를 생성한다. 그리고 흥분의 파도가 지나가면, 채널을 닫고 펌프를 이용해 모든 것을 원래 위치로 되돌림으로써 음의 휴지전위를 복원해야 한다. 놀랍게도, 뉴런은 휴지전위를 생성하는 펌프질에 에너지의 거의 절반을 소비한다. '할말이 없을 때'와 '흥미로운 소식이 있을 때'가 극적인 대비를 이룬다는 것은 결코 비용이 싼 일이 아니다.

휴지전위와 활동전위에 대해 이해했으니, 또다른 매우 중요한 세부사항에 대해 알아보기로 하자.

활동전위의 본모습

언뜻 들으면, 방금 설명한 내용은 다음과 같이 해석되는 것 같다. '하나의 수상돌기 가시가 이전 뉴런으로부터 흥분 신호를 받으면(즉 이전 뉴런이 활동전위를 가졌을 때) 그 가시에 활동전위가 생성되고, 활동전위는 가시와 연결된 수상돌기 가지를 거쳐 세포체, 축삭, 축삭말단으로 퍼져나가 다음 뉴런으로 신호를 전달한다.' 그러나 이건 사실이 아니다.

먼저 뉴런은 아무 말도 하지 않고 가만히 있는 상태, 즉 휴지전위를 나타내며 내부는 모두 음전하를 띠고 있다. 그러다가 이전 뉴런의 축삭말단에서 나온 흥분 신호가 한 수상돌기 가지의 가시에 도착한다. 그 결과, 채널이 열리고 이온들이 해당 가시를 드나든다. 하지만 뉴런의 내부 전체를 양전하로 만들기에는 충분하지 않으며, 단지 가시 내부의 음전하가 조금 줄어들 뿐이다. 전혀 중요하지 않은 몇몇 숫자를 덧붙여보자면, 휴지전위 전하가 약 -70밀리볼트(mV)에서 약 -60mV로 바뀐다. 그런 다음 채널이 닫히고, 음전하가 줄어든 작은 딸꾹질*이 수상돌기 가지의 인근 가시들로 더 멀리 퍼진다. 그리고 펌프가 작동하기 시작하여 이온을 원래 있던 곳으로 되돌려 보낸다. 따라서 처음에는 전하가 -70mV에서 -60mV로 떨어졌지만, 조금 더 나아가면 -70mV에서 -65mV로, 조금 더 나아가면 -70mV에서 -69mV로 떨어진다. 다시 말해 흥분 신호가 소멸된다는 뜻이다. 부드럽고 잔잔한 호수에 조약돌 하나를 던졌다고 가정해보자. 그러면 바로 그곳에서 약간의 파문이 일어나고, 그 파문은 바깥쪽으로 퍼져나가면서 점점 더 작아지다가 조약돌이 떨어진 곳으로부터 멀지 않은 곳에서 사라진다. 그리고 수 킬로미터 떨어진 호수의 축삭 끝에서는 흥분의 파문이 전혀 영향력을 발휘하지 않는다.

즉 수상돌기의 가시 하나만 흥분하는 것으로는 그 흥분이 축삭말단을 거쳐 다음 뉴런으로 전달되기에 충분하지 않다는 것이다. 그렇다면 메시지는 어떻게 전달될까? 다시 카할의 멋진 뉴런 그림으로 돌아가보자.

여러 갈래로 갈라진 수상돌기 가지에는 여러 개의 가시가 점점이 박혀 있다. 그리고 뉴런의 수상돌기 끝에서 축삭 끝까지 충분한 자극을 전달하려면, 동일한 가시를 반복적이고(또는) 빠르게 자극하거나, 더 흔하게는 여러 개의 가시를 한꺼번에 자극하는 합산이 필요하다. 잔물결이 아닌 파도를 일으키려면, 조약돌을 많이 던져야만 한다.

세포체에서 나오는 축삭의 기저부에는 특수한 부분(축삭둔덕이라고 함)이 있다. 수상돌기 입력들이 모두 합산되어 둔덕 주변의 휴지전위가 -70mV에서 약 -40mV로 감소하기에 충분한 파동을 일으키면, 문턱값을 통과한 것이다. 그리고 일단 그렇게 되면 지옥문이 열린다. 둔덕의 막에서 다양한

---

* 전문용어로 설명하면, 약간의 '탈분극'.

종류의 채널들이 열리면서 이온이 대량으로 이동하여, 마침내 양전하(약 +30mV)—다른 말로 활동전위—가 생성된다. 그러면 다음의 축삭막에서 동일한 유형의 채널이 열리고, 그곳에서 활동전위가 재생되고, 그다음 그다음, 그다음⋯ 축삭말단까지 계속 재생된다.

정보 전달의 관점에서, 뉴런은 두 가지 유형의 신호 전달 체계를 가지고 있다. 수상돌기 가시에서 축삭둔덕까지는 아날로그 신호로, 공간과 시간에 따라 신호가 점진적으로 소멸한다. 그리고 축삭둔덕부터 축삭말단까지는 디지털 신호로, 축삭 전체에 걸쳐 전부 또는 전무 신호all-or-none signaling가 재생된다.

이것의 중요성을 이해하기 위해 몇 가지 가상의 숫자를 대입해보자. 평균적인 뉴런에 수상돌기 가시가 약 100개, 축삭말단이 약 100개씩 있다고 가정하자. 뉴런의 아날로그/디지털 특징의 맥락에서 이것이 의미하는 바는 무엇일까?

때로는 흥미로울 것이 전혀 없다. 방금 소개한 것처럼 100개의 축삭말단을 가진 A 뉴런을 생각해보자. 각각의 축삭말단은 다음 뉴런인 B 뉴런의 수상돌기 가시 중 하나에 연결된다. A 뉴런은 활동전위를 가지며, 이는 100개의 축삭말단 모두로 전파되어 B 뉴런의 수상돌기 가시 100개를 모두 흥분시킨다. B 뉴런 축삭의 문턱값은 (활동전위를 생성하기 위해 거의 동시에 흥분하는) 50개의 가시를 필요로 하므로, 100개의 가시가 모두 흥분하면 B 뉴런은 활동전위를 생성하여 A 뉴런의 메시지를 전달할 수 있다.

이제 난도를 약간 높여, A 뉴런이 축삭말단의 절반을 B 뉴런, 절반을 C 뉴런에 투사한다고 가정하자. 그러면 B 뉴런과 C 뉴런에서도 활동전위가 발생할까? 이 뉴런들의 축삭에는 조약돌 50개에서 한꺼번에 신호를 보내야 하는 문턱값이 있다. 그걸 넘으면 활동전위가 발생한다. 즉 이 경우에는 A 뉴런이 두 개의 하류 뉴런에 활동전위를 일으켜 두 뉴런의 기능에 큰 영향을 미친다.

난도를 더욱 높여, A 뉴런이 축삭말단을 10개의 다른 표적 뉴런인 B 뉴런부터 K 뉴런까지 골고루 분포시킨다고 가정할 때, A 뉴런의 활동전위가 표적 뉴런에서 활동전위를 일으킬까? 어림도 없다. 각 표적 뉴런에 있는 10개의 수상돌기 가시에 해당하는 조약돌은 문턱값인 조약돌 50개보다 훨씬 적다.

그렇다면 10개의 수상돌기 가시만 가진 K 뉴런이 A 뉴런으로부터 흥분 신호를 받는다면 어떻게 활동전위를 유발할 수 있을까? 음, 나머지 90개의 수상돌기 가시는 어떻게 될까? 이 시나리오에서는 다른 9개 뉴런이 각각 10개씩의 입력을 받고 있다. 다시 말해 특정 뉴런은 자신에게 투사되는 모든 뉴런의 입력을 합산한다. 결론적으로 A 뉴런이 투사하는 뉴런이 많을수록 더 많은 뉴런에 영향을 미칠 수 있지만, 투사하는 뉴런이 많을수록 각 대상 뉴런에 미치는 평균 영향은 작아진다는 규칙이 성립한다. 상충 관계가 있는 것이다.

척수에서는 일반적으로 한 뉴런이 모든 투사를 다음 뉴런에 일렬로 보내므로 문제가 되지 않는다. 그러나 뇌에서는 한 뉴런이 다른 뉴런으로 투사를 분산하고 다른 많은 뉴런으로부터 입력을 받으며, 각 뉴런의 축삭둔덕이 '문턱값에 도달하여 활동전위가 생성되는지'를 결정한다. 뇌는 이러한 발산 및 수렴 신호의 네트워크로 연결되어 있다.

이제 까무러칠 만한 진짜 숫자를 대입해보자. 평균적인 뉴런에는 약 1만 ~5만 개의 수상돌기 가시와 거의 같은 수의 축삭말단이 있다. 뉴런의 수가 1000억 개임을 고려하면, 신장이 아닌 뇌가 좋은 시를 쓰는 이유를 능히 짐작할 수 있다.

완성도를 높이기 위해, 당신이 원하는 범위를 넘어선다면 무시해도 좋은 몇 가지 마지막 사실이 있다. 뉴런은 활동전위가 끝날 때 '할말 없음'과 '할말 있음' 사이의 대비를 더욱 강화하기 위해 활동전위를 매우 빠르고 극적으로 종료하는 방법, 즉 지연 정류와 과분극 불응기라는 몇 가지 추가 트릭을 쓴다. 앞의 그림에 추가할 또다른 세부사항은 일종의 아교세포가 축삭을

에워싸 수초라는 절연층을 형성하는 것인데, 이 '수초화myelination'는 활동
전위가 축삭을 더 빨리 통과하도록 해준다.

　그리고 앞으로 매우 중요하게 다룰 마지막 세부사항은, 축삭둔덕의 문턱
값이 시간이 지남에 따라 변하여 뉴런의 흥분성을 변화시킬 수 있다는 것
이다. 어떤 것들이 문턱값을 변화시킬까? 호르몬, 영양 상태, 경험, 그리고
이 책을 가득 채운 다른 요인들이다.

　우리는 뉴런의 한쪽 끝에서 출발하여 다른 쪽 끝에 도달했다. 이제 다음
뉴런으로 넘어갈 차례다. 활동전위를 가진 뉴런은 정확히 어떻게 흥분을 다
음 뉴런에 전달할까?

두 개의 뉴런이 만날 때: 시냅스 통신

A 뉴런에서 발생한 활동전위가 수만 개의 축삭말단까지 퍼졌다고 가정해
보자. 이 흥분은 어떻게 B 뉴런으로 전달될까?

합포체설의 몰락

19세기의 평범한 신경과학자라면 답은 간단하다. 태아의 뇌는 수상돌기와
축삭돌기가 서서히 성장하는 수많은 개별 뉴런으로 구성되어 있다고 설명
할 수 있을 것이다. 그리고 결국 한 뉴런의 축삭말단이 다음 뉴런의 수상돌
기 가시에 닿아 합쳐져 두 세포 사이에 연속적인 막을 형성하게 된다. 이 모
든 분리된 태아의 뉴런들로부터, 성숙한 뇌는 '합포체'라고 불리는 하나의
연속적이고 매우 복잡한 초신경세포superneuron 네트워크를 형성한다. 따라
서 뉴런은 실제로 분리된 뉴런이 아니기 때문에 흥분은 한 뉴런에서 다음
뉴런으로 쉽게 흐른다.

19세기 후반, '각 뉴런은 독립적인 단위로 남아 있으며, 한 뉴런의 축삭말단이 다음 뉴런의 수상돌기 가시에 실제로 닿지 않는다'는 대안적 견해가 등장했다. 그 대신 둘 사이에는 작은 간격이 있다고 했는데, 이 개념을 신경세포설이라고 불렀다.

합포체 학파의 신봉자들은 오만방자했고 심지어 "합포체synctitium"의 어려운 스펠링도 안다는 이유로, 신경세포설 교리가 터무니없다고 말하길 주저하지 않았다. 그들은 이단자들에게 '축삭말단과 수상돌기 가시 사이의 간극을 보여주고, 한 뉴런에서 다음 뉴런으로 흥분이 어떻게 점프하는지 말해 달라'고 요구했다.

그러던 1873년, 이탈리아의 신경과학자 카밀로 골지가 새로운 방식으로 뇌 조직을 염색하는 기술을 발명하면서 이 모든 것이 해결되었다. 앞에서 언급한 카할은 이 '골지 염색'을 사용하여 단일 뉴런들의 수상돌기와 축삭말단의 모든 돌기, 모든 가지와 곁가지, 잔가지들을 염색했다. 결정적으로, 이 염색은 한 뉴런에서 다른 뉴런으로 퍼지지 않았다. 그렇다면 단일 초신경세포라는 연속된 병합 네트워크는 없고, 개별 뉴런은 별개의 실체라는 이야기가 된다. 신경세포설을 따르는 사람들이 합포체설을 따르는 사람들을 정복한 것이다.*

만세! 사건은 종결되었다. 실제로 축삭말단과 수상돌기 가시 사이에는 미세한 틈이 있으며, 이 틈을 시냅스라고 한다(하지만 1950년대에 전자현미경이 발명되기 전까지는 직접적으로 시각화되지 않아, 합포체설의 관에 마지막

---

* 카할은 신경세포설의 주창자였다. 합포체 이론을 지지하는 대표적인 인물은 누구일까? 골지였다. 골지가 발명한 기술로 인해 골지가 틀렸다는 것이 증명되었으니, 이보다 더한 아이러니가 있을까? 그는 1906년 카할과의 공동 수상으로 노벨상을 받기 위해 스톡홀름으로 가는 길 내내 의기소침했다고 한다. 두 사람은 서로를 혐오했고 대화 한 마디 나누지 않았다. 카할은 노벨상 수상 연설에서 골지를 칭찬하는 예의를 갖추기 위해 노력했다. 골지는 자신의 연설에서 카할과 신경세포설을 공격했다. 멍청이.

못을 박지 못했다). 하지만 '시냅스를 가로질러 한 뉴런에서 다음 뉴런으로 흥분이 어떻게 전파되는가?'라는 문제는 여전히 남아 있었다.

20세기 중반 신경과학을 지배했던 이 문제에 대한 해답은 '전기적 흥분이 시냅스를 뛰어넘지 않는다'는 것이었다. 그 대신 그것은 다른 유형의 메신저, 즉 신경전달물질로 변환된다.

신경전달물질

각 축삭말단 내부에는 막에 묶인 소포라는 작은 풍선이 자리하는데, 이 풍선 안에는 화학적 메신저의 사본이 많이 들어 있다. 활동전위는 축삭의 시작 부분인 축삭둔덕에서 시작되어, 축삭말단을 휩쓸고 지나가 시냅스로 화학적 메신저를 방출하도록 촉발한다. 화학적 메신저는 시냅스를 가로지른 후 건너편의 수상돌기 가시에 도달하여 뉴런을 흥분시킨다. 이러한 화학적 메신저를 신경전달물질이라고 한다.

시냅스의 '시냅스 전' 쪽에서 방출된 신경전달물질이 어떻게 '시냅스 후' 수상돌기 가시에 흥분을 일으킬까? 생물학의 위대한 클리셰 중 하나를 소개할 시간이다. 가시의 막에는 신경전달물질 수용체가 자리잡고 있다. 신경전달물질 분자는 독특한 모양을 가지고 있다(각각의 분자 사본은 동일한 모양을 갖고 있다). 수용체에는 신경전달물질의 모양과 완벽하게 상보적인 독특한 모양의 결합 포켓이 있다. 따라서 신경전달물질—지금쯤 진부하다는 느낌이 들 것이다—은 자물쇠에 열쇠를 끼우듯 수용체에 딱 들어맞는다. 그 수용체에 꼭 맞는 다른 분자는 없으며, 신경전달물질 분자는 다른 어떤 종류의 수용체에도 딱 들어맞지 않는다. 신경전달물질이 수용체에 결합하면 해당 채널이 열리고, 수상돌기 가시에서 이온성 흥분의 흐름이 시작된다.

이는 신경전달물질을 이용한 '시냅스 횡단' 통신을 설명하지만, 한 가지 세부사항은 여전히 설명되지 않았다. 수용체에 결합한 후 신경전달물질 분자는 어떻게 될까? 단도직입적으로 말해서, 신경전달물질과 수용체는 검은

머리가 파뿌리가 되도록 같이 살지 않는다. 활동전위는 수천분의 1초 단위로 발생한다는 점을 기억하라. 신경전달물질은 수용체와 찰나의 순간 동안 결합했다가 떨어져나와 둥둥 떠다니는데, 이쯤 되면 시냅스에서 제거되어야 한다. 신경전달물질의 제거는 두 가지 방법 중 하나로 이루어진다. 첫째, 생태학적 마인드를 지닌 시냅스의 경우 축삭말단 막에 '재흡수 펌프'를 가지고 있다. 이 펌프는 신경전달물질을 흡수하여 재활용하고, 남는 것은 나중에 재사용할 수 있도록 분비 소포에 다시 집어넣는다.* 두번째 방법은 시냅스에서 효소를 이용해 신경전달물질을 분해하여, 분해된 산물을 바다(즉, 세포 외 환경)로 흘려보낸 후 뇌척수액과 혈류를 거쳐 종국에는 방광으로 배출하는 것이다.

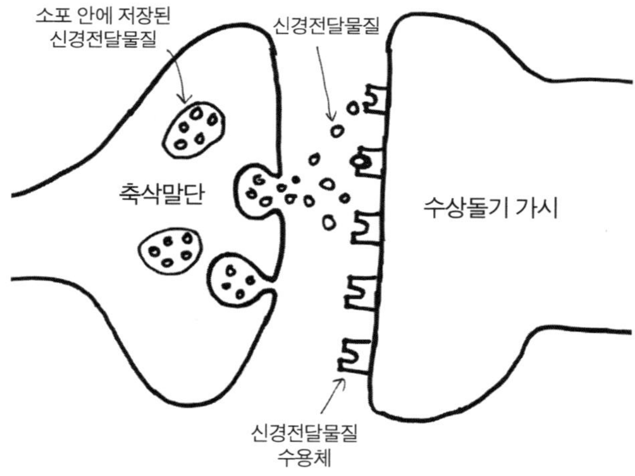

이러한 청소 단계는 매우 중요하다. 시냅스를 가로지르는 신경전달물질

---

* '열쇠와 자물쇠'와 관련된 추가 정보. 재흡수 펌프는 신경전달물질의 모양과 상보적인 모양을 갖고 있어, 신경전달물질만 선별적으로 축삭말단으로 다시 흡수된다.

508

신호의 양을 늘리고 싶다(앞 섹션의 흥분성을 활용한 용어로 번역하면, '시냅스를 가로지르는 흥분성을 증가시키고 싶다')고 가정해보자. 그렇게 하면 시냅스 전 뉴런의 활동전위가 시냅스 후 뉴런에 더 많은 영향을 미치므로 두 번째 뉴런에서 활동전위를 일으킬 가능성이 높아질 것이다. 어떻게 해야 할까? 가장 먼저 떠오르는 방법은 두 가지다. 하나는 신경전달물질의 방출량을 늘림으로써 시냅스 전 뉴런으로 하여금 '더 크게 소리치도록' 하는 것이다. 다른 하나는, 수상돌기 가시의 수용체 양을 늘림으로써 시냅스 후 뉴런으로 하여금 '더 예민하게 듣도록' 하는 것이다.

그러나 또다른 가능성으로, 재흡수 펌프의 활동을 감소시킬 수 있다. 그렇게 하면 시냅스에서 제거되는 신경전달물질의 양이 줄어들어 시냅스에 더 오래 머무르며 수용체에 반복적으로 결합하여 신호를 증폭시킬 것이다. 또는 이와 개념적으로 동등한 방법으로, 분해 효소의 활성을 감소시키면 시냅스에서 분해되는 신경전달물질이 줄어들 테니 더 많은 신경전달물질이 시냅스에 더 오래 머무르면서 효과가 높아질 수 있다. 앞으로 살펴보겠지만, 이 책에서 다루는 행동의 개인차를 설명하는 데 도움이 되는 가장 흥미로운 발견 중 일부는 '신경전달물질의 생성량 및 방출량' '수용체, 재흡수 펌프, 분해 효소의 양과 기능'에 관한 것이다.

신경전달물질의 유형

무려 1000억 개에 달하는 뉴런의 축삭말단에서 활동전위를 통해 방출되는 이 신비로운 신경전달물질 분자는 무엇일까? 여기서 문제가 복잡해진다. 그도 그럴 것이, 신경전달물질에는 여러 유형이 있기 때문이다.

왜 여러 유형일까? 모든 시냅스에서 동일한 일이 발생하는데, 신경전달물질이 자물쇠에 들어맞는 열쇠처럼 수용체에 결합하고 이로 인해 여러 이온 채널이 열리면서 이온이 흘러들어가 가시 내부의 음전위가 약간 줄어든다.

그렇게 되는 첫번째 이유는 신경전달물질마다 가시를 탈분극시키는 정도가 다르기 때문이다. 즉 어떤 신경전달물질은 다른 신경전달물질보다 흥분 효과가 더 크고 지속 시간도 다르다. 따라서 한 뉴런에서 다음 뉴런으로 전달되는 정보가 훨씬 더 복잡해질 수 있다.

그리고 주제를 확장하여, 가시를 탈분극시키지 않고 다음 뉴런이 활동전위를 가질 가능성을 높이지 않는 신경전달물질도 있다. 이것은 정반대로 가시를 '과분극'시켜 다양한 유형의 채널을 개방함으로써 휴지전위를 더욱 음전위로 만든다(예: -70mV에서 -80mV로 바꿈). 여기에는 억제성 신경전달물질 같은 것들이 있다. 이쯤 되면 당신은 상황이 왜 복잡해졌는지 이해할 수 있을 것이다. 1만~5만 개의 수상돌기 가시를 가진 뉴런이 다양한 뉴런으로부터 다양한 크기의 흥분성 입력을 받고 다른 뉴런으로부터 억제성 입력을 받아, 이 모든 것을 축삭둔덕에서 통합하기 때문이다.

따라서 다양한 종류의 신경전달물질이 존재하며, 각 신경전달물질은 모양이 서로 상보적인 고유 수용체 부위에 결합한다. 그렇다면 각 축삭말단에 한 묶음의 상이한 신경전달물질이 존재해서, 활동전위가 발생할 때 여러 신호들이 오케스트라처럼 한꺼번에 방출되는 것일까? 여기서 데일의 원리를 언급하게 된다. 1930년대에 이 분야의 대가 중 한 명이었던 헨리 데일의 이름을 딴 이 원리는 모든 신경과학자들의 걱정을 덜어준 법칙으로, '활동전위는 뉴런의 모든 축삭말단에서 한 가지 유형의 신경전달물질만을 방출한다'는 것이다. 따라서 특정 뉴런은 독특한 신경화학적 프로필을 가지고 있다. 이는 우리가 어떤 뉴런을 보고, '아, 저 뉴런은 신경전달물질 A형 뉴런이구나'라고 말할 수 있다는 것을 의미한다. 그리고 이는 또한 '저 뉴런과 대화하는 뉴런은 수상돌기 가시에 신경전달물질 A 수용체를 가지고 있겠구나'라고 말할 수 있다는 것을 의미한다.*

---

* 어떤 뉴런이 신경전달물질 A를 방출하는 뉴런과 신경전달물질 B를 방출하는 뉴런으로부터 각각 5천 개의 축삭을 투사받는 경우, 이 뉴런의 두 가지 수상돌기군群의 가시에는

지금까지 밝혀진 신경전달물질은 수십 가지가 넘는다. 그중에서 가장 유명한 것으로는 세로토닌, 노르에피네프린, 도파민, 아세틸콜린, 글루탐산염(뇌에서 가장 흥분성이 큰 신경전달물질), GABA(가장 억제성이 큰 신경전달물질) 등이 있다. 이 시점에서 의대생들은 각 신경전달물질이 어떻게 합성되는지에 대한 모든 세부사항 — 즉 전구체, 전구체가 최종적으로 실제 돌질에 도달할 때까지 변환되는 중간 형태, 합성을 촉매하는 다양한 효소의 고통스러울 정도로 긴 이름 — 때문에 고문을 당한다. 그래도 여기에는 세 가지 핵심 사항을 중심으로 구축된 꽤 간단한 규칙이 있다.

a. 사자에게 쫓겨 목숨을 걸고 달리는 상황에서, 근육에게 '빨리 달리라'고 지시하는 뉴런이 신경전달물질이 부족해져 오프라인 상태가 되면 끝장이다. 이에 대응하여 신경전달물질은 풍부한 전구체에서 만들어지며, 그것은 종종 단순한 식단 구성 성분이다. 예를 들어 세로토닌과 도파민은 각각 식이성 아미노산인 트립토판과 티로신에서 만들어진다. 그리고 아세틸콜린은 식이성 콜린과 레시틴에서 만들어진다.[**]

b. 뉴런은 잠재적으로 초당 수십 번의 활동전위를 가질 수 있다. 각각의 활동전위는 소포에 더 많은 신경전달물질을 다시 채우고, 방출하고, 나중에 청소하는 과정을 포함한다. 이러한 점을 감안할 때, 신경전달물질이 거대하고 복잡하며 화려한 분자가 되는 것은 바람직하지 않다. 그런 분자는 석공에게 의뢰하여 몇 세대에 걸쳐 빚어내야 하기 때문이다. 그 대신, 모든 신경전달물질은 전구체에서 몇 단계만 거쳐 만

서로 다른 수용체가 발현된다는 의미이기도 하다.

[**] 우와, 그렇다면 식단을 통해 신경전달물질의 양을 조절할 수 있다는 뜻일까? 내가 학생이던 시절에 사람들은 이 가능성에 대해 매우 흥분했다. 하지만 대부분의 경우 이 주장은 허구였다. 예를 들어 티로신이 함유된 단백질이 너무 부족해서 도파민을 충분히 만들지 못한다면, 당신은 여러 가지 이유로 이미 사망했을 것이다.

들어진다. 게다가 저렴하고 만들기도 쉽다. 예컨대 티로신을 도파민으로 바꾸는 데는 두 가지 간단한 합성 단계만 거치면 된다.

c. 마지막으로, 이러한 신경전달물질 합성 패턴을 저렴하고 쉽게 완성하려면 동일한 전구체에서 여러 신경전달물질을 생성하는 것이 좋다. 예컨대 도파민을 신경전달물질로 사용하는 뉴런에는 두 가지 합성 단계를 수행하는 두 가지 효소가 있다. 한편 노르에피네프린을 방출하는 뉴런에는 도파민을 노르에피네프린으로 전환하는 추가 효소가 있다.

저렴하게, 저렴하게, 저렴하게! 말이 된다. 시냅스 후 작업을 마친 신경전달물질보다 더 빨리 쓸모없어지는 것은 없을 테니 말이다. 어제의 신문은 오늘 집에서 배변 훈련하는 강아지에게나 유용하다. 앞으로 집중적으로 다룰 마지막 요점은, 축삭둔덕의 문턱값이 시간이 지남에 따라 경험이 축적되어 변할 수 있는 것처럼, 신경전달물질학의 거의 모든 기본 사항도 경험에 따라 바뀔 수 있다는 것이다.

신경약리학

이러한 신경전달물질학에 대한 통찰 덕분에 과학자들은 다양한 '신경활성' 및 '정신활성' 약물과 그것들의 작용 메커니즘을 이해하기 시작했다.

이러한 약물은 크게 특정 유형의 시냅스에서 신호 전달을 '증가시키는 약물'과 '감소시키는 약물'이라는 두 가지 범주로 나뉜다. 우리는 이미 신호 전달을 증가시키는 몇 가지 전략을 살펴보았다.

a. 신경전달물질을 더 많이 합성하도록 자극하는 약물을 투여한다(이를테면 신경전달물질의 전구체를 투여하거나, 신경전달물질을 합성하는 효소의 활성을 증가시키는 약물을 사용한다). 예를 들어 파킨슨병은 한

뇌 영역에서 도파민이 손실되는 질환으로, 도파민의 즉각적인 전구체인 엘도파L-DOPA를 투여함으로써 도파민 수치를 높이는 것이 치료의 보루다.

b. 신경전달물질의 합성 버전 또는 (수용체를 속일 만큼) 구조적으로 실제와 가까운 약물을 투여한다. 예를 들어 실로시빈*은 세로토닌과 구조적으로 유사하며, 세로토닌 수용체의 하위 유형을 활성화한다.

c. 시냅스 후 뉴런이 더 많은 수용체를 만들도록 자극한다(이론적으로는 괜찮지만 쉽게 할 수 있는 것은 아니다).

d. 신경전달물질을 분해하는 효소를 억제함으로써 시냅스에 더 많은 신경전달물질이 남도록 한다.

e. 신경전달물질의 재흡수를 억제함으로써 시냅스에서의 효과를 연장한다(현대의 항우울제인 프로작이 세로토닌 시냅스에서 정확히 이러한 작용을 하므로, 선택적 세로토닌 재흡수 억제제selective serotonin reuptake inhibitor, 줄여서 'SSRI'라고 한다).**

---

* 멕시코산 버섯에서 얻어지는 환각 유발 물질. ―옮긴이

** 따라서 SSRI가 세로토닌 신호를 증가시키고 우울증 증상을 완화한다면, 우울증의 원인은 세로토닌이 너무 적어서일 것이다. 음, 하지만 아닐 수도 있다. (A) 세로토닌 부족은 일부 하위 유형 우울증의 원인일 수 있다. 분명한 것은, SSRI가 모든 사람에게 유용한 것은 아니며, 도움이 되지 않는 정도도 제각각이라는 점이다. (B) 다른 하위 유형의 경우, 서로토닌 부족이 여러 가지 원인 중 하나이거나 전혀 관련이 없을 수도 있다. (C) 세로토닌 신호가 많을수록 우울증이 줄어든다고 해서, 초기 문제가 '세로토닌이 너무 적다'는 것이었다고 단정할 수는 없다. 요컨대 누출되는 파이프를 덕트테이프로 정비할 수 있다고 해서, 누출이 맨 처음에 테이프 부족 때문에 발생했다는 의미는 아니다. (D) SSRI라는 약어의 '선택적'이라는 부분에도 불구하고, 실제로 이 약물은 완벽하게 선택적이지 않고 다른 신경전달물질에도 영향을 미치므로, 세로토닌보다는 다른 신경전달물질이 관련될 수도 있다. (E) SSRI가 세로토닌 신호 전달 과정에서 수행하는 역할에도 불구하고 너무 많은 세로토닌이 문제를 야기했을 수도 있다. 이 시나리오는 너무 다층적이어서, 나의 학생들로 하여금 종종 숨을 헐떡이게 한다. (F) 이보다 더 많은 문제점들이 도사리고 있을 수 있다. 따라

한편 시냅스에서 신호 전달을 감소시키는 약물은 매우 다양하며, 그 기본 메커니즘으로는 신경전달물질의 '합성 차단' '방출 차단' '수용체에 대한 접근 차단' 등이 있다. 재미있는 예로, 아세틸콜린은 횡격막이 수축하도록 자극한다. 아마존 원주민들이 화살촉에 사용하는 독인 쿠라레의 경우, 아세틸콜린 수용체를 차단함으로써 호흡을 멎게 한다.

세 개의 뉴런이 만날 때

이제 우리는 세 개의 뉴런을 한꺼번에 생각하는 단계에 성공적으로 도달했다. 그리고 몇 페이지도 안 되어 우리는 폭주해 세 개 이상의 뉴런을 고려하게 될 것이다. 이 섹션의 목적은 뇌 전체 영역이 우리의 행동과 어떤 관련이 있는지 알아보기에 앞서, 중간 단계인 뉴런 회로가 어떻게 작동하는지를 살펴보는 것이다. 따라서 여기에 소개된 예는 이 수준에서 작업이 어떻게 진행되는지를 맛보여주기 위해 선택된 것일 뿐이다. 이러한 회로의 구성 요소를 어느 정도 이해하는 것은 12장에서 살펴본 '뇌의 회로가 경험에 반응하여 어떻게 변화할 수 있는가'라는 문제에 매우 중요하다.

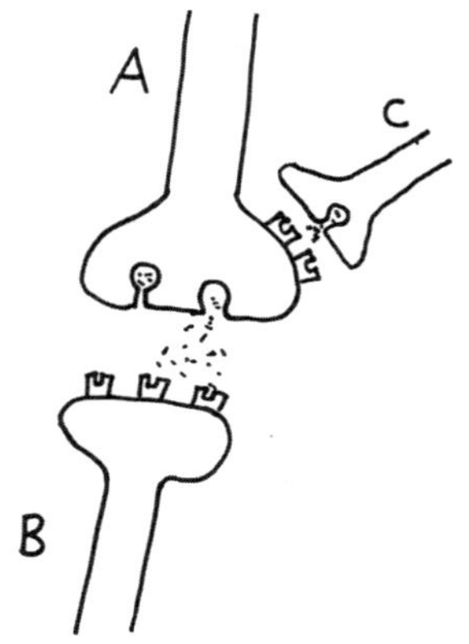

신경 조절

이런 다이어그램을 생각해보자.

    A 뉴런의 축삭말단은 시냅스 후 뉴런

서 현재 '세로토닌 가설'(즉 우울증은 세로토닌이 너무 적어서 발생한다는 가설)이 과대 포장된 것은 아닌지에 대한 논란이 일고 있다. 그럴 가능성이 높아 보인다.

인 B 뉴런의 수상돌기 가시와 시냅스를 형성하고, 흥분성 신경전달물질을 방출한다. 여기까지는 평소와 같다. 한편, C 뉴런은 A 뉴런의 축삭말단에 투사를 보내지만, 통상적인 장소인 수상돌기 가시에는 그러지 않는다. 그 결과 그 축삭말단은 A 뉴런의 축삭말단과 시냅스를 형성한다.

이게 대체 무슨 일일까? C 뉴런은 억제성 신경전달물질인 GABA를 방출하고, 이 GABA는 '축삭-축삭' 시냅스를 가로질러 A 뉴런의 축삭말단 쪽 수용체와 결합한다. 그리고 그 억제 효과(즉 -70mV의 휴지전위를 더욱 음전위로 만든다)는 축삭의 해당 가지를 타고 내려오는 모든 활동전위를 차단하고, 신경전달물질이 축삭의 끝까지 도달하여 방출되는 것을 막는다. 따라서 C 뉴런은 B 뉴런에 직접 영향을 미치기보다는 'A 뉴런이 B 뉴런에 영향을 미치는 능력'을 변화시킨다. 이 분야의 전문용어로, C 뉴런은 이 회로에서 소위 '신경 조절' 역할을 하는 것이다.

시간과 공간에 따른 신호의 선명도 향상

이제 새로운 유형의 회로를 살펴보자. 이를 위해, 뉴런을 표현하는 더 간단한 방법을 사용하기로 한다. 아래 다이어그램과 같이, A 뉴런은 1만~5단 개에 이르는 축삭 투사를 모두 B 뉴런으로 보내고, 더하기(+) 기호로 상징되는 흥분성 신경전달물질을 방출한다. B 뉴런의 동그라미는 세포체와 (1만~5만 개의 가시가 있는) 모든 수상돌기 가지를 나타낸다.

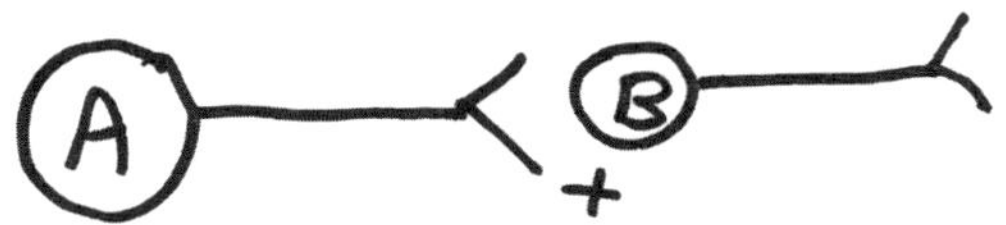

이제 다음 회로를 생각해보자. A 뉴런은 평소와 같이 B 뉴런을 자극한다. 그리고 C 뉴런도 자극한다. 이것은 일상적인 현상으로, A 뉴런은 두 개의 표적세포로 축삭 투사를 분할함으로써 두 세포를 모두 자극한다. 그러면 C 뉴런은 무슨 일을 할까? C 뉴런은 억제성 투사를 A 뉴런으로 다시 보내 음성 되먹임 고리를 형성한다. 누차 강조한 바와 같이, 뇌는 대비를 좋아하여 할말이 있을 때는 힘차게 소리를 지르고 그렇지 않을 때는 입을 꼭 다문다. 이번에는 좀더 거시적인 수준의 이야기를 해보자. A 뉴런은 일련의 활동전위를 발사한다. 모든 일이 끝났을 때 억제성 되먹임 고리 덕분에 완전히 침묵하는 것보다 에너지 넘치는 소통을 할 수 있는 더 좋은 방법이 있을까? 요컨대 억제성 되먹임 고리는 시간이 지남에 따라 신호를 선명하게 하는 수단이다.* 그리고 A 뉴런은 ‘1만 개의 축삭말단 중 몇 개를 B 뉴런이 아닌 C 뉴런으로 보내는지’에 따라 음성 되먹임 신호의 강도를 ‘결정’할 수 있다.

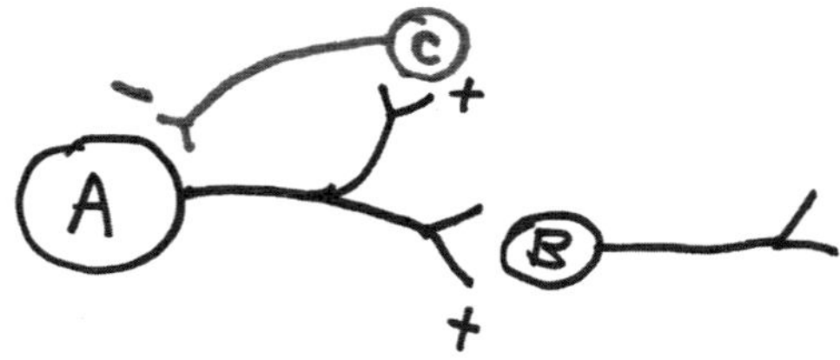

이러한 신호의 ‘시간적 선명화’는 다른 방식으로도 달성할 수 있다.

---

* 이것을 확실히 이해하려면 추가적인 사실을 알아야 한다. 이온 채널의 무작위적이고 확률적인 딸꾹질 덕분에 뉴런은 때때로 갑자기 무작위적이고 자발적인 활동전위를 가질 수 있다(양자 불확정성이 뇌 기능과 어떤 관련이 있는지에 대해서는, 10장에서 자세히 살펴보았다[사실, 별 내용이 없다]). 따라서 A 뉴런은 의도적으로 10개의 활동전위를 발사한 다음, 곧바로 2개의 무작위 활동전위를 발사한다. 이렇게 되면 A 뉴런이 열 번을 외치려고 했는지, 열한 번을 외치려고 했는지, 열두 번을 외치려고 했는지 알기 어려울 수 있다. 이 문제를 해결하려면 어떻게 해야 할까? 억제성 되먹임 신호가 열번째 활동전위 직후에 나타나도록 회로를 교정하면, 그뒤에 무작위로 나타나는 두 개의 활동전위가 방지되어 A 뉴런이 무엇을 의미했는지 더 쉽게 알 수 있다. 잡음을 제거함으로써 신호를 선명하게 만드는 것이다.

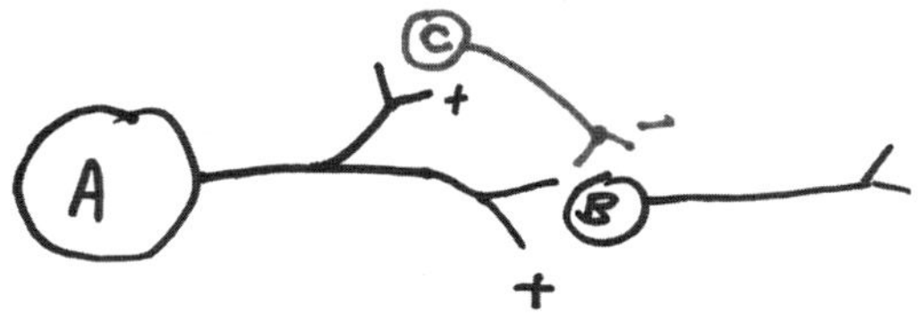

A 뉴런이 B 뉴런과 C 뉴런을 자극한다. 그러면 뉴런 C는 뉴런 B로 억제 신호를 보내는데, 이것은 B가 자극받기 시작한 뒤에 도착한다(A/C/B 고리는 두 개의 시냅스 단계인 반면, A/B는 하나의 단계이기 때문이다). 그 결과는? '앞먹임 억제feed-forward inhibition'로 신호가 선명해진다.

이제 다른 유형의 신호 선명화 방법인 '신호 대 잡음비 높이기'에 대해 알아보자. A 뉴런이 B 뉴런을 자극하고, C 뉴런이 D 뉴런을 자극하며, E 뉴런이 F 뉴런을 자극하는 6개의 뉴런 회로를 생각해보자.

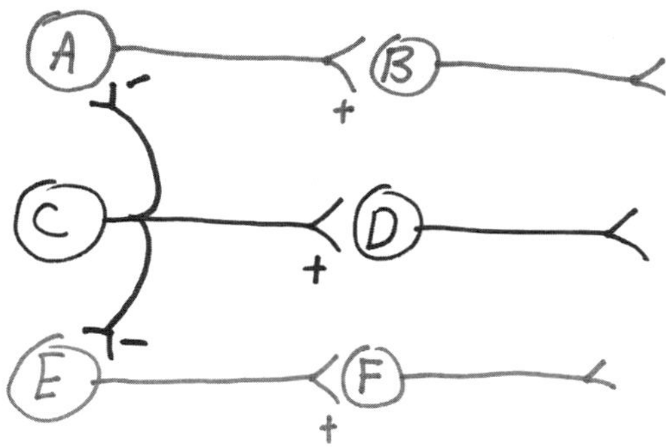

C 뉴런은 D 뉴런으로 흥분성 투사를 보내면서, C 뉴런의 축삭은 A 뉴런과 E 뉴런으로 부수적 억제성 투사를 보낸다.** 따라서 C 뉴런이 자극을 받

** 데일의 지혜 덕분에, 우리는 C 뉴런의 모든 축삭말단에서 동일한 신경전달물질이 나온다는

으면 D 뉴런을 자극하고, A 뉴런과 E 뉴런을 침묵시킨다. 이러한 '측면 억제'를 통해, C가 비명을 지르면 A 뉴런과 E 뉴런은 특히 조용해진다. 이는 공간 신호를 선명하게 하는 수단이다(이 다이어그램을 단순화하느라 명백한 것을 생략했다. 즉 이 가상의 2차원 네트워크에서, C 뉴런은 A 뉴런과 E 뉴런뿐만 아니라 다른 쪽에 있는 뉴런들에도 부수적 억제성 투사를 보낸다).

이 같은 측면 억제는 감각계에서 흔히 볼 수 있는 현상이다. 작은 불빛을 당신의 눈에 비춰보라. 잠깐만! 방금 자극을 받은 것이 광수용체 뉴런 A, C, E 중 어느 것일까? 측면 억제 덕분에 C라는 것이 더 명확해졌다. 촉각계에서도 마찬가지여서, 방금 뭔가에 접촉한 피부가 이쪽이나 저쪽이 아니라 바로 여기였다는 것을 알 수 있다. 또는 방금 당신의 귀에 들린 음조가 A$^\#$이나 A$^\flat$이 아니라 A였다는 것을 알 수 있다.*

우리가 지금까지 살펴본 것은, 신경계에서 대비를 향상하는 또다른 사례였다. 뉴런의 침묵 상태가 중성인 0mV가 아니라 음전하라는 사실의 의미는 무엇일까? 뉴런 내에서 신호를 선명하게 만드는 방법이라는 것이다. 이러한 종류의 부수적 투사를 통한 측면 억제, 그리고 방금 살펴본 되먹임, 앞먹임은 회로 내에서 시간과 공간에 걸쳐 신호를 선명하게 만드는 방법이다.

두 가지 유형의 통증

다음 회로에서, 나는 방금 소개한 몇 가지 요소를 포함하여 크게 두 가지 유형의 통증이 있는 이유를 설명하려고 한다. 이 회로는 너무 우아해서 내 마음에 쏙 든다.

것을 알고 있다. 그렇다면 동일한 신경전달물질이 어떤 시냅스에서는 흥분성을, 다른 시냅스에서는 억제성을 나타낼 수 있다는 이야기가 된다. 이는 수상돌기 가시의 수용체가 어떤 유형의 이온 채널과 결합되어 있는지에 따라 결정된다.

* 후각계에서도 비슷한 회로가 발견되는데, 이는 항상 나를 당혹스럽게 만들었다. 오렌지 냄새 회로의 바로 옆에는 무엇이 있을까? 귤 냄새 회로?

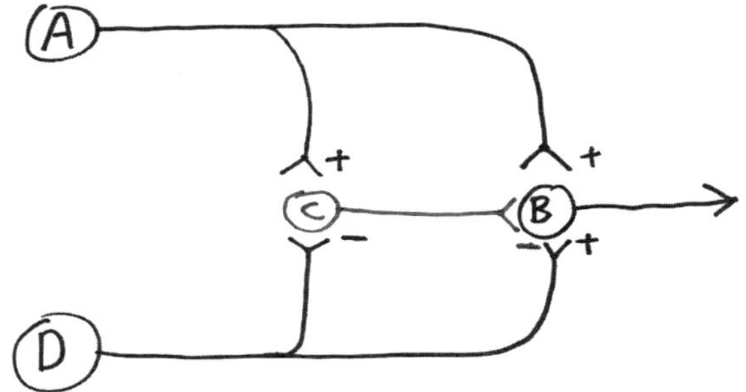

　A 뉴런의 수상돌기는 피부 표면 바로 아래에 있으며, 고통스러운 자극에 대한 반응으로 활동전위를 갖는다. 그러면 A 뉴런은 척수를 따라 위로 투사하는 B 뉴런을 자극하여, 방금 고통스러운 일이 발생했음을 뇌에 알려준다. 그러나 A 뉴런은 또한 C 뉴런을 자극함으로써 B 뉴런을 억제하는데, 이것이 바로 앞먹임 억제 회로 중 하나다. 그 결과는? B 뉴런은 잠시 발화했다가 침묵하고, 우리는 이를 '바늘로 찌르는 듯한 날카로운 통증'으로 인식한다.

　한편 수상돌기가 피부의 동일한 일반적 부위에 있으며 다른 유형의 고통스러운 자극에 반응하는 D 뉴런이 있다. 방금 전과 마찬가지로, D 뉴런은 B 뉴런을 자극하여 뇌로 메시지를 보낸다. 그러나 이 뉴런은 또한 C 뉴런으로 투사를 보내어 이를 억제한다. 그 결과는? 통증 신호에 의해 D 뉴런이 활성화되면, 'C 뉴런이 B 뉴런을 억제하는 능력'을 억제함으로써 화상이나 찰과상처럼 '욱신거리고 지속적인 통증'으로 인식하게 된다. 중요한 것은, D 뉴런의 축삭에서는 활동전위가 A 뉴런보다 훨씬 더 느리게 이동한다는 사실로 인해 이 현상이 강화된다는 점이다(앞에서 언급한 수초와 관련이 있지만, 자세한 내용은 중요하지 않다). 따라서 A 뉴런의 통증은 일시적일 뿐만 아니라 즉각적으로 나타나는 데 반해, D 뉴런 가지의 통증은 오래 지속될 뿐만 아니라 더 느리게 시작된다.

　이 두 가지 유형의 뉴런은 상호작용할 수 있으며, 우리는 종종 의도적으로 상호작용을 강요하기도 한다. 벌레에 물렸을 때와 같이 욱신거리는 통증이 지속적으로 발생한다고 가정해보자. 욱신거림을 어떻게 멈출 수 있을까? 빠른 신경섬유를 짧게 자극하면 된다. 이렇게 하면 순간적으로 통증이 심해지지만, C 뉴런을 자극함으로써 잠시 동안 시스템을 정지시킨다. 그리고 우리가 종종 실제 상황에서 하는 일이 바로 이것이다. 벌레에 물려서 참을 수 없을 정도로 욱신거릴 때 우리는 벌레 물린 부위 주변을 세게 긁어서 통증을 완화한다. 이렇게 하면 느린 만성 통증 경로는 최대 몇 분 동안 차단된다.

통증이 이런 식으로 작용한다는 사실은 중요한 임상적 의미를 갖는다. 우선, 과학자들은 이를 통해 심각한 만성 통증 증후군(예: 특정 유형의 허리 부상)을 앓는 사람들을 위한 치료법을 설계할 수 있다. 작은 전극을 환자의 빠른 통증 경로에 이식하고 환자의 엉덩이에 있는 자극기에 연결한 다음, 욱신거리는 통증이 너무 심할 때 자극기를 윙윙거리게 하는 것이다. 이렇게 하면 짧고 날카로운 통증이 있은 후 만성적인 욱신거림이 잠시 동안 꺼지므로, 많은 경우에 놀라운 효과를 볼 수 있다.

따라서 우리는 시간적 선명화 메커니즘을 포괄함과 동시에 '억제성 뉴런 억제'라는 이중 억제 개념도 담은 이중 부정을 도입함으로써, 모든 면에서 멋진 회로를 갖게 되었다. 그리고 내가 이 회로를 좋아하는 가장 큰 이유 중 하나는, 1965년에 위대한 신경생물학자인 로널드 멜작과 패트릭 월에 의해 처음 제안되었다는 점이다. 이 모델은 단지 이론적 모델로서 제안되었을 뿐이지만("아무도 이런 종류의 배선을 본 적이 없지만, 통증의 작동 방식을 고려할 때 이런 모양이어야 한다고 제안한다"), 후속 연구를 통해 신경계의 이 부분이 정확히 그렇게 연결되어 있다는 사실이 밝혀졌다.

이러한 종류의 요소들을 기반으로 구축된 회로는 우리가 어떻게 사물을 일반화하고 범주를 형성하는지(12장 참조), 즉 그림을 보고 "화가가 누구인지는 알 수 없지만 인상파 화가 중 한 사람의 작품이야"라고 말하거나, 링컨과 테디 루스벨트 중 '한 명'이나 양떼를 몰고 다니는 목양견 중 '한 마리'를 떠올릴 때에도 매우 중요한 역할을 한다.

수천~수십만 개의 뉴런이 만날 때

한 개의 뉴런, 두 개의 뉴런, 뉴런 회로를 거쳐, 이제 마지막 단계로 한 번에 수천, 수십만 개의 뉴런 수준까지 확장할 준비가 되었다. 간을 단면으로 잘라 현미경으로 관찰한 이미지를 인터넷에서 찾아보라. 그것은 무수한 세포로 이루어진 균일한 영역으로, 카펫과 마찬가지로 한 부분만 보더라도 전체를 본 것이나 마찬가지다. 지루하다.

이와 대조적으로, 뇌는 엄청난 양의 내부 조직을 보여준다.

즉 뇌의 특정 영역에는 관련된 기능을 수행하는 뉴런들의 세포체가 모여 있고, 이것들이 뇌의 다른 부분으로 보내는 축삭은 투사 케이블로 조직화되어 있다. 이 모든 것이 결정적으로 의미하는 바는, 뇌의 각 부분은 서로 다른 일을 한다는 것이다. 뇌의 모든 영역에는 이름(보통 다음절어이며, 그리스어나 라틴어에서 유래한다)이 있다. 하위 영역 및 하하위 영역도 마찬가지다. 더욱이 각 영역은 다른 영역의 일정한 집합체와 대화를 나눈다(즉 축삭 투사를 주고받는다). '뇌의 어떤 부분이 어떤 다른 부분과 대화하고 있는지'를 알면 뇌의 기능에 대해 많은 것을 이해할 수 있다. 예컨대 체온이 상승했다는 정보를 받은 뉴런은 발한을 조절하는 뉴런에 투사를 보내, 그 시점에 뉴런을 활성화함으로써 땀을 흘리게 한다. 이 모든 것이 얼마나 복잡한지 보여주기 위해 한 가지 예를 들자면, (당신의 몸이 달아오르는 듯 느껴지는) 매력적인 사람이 주위에 있을 때도 동일한 뉴런이 작동하여 땀샘을 자극하는 뉴런에 대한 투사를 활성화할 것이다. 이렇게 되면 땀이 비 오듯 흐를 테니, 당신의 생식샘은 제 기능을 발휘하지 못하고 쩔쩔매게 될 것이다.

세부사항에 집착한 많은 신경해부학자들의 비극적 사례에서 보았듯이,

상이한 뇌 영역 간의 연결에 대한 모든 세부사항에 신경쓰다보면 미쳐버릴지도 모른다. 그러니 정신건강을 위해, 우리의 목적을 달성하는 데 필요한 몇 가지 핵심사항에만 주목하기로 하자.

— 이 수준의 분석에서 익숙한 이름으로는 시상하부, 소뇌, 피질, 해마 등이 있으며, 각 특정 영역에는 수백만 개의 뉴런이 있다.

— 일부 영역은 매우 뚜렷하고 조밀한 하위 영역을 가지고 있는데, 이 영역을 '핵'이라고 한다. (DNA가 들어 있는 모든 세포의 일부도 핵이라고 하기 때문에 혼란스러울 수 있다. 그래도 뭐 어쩌겠는가?) 예를 들어 마이네르트기저핵, 시상하부의 시삭상핵과 같이 전혀 생소한 이름도 있고, 하올리브핵과 같이 매력적인 이름도 있다.

— 앞에서 설명한 바와 같이, 관련된 기능을 가진 뉴런의 세포체들은 특정 부분 또는 핵에서 함께 뭉쳐져 축삭 투사를 같은 방향으로 내보내고 다발(일명 '섬유관')로 합쳐진다.

— 활동전위가 더 빨리 전파되도록 돕기 위해 축삭을 감싸고 있는 수초도 다시 보자. 수초는 뇌의 섬유관 다발이 하얗게 보일 정도로 흰색을 띠는 경향이 있다. 따라서 일반적으로 '백색질'이라고 불린다. 수초화되지 않은 신경세포체가 모여 있는 클러스터는 '회색질'이라고 불린다.

신경과학 입문은 여기까지다. 이제 본문으로 돌아가기로 하자.

주

1장 겹겹이 포개진 거북이

1   실험철학에 대한 검토: J. Knobe et al., "Experimental Philosophy," *Annual Review of Psychology* 63 (2012): 81; David Bourget and David Chalmers, eds., "The 2020 PhilPapers Survey," 2020, survey2020.philpeople.org/survey/results/all.

문화권별로 살펴본 어린이의 자유의지에 대한 믿음: 고프닉과 쿠시너의 연구: T. Kushnir et al., "Developing Intuitions about Free Will between Ages Four and Six," *Cognition* 138 (2015): 79; N. Chernyak, C. Kang, and T. Kushnir, "The Cultural Roots of Free Will Beliefs: How Singaporean and U.S. Children Judge and Explain Possibilities for Action in Interpersonal Contexts," *Developmental Psychology* 55 (2019): 866; N. Chernyak et al., "A Comparison of American and Nepalese Children's Concepts of Freedom of Choice and Social Constrain," *Cognitive Science* 37 (2013): 1343; A. Wente et al., "How Universal Are Free Will Beliefs? Cultural Differences in Chinese and U.S. 4- and 6-Year-Olds," *Child Development* 87 (2016): 666.

자유의지에 대한 믿음은 여러 문화권에 광범위하게 퍼져 있지만 보편적이지는 않다: D. Wisniewski, R. Deutschland, and J.-D. Haynes, "Free Will Beliefs Are Better Predicted by Dualism Than Determinism Beliefs across Different Cultures," *PLoS One* 14 (2019): e0221617; R. Berniunasa et al., "The Weirdness of Belief in Free Will," *Consciousness and Cognition* 87 (2021): 103054; H. Sarkissian et al., "Is Belief in Free Will a Cultural Universal?," *Mind and Language* 25 (2021): 346.

운전에 관한 연구: E. Awad et al., "Drivers Are Blamed More Than Their Automated Cars When Both Make Mistakes," *Nature Human Behaviour*, 4 (2020): 134.

2   L. Egan, P. Bloom, and L. Santos, "Choice-Induced Preferences in the Absence of Choice: Evidence from a Blind Two Choice Paradigm with Young Children and Capuchin Monkeys," *Journal of Experimental and Social Psychology* 46 (2010): 204.

3   각주(18쪽): 이들의 아이디어에 대한 개괄적 검토: G. Strawson, "The Impossibility of Moral Responsibility," *Philosophical Studies* 75 (1994): 5; D. Pereboom, *Living without Free Will* (Cambridge University Press, 2001); G. Caruso, *Rejecting Retributivism: Free Will, Punishment, and Criminal Justice* (Cambridge University Press, 2021); N. Levy, *Hard Luck: How Luck Undermines Free Will and Moral Responsibility* (Oxford University Press, 2011); and S. Harris, Free Will (Simon & Schuster, 2012).

다소 다른 관점이지만 비슷한 맥락: B. Waller, *Against Moral Responsibility* (MIT Press, 2011).

과학자들의 글에서도 이와 비슷하게 광범위한 거부를 찾아볼 수 있다: 시카고대학교의 진화생물학자 제리 코인Jerry Coyne, 프린스턴대학교의 심리학자/신경과학자 조너선 코언 Jonathan Cohen, 하버드대학교의 조시 그린, NYU의 폴 글림처Paul Glimcher, 분자생물학의 신 고故 프랜시스 크릭.

소수의 법학자들(예: 윌리엄앤드메리로스쿨의 피트 앨시스)은 자유의지의 존재를 거부함으로써 해당 분야의 기본 가정을 깬다.

4   M. Vargas, "Reconsidering Scientific Threats to Free Will," in *Moral Psychology*, vol. 4, *Free Will and Moral Responsibility*, ed. W. Sinnott-Armstrong (MIT Press, 2014).

5   R. Baumeister, "Constructing a Scientific Theory of Free Will," in *Moral Psychology*, vol. 4, *Free Will and Moral Responsibility*, ed. W. Sinnott-Armstrong (MIT Press, 2014).

6   A. Mele, "Free Will and Substance Dualism: The Real Scientific Threat to Free Will?," in *Moral Psychology*, vol. 4, *Free Will and Moral Responsibility*, ed. W. Sinnott-Armstrong.

7   R. Nisbett and T. Wilson, "Telling More Than We Can Know: Verbal Reports on Mental Processes," *Psychological Review* 84 (1977): 231.

2장 영화의 마지막 3분

1   각주: J. McHugh and P. Mackowiak, "Death in the White House: President William Henry Harrison's Atypical Pneumonia," *Clinical Infectious Diseases* 59 (2014): 990. 해리슨의 의사는 그를 여러 가지 약물로 치료했고, 이는 아마도 그의 죽음을 앞당겼을 것이다. 아편중독자들에게 알려진 것처럼, 아편은 심한 변비를 유발함으로써 장티푸스 세균이 더 오래 머무르며 분열하게 한다. 그는 또한 탄산 알칼리를 투여받았는데, 이 때문에 아마도 위산이 세균을 죽이는 능력이 손상됐을 것이다. 또한 명확한 이유도 없이 신경 독성이 있는 수은도 상당량을 투여받았다. 맥휴와 매코비액은 오염된 물로 인한 장 질환으로 인해 제임

스 폴크가 대통령 재임중 심각한 질병에 걸렸고 재커리 테일러가 재임중 사망했다고 설득력 있게 주장한다.

2   B. Libet et al., "Time of Conscious Intention to Act in Relation to Onset of Cerebral Activity (Readiness-Potential): The Unconscious Initiation of a Freely Voluntary Act," *Brain: A Journal of Neurology* 106 (1983): 623; "악명 높다": E. Nahmias, "Intuitions about Free Will, Determinism, and Bypassing," in *The Oxford Handbook of Free Will*, 2nd ed., ed. R. Kane (Oxford University Press, 2011).

3   P. Sanford et al., "Libet's Intention Reports Are Invalid: A Replication of Dominik et al. (2017)," *Consciousness and Cognition* 77 (2020): 102836. 이 논문은 초기 논문에 대한 대응이다: T. Dominik et al., "Libet's Experiment: Questioning the Validity of Measuring the Urge to Move," *Consciousness and Cognition* 49 (2017): 255. 리벳의 실험에 대한 언론의 설명: E. Racine et al., "Media Portrayal of a Landmark Neuroscience Experiment on Free Will," *Science Engineering Ethics* 23 (2007): 989.

4   P. Haggard, "Decision Time for Free Will," *Neuron* 69 (2011): 404; P. Haggard and M. Eimer, "On the Relation between Brain Potentials and the Awareness of Voluntary Movements," *Experimental Brain Research* 126 (1999): 128.

5   J.-D. Haynes, "The Neural Code for Intentions in the Human Brain," in *Bioprediction, Bio markers, and Bad Behavior*, ed. I. Singh and W. Sinnott-Armstrong (Oxford University Press, 2013); S. Bode and J. Haynes, "Decoding Sequential Stages of Task Preparation in the Human Brain," *Neuroimage* 45 (2009): 606; S. Bode et al., "Tracking the Unconscious Generation of Free Decisions Using Ultra-high Field fMRI," *PLoS One* 6, no. 6 (2011): e21612; C. Soon et al., "Unconscious Determinants of Free Decisions in the Human Brain," *Nature Neuroscience* 11 (2008): 543. 관문으로서의 SMA (각주): R. Sjöberg, "Free Will and Neurosurgical Resections of the Supplementary Motor Area: A Critical Review," *Acta Neurochirgica* 163 (2021): 1229.

6   I. Fried, R. Mukamel, and G. Kreiman, "Internally Generated Preactivation of Single Neurons in Human Medial Frontal Cortex Predicts Volition," *Neuron* 69 (2011): 548; I. Fried, "Neurons as Will and Representation," *Nature Reviews Neuroscience* 23 (2022): 104; H. Gelbard-Sagiv et al., "Internally Generated Reactivation of Single Neurons in Human Hippocampus during Free Recall," *Science* 322 (2008): 96.

7   지연된 벨 울림: W. Banks and E. Isham, "We Infer Rather Than Perceive the Moment We Decided to Act," *Psychological Science* 20 (2009): 17. 행복이 준비전위에 미치는 영향: D. Rigoni, J. Demanet, and G. Sartori, "Happiness in Action: The Impact of Positive Affect on the Time of the Conscious Intention to Act," *Frontiers in Psychology* 6 (2015):

1307; H. Lau et al., "Attention to Intention," *Science* 303 (2004): 1208.

8   M. Desmurget et al., "Movement Intention after Parietal Cortex Stimulation in Humans," *Science* 324 (2009): 811.

9   무정부 손 증후군: C. Marchetti and S. Della Sala, "Disentangling the Alien and Anarchic Hand," *Cognitive Neuropsychiatry* 3 (1998): 191; S. Della Sala, C. Marchetti, and H. Spinnler, "Right-Sided Anarchic (Alien) Hand: A Longitudinal Study," *Neuropsychologia* 29 (1991): 1113.

10 경두개자기자극: J. Brasil-Neto et al., "Focal Transcranial Magnetic Stimulation and Response Bias in a Forced-Choice Task," *Journal of Neurology, Neurosurgery and Psychiatry* 55 (1992): 964. 마술사: A. Pailhes and G. Kuhn, "Mind Control Tricks: Magicians' Forcing and Free Will," *Trends in Cognitive Sciences* 25 (2021): 338; H. Kelley, "Magic Tricks: The Management of Causal Attributions," in *Perspectives on Attribution Research and Theory: The Bielefeld Symposium*, ed. D. Gorlitz (Ballinger, 1980).
    각주: D. Knoch et al., "Diminishing Reciprocal Fairness by Disrupting the Right Prefrontal Cortex," *Science* 314 (2006): 829.

11 D. Wegner, *The Illusion of Conscious Will* (MIT Press, 2002).

12 각주(42쪽): P. Tse, "Two Types of Libertarian Free Will Are Realized in the Human Brain," in *Neuroexistentialism*, ed. G. Caruso (Oxford University Press, 2017).

13 리벳의 개관: B. Libet, "Unconscious Cerebral Initiative and the Role of Conscious Will in Voluntary Action," *Behavioral and Brain Sciences* 8 (1985): 529. 리벳 연구에 대한 비판: R. Doty, "The Time Course of Conscious Processing: Vetoes by the Uninformed?," *Behavioral and Brain Sciences* 8 (1985): 541; C. Wood, "Pardon, Your Dualism Is Showing," *Behavioral and Brain Sciences* 8 (1985): 557; G. Wasserman, "Neural/Mental Chronometry and Chronotheology," *Behavioral and Brain Sciences* 8 (1985): 556.

14 M. Vargas, "Reconsidering Scientific Threats to Free Will," in *Moral Psychology*, vol. 4, *Free Will and Moral Responsibility*, ed. W. Sinnott-Armstrong (MIT Press, 2014).

15 K. Smith, "Taking Aim at Free Will," *Nature* 477 (2011): 23.

16 운전 시뮬레이션: O. Perez et al., "Preconscious Prediction of a Driver's Decision Using Intracranial Recordings," *Journal of Cognitive Neuroscience* 27 (2015): 1492. 번지점프: Nann et al., "To Jump or Not to Jump—the Bereitschaftspotential Required to Jump into 192-Meter Abyss," *Science Reports* 9 (2019): 2243.

17 U. Maoz et al., "Neural Precursors of Decisions That Matter—an ERP Study of

Deliberate and Arbitrary Choice," *eLife* 8 (2019): e39787. 인용문: Daniel Dennett, "Is Free Will an Illusion? What Can Cognitive Science Tell Us?," Santa Fe Institute, May 14, 2014, YouTube video, 1:21:19, youtube.com/watch?v=wGPIzSe5cAU&t=3890s, 41:00 부근.

18 Haynes, "Neural Code for Intentions."

19 O. Bai et al., "Prediction of Human Voluntary Movement Before It Occurs," *Clinical Neuro physiology* 122 (2011): 364.

20 리벳 이후 거의 40년: A. Schurger et al., "What Is the Readiness Potential?," *Trends in Cognitive Science* 25 (2010): 558. 충동 대 결정: S. Pockett and S. Purdy, "Are Voluntary Movements Initiated Preconsciously? The Relationships between Readiness Potentials, Urges and Decisions," in *Conscious Will and Responsibility: A Tribute to Benjamin Libet*, ed. W. Sinnott-Armstrong and L. Nadel (Oxford University Press, 2020). 가자니가의 인용문: M. Gazzaniga, "On Determinism and Human Responsibility," in *Neuroexistentialism*, ed. G. Caruso (Oxford University Press, 2017).

21 마일의 인용문: A. Mele, *Free: Why Science Hasn't Disproved Free Will* (Oxford University Press, 2014), 32. 로스키스의 인용문: K. Smith, "Taking Aim at Free Will," *Nature* 477 (2011): 2, 인용문은 24쪽에 나옴.

22 혼수상태에 대한 새로운 통찰 (각주에서): A. Owen et al., "Detecting Awareness in the Vegetative State," *Science* 313 (2006): 1402; M. Monti et al., "Willful Modulation of Brain Activity in Disorders of Consciousness," *New England Journal of Medicine* 362 (2010): 579.

23 M. Shadlen and A. Roskies, "The Neurobiology of Decision-Making and Responsibility: Reconciling Mechanism and Mindedness," *Frontiers in Neuroscience* 6 (2012), doi.org/10.3389 /fnins.2012.00056.

24 A. Schlegel et al., "Hypnotizing Libet: Readiness Potentials with Non-conscious Volition," *Consciousness and Cognition* 33 (2015): 196.

25 가장 최근의 탁월한 저서인 G. Caruso, *Rejecting Retributivism: Free Will, Punishment, and Criminal Justice* (Cambridge University Press, 2021)를 포함하여, 카루소는 많은 저술에서 이 아이디어를 탐구했다. 적어도 내가 보기에는, '전의식과 의식이 동시에 존재할 수 있는가'의 문제는 우리를 철학적 수풀 속으로 인도한다. 진정한 애호가라면 브라운대학교의 철학자 김재권 교수의 거품이 많지만 영향력 있는 사상을 떠올릴 수 있다. 내가 이해한 바에 따르면, 그의 사상은 다음과 같은 가정에 기초한다. (가) 의식적인 정신상태는 근본적인 물리적 특성(즉 분자나 뉴런 같은 것들)의 결과물이지만, 그것과는 별개이다. (나) 행동 같은 것은 정신상태와 그 근본적인 물리적 기반 모두에 의해 유발될 수 없다(이를 김 교

수의 "인과 배제 원칙"이라고 부르게 됨). (다) 물리적 사건(버튼을 누르거나 혀와 후두를 움직여서 장군에게 전쟁을 시작하라고 말하는 것)은 이전의 물리적 사건으로 인해 발생한다. 따라서 정신상태는 행동을 유발하지 않는다는 것인데, 매우 흥미롭다. 음, 그러나 그의 사상은 재고의 여지가 있다. 내가 보기에 정신상태와 그 근본적인 신체적/신경생물학적 기반은 분리될 수 없으며, 동일한 과정을 고려하기 위한 두 가지 다른 개념적 출발점일 뿐이기 때문이다. 이에 대해서는 다음 장들에서 더 자세히 설명할 예정이다. 김 교수의 몇몇 논문: J. Kim, "Concepts of Supervenience," *Philosophy and Phenomenological Research* 45 (1984): 153; J. Kim, "Making Sense of Emergence," *Philosophical Studies* 95 (1995): 3.

26 E. Nahmias, "Intuitions about Free Will, Determinism, and Bypassing," in *The Oxford Hand book of Free Will*, 2nd ed., ed. R. Kane (New York: Oxford University Press, 2011).

27 할 것인가 말 것인가에 관한 연구: E. Filevich, S. Kuhn, and P. Haggard, "There Is No Free Won't: Anteced ent Brain Activity Predicts Decisions to Inhibit," *PLoS One* 8, no. 2 (2013): e53053. 뇌-컴퓨터 인터페이스에 관한 연구: M. Schultze-Kraft et al., "The Point of No Return in Vetoing Self-Initiated Movements," *Proceedings of the National Academy of Sciences of the United States of America* 113 (2016): 1080.

28 각주: 자신의 발견에 대한 리벳의 첫번째 보고서: Libet et al., "Time of Conscious Intention to Act." 이에 대한 그의 1985년 논의: Libet, "Unconscious Cerebral Initiative."

29 도박에 관한 연구: D. Campbell-Meiklejohn et al., "Knowing When to Stop: The Brain Mech anisms of Chasing Losses," *Biological Psychiatry* 63 (2008): 293. 주변에 술이 있을 때: Y. Liu et al., "Free Won't' after a Beer or Two: Chronic and Acute Effects of Alcohol on Neural and Behavioral Indices of Intentional Inhibition," *BMC Psychology* 8 (2020): 2. 어린이 대 성인: M. Schel, K. Ridderinkhof, and E. Crone, "Choosing Not to Act: Neural Bases of the Development of Intentional Inhibition," *Developmental Cognitive Neuroscience* 10 (2014): 93.

30 "자유는 …에서 발생하며": B. Brembs, "Towards a Scientific Concept of Free Will as a Biological Trait: Spontaneous Actions and Decision-Making in Invertebrates," *Proceedings of the Royal Society B: Biological Sciences* 278 (2011): 930; 이 논문은 곤충의 의사결정을 조사하는 매우 정통적이지 않은 (그리고 흥미로운) 각도에서 주제에 접근한다. 마일의 인용문: Mele, *Free*, 32.

31 N. Levy, *Hard Luck: How Luck Undermines Free Will and Moral Responsibility* (Oxford Univer sity Press, 2011).

32 각주: H. Frankfurt, "Alternate Possibilities and Moral Responsibility," *Journal of Philosophy* 66 (1969): 829.

33 H. Frankfurt, "Three Concepts of Free Action," *Aristotelian Society Proceedings,*

Supplementary Volumes 49 (1975): 113, 인용문은 122쪽에 나옴; M. Shadlen and A. Roskies, "The Neurobiology of Decision-making and Responsibility: Reconciling Mechanism and Mindedness," *Frontiers in Neuroscience* 23 April (2012): 1, 인용문은 10쪽에 나옴.

각주: Sjöberg, "Free Will and Neurosurgical Resections."

34 D. Dennett, *Freedom Evolves* (Penguin, 2004), 인용문은 276쪽에 나옴; D. Dennett, *Elbow Room: The Varieties of Free Will Worth Wanting* (MIT Press, 1984); D. Dennett, *Freedom Evolves* (Viking, 2003); 데닛의 강연(예: Dennett, "Is Free Will an Illusion?"); 데닛의 논쟁(예: D. Dennett and G. Caruso, *Just Deserts: Debating Free Will* (Polity, 2021)).

35 N. Levy, "Luck and History-Sensitive Compatibilism," *Philosophical Quarterly* 59 (2009): 237, 인용문은 244쪽에 나옴; D. Dennett, "Review of 'Against Moral Responsibility,'" in *Naturalism*, https://www.naturalism.org/resources/book-reviews/dennett-review-of-against-moral-responsibility.

이 장의 주제인 리벳의 이슈에 대해 사람들은 40년 동안 논쟁을 벌여왔으며, 여기서 인용한 참고문헌은 빙산의 일각에 불과하다. 그 밖의 참고문헌들: G. Gomes, "The Timing of Conscious Experience: A Critical Review and Reinterpretation of Libet's Research," *Consciousness and Cognition* 7 (1998): 559; A. Batthyany, "Mental Causation and Free Will after Libet and Soon: Reclaiming Conscious Agency," in *Irreducibly Conscious: Selected Papers on Consciousness*, ed. A. Batthyany and A. Elitzur (Universitäts-Verlag Winter, 2009); A. Lavazza, "Free Will and Neuroscience: From Explaining Freedom Away to New Ways of Operationalizing and Measuring It," *Frontiers in Human Neuroscience* 10 (2016): 262; C. Frith, S. Blakemore, and D. Wolpert, "Abnormalities in the Awareness and Control of Action," *Philosophical Transactions of the Royal Society B: Biological Sciences* 355 (2000): 1404; A. Guggisberg and A. Mottaz, "Timing and Awareness of Movement Decisions: Does Consciousness Really Come Too Late?," *Frontiers of Human Neuroscience* 7 (2013), doi.org/10.3389/fnhum.2013.00385; T. Bayne, "Neural Decoding and Human Freedom," in *Moral Psychology* vol. 4, *Free Will and Moral Responsibility*, ed. W. Sinnott-Armstrong (MIT Press, 2014).

3장 의도는 어디에서 비롯된 것인가?

1 암묵적 편견과 총격: J. Correll et al., "Across the Thin Blue Line: Police Officers and Racial Bias in the Decision to Shoot," *Journal of Personality and Social*

Psychology 92 (2007): 1006; J. Correll et al., "The Police Officer's Dilemma: Using Ethnicity to Disambiguate Potentially Threatening Individuals," *Journal of Personality and Social Psychology* 83 (2002): 1314. 전체 분야에 대한 탁월한 개관: J. Eberhardt, *Biased: Uncovering the Hidden Prejudice That Shapes What We See, Think, and Do* (Viking, 2019).

2   혐오의 암묵적 효과: D. Pizarro, Y. Inbar, and C. Helion, "On Disgust and Moral Judgment," *Emotion Review* 3 (2011): 267; T. Adams, P. Stewart, and J. Blanchard, "Disgust and the Politics of Sex: Exposure to a Disgusting Odorant Increases Politically Conservative Views on Sex and Decreases Support for Gay Marriage," *PLoS One* 9 (2014): e95572; Y. Inbar, D. Pizarro, and P. Bloom, "Disgusting Smells Cause Decreased Liking of Gay Men," *Emotion* 12 (2012): 23; J. Terrizzi, N. Shook, and W. Ventis, "Disgust: A Predictor of Social Conservatism and Prejudicial Attitudes Toward Homosexuals," *Personality and Individual Differences* 49 (2010): 587.

3   다른 혐오: S. Tsao and D. McKay, "Behavioral Avoidance Tests and Disgust in Contami nation Fears: Distinctions from Trait Anxiety," *Behavioral Research Therapeutics* 42 (2004): 207; B. Olatunji, B. Puncochar, and R. Cox, "Effects of Experienced Disgust on MorallyRelevant Judgments," *PLoS One* 11 (2016): e0160357.

4   또다른 혐오: H. Chapman and A. Anderson, "Things Rank and Gross in Nature: A Review and Synthesis of Moral Disgust," *Psychological Bulletin* 139 (2013): 300; P. Rozin et al., "The CAD Triad Hypothesis: A Mapping between Three Moral Emotions (Contempt, Anger, Disgust) and Three Moral Codes (Community, Autonomy, Divinity)," *Journal of Personality and Social Psychology* 76 (1999): 574. 뇌섬은 혐오적인 감정 상태에 의해 활성화되어 편도체와 대화한다: D. Gehrlach et al., "Aversive State Processing in the Posterior Insular Cortex," *Nature Neuroscience* 22 (2019): 1424.

5   단맛의 암묵적 효과: M. Schaefer et al., "Sweet Taste Experience Improves Prosocial Intentions and Attractiveness Ratings," *Psychological Research* 85 (2021): 1724; B. Meier et al., "Sweet Taste Preferences and Experiences Predict Prosocial Inferences, Personalities, and Behaviors," *Psychological Sciences* 102 (2012): 163.

6   아름다움과 도덕적 선의 혼동: Q. Cheng et al., "Neural Correlates of Moral Good ness and Moral Beauty Judgments," *Brain Research* 1726 (2020): 146534; T. Tsukiura and R. Cabeza, "Shared Brain Activity for Aesthetic and Moral Judgments: Implications for the Beauty-Is-Good Stereotype," *Social Cognitive and Affective Neuroscience* 6 (2011): 138; X. Cui et al., "Different Influences of Facial Attractiveness on Judgments of Moral Beauty and Moral Goodness," *Science Reports* 9 (2019): 12152; T.

Wang et al., "Is Moral Beauty Different from Facial Beauty? Evidence from an fMRI Study," *Social Cognitive and Affective Neuroscience* 10 (2015): 814; Q. Luo et al., "The Neural Correlates of Integrated Aesthetics between Moral and Facial Beauty," *Science Reports* 9 (2019): 1980; C. Ferrari et al., "The Dorsomedial Prefrontal Cortex Mediates the Interaction between Moral and Aesthetic Valuation: A TMS Study on the Beauty-Is-Good Stereotype," *Social Cognitive and Affective Neuroscience* 12 (2017): 707.

다음으로, 식물학자들이 더 예쁜 꽃(파란 꽃, 키가 큰 꽃)을 연구하는 데 경력을 바친다는 놀라운 연구 결과가 있다: M. Adamo et al., "Plant Scientists' Research Attention Is Skewed towards Colourful, Conspicuous and Broadly Distributed Flowers," *Nature Plants* 7 (2021): 574. 내가 아는 범위에서, 나는 야생 개코원숭이가 그림처럼 예쁘다고 생각해서 서른세 번의 여름을 야생 개코원숭이 연구에 바친 것은 아니다.

7   "맥베스 효과"라는 용어를 최초로 도입한 연구: C. Zhong and K. Lijenquist, "Washing Away Your Sins: Threatened Morality and Physical Cleansing," *Science* 313 (2006): 1454.

맥베스 효과에 대한 추가적인 행동 연구: S. W. Lee and N. Schwarz, "Dirty Hands and Dirty Mouths: Embodiment of the Moral-Purity Metaphor Is Specific to the Motor Modality Involved in Moral Transgression," *Psychological Sciences* 21 (2010): 1423; E. Kal anthroff, C. Aslan, and R. Dar, "Washing Away Your Sins Will Set Your Mind Free: Physical Cleansing Modulates the Effect of Threatened Morality on Executive Control," *Cognition and Emotion* 31 (2017): 185; S. Schnall, J. Benton, and S. Harvey, "With a Clean Conscience: Cleanliness Reduces the Severity of Moral Judgments," *Psychological Sciences* 19 (2008): 1219; K. Kaspar, V. Krapp, and P. Konig, "Hand Washing Induces a Clean Slate Effect in Moral Judgments: A Pupillometry and Eye-Tracking Study," *Scientific Reports* 5 (2015): 10471.

맥베스 효과에 대한 뇌 영상 연구: C. Denke et al., "Lying and the Subsequent Desire for Toothpaste: Activity in the Somatosensory Cortex Predicts Embodiment of the Moral-Purity Metaphor," *Cerebral Cortex* 26 (2016): 477; M. Schaefer et al., "Dirty Deeds and Dirty Bodies: Embodiment of the Macbeth Effect Is Mapped Topographically onto the Somatosensory Cortex," *Scientific Reports* 6 (2015): 18051.

이러한 연관성이 보편적이지 않을 수 있음을 시사하는 연구: E. Gámez, J. M. Díaz, and H. Marrero, "The Uncertain Universality of the Macbeth Effect with a Spanish Sample," *Spanish Journal of Psychology* 14 (2011): 156.

마지막으로, 대학생들의 경우 사회과학도들이 공학도들보다 맥베스 효과에 취약하다는 것을 보여준 연구: M. Schaefer, "Morality and Soap in Engineers and Social Scientists: The

Macbeth Effect Interacts with Professions," *Psychological Research* 83 (2019): 1304.

8   생강과 도덕적 혐오: J. Tracy, C. Steckler, and G. Heltzel, "The Physiological Basis of Psychological Disgust and Moral Judgments," *Journal of Personality and Social Psychology: Attitudes and Social Cognition* 116 (2019): 15. 혐오감은 먼 사건에 대한 도덕적 판단에는 영향을 덜 미치는데, 이는 아마도 혐오스러운 자극과 직접적으로 상호작용해야 하는 사람이 내가 아닌 다른 사람이라는 심리적 프레임에 의해 매개될 수 있다는 내용의 흥미로운 논문: M. van Dijke et al., "So Gross and Yet So Far Away: Psychological Distance Moderates the Effect of Disgust on Moral Judgment," *Social Psychological and Personality Science* 9 (2018): 689.

9   재판관에 대한 오리지널 연구: S. Danziger, J. Levav, and L. Avnaim-Pesso, "Extraneous Factors in Judicial Decisions," *Proceedings of the National Academy of Science of the United States of America* 108 (2011): 6889. 일부 다른 연구자들은 이 연구 결과를 '부실한 연구 설계의 부산물'이라고 비판했지만, 내 생각에 원저자들은 이러한 비판을 효과적으로 반박했다. 더 자세한 내용은 4장의 28번과 29번 주를 참고하라.

이 주제에 대한 더 읽을 거리: L. Aaroe and M. Petersen, "Hunger Games: Fluctuations in Blood Glucose Levels Influence Support for Social Welfare," *Psychological Sciences* 24 (2013): 2550.

허기와 돈의 궁함 간의 관계: B. Briers et al., "Hungry for Money: The Desire for Caloric Resources Increases the Desire for Financial Resources and Vice Versa," *Psychological Sciences* 17 (2006): 939.

몇몇 영역에서만 관련성이 입증되는 일부 상황: J. Hausser et al., "Acute Hunger Does Not Always Undermine Prosociality," *Nature Communications* 10 (2019): 4733; S. Fraser and D. Nettle, "Hunger Affects Social Decisions in a Multiround Public Goods Game but Not a Single-Shot Ultimatum Game," *Adaptive Human Behavior* 6 (2020): 334; I. Harel and T. Kogut, "Visceral Needs and Donation Decisions: Do People Identify with Suffering or with Relief?," *Journal of Experimental and Social Psychology* 56 (2015): 24.

종종 그렇듯, 이러한 현상이 문화의 영향을 받는다는 제안: E. Rantapuska et al., "Does Short-Term Hunger Increase Trust and Trustworthiness in a High Trust Society?," *Frontiers of Psychology* 8 (2017): 1944.

10   이 일반적인 주제에 대한 자세한 내용은 나의 책 『행동』의 3장을 참고하라.

11   테스토스테론이 공격성을 새롭게 생성하는 것이 아니라, 공격성에 대한 기존의 사회적 학습을 증폭시킨다는 것을 보여주는 고전적 연구: A. Dixson and J. Herbert, "Testosterone, Aggressive Behavior and Dominance Rank in Captive Adult Male Talapoin Monkeys (*Miopithecus talapoin*)," *Physiology and Behavior* 18 (1977): 539.

테스토스테론의 행동 효과 중 일부가 뇌에 대한 영향에서 비롯되는 메커니즘: K. Kendrick and R. Drewett, "Testosterone Reduces Refractory Period of Stria Terminalis Neurons in the Rat Brain," *Science* 204 (1979): 877; K. Kendrick, "Inputs to Testosterone-Sensitive Stria Terminalis Neurones in the Rat Brain and the Effects of Castration," *Journal of Physiology* 323 (1982): 437; K. Kendrick, "The Effect of Castration on Stria Terminalis Neurone Absolute Refractory Periods Using Different Antidromic Stimulation Loci," *Brain Research* 248 (1982): 174; K. Kendrick, "Electrophysiological Effects of Testosterone on the Medial Preoptic-Anterior Hypothalamus of the Rat," *Journal of Endocrinology* 96 (1983) 35; E. Hermans, N. Ramsey, and J. van Honk, "Exogenous Testosterone Enhances Responsiveness to Social Threat in the Neural Circuitry of Social Aggression in Humans," *Biological Psychiatry* 63 (2008): 263.

1990년 캘리포니아대학교 데이비스 캠퍼스의 동물행동학자 존 윙필드는 동료들과 함께 테스토스테론이 공격성에 미치는 영향의 본질에 대해 매우 영향력 있는 논문을 발표했다. 이들의 "도전 가설"에 따르면, 테스토스테론은 공격성을 유발하지 않을 뿐만 아니라 공격성에 대한 기존의 사회적 경향을 일률적으로 증폭하지도 않는다. 그 대신 유기체가 사회적 지위에 대한 도전을 받을 때 테스토스테론은 지위 유지에 필요한 모든 행동을 증폭한다는 것이다. 서열에 도전받는 수컷 개코원숭이에게 공격성은 지위 유지를 위해 필요한 것이니 그리 복잡해 보이지는 않는다. 하지만 인간의 경우 지위가 다양한 방식으로 유지될 수 있기 때문에 더 미묘한 차이가 있다. 예컨대 관대한 경제적 제안을 통해 지위를 획득하는 경제 게임에서 테스토스테론은 그러한 관대함을 증가시킨다: J. Wingfield et al., "The 'Challenge Hypothesis': Theoretical Implications for Patterns of Testosterone Secretion, Mating Systems, and Breeding Strategies," *American Naturalist* 136 (1990): 829. 이 가설은 테스토스테론에 의존하는 다양한 행동을 설명하는 데 도움이 된다: J. Wingfield "The Challenge Hypothesis: Where It Began and Relevance to Humans," *Hormones and Behavior* 92 (2017): 9; J. Archer, "Testosterone and Human Aggression: An Evaluation of the Challenge Hypothesis," *Neuroscience and Biobehavioral Reviews* 30 (2006): 319.

12 '테스토스테론이 사람들로 하여금 지각된 위협에 반응하도록 만든다'는 것을 보여준 테스토스테론의 행동 및 신경생물학적 기반에 관한 논문: E. Hermans, N. Ramsey, and J. van Honk, "Exogenous Testosterone Enhances Responsiveness to Social Threat in the Neural Circuitry of Social Aggression in Humans," *Biological Psychiatry* 63 (2008): 263; J. van Honk et al., "A Single Administration of Testosterone Induces Cardiac Accelerative Responses to Angry Faces in Healthy Young Women," *Behavioral Neuroscience* 115 (2001): 238; N. Wright et al., "Testosterone Disrupts Human

Collaboration by Increasing Egocentric Choices," *Proceedings of the Royal Society B: Biological Sciences* 279 (2012): 2275; P. Mehta and J. Beer, "Neural Mechanisms of the Testosterone-Aggression Relation: The Role of Orbitofrontal Cortex," *Journal of Cognitive Neuroscience* 22 (2010): 2357; G. van Wingen et al., "Testosterone Reduces Amygdala-Orbitofrontal Cortex Coupling," *Psychoneuroendocrinology* 35 (2010): 105; P. Bos et al., "The Neural Mechanisms by Which Testosterone Acts on Interpersonal Trust," *Neuroimage* 2 (2012): 730.

13 고환 시스템의 작동에서 개인차가 발생하는 원인을 탐구한 일부 연구: C. Laube, R. Lorenz, and L. van den Bos, "Pubertal Testosterone Correlates with Adolescent Impatience and Dorsal Striatal Activity," *Development and Cognitive Neuroscience* 42 (2020): 100749; B. Mohr et al., "Normal, Bound and Nonbound Testosterone Levels in Normally Ageing Men: Results from the Massachusetts Male Ageing Study," *Clinical Endocrinology* 62 (2005): 64; W. Bremner, M. Vitiello, and P. Prinz, "Loss of Circadian Rhythmicity in Blood Testosterone Levels with Aging in Normal Men," *Journal of Clinical Endocrinology and Metabolism* 56 (1983): 1278; S. Beyenburg et al., "Androgen Receptor mRNA Expression in the Human Hippocampus," *Neuroscience Letters* 294 (2000): 25.

14 훌륭한 전반적 검토: R. Feldman, "Oxytocin and Social Affiliation in Humans," *Hormones and Behavior* 61 (2012): 380; Z. Donaldson and L. Young, "Oxytocin, Vasopressin, and the Neurogenetics of Sociality," *Science* 322 (2008): 900; P. S. Churchland and P. Winkielman, "Modulating Social Behavior with Oxytocin: How Does It Work? What Does It Mean?," *Hormones and Behavior* 61 (2012): 392.

일부일처제와 일부다처제 설치류를 비교한 옥시토신 시스템의 차이에 관한 논문: L. Young et al., "Increased Affiliative Response to Vasopressin in Mice Expressing the V1a Receptor from a Monogamous Vole," *Nature* 400 (1999): 766; M. Lim et al., "Enhanced Partner Preference in a Promiscuous Species by Manipulating the Expression of a Single Gene," *Nature* 429 (2004): 754.

일부일처제와 일부다처제 비인간 영장류를 비교한 옥시토신 시스템의 차이에 관한 논문: A. Smith et al., "Manipulation of the Oxytocin System Alters Social Behavior and Attraction in Pair-Bonding Primates, *Callithrix penicillata*," *Hormones and Behavior* 57 (2010): 255; M. Jarcho et al., "Intranasal VP Affects Pair Bonding and Peripheral Gene Expression in Male *Callicebus cupreus*," *Genes, Brain and Behavior* 10 (2011): 375; C. Snowdon et al., "Variation in Oxytocin Is Related to Variation in Affiliative Behavior in Monogamous, Pairbonded Tamarins," *Hormones and Behavior* 58 (2010): 614.

이러한 옥시토신 효과의 근간이 되는 신경생물학: 성별에 따라 다른 시상하부 경로: N. Scott et al., "A Sexually Dimorphic Hypothalamic Circuit Controls Maternal Care and Oxytocin Secretion," *Nature* 525 (2016): 519. 옥시토신이 섬피질에서 사회적 상호작용을 수정하는 데 작용하는 사례: M. Carter-Rogers et al., "Insular Cortex Mediates Approach and Avoidance Response to Social Affective Stimuli," *Nature Neuroscience* 21 (2018): 404. 편도체에서 작용하는 옥시토신의 마찬가지 사례: Y. Lu et al., "Oxytocin Modulates Social Value Representations in the Amygdala," *Nature Neuroscience* 22 (2019): 633; J. Wahis et al., "Astrocytes Mediate the Effect of Oxytocin in the Central Amygdala on Neuronal Activity and Affective States in Rodents," *Nature Neuroscience* 24 (2021): 529.

옥시토신과 자녀 양육(부성 행동 포함): O. Bosch and I. Neumann, "Both Oxytocin and Vasopressin Are Mediators of Maternal Care and Aggression in Rodents: From Central Release to Sites of Action," *Hormones and Behavior* 61 (2012): 293; Y. Kozorovitskiy et al., "Fatherhood Affects Dendritic Spines and Vasopressin V1a Receptors in the Primate Prefrontal Cortex," *Nature Neuroscience* 9 (2006): 1094; Z. Wang, C. Ferris, and G. De Vries "Role of Septal Vasopressin Innervation in Paternal Behavior in Prairie Voles," *Proceedings of the National Academy of Sciences of the United States of America* 91 (1994): 400.

옥시토신 감수성의 개인차를 매개하는 유전적 및 후성유전학적 차이: Marsh et al., "The Influence of Oxytocin Administration on Responses to Infants and Potential Moderation by OXTR Genotype," *Psychopharmacology* (Berlin) 224 (2012): 469; M.J. Bakermans-Kranenburg and M. H. van Ijzendoorn, "Oxytocin Receptor (OXTR) and Serotonin Transporter (5-HTT) Genes Associated with Observed Parenting," *Social Cognitive and Affective Neuroscience* 3 (2008): 128; E. Hammock and L. Young, "Microsatellite Instability Generates Diversity in Brain and Sociobehavioral Traits," *Science* 308 (2005): 1630.

도저히 거부할 수 없는 발견의 연대기: M. Nagasawa et al., "Oxytocin-Gaze Positive Loop and the Coevolution of Human-Dog Bonds," *Science* 348 (2015): 333. 개와 사람이 서로의 눈을 바라보면 둘 다 옥시토신을 분비하며, 둘 중 하나에게 옥시토신을 투여하면 상대방을 더 오래 바라봄으로써 더 많은 옥시토신을 분비하도록 유도한다. 다시 말해서, 적어도 1억 년의 역사를 가진 '양육 행동과 짝짓기의 중심이 되는 호르몬 시스템'이 지난 3만 년 동안 인간과 늑대의 상호작용을 위해 채택되었다.

15 옥시토신이 공포와 불안에 미치는 영향: M. Yoshida et al., "Evidence That Oxytocin Exerts Anxiolytic Effects via Oxytocin Receptor Expressed in Serotonergic Neurons in Mice," *Journal of Neuroscience* 29 (2009): 2259. 편도체에 작용하는 옥

시토신: D. Viviani et al., "Oxytocin Selectively Gates Fear Responses through Distinct Outputs from the Central Nucleus," *Science* 333 (2011): 104; H. Knobloch et al., "Evoked Axonal Oxytocin Release in the Central Amygdala Attenuates Fear Response," *Neuron* 73 (2012): 553; "Oxytocin Attenuates Amygdala Responses to Emotional Faces Regardless of Valence," *Biological Psychiatry* 62 (2007): 1187; P. Kirsch et al., "Oxytocin Modulates Neural Circuitry for Social Cognition and Fear in Humans," *Journal of Neuroscience* 25 (2005): 11489; I. Labuschagne et al., "Oxytocin Attenuates Amygdala Reactivity to Fear in Generalized Social Anxiety Disorder," *Neuropsychopharmacology* 35 (2010): 2403.

스트레스 반응을 무디게 하는 옥시토신: M. Heinrichs et al., "Social Support and Oxytocin Interact to Suppress Cortisol and Subjective Responses to Psychosocial Stress," *Biological Psychiatry* 54 (2003): 1389.

옥시토신이 공감, 신뢰, 협동에 미치는 영향: S. Rodrigues et al., "Oxytocin Receptor Genetic Variation Relates to Empathy and Stress Reactivity in Humans," *Proceedings of the National Academy of Sciences of the United States of America* 106 (2009): 21437; M. Kosfeld et al., "Oxytocin Increases Trust in Humans," *Nature* 435 (2005): 673; A. Damasio, "Brain Trust," *Nature* 435 (2005): 571; S. Israel et al., "The Oxytocin Receptor (OXTR) Contributes to Prosocial Fund Allocations in the Dictator Game and the Social Value Orientations Task," *Public Library of Science One* 4 (2009): e5535; P. Zak, R. Kurzban, and W. Matzner, "Oxytocin Is Associated with Human Trustworthiness," *Hormones and Behavior* 48 (2005): 522; T. Baumgartner et al., "Oxytocin Shapes the Neural Circuitry of Trust and Trust Adaptation in Humans," *Neuron* 58 (2008): 639; J. Filling et al., "Effects of Intranasal Oxytocin and Vasopressin on Cooperative Behavior and Associated Brain Activity in Men," *Psychoneuroendocrinology* 37 (2012): 447; A. Theodoridou et al., "Oxytocin and Social Perception: Oxytocin Increases Perceived Facial Trustworthiness and Attractiveness," *Hormones and Behavior* 56 (2009): 128. 복제 실패: C. Apicella et al., "No Association between Oxytocin Receptor (OXTR) Gene Polymorphisms and Experimentally Elicited Social Preferences," *Public Library of Science One* 5 (2010): e11153.

옥시토신이 공격성에 미치는 영향: M. Dhakar et al., "Heightened Aggressive Behavior in Mice with Lifelong versus Postweaning Knockout of the Oxytocin Receptor," *Hormones and Behavior* 62 (2012): 86; J. Winslow et al., "Infant Vocalization, Adult Aggression, and Fear Behavior of an Oxytocin Null Mutant Mouse," *Hormones and Behavior* 37 (2005): 145.

16 C. De Dreu, "Oxytocin Modulates Cooperation within and Competition between Groups: An Integrative Review and Research Agenda," *Hormones and Behavior* 61 (2012): 419; C. De Dreu et al., "The Neuropeptide Oxytocin Regulates Parochial Altruism in Intergroup Conflict among Humans," *Science* 328 (2011): 1408; C. De Dreu et al., "Oxytocin Promotes Human Ethnocentrism," *Proceedings of the National Academy of Sciences of the United States of America* 108 (2011): 1262.

17 K. Parker et al., "Preliminary Evidence That Plasma Oxytocin Levels Are Elevated in Major Depression," *Psychiatry Research* 178 (2010): 359; S. Freeman et al., "Effect of Age and Autism Spectrum Disorder on Oxytocin Receptor Density in the Human Basal Forebrain and Midbrain," *Translational Psychiatry* 8 (2018): 257.

18 R. Sapolsky, "Stress and the Brain: Individual Variability and the Inverted-U," *Nature Neuro science* 25 (2015): 1344.

19 스트레스와 스트레스 호르몬이 편도체에 미치는 영향: J. Rosenkranz, E. Venheim, and M. Padival, "Chronic Stress Causes Amygdala Hyperexcitability in Rodents," *Biological Psychiatry* 67 (2010): 1128; S. Duvarci and D. Pare, "Glucocorticoids Enhance the Excitability of Principal Basolateral Amygdala Neurons," *Journal of Neuroscience* 27 (2007) 4482; A. Kavushansky and G. Richter-Levin, "Effects of Stress and Corticosterone on Activity and Plasticity in the Amygdala," *Journal of Neuroscience Research* 84 (2006): 1580; P. Rodríguez Manzanares et al., "Previous Stress Facilitates Fear Memory, Attenuates GABAergic Inhibition, and Increases Synaptic Plasticity in the Rat Basolateral Amygdala," *Journal of Neuroscience* 25 (2005): 8725.
스트레스와 스트레스 호르몬이 편도체와 해마의 상호작용에 미치는 영향: A. Kavushansky et al., "Activity and Plasticity in the CA1, the Dentate Gyrus, and the Amygdala Following Controllable Versus Uncontrollable Water Stress," *Hippocampus* 16 (2006): 35; H. Lakshminarasimhan and S. Chattarji, "Stress Leads to Contrasting Effects on the Levels of Brain Derived Neurotrophic Factor in the Hippocampus and Amygdala," *Public Library of Science One* 7 (2012): e30481; S. Ghosh, T. Laxmi, and S. Chattarji, "Functional Connectivity from the Amygdala to the Hippocampus Grows Stronger after Stress," *Journal of Neuroscience* 33 (2013): 7234.

20 스트레스와 스트레스 호르몬이 행동에 미치는 영향: S. Preston et al., "Effects of Anticipatory Stress on Decision-Making in a Gambling Task," *Behavioral Neuroscience* 121 (2007): 257; P. Putman et al., "Exogenous Cortisol Acutely Influences Motivated Decision Making in Healthy Young Men," *Psycho-pharmacology* 208 (2010): 257; P. Putman, E. Hermans, and J. van Honk, "Cortisol

Administration Acutely Reduces Threat-Selective Spatial Attention in Healthy Young Men," *Physiology and Behavior* 99 (2010): 294; K. Starcke et al., "Anticipatory Stress Influences Decision Making under Explicit Risk Conditions," *Behavioral Neuroscience* 122 (2008): 1352.

성차性差와 스트레스/스트레스 호르몬의 영향: R. van den Bos, M. Harteveld, and H. Stoop, "Stress and Decision-Making in Humans: Performance Is Related to Cortisol Reactivity, Albeit Differently in Men and Women," *Psychoneuroendocrinology* 34 (2009): 1449; N. Lighthall, M. Mather, and M. Gorlick, "Acute Stress Increases Sex Differences in Risk Seeking in the Balloon Analogue Risk Task," *Public Library of Science One* 4 (2009): e6002; N. Lighthall et al., "Gender Differences in Reward-Related Decision Processing under Stress," *Social Cognitive and Affective Neuroscience* 7 (2012): 476.

스트레스와 스트레스 호르몬이 공격성에 미치는 영향: D. Hayden-Hixson and C. Ferris, "Steroid-Specific Regulation of Agonistic Responding in the Anterior Hypothalamus of Male Hamsters," *Physiology and Behavior* 50 (1991): 793; A. Poole and P. Brain, "Effects of Adrenalectomy and Treatments with ACTH and Glucocorticoids on Isolation-Induced Aggressive Behavior in Male Albino Mice," *Progress in Brain Research* 41 (1974): 465; E. Mikics, B. Barsy, and J. Haller, "The Effect of Glucocorticoids on Aggressiveness in Established Colonies of Rats," *Psychoneuroendocrinology* 32 (2007): 160; R. Böhnke et al., "Exogenous Cortisol Enhances Aggressive Behavior in Females, but Not in Males," *Psychoneuroendocrinology* 35 (2010): 1034; K. Bertsch et al., "Exogenous Cortisol Facilitates Responses to Social Threat under High Provocation," *Hormones and Behavior* 59 (2011): 428.

스트레스와 스트레스 호르몬이 도덕적 의사결정에 미치는 영향: K. Starcke, C. Polzer, and O. Wolf, "Does Everyday Stress Alter Moral Decision-Making?," *Psychoneuroendocrinology* 36 (2011): 210; F. Youssef, K. Dookeeram, and V. Basdeo, "Stress Alters Personal Moral Decision Making," *Psychoneuroendocrinology* 37 (2012): 491.

21 이 일반적인 주제에 대한 자세한 내용은 나의 책 『행동』의 4장을 참고하라.

22 각주: 성체 신경발생 (재)발견의 위대한 역사: M. Specter, "How the Songs of Canaries Upset a Fundamental Principle of Science," *New Yorker*, July 23, 2001.

성체 신경발생의 행동적 결과: G. Kempermann, "What Is Adult Hippocampal Neurogenesis Good For?," *Frontiers of Neuroscience* 16 (2022), doi.org/10.3389/fnins.2022.852680; Y. Li, Y. Luo, and Z. Chen, "Hypothalamic Modulation of Adult

Hippocampal Neurogenesis in Mice Confers Activity-Dependent Regulation of Memory and Anxiety-Like Behavior," *Nature Neuroscience* 25 (2022): 630; D. Seib et al., "Hippocampal Neurogenesis Promotes Preference for Future Rewards," *Molecular Psychiatry* 26 (2021): 6317; C. Anacker et al., "Hippocampal Neurogenesis Confers Stress Resilience by Inhibiting the Ventral Dentate Gyrus," *Nature* 559 (2018): 98.

이 모든 매혹 속에서, 경험은 성체의 뇌에서 덜 화려한 아교세포의 결과적인 탄생에도 변화를 일으킨다: A. Delgado et al., "Release of Stem Cells from Quiescence Reveals Gliogenic Domains in the Adult Mouse Brain," *Science* 372 (2021): 1205.

인간에서 성체 신경발생이 얼마나 많이 일어나는지에 대한 논쟁: S. Sorrells et al., "Human Hippocampal Neurogenesis Drops Sharply in Children to Undetectable Levels in Adults," *Nature* 555 (2018): 377. 이에 대한 반박: M. Baldrini et al., "Human Hippocampal Neurogenesis Persists throughout Aging," *Cell Stem Cell* 22 (2018): 589. 비슷한 관점의 견해: G. Kempermann, F. Gage, and L. Aigner, "Human Neurogenesis: Evidence and Remaining Questions," *Cell Stem Cell* 23 (2018) 25. 그리고 혁명가에게 던지는 한 표: S. Ranade, "Single-Nucleus Sequencing Finds No Adult Hippocampal Neurogenesis in Humans," *Nature Neuroscience* 25 (2022): 2.

23 R. Hamilton et al., "Alexia for Braille Following Filateral Occipital Stroke in an Early Blind Woman," *Neuroreport* 11 (2000): 237; E. Striem-Amit et al., "Reading with Sounds: Sensory Substitution Selectively Activates the Visual Word Form Area in the Blind," *Neuron* 76 (2012): 640; A. Pascual-Leone, "Reorganization of Cortical Motor Outputs in the Acquisition of New Motor Skills," in *Recent Advances in Clinical Neurophysiology*, ed. J. Kinura and H. Shibasaki (Elsevier Science, 1996), pp. 304-8.

24 S. Rodrigues, J. LeDoux, and R. Sapolsky, "The Influence of Stress Hormones on Fear Circuitry," *Annual Review of Neuroscience* 32 (2009): 289.

25 전반적 검토: B. Leuner and E. Gould, "Structural Plasticity and Hippocampal Function," *Annual Review of Psychology* 61 (2010): 111.

스트레스가 해마의 구조에 미치는 영향: A. Magarinos and B. McEwen, "StressInduced Atrophy of Apical Dendrites of Hippocampal CA3c Neurons: Involvement of Glucocorticoid Secretion and Excitatory Amino Acid Receptors," *Neuroscience* 69 (1995): 89; A. Magarinos et al., "Chronic Psychosocial Stress Causes Apical Dendritic Atrophy of Hippocampal CA3 Pyramidal Neurons in Subordinate Tree Shrews," *Journal of Neuroscience* 16 (1996): 3534; B. Eadie, V. Redila, and B. Christie, "Voluntary Exercise Alters the Cytoarchitecture of the Adult Dentate Gyrus by Increasing Cellular Proliferation, Dendritic Complexity, and Spine

Density," *Journal of Comparative Neurology* 486 (2005): 39; A. Vyas et al., "Chronic Stress Induces Contrasting Patterns of Dendritic Remodeling in Hippocampal and Amygdaloid Neurons," *Journal of Neuroscience* 22 (2002): 6810.

우울증과 관련된 신경가소성: P. Videbach and B. Revnkilde, "Hippocampal Volume and Depression: A Meta-analysis of MRI Studies," *American Journal of Psychiatry* 161 (2004): 1957; L. Gerritsen et al., "Childhood Maltreatment Modifies the Relationship of Depression with Hippocampal Volume," *Psychological Medicine* 45 (2015): 3517.

운동과 자극이 신경가소성에 미치는 영향: J. Firth et al., "Effect of Aerobic Exercise on Hippocampal Volume in Humans: A Systematic Review and Meta-analysis," *Neuroimage* 166 (2018): 230; G. Clemenson, W. Deng, and F. Gage, "Environmental Enrichment and Neurogenesis: From Mice to Humans," *Current Opinion in Behavioral Sciences* 4 (2015): 56.

에스트로겐과 신경가소성: B. McEwen, "Estrogen Actions throughout the Brain," *Recent Progress in Hormone Research* 57 (2002): 357; N. Lisofsky et al., "Hippocampal Volume and Functional Connectivity Changes during the Female Menstrual Cycle," *Neuroimage* 118 (2015): 154; K. Albert et al., "Estrogen Enhances Hippocampal Gray-Matter Volume in Young and Older Postmenopausal Women: A Prospective Dose-Response Study," *Neurobiology of Aging* 56 (2017): 1.

26   N. Brebe et al., "Pair-Bonding, Fatherhood, and the Role of Testosterone: A Meta-analytic Review," *Neuroscience & Biobehavioral Reviews* 98 (2019): 221; Y. Ulrich-Lai et al., "Chronic Stress Induces Adrenal Hyperplasia and Hypertrophy in a Subregion-Specific Manner," *American Journal of Physiology: Endocrinology and Metabolism* 291 (2006): E965.

27   J. Foster, "Modulating Brain Function with Microbiota," *Science* 376 (2022): 936; J. Cryan and S. Mazmanian, "Microbiota-Brain Axis: Context and Causality," *Science* 376 (2022): 938; C. Chu et al., "The Microbiota Regulate Neuronal Function and Fear Extinction Learning," *Nature* 574 (2019): 543. 몇 주에서 몇 달에 걸쳐 의식적으로 인식하지 못한 채 행동을 변화시킨 좋은 예: S. Mousa, "Building Social Cohesion between Christians and Muslims through Soccer in Post-ISIS Iraq," *Science* 369 (2020): 866. 한 리그의 축구팀을 실험적으로 기독교인 선수들로만 구성하거나 두 종교를 혼합하여 구성했다(연구의 일환으로, 선수들은 이러한 의도적인 설계를 알지 못했다). 그 결과, 무슬림 팀원들과 함께 한 시즌을 보낸 기독교인 선수들은 경기장에서 무슬림 팀원들과 훨씬 더 친밀하게 지내는 것으로 나타났다. 무슬림에 대한 공공연한 태도에는 아무런 변화가 없었음에도 말이다.

28 이 일반적인 주제에 대한 자세한 내용은 나의 책 『행동』의 5장을 참고하라.

29 A. Caballero, R. Granbeerg, and K. Tseng, "Mechanisms Contributing to Prefrontal Cortex Maturation during Adolescence," *Neuroscience & Biobehavioral Reviews* 70 (2016): 4; K. Delevich et al., "Coming of Age in the Frontal Cortex: The Role of Puberty in Cortical Maturation," *Seminars in Cell & Developmental Biology* 118 (2021): 64. 사춘기 생쥐의 만성적인 수면 방해는 성인기의 도파민 보상 시스템의 작동을 좋은 방향으로 바꾸지 않는다. 즉 우리 어머니들이 10대들에게 잠을 제대로 자라고 촉구한 것이 옳았다: W. Bian et al., "Adolescent Sleep Shapes Social Novelty Preference in Mice," *Nature Neuroscience* 25 (2022): 912.

30 E. Sowell et al., "Mapping Continued Brain Growth and Gray Matter Density Reduction in Dorsal Frontal Cortex: Inverse Relationships during Postadolescent Brain Maturation," *Journal of Neuroscience* 21 (2021): 8819; J. Giedd, "The Teen Brain: Insights from Neuroimaging," *Journal of Adolescent Health* 42 (2008): 335.

31 각주: C. González-Acosta et al., "von Economo Neurons in the Human Medial Fronto polar Cortex," *Frontiers in Neuroanatomy* 12 (2018), doi.org/10.3389/fnana.2018.00064; R. Hodge, J. Miller, and E. Lein, "Transcriptomic Evidence That von Economo Neurons Are Regionally Specialized Extratelencephalic-Projecting Excitatory Neurons," *Nature Communications* 11 (2020): 1172.

32 이 일반적인 주제에 대한 자세한 내용과 지연된 전두피질 성숙의 진화에 대한 구체적인 내용은 나의 책 『행동』의 6장을 참고하라.

33 콜버그의 기념비적인 연구에 대한 좋은 소개: D. Garz, *Lawrence Kohlberg: An Introduction* (Barbra Budrich, 2009).

34 D. Baumrind, "Child Care Practices Anteceding Three Patterns of Preschool Behavior," *Genetic Psychology Monographs* 75 (1967): 43; E. Maccoby and J. Martin, "Socialization in the Context of the Family: Parent-Child Interaction," in *Handbook of Child Psychology*, ed. P. Mussen (Wiley, 1983).

35 J. R. Harris, *The Nurture Assumption: Why Children Turn Out the Way They Do* (Free Press, 1998).

36 W. Wei, J. Lu, and L. Wang, "Regional Ambient Temperature Is Associated with Human Personality," *Nature Human Behaviour* 1 (2017): 890; R. McCrae et al., "Climatic Warmth and National Wealth: Some Culture-Level Determinants of National Character Stereotypes," *European Journal of Personality* 21 (2007) 953; G. Hofsteded and R. McCrae, "Personality and Culture Revisited: Linking Traits and Dimensions of Culture," *Cross-Cultural Research* 38 (2004): 52.

37 I. Weaver et al., "Epigenetic Programming by Maternal Behavior," *Nature*

Neuroscience 7 (2004): 847. 성인 뇌의 기능에 후성유전학적 변화를 일으켜 개별 뉴 런의 유전자 조절에까지 영향을 미치는 생애 초기 스트레스의 예: H. Kronman et al., "Long-Term Behavioral and Cell-Type-Specific Molecular Effects of Early Life Stress Are Mediated by H3K79me2 Dynamics in Medium Spiny Neurons," *Nature Neuroscience* 24 (2021): 667. 어린 시절에 사회경제적 지위가 낮으면 두뇌 발달이 지연되 어 부정적인 영향이 나타날 것이라고 생각할 수 있다. 하지만 오히려 문제는 어린 시절의 스트 레스가 뇌의 성숙을 가속화함으로써 경험에 의해 두뇌가 형성되는 시기의 창이 더 일찍 닫힌 다는 것이다: U. Tooley, D. Bassett, and P. Mackay, "Environmental Influences on the Pace of Brain Development," *Nature Reviews Neuroscience* 22 (2021): 372.

38 D. Francis et al., "Nongenomic Transmission Across Generations of Maternal Behavior and Stress Responses in the Rat," *Science* 286 (1999): 1155; N. Provencal et al., "The Signature of Maternal Rearing in the Methylome in Rhesus Macaque Prefrontal Cortex and T Cells," *Journal of Neuroscience* 32 (2012): 15626. 야생 개 코원숭이들 사이에서 지배력이 낮으면 암컷뿐만 아니라 다음 세대의 기대수명도 짧아진다: M. Zipple et al., "Intergenerational Effects of Early Adversity on Survival in Wild Baboons," *eLife* 8 (2019): e47433.

39 아동기의 부정적 경험이라는 개념은 캘리포니아대학교 샌디에이고 카이저 퍼머넌트 캠퍼 스의 빈센트 펠리티와 미국 질병통제예방센터의 로버트 안다에 의해 선구적으로 개발되었 다: V. Felitti et al., "Relationship of Childhood Abuse and Household Dysfunction to Many of the Leading Causes of Death in Adults: The Adverse Childhood Experiences (ACE) Study," *American Journal of Preventative Medicine* 14 (1998): 245. 그들은 원래 ACE 점수와 성인 건강 사이의 관계에 초점을 맞췄다: V. Felitti, "The Relation between Adverse Childhood Experiences and Adult Health: Turning Gold into Lead," *Permanente Journal* 6 (2002): 44. 그들의 연구 결과는 널리 재현되고 확장 되었다: K. Hughes et al., "The Effect of Multiple Adverse Childhood Experiences on Health: A Systematic Review and Meta-analysis," *Lancet Public Health* 2 (2017): e356; K. Petruccelli, J. Davis, and T. Berman, "Adverse Childhood Experiences and Associated Health Outcomes: A Systematic Review and Meta-analysis," *Child Abuse & Neglect* 97 (2019): 104127. 그후 광범위한 연구가 ACE 점수와 성인기 폭 력 및 반사회적 행동 사이의 관계에 초점을 맞추기 시작했다. 35% 증가라는 추정치의 근거 가 된 간행물은 다음과 같다: T. Moffitt et al., "A Gradient of Childhood Self-Control Predicts Health, Wealth, and Public Safety," *Proceedings of the National Academy of Sciences of the United States of America* 108 (2011): 2693; J. Reavis et al., "Adverse Childhood Experiences and Adult Criminality: How Long Must We Live Before We Possess Our Own Lives?," *Permanente Journal* 17 (2013): 44; J. Craig et al., "A

Little Early Risk Goes a Long Bad Way: Adverse Childhood Experiences and Life-Course Offending in the Cambridge Study," *Journal of Criminal Justice* 53 (2017): 34; J. Stinson et al., "Adverse Childhood Experiences and the Onset of Aggression and Criminality in a Forensic Inpatient Sample," *International Journal of Forensic Mental Health* 20 (2021): 374; L. Dutin et al., "Criminal History and Adverse Childhood Experiences in Relation to Recidivism and Social Functioning in Multi-problem Young Adults," *Criminal Justice and Behavior* 48, no. 5 (2021): 637; B. Fox et al., "Trauma Changes Everything: Examining the Relationship between Adverse Childhood Experiences and Serious, Violent and Chronic Juvenile Offenders," *Child Abuse & Neglect* 46 (2015): 163; M. Baglivio et al., "The Relationship between Adverse Childhood Experiences (ACE) and Juvenile Offending Trajectories in a Juvenile Offender Sample," *Journal of Criminal Justice* 43 (2015): 229. 훌륭한 검토는 다음과 같다: M. Baglivio, "On Cumulative Childhood Traumatic Exposure and Violence/Aggression: The Implications of Adverse Childhood Experiences (ACE)," in *Cambridge Handbook of Violent Behavior and Aggression*, 2nd ed., ed. A. Vazsonyi, D. Flannery, and M. DeLisi (Cambridge University Press, 2018), p. 467; G. Graf et al., "Adverse Childhood Experiences and Justice System Contact: A Systematic Review," *Pediatrics* 147 (2021): e2020021030.

40 "상대적 연령 효과": M. Gladwell, *Outliers: The Story of Success* (Little Brown, 2008); S. Levitt and S. Dubner, *Superfreakonomics: Global Cooling, Patriotic Prostitutes, and Why Suicide Bombers Should Buy Life Insurance* (William Morrow, 2009). 이 현상에 대한 심층 탐구: E. Dhuey and S. Lipscomb, "What Makes a Leader? Relative Age and High School Leadership," *Economic Educational Review* 27 (2008): 173; D. Lawlor et al., "Season of Birth and Childhood Intelligence: Findings from the Aberdeen Children of the 1950s Cohort Study," *British Journal of Educational Psychology* 76 (2006): 481; A. Thompson, R. Barnsley, and J. Battle, "The Relative Age Effect and the Development of Self-Esteem," *Educational Research* 46 (2004): 313.

41 이 일반적인 주제에 대한 자세한 내용은 나의 책 『행동』의 7장을 참고하라.

42 T. Roseboom et al., "Hungry in the Womb: What Are the Consequences? Lessons from the Dutch Famine," *Maturitas* 70 (2011): 141; B. Horsthemke, "A Critical View on Transgenera tional Epigenetic Inheritance in Humans," *Nature Communications* 9 (2018): 2973; B. Van den Bergh et al., "Prenatal Developmental Origins of Behavior and Mental Health: The Influence of Maternal Stress in Pregnancy," *Neuroscience and Biobehavioral Reviews* 117 (2020): 26; F. Gomes, X. Zhu, and A. Grace, "Stress during Critical Periods of Development and Risk for

Schizophrenia," *Schizophrenia Research* 213 (2019): 107; A. Brown and E. Susser, "Prenatal Nutritional Deficiency and Risk of Adult Schizophrenia," *Schizophrenia Bulletin* 3 (2008): 1054; D. St. Clair et al., "Rates of Adult Schizophrenia Following Prenatal Exposure to the Chinese Famine of 1959–1961," *Journal of the American Medical Association* 294 (2005): 557. 이 전체 주제는 영국 사우샘프턴대학교의 데이비드 바커가 개척한 '성인병의 기원'이라는 개념 아래 포괄적으로 설명되어 있다: D. Barker et al., "Fetal Origins of Adult Disease: Strength of Effects and Biological Basis," *International Journal of Epidemiology* 31 (2002): 1235. 이 문헌 전체를 회의적으로 읽어보면, 일반적으로 효과의 규모가 과장되었다는 결론을 내릴 수 있다: S. Richardson, *The Maternal Imprint: The Contested Science of Maternal-Fetal Effects* (University of Chicago Press, 2021).

43 이 일반적인 주제에 대한 자세한 내용은 나의 책 『행동』의 7장을 참고하라.

44 J. Bacque-Cazenave et al., "Serotonin in Animal Cognition and Behavior," *Journal of Molecular Science* 21 (2020): 1649; E. Coccaro et al., "Serotonin and Impulsive Aggression," *CNS Spectrum* 20 (2015): 295; J. Siegel and M. Crockett, "How Serotonin Shapes Moral Judgment and Behavior," *Annals of the New York Academy of Sciences* 1299 (2013): 42; J. Palacios, "Serotonin Receptors in Brain Revisited," *Brain Research* 1645 (2016): 46.

45 J. Liu et al., "Tyrosine Hydroxylase Gene Polymorphisms Contribute to Opioid Dependence and Addiction by Affecting Promoter Region Function," *Neuromolecular Medicine* 22 (2020): 391.

46 M. Bakermans-Kranenburg and M. van Ijzendoorn, "Differential Susceptibility to Rearing Environment Depending on Dopamine-Related Genes: New Evidence and a Meta-analysis," *Development and Psychopathology* 23 (2011): 39; M. Sweitzer et al., "Polymorphic Variation in the Dopamine D4 Receptor Predicts Delay Discounting as a Function of Childhood Socioeconomic Status: Evidence for Differential Susceptibility," *Social Cognitive and Affective Neuroscience* 8 (2013): 499; N. Perroud et al., "COMT but Not Serotonin-Related Genes Modulates the Influence of Childhood Abuse on Anger Traits," *Genes Brain and Behavior* 9 (2010): 193; S. Lee et al., "Association of Maternal Dopamine Transporter Genotype with Negative Parenting: Evidence for Gene x Environment Interaction with Child Disruptive Behavior," *Molecular Psychiatry* 15 (2010): 548. 다른 영장류의 동일한 유전자/양육 패턴에 대한 좋은 예: M. Champoux et al., "Serotonin Transporter Gene Polymorphism, Differential Early Rearing, and Behavior in Rhesus Monkey Neonates," *Molecular Psychiatry* 7 (2002): 1058. 인간의 이러한 유전자/양육 상호작용

중 일부에 대해 수년 동안 논란이 일었는데, 한쪽에서는 이러한 관계가 신뢰할 수 없고 일관되게 재현되지 않는다고 주장하는 반면 다른 쪽에서는 실제로 잘 수행된 연구만을 고려하면 이러한 관계가 견고하다고 주장하고 있다: M. Wankerl et al., "Current Developments and Controversies: Does the Serotonin Transporter Gene-Linked Polymorphic Region (5-HTTLPR) Modulate the Association Between Stress and Depression?," *Current Opinion in Psychiatry* 23 (2010): 582.

47 E. Lein et al., "Genome-wide Atlas of Gene Expression in the Adult Mouse Brain," *Nature* 445 (2007): 168; Y. Jin et al., "Architecture of Polymorphisms in the Human Genome Reveals Functionally Important and Positively Selected Variants in Immune Response and Drug Transporter Genes," *Human Genomics* 12 (2018): 43.

48 이 일반적인 주제에 대한 자세한 내용은 나의 책 『행동』의 8장을 참고하라.

49 문화 간 차이: H. Markus and S. Kitayama, "Culture and Self: Implications for Cognition, Emotion, and Motivation," *Psychological Review* 98 (1991): 224; A. Cuddy et al., "Stereotype Content Model across Cultures: Towards Universal Similarities and Some Differences," *British Journal of Social Psychology* 48 (2009): 1; R. Nisbett, *The Geography of Thought: How Asians and Westerners Think Differently… and Why* (Free Press, 2003).
이러한 차이점 중 일부의 신경학적 기반: S. Kitayama and A. Uskul, "Culture, Mind and the Brain: Current Evidence and Future Directions," *Annual Review of Psychology* 62 (2011): 419; B. Park et al., "Neural Evidence for Cultural Differences in the Valuation of Positive Facial Expressions," *Social Cognitive and Affective Neuroscience* 11 (2015): 243; B. Cheon et al., "Cultural Influences on Neural Basis of Intergroup Empathy," *Neuroimage* 57 (2011): 642.
수치심 대 죄책감의 문화 간 차이: H. Katchadourian, *Guilt: The Bite of Conscience* (Stanford General Books, 2011); J. Jacquet, *Is Shame Necessary? New Uses for an Old Tool* (Pantheon, 2015).

50 T. Hedden et al., "Cultural Influences on Neural Substrates of Attentional Control," *Psychological Science* 19 (2008): 12; S. Han and G. Northoff, "Culture-Sensitive Neural Substrates of Human Cognition: A Transcultural Neuroimaging Approach," *Nature Reviews Neuroscience* 9 (2008): 646; T. Masuda and R. E. Nisbett, "Attending Holistically vs. Analytically: Comparing the Context Sensitivity of Japanese and Americans," *Journal of Personality and Social Psychology* 81 (2001): 922; J. Chiao, "Cultural Neuroscience: A Once and Future Discipline," *Progress in Brain Research* 178 (2009): 287.

51 K. Zhang and H. Changsha, *World Heritage in China* (Press of South China

University of Technology, 2006).

52   T. Talhelm et al., "Large-Scale Psychological Differences within China Explained by Rice versus Wheat Agriculture," *Science* 344 (2014): 603; T. Talhelm, X. Zhang, and S. Oishi, "Moving Chairs in Starbucks: Observational Studies Find Rice-Wheat Cultural Differences in Daily Life in China," *Science Advances* 4 (2018), DOI:10.1126/sciadv.aap8469.

53   각주: 문화 간 차이의 유전학: H. Harpending and G. Cochran, "In Our Genes," *Proceedings of the National Academy of Sciences of the United States of America* 99 (2002): 10.
이 분야의 특이적 논문: Y. Ding et al., "Evidence of Positive Selection Acting at the Human Dopamine Receptor D4 Gene Locus," *Proceedings of the National Academy of Sciences of the United States of America* 99 (2002): 309; F. Chang et al., "The World-wide Distribution of Allele Frequencies at the Human Dopamine D4 Receptor Locus," *Human Genetics* 98 (1996): 891; K. Kidd et al., "An Historical Perspective on 'The World-wide Distribution of Allele Frequencies at the Human Dopamine D4 Receptor Locus,'" *Human Genetics* 133 (2014): 431; C. Chen et al., "Population Migration and the Variation of Dopamine D4 Receptor (DRD4) Allele Frequencies around the Globe," *Evolution and Human Behavior* 20 (1999): 309.
이 주제에 대한 비기술적인 소개: Sapolsky, "Are the Desert People Winning?," *Discover*, August 2005, 38.

54   각주: M. Fleisher, *Kuria Cattle Raiders: Violence and Vigilantism on the Tanzania/Kenya Frontier* (University of Michigan Press, 2000); M. Fleisher, "War Is Good for Thieving!': The Symbiosis of Crime and Warfare among the Kuria of Tanzania," *Africa* 72 (200): 1. 이러한 긴장 속에서 나는 물론 마사이족을 응원한다. 마사이족과 쿠리아족의 긴장은 오랫동안 계속되어왔지만 지난 세기에 일부 유럽 식민지 주민들이 했던 자의적인 행동 덕분에 두 그룹이 싸우면 국제 분쟁으로 간주된다; R. McMahon, *Homicide in Pre-famine and Famine Ireland* (Liverpool University Press, 2013); R. Nisbett and D. Cohen, *Culture of Honor: The Psychology of Violence in the South* (Westview Press, 1996); B. Wyatt-Brown, *Southern Honor: Ethics and Behavior in the Old South* (Oxford University Press, 1982). 영국 제도의 목축민들 사이에서 남부 명예 문화의 기원: D. Fischer, *Albion's Seed* (Oxford University Press, 1989).

55   각주: E. Van de Vliert, "The Global Ecology of Differentiation between Us and Them," *Nature Human Behaviour* 4 (2020): 270.
두번째 각주: F. Lederbogen et al., "City Living and Urban Upbringing Affect Neural Social Stress Processing in Humans," *Nature* 474 (2011): 498; D. Kennedy and R.

Adolphs, "Stress and the City," *Nature* 474 (2011): 452; A. Abbott, "City Living Marks the Brain," *Nature* 474 (2011): 429; M. Gelfand et al., "Differences between Tight and Loose Cultures: A 33-Nation Study," *Science* 332 (2011): 1100.

56 각주: K. Hill and R. Boyd, "Behavioral Convergence in Humans and Animals," *Science* 371 (2021): 235; T. Barsbai, D. Lukas, and A. Pondorfer, "Local Convergence of Behavior across Species," *Science* 371 (2021): 292. 이 일반적인 주제에 대한 자세한 내용은 나의 책 『행동』의 9장을 참고하라.

57 이 일반적인 주제에 대한 자세한 내용은 나의 책 『행동』의 10장을 참고하라.

58 P. Alces, *Trialectic: The Confluence of Law, Neuroscience, and Morality* (University of Chicago Press, 2023). P. Tse, "Two Types of Libertarian Free Will Are Realized in the Human Brain," in *Neuroexistentialism: Meaning, Morals, and Purpose in the Age of Neuroscience*, ed. G. Caruso and O. Flanagan (Oxford University Press, 2018).

59 N. Levy, *Hard Luck: How Luck Undermines Free Will and Moral Responsibility* (Oxford Univer sity Press, 2015), 인용문은 87쪽에 나옴.
각주 110쪽: 이 현실의 비통함은 찰스 존슨의 단편 소설 「중국China」의 한 구절("나는 지금까지의 나밖에 될 수 없나요?' 그는 부드럽게 물었지만 그의 목소리는 떨렸다")에 잘 요약되어 있다: *The Penguin Book of the American Short Story*, ed. J. Freeman (Penguin Press, 2021), p. 92. 이 점을 지적해준 미아위원회Mia Council에 감사드린다.

4장 강인한 의지력: 그릿의 신화

1 N. Levy, "Luck and History-Sensitive Compatibilism," *Philosophical Quarterly* 59 (2009): 237, 인용문은 242쪽에 나옴.

2 G. Caruso and D. Dennett, "Just Deserts," *Aeon*, https://aeon.co/essays/on-free-will-daniel-dennett-and-gregg-caruso-go-head-to-head.

3 R. Kane, "Free Will, Mechanism and Determinism," in *Moral Psychology, vol. 4, Free Will and Moral Responsibility*, ed. W. Sinnott-Armstrong (MIT Press, 2014), 인용문은 130쪽에 나옴; M. Shadlen and A. Roskies, "The Neurobiology of Decision-Making and Responsibility: Reconciling Mechanism and Mindedness," *Frontiers of Neuroscience* 6 (2012), doi.org/10.3389/fnins.2012.00056.

4 S. Spence, *The Actor's Brain: Exploring the Cognitive Neuroscience of Free Will* (Oxford Univer sity Press, 2009).

5 P. Tse, "Two Types of Libertarian Free Will Are Realized in the Human Brain," in *Neuroex istentialism: Meaning, Morals and Purpose in the Age of Neuroscience*,

ed. G. Caruso and O. Flanagan (Oxford University Press, 2013).

6   A. Roskies, "Can Neuroscience Resolve Issues about Free Will?," *Moral Psychology*, vol. 4, *Free Will and Moral Responsibility*, ed. W. Sinnott-Armstrong (MIT Press, 2014), 인용문은 116쪽에 나옴; M. Gazzaniga, "Mental Life and Responsibility in Real Time with a Determined Brain," in *Moral Psychology*, vol. 4: *Free Will and Moral Responsibility*, ed. W. Sinnott-Armstrong (MIT Press, 2014), 59.

7   가산을 탕진한 가족: C. Hill, "Here's Why 90% of Rich People Squander Their Fortunes," *MarketWatch*, April 23, 2017, marketwatch.com/story/heres-why-90-of-rich-people-squander-their-fortunes-2017-04-23.
    각주: J. White and G. Batty, "Intelligence across Childhood in Relation to Illegal Drug Use in Adulthood: 1970 British Cohort Study," *Journal of Epidemiology and Community Health* 66 (2012): 767.

8   J. Cantor, "Do Pedophiles Deserve Sympathy?" CNN, June 21, 2012.

9   각주: Z. Goldberger, "Music of the Left Hemisphere: Exploring the Neurobiology of Absolute Pitch," *Yale Journal of Biology and Medicine* 74 (2001): 323.

10 K. Semendeferi et al., "Humans and Great Apes Share a Large Frontal Cortex," *Nature Neuroscience* 5 (2002): 272; P. Schoenemann, "Evolution of the Size and Functional Areas of the Human Brain," *Annual Review of Anthropology* 35 (2006): 379. 또한 측정 방법에 따라 다르지만, 인간의 PFC는 다른 영장류에 비해 크기가 비례적으로 더 크거나 더 조밀하고 복잡하게 연결되어 있다: J. Rilling and T. Insel, "The Primate Neocortex in Comparative Perspective Using MRI," *Journal of Human Evolution* 37 (1999): 191; R. Barton and C. Venditti, "Human Frontal Lobes Are Not Relatively Large," *Proceedings of the National Academy of Sciences of the United States of America* 110 (2013): 9001. 이 모든 연구 결과에는 실험용 쥐의 전두피질에 해당하는 것이 정확히 무엇인지 알아내야 하는 과제가 포함되어 있다: M. Carlen, "What Constitutes the Prefrontal Cortex?," *Science* 358 (2017): 478.

11 E. Miller and J. Cohen, "An Integrative Theory of Prefrontal Cortex Function," *Annual Review of Neuroscience* 24 (2001): 167; L. Gao et al., "Single-Neuron Projectome of Mouse Prefrontal Cortex," *Nature Neuroscience* 25 (2022): 515; V. Mante et al., "Context-Dependent Computation by Recurrent Dynamics in Prefrontal Cortex," *Nature* 503 (2013): 78. 작업 전환에 전두피질이 관여한다는 것을 보여주는 몇 가지 추가적 사례: S. Bunge, "How We Use Rules to Select Actions: A Review of Evidence from Cognitive Neuroscience," *Cognitive, Affective & Behavioral Neuroscience* 4 (2004): 564; E. Crone et al., "Evidence for Separable Neural Processes Underlying Flexible Rule Use," *Cerebral Cortex* 16 (2005): 475.

12 R. Dunbar, "The Social Brain Meets Neuroimaging," *Trends in Cognitive Sciences* 16 (2011): 101; P. Lewis et al., "Ventromedial Prefrontal Volume Predicts Understanding of Others and Social Network Size," *Neuroimage* 57 (2011): 1624; K. Bickart et al., "Intrinsic Amygdala–Cortical Functional Connectivity Predicts Social Network Size in Humans," *Journal of Neuroscience* 32 (2012): 14729; R. Kanai et al., "Online Social Network Size Is Reflected in Human Brain Structure," *Proceedings of the Royal Society B: Biological Sciences* 279 (2012): 1327; J. Sallet et al., "Social Network Size Affects Neural Circuits in Macaques," *Science* 334 (2011): 697.

13 J. Kubota, M. Banaji, and E. Phelps, "The Neuroscience of Race," *Nature Neuroscience* 15 (2012): 940.

    각주: J. Eberhardt, *Biased: Uncovering the Hidden Prejudice That Shapes What We See, Think, and Do* (Viking, 2019).

14 N. Eisenberger, M. Lieberman, and K. Williams, "Does Rejection Hurt? An FMRI Study of Social Exclusion," *Science* 302 (2003): 290; N. Eisenberger, "The Pain of Social Disconnection: Examining the Shared Neural Underpinnings of Physical and Social Pain," *Nature Reviews Neuroscience* 3 (2012): 421; C. Masten, N. Eisenberger, and L. Borofsky, "Neural Correlates of Social Exclusion during Adolescence: Understanding the Distress of Peer Rejection," *Social Cognitive and Affective Neuroscience* 4 (2009): 143. 스트레스 중 회복력을 매개하는 전전두피질의 유전자 조절에 관한 흥미로운 연구: Z. Lorsch et al., "Stress Resilience Is Promoted by a Zfp189–Driven Transcriptional Network in Prefrontal Cortex," *Nature Neuroscience* 22 (2019): 1413.

15 공포의 신경생물학: C. Herry et al., "Switching On and Off Fear by Distinct Neuronal Circuits," *Nature* 454 (2008): 600; S. Maren and G. Quirk, "Neuronal Signaling of Fear Memory," *Nature Reviews Neuroscience* 5 (2004): 844; S. Rodrigues, R. Sapolsky, and J. LeDoux, "The Influence of Stress Hormones on Fear Circuitry," *Annual Review of Neuroscience* 32 (2009): 289; O. Klavir et al., "Manipulating Fear Associations via Optogenetic Modulation of Amygdala Inputs to Prefrontal Cortex," *Nature Neuroscience* 20 (2017): 836; S. Ciocchi et al., "Encoding of Conditioned Fear in Central Amygdala Inhibitory Circuits," *Nature* 468 (2010): 277; W. Haubensak et al., "Genetic Dissection of an Amygdala Microcircuit That Gates Conditioned Fear," *Nature* 468 (2010): 270.

    공포 소거의 신경생물학: M. Milad and G. Quirk, "Neurons in Medial Prefrontal Cortex Signal Memory for Fear Extinction," *Nature* 420 (2002): 70; E. Phelps et al., "Extinction Learning in Humans: Role of the Amygdala and vmPFC," *Neuron* 43

(2004): 897.

조건화된 공포 재발현의 신경생물학: R. Marek et al., "Hippocampus-Driven Feed-Forward Inhibition of the Prefrontal Cortex Mediates Relapse of Extinguished Fear," *Nature Neuroscience* 21 (2018): 384.

16   J. Greene and J. Paxton, "Patterns of Neural Activity Associated with Honest and Dishonest Moral Decisions," *Proceedings of the National Academy of Sciences of the United States of America* 106 (2009): 12506; J. Greene, *Moral Tribes: Emotion, Reason, and the Gap between Us and Them* (Penguin Press, 2013).

17   H. Terra et al., "Prefrontal Cortical Projection Neurons Targeting Dorsomedial Striatum Control Behavioral Inhibition," *Current Biology* 30 (2020): 4188; S. de Kloet et al., "Bidirectional Regulation of Cognitive Control by Distinct Prefrontal Cortical Output Neurons to Thalamus and Striatum," *Nature Communications* 12 (2021): 1994.

18   전두엽 탈억제: R. Bonelli and J. Cummings, "Frontal-Subcortical Circuitry and Behavior," *Dialogues in Clinical Neuroscience* 9 (2007); E. Huey, "A Critical Review of Behavioral and Emotional Disinhibition," *Journal of Nervous and Mental Disease* 208 (2020): 344 (컬럼비아대학교 의과대학 교수인 저자가 한때 내 연구실의 뛰어난 멤버였다는 사실이 자랑스럽다).

전두엽 손상과 범죄: B. Miller and J. Llibre Guerra, "Frontotemporal Dementia," *Handbook of Clinical Neurology* 165 (2019): 33; M. Brower and B. Price, "Neuropsychiatry of Frontal Lobe Dysfunction in Violent and Criminal Behaviour: A Critical Review," *Neurology, Neurosurgery and Psychiatry* 71 (2001): 720; E. Shiroma, P. Ferguson, and E. Pickelsimer, "Prevalence of Traumatic Brain Injury in an Offender Population: A Meta-analysis," *Journal of Corrective Health Care* 16 (2010): 147.

각주: J. Allman et al., "The von Economo Neurons in the Frontoinsular and Anterior Cingulate Cortex," *Annals of the New York Academy of Sciences* 1225 (2011): 59; C. Butti et al., "von Economo Neurons: Clinical and Evolutionary Perspectives," *Cortex* 49 (2013): 312; H. Evrard et al., "von Economo Neurons in the Anterior Insula of the Macaque Monkey," *Neuron* 74 (2012): 482. 공감, 거울뉴런, 폰에코노모 뉴런의 연결에 대한 적절한 회의적 비판: G. Hickok, *The Myth of Mirror Neurons: The Real Neuroscience of Communication and Cognition* (Norton, 2014).

19   Y. Wang et al., "Neural Circuitry Underlying REM Sleep: A Review of the Literature and Current Concepts," *Progress in Neurobiology* 204 (2021): 102106; J. Greene et al., "An fMRI Investigation of Emotional Engagement in Moral Judgment," *Science* 293 (2001): 2105; J. Greene et al., "The Neural Bases of Cognitive Conflict and Control in Moral Judgment," *Neuron* 44 (2004): 389.

20 A. Barbey, M. Koenigs, and J. Grafman, "Dorsolateral Prefrontal Contributions to Human Intelligence," *Neuropsychologia* 51 (2013): 1361. 배외측PFC와 복내측PFC의 검토: Greene, *Moral Tribes*.

21 D. Knock et al., "Diminishing Reciprocal Fairness by Disrupting the Right Prefrontal Cortex," *Science* 314 (2006): 829; A. Bechara, "The Role of Emotion in Decision-Making: Evidence from Neurological Patients with Orbitofrontal Damage," *Brain and Cognition* 55 (2004): 30; A. Damasio, *The Feeling of What Happens: Body and Emotion in the Making of Consciousness* (Harcourt, 1999); L. Koban, P. Gianaros, and T. Wager, "The Self in Context: Brain Systems Linking Mental and Physical Health," *Nature Reviews Neuroscience* 22 (2021): 309. 각주: E. Mas-Herrero, A. Dagher, and R. Zatorre, "Modulating Musical Reward Sensitivity Up and Down with Transcranial Magnetic Stimulation," *Nature Human Behaviour* 2 (2018): 27; J. Grahn, "Tuning the Brain to Musical Delight," *Nature Human Behaviour* 2 (2018): 17.

22 M. Koenigs et al., "Damage to the Prefrontal Cortex Increases Utilitarian Moral Judgments," *Nature* 446 (2007): 865; B. Thomas, K. Croft, and D. Tranel, "Harming Kin to Save Strangers: Further Evidence for Abnormally Utilitarian Moral Judgments after Ventromedial Prefrontal Damage," *Journal of Cognitive Neuroscience* 23 (2011): 2186; L. Young et al., "Damage to Ventromedial Prefrontal Cortex Impairs Judgment of Harmful Intent," *Neuron* 25 (2010): 845.

23 J. Saver and A. Damasio, "Preserved Access and Processing of Social Knowledge in a Patient with Acquired Sociopathy Due to Ventromedial Frontal Damage," *Neuropsychologia* 29 (1991): 1241; M. Donoso, A. Collins, and E. Koechlin, "Foundations of Human Reasoning in the Prefrontal Cortex," *Science* 344 (2014): 1481; T. Hare, "Exploiting and Exploring the Options," *Science* 344 (2014): 1446; T. Baumgartner et al., "Dorsolateral and Ventromedial Prefrontal Cortex Orchestrate Normative Choice," *Nature Neuroscience* 14 (2011): 1468; A. Bechara, "The Role of Emotion in Decision-Making: Evidence from Neurological Patients with Orbitofrontal Damage," *Brain and Cognition* 55 (2004): 30. 복내측PFC 손상의 결과: G. Moretto, M. Sellitto, and G. Pellegrino, "Investment and Repayment in a Trust Game after Centromedial Prefrontal Damage," *Frontiers of Human Neuroscience* 7 (2013): 593.

24 오래 지속되는 범주화 규칙을 추적하는 PFC: S. Reinert et al., "Mouse Pre frontal Cortex Represents Learned Rules for Categorization," *Nature* 593 (2021): 411. 시궁쥐의 경우, 진행중인 규칙 변경을 추적하기 위해 PFC가 지속적으로 노력해야 하는 상황이 몇 주

(쥐에게는 긴 시간임) 동안 지속될 수 있다: M. Chen et al., "Persistent Transcriptional Programmes Are Associated with Remote Memory," *Nature* 587 (2020): 437.

'인지 부하'는 논란이 많은 주제다. 인지 예비력과 자아 고갈이라는 개념은 사회심리학자 로이 바우마이스터와 그의 동료들이 개척한 개념이다: R. Baumeister and L. Newman, "Self-Regulation of Cognitive Inference and Decision Processes," *Personality and Social Psychology Bulletin* 20 (1994): 3; R. Baumeister, M. Muraven, and D. Tice, "Ego Depletion: A Resource Model of Volition, Self-Regulation, and Controlled Processing," *Social Cognition* 18 (2000): 130; R. Baumeister et al., "Ego Depletion: Is the Active Self a Limited Resource?," *Journal of Personality and Social Psychology* 74 (1988): 1252. 그러나 많은 연구들은 그 효과를 재현하는 데 어려움을 보고하기 시작했다 (예를 들면 L. Koppel et al., "No Effect of Ego Depletion on Risk Taking," *Science Reports* 9 [2019]: 9724). 그런 가운데서도 다른 연구자들은 재현을 보고했다: M. Hagger et al., "A Multilab Preregistered Replication of the Ego-Depletion Effect," *Perspectives on Psychological Science* 11 (2016): 546. 가능한 혼동의 원천에 대한 논의는 다음 논문을 참고하라: M. Friese et al., "Is Ego Depletion Real? An Analysis of Arguments," *Personality and Social Psychology Review* 23 (2019): 107. 바우마이스터와 동료들은 보고된 재현 실패에 이렇게 대응했다: R. Baumeister and K. Vohs, "Misguided Effort with Elusive Implications," *Perspectives on Psychological Science* 11 (2016): 574. 이러한 논문들에 대한 메타분석이 너무 많아서—그리고 그 효과가 실제인지에 대한 상반된 결론을 도출해서—이제는 '메타분석에 대한 메타분석'이 시도될 정도다: S. Harrison et al., "Exploring Strategies to Operationalize Cognitive Reserve: A Systematic Review of Reviews," *Journal of Clinical and Experimental Neuropsychology* 37 (2015): 253. 데이터 분석에 관한 논쟁은 말할 것도 없고, 나는 이러한 연구의 사회심리학적 측면을 둘러싼 논평을 평가할 수 있는 위치에 있지 않다. 나는 이러한 연구의 생물학적 요소에 대해 아주 약간 더 확실한 근거를 가지고 있을 따름이다. 상대적으로 외부인인 내가 보기에, 이러한 영향은 실제로 존재하는 경우가 많지만 초기 연구에서 제시된 것보다 훨씬 작은 규모인 경우가 일반적이다.

25 W. Hofmann, W. Rauch, and B. Gawronski, "And Deplete Us Not into Temptation: Automatic Attitudes, Dietary Restraint, and Self-Regulatory Resources as Determinants of Eating Behavior," *Journal of Experimental Social Psychology* 43 (2007): 497.

26 H. Kato, A. Jena, and Y. Tsugawa, "Patient Mortality after Surgery on the Surgeon's Birth day: Observational Study," *British Medical Journal* 371 (2020): m4381.

27 M. Kouchaki and I. Smith, "The Morning Morality Effect: The Influence of Time of Day on Unethical Behavior," *Psychological Sciences* 25 (2014): 95; F. Gino et al.,

"Unable to Resist Temptation: How Self-Control Depletion Promotes Unethical Behavior," *Organizational Behavior and Human Decision Processes* 115 (2011): 191–92; N. Mead et al., "Too Tired to Tell the Truth: Self-Control Resource Depletion and Dishonesty," *Journal of Experimental Social Psychology* 45 (2009): 594.

의료 환경에서 발생하는 이러한 문제: T. Johnson et al., "The Impact of Cognitive Stressors in the Emergency Department on Physician Implicit Racial Bias," *Academy of Emergency Medicine* 23 (2016): 29; P. Trinh, D. Hoover, and F. Sonnenberg, "Time-of-Day Changes in Physician Clinical Decision Making: A Retrospective Study," *PLoS One* 16 (2021): e0257500; H. Nephrash and M. Barnett, "Association of Primary Care Clinic Appointment Time with Opioid Prescribing," *JAMA Open Network* 2 (2019): e1910373.

28 S. Danziger, J. Levav, and L. Avnaim-Pesso, "Extraneous Factors in Judicial Decisions," *Proceedings of the National Academy of Sciences of the United States of America* 108 (2011): 6889.

각주: 배고픈 판사 효과: K. Weinshall-Margel and J. Shapard, "Overlooked Factors in the Analysis of Parole Decisions," *Proceedings of the National Academy of Sciences of the United States of America* 108 (2011): E833; A. Glöckner, "The Irrational Hungry Judge Effect Revisited: Simulations Reveal That the Magnitude of the Effect Is Overestimated," *Judgment and Decision Making* 11 (2016): 601.

추가적인 연구들: D. Hangartner, D. Kopp, and M. Siegenthaler, "Monitoring Hiring Discrimination through Online Recruitment Platforms," *Nature* 589 (2021): 572; P. Hunter, "Your Decisions Are What You Eat: Metabolic State Can Have a Serious Impact on Risk-Taking and Decision-Making in Humans and Animals," *EMBO Reports* 14 (2013): 505.

한편 후속 연구에서 매우 다른 버전의 '암묵적인 요인의 영향을 받는 사법부 판결'이라는 결과가 나왔는데, 그 내용인즉 선고일이 피고의 생일인 경우 판사가 더 가벼운 형을 선고한다는 것이다. 예를 들어 뉴올리언스 법정에서는 형량이 약 15% 감소했으며, 판사와 피고가 같은 인종일 경우 그 효과는 약 두 배 더 크다고 한다. 생일 전날이나 다음날은 어떨까? 아무 효과가 없으므로 주사위를 던질 필요는 없다. 그리고 더욱 분명하지만 놀랍지 않은 것은, 판결 의견에 생일과 같은 추상적인 사항을 언급한 판사는 한 명도 없었다는 것이다. 이 논문의 제목에는 상충되는 가치의 사례가 적절히 요약되어 있다. "범죄자는 처벌을 받아야 마땅하다" 대 "우리는 생일을 맞은 사람에게 친절히 대해야 한다". D. Chen and P. Arnaud, "Clash of Norms: Judicial Leniency on Defendant Birthdays" *SSRN* (2020), ssrn.com/abstract=3203624 또는 http://dx.doi.org/10.2139/ssrn.3203624.

29 D. Kahneman, *Thinking, Fast and Slow* (Farrar, Straus and Giroux, 2013). 그리고

카너먼의 추론에 대한 통찰: H. Nohlen, F. van Harreveld, and W. Cunningham, "Social Evaluations under Conflict: Negative Judgments of Conflicting Information Are Easier Than Positive Judgments," *Social Cognitive and Affective Neuroscience* 14 (2019): 709.

30   각주: T. Baer and S. Schnall, "Quantifying the Cost of Decision Fatigue: Suboptimal Risk Decisions in Finance," *Royal Society Open Science* 5 (2021): 201059.

31   I. Beaulieu-Boire and A. Lang, "Behavioral Effects of Levodopa," *Movement Disorders* 30 (2015): 90.

32   L. R. Mujica-Parodi et al., "Chemosensory Cues to Conspecific Emotional Stress Activate Amygdala in Humans," *Public Library of Science One* 4, no. 7 (2009): e6415. 무단횡단: B. Pawlowski, R. Atwal, and R. Dunbar, "Sex Differences in Everyday Risk-Taking Behavior in Humans," *Evolutionary Psychology* 6 (2008): 29. 각주: L. Chang et al., "The Face That Launched a Thousand Ships: The MatingWarring Association in Men," *Personality and Social Psychology Bulletin* 37 (2011): 976; S. Ainsworth and J. Maner, "Sex Begets Violence: Mating Motives, Social Dominance, and Physical Aggression in Men," *Journal of Personality and Social Psychology* 103 (2012): 819; W. Iredale, M. van Vugt, and R. Dunbar, "Showing Off in Humans: Male Generosity as a Mating Signal," *Evolutionary Psychology* 6 (2008): 386; M. Van Vugt and W. Iredale, "Men Behaving Nicely: Public Goods as Peacock Tails," *British Journal of Psychology* 104 (2013): 3. 오, 그 스케이트보더들: R. Ronay and W. von Hippel, "The Presence of an Attractive Woman Elevates Testosterone and Physical Risk Taking in Young Men," *Social Psychological and Personality Science* 1 (2010): 1.

33   J. Ferguson et al., "Oxytocin in the Medial Amygdala Is Essential for Social Recognition in the Mouse," *Journal of Neuroscience* 21 (2001): 8278; R. Griksiene and O. Ruksenas, "Effects of Hormonal Contraceptives on Mental Rotation and Verbal Fluency," *Psychoneuroendocrinology* 36 (2011): 1239–1248; R. Norbury et al., "Estrogen Therapy and Brain Muscarinic Receptor Density in Healthy Females: A SPET Study," *Hormones and Behavior* 5 (2007): 249.

34   스트레스가 전두엽 기능의 효율성에 미치는 영향: S. Qin et al., "Acute Psychological Stress Reduces Working Memory–Related Activity in the Dorsolateral Prefrontal Cortex," *Biological Psychiatry* 66 (2009): 25; L. Schwabe et al., "Simultaneous Glucocorticoid and Noradrenergic Activity Disrupts the Neural Basis of Goal-Directed Action in the Human Brain," *Journal of Neuroscience* 32 (2012): 10146; A. Arnsten, M. Wang, and C. Paspalas, "Neuromodulation of Thought: Flexibilities and Vulnerabilities in Prefrontal Cortical Network Synapses," *Neuron* 76 (2012):

223; A. Arnsten, "Stress Weakens Prefrontal Networks: Molecular Insults to Higher Cognition," *Nature Neuroscience* 18 (2015): 1376; E. Woo et al., "Chronic Stress Weakens Connectivity in the Prefrontal Cortex: Architectural and Molecular Changes," *Chronic Stress* 5 (2021), doi:24705470211029254.

35 테스토스테론이 전두피질에 미치는 영향: P. Mehta and J. Beer, "Neural Mechanisms of the Testosterone-Aggression Relation: The Role of Orbitofrontal Cortex," *Journal of Cognitive Neuroscience* 22 (2010): 2357; E. Hermans et al., "Exogenous Testosterone Enhances Responsiveness to Social Threat in the Neural Circuitry of Social Aggression in Humans," *Biological Psychiatry* 63 (2008): 263; G. van Wingen et al., "Testosterone Reduces AmygdalaOrbitofrontal Cortex Coupling," *Psychoneuroendocrinology* 35 (2010): 105; I. Volman et al., "Endogenous Testosterone Modulates Prefrontal-Amygdala Connectivity during Social Emotional Behavior," *Cerebral Cortex* 21 (2011): 2282; P. Bos et al., "The Neural Mechanisms by Which Testosterone Acts on Interpersonal Trust," *Neuroimage* 61 (2012): 730; P. Bos et al., "Testosterone Reduces Functional Connectivity during the 'Reading the Mind in the Eyes' Test," *Psychoneuroendocrinology* 68 (2016): 194; R. Handa, G. Hejnaa, and G. Murphy, "Androgen Inhibits Neurotransmitter Turnover in the Medial Prefrontal Cortex of the Rat Following Exposure to a Novel Environment," *Brain Research* 751 (1997): 131; T. Hajszan et al., "Effects of Androgens and Estradiol on Spine Synapse Formation in the Prefrontal Cortex of Normal and Testicular Feminization Mutant Male Rats," *Endocrinology* 148 (2007): 1963.

옥시토신이 전두피질에 미치는 영향: N. Ebner et al., "Oxytocin's Effect on Resting-State Functional Connectivity Varies by Age and Sex," *Psychoneuroendocrinology* 69 (2016): 50; S. Dodhia et al., "Modulation of Resting-State Amygdala-Frontal Functional Connectivity by Oxytocin in Generalized Social Anxiety Disorder," *Neuropsychopharmacology* 39 (2014): 2061.

에스트로겐이 전두피질에 미치는 영향: R. Hill et al., "Estrogen Deficiency Results in Apoptosis in the Frontal Cortex of Adult Female Aromatase Knockout Mice," *Molecular and Cellular Neuroscience* 41 (2009): 1; R. Brinton et al., "Equilin, a Principal Component of the Estrogen Replacement Therapy Premarin, Increases the Growth of Cortical Neurons via an NMDA Receptor-Dependent Mechanism," *Experimental Neurology* 147 (1997): 211.

36 다양한 부정적 경험이 전두피질에 미치는 영향. 우울증: E. Belleau, M. Treadway, and D. Pizzagalli, "The Impact of Stress and Major Depressive Disorder on Hippocampal and Medial Prefrontal Cortex Morphology," *Biological Psychiatry* 85 (2019):

443; F. Calabrese et al., "Neuronal Plasticity: A Link between Stress and Mood Disorders," *Psychoneuroendocrinology* 34, supp. 1 (2009): S208; S. Chiba et al., "Chronic Restraint Stress Causes Anxiety-and Depression-Like Behaviors, Downregulates Glucocorticoid Receptor Expression, and Attenuates Glutamate Release Induced by Brain-Derived Neurotrophic Factor in the Prefrontal Cortex," *Progress in Neuro-psychopharmacology and Biological Psychiatry* 39 (2012): 112; J. Radley et al., "Chronic Stress-Induced Alterations of Dendritic Spine Subtypes Predict Functional Decrements in an Hypothalamo-Pituitary-Adrenal-Inhibitory Prefrontal Circuit," *Journal of Neuroscience* 33 (2013): 14379.

불안과 PTSD: L. Mah, C. Szabuniewicz, and A. Fletcco, "Can Anxiety Damage the Brain?," *Current Opinions in Psychiatry* 29 (2016): 56; K. Moench and C. Wellman, "Stress-Induced Alterations in Prefrontal Dendritic Spines: Implications for Post-traumatic Stress Disorder," *Neuroscience Letters* 5 (2015): 601.

사회적 불안정: M. Breach, K. Moench, and C. Wellman, "Social Instability in Adolescence Differentially Alters Dendritic Morphology in the Medial Prefrontal Cortex and Its Response to Stress in Adult Male and Female Rats," *Developmental Neurobiology* 79 (2019): 839.

37 알코올과 대마초가 전두피질에 미치는 영향: C. Shields and C. Gremel, "Review of Orbitofrontal Cortex in Alcohol Dependence: A Disrupted Cognitive Map?," *Alcohol: Clinical and Experimental Research* 44 (2020): 1952; D. Eldreth, J. Matochik, and L. Cadet, "Abnormal Brain Activity in Prefrontal Brain Regions in Abstinent Marijuana Users," *Neuroimage* 23 (2004): 914; J. Quickfall and D. Crockford, "Brain Neuroimaging in Cannabis Use: A Review," *Journal of Neuropsychiatry and Clinical Neuroscience* 18 (2006): 318; V. Lorenzetti et al., "Does Regular Cannabis Use Affect Neuroanatomy? An Updated Systematic Review and Meta-analysis of Structural Neuroimaging Studies," *European Archives of Psychiatry and Clinical Neuroscience* 269 (2019): 59. 이러한 연구 결과는 열다섯 살 때 술을 마시거나 마약을 하지 않기로 결심하고 그 결심을 지키기로 한 나의 결정이 옳았음을 입증하는 좋은 증거다.

운동과 전두피질: D. Moore et al., "Interrelationships between Exercise, Functional Connectivity, and Cognition among Healthy Adults: A Systematic Review," *Psychophysiology* (2022): e14014; J. Graban, N. Hlavacova, and D. Jezova, "Increased Gene Expression of Selected Vesicular and Glial Glutamate Transporters in the Frontal Cortex in Rats Exposed to Voluntary Wheel Running," *Journal of Physiology and Pharmacology* 68 (2017): 709; M. Ceftis et al., "The Effect of Exercise on Memory and BDNF Signaling Is Dependent on Intensity," *Brain*

Structure and Function 224 (2019): 1975.

섭식장애와 전두피질: B. Donnelly et al., "Neuroimaging in Bulimia Nervosa and Binge Eating Disorder: A Systematic Review," *Journal of Eating Disorders* 6 (2018): 3; V. Alfano et al., "Multimodal Neuroimaging in Anorexia Nervosa," *Journal of Neuroscience Research* 98 (2020): 2178.

그리고 정말 흥미로운 연구: F. Lederbogen et al., "City Living and Urban Upbringing Affect Neural Social Stress Processing in Humans," *Nature* 474 (2011): 498.

38 E. Durand et al., "History of Traumatic Brain Injury in Prison Populations: A Systematic Review," *Annals of Physical Rehabilitation Medicine* 60 (2017): 95; E. Shiroma, P. Ferguson, and E. Pickelsimer, "Prevalence of Traumatic Brain Injury in an Offender Population: A Metaanalysis," *Journal of Corrective Health Care* 16 (2010): 147; M. Linden, M. Lohan, and J. BatesGaston, "Traumatic Brain Injury and Co-occurring Problems in Prison Populations: A Systematic Review," *Brain Injury* 30 (2016): 839; E. De Geus et al., "Acquired Brain Injury and Interventions in the Offender Population: A Systematic Review," *Frontiers of Psychiatry* 12 (2021): 658328.

각주: J. Pemment, "Psychopathy versus Sociopathy: Why the Distinction Has Become Crucial," *Aggression and Violent Behavior* 18 (2013): 458.

39 E. Pascoe and L. Smart Richman, "Perceived Discrimination and Health: A Meta-analytic Review," *Psychological Bulletin* 135 (2009): 531; U. Clark, E. Miller, and R. R. Hegde, "Experiences of Discrimination Are Associated with Greater Resting Amygdala Activity and Functional Connectivity," *Biological Psychiatry and Cognitive Neuroscience Neuroimaging* 3 (2018): 367; C. Masten, E. Telzer, and N. Eisenberger, "An FMRI Investigation of Attributing Negative Social Treatment to Racial Discrimination," *Journal of Cognitive Neuroscience* 23 (2011): 1042; N. Fani et al., "Association of Racial Discrimination with Neural Response to Threat in Black Women in the US Exposed to Trauma," *JAMA Psychiatry* 78 (2021): 1005.

40 청소년기의 역경: K. Yamamuro et al., "A Prefrontal-Paraventricular Thalamus Circuit Requires Juvenile Social Experience to Regulate Adult Sociability in Mice," *Nature Neuroscience* 23 (2020): 10; C. Drzewiecki et al., "Adolescent Stress during, but Not after, Pubertal Onset Impairs Indices of Prepulse Inhibition in Adult Rats," *Developmental Psychobiology* 63 (2021): 837; M. Breach, K. Moench, and C. Wellman, "Social Instability in Adolescence Differentially Alters Dendritic Morphology in the Medial Prefrontal Cortex and Its Response to Stress in Adult Male and Female Rats," *Developmental Neurobiology* 79 (2019): 839; M. Leussis et

al., "The Enduring Effects of an Adolescent Social Stressor on Synaptic Density, Part II: Poststress Reversal of Synaptic Loss in the Cortex by Adinazolam and MK-801," *Synapse* 62 (2008): 185; K. Zimmermann, R. Richardson, and K. Baker, "Maturational Changes in Prefrontal and Amygdala Circuits in Adolescence: Implications for Understanding Fear Inhibition during a Vulnerable Period of Development," *Brain Science* 9 (2019): 65; L. Wise et al., "Long-Term Effects of Adolescent Exposure to Bisphenol A on Neuron and Glia Number in the Rat Prefrontal Cortex: Differences between the Sexes and Cell Type," *Neurotoxicology* 53 (2016): 186.

41 T. Koseki et al., "Exposure to Enriched Environments during Adolescence Prevents Abnormal Behaviours Associated with Histone Deacetylation in Phencyclidine-Treated Mice," *International Journal of Psychoneuropharmacology* 15 (2012): 1489; F. Sadegzadeh et al., "Effects of Exposure to Enriched Environment during Adolescence on Passive Avoidance Memory, Nociception, and Prefrontal BDNF Level in Adult Male and Female Rats," *Neuroscience Letters* 732 (2020): 135133; J. McCreary, Z. Erikson, and Y. Hao, "Environmental Intervention as a Therapy for Adverse Programming by Ancestral Stress," *Science Reports* 6 (2016): 37814.

42 아동기의 스트레스와 트라우마가 전두피질에 미치는 영향: C. Weems et al., "Post-traumatic Stress and Age Variation in Amygdala Volumes among Youth Exposed to Trauma," *Social Cognitive and Affective Neuroscience* 10 (2015): 1661; A. Garrett et al., "Longitudinal Changes in Brain Function Associated with Symptom Improvement in Youth with PTSD," *Journal of Psychiatric Research* 114 (2019): 161; V. Carrion et al., "Reduced Hippocampal Activity in Youth with Posttraumatic Stress Symptoms: An fMRI Study," *Journal of Pediatric Psychology* 35 (2010): 559; V. Carrion et al., "Converging Evidence for Abnormalities of the Prefrontal Cortex and Evaluation of Midsagittal Structures in Pediatric Posttraumatic Stress Disorder: An MRI Study," *Psychiatry Research: Neuroimaging* 172 (2009): 226; K. Richert et al., "Regional Differences of the Prefrontal Cortex in Pediatric PTSD: An MRI Study," *Depression and Anxiety* 23 (2006): 17; A. Tomoda et al., "Reduced Prefrontal Cortical Gray Matter Volume in Young Adults Exposed to Harsh Corporal Punishment," *Neuroimage* 47 (2009): T66; A. Chocyk et al., "Impact of Early-Life Stress on the Medial-Prefrontal Cortex Functions—a Search for the Pathomechanisms of Anxiety and Mood Disorders," *Pharmacology Reports* 65 (2013): 1462; A. Chocyk et al., "Early-Life Stress Affects the Structural and Functional Plasticity of the Medial Prefrontal Cortex in Adolescent Rats," *European Journal of Neuroscience*

38 (2013): 2089; A. Chocyk et al., "Early Life Stress Affects the Structural and Functional Plasticity in the Medial Prefrontal Cortex in Adolescent Rats," *European Journal of Neuroscience* 38 (2013): 2089 (참고—이것은 젊은 톰 행크스가 배외측PFC 역할로 데뷔한 영화다); M. Lopez et al., "The Social Ecology of Childhood and Early Life Adversity," *Pediatric Research* 89 (2021): 353; V. Carrion and S. Wong, "Can Traumatic Stress Alter the Brain? Understanding the Implications of Early Trauma on Brain Development and Learning," *Journal of Adolescent Health* 51 (2013): S23.

어린이가 성장하고 있는 지역의 영향: X. Zhang et al., "Childhood Urbanicity Interacts with Polygenic Risk for Depression to Affect Stress-Related Medial Prefrontal Function," *Translation Psychiatry* 11 (2021): 522; B. Ramphal et al., "Associations between Amygdala-Prefrontal Functional Connectivity and Age Depend on Neighborhood Socioeconomic Status," *Cerebral Cortex Communications* 1 (2020): tgaa033.

모성이 전두피질의 성숙에 미치는 영향: D. Liu et al., "Maternal Care, Hippocampal Glucocorticoid Receptors, and Hypothalamic-Pituitary-Adrenal Responses to Stress," *Science* 277 (1997); S. Uchida et al., "Maternal and Genetic Factors in Stress-Resilient and -Vulnerable Rats: A Cross-Fostering Study," *Brain Research* 1316 (2010): 43.

이 방대하고 암울한 문헌들 속에서, 이것이 병리의 영역인지 적응의 영역인지에 대한 문제가 있다. 어린 시절의 주요 역경은 성인이 된 후 위협과 스트레스에 과민하게 반응하고, 경계를 늦추지 못하며, 장기적인 계획과 만족 지연에 취약한 뇌를 만들어낸다. 이것이 성인기의 병적인 뇌 기능 장애에 해당할까? 아니면 당신이 원하는 뇌의 유형일까?(어린 시절이 그랬다면, 성인이 되었을 때 이런 일이 더 많아질 것에 대 비해 이런 종류의 뇌를 갖는 것이 더 나을지도 모른다). 이 문제를 다룬 논문: M. Teicher, J. Samson, and K. Ohashi, "The Effects of Childhood Maltreatment on Brain Structure, Function and Connectivity," *Nature Reviews Neuroscience* 17 (2016): 652.

43 D. Kirsch et al., "Childhood Maltreatment, Prefrontal-Paralimbic Gray Matter Volume, and Substance Use in Young Adults and Interactions with Risk for Bipolar Disorder," *Science Reports* 11 (2021): 123; M. Monninger et al., "The Long-Term Impact of Early Life Stress on Orbitofrontal Cortical Thickness," *Cerebral Cortex* 30 (2020): 1307; A. Van Harmelen et al., "Hypoactive Medial Prefrontal Cortex Functioning in Adults Reporting Childhood Emotional Maltreatment," *Scan* 9 (2014): 2026; A. Van Harmelen et al., "Childhood Emotional Maltreatment Severity Is Associated with Dorsal Medial Prefrontal Cortex Responsivity to Social Exclusion in Young Adults," *PLoS One* 9 (2014): E85107; M. Underwood, M.

Bakalian, and V. Johnson, "Less NMDA Receptor Binding in Dorsolateral Prefrontal Cortex and Anterior Cingulate Cortex Associated with Reported Early-Life Adversity but Not Suicide," *International Journal of Neuropsychopharmacology* 23 (2020): 311; R. Salokangas et al., "Effect of Childhood Physical Abuse on Social Anxiety Is Mediated via Reduced Frontal Lobe and Amygdala-Hippocampus Complex Volume in Adult Clinical High-Risk Subjects," *Schizophrenia Research* 22 (2021): 101; M. Kim et al., "A Link between Childhood Adversity and Trait Anger Reflects Relative Activity of the Amygdala and Dorsolateral Prefrontal Cortex," *Biological Psychiatry Cognitive Neuroscience and Neuroimaging* 3 (2018): 644; T. Kraynak et al., "Retrospectively Reported Childhood Physical Abuse, Systemic Inflammation, and Resting Corticolimbic Connectivity in Midlife Adults," Brain, *Behavior and Immunity* 82 (2019): 203.

44　C. Hendrix, D. Dilks, and B. McKenna, "Maternal Childhood Adversity Associates with Frontoamygdala Connectivity in Neonates," *Biological Psychiatry, Cognitive Neuroscience and Neuroimaging* 6 (2021): 470.

45　M. Monninger, E. Kraaijenvanger, and T. Pollok, "The Long-Term Impact of Early Life Stress on Orbitofrontal Cortical Thickness," *Cerebral Cortex* 30 (2020): 1307; N. Bush et al., "Kindergarten Stressors and Cumulative Adrenocortical Activation: The 'First Straws' of Allostatic Load?," *Developmental Psychopathology* 23 (2011): 1089; A. Conejero et al., "Frontal Theta Activation Associated with Error Detection in Toddlers: Influence of Familial Socioeconomic Status," *Developmental Science* 21 (2018), doi:10.1111/desc.12494; S. Lu, R. Xu, and J. Cao, "The Left Dorsolateral Prefrontal Cortex Volume Is Reduced in Adults Reporting Childhood Trauma Independent of Depression Diagnosis," *Journal of Psychiatric Research* 12 (2019): 12; L. Betancourt, N. Brodsky, and H. Hurt, "Socioeconomic (SES) Differences in Language Are Evident in Female Infants at 7 Months of Age," *Early Human Development* 91 (2015): 719.

46　Y. Moriguchi and I. Shinohara, "Socioeconomic Disparity in Prefrontal Development during Early Childhood," *Science Reports* 9 (2019): 2585; M. Varnum and S. Kitayama, "The Neuroscience of Social Class," *Current Opinion in Psychology* 18 (2017): 147; K. Muscatell et al., "Social Status Modulates Neural Activity in the Mentalizing Network," *Neuroimage* 60 (2012): 1771; K. Sarsour et al., "Family Socioeconomic Status and Child Executive Functions: The Roles of Language, Home Environment, and Single Parenthood," *Journal of International Neuropsychology* 17 (2011): 120; M. Monninger, E. Kraaijenvanger, and T. Pollok,

"The Long Term Impact of Early Life Stress on Orbitofrontal Cortical Thickness,"
Cerebral Cortex 30 (2020): 1307; N. Hair et al., "Association of Child Poverty, Brain
Development, and Academic Achievement," *JAMA Pediatrics* 169 (2015): 822.

47 L. Machlin, K. McLaughlin, and M. Sheridan, "Brain Structure Mediates the
Association between Socioeconomic Status and Attention–Deficit/Hyperactivity
Disorder," *Developmental Science* 23 (2020): e12844; K. Sarsour et al., "Family
Socioeconomic Status and Child Executive Functions: The Roles of Language,
Home Environment, and Single Parenthood," *Journal of the International
Neuropsychological Society* 17 (2011): 120; M. Kim et al., "A Link between
Childhood Adversity and Trait Anger Reflects Relative Activity of the Amygdala
and Dorsolateral Prefrontal Cortex," *Biological Psychiatry Cognitive Neuroscience
Neuroimaging* 3 (2019): 644; B. Hart and T. Risley, *Meaningful Differences in the
Everyday Experience of Young American Children* (Brooke, 1995); E. Hoff, "How
Social Contexts Support and Shape Language Development," *Developmental
Review* 26 (2006): 55.

각주: J. Reed, E. D'Ambrosio, and S. Marenco, "Interaction of Childhood Urbanicity
and Variation in Dopamine Genes Alters Adult Prefrontal Function as Measured
by Functional Magnetic Resonance Imaging (fMRI)," *PLoS One* 13, no. 4 (2018):
e0195189; B. Besteher et al., "Associations between Urban Upbringing and Cortical
Thickness and Gyrification," *Journal of Psychiatry Research* 95 (2017): 114; J. Xu
et al., "Global Urbanicity Is Associated with Brain and Behavior in Young People,"
Nature Human Behaviour 6 (2022): 279; V. Steinheuser et al., "Impact of Urban
Upbringing on the (Re)activity of the HypothalamusPituitary–Adrenal Axis,"
Psychosomatic Medicine 76 (2014): 678; F. Lederbogen, P. Kirsch, and L. Haddad,
"City Living and Urban Upbringing Affect Neural Social Stress Processing in
Humans," *Nature* 474 (2011): 498.

48 C. Franz et al., "Adult Cognitive Ability and Socioeconomic Status as Mediators
of the Ef fects of Childhood Disadvantage on Salivary Cortisol in Aging Adults,"
Psychoneuroendocrinology 38 (2013): 2127; D. Barch et al., "Early Childhood
Socioeconomic Status and Cognitive and Adaptive Outcomes at the Transition to
Adulthood: The Mediating Role of Gray Matter Development across 5 Scan Waves,"
Biological Psychiatry: Cognitive Neuroscience and Neuroimaging 7 (2021): 34; M.
Farah, "Socioeconomic Status and the Brain: Prospects for Neuroscience–Informed
Policy," *Nature Reviews Neuroscience* 19 (2018): 428.

49 J. Herzog and C. Schmahl, "Adverse Childhood Experiences and the Conse-

quences on Neu robiological, Psychosocial, and Somatic Conditions across the Lifespan," *Frontiers of Psychiatry* 9 (2018): 420.

50 태아기 스트레스의 부정적인 신경생물학적 결과는 다양하다: Y. Lu, K. Kapse, and N. Andersen, "Association between Socioeconomic Status and In Utero Fetal Brain Development," *JAMA Network Open* 4 (2021): e213526.

정신질환 발생 위험에 미치는 영향: A. Converse et al., "Prenatal Stress Induces Increased Striatal Dopamine Transporter Binding in Adult Nonhuman Primates," *Biological Psychiatry* 74 (2013): 502; C. Davies et al., "Prenatal and Perinatal Risk and Protective Factors for Psychosis: A Systematic Review and Meta-analysis," *Lancet Psychiatry* 7 (2010): 399; J.Markham and J. Koenig, "Prenatal Stress: Role in Psychotic and Depressive Diseases," *Psychopharmacology* 214 (2011): 89; B. Van den Bergh et al., "Prenatal Developmental Origins of Behavior and Mental Health: The Influence of Maternal Stress in Pregnancy," *Neuroscience and Biobehavioral Reviews* 117 (2020): 26.

임신중 어머니의 스트레스는 태아의 뇌와 성인이 된 태아의 뇌에 어떤 악영향을 미칠까? 어머니에서 태아로 전달되는 당질코르티코이드 수치 상승, 손상성 염증 매개체 수치 상승, 태아로의 혈류량 감소 등이 있다: A. Kinnunen, J. Koenig, and G. Bilbe, "Repeated Variable Prenatal Stress Alters Pre- and Postsynaptic Gene Expression in the Rat Frontal Pole," *Journal of Neurochemistry* 86 (2003): 736; B. Van den Bergh, R. Dahnke, and M. Mennes, "Prenatal Stress and the Developing Brain: Risks for Neurodevelopmental Disorders," *Development and Psychopathology* 30 (2018): 743.

51 G. Winterer and D. Goldman, "Genetics of Human Prefrontal Function," *Brain Research Reviews* 43 (2003): 134.

52 A. Heinz et al., "Amygdala-Prefrontal Coupling Depends on a Genetic Variation of the Serotonin Transporter," *Nature Neuroscience* 8 (2005): 20; L. Passamonti et al., "Monoamine Oxidase-a Genetic Variations Influence Brain Activity Associated with Inhibitory Control: New Insight into the Neural Correlates of Impulsivity," *Biological Psychiatry* 59 (2006): 334; M. Nomura and Y. Nomura, "Psychological, Neuroimaging, and Biochemical Studies on Functional Association between Impulsive Behavior and the 5-HT2A Receptor Gene Polymorphism in Humans," *Annals of the New York Academy of Sciences* 1086 (2006): 134. '위험 감수' 클러스터의 유전자 변이가 많을수록 배외측PFC가 작아진다: G. Avdogan et al., "Genetic Underpinnings of Risky Behavior Relate to Altered Neuroanatomy," *Nature Human Behaviour* 5 (2021): 787.

53 K. Bruce et al., "Association of the Promoter Polymorphism -1438G/A of the

5-HT2A Receptor Gene with Behavioral Impulsiveness and Serotonin Function in Women with Bulimia Nervosa," *American Journal of Medical Genetics, Part B, Neuropsychiatric Genetics* 137B (2005): 40.

54 K. Honnegger and B. de Bivot, "Stoachasticity, Individuality and Behavior," *Current Biology* 28 (2018): R8; J. Ayroles et al., "Behavioral Idiosyncrasy Reveals Genetic Control of Phenotypic Variability," *Proceedings of the National Academy of Sciences of the United States of America* 112 (20150): 6706; G. Linneweber et al., "A Neurodevelopmental Origin of Behavioral Individual in the *Drosophila* Visual System," *Science* 367 (2020): 1112.

55 J. Chiao et al., "Neural Basis of Individualistic and Collectivistic Views of Self," *Human Brain Mapping* 30 (2009): 2813.

56 S. Han and Y. Ma, "Cultural Differences in Human Brain Activity: A Quantitative Meta-analysis," *Neuroimage* 99 (2014): 293; Y. Ma et al., "Sociocultural Patterning of Neural Activity during Self-Reflection," *Social Cognitive and Affective Neuroscience* 9 (2014): 73; Lu, Kapse, and Andersen, "Association between Socioeconomic Status."

57 P. Chen et al., "Medial Prefrontal Cortex Differentiates Self from Mother in Chinese: Evidence from Self-Motivated Immigrants," *Culture and Brain* 1 (2013): 3.

58 전반적 검토: J. Sasaki and H. Kim, "Nature, Nurture, and Their Interplay: A Review of Cultural Neuroscience," *Journal of Cross-Cultural Psychology* 48 (2016): 4. 문화와 유전자의 상호작용: M. Palmatier, A. Kang, and K. Kidd, "Global Variation in the Frequencies of Functionally Different Catechol-O-Methyltransferase Alleles," *Biological Psychiatry* 46 (1999): 557; Y. Chiao and K. Blizinsky, "Culture-Gene Coevolution of Individualism-Collectivism and the Serotonin Transporter Gene," *Proceedings of the Royal Society B: Biological Sciences* 277 (2010): 22; K. Ishii et al., "Culture Modulates Sensitivity to the Disappearance of Facial Expression Associated with Serotonin Transporter Polymorphism (5-HTTLPR)," *Culture and Brain* 2 (2014): 72; J. LeClair et al., "Gene-Culture Interaction: Influence of Culture and Oxytocin Receptor Gene (OXTR) Polymorphism on Loneliness," *Culture and Brain* 4 (2016): 21; S. Luo et al., "Interaction between Oxytocin Receptor Polymorphism and Interdependent Culture Values on Human Empathy," *Social Cognitive and Affective Neuroscience* 10 (2015): 1273.

59 K. Norton and M. Lilieholm, "The Rostrolateral Prefrontal Cortex Mediates a Preference for High-Agency Environments," *Journal of Neuroscience* 40 (2020): 4401. 유사한 주제에 대해서는 다음 논문을 참고하라: J. Parvizi et al., "The Will to

Persevere Induced by Electrical Stimulation of the Human Cingulate Gyrus," *Neuron* 80 (2013): 1359.

5장 카오스이론 입문

1   이 주제에 대한 논의: A. Maar, "Kinds of Determinism in Science," *Principia* 23 (2019): 503.

2   E. Lorenz, "Deterministic Non-periodic Flow," *Journal of Atmospheric Sciences* 20 (1963): 130.

3   웃기는 민간 전설: R. Bishop, "What Could Be Worse Than the Butterfly Effect?," *Canadian Journal of Philosophy* 38 (2008): 519. 끌어당길 뿐만 아니라 밀어내는, 이상한 끌개: J.Hobbs, "Chaos and Indeterminism," *Canadian Journal of Philosophy* 21 (1991): 141.

4   "천둥소리": R. Bradbury, *The Golden Apples of the Sun* (Doubleday, 1953).

5   각주: M. Mitchell, *Complexity: A Guided Tour* (Oxford University Press, 2009).

6   이 주제에 대한 특별히 명확한 논의: M. Bedau, "Weak Emergence," *Philosophical Perspectives* 11 (1997): 375.

7   C. Gu et al., "Three-Dimensional Cellular Automaton Simulation of Coupled Hydrogen Porosity and Microstructure during Solidification of Ternary Aluminum Alloys," *Scientific Reports* 9 (2019): 13099. 유튜브에는 멋진 3D 세포 자동자를 보여주는 수많은 동영상이 있다: Softology, "3D Cellular Automata," December 5, 2017, YouTube video, 2:30, youtube.com/watch?v=dQJ5aEsP6Fs; Softology, "3D Accretor Cellular Automata," January 26, 2018, YouTube video, 4:45, youtube.com/watch?v=_W-n510Pca0.

각주 (182쪽): S. Wolfram, *A New Kind of Science* (Wolfram Media, 2002). 끔찍한 고백을 할 게 있다. 176쪽에는 22번 규칙으로 생성할 수 있는 매우 혼란스럽고 완전히 예측 불가능한 복잡한 세포 자동자의 그림이 나와 있다. 이 그림은 실제로 22번 규칙으로 만든 것이 아니라, 밀접하게 관련된 90번 규칙으로 만든 것이다. 22번 규칙의 엄청나게 복잡하고 멋진 버전을 보여주는 그림은 품질이 형편없었고, 더 나은 것을 찾을 수 없었으며, 울프럼 제국에 더 높은 해상도의 그림을 보내달라고 요청해도 진전이 없었고⋯ 그래서 시간이 촉박하게 흐르는 한밤중의 어두운 순간에 나는 그 대신 90번 규칙으로 생성한 멋진 그림을 넣기로 결정했다. 시작 상태와 재생산 규칙(이 경우 90)을 알면 복잡한 버전이 어떻게 보일지에 대한 예측 가능성이 전혀 없다는 점도 동일하다. 사실은 세포 자동자의 혼란스러움에 대한 요점을 더욱 강력하게 만든다. 이 복잡한 패턴이 22번 규칙과 90번 규칙 중 어느 것의 적용으로 인해 발생했는지 아무도 (설마? 제발) 알 수 없을 것이다. 이제 가슴이

후련하다.

6장 자유의지는 카오스적인가?

1   이 아이디어에 대한 논의: D. Porush, "Making Chaos: Two Views of a New Science," *New England Review and Bread Loaf Quarterly* 12 (1990): 439.

2   샘플링: M. Cutright, *Chaos Theory and Higher Education: Leadership, Planning, and Policy* (Peter Lang, 2001); S. Sule and S. Nilhan, *Chaos, Complexity and Leadership 2018: Explorations of Chaotic and Complexity Theory* (Springer, 2020); E. Peters, *Fractal Market Analysis: Applying Chaos Theory to Investment and Economics* (Wiley, 1994); R. Pryor, *The Chaos Theory of Careers* (Routledge, 2011); K. Yas et al., "From Natural to Artificial Selection: A Chaotic Reading of Shelagh Stephenson's *An Experiment with an Air Pump* (1998)," *International Journal of Applied Linguistics and English Literature* 7 (2018): 23; A. McLachlan, "Same but Different: Chaos and TV Drama Narratives" (박사학위 논문, Victoria University, Wellington, New Zealand, 2019), hdl.handle.net/10063/8046. 신학적 사색: D. Gray, *Toward a Theology of Chaos: The New Scientific Paradigm and Some Implications for Ministry* (Citeseer, 1997); D. Steenburg, "Chaos at the Marriage of Heaven and Hell," *Harvard Theological Review* 84 (1991): 447; J. Eigenauer, "The Humanities and Chaos Theory: A Response to Steenburg's 'Chaos at the Marriage of Heaven and Hell,'" *Harvard Theological Review* 86 (1993): 455; D. Steenburg, "A Response to John D. Eigenauer," *Harvard Theological Review* 86 (1993): 471.
각주: J. Bassingthwaight, L. Liebovitch, and B. West, *Fractal Physiology* (American Physiological Society, 1994); N. Schweighofer et al., "Chaos May Enhance Information Transmission in the Inferior Olive," *Proceedings of the National Academy of Sciences of the United States of America* 101 (2004): 4655.

3   Simpsons Wiki, s.v. "Chaos Theory in Baseball Analysis," simpsons.fandom.com/wiki/Chaos_Theory_in_Baseball_Analysis; M. Farmer, *Chaos Theory, Nerds of Paradise book 2* (Amazon.com Services, 2017).

4   G. Eilenberger, "Freedom, Science, and Aesthetics," in *The Beauty of Fractals*, ed. H. Peitgen and P. Richter (Springer, 1986), p. 179.

5   K. Clancy, "Your Brain Is on the Brink of Chaos," *Nautilus*, Fall 2014, 144.

6   파머의 이야기는 다음에서 인용함. James Gleick, *Chaos: Making a New Science* (Viking, 1987), p. 251.

7   Steenburg, "Chaos at the Marriage."

8   Eilenberger, "Freedom, Science, and Aesthetics," p. 176.

9   A. Maar, "Kinds of Determinism in Science," *Principia* 23 (2019): 503. 포괄적 결정론 대 개별적 결정론 비교: J. Doomen, "Cornering 'Free Will,'" *Journal of Mind and Behavior* 32 (2011): 165; H. Atmanspacher, "Determinism Is Ontic, Determinability Is Epistemic," in *Between Chance and Choice: Interdisciplinary Perspectives on Determinism*, ed. R. Bishop and H. Atmanspacher (Imprint Academic, 2002). '부분적 결정론'과 '충분한 결정론' 같은 잡초 속으로 더 들어가려면, 다음 책을 참고하라: J. Earman, *A Primer on Determinism* (Reidel, 1986); S. Kellert, *In the Wake of Chaos: Unpredictable Order in Dynamic Systems* (University of Chicago Press, 1993).

10   S. Caprara and A. Vulpiani, "Chaos and Stochastic Models in Physics: Ontic and Epistemic Aspects," in *Models and Inferences in Science. Studies in Applied Philosophy, Epistemology and Rational Ethics*, vol. 25, ed. E. Ippoliti, F. Sterpetti, and T. Nickles (Springer, 2016), p. 133; G. Hunt, "Determinism, Predictability and Chaos," *Analysis* 47 (1987): 129; M. Stone, "Chaos, Prediction and Laplacean Determinism," *American Philosophical Quarterly* 26 (1989): 123; V. Batitsky and Z. Domotor, "When Good Theories Make Bad Predictions," *Synthese* 157 (2007): 79.

11   W. Seeley, "Behavioral Variant Frontotemporal Dementia," *Continuum* 25 (2019): 76; R. Dawkins, *The Blind Watchmaker* (Norton, 1986), p. 9.

12   W. Farnsworth and M. Grady, *Torts: Cases and Questions*, 3rd ed. (Wolters Kluwer, 2019).

13   R. Sapolsky, "Measures of Life," *The Sciences*, March/April 1994, p. 10.

14   M. Shandlen, "Comment on Adina Roskies," in *Moral Psychology*, vol. 4, *Free Will and Moral Responsibility*, ed. W. Sinnott-Armstrong (MIT Press, 2014), p. 139.

7장 창발적 복잡성 입문

1   각주: 이 개념에 대한 자세한 내용은 다음 논문을 참고하라. R. Carneiro, "The Transition from Quantity to Quality: A Neglected Causal Mechanism in Accounting for Social Evolution," *Proceedings of the National Academy of Sciences of the United States of America* 97 (2000): 12926.

2   약간의 인상적인 사례들: W. Tschinkel, "The Architecture of Subterranean Ant Nests: Beauty and Mystery Underfoot," *Journal of Bioeconomics* 17 (2015): 271; M. Bollazzi and F. Roces, "The Thermoregulatory Function of Thatched Nests in the South American Grass-Cutting Ant, *Acromyrmex heyeri*," *Journal of Insect Science* 10 (2010): 137; I. Guimarães et al., "The Complex Nest Architecture of the

Ponerinae Ant *Odontomachus chelifer*," *PLoS One* 13 (2018): e0189896; N. Mlot, C. Tovey, and D. Hu, "Diffusive Dynamics of Large Ant Rafts," *Communicative and Integrative Biology* 5 (2012): 590. 개미의 창발에 대한 이론적 접근 방법은 다음 논문을 참고하라: D. Gordon, "Control without Hierarchy," *Nature* 446 (2007): 143. 개미가 되는 것이 재미있는 게임인 것만은 아님을 보여주는 논문: N. Stroeymeyt et al., "Social Network Plasticity Decreases Disease Transmission in a Eusocial Insect," *Science* 363 (2018): 941 (저자들은 개미 네트워크가 감염성을 제한하기 위해 [실험적으로 곰팡이에 감염된] 아픈 개미를 배척하도록 이동한다는 것을 보여준다).

3   P. Anderson, "More Is Different," *Science* 177 (1972): 393. 물 한 분자는 '습기'라는 성질을 가질 수 없으며, 표면장력(그린 바실리스크가 연못의 표면을 가로질러 달릴 수 있게 하는 물의 창발적 특성)이라는 성질도 가질 수 없다는 사실로 다시 돌아간다.

4   군중 속의 사람들이 폭포의 유체역학과 유사한 방식으로 움직이는 메커니즘을 분석한 논문: N. Bain and D. Bartolo, "Dynamic Response and Hydrodynamics of Polarized Crowds," *Science* 363 (2019): 46. 개미에게서도 이와 비슷한 현상을 찾아볼 수 있다: A. Dussutour et al., "Optimal Travel Organization in Ants under Crowded Conditions," *Nature* 428 (2003): 70.

5   각주: P. Hiesenger, *The Self-Assembling Brain: How Neural Networks Grow Smarter* (Princeton University Press, 2021).

6   M. Bedau, "Is Weak Emergence Just in the Mind?," *Minds and Machines* 18 (2008): 443; J. Kim, "Making Sense of Emergence," *Philosophical Studies* 95 (1999): 3; O. Sartenaer, "Sixteen Years Later: Making Sense of Emergence (Again)," *Journal of General Philosophical Sciences* 47 (2016): 79.

7   E. Bonabeau and G. Theraulaz, "Swarm Smarts," *Scientific American* 282, no. 3 (2000): 72; M. Dorigo and T. Stutzle, *Ant Colony Optimization* (MIT Press, 2004); S. Garnier, J. Gautrais, and G. Theraulaz, "The Biological Principles of Swarm Intelligence," *Swarm Intelligence* 1 (2007): 3 (이 주제는 이 저널 역사상 처음 발표된 논문으로, 제목만 봐도 어느 정도 이해가 간다).

8   L. Chen, D. Hall, and D. Chklovskii, "Wiring Optimization Can Relate Neuronal Structure and Function," *Proceedings of the National Academy of Sciences of the United States of America* 103 (2006): 4723; M. Rivera-Alba et al., "Wiring Economy and Volume Exclusion Determine Neuronal Placement in the *Drosophila* Brain," *Current Biology* 21 (2011): 2000; J. White et al., "The Structure of the Nervous System of the Nematode *Caenorhabditis elegans*," *Philosophical Transactions of the Royal Society B, Biological Sciences* 314 (1986): 1; V. Klyachko and C. Stevens, "Connectivity Optimization and the Positioning of Cortical Areas," *Proceedings of*

the National Academy of Sciences of the United States of America 100 (2003): 7937; G. Mitchison, "Neuronal Branching Patterns and the Economy of Cortical Wiring," *Proceedings of the Royal Society B: Biological Sciences* 245 (1991): 151.

9 Y. Takeo et al., "GluD2- and Cbln1-Mediated Competitive Interactions Shape the Dendritic Arbor of Cerebellar Purkinje Cells," *Neuron* 109 (2020): 629.

10 S. Camazine and J. Sneyud, "A Model of Collective Nectar Source Selection by Honey Bees: Self-Organization through Simple Rules," *Journal of Theoretical Biology* 149 (1991): 547.

각주 (204쪽): K. von Frisch, *The Dancing Bees: An Account of the Life and Senses of the Honey Bee* (Harvest Books, 1953).

11 P. Visscher, "How Self-Organization Evolves," *Nature* 421 (2003): 799; M. Myerscough, "Dancing for a Decision: A Matrix Model for Net-Site Choice by Honey Bees," *Proceedings of the Royal Society of London B* 270 (2003): 577; D. Gordon, "The Rewards of Restraint in the Collective Regulation of Foraging by Harvester Ant Colonies," *Nature* 498 (2013): 91; D. Gordon, "The Ecology of Collective Behavior," *PLOS Biology* 12, no. 3 (2014): e1001805. 이 분야의 추가적인 연구들: J. Deneubourg and S. Goss, "Collective Patterns and Decision Making," *Ethology Ecology and Evolution* 1 (1989): 295; S. Edwards and S. Pratt, "Rationality in Collective Decision-Making by Ant Colonies," *Proceedings of the Royal Society B* 276 (2009): 3655; E. Bonabeau et al., "Self-Organization in Social Insects," *Trends in Ecology and Evolution* 12 (1997): 188.

각주: G. Sherman and P. Visscher, "Honeybee Colonies Achieve Fitness through Dancing," *Nature* 419 (2002): 920.

두번째 각주: R. Goldstone, M. Roberts, and T. Gureckis, "Emergent Processes in Group Behavior," *Current Directions in the Psychological Sciences* 17 (2008): 10; C. Doctorow, "A Catalog of Ingenious Cheats Developed by Machine-Learning Systems," *BoingBoing*, November 12, 2018, boingboing.net/2018/11/12/local-optima-r-us.html.

12 C. Reid and M. Beekman, "Solving the Towers of Hanoi—How an Amoeboid Organism Efficiently Constructs Transport Networks," *Journal of Experimental Biology* 216 (2013): 1546; C. Reid and T. Latty, "Collective Behaviour and Swarm Intelligence in Slime Moulds," *FEMS Microbiology Reviews* 40 (2016): 798.

13 S. Tero et al., "Rules for Biologically Inspired Adaptive Network Design," *Science* 327 (2010): 439.

14 점균류에 관한 또하나의 사례: L. Tweedy et al., "Seeing around Corners: Cells Solve

568

Mazes and Respond at a Distance Using Attractant Breakdown," *Science* 369 (2020): 1075.

15 각주: Hiesenger, *Self-Assembling Brain*. 반발의 사례: D. Pederick et al., "Reciprocal Repulsions Instruct the Precise Assembly of Parallel Hippocampal Networks," *Science* 372 (2021): 1058; L. Luo, "Actin Cytoskeleton Regulation in Neuronal Morphogenesis and Structural Plasticity," *Annual Review of Cellular Developmental Biology* 18 (2002): 601; J. Raper and C. Mason, "Cellular Strategies of Axonal Pathfinding," *Cold Spring Harbor Perspectives in Biology* 2 (2010): a001933.

뉴런은 연결할 때 표적 뉴런의 어느 부분(근위 또는 원위 가시, 세포체, 일부 신경전달굴질의 경우 축삭)에 연결할지 어떻게 알아낼까? 뉴런은 축삭돌기의 어느 가지가 시냅스 구성에 필요한 단백질을 받을 것인지 제어할 수 있다. S. Falkner and P. Scheiffele, "Architects of Neuronal Wiring," *Science* 364 (2019): 437; O. Urwyler et al., "Branch-Restricted Localization of Phosphatase Prl-1 Specifies Axonal Synaptogenesis Domains," *Science* 364 (2019): 454; E. Favuzzi et al., "Distinct Molecular Programs Regulate Synapse Specificity in Cortical Inhibitory Circuits," *Science* 363 (2019): 413.

16 T. More, A. Buffo, and M. Gotz, "The Novel Roles of Glial Cells Revisited: The Contribution of Radial Glia and Astrocytes to Neurogenesis," *Current Topics in Developmental Biology* 69 (2005): 67; P. Malatesta, I. Appolloni, and F. Calzolari, "Radial Glia and Neural Stem Cells," *Cell and Tissue Research* 331 (2008): 165; P. Oberst et al., "Temporal Plasticity of Apical Progenitors in the Developing Mouse Neocortex," *Nature* 573 (2019): 370.

17 뉴런과 방사형 아교세포 간의 상호작용의 절묘한 타이밍에 대한 분자생물학적 사례: K. Yoon et al., "Temporal Control of Mammalian Cortical Neurogenesis by m6A Methylation," *Cell* 171 (2017): 877.

각주: N. Ozel et al., "Serial Synapse Formation through Filopodial Competition for Synaptic Seeding Factors," *Developmental Cell* 50 (2019): 447; M. Courgeon and C. Desplan, "Coordination between Stochastic and Deterministic Specification in the *Drosophila* Visual System," *Science* 366 (2019): 325.

18 T. Huxley, "On the Hypothesis That Animals Are Automata, and Its History," *Nature* 10 (1874): 362. 최근의 최첨단 과학에 대한 언급이 많은 가운데, 19세기의 과학 출판물을 참고하는 것은 꽤 매력적이다.

19 이 일반적인 주제에 대한 자세한 내용: J. Gleick, *Chaos: Making a New Science* (Viking, 1987).

20 8만 킬로미터: J. Castro, "11 Surprising Facts about the Circulatory System,"

LiveScience, August 8, 2022, livescience.com/39925-circulatory-system-facts-surprising.html.

21 이 모델의 기초: D. Iber and D. Menshykau, "The Control of Branching Morphogenesis," *Open Biology* 3 (2013): 130088130088; D. Menshykau, C. Kraemer, and D. Iber, "Branch Mode Selection during Early Lung Development," *PLOS Computational Biology* 8 (2012): e1002377. 실험실 작업대에서 탐구되는 이러한 문제들: R. Metzger et al., "The Branching Programme of Mouse Lung Development," *Nature* 453 (2008): 745.

22 A. Lindenmayer, "Developmental Algorithms for Multicellular Organisms: A Survey of L-Systems," *Journal of Theoretical Biology* 54 (1975): 3.

23 A. Ochoa-Espinosa and M. Affolter, "Branching Morphogenesis: From Cells to Organs and Back," *Cold Spring Harbor Perspectives in Biology* 4 (2004): a008243; P. Lu and Z. Werb, "Patterning Mechanisms of Branched Organs," *Science* 322 (2008): 1506-9.

    각주: A. Turing, "The Chemical Basis of Morphogenesis," *Philosophical Transactions of the Royal Society of London B* 237 (1952): 37.

    두번째 각주: E. Azpeitia et al., "Cauliflower Fractal Forms Arise from Perturbations of Floral Gene Networks," *Science* 373 (2021): 192.

24 G. Vogel, "The Unexpected Brains behind Blood Vessel Growth," *Science* 307 (2005): 665; Metzger et al., "Branching Programme of Mouse Lung Development"; P. Carmeliet and M. Tessier-Lavigne, "Common Mechanisms of Nerve and Blood Vessel Wiring," *Nature* 436 (2005): 193. 두번째 저자인 뛰어난 신경생물학자이자 내 학과 동료인 마크 테시에-라빈Marc Tessier-Lavigne은 몇 년 전 포트폴리오를 확장하여 스탠퍼드대학교의 총장이 되었다..

25 J. Bassingthwaighte, L. Liebovitch, and B. West, *Fractal Physiology, Methods in Physiology* (American Physiological Society, 1994).

26 "The World Religions Tree," 000024.org/religions_tree/religions_tree_8.html.

27 E. Favuzi et al., "Distinct Molecular Programs Regulate Synapse Specificity in Cortical Inhibitory Circuits," *Science* 363 (2019): 413; V. Hopker et al., "Growth-Cone Attraction to Netrin-1 Is Converted to Repulsion by Laminin-1," *Nature* 401 (1999): 69; J. Dorskind and A. Kolodkin, "Revisiting and Refining Roles of Neural Guidance Cues in Circuit Assembly," *Current Opinion in Neurobiology* 66 (2020): 10; S. McFarlane, "Attraction vs. Repulsion: The Growth Cones Decides," *Biochemistry and Cell Biology* 78 (2000): 563.

28 A. Bassem, A. Hassan, and P. R. Hiesinger, "Beyond Molecular Codes: Simple Rules

to Wire Complex Brains," *Cell* 163 (2015): 285. 인간 두뇌 발달의 한 측면을 설명하는 기계적 제약을 중심으로 구축된 두 가지 규칙 시스템: E. Karzbrun et al., "Human Neural Tube Morphogenesis in Vitro by Geometric Constraints," *Nature* 599 (2021): 268.

29 D. Miller et al., "Full Genome Viral Sequences Inform Patterns of SARS-CoV-2 Spread into and within Israel," *Nature Communications* 11 (2020): 5518; D. Adam et al., "Clustering and Superspreading Potential of Severe Acute Respiratory Syndrome Coronavirus 2 (SARSCoV-2) Infections in Hong Kong," *Nature Medicine* 26 (2020): 1714.

30 전반적 검토: A. Barabasi, "Scale-Free Networks: A Decade and Beyond," *Science* 325 (2009): 412; A. Barabasi and R. Albert, "Emergence of Scaling in Random Networks," *Science* 286 (1999): 509; C. Song, S. Havlin, and H. Makse, "Self-Similarity of Complex Networks," *Nature* 433 (2005): 392; P. Drew and L. Abbott, "Models and Properties of Power-Law Adaptation in Neural Systems," *Journal of Neurophysiology* 96 (2006): 826.

멱법칙과, 뇌에서의 관련 분포: G. Buzsaki and A. Draguhn, "Neuronal Oscillations in Cortical Networks," *Science* 304 (2004): 1926; 멱법칙과, 활동전위에 반응하여 방출된 신경전달물질 소포의 수: J. Lamanna et al., "A Pre-docking Source for the Power-Law Behavior of Spontaneous Quantal Release: Application to the Analysis of LTP," *Frontiers of Cellular Neuroscience* 9 (2015): 44

멱법칙의 분포와 코로나의 확산: D. Miller et al., "Full Genome Viral Sequences Inform Patterns of SARS-CoV-2 Spread into and within Israel," *Nature Communications* 11 (2020): 5518; D. Adam et al., "Clustering and Superspreading Potential of Severe Acute Respiratory Syndrome Coronavirus 2 (SARS-CoV-2) Infections in Hong Kong," *Nature Medicine* 26 (2020): 1714.

멱법칙의 분포와 지진: F. Meng, L. Wong, and H. Zhou, "Power Law Relations in Earthquakes from Microscopic to Macroscopic Scales," *Scientific Reports* 9 (2019): 10705.

멱법칙의 분포와 전쟁과 혐오 그룹: N. Gilbert, "Modelers Claim Wars Are Predictable," *Nature* 462 (2009): 836; N. Johnson et al., "Hidden Resilience and Adaptive Dynamics of the Global Online Hate Ecology," *Nature* 573 (2019): 261; M. Schich et al., "Quantitative Social Science: A Network Framework of Cultural History," *Science* 345 (2014): 558.

내가 거의 이해하지 못하는 주제이지만, 이 주제에 관한 여러 논문을 통해 억지로 이해했다는 사실을 자랑하고 싶다. 패턴은 반복되는 구성 요소로 고도로 구조화될 수 있으며, 주파수 스펙트럼에서 그 신호를 '백색 잡음'이라고 한다. 이는 서로 분리된 단단하고 균일하게 연결된 작은 뉴런 클러스터와 비슷하다. 다른 극단에서는 무작위 패턴이 '브라운 잡음'(브라운 운동의 이름을 따서 명명된 것으로, 9장에서 설명함)을 생성하는데, 이는 뉴런 간의 거리·방향·강도가 무작위로 연결되는 것이다. 그리고 너무 뜨겁지도 차갑지도 않은 죽처럼 두 극단 사이에 '핑크 잡음'(또는 1/f 노이즈)이라고 불리는 패턴이 있다. 이는 작고 구조화된 국지적 네트워크의 견고함 및 효율성과 장거리 네트워크의 창의성 및 진화성 사이에서 규모에 구애받지 않고 균형을 이루는 뇌의 네트워크다. '임계 뇌' 가설은 뇌가 이 이상적인 지점에 도달하도록 진화했으며, 이 '임계성'이 뇌 기능의 모든 종류의 특징을 최적화한다고 가정한다. 또한 이 모델에서 뇌는 상황에 따라 완벽한 균형점이 변화할 때 스스로 수정할 수 있으며, 이는 최근 유행하는 '자기 조직화된 임계성'의 한 예가 될 수 있다. 이는 수학적으로 까다로운 분석 기법을 통해 보여줄 수 있으며, 정상 및 질병 상황에서의 뇌 임계점을 조사하는 작은 하위 분야가 성장했다. 예컨대 뇌전증에서는 백색 잡음 쪽으로 기울어지는 경향이 있는데, 이는 뇌전증형 뉴런 클러스터의 지나치게 동기화된 발화를 반영한다(실제로 발작의 빈도 및 심각도 분포와 지진의 분포 사이에는 놀라운 유사성이 존재한다). 마찬가지로, 자폐 스펙트럼 장애는 피질에서 상대적으로 고립된 기능의 반도peninsula를 반영하여 백색 잡음에 대해 다른 유형의 기울기를 갖는 것으로 보인다. 반면에 알츠하이머병은 여기저기서 뉴런의 죽음이 네트워크의 패턴화(및 효율성)를 무너뜨리면서 브라운 잡음 쪽으로 기울어진다. 이에 대해서는 다음 논문을 참고하라: J. Beggs and D. Plenz, "Neuronal Avalanches in Neocortical Circuits," *Journal of Neuroscience* 23 (2003): 11167; P. Bak, C. Tang, and K. Wiesenfeld, "Self-Organized Criticality: An Explanation of the 1/f Noise," *Physics Review Letters* 59 (1987): 381; L. Cocchi et al., "Criticality in the Brain: A Synthesis of Neurobiology, Models and Cognition," *Progress in Neurobiology* 158 (2017): 132; M. Gardner, "White and Brown Music, Fractal Curves and One-Over-f Fluctuation," *Scientific American*, April 1978; M. Belmonte et al., "Autism and Abnormal Development of Brain Connectivity," *Journal of Neuroscience* 24 (2004): 9228.

각주: 베이컨 번호의 수학을 기념하는 웹사이트: coursehero.com/file/p12lp1kl/chosen-actors-can-be-linked-by-a-path-through-Kevin-Bacon-in-an-average-of-6/. 폴 에르되시에 대한 탁월하고 읽기 좋은 전기: P. Hoffman, *The Man Who Loved Only Numbers: The Story of Paul Erdös and the Search for Mathematical Truth* (Hyperion, 1998).

31 예를 들면 다음 논문을 참고하라: J. Couzin et al., "Effective Leadership and Decision-Making in Animal Groups on the Move," *Nature* 433 (2005): 7025.

각주: 예컨대 다음 논문을 참고하라. C. Candia et al., "The Universal Decay of Collective Memory and Attention," *Nature Human Behaviour* 3 (2018): 82; V. Verbavatz and M. Barthelemy, "The Growth Equation of Cities," *Nature* 587 (2020): 397.

32 C. Song, S. Havlin, and H. Makse, "Self-Similarity of Complex Networks," *Nature*

433 (2005): 392.

생태적 맥락에서의 창발: M. Buchanan, "Ecological Modeling: The Mathematical Mirror to Animal Nature," *Nature* 453 (2008): 714; N. Humphries et al., "Environmental Context Explains Levy and Brownian Movement Patterns of Marine Predators," *Nature* 465 (2010): 1066; J. Banavar et al., "Scaling in Ecosystems and the Linkage of Macroecological Laws," *Physical Review Letters* 98 (2007): 068104; B. Houchmandzadeh and M. Vallade, "Clustering in Neutral Ecology," *Physical Reviews E* 68 (2003): 061912.

창발과 행동 (백혈구가 보이는 행동 양상 포함): "The Emergent Properties of a Dolphin Social Network," *Proceedings of the Royal Society of London B* 270, no supp. 2 (2003): S186; T. Harris et al., "Generalized Levy Walks and the Role of Chemokines in Migration of Effector CD8(+) T Cells," *Nature* 486 (2012): 545.

뉴런과 뉴런 회로에서의 창발: D. Lusseau, S. Romano, and M. Eguia, "Characterization of Degree Frequency Distribution in Protein Interaction Networks," *Physical Reviews E* 71 (2005): 031901; D. Bray, "Molecular Networks: The Top-Down View," *Science* 301 (2003): 1864; B. Fulcher and A. Fornito, "A Transcriptional Signature of Hub Connectivity in the Mouse Connectome," *Proceedings of the National Academy of Sciences of the United States of America* 113 (2016): 1435.

33 멱법칙과, 뇌에서 배선의 효율성을 최적화하기 위한 진화압: S. Neubauer et al., "Evolution of Brain Lateralization: A Shared Hominid Pattern of Endocranial Asymmetry Is Much More Variable in Humans Than in Great Apes," *Science Advances* 6 (2020): eaax9935; I. Wang and T. Clandinin, "The Influence of Wiring Economy on Nervous System Evolution," *Current Biology* 26 (2016): R1101; T. Namba et al., "Metabolic Regulation of Neocortical Expansion in Development and Evolution," *Neuron* 109 (2021): 408; K. Zhang and T. Sejnowski, "A Universal Scaling Law between Gray Matter and White Matter of Cerebral Cortex," *Proceedings of the National Academy of Sciences of the United States of America* 97 (2000): 5621.

'고도로 상호작용하는 뉴런의 클러스터가 뇌 기능에 기여하는 정도'에 대한 현장의 논쟁 사례: J. Cohen and F. Tong, "The Face of Controversy," *Science* 293 (2001): 2405; P. Downing et al., "A Cortical Area Selective for Visual Processing of the Human Body," *Science* 293 (2001): 2470; J. Haxby et al., "Distributed and Overlapping Representations of Faces and Objects in Ventral Temporal Cortex," *Science* 293 (2001): 2425.

뇌 발달의 공간적 측면을 최적화하기 위해 얼마나 많은 진화압이 작용했는지를 보여주듯, 우리의 뇌에는 뉴런 사이에 약 10만 킬로미터의 투사 경로가 포함되어 있다. C. Filley,

"White Matter and Human Behavior," *Science* 372 (2021): 1265.

각주: 예를 들면 다음 논문을 참고하라. A. Wissa, "Birds Trade Flight Stability for Manoeuvrability," *Nature* 603 (2022): 579.

두번째 각주: 소세계 네트워크: D. Bassett and E. Bullmore, "Small-World Brain Networks," *Neuroscientist* 12 (2006): 512; D. Bassett and E. Bullmore, "Small-World Brain Networks Revisited," *Neuroscientist* 23 (2017): 499; D. Watts and S. Strogatz, "Collective Dynamics of 'Small-World' Networks," *Nature* 393 (1998): 440. 희소한 장거리 투사가 얼마나 중요한지를 탐구한 두 편의 논문: J. Giles, "Making the Links," *Nature* 488 (2012): 448; M. Granovetter, "The Strength of Weak Ties," *American Journal of Sociology* 78 (1973): 1360.

34 각주: V. Zimmern, "Why Brain Criticality Is Clinically Relevant: A Scoping Review," *Frontiers in Neural Circuits* 26 (2020), doi.org/10.3389/fncir.2020.00054.

35 각주: 스티그머지: J. Korb, "Termite Mound Architecture, from Function to Construction," in *Biology of Termites: A Modern Synthesis*, ed. D. Bignell, Y. Roisin, and N. Lo (Springer, 2010), p. 349; J. Turner, "Termites as Models of Swarm Cognition," *Swarm Intelligence* 5 (2011): 19; E. Bonabeau et al., "Self-Organization in Social Insects," *Trends in Ecology and Evolution* 12 (1997): 188.

머신러닝에 적용: J. Korb, "Robots Acting Locally and Building Globally," *Science* 343 (2014): 742.

군중의 지혜 현상에 적용: A. Woolley et al., "Evidence for a Collective Intelligence Factor in the Performance of Human Groups," *Science* 330 (2010): 686; D. Wilson, J. Timmel, and R. Miller, "Cognitive Cooperation," *Human Nature* 15 (2004): 225. 순수하게 평등주의적인 군중의 지혜 현상이 항상 최선이 아님을 증명한 논문: P. Tetlock, B. Mellers, and J. Scoblic, "Bringing Probability Judgments into Policy Debates via Forecasting Tournaments," *Science* 355 (2017): 481.

상향식 큐레이션 시스템: J. Giles, "Internet Encyclopedias Go Head to Head," *Nature* 438 (2005): 900; J. Beck, "Doctors' #1 Source for Healthcare Information: Wikipedia," *Atlantic*, March 5, 2014.

36 이 분야의 눈부신 연구 결과를 확인하려면 다음 논문들을 참고하라: M. Lancaster et al., "Cerebral Organoids Model Human Brain Development and Microcephaly," *Nature* 501 (2013): 373; J. Camp et al., "Human Cerebral Organoids Recapitulate Gene Expression Programs of Fetal Neocortex Development," *Proceedings of the National Academy of Science of the United States of America* 112 (2015): 15672; F. Birey, J. Andersen, and C. Makinson, "Assembly of Functionally Integrated Human Forebrain Spheroids," *Nature* 545 (2017): 54; S. Pasca, "The Rise of Three-

Dimensional Human Brain Cultures," *Nature* 533 (2018): 437; S. Pasca, "Assembling Human Brain Organoids," *Science* 363 (2019): 126; C. Trujillo et al., "Complex Oscillatory Waves Emerging from Cortical Organoids Model Early Human Brain Network Development," *Cell Stem Cell* 25 (2019): 558; Frankfurt Radio Symphony, Manfred Honeck, conductor; L. Pelegrini et al., "Human CNS Barrier-Forming Organoids with Cerebrospinal Fluid Production," *Science* 369 (2020): 6500; I. Chiaradia and M. Lancaster, "Brain Organoids for the Study of Human Neurobiology at the Interface of in Vitro and in Vivo," *Nature Neuroscience* 23 (2020): 1496.

각주: 다양한 유인원 종에 의해 생성되는 다양한 유형의 뇌 오가노이드에 대한 멋진 증거를 보려면 다음 논문을 참고하라: Z. Kronenberg et al., "High-Resolution Comparative Analysis of Great Ape Genomes," *Science* 360 (2018): 6393; C. Trujillo, E. Rice, and N. Schaefer, "Reintroduction of the Archaic Variant of *NOVA1* in Cortical Organoids Alters Neurodevelopment," *Science* 371 (2021): 6530; A. Gordon et al., "Long-Term Maturation of Human Cortical Organoids Matches Key Early Postnatal Transitions," *Nature Neuroscience* 24 (2021): 331.

두번째 각주: S. Giandomenico et al., "Cerebral Organoids at the Air-Liquid Interface Generate Diverse Nerve Tracts with Functional Output," *Nature Neuroscience* 22 (2019): 669; V. Marx, "Reality Check for Organoids in Neuroscience," *Nature Methods* 17 (2020): 961; R. Menzel and M. Giurfa, "Cognitive Architecture of a Mini-Brain: The Honeybee," *Trends in Cognitive Sciences* 5 (2001): 62; S. Reardon, "Can Lab-Grown Brains Become Conscious?," *Nature* 586 (2020): 658; J. Koplin and J. Savulescu, "Moral Limits of Brain Organoid Research," *Journal of Law and Medical Ethics* 47 (2019): 760.

37 J. Werfel, K. Petersen, and R. Nagpal, "Designing Collective Behavior in a Termite-Inspired Robot Construction Team," *Science* 343 (2014): 754; W. Marwan, "Amoeba-Inspired Network Design," *Science* 327 (2019): 419; L. Shimin et al., "Slime Mould Algorithm: A New Method for Stochastic Optimization," *Future Generation Computer Systems* 111 (2020): 300; T. Umedachi et al., "Fully Decentralized Control of a Soft-Bodied Robot Inspired by True Slime Mold," *Biological Cybernetics* 102 (2010): 261. 스승을 가르치는 제자에 대한 매력적인 사례는 다음 논문을 참고하라: J. Halloy et al., "Social Integration of Robots into Groups of Cockroaches to Control Self-Organized Choices," *Science* 318 (2007): 5853.

마지막 각주: S. Bazazi et al., "Collective Motion and Cannibalism in Locust Migratory Bands," *Current Biology* 18 (2008): 735. 메뚜기의 동족포식에 관한 설명

이 이제 시대에 뒤떨어진 과학이라고 생각할 경우를 대비하여—이 책이 출판될 무렵인 2023년 5월 5일, 내용을 바꾸기 위해 인쇄가 중단되었다. 메뚜기가 바로 뒤에 있는 메뚜기에게 잡아먹힐 확률을 줄이기 위해 페로몬 신호 메커니즘을 진화시켰다는 논문이 발표되었기 때문이다: H. Chang et al., "A Chemical Defense Defers Cannibalism in Migratory Locusts," *Science* 380 (2023) 537.

8장 자유의지는 창발적인가?

1   C. List, "The Naturalistic Case for Free Will: The Challenge," *Brains Blog*, August 12, 2019, https://philosophyofbrains.com/2019/08/12/1-the-naturalistic-case-for-free-will-the-challenge.aspx; R. Kane, "Rethinking Free Will: New Perspectives on an Ancient Problem," in *The Oxford Handbook of Free Will*, ed. R. Kane (Oxford University Press, 2002), 134.

2   List, "The Naturalistic Case for Free Will: The Challenge."

3   C. List and M. Pivato, "Emergent Chance," *Philosophical Review* 124 (2015): 119, 인용문은 122쪽에 나옴.

4   List and Pivato, "Emergent Chance," 인용문은 133쪽에 나옴. 그의 책인 *Why Free Will Is Real* (Harvard University Press, 2019) 외에도, 리스트는 다음 논문에서 이 아이디어를 제시했다: C. List, "Free Will, Determinism, and the Possibility of Doing Otherwise," *Noûs* 48 (2014): 156; C. List and P. Menzies, "My Brain Made Me Do It: The Exclusion Argument against Free Will, and What's Wrong with It," in *Making a Difference: Essays on the Philosophy of Causation*, ed. H. Beebee, C. Hitchcock, and H. Price (Oxford University Press, 2017).

5   W. Glannon, "Behavior Control, Meaning, and Neuroscience," in *Neuroexistentialism*, ed. G. Caruso and W. Flannagan (Oxford University Press, 2018). 섀들런과 로스키스의 말은 다음 논문에서 인용했다: M. Shadlen and A. Roskies, "The Neurobiology of Decision-Making and Responsibility: Reconciling Mechanism and Mindedness," *Frontiers of Neuroscience* 6 (2012), doi.org/10.3389/fnins.2012.00056.

6   M. Bedau, "Weak Emergence," in *Philosophical Perspectives: Mind, Causation, and World*, ed. J. Tomberlin (Blackwell, 1997), p. 375, 두 개의 인용문은 376쪽과 397쪽에 나옴; D. Chalmers, "Strong and Weak Emergence," in *The Re-emergence of Emergence*, ed. P. Clayton and P. Davies (Oxford University Press, 2006); S. Carroll, *The Big Picture: On the Origins of Life, Meaning, and the Universe Itself* (Dutton, 2016); S. Carroll, 개인적인 대화, 5/22/2019.
    각주: G. Gomes, "Free Will, the Self, and the Brain," *Behavioral Sciences and the*

Law 25 (2007): 221; 인용문은 233쪽에 나옴.

7 G. Berns et al., "Neurobiological Correlates of Social Conformity and Independence during Mental Rotation," *Biology Psychiatry* 58 (2005): 245.

  각주: P. Rozin, "Social Psychology and Science: Some Lessons from Solomon Asch," *Personality and Social Psychology Review* 5 (2001): 2.

8 각주: H. Chua, J. Boland, and R. Nisbett, "Cultural Variation in Eye Movements during Scene Perception," *Proceedings of the National Academy of Sciences of the United States of America* 102 (2005): 12629.

9 M. Mascolo and E. Kallio, "Beyond Free Will: The Embodied Emergence of Conscious Agency," *Philosophical Psychology* 32 (2019): 437.

10 Mascolo and Kallio, "Beyond Free Will"; J. Bonilla, "Why Emergent Levels Will Not Save Free Will (1)," *Mapping Ignorance*, September 30, 2019, mappingignorance.org/2019/09/30/why-emergent-levels-will-not-save-free-will-1/.

11 각주: 예컨대 다음 논문을 참고하라. C. Voyatzis, "'Even a Brick Wants to Be Something'—Louis Kahn," *Yatzer*, June 9, 2013, yatzer.com/even-brick-wants-be-something-louis-kahn.

9장 양자 불확정성 입문

1 S. Janusonis et al., "Serotonergic Axons as Fractional Brownian Motion Paths: Insights into the Self-Organization of Regional Densities," *Frontiers in Computational Neuroscience* 14 (2020), doi.org/10.3389/fncom.2020.00056; H. Zhang and H. Peng, "Mechanism of Acetylcholine Receptor Cluster Formation Induced by DC Electric Field," *PLoS One* 6 (2011): e26805; M. Vestergaard et al., "Detection of Alzheimer's Amyloid Beta Aggregation by Capturing Molecular Trails of Individual Assemblies," *Biochemistry and Biophysics Research Communications* 377 (2008): 725.

2 C. Finch and T. Kirkwood, *Chance, Development, and Aging* (Oxford University Press, 2000).

3 B. Brembs, "Towards a Scientific Concept of Free Will as a Biological Trait: Spontaneous Actions and Decision-Making in Invertebrates," *Proceedings of the Royal Society B: Biological Sciences* 278 (2011): 930; A. Nimmerjahn, F. Kirschhoff, and F. Helmchen, "Resting Microglial Cells Are Highly Dynamic Surveillants of Brain Parenchyma in Vivo," *Science 308* (2005): 1314.

4 각주: M. Heisenberg, "The Origin of Freedom in Animal Behavior," in *Is Science*

Compatible with Free Will? Exploring Free Will and Consciousness in the Light of Quantum Physics and Neuroscience, ed. A. Suarez and P. Adams (Springer, 2013).

5   T. Hellmuth Tet al., "Delayed-Choice Experiments in Quantum Interference," *Physics Reviews A* 35 (1987): 2532.

6   A. Ananthaswamy, *Through Two Doors at Once: The Elegant Experiment That Captures the Enigma of Our Quantum Reality* (Dutton, 2018); 다중 세계 아이디어에 대한 설명은 다음 논문을 참고하라. Y. Nomura, "The Quantum Multiverse," *Scientific American*, May 2017.

7   J. Yin et al., "Satellite-Based Entanglement Distribution over 1200 Kilometers," *Science* 356 (2017): 1140; J. Ren et al., "Ground-to-Satellite Quantum Teleportation," *Nature* 549 (2017): 70; G. Popkin, "China's Quantum Satellite Achieves 'Spooky Action' at Record Distance," *Science*, June 15, 2017.

8   각주: D. Simonton, *Creativity in Science: Chance, Logic, Genius, and Zeitgeist* (Cambridge University Press, 2004); R. Sapolsky, "Open Season," *New Yorker*, March 30, 1998.

9   C. Marletto et al., "Entanglement between Living Bacteria and Quantized Light Witnessed by Rabi Splitting," *Journal of Physics: Communications* 2 (2018): 101001; P. Jedlicka, "Revisiting the Quantum Brain Hypothesis: Toward Quantum (Neuro)biology?," *Frontiers in Molecular Neuroscience* 10 (2017): 366.
각주: J. O'Callaghan, "'Schrödinger's Bacterium' Could Be a Quantum Biology Milestone," *Scientific American*, October 29, 2018.

10장 자유의지는 무작위적인가?

1   양자 불확정성이라는 기이한 동물원을 엄선해 둘러보기: R. Boni, *Quantum Christian Realism: How Quantum Mechanics Underwrites and Realizes Classical Christian Theism* (Wipf and Stock, 2019); D. O'Murchu, *Quantum Theology: Spiritual Implications of the New Physics* (Crossroads, 2004); I. Barbour, *Issues in Science and Religion* (Prentice Hall, 1966); 뉴에이지 물리학자: Amit Goswami, "What the #$*! Do We Know?!"(동영상)와 https://www.amitgoswami.org/2019/06/21/quantum-spirituality(웹사이트); P. Fisher, "Quantum Cognition: The Possibility of Processing with Nuclear Spins in the Brain," *Annals of Physics* 362 (2015): 593; H. Hu and M. Wu, "Action Potential Modulation of Neural Spin Networks Suggests Possible Role of Spin," *NeuroQuantology* 2 (2004): 309; S. Tarlaci and M. Pregnolato, "Quantum Neurophysics: From Non-living Matter to Quantum

Neurobiology and Psychopathology," *International Journal of Psychophysiology* 103 (2016): 161; E. Basar and B. Guntekin, "A Breakthrough in Neuroscience Needs a 'Nebulous Cartesian System' Oscillations, Quantum Dynamics and Chaos in the Brain and Vegetative System," *International Journal of Psychophysiology* 64 (2006): 108; M. Cocchi et al., "Major Depression and Bipolar Disorder: The Concept of Symmetry Breaking," *NeuroQuantology* 10 (2012): 676; P. Zizzi and M. Pregnolato, "Quantum Logic of the Unconscious and Schizophrenia," *NeuroQuantology* 10 (2012): 566. 그리고 당연하지만, 양자 다이어트가 있다: L. Fritz, *The Quantum Weight Loss Blueprint* (New Hope Health, 2020). 그에 더하여 다음 논문을 빠뜨릴 수 없다: A. Amarasingam, "New Age Spirituality, Quantum Mysticism and Self-Psychology: Changing Ourselves from the Inside Out," *Mental Health, Religion & Culture* 12 (2009): 277.

각주: G. Pennycook et al., "On the Reception and Detection of Pseudo-profound Bullshit," *Judgment and Decision Making* 10 (2015): 549.

2 Goswami, amitgoswami.org.

3 저널 인용 보고서Journal Citation Reports에서, *NeuroQuantology*는 '다른 과학자들의 연구에 미치는 영향력' 측면에서 261개 신경과학 학술지 중 253위를 차지했는데, 254~261위는 어떤 학술지인지 궁금해진다.

각주: J. T. Ismael, *Why Physics Makes Us Free* (Oxford University Press, 2016).

4 P. Kitcher, "The Mind Mystery," *New York Times*, February 4, 1990에서 인용함; 한 신경과학자의 고뇌에 찬 검토는 다음 논문을 참고하라: J. Hobson, "Neuroscience and the Soul: The Dualism of John Carew Eccles," *Cerebrum: The Dana Forum on Brain Science* 6 (2004): 61.

각주: J. Eccles, "Hypotheses Relating to the Brain-Mind Problem," *Nature* 168 (1951): 53.

5 G. Engel, T. Calhoun, and E. Read, "Evidence for Wavelike Energy Transfer through Quantum Coherence in Photosynthetic Systems," *Nature* 446 (2007): 782.

6 P. Tse, "Two Types of Libertarian Free Will Are Realized in the Human Brain," in *Neuroex-istentialism*, ed. G. Caruso and O. Flanagan (Oxford University Press, 2018), p. 170.

7 J. Schwartz, H. Stapp, and M. Beauregard, "Quantum Physics in Neuroscience and Psychology: A Neurophysical Model of Mind-Brain Interaction," *Philosophical Transactions of the Royal Society London B, Biological Sciences* 360 (2005): 1309; Z. Ganim, A. Tokmako, and A. Vaziri, "Vibrational Excitons in Ionophores: Experimental Probes for Quantum Coherence-Assisted Ion Transport and

Selectivity in Ion Channels," *New Journal of Physics* 13 (2011): 113030; A. Vaziri and M. Plenio, "Quantum Coherence in Ion Channels: Resonances, Transport and Verification," *New Journal of Physics* 12 (2010): 085001.

8   S. Hameroff, "How Quantum Biology Can Rescue Conscious Free Will," *Frontiers of Integrative Neuroscience* 6 (2012): 93; S. Hameroff and R. Penrose, "Orchestral Reduction of Quantum Coherence in Brain Microtubules: A Model for Consciousness," *Mathematical and Computational Simulation* 40 (1996): 453; E. Dent and P. Baas, "Microtubules in Neurons as Information Carriers," *Journal of Neurochemistry* 129 (2014): 235; R. Tas and L. Kapitein, "Exploring Cytoskeletal Diversity in Neurons," *Science* 361 (2018): 231.

9   M. Tegmark, "Why the Brain Is Probably Not a Quantum Computer," *Information Science* 128 (2000): 155; M. Tegmark, "Importance of Quantum Coherence in Brain Processes," *Physical Review E* 61 (2000): 4194; M. Kikkawa et al., "Direct Visualization of the Microtubule Lattice Seam Both in Vitro and in Vivo," *Journal of Cell Biology* 127 (1994): 1965; C. De Zeeuw, E. Hertzberg, and E. Mugnaini, "The Dendritic Lamellar Body: New Neuronal Organelle Putatively Associated with Dendrodendritic Gap Junctions," *Journal of Neuroscience* 15 (1995): 1587.

10   J. Tanaka et al., "Number and Density of AMPA Receptors in Single Synapses in Immature Cerebellum," *Journal of Neuroscience* 25 (2005): 799; M. West and H. Gundersen, "Unbiased Stereological Estimation of the Number of Neurons in the Human Hippocampus," *Comparative Neurology* 296 (1990): 1.

11   J. Hobbs, "Chaos and Indeterminism," *Canadian Journal of Philosophy* 21 (1991): 141; D. Lindley, *Where Does the Weirdness Go? Why Quantum Mechanics Is Strange, but Not as Strange as You Think* (Basic Books, 1996).

12   L. Amico et al., "Many-Body Entanglement," *Review of Modern Physics* 80 (2008): 517; Tarlaci and Pregnolato, "Quantum Neurophysics."

13   B. Katz, "On the Quantal Mechanism of Neural Transmitter Release" (Nobel Lecture, Stockholm, December 12, 1970), nobelprize.org/prizes/medicine/1970/katz/lecture/; Y. Wang et al., "Counting the Number of Glutamate Molecules in Single Synaptic Vesicles," *Journal of the American Chemical Society* 141 (2019): 17507. 각주: J. Schwartz et al., "Quantum Physics in Neuroscience and Psychology: A Neurophysical Model of Mind-Brain Interactions," *Philosophical Transactions of the Royal Society B* 1360 (2005): 1309, 인용문은 1319쪽에 나옴.

14   C. Wasser and E. Kavalali, "Leaky Synapses: Regulation of Spontaneous Neurotransmission in Central Synapses," *Journal of Neuroscience* 158 (2008): 177;

E. Kavalali, "The Mechanisms and Functions of Spontaneous Neurotransmitter Release," *Nature Reviews Neuroscience* 16 (2015): 5; C. Williams and S. Smith, "Calcium Dependence of Spontaneous Neurotransmitter Release," *Journal of Neuroscience Research* 96 (2018): 335.

15 Williams and Smith, "Calcium Dependence of Spontaneous Neurotransmitter Release"; K. Koga et al., "SCRAPPER Selectively Contributes to Spontaneous Release and Presynaptic Long-Term Potentiation in the Anterior Cingulate Cortex," *Journal of Neuroscience* 37 (2017): 3887; R. Schneggenburger and C. Rosenmund, "Molecular Mechanisms Governing Ca(2+) Regulation of Evoked and Spontaneous Release," *Nature Neuroscience* 18 (2015): 935; K. Hausknecht et al., "Prenatal Ethanol Exposure Persistently Alters Endocannabinoid Signaling and Endocannabinoid-Mediated Excitatory Synaptic Plasticity in Ventral Tegmental Area Dopamine Neurons," *Journal of Neuroscience* 37 (2017): 5798.

16 다음과 같은 요인의 통제하에 결정된 불확정성:

호르몬과 스트레스: L. Liu et al., "Corticotropin-Releasing Factor and Urocortin I Modulate Excitatory Glutamatergic Synaptic Transmission," *Journal of Neuroscience* 24 (2004): 4020; H. Tan, P. Zhong, and Z. Yan, "Corticotropin-Releasing Factor and Acute Stress Prolongs Serotonergic Regulation of GABA Transmission in Prefrontal Cortical Pyramidal Neurons," *Journal of Neuroscience* 24 (2004): 5000.ohol.

알코올: R. Renteria et al., "Selective Alterations of NMDAR Function and Plasticity in D1 and D2 Medium Spiny Neurons in the Nucleus Accumbens Shell Following Chronic Intermittent Ethanol Exposure," *Neuropharmacology* 112 (2017): 164; 1983: Technicolor, 116 minutes, starring Robert De Niro, Diane Keaton, and, in his film debut, the young Ryan Gosling as the sixth frontocortical neuron from the left; R. Shen, "Ethanol Withdrawal Reduces the Number of Spontaneously Active Ventral Tegmental Area Dopamine Neurons in Conscious Animals," *Journal of Pharmacology and Experimental Therapeutics* 307 (2003): 566.

다른 요인들: J. Ribeiro, "Purinergic Inhibition of Neurotransmitter Release in the Central Nervous System," *Pharmacology and Toxicology* 77 (1995): 299; J. Li et al., "Regulation of Increased Glutamatergic Input to Spinal Dorsal Horn Neurons by mGluR5 in Diabetic Neuropathic Pain," *Journal of Neurochemistry* 112 (2010) 162; A. Goel et al., "Cross-Modal Regulation of Synaptic AMPA Receptors in Primary Sensory Cortices by Visual Experience," *Nature Neuroscience* 9 (2006): 1001.

뇌 안의 '결정된 불확정성'의 세계를 살짝 보여주기 위해 부연 설명을 하면, 특정 DNA의 특정 부분이 때때로 복사되고 그 사본은 유전체의 다른 위치에 무작위로 삽입된다(한때 회의론자들에 의해 "점프 유전자"라고 경멸적으로 불렸던 이러한 '트랜스포존'의 실체는 1983년 오랫동안 무시되었던 발견자인 바버라 매클린톡Barbara Mclintock에게 노벨상을 안겨주었다). 뇌는 뉴런에서 이러한 무작위성이 언제 발생할지를 (예컨대 스트레스 중 당질코르티코이드를 통해) 조절할 수 있는 것으로 밝혀졌다. 이에 대해서는 다음 논문을 참고하라. R. Hunter et al., "Stress and the Dynamic Genome: Steroids, Epigenetics, and the Transposome," *Proceedings of the National Academy of Sciences of the United States of America* 112 (2014): 6828.

17 Kavalali의 논문에서 Reference #14를 참고하라; F. Varodayan et al., "CRF Modulates Glutamate Transmission in the Central Amygdala of Naïve and Ethanol-Dependent Rats," *Neuropharmacology* 125 (2017): 418; J. Earman, *A Primer on Determinism* (Reidel, 1986).

18 자발적인 신경전달물질 방출: D. Crawford et al., "Selective Molecular Impairment of Spontaneous Neurotransmission Modulates Synaptic Efficacy," *Nature Communications* 10 (2017): 14436; M. Garcia-Bereguiain et al., "Spontaneous Release Regulates Synaptic Scaling in the Embryonic Spinal Network in Vivo," *Journal of Neuroscience* 36 (2016): 7268; A. Blankenship and M. Feller, "Mechanisms Underlying Spontaneous Patterned Activity in Developing Neural Circuits," *Nature Reviews Neuroscience* 11 (2010): 18; C. O'Donnell and M. van Rossum, "Spontaneous Action Potentials and Neural Coding in Unmyelinated Axons," *Neural Computation* 27 (2015): 801; L. Andreae and J. Burrone, "The Role of Spontaneous Neurotransmission in Synapse and Circuit Development," *Journal of Neuroscience Research* 96 (2018): 354.

19 M. Raichle et al., "A Default Mode of Brain Function," *Proceedings of the National Academy of Sciences of the United States of America* 98 (2001): 676; M. Raichle and A. Snyder, "A Default Mode of Brain Function: A Brief History of an Evolving Idea," *NeuroImage* 37 (2007): 1083. 공상하기 위해 뇌가 활발하게 작동하는 상황에 대한 흥미로운 이야기는 다음 논문을 참고하라: V. Axelrod et al., "Increasing Propensity to Mind-Wander with Transcranial Direct Current Stimulation," *Proceedings of the National Academy of Sciences of the United States of America* 112 (2015): 3314. 추가적인 관련 논문: R. Pena, M. Zaks, and A. Roque, "Dynamics of Spontaneous Activity in Random Networks with Multiple Neuron Subtypes and Synaptic Noise: Spontaneous Activity in Networks with Synaptic Noise," *Journal of Computational Neuroscience* 45 (2018): 1; A. Tozzi, M. Zare, and A. Benasich, "New Perspectives on Spontaneous Brain Activity: Dynamic Networks and Energy Matter," *Frontiers of Human Neuroscience* 10 (2016): 247.

20 J. Searle, "Free Will as a Problem in Neurobiology," *Philosophy* 76 (2001): 491; M. Shadlen and A. Roskies, "The Neurobiology of Decision-Making and Responsibility: Reconciling Mechanism and Mindedness," *Frontiers in Neuroscience* 6 (2021), doi.org/10.3389/fnins.2012.00056; S. Blackburn, *Think: A Compelling Introduction to Philosophy* (Oxford University Press, 1999), 인용군은 60쪽에 나옴. 개성이 무작위가 아닌 뇌의 일관성을 기반으로 형성되는 좋은 사례는 다음 논문을 참고하라: T. Kurikawa et al., "Neuronal Stability in Medial Frontal Cortex Sets Individual Variability in Decision-Making," *Nature Neuroscience* 21 (2018): 1764. 각주: M. Bakan, "Awareness and Possibility," *Review of Metaphysics* 14 (1960): 231.

21 D. Dennett, *Freedom Evolves* (Viking, 2003), p. 123; Tse: Reference #6, p. 123.

22 Z. Blount, R. Lenski, and J. Losos, "Contingency and Determinism in Evolution: Replaying Life's Tape," *Science* 362 (2018): 655; D. Noble, "The Role of Stochasticity in Biological Communication Processes," *Progress in Biophysics and Molecular Biology* 162 (2020): 122; R. Noble and D. Noble, "Harnessing Stochasticity: How Do Organisms Make Choices?," *Chaos* 28 (2018): 106309. 이 마지막 논문의 두 저자는 옥스퍼드의 데니스 노블Denis Noble과 유니버시티칼리지런던의 레이먼드 노블Raymond Noble이다. 내가 조금 알아본 결과, 두 사람은 아버지와 아들(데니스가 아버지, 레이먼드가 아들)인 것 같다. 그들은 매우 다정하고, 더 매력적인 것은 함께 노래하고 함께 확률론에 관한 논문을 발표하는 등 뛰어난 영국의 음유시인처럼 보인다는 것이다. 아무도 이 글을 읽지 않을 거라고 확신하지만(그런데 왜 이 글을 읽으시나? 멋진 곳으로 나가 산책하길 바란다) 얘기가 나온 김에 덧붙이자면 다음과 같은 경우도 있다: C. McEwen and B. McEwen, "Social Structure, Adversity, Toxic Stress, and Intergenerational Poverty: An Early Childhood Model," *Annual Review of Sociology* 43 (2017): 445. C는 보든칼리지의 사회학자 크레이그이고, B는 록펠러대학교의 신경생물학자 브루스인데, 이 두 사람은 형제로서 서로 다른 분야에서 시너지 효과를 거둔 모범 사례다. 뛰어난 과학자였던 브루스는 거의 40년 동안 나의 박사학위 지도교수이자 멘토이자 아버지 같은 존재였다. 그는 2020년에 사망했다. 나는 아직도 그의 빈자리를 느낀다.

23 Dennett, *Brainstorms*, p. 295.

24 Shadlen and Roskies, "Neurobiology of Decision-Making and Responsibility."

25 각주: 기록을 보유한 원숭이: D. Wershler-Henry, *Iron Whim: A Fragmented History of Typewriting* (McClelland and Stewart, 2005); R. Dawkins, *The Blind Watchmaker: Why the Evidence of Evolution Reveals a Universe without Design* (Norton, 1986); 보르헤스의 이야기는 J. Borges, *Collected Fictions* (Viking, 1998)에 나온다. 이 세 가지를 쉬지 않고 정독하면 꽤 흥미로운 정신상태를 만들 수 있을 것 같다.

26 K. Mitchel, "Does Neuroscience Leave Room for Free Will?," *Trends in*

Neurosciences 41 (2018): 573.

27 R. Kane, *The Significance of Free Will* (Oxford University Press, 1996), p. 130.

28 Tse: Reference #6을 보라.

29 R. Kane, "Libertarianism" in *Four Views on Free Will*, ed. J. Fischer et al. (Wiley-Blackwell, 2007), p. 26.

30 설명과 처방의 구분을 탐구한 논문은 다음과 같다: P. Cryle and E. Stephens, *Normality: A Critical Genealogy* (University of Chicago Press, 2017). 이 장과 반대 방향으로 진행되는 흥미로운 내용을 보려면 다음 논문을 참고하라. J. Horgan, "Does Quantum Mechanics Rule Out Free Will?," *Scientific American*, March 2022. 참고로 호건은 물리학자 사빈 호센펠더Sabine Hossenfelder를 정중하게 언급했는데, 나도 동의한다. 그녀의 유튜브 강의 "자유의지는 없지만 걱정하지 마세요"(youtube.com/watch?v=zpU_e3jh_FY)를 시청해보라. 정말 훌륭하다. 사실 이 책을 읽는 대신 그 동영상을 시청하는 게 낫다…

10.5장 간주곡

1 H. Sarkissian et al., "Is Belief in Free Will a Cultural Universal?," *Mind & Language* 25 (2010): 346.

   각주: W. Phillips et al., "'Unwilling' versus 'Unable': Capuchin Monkeys' (Cebus apella) Understanding of Human Intentional Action," *Developmental Science* 12 (2009): 938; J. Call et al., "'Unwilling' versus 'Unable': Chimpanzees' Understanding of Human Intentional Action," *Developmental Science* 7 (2004): 488; E. Furlong and L. Santos, "Evolutionary Insights into the Nature of Choice: Evidence from Nonhuman Primates," in *Moral Psychology*, vol. 4, *Free Will and Moral Responsibility*, ed. W. Sinnott-Armstrong (MIT Press, 2014), p. 347.

2 각주: 로브는 감옥에서, 로브가 자신에게 공격적으로 청혼했다고 말한 수감자의 칼에 찔려 사망했다. 몇몇 전문가들은 (원문에서는 명확하지 않지만) 놀랍게도 문법을 알 정도로 교육을 받은 사람으로 추정되는 로브가 "청혼으로 형기刑期를 끝냈다"라고 지적했다. (예: Mark Hellinger, *Syracuse Journal*, February 19, 1936). 그를 살해한 수감자는 무죄를 선고받았다.

3 Society for Neuroscience, "Timeline," n.d., sfn.org/about/history-of-sfn/1969-2019/timeline. 철학자 토머스 내들호퍼Thomas Nadelhoffer는 이러한 "기관의 위축 위협"에 대해 명확하게 설명한다. T. Nadelhoffer, "The Threat of Shrinking Agency and Free Will Disillusionism," in *Conscious Will and Responsibility: A Tribute to Benjamin Libet*, ed. L. Nadel and W. Sinnott-Armstrong (Oxford University Press, 2011).

11장 자유의지 회의론자는 난동에 가담할까?

1   D. Walker, *Rights in Conflict: The Walker Report* (Bantam Books, 1968); N. Steinberg, "The Whole World Watched: 50 Years after the 1968 Chicago Convention," *Chicago Sun Times*, August 17, 2018; J. Schultz, *No One Was Killed: The Democratic National Convention, August 1968* (University of Chicago Press, 1969); H. Johnson, "1968 Democratic Convention: The Bosses Strike Back," *Smithsonian*, August 2008. 전통문화에서 익명성과 강화된 폭력에 대한 검토는 나의 책『행동』의 11장을 참고하라.

2   M. L. Saint Martin, "Running Amok: A Modern Perspective on a Culture-Bound Syndrome," *Primary Care Companion for the Journal of Clinical Psychiatry* 1 (1999): 66.

3   Francis Crick, *The Astonishing Hypothesis: The Scientific Search for the Soul* (Scribner, 1994), p. 1.

4   각주: 그와 관련한 변주들은 다음 논문을 참고하라. E. Seto and J. Hicks, "Disassociating the Agent from the Self: Undermining Belief in Free Will Diminishes True Self-Knowledge," *Social Psychological and Personality* 7 (2016): 726.

5   D. Rigoni et al., "Inducing Disbelief in Free Will Alters Brain Correlates of Preconscious Mo tor Preparation Whether We Believe in Free Will or Not," *Psychological Science* 22 (2011): 613.

6   D. Rigoni, G. Pourtois, and M. Brass, "'Why Should I Care?' Challenging Free Will Attenuates Neural Reaction to Errors," *Social Cognitive and Affective Neuroscience* 10 (2015): 262; D. Rigoni et al., "When Errors Do Not Matter: Weakening Belief in Intentional Control Impairs Cognitive Reaction to Errors," *Cognition* 127 (2013): 264.

7   K. Vohs and J. Schooler, "The Value of Believing in Free Will," *Psychological Science* 19 (2002) 49; A. Shariff and K. Vohs, "The World without Free Will," *Scientific American*, June 2014; M. MacKenzie, K. Vohs, and R. Baumeister, "You Didn't Have to Do That: Belief in Free Will Promotes Gratitude," *Personality and Social Psychology Bulletin* 40 (2014): 14223; B. Moynihan, E. Igou, and A. Wijnand, "Free, Connected, and Meaningful: Free Will Beliefs Promote Meaningfulness through Belongingness," *Personality and Individual Differences* 107 (2017): 54; Seto and Hicks, "Disassociating the Agent from the Self"; R. Baumeister, E. Masicampo, and C. DeWall, "Prosocial Benefits of Feeling Free: Disbelief in Free Will Increases Aggression and Reduces Helpfulness," *Personality and Social Psychology Bulletin* 35 (2009): 260.

8   M. Lynn et al., "Priming Determinist Beliefs Diminishes Implicit (but Not Explicit) Components of Self-Agency," *Frontiers in Psychology* 5 (2014), doi.org/10.3389/

fpsyg.2014.01483.

각주: S. Obhi and P. Hall, "Sense of Agency in Joint Action: Influence of Human and Computer Co-actors," *Experimental Brain Research* 211 (2011): 663–70.

9   A. Vonash et al., "Ordinary People Associate Addiction with Loss of Free Will," *Addictive Behavior Reports* 5 (2017): 56; K. Vohs and R. Baumeiser, "Addiction and Free Will," *Addiction Research and Theory* 17 (2009): 231; G. Heyman, "Do Addicts Have Free Will? An Empirical Approach to a Vexing Question," *Addictive Behavior Reports* 5 (2018): 85; E. Racine, S. Sattler, and A. Escande, "Free Will and the Brain Disease Model of Addiction: The Not So Seductive Allure of Neuroscience and Its Modest Impact on the Attribution of Free Will to People with an Addiction," *Frontiers in Psychology* 8 (2017): 1850.

10   T. Nadelhoffer et al., "Does Encouraging a Belief in Determinism Increase Cheating? Re considering the Value of Believing in Free Will," *Cognition* 203 (2020): 104342; A. Monroe, G. Brady, and B. Malle, "This Isn't the Free Will Worth Looking For: General Free Will Beliefs Do Not Influence Moral Judgments, Agent-Specific Choice Ascriptions Do," *Social Psychological and Personality Science* 8 (2017): 191; D. Wisniewski et al., "Relating Free Will Beliefs and Attitudes," *Royal Society Open Science* 9 (2022): 202018.

11   다음 논문을 참고하라: Nadelhoffer et al., "Does Encouraging a Belief in Determinism"; Monroe, Brady, and Malle, "This Isn't the Free Will"; J. Harms et al., "Free to Help? An Experiment on Free Will Belief and Altruism," *PLoS One* 12 (2017): e0173193; L. Crone and N. Levy, "Are Free Will Believers Nicer People? (Four Studies Suggest Not)," *Social Psychological and Personality Science* 10 (2019): 612; E. Caspar et al., "The Influence of (Dis)belief in Free Will on Immoral Behaviour," *Frontiers in Psychology* 8 (2017): 20. 메타분석: O. Genschow, E. Cracco, and J. Schneider, "Manipulating Belief in Free Will and Its Downstream Consequences: A Meta-analysis," *Personality and Social Psychology Review* 27 (2022): 52; B. Nosek, "Estimating the Reproducibility of Psychological Inference," *Science* 349 (2015), DOI:10.1126/science.aac4716.

각주: O. Genschow et al., "Professional Judges' Disbelief in Free Will Does Not Decrease Punishment," *Social Psychological and Personality Science* 12 (2020): 357.

12   A. Norenzayan, *Big Gods: How Religion Transformed Cooperation and Conflict* (Princeton University Press, 2013). 복잡성 과학자 피터 터친의 책에 대한 흥미로운 검토는 다음 논문을 참고하라. P. Turchin, "From Big Gods to the Big Brother," *Cliodynamica* (blog), September 4, 2015, peterturchin.com/cliodynamica/from-

big-gods-to-the-big-brother/.

13 P. Edgell et al., "Atheists and Other Cultural Outsiders: Moral Boundaries and the Non-religious in the United States," *Social Forces* 95 (2016): 607; E. Volokh, "Parent-Child Speech and Child Custody Speed Restrictions," *New York University Law Review* 81 (2006): 631; A. Furnham, N. Meader, and A. McCelland, "Factors Affecting Nonmedical Participants' Allocation of Scarce Medical Resources," *Journal of Social Behavior and Personality* 12 (1996): 735; J. Hunter, "The Williamsburg Charter Survey: Methodology and Findings," *Journal of Law and Religion* 8 (1990): 257; M. Miller and B. Bornstein, "The Use of Religion in Death Penalty Sentencing Trials," *Law and Human Behavior* 30 (2006): 675. 선견지명에 대한 증거는 다음 논문을 참고하라. J. Joyner, "Black President More Likely Than Mormon or Atheist," *Outside the Beltway*, February 20, 2007, outsidethebeltway.com/archives/black_president_more_likely_than_mormon_or_atheist_/.
각주: S. Weber et al., "Psychological Distress among Religious Nonbelievers: A Systematic Review," *Journal of Religion and Health* 51 (2012): 72.

14 W. Gervais and M. Najle, "Nonreligious People in Religious Societies," in *The Oxford Hand book of Secularism*, ed. P. Zuckerman and J. Shook (Oxford University Press, 2017); "USPS Discrimination against Atheism?," https://atheist.shoes/pages/usps-study. 약간 으스스한 뉴스들: R. Evans, "Atheists Face Death in 13 Countries, Global Discrimination: Study," Reuters, December 9, 2013, reuters.com/article/us-religion-atheists-idUSBRE9B900G20131210; International Humanist and Ethical Union, "You Can Be Put to Death for Atheism in 13 Countries around the World," October 12, 2013, iheu.org/you-can-be-put-death-atheism-13-countries-around-world/; Human Rights Watch, "Saudi Arabia: New Terrorism Regulations Assault Rights," March 20, 2014, hrw.org/news/2014/03/20/saudi-arabia-new-terrorism-regulations-assault-rights.

15 C. Tamir et al., "The Global God Divide," Pew Research Center, July 20, 2020; S. Weber et al., "Psychological Distress among Religious Nonbelievers," *Journal of Religion and Health* 51 (2012): 72; M. Gervais, "Everything Is Permitted? People Intuitively Judge Immorality as Representative of Atheists," *PLoS One* 9, no. 4 (2014): e92302; R. Ritter and J. Preston, "Representations of Religious Words: Insights for Religious Priming Research," *Journal for the Scientific Study of Religion* 52 (2013): 494; W. Gervais et al., "Global Evidence of Extreme Intuitive Moral Prejudice against Atheists," *Nature Human Behaviour* 1 (2017): 0151.
각주: B. Rutjens and S. Heine, "The Immoral Landscape? Scientists Are Associated

with Violations of Morality," *PLoS One* 11 (2016): e0152798.

16 Weber et al., "Psychological Distress among Religious Nonbelievers."

17 각주: A. Norenzayan and W. Gervais, "The Origins of Religious Disbelief," *Trends in Cognitive Sciences* 17 (2013): 20; G. Pennycook et al., "On the Reception and Detection of Pseudo-profound Bullshit," *Judgment and Decision Making* 10 (2015): 549; A. Shenhav, D. Rand, and J. Greene, "Divine Intuition: Cognitive Style Influences Belief in God," *Journal of Experimental Psychology: General* 141 (2011): 423; W. Gervais and A. Norenzayan, "Analytic Thinking Promotes Religious Disbelief," *Science* 336 (2012): 493; A. Jack et al., "Why Do You Believe in God? Relationships between Religious Belief, Analytic Thinking, Mentalizing and Moral Concern," *PLoS One* 11 (2016): e0149989; Pew Forum on Religion and Public Life, "2008 U.S. Religious Landscape Survey: Religious Affiliation: Diverse and Dynamic," religions.pewforum.org/pdf/report-religious-landscape-study-full.pdf.

18 자기 보고: B. Pelham and S. Crabtree, "Worldwide, Highly Religious More Likely to Help Others," Gallup, October 8, 2008, news.gallup.com/poll/111013/worldwide-highly-religious-more-likely-help-others.aspx; M. Donahue and M. Nielsen, "Religion, Attitudes, and Social Behavior," in *Handbook of the Psychology of Religion and Spirituality*, ed. R. Paloutzian and C. Park (Guilford, 2005); I. Pichon and V. Saroglou, "Religion and Helping: Impact of Target, Thinking Styles and Just-World Beliefs," *Archive for the Psychology of Religion* 31 (2009): 215. 좋은 인상을 주기 위한 배려: L. Galen, "Does Religious Belief Promote Prosociality? A Critical Examination," *Psychological Bulletin* 138 (2012): 876; R. Putnam and R. Campbell, *American Grace: How Religion Divides and Unites Us* (Simon & Schuster, 2010).

19 종교성과 친사회성: V. Saroglou, "Religion's Role in Prosocial Behavior: Myth or Reality?," *Psychology of Religion Newsletter* 31 (2006): 1; V. Saroglou et al., "Prosocial Behavior and Religion: New Evidence Based on Projective Measures and Peer Ratings," *Journal for the Scientific Study of Religion* 44 (2005): 323; L. Anderson and J. Mellor, "Religion and Cooperation in a Public Goods Experiment," *Economics Letters* 105 (2009): 58; C. Ellison, "Are Religious People Nice People? Evidence from the National Survey of Black Americans," *Social Forces* 71 (1992): 411.
종교성과 자기 고양: K. Eriksson and A. Funcke, "Humble Self-Enhancement: Religiosity and the Better-Than-Average Affect," *Social Psychological and Personality Science* 5 (2014): 76; C. Sedikides and J. Gebauer, "Religiosity as Self-Enhancement: A Meta-analysis of the Relation between Socially Desirable

Responding and Religiosity," *Personality and Social Psychology Review* 14 (2010): 17; P. Brenner, "Identity Importance and the Over-Reporting of Religious Service Attendance: Multiple Imputation of Religious Attendance Using the American Time Use Study and the General Social Survey," *Journal for the Scientific Study of Religion* 50 (2011): 103; P. Brenner, "Exceptional Behavior or Exceptional Identity? Over-Reporting of Church Attendance in the U.S.," *Public Opinion Quarterly* 75 (2011): 19.

종교성과 삶의 만족: E. Diener, L. Tay, and D. Myers, "The Religion Paradox: If Religion Makes People Happy, Why Are So Many Dropping Out?," *Journal of Personality and Social Psychology* 101 (2011): 1278; C. Sabatier et al., "Religiosity, Family Orientation, and Life Satisfaction of Adolescents in Four Countries," *Journal of Cross-Cultural Psychology* 42 (2011): 1375.

20 자선 활동: R. Gillum and K. Master, "Religiousness and Blood Donation: Findings from a National Survey," *Journal of Health Psychology* 15 (2010): 163; P. Grossman and M. Parrett, "Religion and Prosocial Behaviour: A Field Test," *Applied Economics Letters* 18 (2011): 523; McCullough and Worthington, "Religion and the Forgiving Personality"; G. Pruckner and R. Sausgruber, "Honesty on the Streets: A Field Experiment on Newspaper Purchasing," *Journal of the European Economic Association* 11 (2008): 661; A. Tsang, A. Schulwitz, and R. Carlisle, "An Experimental Test of the Relationship between Religion and Gratitude," *Psychology of Religion and Spirituality* 4 (2011): 40.

종교성과 공격성: J. Blogowska, C. Lambert, and V. Saroglou, "Religious Prosociality and Aggression: It's Real," *Journal for the Scientific Study of Religion* 52 (2013): 524.

응보적임: T. Greer et al., "We Are a Religious People; We Are a Vengeful People," *Journal for the Scientific Study of Religion* 44 (2005): 45; M. Leach, M. Berman, and L. Eubanks, "Religious Activities, Religious Orientation, and Aggressive Behavior," *Journal for the Scientific Study of Religion* 47 (2008): 311.

21 L. Galen and J. Kloet, "Personality and Social Integration Factors Distinguishing Nonreligious from Religious Groups: The Importance of Controlling for Attendance and Demographics," *Archive for the Psychology of Religion* 33 (2011): 205; L. Galen, M. Sharp, and A. McNulty, "The Role of Nonreligious Group Factors versus Religious Belief in the Prediction of Prosociality," *Social Indicators Research* 122 (2015): 411; R. Stark, "Physiology and Faith: Addressing the 'Universal' Gender Difference in Religious Commitment," *Journal for the Scientific Study of Religion* 41 (2002): 495; M. Argyle, *Psychology and Religion: An Introduction* (Routledge, 2000);

G. Lenski, "Social Correlates of Religious Interest," *American Sociological Review* 18 (1953): 533; A. Miller and J. Hoffmann, "Risk and Religion: An Explanation of Gender Differences in Religiosity," *Journal for the Scientific Study of Religion* 34 (1995): 63.

22 Putnam and Campbell, *American Grace*; T. Smith, M. McCullough, and J. Poll, "Religiousness and Depression: Evidence for a Main Effect and the Moderating Influence of Stressful Life Events," *Psychological Bulletin* 129 (2003): 614; L. Galen and J. Kloet, "Mental WellBeing in the Religious and the Non-religious: Evidence for a Curvilinear Relationship," *Mental Health, Religion & Culture* 14 (2011): 673; M. McCullough and T. Smith, "Religion and Depression: Evidence for a Main Effect and the Moderating Influence of Stress Life Events," *Psychological Bulletin* 129 (2003): 614; L. Manning, "Gender and Religious Differences Associated with Volunteering in Later Life," *Journal of Women and Aging* 22 (2010): 125.

23 Pichon and Saroglou, "Religion and Helping"; N. Mazar, O. Ami, and D. Ariely, "The Dishonesty of Honest People: A Theory of Self-Concept Maintenance," *Journal of Marketing Research* 45 (2008): 633; M. Lang et al., "Moralizing Gods, Impartiality and Religious Parochialism across 15 Societies," *Proceedings of the Royal Society B: Biological Sciences* 286 (2019): 20190202; A. Shariff et al., "Religious Priming: A Meta-analysis with a Focus on Prosociality," *Personality and Social Psychology Review* 20 (2016): 27.

24 Pichon and Saroglou, "Religion and Helping"; A. Shariff and A. Norenzayan, "God Is Watching You: Priming God Concepts Increases Prosocial Behavior in an Anonymous Economic Game," *Psychological Science* 18 (2007): 803; K. Laurin, A. Kay, and G. Fitzsimons, "Divergent Effects of Activating Thoughts of God on Self-Regulation," *Journal of Personality and Social Psychology* 102 (2012): 4; K. Rounding et al., "Religion Replenishes Self-Control," *Psychological Science* 23 (2012): 635; J. Saleam and A. Moustafa, "The Influence of Divine Rewards and Punishments on Religious Prosociality," *Frontiers in Psychology* 7 (2016): 1149.

25 Shariff and Norenzayan, "God Is Watching You"; B. Randolph-Seng and M. Nielsen, "Honesty: One Effect of Primed Religious Representations," *International Journal of Psychology and Religion* 17 (2007): 303.
　　 각주: M. Quirin, J. Klackl, and E. Jonas, "Existential Neuroscience: A Review and Brain Model of Coping with Death Awareness," in *Handbook of Terror Management Theory*, ed. C. Routledge and M. Vess (Elsevier, 2019).

26 J. Haidt, *The Righteous Mind: Why Good People Are Divided by Politics and*

Religion (Pantheon, 2012); J. Weedon and R. Kurzban, "What Predicts Religiosity? A Multinational Analysis of Reproductive and Cooperative Morals," *Evolution and Human Behavior* 34 (2012): 440; P. Zuckerman, *Society without God* (New York University Press, 2008).

27 M. Regnerus, C. Smith, and D. Sikkink, "Who Gives to the Poor? The Influence of Religious Tradition and Political Location on Personal Generosity of Americans toward the Poor," *Journal for the Scientific Study of Religion* 37 (1998): 481; J. Jost and M. Krochik, "Ideological Differences in Epistemic Motivation: Implications for Attitude Structure, Depth of Information Processing, Susceptibility to Persuasion, and Stereotyping," *Advances in Motivation Science* 1 (2014): 181; F. Grupp and W. Newman, "Political Ideology and Religious Preference: The John Birch Society and Americans for Democratic Action," *Journal for the Scientific Study of Religion* 12 (1974): 401.

28 Center for Global Development, "Commitment to Development Index 2021," cgdev.org/section/initiatives/_active/cdi/; Center for Global Development, "Ranking the Rich," *Foreign Policy* 142 (2004): 46; Center for Global Development, "Ranking the Rich," *Foreign Policy* 150 (2005): 76; Zuckerman, *Society without God*; P. Norris and R. Inglehart, *Sacred and Secular: Religion and Politics Worldwide* (Cambridge University Press, 2004); S. Bruce, *Politics and Religion* (Polity, 2003). 각주: Center for Global Development, "Ranking the Rich," *Foreign Policy* 150 (2005): 76.

29 P. Zuckerman, "Atheism, Secularity, and Well-Being: How the Findings of Social Science Counter Negative Stereotypes and Assumptions," *Sociology Compass* 3 (2009): 949; B. Beit Hallahmi, "Atheists: A Psychological Profile," in *The Cambridge Companion to Atheism*, ed. M. Martin, Cambridge Companions to Philosophy (Cambridge University Press, 2007); S. Crabtree and B. Pelham, "More Religious Countries, More Perceived Ethnic Intolerance," Gallup, April 7, 2009, gallup.com/poll/117337/Religious-Countries Perceived-Ethnic-Intolerance.aspx; J. Lyne, "Who's No. 1? Finland, Japan and Korea, Says OECD Education Study," *Site Selection*, December 10, 2001, siteselection.com/ssinsider/snapshot/sf011210.htm; United Nations Office on Drugs and Crime, "UNODC Statistics Online."

30 Inglehart and Norris, *Sacred and Secular*.

31 H. Tan and C. Vogel, "Religion and Trust: An Experimental Study," *Journal of Economic Psychology* 29 (2008): 332; J. Preston and R. Ritter, "Different Effects of Religion and God on Prosociality with the Ingroup and Outgroup," *Personality*

and Social Psychology Bulletin 39 (2013): 1471; A. Ahmed, "Are Religious People More Prosocial? A Quasi-experimental Study with Madrasah Pupils in a Rural Community in India," *Journal for the Scientific Study of Religion* 48 (2009): 368; A. Ben-Ner et al., "Identity and In-group/Out-group Differentiation in Work and Giving Behaviors: Experimental Evidence," *Journal of Economic Behavior & Organization* 72 (2009): 153; C. Fershtman, U. Gneezy, and F. Verboven, "Discrimination and Nepotism: The Efficiency of the Anonymity Rule," *Journal of Legal Studies* 34 (2005): 371; R. Reich, *Just Giving: Why Philanthropy Is Failing Democracy and How It Can Do Better* (Princeton University Press, 2018).

32 Lang et al., "Moralizing Gods, Impartiality and Religious Parochialism."

33 J. Blogowska and V. Saroglou, "Religious Fundamentalism and Limited Prosociality as a Function of the Target," *Journal for the Scientific Study of Religion* 50 (2011): 44; M. Johnson et al., "A Mediational Analysis of the Role of Right-Wing Authoritarianism and Religious Fundamentalism in the Religiosity-Prejudice Link," *Personality and Individual Differences* 50 (2011): 851.

34 D. Gay and C. Ellison, "Religious Subcultures and Political Tolerance: Do Denominations Still Matter?," *Review of Religious Research* 34 (1993): 311; T. Vilaythong, N. Lindner, and B. Nosek, "Do unto Others': Effects of Priming the Golden Rule on Buddhists' and Christians' Attitudes toward Gay People," *Journal for the Scientific Study of Religion* 49 (2010): 494; J. LaBouff et al., "Differences in Attitudes towards Outgroups in a Religious or Non-religious Context in a Multi-national Sample: A Situational Context Priming Study," *International Journal for the Psychology of Religion* 22 (2012): 1; M. Johnson, W. Rowatt, and J. LaBouff, "Priming Christian Religious Concepts Increases Racial Prejudice," *Social Psychological and Personality Science* 1 (2010): 119; Pichon and Saroglou, "Religion and Helping"; R. McKay et al., "Wrath of God: Religious Primes and Punishment," *Proceedings of the Royal Society B: Biological Sciences* 278 (2011): 1858; G. Tamarin, "The Influence of Ethnic and Religious Prejudice on Moral Judgment," *New Outlook* 9 (1996): 49; J. Ginges, I. Hansen, and A. Norenzayan, "Religion and Support for Suicide Attacks," *Psychological Science* 20 (2009): 224. 다음 논문을 참고하라: Leach, Berman, and Eubanks, "Religious Activities, Religious Orientation"; H. Ledford, "Scriptural Violence Can Foster Aggression," *Nature* 446 (2007): 114; B. Bushman et al., "When God Sanctions Killing: Effect of Scriptural Violence on Aggression," *Psychological Science* 18 (2007): 204.

35 Crone and Levy, "Are Free Will Believers Nicer People?"

36 C. Ma-Kellams and J. Blascovich, "Does 'Science' Make You Moral? The Effects of Priming Science on Moral Judgments and Behavior," *PLoS One* 8 (2013): e57989.

37 이 장의 미주 19번에서 언급한 브레너의 논문 두 편을 참고하라; A. Keysar, "Who Are America's Atheists and Agnostics?," in *Secularism and Secularity: Contemporary International Perspectives*, ed. B. Kosmin and A. Keysar (Institute for the Study of Secularism in Society and Culture, 2007).

38 Galen, Sharp, and McNulty, "The Role of Nonreligious Group Factors"; A. Jorm and H. Christensen, "Religiosity and Personality: Evidence for Non-linear Associations," *Personality and Individual Differences* 36 (2004): 1433; D. Bock and N. Warren, "Religious Belief as a Factor in Obedience to Destructive Demands," *Review of Religious Research* 13 (1972): 185; F. Curlin et al., "Do Religious Physicians Disproportionately Care for the Underserved?," *Annals of Family Medicine* 5 (2007): 353; S. Oliner and P. Oliner, *The Altruistic Personality: Rescuers of Jews in Nazi Europe* (Free Press, 1988).

12장 우리 몸속의 오래된 장치: 변화는 어떻게 일어나는가?

1 에릭 캔들의 일생에 걸친 업적에 대한 (유일하게 적절한 단어인) 장엄한 리뷰를 보려면, 2000년 노벨상 강연 원고를 참고하라: E. Kandel, "The Molecular Biology of Memory Storage: A Dialogue between Genes and Synapses," *Science* 294 (2001): 1030.

2 E. Alnajjar and K. Murase, "A Simple *Aplysia*-Like Spiking Neural Network to Generate Adaptive Behavior in Autonomous Robots," *Adaptive Behavior* 16 (2008): 306.

3 각주: H. Boele et al., "Axonal Sprouting and Formation of Terminals in the Adult Cere bellum during Associative Motor Learning," *Journal of Neuroscience* 33 (2013): 17897.

4 각주: M. Srivastava et al., "The *Amphimedon queenslandica* Genome and the Evolution of Animal Complexity," *Nature* 466 (2010): 720.

5 J. Medina et al., "Parallels between Cerebellum- and Amygdala-Dependent Conditioning," *Nature Reviews Neuroscience* 3 (2002): 122.

6 M. Kalinichev et al., "Long-Lasting Changes in Stress-Induced Corticosterone Response and Anxiety-Like Behaviors as a Consequence of Neonatal Maternal Separation in Long-Evans Rats," *Pharmacology Biochemistry and Behavior* 73 (2002): 13; B. Aisa et al., "Cognitive Impairment Associated to HPA Axis Hyperactivity after Maternal Separation in Rats," *Psychoneuroendocrinology*

32 (2007): 256; B. Aisa et al., "Effects of Maternal Separation on Hypothalamic–Pituitary–Adrenal Responses, Cognition and Vulnerability to Stress in Adult Female Rats," *Neuroscience* 154 (2008): 1218; M. Moffett et al., "Maternal Separation Alters Drug Intake Patterns in Adulthood in Rats," *Biochemical Pharmacology* 73 (2007): 321. 흥미롭게도, 일시적인 모성 분리가 새끼의 뇌와 행동 발달에 미치는 영향은 어미가 돌아왔을 때 어미의 행동 변화로 인해 크게 나타난다: R. Alves et al., "Maternal Separation Effects on Mother Rodents' Behaviour: A Systematic Review," *Neuroscience and Biobehavioral Reviews* 117 (2019): 98.

7   A. Wilber, G. Lin, and C. Wellman, "Glucocorticoid Receptor Blockade in the Posterior Interpositus Nucleus Reverses Maternal Separation –Induced Deficits in Adult Eyeblink Conditioning," *Neurobiology of Learning and Memory* 94 (2010): 263; A. Wilber et al., "Neonatal Maternal Separation Alters Adult Eyeblink Conditioning and Glucocorticoid Receptor Expression in the Interpositus Nucleus of the Cerebellum," *Developmental Neurobiology* 67 (2011): 751.

8   J. LeDoux, "Evolution of Human Emotion," *Progress in Brain Research* 195 (2012): 431; 이 광범위한 주제에 관한 르두의 다양하고 탁월한 저술 중 하나도 읽어보라: LeDoux, *The Deep History of Ourselves: The Four-Billion-Year Story of How We Got Conscious Brains* (Viking, 2019); L. Johnson et al., "A Recurrent Network in the Lateral Amygdala: A Mechanism for Coincidence Detection," *Frontiers in Neural Circuits* 2 (2008): 3; W. Haubensak et al., "Genetic Dissection of an Amygdala Microcircuit That Gates Conditioned Fear," *Nature* 468 (2010): 270.

9   P. Zhu and D. Lovinger, "Retrograde Endocannabinoid Signaling in a Postsynaptic Neuron/ Synaptic Bouton Preparation from Basolateral Amygdala," *Journal of Neuroscience* 25 (2005): 6199; M. Monsey et al., "Chronic Corticosterone Exposure Persistently Elevates the Expression of Memory–Related Genes in the Lateral Amygdala and Enhances the Consolidation of a Pavlovian Fear Memory," *PLoS One* 9 (2014): e91530; R. Sobota et al., "Oxytocin Reduces Amygdala Activity, Increases Social Interactions, and Reduces Anxiety–Like Behavior Irrespective of NMDAR Antagonism," *Behavioral Neuroscience* 129 (2015): 389; O. Kozanian et al., "Long-Lasting Effects of Prenatal Ethanol Exposure on Fear Learning and Development of the Amygdala," *Frontiers in Behavioral Neuroscience* 12 (2018): 200; E. Pérez-Villegas et al., "Mutation of the HERC 1 Ubiquitin Ligase Impairs Associative Learning in the Lateral Amygdala," *Molecular Neurobiology* 55 (2018): 1157.

10 각주: T. Moffitt et al., "Deep-Seated Psychological Histories of COVID–19 Vaccine Hesitance and Resistance," *PNAS Nexus* 1 (2022): pgac034.

11 A. Baddeley, "Working Memory: Looking Back and Looking Forward," *Nature Reviews Neuroscience* 4 (2003): 829; J. Jonides et al., "The Mind and Brain of Short-Term Memory," *Annual Review of Psychology* 59 (2008): 193.

12 뇌의 실제 회로가 어떻게 이러한 속성을 갖는지에 대한 사례는 다음 논문을 참그하라: D. Zeitham ova, A. Dominick, and A. Preston, "Hippocampal and Ventral Medial Prefrontal Activation during Retrieval-Mediated Learning Supports Novel Inference," *Neuron* 75 (2012): 168; D. Cai et al., "A Shared Neural Ensemble Links Distinct Contextual Memories Encoded Close in Time," *Nature* 534 (2016): 115. 각주(361쪽): J. Alvarez, *In the Time of the Butterflies* (Algonquin Books, 2010). 각주(361쪽): J. Harris, "Anorexia Nervosa and Anorexia Miracles: Miss K. R— and St. Catherine of Siena," *JAMA Psychiatry* 71 (2014): 12; F. Forcen, "Anorexia Mirabilis: The Practice of Fasting by Saint Catherine of Siena in the Late Middle Ages," *American Journal of Psychiatry* 170 (2013): 370; F. Galassi, N. Bender, and M. Habicht, "St. Catherine of Siena (1347–1380 AD): One of the Earliest Historic Cases of Altered Gustatory Perception in Anorexia Mirabilis," *Neurological Sciences* 39 (2018): 939.

13 363쪽 상단 오른쪽 사진은 1944년 프랑스에서 나치의 포격으로 셔먼 탱크가 파괴되면서 스물네 살의 나이에 전사한 도널드 브라운 일병의 사진이다. 신원이 확인되지 않은 탱크 승무원의 유해는 1947년에 수습되었고, 2018년이 되어서야 DNA 분석을 통해 브라운의 신원이 확인되었다. 그의 신원이 확인되었다는 보도자료에는 74년 동안 얼마나 많은 가족이 그에게 무슨 일이 일어났는지도 모르는 채 무덤으로 갔는지에 대한 언급이 없다. 이러한 설명을 위해 그의 사진을 사용하도록 허락해준 국방부 전쟁 포로/실종자 확인국Defense MIA / POW Accounting Agency에 감사드린다. 참고로, 제2차세계대전 당시 실종된 미군은 7만 2천여 명에 달한다. (이 뉴스는 다음 주소에서 열람할 수 있다: dpaa.mil /News-Stories/News-Releases/PressReleaseArticleView/Article/1647847/funeral-announcement-for-soldier-killed-during-world-war-ii-brown-d/.) 죽은 자에게 무슨 일이 일어났는지 알고 싶어하는 욕망에 대한 인류학적 분석과 그러한 정보를 기다린 27년 동안의 개인적인 이야기에 대해서는 다음을 참고하라: R. Sapolsky, "Why We Want Their Bodies Back," *Discover*, January 31, 2002, reprinted in R. Sapolsky, *Monkeyluv and Other Essays on Our Lives as Animals* (Simon & Schuster/Scribner, 2005).

13장 우리는 변화를 일구어낸 경험이 있다

1 E. Magiorkinis et al., "Highlights in the History of Epilepsy: The Last 200 Years," *Epilepsy Research and Treatment* 2014 (2014): 582039.

2   J. Rho and H. White, "Brief History of Anti-seizure Drug Development," *Epilepsia Open* 3 (2018): 114.

각주 (376쪽): J. Russell, *Witchcraft in the Middle Ages* (Cornell University Press, 1972), p. 234.

3   예컨대 다음 논문을 참고하라: R. Sapolsky and G. Steinberg, "Gene Therapy for Acute Neurological In sults," *Neurology* 10 (1999): 1922.

4   A. Walker, "Murder or Epilepsy?," *Journal of Nervous and Mental Disease* 133 (1961): 430; J. Livingston, "Epilepsy and Murder," *Journal of the American Medical Association* 188 (1964): 172; M. Ito et al., "Subacute Postictal Aggression in Patients with Epilepsy," *Epilepsy & Behavior* 10 (2007): 611; J. Gunn, "Epileptic Homicide: A Case Report," *British Journal of Psychiatry* 132 (1978): 510; C. Hindler, "Epilepsy and Violence," *British Journal of Psychiatry* 155 (1989): 246; N. Pandya et al., "Epilepsy and Homicide," *Neurology* 57 (2001): 1780.

5   S. Fazel et al., "Risk of Violent Crime in Individuals with Epilepsy and Traumatic Brain In jury: A 35-Year Swedish Population Study," *PLoS Medicine* 8 (2011): e1001150; C. Älstrom, *Study of Epilepsy and Its Clinical, Social and Genetic Aspects* (Monksgaard, 1950); J. Kim et al., "Characteristics of Epilepsy Patients Who Committed Violent Crimes: Report from the National Forensic Hospital," *Journal of Epilepsy Research* 1 (2011): 13; D. Treiman, "Epilepsy and Violence: Medical and Legal Issues," *Epilepsia* 27 (1986): S77; D. Hill and D. Pond, "Reflections on One Hundred Capital Cases Submitted to Electroencephalography," *Journal of Mental Science* 98 (1952): 23; E. Rodin, "Psychomotor Epilepsy and Aggressive Behavior," *Archives of General Psychiatry* 28 (1973): 210.

6   J. Falret, "De l'etat mental des epileptiques," *Archives generales de médicine* 16 (1860): 661.

각주: P. Pichot, "Circular Insanity, 150 Years On," *Bulletin de l'académie nationale de médecine* 188 (2004): 275.

7   S. Fernandes et al., "Epilepsy Stigma Perception in an Urban Area of a Limited-Resource Country," *Epilepsy & Behavior* 11 (2007): 25; A. Jacoby, "Epilepsy and Stigma: An Update and Critical Review," *Current Neurology and Neuroscience Reports* 8 (2008): 339; G. Baker et al., "Perceived Impact of Epilepsy in Teenagers and Young Adults: An International Survey," *Epilepsy and Behavior* 12 (2008): 395; R. Kale, "Bringing Epilepsy Out of the Shadows," *British Medical Journal* 315 (1997): 2.

8   G. Krauss, L. Ampaw, and A. Krumholz, "Individual State Driving Restrictions for People with Epilepsy in the US," *Neurology* 57 (2001): 1780.

9   C. Bonanos, "What New York Should Learn from the Park Slope Crash That Killed Two Children," *Intelligencer, New York*, March 30, 2018.

10   T. Moore and K. Sheehy, "Driver in Crash That Killed Two Kids Suffers from MS, Seizures," *New York Post*, March 6, 2018.

11   C. Moynihan, "Driver Charged with Manslaughter in Deaths of 2 Children," *New York Times*, May 3, 2018; A. Winston, "Driver Who Killed Two Children in Brooklyn Is Found Dead," *New York Times*, November 7, 2018.

12   L. Italiano, "Judge Gives Trash-Haul Killer Life," *New York Post*, November 19, 2009; B. Aaron, "Driver Who Killed 3 People on Bronx Sidewalk Charged with Manslaughter," *StreetsBlog NYC*, September 20, 2016; B. Aaron, "Cab Driver Pleads to Homicide for Killing 2 on Bronx Sidewalk While Off Epilepsy Meds," *StreetsBlog NYC*, November 13, 2017.
     각주: S. Billakota, O. Devinsky, and K. Kim, "Why We Urgently Need Improved Epilepsy Therapies for Adult Patients," *Neuropharmacology* 170 (2019): 107855; K. Meador et al., "Neuropsychological and Neurophysiologic Effects of Carbamazepine and Levetiracetam," *Neurology* 69 (2007): 2076; D. Buck et al., "Factors Influencing Compliance with Antiepileptic Drug Regimes," *Seizure* 6 (1997): 87.

13   Italiano, "Judge Gives Trash-Haul Killer Life."

14   두번째 각주: A. Weil, *The Natural Mind: An Investigation of Drugs and the Higher Conscious ness* (Houghton Mifflin, 1998), p. 211.
     세번째 각주: D. Rosenhan, "On Being Sane in Insane Places," *Science* 179 (1973): 250; S. Cahalan, *The Great Pretender* (Canongate Trade, 2019); A. Abbott, "On the Troubling Trail of Psychiatry's Pseudopatients Stunt," *Nature* 574 (2019): 622.

15   P. Maki et al., "Predictors of Schizophrenia—a Review," *British Medical Bulletin* 73 (2005): 1; S. Stilo, M. Di Forti, and R. Murray, "Environmental Risk Factors for Schizophrenia: Implications for Prevention," *Neuropsychiatry* 1 (2011): 457; E. Walker and R. Lewine, "Prediction of Adult-Onset Schizophrenia from Childhood Home Movies of the Patients," *American Journal of Psychiatry* 147 (1990): 1052.

16   S. Bo et al., "Risk Factors for Violence among Patients with Schizophrenia," *Clinical Psychology Reviews* 31 (2014): 711; B. Rund, "A Review of Factors Associated with Severe Violence in Schizophrenia," *Nordic Journal of Psychiatry* 72 (2018): 561.

17   J. Lieberman and O. Ogas, *Shrinks: The Untold Story of Psychiatry* (Little Brown, 2015); E. Torrey, *Freudian Fraud: The Malignant Effect of Freud's Theory on American Thought and Culture* (HarperCollins, 1992).

18   A. Harrington, *Mind Fixers: Psychiatry's Troubled Search for the Biology of Mental Illness* (Norton, 2019); Torrey, *Freudian Fraud*.

19   조현병에 대한 책임을 여성에게만이 아니라 가족 전체에 묻는 개념적 진보에 관한 인용문은 다음 논문에서 가져왔다: P. Bart, "Sexiam and Social Science: From the Gilded Cage to the Iron Cage, or, the Perils of Pauline," *Journal of Marriage and the Family* (November 1971), 741.

20   Stilo, Di Forti, and Murray, "Environmental Risk Factors for Schizophrenia"; Maki et al., "Predictors of Schizophrenia."

21   R. Gentry, D. Schuweiler, and M. Roesch, "Dopamine Signals Related to Appetitive and Aversive Events in Paradigms That Manipulate Reward and Avoidability," *Brain Research* 1713 (2019): 80; P. Glimcher, "Understanding Dopamine and Reinforcement Learning: The Dopamine Reward Prediction Error Hypothesis," *Proceedings of the National Academy of Sciences of the United States of America* 108, supp. 3 (2011): 15647; M. Happel, "Dopaminergic Impact on Local and Global Cortical Circuit Processing during Learning," *Behavioral Brain Research* 299 (2016): 32.

22   A. Boyd et al., "Dopamine, Cognitive Biases and Assessment of Certainty: A Neurocognitive Model of Delusions," *Clinical Psychology Review* 54 (2017): 96; C. Chun, P. Brugger, and T. Kwapil, "Aberrant Salience across Levels of Processing in Positive and Negative Schizotypy," *Frontiers of Psychology* 10 (2019): 2073; T. Winton-Brown et al., "Dopaminergic Basis of Salience Dysregulation in Psychosis," *Trends in Neurosciences* 37 (2014): 85.

23   P. Mallikarjun et al., "Aberrant Salience Network Functional Connectivity in Auditory Verbal Hallucinations: A First Episode Psychosis Sample," *Translational Psychiatry* 8 (2018): 69; K. Schonauer et al., "Hallucinatory Modalities in Prelingually Deaf Schizophrenic Patients: A Retrospective Analysis of 67 Cases," *Acta Psychiatrica Scandinavica* 98 (1998): 377; J. Atkinson, "The Perceptual Characteristics of Voice-Hallucinations in Deaf People: Insights into the Nature of Subvocal Thought and Sensory Feedback Loops," *Schizophrenia Bulletin* 32 (2006): 701; E. Anglemyer and C. Crespi, "Misinterpretation of Psychiatric Illness in Deaf Patients: Two Case Reports," *Case Reports in Psychiatry* 2018 (2018): 3285153; B. Engmann, "Peculiarities of Schizophrenic Diseases in Prelingually Deaf Persons," *MMW Fortschritte der Medizin* 153 supp. 1 (2011): 10. 일반적으로 (나를 포함하여) 모든 사람이 머릿속에 내면의 목소리를 가지고 있다고 생각하지만, 이는 잘못된 것으로 밝혀졌다: D. Coffey, "Does Everyone Have an Inner Monologue?," *Livescience*, June 12, 2021. 이 자료를 보내주신 힐러리 로버츠에게 감사드린다.

24 S. Lawrie et al., "Brain Structure and Function Changes during the Development of Schizophrenia: The Evidence from Studies of Subjects at Increased Genetic Risk," *Schizophrenia Bulletin* 34 (2008): 330; C. Pantelis et al., "Neuroanatomical Abnormalities Before and After Onset of Psychosis: A Cross-Sectional and Longitudinal MRI Comparison," *Lancet* 361 (2003): 281.

25 J. Harris et al., "Abnormal Cortical Folding in High-Risk Individuals: A Predictor of the Development of Schizophrenia?," *Biological Psychiatry* 56 (2004): 182; R. Birnbaum and D. Weinberger, "Functional Neuroimaging and Schizophrenia: A View towards Effective Connectivity Modeling and Polygenic Risk," *Dialogues in Clinical Neuroscience* 15 (2022): 279.

26 D. Eisenberg and K. Berman, "Executive Function, Neural Circuitry, and Genetic Mechanisms in Schizophrenia," *Neuropsychopharmacology* 35, no. 1 (2010): 258.

27 B. Birur et al., "Brain Structure, Function, and Neurochemistry in Schizophrenia and Bipolar Disorder—a Systematic Review of the Magnetic Resonance Neuroimaging Literature," *NPJ Schizophrenia* 3 (2017): 15; J. Fitzsimmons, M. Kubicki, and M. Shenton, "Review of Functional and Anatomical Brain Connectivity Findings in Schizophrenia," *Current Opinions in Psychiatry* 26 (2013): 172; K. Karlsgodt, D. Sun, and T. Cannon, "Structural and Functional Brain Abnormalities in Schizophrenia," *Current Directions in Psychological Sciences* 19 (2010): 226.

28 각주: 조현병과 파킨슨병을 동시에 이해하는 데 따르는 몇 가지 복잡성에 대해 알아보려면 다음 논문을 참고하라: J. Waddington, "Psychosis in Parkinson's Disease and Parkinsonism in Antipsychotic-Naive Schizophrenia Spectrum Psychosis: Clinical, Nosological and Pathobiological Challenges," *Acta Pharmacologica Sinica* 41 (2020): 464.

29 각주: K. Terkelsen, "Schizophrenia and the Family: II. Adverse Effects of Family Therapy," *Family Processes* 22 (1983): 191.

30 A. McLean, "Contradictions in the Social Production of Clinical Knowledge: The Case of Schizophrenia," *Social Science and Medicine* 30 (1990): 969. 미국에서 조현병으로 고통받는 한 가족의 감동적이고 끔찍한 이야기를 보려면 다음 책을 참고하라: R. Kolker, *Hidden Valley Road: Inside the Mind of an American Family* (Doubleday, 2020).

31 T. McGlashan, "The Chestnut Lodge Follow-up Study. II. Long-Term Outcome of Schizophrenia and the Affective Disorders," *Archives of General Psychiatry* 41 (1984): 586. 토리의 풍자: E. Fuller Torrey, "A Fantasy Trial about a Real Issue," *Psychology Today* (March 1977), 22.

엘리너 오언, 로리 플린, 론 혼버그와의 인터뷰는 각각 2019년 7월 23일, 7월 24일, 7월 25일에 이루어졌다.

각주: M. Sheridan et al., "The Impact of Social Disparity on Prefrontal Function in Childhood," *PLoS One* 7 (2012): e35744; J. L. Hanson et al., "Structural Variations in Prefrontal Cortex Mediate the Relationship between Early Childhood Stress and Spatial Working Memory," *Journal of Neuroscience* 32 (2012): 7917; R. Sapolsky, "Glucocorticoids and Hippocampal Atrophy in Neuropsychiatric Disorders," *Archives of General Psychiatry* 57 (2000): 925.

32 Bruno Bettelheim, *Surviving—and Other Essays* (Knopf, 1979), p. 110.

33 M. Finn, "In the Case of Bruno Bettelheim," *First Things*, June 1997; R. Pollak, *The Creation of Dr. B: A Biography of Bruno Bettelheim* (Simon & Schuster, 1997).

34 D. Kaufer et al., "Acute Stress Facilitates Long-Lasting Changes in Cholinergic Gene Expression," *Nature* 393 (1998): 373; A. Friedman et al., "Pyridostigmine Brain Penetration under Stress Enhances Neuronal Excitability and Induces Early Immediate Transcriptional Response," *Nature Medicine* 2 (1996): 1382; R. Sapolsky, "The Stress of Gulf War Syndrome," *Nature* 393 (1998): 308; C. Amourette et al., "Gulf War Illness: Effects of Repeated Stress and Pyridostigmine Treatment on Blood-Brain Barrier Permeability and Cholinesterase Activity in Rat Brain," *Behavioral Brain Research* 203 (2009): 207; P. Landrigan, "Illness in Gulf War Veterans: Causes and Consequences," *Journal of the American Medical Association* 277 (1997): 259.

35 E. Klingler et al., "Mapping the Molecular and Cellular Complexity of Cortical Malformations," *Science* 371 (2021): 361; S. Mueller et al., "The Neuroanatomy of Transgender Identity: Mega-analytic Findings from the ENIGMA Transgender Persons Working Group," *Journal of Sexual Medicine* 18 (2021): 1122.

14장 처벌의 즐거움

1 B. Tuchman, *A Distant Mirror* (Random House, 1994); P. Shipman, "The Bright Side of the Black Death," *American Science* 102 (2014): 410.

2 "In the Middle Ages There Was No Such Thing as Childhood," *Economist*, January 3, 2019; J. Robb et al., "The Greatest Health Problem of the Middle Ages? Estimating the Burden of Disease in Medieval England," *International Journal of Paleopathology* 34 (2021): 101; M. Shirk, "Violence and the Plague in Aragón, 1348-1351," *Quidditas* 5 (1984): article 5.

3   한센병 환자의 음모: S. Tibble, "Medieval Strategy? The Great 'Leper Conspiracy' of 1321," Yale University Books, September 11, 2020, yalebooks.yale.edu/2020/09/11/medieval-strategy-the-great-leper-conspiracy-of-1321/; D. Nirenberg, *Communities of Violence: Persecution of Minorities in the Middle Ages* (Princeton University Press, 1996); I. Ritzmann, "The Black Death as a Cause of the Massacres of Jews: A Myth of Medical History?," *Medizin, Gesellschaft und Geschichte* 17 (1998): 101 [in German]; M. Barber, "Lepers, Jews and Moslems: The Plot to Overthrow Christendom in 1321," *History* 66 (1989): 1; T. Barzilay, "Early Accusations of Well Poisoning against Jews: Medieval Reality or Historiographical Fiction?," *Medieval Encounters* 22 (2016): 517.

4   베이어르: V. Hoorens, "The Link between Witches and Psychiatry: Johan Weyer," KU Lueven News, September 9, 2011, nieuws.kuleuven.be/en/content/2011/jan_wier.html; Encyclopedia.com, s.v. "Weyer, Johan," encyclopedia.com/science/encyclopedias-almanacs-transcripts-and-maps/weyer-johan-also-known-john-wier-or-wierus-1515-1588.

5   로베르 다미앵의 처형, 베르사유궁전: "Assassination Attempt on King Louis XV by Damiens, 1757," n.d., en.chateauversailles.fr/discover/history/key-dates/assassination-attempt-king-louis-xv-damiens-1757; "Letter from a Gentleman in Paris to His Friend in London," in Anonymous, *A Particular and Authentic Narration of the Life, Examination, Torture, and Execution of Robert Francis Damien [sic],* trans. Thomas Jones (London, 1757); at revolution.chnm.org/d/238. 부자들에게 대여된 관람석: "The Truly Horrific Execution of Robert-François Damiens," Unfortunate Ends, June 25, 2021, YouTube video, 14:40, youtube.com/watch?v=K7q8VSEBOMI; executedtoday.com/2008/03/28/1757-robert-francois-damiens-discipline-and-punish/.

6   A. Lollini, *Constitutionalism and Transitional Justice in South Africa* (*Human Rights in Context,* vol. 5) (Berghahn Books, 2011). 진실과 화해의 심리적 무게에 대한 탐구는 다음 책을 참고하라: P. Gobodo-Madikizela, *A Human Being Died That Night* (HoughtonMifflin, 2003).

7   회복적 정의에 대한 긍정적 검토: V. Camp and J. Wemmers, "Victim Satisfaction with Restorative Justice: More Than Simply Procedural Justice," *International Review of Victimology* 19 (2013): 117; L. Walgrave, "Investigating the Potentials of Restorative Justice Practice," *Washington University Journal of Law and Policy* 36 (2011): 91.

8   F. Marineli et al., "Mary Mallon (1869–1938) and the History of Typhoid Fever," *Annals of Gastroenterology* 26 (2013): 132; J. Leavitt, *Typhoid Mary: Captive to the*

Public's Health (Putnam, 1996).

9　범죄에 대한 격리적 접근 방법에 대한 최근의 강력한 옹호에 대해서는 다음 책을 참고하라: D. Pereboom, *Wrongdoing and the Moral Emotions* (Oxford University Press, 2021); G. Caruso and D. Pereboom, *Moral Responsibility Reconsidered* (Cambridge University Press, 2022); G. Caruso, *Rejecting Retributivism* (Cambridge University Press, 2021); G. Caruso, "Free Will Skepticism and Criminal Justice: The Public Health−Quarantine Model," in *Oxford Handbook of Moral Responsibility*, ed. D. Nelkin and D. Pereboom (Oxford University Press, 2022).

10　M. Powers and R. Faden, *Social Justice: The Moral Foundations of Public Health and Health Policy* (Oxford University Press, 2006).

11　S. Smilansky, "Hard Determinism and Punishment: A Practical Reductio," *Law and Philosophy* 30 (2011): 353. 격리 모델이 무기한 구금으로 이어질 거라는 우려: M. Corrado, "Fichte and the Psychopath: Criminal Justice Turned Upside Down," in *Free Will Skepticism in Law and Society*, ed. E. Shaw, D. Pereboom, and G. Caruso (Cambridge University Press, 2019).

12　각주: D. Zweig, "They Were the Last Couple in Paradise. Now They're Stranded," *New York Times*, April 5, 2020, nytimes.com/2020/04/05/style/coronavirus-honeymoon-stranded.html. 구글 어스에서 리조트 섬을 추적해보니, 마이타이 칵테일이 있는 악마의 섬의 크기는 약 300미터×180미터였다.

13　R. Dundon, "Photos: Less Than a Century Ago, 20,000 People Traveled to Kentucky to See a White Woman Hang a Black Man," Timeline, *Medium*, February 22, 2018, timeline.com/rainy−bethea−last−public−execution−in−america−lischia−edwards−6f035f61c229; "Denies Owning Ring Found in Widow's Room," *Messenger-Inquirer* (Owensboro, KY), June 11, 1936; "Negro's Second Confession Bares Hiding Place," *Owensboro (KY) Messenger*, June 13, 1936; "10,000 See Hanging of Kentucky Negro; Woman Sheriff Avoids Public Appearance as Ex policeman Springs Trap. CROWD JEERS AT CULPRIT Some Grab Pieces of Hood for Souvenirs as Doctors Pronounce Condemned Man Dead," *New York Times*, August 15, 1936; "Souvenir Hunters at Hanging Tear Hood Face," *Evening Star* (Washington, DC), August 14, 1936; C. Pitzulo, "The Skirted Sheriff: Florence Thompson and the Nation's Last Public Execution," *Register of the Kentucky Historical Society* 115 (2017): 377.

14　P. Kropotkin, *Mutual Aid: A Factor of Evolution* (1902; Graphic Editions, 2020). 그에 대한 훌륭한 전기는 다음 책을 참고하라. G. Woodcock, *Peter Kropotkin: From Prince to Rebel* (Black Rose Books, 1990).

15   K. Foster et al., "Pleiotropy as a Mechanism to Stability Cooperation," *Nature* 431 (2004): 693.
      각주: 진핵세포와 미토콘드리아의 합병은 지구 생명 역사상 가장 중요한 사건 중 하나로, 선구적인 진화생물학자 린 마굴리스가 처음 제안했지만 현대적 분자 기술이 그녀를 완전히 입증할 때까지 대부분의 학자들은 수년 동안 이를 거부하고 조롱했다. 그녀의 중요한 논문은 (당시 천문학자 칼 세이건과의 결혼을 반영하여 린 세이건이라는 이름으로 출판됨) 다음과 같다: L. Sagan, "On the Origin of Mitosing Cells," *Journal of Theoretical Biology* 14 (1967): 255.
      W. Eberhard, "Evolutionary Consequences of Intracellular Organelle Competition," *Quarterly Review of Biology* 55 (1980): 231; J. Agren and S. Wright, "Co-evolution between Transposable Elements and Their Hosts: A Major Factor in Genome Size," *Chromosome Research* 19 (2011): 777. 이기적 미토콘드리아: J. Havird, "Selfish Mitonuclear Conflict," *Current Biology* 29 (2019): PR496.

16   침팬지: F. de Waal, *Chimpanzee Politics* (Allen & Unwin, 1982). 굴뚝새: R. Mulder and N. Langmore, "Dominant Males Punish Helpers for Temporary Defection in Superb Fairy-Wrens," *Animal Behavior* 45 (1993): 830. 벌거숭이두더지쥐: H. Reeve, "Queen Activation of Lazy Workers in Colonies of the Eusocial Naked Mole-Rat," *Nature* 358 (1992): 147. 청소부/고객 물고기: R. Bshary and A. Grutter, "Punishment and Partner Switching Cause Cooperative Behaviour in a Cleaning Mutualism," *Biology Letters* 1 (2005): 396. 사회적 세균: Foster et al., "Pleiotropy as a Mechanism to Stability Cooperation." Transposon hegemony: E. Kelleher, D. Barbash, and J. Blumenstiel, "Taming the Turmoil Within: New Insights on the Containment of Transposable Elements," *Trends in Genetics* 36 (2020): 474; J. Agren, N. Davies, and K. Foster, "Enforcement Is Central to the Evolution of Cooperation," *Nature Ecology and Evolution* 3 (2019): 1018. 트랜스포존의 착취: E. Kelleher, "Reexamining the P-Element Invasion of *Drosophila melanogaster* through the Lens of piRNA Silencing," *Genetics* 203 (2016): 1513.

17   R. Boyd, H. Gintis, and S. Bowles, "Coordinated Punishment of Defectors Sustains Cooperation and Can Proliferate When Rare," *Science* 328 (2010): 617.

18   R. Axelrod and W. D. Hamilton, "The Evolution of Cooperation," *Science* 211 (1981): 1390; J. Henrich and M. Muthukrishna, "The Origins and Psychology of Human Cooperation," *Annual Review of Psychology* 72 (2021): 207. 이러한 게임이론 문헌의 대부분은 참가자의 사회적 평등을 전제로 한다. 게임 참가자가 불평등해지면 협력이 어떻게 무너지는지에 대한 분석은 다음 논문을 참고하라. O. Hauser et al., "Social Dilemmas among Unequals," *Nature* 572 (2019): 524.

19 G. Aydogan et al., "Oxytocin Promotes Altruistic Punishment," *Social Cognitive and Affective Neuroscience* 12 (2017): 1740; T. Yamagishi et al., "Behavioural Differences and Neural Substrates of Altruistic and Spiteful Punishment," *Science Reports* 7 (2017): 14654; T. Baumgartner et al., "Who Initiates Punishment, Who Joins Punishment? Disentangling Types of Third-Party Punishers by Neural Traits," *Human Brain Mapping* 42 (2021): 5703; O. Klimeck, P. Vuilleumier, and D. Sander, "The Impact of Emotions and Empathy-Related Traits on Punishment Behavior: Introduction and Validation of the Inequality Game," *PLoS One* 11 (2016): e0151028.
아동기의 값비싼 처벌: Y. Kanakogi et al., "Third-Party Punishment by Preverbal Infants," *Nature Human Behaviour* 6 (2022): 1234; G. D. Salali, M. Juda, and J. Henrich, "Transmission and Development of Costly Punishment in Children," *Evolution and Human Behavior* 36, no. 2 (2015): 86–94.
내집단의 친사회성: K. Riedl et al., "No Third-Party Punishment in Chimpanzees," *PNAS* 109, no. 37 (2012): 14824–29.

20 B. Herrmann, C. Thöni, and S. Gächter, "Antisocial Punishment across Societies," *Science* 319 (2008): 1362; J. Henrich and N. Henrich, "Fairness without Punishment: Behavioral Experiments in the Yasawa Island, Fiji," in *Experimenting with Social Norms: Fairness and Punishment in Cross-Cultural Perspective*, ed. J. Ensminger and J. Henrich (Russell Sage Foundation, 2014); J. Engelmann, E. Herrmann, and M. Tomasello, "Five-Year Olds, but Not Chimpanzees, Attempt to Manage Their Reputations," *PLoS One* 7 (2012): e48433; R. O'Gorman, J. Henrich, and M. Van Vugt, "Constraining Free Riding in Public Goods Games: Designated Solitary Punishers Can Sustain Human Cooperation," *Proceedings of the Royal Society B: Biological Sciences* 276 (2009): 323.

21 A. Norenzayan, *Big Gods: How Religion Transformed Cooperation and Conflict* (Princeton University Press, 2013); M. Lang et al., "Moralizing Gods, Impartiality and Religious Parochialism across 15 Societies," *Proceedings of the Royal Society B: Biological Sciences* 286 (2019): 1898; J. Henrich et al., "Market, Religion, Community Size and the Evolution of Fairness and Punishment," *Science* 327 (2010): 1480.
각주: Herrmann, Thöni, and Gächter, "Antisocial Punishment across Societies"; M. Cinyabuguma, T. Page, and L. Putterman, "Can Second-Order Punishment Deter Perverse Punishment?," *Experimental Economics* 9 (2006): 265.

22 J. Jordan et al., "Third-Party Punishment as a Costly Signal of Trustworthiness," *Nature* 530 (2016): 473.

각주: Henrich and Henrich, "Fairness without Punishment."

23 제3자 처벌의 비용과 이득: Jordan et al., "Third-Party Punishment as a Costly Signal"; N. Nikiforakis and D. Engelmann, "Altruistic Punishment and the Threat of Feuds," *Journal of Economic Behavior and Organization* 78 (2011): 319; D. Gordon, J. Madden, and S. Lea, "Both Loved and Feared: Third Party Punishers Are Viewed as Formidable and Likeable, but Those Reputational Benefits May Only Be Open to Dominant Individuals," *PLoS One* 27 (2014): e110045; M. Milinski, "Reputation, a Universal Currency for Human Social Interactions," *Philosophical Transactions of the Royal Society London B: Biological Sciences* 371 (2016): 20150100.

제3자 처벌의 등장: K. Panchanathan and R. Boyd, "Indirect Reciprocity Can Stabilize Cooperation without the Second-Order Free Rider Problem," *Nature* 432 (2004): 499.

수렵채집인들 사이에서 제3자 처벌의 특징: C. Boehm, *Hierarchy in the Forest: The Evolution of Egalitarian Behavior* (Harvard University Press, 1999).

24 T. Kuntz, "Tightening the Nuts and Bolts of Death by Electric Chair," *New York Times*, August 3, 1997.

25 번디의 생애, 재판, 사형 집행에 대한 냉정한 보도는 다음 기사를 참고하라: J. Nordheimer, "All-American Boy on Trial," *New York Times*, December 10, 1978; J. Nordheimer, "Bundy Is Put to Death in Florida after Admitting Trail of Killings," *New York Times*, January 25, 1989; B. Bearak, "Bundy Electrocuted after Night of Weeping, Praying: 500 Cheer Death of Murderer," *Los Angeles Times*, January 24, 1989; G. Bruney, "Here's What Happened to Ted Bundy after the Story Portrayed in *Extremely Wicked* Ended," *Esquire*, May 4, 2019, esquire.com/entertainment/a27363554/ted-bundy-extremely-wicked-execution/. 그의 처형을 축하하는 추가적인 사진을 보려면 다음 사이트를 방문하라: gettyimages.com/detail/news-photo/sign-at-music-instrument-store-announcing-sale-on-electric-news-photo/72431549?adppopup=true; gettyimages.ie/detail/news-photo/sign-of-naked-lady-saloon-celebrating-the-execution-of-news-photo/72431550?adppopup=true; 그리고 다음 기사를 참고하라. M. Hodge, "THE DAY A MONSTER FRIED: How Ted Bundy's Electric Chair Execution Was Celebrated by Hundreds Shouting 'Burn, Bundy, Burn' Outside Serial Killer's Death Chamber," *Sun* (UK), January 16, 2019, thesun.co.uk/news/8202022/ted-bundy-execution-electric-chair-netflix-conversation-with-a-killer/.

그의 살인 기간 동안 그의 곁에서 일한 사람들의 회고록: A. Rule, *The Stranger Beside Me* (Norton, 1980). 사이코패스에 대한 심리학적 연구의 선구자가 분석한 내용: R. Hare, *Without Conscience: The Disturbing World of the Psychopath among Us*

(Guildford Press, 1999). 우리가 연쇄살인범에게 집착하는 이유에 대한 통찰력 있는 분석: S. Marshall, "Violent Delights," *Believer*, December 22, 2022.

26 N. Mendes et al., "Preschool Children and Chimpanzees Incur Costs to Watch Punishment of Antisocial Others," *Nature Human Behaviour* 2 (2018): 45; M. Cant et al., "Policing of Reproduction by Hidden Threats in a Cooperative Mammal," *Proceedings of the National Academy of Sciences of the United States of America* 111 (2014): 326; T. Clutton-Brock and G. Parker, "Punishment in Animal Societies," *Nature* 373 (1995): 209.

27 각주: R. Deaner, A. Khera, and M. Platt, "Monkeys Pay per View: Adaptive Valuation of Social Images by Rhesus Macaques," *Current Biology* 15 (2005): 543; K. Watson et al., "Visual Preferences for Sex and Status in Female Rhesus Macaques," *Animal Cognition* 15 (2012): 401; A. Lacreuse et al., "Effects of the Menstrual Cycle on Looking Preferences for Faces in Female Rhesus Monkeys," *Animal Cognition* 10 (2007): 105.

28 Y. Wu et al., "Neural Correlates of Decision Making after Unfair Treatment," *Frontiers of Human Neuroscience* 9 (2015): 123; E. Du and S. Chang, "Neural Components of Altruistic Punishment," *Frontiers of Neuroscience* 9 (2015): 26; A. Sanfey et al., "Neuroeconomics: Cross-Currents in Research on Decision-Making," *Trends in Cognitive Sciences* 10 (2006): 108; M. Haruno and C. Frith, "Activity in the Amygdala Elicited by Unfair Divisions Predicts Social Value Orientation," *Nature Neuroscience* 13 (2010): 160; T. Burnham, "High-Testosterone Men Reject Low Ultimatum Game Offers," *Proceedings of the Royal Society B: Biological Sciences* 274 (2007): 2327.

29 G. Bellucci et al., "The Emerging Neuroscience of Social Punishment: Meta-analytic Evidence," *Neuroscience and Biobehavioral Reviews* 113 (2020): 426; H. Ouyang et al., "Empathy-Based Tolerance towards Poor Norm Violators in Third-Party Punishment," *Experimental Brain Research* 239 (2021): 2171.

30 D. de Quervain et al., "The Neural Basis of Altruistic Punishment," *Science* 305 (2004): 1254; B. Knutson, "Behavior. Sweet Revenge?," *Science* 305 (2004): 1246; D. Chester and C. DeWall, "The Pleasure of Revenge: Retaliatory Aggression Arises from a Neural Imbalance towards Reward," *Social Cognitive and Affective Neuroscience* 11 (2016): 1173; Y. Hu, S. Strang, and B. Weber, "Helping or Punishing Strangers: Neural Correlates of Altruistic Decisions as Third-Party and of Its Relation to Empathic Concern," *Frontiers of Behavioral Neuroscience* 9 (2015): 24; Baumgartner et al., "Who Initiates Punishment, Who Joins Punishment?"; G.

Holstege et al., "Brain Activation during Human Male Ejaculation," *Journal of Neuroscience* 23 (2003): 9185.

자유의지에 대한 믿음은 심지어 그것을 의로운 처벌의 정당화 수단으로 인용하려는 욕구에 의해 동기가 부여될 수도 있다: C. Clark et al., "Free to Punish: A Motivated Account of Free Will Belief," *Journal of Personality and Social Psychology* 106 (2014): 541. 반대 견해는 다음 논문을 참고하라. A. Monroe and D. Ysidron, "Not So Motivated after All? Three Replication Attempts and a Theoretical Challenge to a Morally Motivated Belief in Free Will," *Journal of Experimental Psychology: General* 150 (2021): e1.

31　T. Hu et al., "Helping Others, Warming Yourself: Altruistic Behaviors Increase Warmth Feelings of the Ambient Environment," *Frontiers of Psychology* 7 (2016): 1359; Y. Wang et al., "Altruistic Behaviors Relieve Physical Pain," *Proceedings of the National Academy of Sciences of the United States of America* 117 (2020): 950.

32　맥비가 어디서 왔는지에 대한 개요는 다음 기사를 참고하라: N. McCarthy, "The Evolution of Anti-government Extremist Groups in the U.S.," *Forbes*, January 18, 2021.

폭탄 테러와 관련된 몇 가지 통계: Office for Victims of Crime, *Responding to Terrorism Victims: Oklahoma City and Beyond* (U.S. Department of Justice, 2000), "Chapter I: Bombing of the Alfred P. Murrah Federal Building," ovc.ojp.gov/sites/g/files/xyckuh226/files/publications/infores/respterrorism/chap1.html.

티머시 맥비의 테러 행위, 재판, 최종 처형에 대한 최신 보도는 다음을 참고하라: "Eyewitness Accounts of McVeigh's Execution," ABC News, June 11, 2001, abc-news.go.com/US/story?id=90542&page=1; "Eyewitness Describes Execution," *Wired*, June 11, 2001, wired.com/2001/06/eyewitness-describes-execution/; P. Carlson, "Witnesses for the Execution," *Washington Post*, April 11, 2001, washingtonpost.com/archive/lifestyle/2001/04/11/witnesses-for-the-execution/5b3083a2-364c-47bf-9696-1547269a6490/; J. Borger, "A Glance, a Nod, Silence and Death," *Guardian*, June 11, 2001, theguardian.com/world/2001/jun/12/mcveigh.usa 등.

처형 참관인에 대한 흥미로운 견해는 다음 논문을 참고하라: A. Freinkel, C. Koopman, and D. Spiegel, "Dissociative Symptoms in Media Eyewitnesses of an Execution," *American Journal of Psychiatry* 151 (1994): 1335.

「인빅터스」는 다음 사이트에서 열람할 수 있다: poetryfoundation.org/poems/51642/invictus.

33　A. Linders, *The Execution Spectacle and State Legitimacy: The Changing Nature of the American Execution Audience, 1833–1937* (Law and Society Association, 2002); R. Bennett, *Capital Punishment and the Criminal Corpse in Scotland, 1740–1834* (Palgrave Macmillan, 2017).

각주: M. Foucault, *Discipline and Punish: The Birth of the Prison* (Vintage, 1995); C. Alford, "What Would It Matter if Everything Foucault Said about Prison Were Wrong? Discipline and Punish after Twenty Years," *Theory and Society* 29 (2000): 125.

34 S. Bandes, "Closure in the Criminal Courtroom: The Birth and Strange Career of an Emotion," in *Research Handbook on Law and Emotion*, ed. S. Bandes et al. (Edward Elgar, 2021); M. Armour and M. Umbreit, "Assessing the Impact of the Ultimate Penal Sanction on Homicide Survivors: A Two State Comparison," *Marquette Law Review* 96 (2012), scholarship.law.marquette.edu/mulr/vol96/iss1/3/. 다음 논문도 참고하라. J. Madeira, "Capital Punishment, Closure, and Media," 2016, in *Oxford Research Encyclopedia of Criminology and Criminal Justice*, doi.org/10.1093/acrefore/9780190264079.013.20.

35 "The Death Penalty and the Myth of Closure," Death Penalty Information Center, January 19, 2021, deathpenaltyinfo.org/news/the-death-penalty-and-the-myth-of-closure.

36 아네르스 브레이비크의 생애와 테러 행위, 그리고 그 여파에 대한 자세한 내용은 다음 책을 참고하라. A. Seierstad, *One of Us: The Story of Anders Breivik and the Massacre in Norway* (Farrar, Straus and Giroux, 2015); 이 책은 그가 저지른 일의 끔찍함을 강조하면서 수많은 희생자들의 미니 전기도 수록하고 있다. 이들에 대한 부모의 이야기를 소개하자면, 이들은 모두 인간적이고 진취적이며 자신의 삶에서 좋은 일을 하려는 의지가 있었고, 그럴 가능성이 매우 높은 훌륭한 아이들이었다.

이 책을 읽는 동안 나는 차르나예프Tsarnaev 형제가 저지른 보스턴 마라톤 폭탄 테러를 다룬 Masha Gessen, *The Brothers: The Road to an American Tragedy* (Riverhead Books, 2015)도 읽고 있었다. 형인 타메를란Tamerlan은 분명히 두 사람을 지배하는 세력이자 촉매제였으며, 게센이 묘사한 그의 모습은 브레이비크와 놀라울 정도로 닮았다. 비록 이념은 정반대지만 영광과 지배를 누릴 자격이 있다는 생각으로 들끓고, 자신이 훨씬 부족하면 잘못을 외부화하며, 결국 '무시할 수 없는 누군가'로 만들어줄 독毒이 채워지길 기다리는 무의미한 빈 그릇 같은 평범한 존재다. 다음 글도 이와 비슷한 점을 탐구했다. Tom Nichols, "The Narcissism of the Angry Young Men," *Atlantic*, January 29, 2023: "이들은 사춘기가 지난 후에도 10대의 날카로운 불만 의식을 오랫동안 유지하고, 유치한 불안감과 치명적인 대담한 오만함을 동시에 보이며, 성적·사회적으로 불안정한 모습을 보이는 남자아이다. 가장 위험한 점은 폭발하기 전까지는 거의 눈에 띄지 않는다는 점이다." 독일 작가 한스 마그누스 엔첸스베르거Hans Magnus Enzensberger는 이런 젊은이들을 "급진적 루저"라고 적절히 표현했다.

브레이비크의 재판에 대한 흥미로운 분석: B. de Graaf et al., "The Anders Breivik

Trial: Performing Justice, Defending Democracy," *Terrorism and Counter-Terrorism Studies* 4, no. 6 (2013), doi:10.19165/2013.1.06. 옌스 스톨텐베르그의 성명서: D. Rickman, "Norway's Prime Minister Jens Stoltenberg: We Are Crying with You after Terror Attacks," *Huffington Post*, July 24, 2011, huffingtonpost.co.uk/2011/07/24/norways-prime-minister-je_n_907937.html.

브레이비크의 제복에 대한 조롱: G. Toldnes, L. K. Lundervold, and A. Meland, "Slik skaffet han seg sin enmannshær" (노르웨이어), *Dagbladet Nyheter*, July 30, 2011. 참사에 대한 노르웨이인들의 대응은 다음 논문을 참고하라. N. Jakobsson and S. Blom, "Did the 2011 Terror Attacks in Norway Change Citizens' Attitudes towards Immigrants?," *International Journal of Public Opinion Research* 26 (2014): 475. 대학 총장의 성명서: "Anders Breivik accepted at Norway's University of Oslo," BBC, July 17, 2015, bbc.com/news/world-europe-33571929. 은퇴한 경찰관들과 어울리게 된 브레이비크: "Breivik saksøkte staten" (노르웨이어), NRK, October 23, 2015. 브레이비크의 아버지는 다음과 같은 책을 출판했다. Jens Breivik, *My Fault*. 이 책이 지금까지 언급한 내용들을 뒷받침할까?

37 이매뉴얼 아프리카감리교 성공회 교회의 학살: M. Schiavenza, "Hatred and Forgiveness in Charleston," *Atlantic*, June 20, 2015; "Dylann Roof Told by Charleston Shooting Survivor 'the Devil Has Come Back to Claim' Him," CBS News, January 11, 2017, cbsnews.com/news/dylann-roof-charleston-shooting-survivor-devil-come-back-claim-him/; "Families of Charleston Shooting Victims to Dylann Roof: We Forgive You," *Yahoo!News*, June 19, 2015, yahoo.com/news/familes-of-charleston-church-shooting-victims-to-dylann-roof-we-forgive-you-185833509.html?. 생명의나무 회당의 학살: K. Davis, "Not Guilty Plea Entered for Alleged Synagogue Shooter on 109 Federal Charges", *San Diego Tribune* May 14, 2019, sandiegounion tribune.com/news/courts/story/2019-05-14/alleged-synagogue-shooter-pleads-not-guilty-to-109-federal-charges. 총격범이 이송된 병원에서 유대인 직원들의 노력: D. Andone, "Jewish Hospital Staff Treated Synagogue Shooting Suspect as He Spewed Hate, Administrator Says," CNN, November 1, 2018, cnn.com/2018/11/01/health/robert-bowers-jewish-hospital-staff/index.html. 제프 코언의 진술: E. Rosenberg, "'I'm Dr. Cohen': The Powerful Humanity of the Jewish Hospital Staff That Treated Robert Bowers," *Washington Post*, October 30, 2018, washingtonpost.com/health/2018/10/30/im-dr-cohen-powerful-humanity-jewish-hospital-staff-that-treated-robert-bowers/. 오슬로의 부시장: H. Mauno, "Fikk brev fra Breivik: 'Da jeg leste navnet ditt, fikk jeg frysninger nedover ryggen'" (노르웨이어), *Dagsavisen*, April 8, 2021.

38 노르웨이의 솜방망이 처벌에 대해 미국과 영국에서 분노가 일었다: S. Cottee, "Norway Doesn't Understand Evil," *UnHerd*, February 8, 2022, unherd.com/2022/02/norway-doesnt-understand-evil/; K. Weill, "All the Fun Things Anders Breivik Can Do in His 'Inhumane' Prison," *Daily Beast*, April 13, 2017, thedailybeast.com/all-the-fun-things-anders-breivik-can-do-in-his-inhumane-prison; J. Kirchick, "Mocking Justice in Norway: The Breivik Trial Targets Contrarian Intellectuals," *World Affairs* 175 (2012): 75; H. Gass, "Anders Breivik: Can Norway Be Too Humane to a Terrorist?," *Christian Science Monitor*, April 20, 2016. 관련성이 분명한 추가 분석과 '한 해설자'의 논평은 다음기사를 참고하라. S. Lucas, "Free Will and the Anders Breivik Trial," *Humanist*, August 13, 2012.

미국의 9·11 비극과 브레이비크 난동이라는 두 번의 테러 행위로 인해 거의 같은 비율의 인구가 사망했으며, 두 사건 모두 국가 원수가 국민을 대상으로 한 애도 담화에 약 5분 정도의 시간을 할애했다는 점에서 비슷하다. 하지만 거의 모든 부분에서 극명한 차이가 드러난다. 부시는 신을 세 번, 악을 네 번 언급했지만, 스톨텐베르그는 악에 대한 언급은 단 한 번뿐이고 신에 대한 언급은 전혀 없었다. 부시는 비열한, 분노, 적이라는 단어를 사용했다. 반면에 스톨텐베르그는 연민, 존엄, 사랑이라는 단어를 사용했다. 부시는 이 테러 행위가 "미국의 결의를 꺾을 수 없다"고 말했다. 스톨텐베르그는 희생자 유가족들에게 "우리는 당신과 함께 울고 있다"라고 말했다.

참수형이나 공개 교수형 같은 것은 서양에서는 과거의 일이지만, 그다지 먼 과거는 아니다. 우리는 1868년 영국의 마지막 공개 교수형에 참석하기 위해 런던 지하철을 탈 수도 있었고, 1977년 프랑스에서 마지막 단두대 처형이 집행되는 동안 〈스타워즈〉 영화를 보거나 디스코에서 비지스의 음악에 맞춰 춤을 추거나 반려동물에게 먹이를 주며 저녁을 보낼 수도 있었다.

이 장 전체의 핵심 내용은 다음 책을 참고하라. M. Hoffman, *The Punisher's Brain: The Evolution of Judge and Jury* (Cambridge University Press, 2014); P. Alces, *Trialectic: The Confluence of Law, Neuroscience, and Morality* (University of Chicago Press, 2023).

15장 가난하게 죽는 것은 당신의 책임이 아니다

1 사실상 노년으로 죽어가는 50세의 세계를 이해하려면 다음 책을 참고하라: A. Case and A. Deaton, *Deaths of Despair and the Future of Capitalism* (Princeton University Press, 2020).

2 M. Shermer, *Heavens on Earth: The Scientific Search for the Afterlife, Immortality, and Utopia* (Henry Holt, 2018); M. Quirin, J. Klackl, and E. Jonas, "Existential

Neuroscience: A Review and Brain Model of Coping with Death Awareness," in *Handbook of Terror Management Theory*, ed. C. Routledge and M. Vess (Elsevier, 2019).

3   L. Alloy and L. Abramson, "Judgment of Contingency in Depressed and Nondepressed Stu dents: Sadder but Wiser?," *Journal of Experimental Psychology* 108 (1979): 441. 일반적인 개관은 다음 책의 13장을 보라. "Why Is Psychological Stress Stressful?," in R. Sapolsky, *Why Zebras Don't Get Ulcers: A Guide to Stress, Stress-Related Disease and Coping*, 3rd ed. (Holt, 2004).

4   R. Trivers, *Deceit and Self-Deception: Fooling Yourself to Better Fool Others* (Allen Lane, 2011).

5   고메스의 말: G. Gomes, "The Timing of Conscious Experience: A Critical Review and Reinterpretation of Libet's Research," *Consciousness and Cognition* 7 (1998): 559. 가자니가의 말: M. Gazzaniga, "On Determinism and Human Responsibility," in *Neuroexistentialism: Meanings, Morals and Purpose in the Age of Neuroscience*, ed. G. Caruso (Oxford University Press, 2017), p. 232. 데닛의 말: G. Caruso and D. Dennett, "Just Deserts," *Aeon*, https:// aeon.co/essays/on-free-will-daniel-dennett-and-gregg-caruso-go-head-to-head.

6   자유의지에 회의적인 신경과학자들이 사악하고 무책임하다는 데닛의 주장에 대해서는 다음을 참고하라. D. Dennett, "Daniel Dennett: Stop Telling People They Don't Have Free Will," n.d., Big Think video, 5:33, bigthink.com/videos/daniel-dennett-on-the-nefarious-neurosurgeon/.
    각주: Jin Park, "Harvard Orator Jin Park | Harvard Class Day 2018," Harvard University, May 23, 2018, YouTube video, 10:23, youtube.com/watch?v=TlWgdLzTPbc.

7   T. Chiang, "What's Expected of Us," *Nature* 436 (2005): 150.

8   R. Lake, "The Limits of a Pragmatic Justification of Praise and Blame," *Journal of Cognition and Neuroethics* 3 (2015): 229; P. Tse, "Two Types of Libertarian Free Will Are Realized in the Human Brain," in Caruso, *Neuroexistentialism*; R. Bishop, "Contemporary Views on Compatibilism and Incompatibilism: Dennett and Kane," *Mind and Matter* 7 (2009): 91.

9   각주: A. Sokal, "Transgressing the Boundaries: Toward a Transformative Hermeneutics of Quantum Gravity," *Social Text* 46/47 (1996): 217.

10 '자유의지'는 비만의 생물학, 심리학, 사회학과 무관하다:
    유전적 측면에서: S. Alsters et al., "Truncating Homozygous Mutation of Carboxypeptidase E in a Morbidly Obese Female with Type 2 Diabetes Mellitus, Intellectual Disability and Hypogonadotrophic Hypogonadism," *PLoS One* 10

(2015): e0131417; G. Paz-Filho et al., "Whole Exam Sequencing of Extreme Morbid Obesity Patients: Translational Implications for Obesity and Related Disorders," *Genes* 5 (2014): 709; R. Singh, P. Kumar, and K. Mahalingam, "Molecular Genetics of Human Obesity: A Comprehensive Review," *Comptes rendus biologies* 340 (2017): 87; H. Reddon, J. Gueant, and D. Meyre, "The Importance of Gene Environment Interactions in Human Obesity," *Clinical Sciences* (London) 130 (2016): 1571; D. Albuquerque et al., "The Contribution of Genetics and Environment to Obesity," *British Medical Bulletin* 123 (2017): 159.

진화적 측면에서: Z. Hochberg, "An Evolutionary Perspective on the Obesity Epidemic," *Trends in Endocrinology and Metabolism* 29 (2018): 819.

낮은 사회적 지위가 비만에 미치는 영향: R. Wilkinson and K. Pickett, *The Spirit Level: Why More Equal Societies Almost Always Do Better* (Allen Lane, 2009); E. Goodman et al., "Impact of Objective and Subjective Social Status on Obesity in a Biracial Cohort of Adolescents," *Obesity Research* 11, no. 8 (2003): 1018–26.

각주: Dutch Hunger Winter: B. Heijmans et al., "Persistent Epigenetic Differences Associated with Prenatal Exposure to Famine in Humans," *Proceedings of the National Academy of Sciences of the United States of America* 105 (2008): 17046. 최근의 주목할 만한 논문에서도 비슷한 현상을 보여준다. 이 논문에서, 연구자들은 대공황 당시 부모의 지역 사회가 가장 심각한 경제 위기에 처했을 때 태어났던 사람들을 조사했다. 수십 년 후, 그런 개인들은 노화 촉진과 관련된 후성유전학적 특징을 보였다. L. Schmitz and V. Duque, "In Utero Exposure to the Great Depression Is Reflected in Late-Life Epigenetic Aging Signatures—Accelerated Epigenetic Markers of Aging," *Proceedings of the National Academy of Sciences of the United States of America* 119 (2022): e2208530119.

11 T. Charlesworth and M. Banaji, "Patterns of Implicit and Explicit Attitudes: I. Long-Term Changes and Stability from 2007 to 2016," *Psychological Sciences* 30 (2019): 174; S. Phelan et al., "Implicit and Explicit Weight Bias in a National Sample of 4,732 Medical Students: The Medical Student CHANGES Study," *Obesity* 22 (2014): 1201; R. Carels et al., "Internalized Weight Stigma and Its Ideological Correlates among Weight Loss Treatment Seeking Adults," *Eating and Weight Disorders* 14 (2019): e92; M. Vadiveloo and J. Mattei, "Perceived Weight Discrimination and 10-Year Risk of Allostatic Load among US Adults," *Annals of Behavioral Medicine* 51 (2017): 94; R. Puhl and C. Heuer, "Obesity Stigma: Important Considerations for Public Health," *American Journal of Public Health* 100 (2010): 1019; L. Vogel, "Fat Shaming Is Making People Sicker and Heavier," *CMAJ* 191 (2019): E649.

12 샘의 말: S. Finch, "9 Affirmations You Deserve to Receive if You Have a Mental Illness," *Let's Queer Things Up!*, August 29, 2015, letsqueerthingsup.com/2015/08/29/9-affirmations-you-deserve-to-receive-if-you-have-a-mental-illness/. 에어리얼의 말: D. Lavelle, "'I Assumed It Was All My Fault': The Adults Dealing with Undiagnosed ADHD," *Guardian*, September 5, 2017, theguardian.com/society/2017/sep/05/i-assumed-it-was-all-my-fault-the-adults-dealing-with-undiagnosed-adhd?scrlybrkr=74e99dd8. 메리앤의 말: M. Eloise, "I'm Autistic. I Didn't Know Until I Was 27," *New York Times*, December 5, 2020, nytimes.com/2020/12/05/opinion/autism-adult-diagnosis-women.html?action=click&module=Opinion&pgtype=Homepage

13 익명의 사용자의 말: QuartetQuarter, "Is it my fault I'm short?," Reddit, February 4, 2020, reddit.com/r/short/comments/ez3tcy/is_it_my_fault_im_short/. 마나스의 말: https://www.quora.com/How-do-I-get-past-the-fact-that-my-dad-blamed-me-for-being-short-and-not-pretty-I-shouldve-exercised-a-lot-more-and-eaten-a-lot-of-protein-while-growing-up-but-my-parents-are-short-too-Whose-fault-is-it.

14 캣과 에린의 말: sane.org/information-stories/the-sane-blog/wellbeing/how-has-diagnosis-affected-your-sense-of-self. 미셸의 말: Lavelle, "I Assumed It Was All My Fault.'" 메리앤의 말: Eloise, "I'm Autistic. I Didn't Know." 샘의 말: S. Finch, "4 Ways People with Mental Illness Are 'Gaslit' into Self-Blame," *Healthline*, July 30, 2019, healthline.com/health/mental-health/gaslighting-mental-illness-self-blame?scrlybrkr=74e99dd8.

15 러베이의 랜드마크적 연구: S. LeVay, "A Difference in Hypothalamic Structure between Heterosexual and Homosexual Men," *Science* 253 (1991): 1034. 아들의 여름캠프에 대한 아버지의 말: sane.org/information-stories/the-sane-blog/wellbeing/how-has-diagnosis-affected-your-sense-of-self. 악명 높은 웨스트버러침례교회Westboro Baptist Church의 설교자 프레드 펠프스Fred Phelps에 대한 이야기: "Active U.S. Hate Groups (Kansas)," Southern Poverty Law Center. 전환 치료를 사이비 과학으로 비난하는 미국 정신의학회의 성명서: American Psychiatric Association, "APA Maintains Reparative Therapy Not Effective," January 15, 1999, psychiatricnews.org/pnews/99-01-15/therapy.html.

16 스트레스가 생식 생리에 미치는 영향이 단순하지 않다는 것에 대한 검토는 다음 논문을 참고하라. J. Wingfield and R. Sapolsky, "Reproduction and Resistance to Stress: When and How," *Journal of Neuroendocrinology* 15 (2003): 711.
불임의 심리적 영향: R. Clay, "Battling the Self-Blame of Infertility," *APA Monitor* 37 (2006): 44; A. Stanton et al., "Psychosocial Aspects of Selected Issues in

Women's Reproductive Health: Current Status and Future Directions," *Journal of Consulting and Clinical Psychology* 70 (2002): 751; A. Domar, P. Zuttermeister, and R. Friedman, "The Psychological Impact of Infertility: A Comparison with Patients with Other Medical Conditions," *Journal of Psychosomatic Obstetrics and Gynecology* 14 (1993): 45.

17 S. James, "John Henryism and the Health of African-Americans," *Culture, Medicine and Psychiatry* 18 (1994): 163.

18 M. Sandel, *The Tyranny of Merit: What's Become of the Common Good?* (Farrar, Straus and Giroux, 2020); E. Anderson, "It's Not Your Fault if You Are Born Poor, but It's Your Fault if You Die Poor," *Medium,* January 21, 2022, medium.com/illumination-curated/its-not-your-fault-if-you-are-born-poor-but-it-s-your-fault-if-you-die-poor-36cf3d56da3f.

19 이디시어 가사와 영어 번역은 genius.com/Daniel-kahn-and-the-painted-bird-mayn-rue-plats-where-i-rest-lyrics에서, 공연 동영상은 youtube.com/watch?v=INRaU7zUGRo에서 볼 수 있다.
    과학은 집단에 대한 통계적 특성에 관한 것으로, 개인에 대해 충분히 예측할 수 없다: 이에 대한 자세한 논의는 다음 논문을 참고하라, D. Faigman et al., "Group to Individual (G2i) Inferences in Scientific Expert Testimony," *University of Chicago Law Review* 81 (2014): 417.
    각주: D. Von Drehle, "No, History Was Not Unfair to the Triangle Shirtwaist Factory Owners," December 20, 2018, washingtonpost.com/opinions/no-history-was-not-unfair-to-the-triangle-shirtwaist-factory-owners/2018/12/20/10fb050e-046a-11e9-9122-82e98f91ee6f_story.html. 라나플라자의 붕괴: Wikipedia, s.v. "2013 Rana Plaza Factory Collapse," wikipedia.org/wiki/2013_Rana_Plaza_factory_collapse?scrlybrkr=74e99dd8.

그림 출처

9쪽   BookyBuggy/Shutterstock.com

35쪽   EEG illustration used with permission of Mayo Foundation for Medical Education and Research, all rights reserved; Harrison image North Wind Picture Archives/ Alamy

90쪽   Robert Wood Johnson Foundation/Centers for Disease Control and Prevention

92쪽   Steve Lawrence, Oxford University RAE profile 2004/13/Wikimedia Commons

167쪽 Courtesy James Gleick, *Chaos: Making a New Science* (1987)

171쪽 Courtesy American Association for the Advancement of Science (AAAS), 139th Annual Meeting address, December 29, 1972

176쪽 (가운데) Beojan Stanislaus/Wikimedia Commons

176쪽 (아래) Eouw0o83hf/Wikimedia Commons

178쪽 Courtesy Ebrahim Patel/The London Interdisciplinary School

186쪽 Courtesy E. Dameron-Hill, M. Farmer/*Chaos Theory: Nerds of Paradise*, Book 2 (2017)

208쪽 Yamaoyaji/Shutterstock.com

209쪽 Courtesy Nakagaki, T., et al., "Maze-solving by an amoeboid organism," *Nature* 407 (2000): 470

210쪽 Courtesy Tero, A., et al., "Rules for Biologically Inspired Adaptive Network Design," *Science* 327 (2010): 439

212쪽 Santiago Ramón y Cajal/Wikimedia Commons

213쪽 Central Historic Books/Alamy Stock Photo

214쪽 Alejandro Miranda/Alamy Stock Vector

215쪽 (위) © Alejandro Miranda/Dreamstime.com

216쪽 (위) Robert Brook/Science Photo Library/Alamy Stock Photo

216쪽 (아래) Storman/istock.com

217쪽   Santiago Ramón y Cajal/Wikimedia

223, 224쪽 Courtesy Hares Youssef/GAIIA Foundation, https://gaiia.foundation

227쪽   Courtesy Mohsen Afshar/Penney Gilbert Lab, University of Toronto

237쪽   (왼쪽) Courtesy Momoko Watanabe, Lab University of California, Irvine/Ben Novitch Lab, University of California, Los Angeles

237쪽   (오른쪽) Courtesy Arnold Krigstein, University of California, San Francisco

241쪽   Courtesy Christian List

334, 337, 342쪽 Part of the Nobel Prize lecture of Erik Kandel, copyright ⓒ The Nobel Foundation 2000

344쪽   (왼쪽) ⓒ Seadan/Dreamstime.com

344쪽   (오른쪽) IrinaK/Shutterstock.com

360쪽   (왼쪽 아래) Wikimedia Commons

360쪽   (가운데 아래) DeMarsico, Dick, photographer. Dr. Martin Luther King, Jr., half-length portrait, facing front/World Telegram & Sun photo by Dick DeMarsico, 1964. Photograph. https://www.loc.gov/item/00651714/

360쪽   (오른쪽 아래) Prachaya Roekdeethaweesab/Portrait from Dominican Republic 200 Pesos 2007 Banknotes/Shutterstock.com OR Diegobib/Dreamstime.com

363쪽   (왼쪽 위) Guy Corbishley/Alamy Stock Photo

363쪽   (오른쪽 위) Courtesy of DPAA Public Affairs

363쪽   (왼쪽 아래) Wikimedia Commons

363쪽   (가운데 아래) Ilbusca/Jesus on the Cross by Michelangelo/istock.com

363쪽   (오른쪽 아래) Moviestore Collection Ltd /Alamy Stock Photo

364쪽   (왼쪽 아래) Michael Flippo /Alamy Stock Photo

364쪽   (오른쪽 아래) FlamingoImages/iStock.com

407쪽   Courtesy Fuller Torrey, The Stanley Medical Research Institute

418쪽   Follower of the Virgil Master/Chapter 7, "Philip V"/British Library

422쪽   Chronicle/Alamy Stock Photo

436쪽   Bettmann/Getty Images

437쪽   Everett Collection Historical/Alamy Stock Photo

448쪽   Ken Hawkings/ Alamy Stock Photo

449쪽   Mark Foley/Associated Press

455쪽   GL Archive/Alamy Stock Photo

463쪽   AP Photo/via Scanpix

498쪽   Santiago Ramón y Cajal/Wikimedia

찾아보기

칭찬 16, 121, 151, 475~76

ㅋ

카너먼, 대니얼Kahneman, Daniel 139
카루소, 그레그Caruso, Gregg 18, 50, 299,
　　428, 430~31
〈카바레Cabaret〉 468
카사노바, 자코모Casanova, Giacomo 422
〈카사블랑카Casablanca〉 58
카스파로프, 개리Kasparov, Garry 197
『카오스이론Chaos Theory』(파머Farmer) 186
카오스성(혼돈성) 160~87, 196, 240, 251,
　　298, 300, 477, 485
　　나비효과 170~71, 181, 186
　　심장학 185
　　세포 자동자 172~83, 193, 200~201,
　　　243, 255
　　　22번 규칙 178~79, 190, 192
　　수렴 182, 192~95
　　콘웨이의 생명 게임 182
　　결정론 187~196
　　자유의지 162, 183~95
　　뉴런 186
　　대중적 관심 185~86
　　초기 조건에 대한 민감한 의존성 168, 172,
　　　181~82, 184
　　이상한 끌개 169~70, 184, 186, 188, 252
　　예측 불가능성 165~70, 240
카츠, 버나드Katz, Bernard 277
카페키, 마리오Capecchi, Mario 119
카프라라, 세르지오Caprara, Sergio 189
칸, 허먼Kahn, Herman 41
칸토어 집합 214~16
칸토어, 게오르크Cantor, Georg 218

칼레, 라젠드라Kale, Rajendra 382
칼리오, 에바Kallio, Eeva 250
칼슘 이온 채널 271, 275
캐너, 리오Kanner, Leo 410~11
캐럴, 숀Carroll, Sean 245, 261, 274
「캐치 22Catch-22」(헬러Heller) 316
캐헐런, 수재나Cahalan, Susannah 389
캔들, 에릭Kandel, Eric 336, 341~42
캔터, 제임스Cantor, James 120
캘리포니아군소의 아가미 333~43, 349,
　　353, 356
캘리포니아군소 333~44, 349, 356, 366~
　　67
커뮤니티 318
〈컨택트〉 182
케냐산 192~93
케이브, 스티븐Cave, Stephen 471
케인, 로버트Kane, Robert 115, 239
켈러, 헬렌Keller, Helen 119
코로나19 팬데믹 231, 356, 423, 427
코언, 제프Cohen, Jeff 464
코펜하겐 해석 261
코흐 눈송이Koch snowflake 215~16
코흐, 헬게 폰Koch, Helge von 218
콘웨이, 존Conway, John 182
콘웨이의 생명 게임 182
콜리플라워, 로마네스코cauliflower, Romanesco
　　222
콜린스, 마이클Collins, Michael 105
콜버그, 로런스Kohlberg, Lawrence 86
쿠리아족 103
쿠시너, 타마Kushnir, Tamar 17
큐브릭, 스탠리Kubrick, Stanley 41
크라머, 하인리히와 야코브 슈프렝어Kramer,
　　Heinrich, and Jakob Sprenger, 『말레우스 말

용어 대조표

저자의 전작 『행동』 한국어판과 『모든 것은 결정되어 있다』 한국어판 간에는 번역어 표기를 달리한 것들이 있다. 해당 용어를 한눈에 볼 수 있도록 정리했다.

『모든 것은 결정되어 있다』 표기	원서 표기	『행동』 표기
감각피질	sensory cortex	감각 겉질
경두개자기자극	transcranial magnetic stimulation, TMS	경두개자기자극술
기저핵	basal ganglia	바닥핵
내측전전두피질	anterior frontomedial cortex	안쪽이마앞엽 겉질
뇌섬	insula	섬겉질
당질코르티코이드	glucocorticoid	글루코코르티코이드
대뇌피질	cortex	겉질
마이네르트기저핵	basal nucleus of Meynert	마이네르트바닥핵
방추형얼굴영역	fusiform face area, FFA	방추상얼굴영역
배외측PFC(전전두피질)	dorsolateral PFC, dlPFC	등쪽가쪽이마앞엽 겉질
복내측PFC(전전두피질)	ventromedial PFC, vmPFC	배쪽안쪽이마앞엽 겉질

복측피개(영역)	ventral tegmentum / ventral tegmental area	배쪽뒤판 / 배쪽뒤판 구역
설전피질	precuneus cortex	쐐기앞소엽
섬유관	fiber tract	신경로
섬피질	insular cortex	섬겉질
성체 신경발생	adult neurogenesis	성체 신경생성
소포	vesicle	소낭
수상돌기	dendrite	가지돌기
수초화	myelination	말이집 형성
시각피질	visual cortex	시각 겉질
시냅스 횡단	transsynaptic	시냅스 통과
시냅스 후 뉴런	postsynaptic neuron	시냅스 이후 뉴런
시삭상핵	supraoptic nucleus	시신경교차위핵
신경세포설	neuron doctrine	뉴런주의
안와전두피질	orbitofrontal cortex, OFC	눈확이마앞엽 겉질
앞먹임 억제	feed-forward inhibition	순방향 억제
억제성 투사	inhibitory projection	억제성 신호
우측하전두회	right inferior frontal gyrus	아래이마이랑
운동피질	motor cortex	운동 겉질
이온 채널	ion channel	이온 통로
전구체	precursor	전구물질
전대상피질	anterior cingulate cortex, ACC	앞띠이랑 겉질
전두피질	frontal cortex	이마엽 겉질

전운동피질	premotor cortex	운동앞 겉질
전전두피질	prefrontal cortex, PFC	이마앞엽 겉질
정신활성	psychoactive	향정신성
중격	septum	사이막
지연 정류	delayed rectification	지연성 전류
청각피질	auditory cortex	청각 겉질
초신경세포	superneuron	초뉴런
측두정엽접합부	temporo-parietal junction, TPJ	관자마루 접합부
측좌핵	nucleus accumbens	기댐핵
카테콜-O-메틸 전이효소	catechol-O-methyltransferase	카테콜-O-메틸트랜스퍼라제
하올리브핵	inferior olive nucleus	아래올리브핵
합포체	synctitium	세포융합체
휴지전위	resting potential	휴식전위
흥분성 투사	excitatory projection	흥분성 신호

양병찬

서울대학교 경영학과와 동 대학원을 졸업한 후, 중앙대학교에서 약학을 공부했다. 약사로 활동하며 의약학과 생명과학 분야의 글을 번역해왔다. 진화론의 교과서로 불리는 『센스 앤 넌센스』와 알렉산더 폰 훔볼트를 다룬 화제작 『자연의 발명』을 번역했고, 2018년에는 『아름다움의 진화』로 한국출판문화상 번역상을 수상했다.
최근 번역서로 『자연 그대로의 자연』 『이토록 굉장한 세계』 『불확실성에 맞서는 기술』 『브레인 케미스트리』 『하나의 세포로부터』 등이 있다. 『네이처』와 『사이언스』 등 해외 과학저널에 실린 의학 및 생명과학 분야의 최신 동향을 소셜미디어에 틈틈이 소개하고 있다.

모든 것은 결정되어 있다
스스로 선택하고 행동한다는 착각

1판 1쇄 2026년 3월 30일
1판 2쇄 2026년 4월 30일

지은이 로버트 M. 새폴스키 | 옮긴이 양병찬
책임편집 권한라 | 편집 신기철 이희연 오동규 김정희
디자인 백주영 박현민 | 저작권 박지영 형소진 주은수 오서영 조경은
마케팅 정민호 서지화 박치우 한민아 왕지경 이민경 정유진 정경주 김혜원 김예진 이서진
브랜딩 함유지 이송이 박민재 김하연 신은서 이준희
미디어콘텐츠 함근아 김은솔 박다솔
제작 강신은 김동욱 이순호 | 제작처 천광인쇄사(인쇄) 신안문화사(제본)

펴낸곳 (주)문학동네 | 펴낸이 김소영
출판등록 1993년 10월 22일 제2003-000045호
주소 10881 경기도 파주시 회동길 210
전자우편 editor@munhak.com | 대표전화 031)955-8888 | 팩스 031)955-8855
문학동네카페 http://cafe.naver.com/mhdn
인스타그램 @munhakdongne | 트위터 @munhakdongne
북클럽문학동네 http://bookclubmunhak.com

ISBN 979-11-416-0960-3 03400

* 이 책의 판권은 지은이와 문학동네에 있습니다.
  이 책 내용의 전부 또는 일부를 재사용하려면 반드시 양측의 서면 동의를 받아야 합니다.
* 잘못된 책은 구입하신 서점에서 교환해드립니다. 기타 교환 문의 031)955-2661, 3580

www.munhak.com

DETER
MINED

『행동』
인간의 최선의 행동과 최악의 행동에 관한 모든 것
김명남 옮김

우리는 대체 왜 '그 행동'을 할까? 새폴스키는 이 질문을 다각도로 살펴보며, 누군가의 행동이 벌어진 순간에 인간의 반응에 영향을 미친 요인들을 알아본 뒤, 그 시점으로부터 조금씩 과거로 거슬러올라가서(1초 전, 몇 시간 전, 며칠 전을 거쳐 수정란이던 시기까지) 끝내 우리 종의 오랜 진화 역사가 남긴 유산까지 살펴본다. 신경생물학, 유전학, 행동학에 관한 방대한 지식으로 쌓아올린 인간 행동에 관한 모든 것!

에드워드 O. 윌슨(생물학자·하버드대학교 명예교수) 추천
김대식(KAIST 교수) 추천

『멍키러브』(근간)
동물의 다양성에 대한 흥미롭고 유쾌한 연구
김희정 옮김

'환경 속 미세하게 다른 차이가 어떻게 행동을 변화시키는가?' '어떤 유기체가 다른 유기체에게 섹시하게 보이는가?' '사람마다 오르가슴을 다르게 느끼는 이유는 무엇일까?'
이 책은 유전자와 환경이 행동에 미치는 영향, 행동생물학의 사회적·정치적·성적 함의, 그리고 사회가 개인을 형성하는 방식 등을 생동감 있게 탐구한다. 프레리도그의 짝짓기에서 열대우림의 종교적 관습까지, 페로몬 분비에서 뇌 속의 벌레에 이르기까지, 새폴스키는 최신 과학 연구를 인간 존재의 복잡성에 대한 관찰과 탁월하게 융합해 풀어간다. 우리 모두의 내면에 잠든 원숭이 본능을 자극할 책.

〈뉴욕 타임스〉 추천